教育部高等学校信息安全专业教学指导委员会
中国计算机学会教育专业委员会　共同指导

网络空间安全重点规划丛书

物联网安全保障技术实现与应用

仇保利 主编

胡志昂 范红 邵华 副主编

清华大学出版社
北京

内 容 简 介

本书结合公安部第一研究所"物联网一体化安全检测专业化服务"项目的研究成果和作者的实践经验,系统阐述了物联网工程及产品安全检测的相关技术和方法。全书共 10 章。第 1 章介绍物联网体系结构、关键技术以及国内外物联网市场环境。第 2、3 章介绍我国物联网面临的安全威胁、安全需求以及国内外安全检测技术发展的最新动态。第 4 章从研究角度介绍物联网安全模型,包括物联网单层安全模型、物联网整体安全模型、物联网专项安全模型和云安全模型等。第 5 章介绍物联网安全保障体系架构,从法律法规、政策、标准、技术实施、检测与评估等方面进行阐述。第 6～9 章分别从物联网安全检测标准与指标、物联网产品检测、物联网工程/系统检测与检查、物联网风险评估等技术能力建设和实践进行了介绍。第 10 章根据已建成的检测平台,在智能感知类产品安全检测、接入传输类产品安全检测、业务应用类产品安全检测、系统安全检测/检查和风险评估等方面给出检测实例。

本书适合作为高等院校相关专业"物联网安全"课程的教材,同时可供从事物联网工程和产品研发及产品安全检测等工作的专业人员参考。

图书在版编目(CIP)数据

物联网安全保障技术实现与应用/仇保利主编. —北京:清华大学出版社,2017(2025.8重印)
(网络空间安全重点规划丛书)
ISBN 978-7-302-47611-5

Ⅰ. ①物… Ⅱ. ①仇… Ⅲ. ①互联网络—应用—安全技术 ②智能技术—应用—安全技术
Ⅳ. ①TP393.4 ②TP18

中国版本图书馆 CIP 数据核字(2017)第 154217 号

责任编辑:张　民　战晓雷
封面设计:常雪影
责任校对:焦丽丽
责任印制:杨　艳

出版发行:清华大学出版社
　　　　网　　　址:https://www.tup.com.cn,https://www.wqxuetang.com
　　　　地　　　址:北京清华大学学研大厦 A 座　　　　　　邮　　编:100084
　　　　社 总 机:010-83470000　　　　　　　　　　　　邮　　购:010-62786544
　　　　投稿与读者服务:010-62776969,c-service@tup.tsinghua.edu.cn
　　　　质量反馈:010-62772015,zhiliang@tup.tsinghua.edu.cn
　　　　课件下载:https://www.tup.com.cn,010-83470236
印 装 者:三河市人民印务有限公司
经　　销:全国新华书店
开　　本:185mm×260mm　　　　印　　张:29.75　　　　字　　数:683 千字
版　　次:2017 年 10 月第 1 版　　　　　　　　　　　印　　次:2025 年 8 月第 2 次印刷
定　　价:59.50 元

产品编号:056209-01

网络空间安全重点规划丛书

编审委员会

出版说明

21 世纪是信息时代,信息已成为社会发展的重要战略资源,社会的信息化已成为当今世界发展的潮流和核心,而信息安全在信息社会中将扮演极为重要的角色,它会直接关系到国家安全、企业经营和人们的日常生活。随着信息安全产业的快速发展,全球对信息安全人才的需求量不断增加,但我国目前信息安全人才极度匮乏,远远不能满足金融、商业、公安、军事和政府等部门的需求。要解决供需矛盾,必须加快信息安全人才的培养,以满足社会对信息安全人才的需求。为此,教育部继 2001 年批准在武汉大学开设信息安全本科专业之后,又批准了多所高等院校设立信息安全本科专业,而且许多高校和科研院所已设立了信息安全方向的具有硕士和博士学位授予权的学科点。

信息安全是计算机、通信、物理、数学等领域的交叉学科,对于这一新兴学科的培养模式和课程设置,各高校普遍缺乏经验,因此中国计算机学会教育专业委员会和清华大学出版社联合主办了"信息安全专业教育教学研讨会"等一系列研讨活动,并成立了"高等院校信息安全专业系列教材"编审委员会,由我国信息安全领域著名专家肖国镇教授担任编委会主任,指导"高等院校信息安全专业系列教材"的编写工作。编委会本着研究先行的指导原则,认真研讨国内外高等院校信息安全专业的教学体系和课程设置,进行了大量前瞻性的研究工作,而且这种研究工作将随着我国信息安全专业的发展不断深入。系列教材的作者都是既在本专业领域有深厚的学术造诣、又在教学第一线有丰富的教学经验的学者、专家。

该系列教材是我国第一套专门针对信息安全专业的教材,其特点是:

① 体系完整、结构合理、内容先进。

② 适应面广:能够满足信息安全、计算机、通信工程等相关专业对信息安全领域课程的教材要求。

③ 立体配套:除主教材外,还配有多媒体电子教案、习题与实验指导等。

④ 版本更新及时,紧跟科学技术的新发展。

在全力做好本版教材,满足学生用书的基础上,还经由专家的推荐和审定,遴选了一批国外信息安全领域优秀的教材加入到系列教材中,以进一步满足大家对外版书的需求。"高等院校信息安全专业系列教材"已于 2006 年年初正式列入普通高等教育"十一五"国家级教材规划。

2007 年 6 月,教育部高等学校信息安全类专业教学指导委员会成立大会暨第一次会议在北京胜利召开。本次会议由教育部高等学校信息安全类专业教学指导委员会主任单位北京工业大学和北京电子科技学院主办,清华大学出版社协办。教育部高等学校信息安全类专业教学指导委员会的成立对我国信息安全专业的发展起到重要的指导和推动作用。2006年教育部给武汉大学下达了"信息安全专业指导性专业规范研制"的教学科研项目。2007年起该项目由教育部高等学校信息安全类专业教学指导委员会组织实施。在高教司和教指委的指导下,项目组团结一致,努力工作,克服困难,历时5年,制定出我国第一个信息安全专业指导性专业规范,于2012年年底通过经教育部高等教育司理工科教育处授权组织的专家组评审,并且已经得到武汉大学等许多高校的实际使用。2013年,新一届"教育部高等学校信息安全专业教学指导委员会"成立。经组织审查和研究决定,2014年以"教育部高等学校信息安全专业教学指导委员会"的名义正式发布《高等学校信息安全专业指导性专业规范》(由清华大学出版社正式出版)。

2015年6月,国务院学位委员会、教育部出台增设"网络空间安全"为一级学科的决定,将高校培养网络空间安全人才提到新的高度。2016年6月,中央网络安全和信息化领导小组办公室(下文简称中央网信办)、国家发展和改革委员会、教育部、科学技术部、工业和信息化部及人力资源和社会保障部六大部门联合发布《关于加强网络安全学科建设和人才培养的意见》(中网办发文[2016]4号)。为贯彻落实《关于加强网络安全学科建设和人才培养的意见》,进一步深化高等教育教学改革,促进网络安全学科专业建设和人才培养,促进网络空间安全相关核心课程和教材建设,在教育部高等学校信息安全专业教学指导委员会和中央网信办资助的网络空间安全教材建设课题组的指导下,启动了"网络空间安全重点规划丛书"的工作,由教育部高等学校信息安全专业教学指导委员会秘书长封化民校长担任编委会主任。本规划丛书基于"高等院校信息安全专业系列教材"坚实的工作基础和成果、阵容强大的编审委员会和优秀的作者队伍,目前已经有多本图书获得教育部和中央网信办等机构评选的"普通高等教育本科国家级规划教材""普通高等教育精品教材""中国大学出版社图书奖"和"国家网络安全优秀教材奖"等多个奖项。

"网络空间安全重点规划丛书"将根据《高等学校信息安全专业指导性专业规范》(及后续版本)和相关教材建设课题组的研究成果不断更新和扩展,进一步体现科学性、系统性和新颖性,及时反映教学改革和课程建设的新成果,并随着我国网络空间安全学科的发展不断完善,力争为我国网络空间安全相关学科专业的本科和研究生教材建设、学术出版与人才培养做出更大的贡献。

我们的E-mail地址是:zhangm@tup.tsinghua.edu.cn,联系人:张民。

"网络空间安全重点规划丛书"编审委员会

前　言

物联网被看作是继计算机、互联网与移动通信网之后的又一次信息产业变革。我国已将物联网作为战略性新兴产业重点推进,特别是在 2009 年提出"感知中国"以来,物联网在我国快速发展,一大批物联网产业园和物联网产业集聚基地已经逐步发展和完善起来,正在显现出资源集聚效应和规模增值效应。

可以说物联网已将经济社会活动、战略性基础设施资源和人们生活全面架构在全球互联互通的网络上,所有活动和设施理论上都透明化了。一旦遭受攻击,安全和隐私将面临巨大威胁,极有可能在现实世界造成电力中断、金融瘫痪、社会混乱等严重危害公共安全的事件,甚至将危及国家安全,因此,保障物联网安全已变得越来越重要。

在近年的工作实践中,我们深刻认识到,面对国内日益发展的物联网市场,一方面急需出台物联网建设和产品研发的标准和规范,另一方面急需一批专业化检测服务队伍对各地物联网工程及产品进行安全性检测,为物联网发展保驾护航。为此,公安部第一研究所成功申请了国家发展与改革委员会信息安全专项"物联网一体化安全检测专业化服务"项目。笔者对项目研究成果和实践经验加以整理总结,编写了本书。全书共分为 10 章,主要内容如下。

第 1 章对物联网体系结构、关键技术以及国内外物联网市场环境进行梳理。

第 2、3 章分别介绍我国物联网面临的安全威胁、安全需求以及国内外安全检测技术发展的最新动态。

第 4 章从研究的角度介绍物联网安全模型,包括物联网单层安全模型、物联网整体安全模型、物联网专项安全模型以及云安全模型等。

第 5 章介绍物联网安全保障体系架构,从法律法规、政策、标准、技术实施、检测与评估等方面进行阐述。

第 6~9 章分别从物联网安全检测标准与指标、物联网产品检测、物联网工程/系统检测与检查、物联网风险评估等技术能力建设和实践的角度进行介绍。

第 10 章根据已建设的检测平台,在智能感知类产品安全检测、接入传输类产品安全检测、业务应用类产品安全检测、系统安全检测/检查、风险评估等方面给出了实际检测示例。

本书由仇保利主编并负责全书的统稿工作。各章编写分工如下：仇保利编写了第1章和第5章,胡志昂编写了第2章、第10章,范红编写了第7～9章,邵华编写了第3章、第4章、第6章。

本书的编写得到公安部第一研究所"物联网一体化安全检测专业化服务"项目团队、清华大学公共安全研究院、上海交通大学的大力支持,作者在此一并表示感谢。

本书广泛收集了国内外的相关材料和数据,翻译了大量国外文献,凝聚了作者从事物联网安全保护的实践经验以及研究思考的成果。由于时间仓促,错误和纰漏之处在所难免,诚望广大读者批评指正。

作　者

2017 年 6 月

目　录

第1章
物联网概述

随着信息技术的快速发展,物联网(Internet of Things,IoT)被看作是继计算机、互联网与移动通信网之后的又一次信息产业变革。物联网对零售、物流、交通运输、医疗、家具等多行业信息化产生了深远的影响。比如,商场或超市中的商品,只要其在特定的地理范围内,那么相应的商品信息就可以自动地记录到信息系统当中,通过互联网实现自动传输、处理、存储、共享等过程。这种形式一方面可以帮助商家对货物的选购进行决策,另一方面可以掌握商品的流向,从而定制个性化服务,甚至可以有效地降低由于各种原因导致的商品丢失的几率。

1.1 什么是物联网

对于物联网的定义,可谓众说纷纭。简单来讲,物联网就是"物物相连的网络"。其核心和基础就是网络,是互联网在现实世界的延伸。物联网打破了以前的传统思维。过去一直是将物理基础设备和 IT 基础设施分开:一方面是汽车、商品、建筑物、家居,另一方面是机房、服务器、计算机、网络设备、网线等。而在物联网时代,所有的物品信息、基础设施、自然状态、人类属性都可以被感知,并在网络上自由地交换与共享。

物联网范畴包括物与物的连接、物与基础设施的连接、物与环境的连接以及物与人的连接。2005 年,在突尼斯举行的信息社会世界峰会(World Summit on the Information Society,WSIS)上,国际电信联盟(ITU)就发布了《ITU 互联网报告 2005:物联网》,该报告描绘了物联网的蓝图:世界上所有的物体,从轮胎到牙刷,从房屋到纸巾,都可以通过互联网主动进行数据交换,如图 1-1 所示。

物联网起源于比尔·盖茨 1995 年《未来之路》一书。1998 年,麻省理工学院提出了当时被称作 EPC(Electronic Product Code,电子产品代码)系统的物联网构想。1999 年,在物品编码和 RFID(Radio Frequency Identification,射频识别)技术的基础上,Auto-ID公司提出了物联网的概念。下面列举比较常见的物联网定义。

国际电信联盟发布的 ITU 互联网报告,对物联网做了如下定义:"通过二维码识读设备、射频识别装置、红外感应器、全球定位系统和激光扫描器等信息传感设备,按约定的协议,把任何物品与互联网相连接,进行信息交换和通信,以实现智能化识别、定位、跟踪、监控和管理的一种网络。"

2012 年发布的 ITU-T Y.2060 描述了物联网的定义:"物联网是信息社会的一个全球基础设施,它基于现有和未来可互操作的信息和通信技术,通过物理的和虚拟的物物相

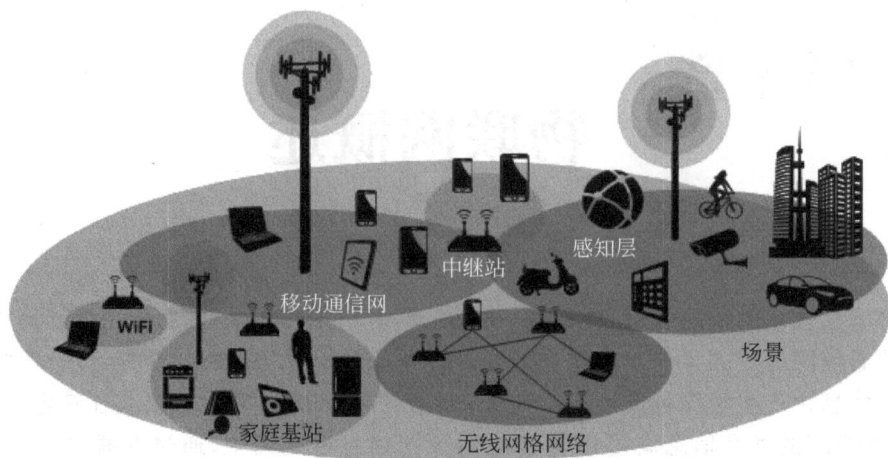

图 1-1　物联网蓝图

联来提供更好的服务。"

　　维基百科给出的定义是:"物联网是一个基于互联网、传统电信网等信息承载体,让所有能够被独立寻址的普通物理对象实现互联互通的网络。"

　　中国工业和信息化部对物联网的最新定义是:物联网是互联网和通信网的网络延伸与应用拓展,具有整合感知识别、传输互联和计算处理等功能,是对新一代信息技术的高度集成和综合运用。物联网通过信息共享和业务协同,将人与人之间的信息交互沟通向人与物、物与物扩展延伸,它的应用为优化资源配置、加强科学管理、缓解资源能源约束提供了可能,拓宽了道路。

　　不管如何定义,从物联网本质上讲,物联网是人类对现实世界更透彻地感知、更深入地洞察的需求,是现代信息技术发展到一定阶段后出现的一种聚合性应用与技术提升。

　　从推动经济发展的角度来讲,物联网有望成为后金融危机时代经济增长的引擎。物联网把新一代 IT 技术充分运用在各行各业之中,具体来说,就是把感应器嵌入和装备到电网、铁路、桥梁、隧道、公路、建筑、供水系统、大坝、油气管道等各个物体中,然后将物联网与现有的互联网有机整合起来,实现人类社会与物体的整合,在这个整合的网络中,存在能力超级强大的中心计算机群,能够对整合网络内的人员、机器、设备和基础设施实施实时的管理和控制,在此基础上,人类可以用更加精细和动态的方式管理生产和生活,达到"智慧"状态,提高资源利用率和生产力水平,改善人与自然的关系。

1.2　物联网体系结构

　　物联网作为一种聚合性的综合网络系统,涉及信息技术自上而下的每一个层面,将各类信息技术协同起来,则需要体系结构支撑,因此,在物联网应用过程中,出现了若干物联网的体系结构。

1. 物品万维网

物品万维网(Web of Things,WoT)是从技术实现的角度来描述物联网。WoT 是指利用 Web 的设计理念和技术,将物联网网络环境中的设备抽象为资源和服务能力连接到 Web 空间,搭建基于异构网络和分布式终端的泛在应用开发环境,使得物联网上的嵌入式设备和业务更容易接入与访问。WoT 是 IoT 的一种实现模式。它将那些嵌入智能设备的日常用品或者计算机都集成到 Web。不像其他 IoT 系统那样,WoT 利用了 Web 的标准,将互联网的整个生态系统扩展到日用智能设备。目前在 WoT 里比较广泛接受的标准有 URI、HTTP、REST、RSS 等。

WoT 技术特点如下:

(1) HTTP 作为应用层协议而不像 Web Services 那样作为传输协议。

(2) 用 REST 接口将智能设备的同步能力开放,并且适用于整个 ROA(Resource Oriented Architectures,面向资源的架构)。

(3) 利用 Web 标准(Atom)或者服务器推送机制(Comet)将智能设备的异步能力开放。

利用这些特点,使得智能设备的服务的耦合性降低,同时也提供了一个统一的接口让开发者更容易运用。

WoT 可以真正释放设备联网的潜能,物联网的目标是为所有被束缚在智能设备内部的信息提供 URI(Uniform Resource Identifier,统一资源标识符),使用标准的 MIME(Multipurpose Internet Mail Extension,多用途因特网邮件扩充)来编码这些信息,并且通过 HTTP 来传输这些信息。

目前 IoT 系统多数都是垂直化的系统,开放性很差,彼此的互通性存在问题,资源的共享性差,升级困难,成本很高。WoT 系统提供了一种开放的方式,有利于资源的重用和跨平台的协作等,这是 WoT 的独有优势。

理论上 WoT 独特的使用场景似乎不存在。WoT 能做的,IoT 都能做。但谈及开放性和成本的时候,有些就只有 WoT 能做了。WoT 更适合于面向弱安全性和弱实时性要求、跨平台需要比较高、开放性高的应用场景。如果成本方面有压力,而对于业务的丰富性有要求,则 WoT 将比 IoT 有更加良好的表现。

2015 年 1 月,W3C 宣布新设立 WoT 计划(Web of Things Initiative),开发支持基于互联传感器及作动器(控制器)等为代表的物联网资源、基于 Web 数据的应用和服务及其开放市场以及所需的开放 Web 标准。

2. 物联网的自主体系结构

物联网的自主体系结构(Autonomic-oriented Architecture for the Internet of Things)是为了适应异构的物联网无线通信环境而设计的体系结构。该自主体系结构采用自主通信技术。自主通信是以自主件为核心的通信,自主件在端到端层次以及中间节点执行网络控制中已知的或者新出现的任务。自主件可以确保通信系统的可进化特性。

物联网的自主体系结构如图 1-2 所示,包括数据面、控制面、知识面和管理面。数据面主要用于数据分组的传递;控制面通过数据面发送配置报文,优化数据面的吞吐量以及可靠性;知识面提供整个网络信息的完整视图,并且提炼成为网络系统的知识,用于指导控制面的适应性控制;管理面协调和管理数据面、控制面和知识面的交互,提供物联网的自主能力。

这里,自主特征主要是由 STP/SP 协议栈和智能层取代传统的 TCP/IP 协议栈。如图 1-3 所示,STP 和 SP 分别表示智能传送协议(Smart Transport Protocol)和智能协议(Smart Protocol),物联网节点的智能层主要用于协商交互节点之间 STP/SP 的选择,用于优化无线链路上的通信和数据传送,满足异构物联网设备之间的联网的需求。

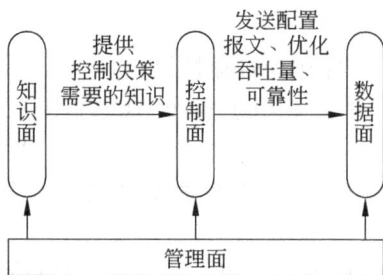

图 1-2　物联网自主体系结构　　　　图 1-3　物联网自主体系结构的协议栈

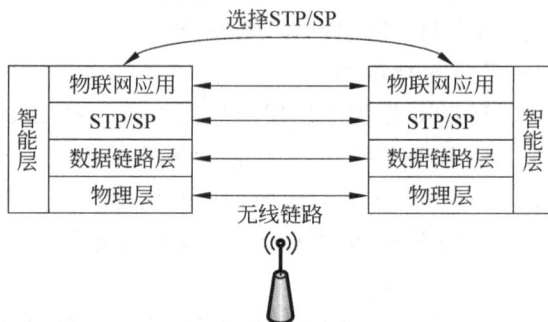

这种面向物联网的自主体系结构涉及的协议栈较为复杂,只适用于计算资源较为富裕的物联网节点。

3. UID 技术体系结构

日本在电子标签方面的发展始于 20 世纪 80 年代中期的实时嵌入式系统 TRON,T-Engine 是其中核心的体系架构。在 T-Engine 论坛领导下,泛在 ID(Ubiquitous ID,UID)中心于 2003 年 3 月成立,设立在东京大学,并得到日本政府经产省、总务省以及大企业的支持,其成员包括微软、索尼、三菱、日立、日电、东芝、夏普、富士通、NTT、DoCoMo、KDDI、J-Phone、伊藤忠、大日本印刷、凸版印刷、理光等重量级企业。UID 中心建立的目的是为了建立和普及自动识别物品所需的基础技术,最终实现"计算无处不在"的理想环境。2004 年 4 月,UID 中国中心成立,标志着中国向"计算无处不在"的时代迈进了一大步,使中国在泛在技术的应用领域与世界最先进的水平同步发展。2010 年,福州大学成立"福州大学 UID 物联网联合研发中心",从事 UID 软件的开发工作和推广工作。

UID 技术体系架构由泛在识别码(Ucode Tag)、Ucode 信息服务器(Ucode information server)、泛在通信器(ubiquitous communicator)和 Ucode 解析数据库(Ucode relation database)4 部分组成,其系统结构如图 1-4 所示。

其应用流程是泛在通信器读取物体上的 Ucode 基本信息,并将 Ucode 基本信息上报给 Ucode 解析数据库进行解析,与此同时也可以将 Ucode 信息进行注册,若成功解析,返回一个 URL 地址,访问 Ucode 信息服务器,泛在通信器访问 Ucode 信息服务器即可使用相关服务,包括读取更详细的数据或控制物体等。

考虑到安全要素,UID 技术体系架构增加了 eTRON 认证中心,如图 1-5 所示。

Ucode 是识别对象所必需的要素,ID 则是识别对象身份的基础。Ucode 是在大规模

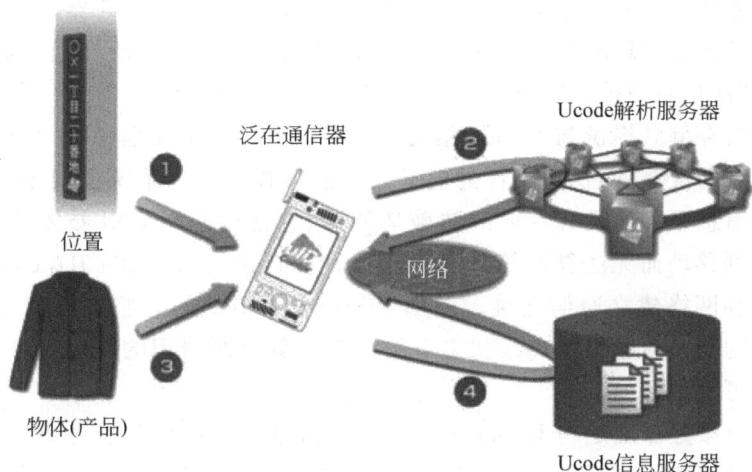

图 1-4　UID 技术体系架构

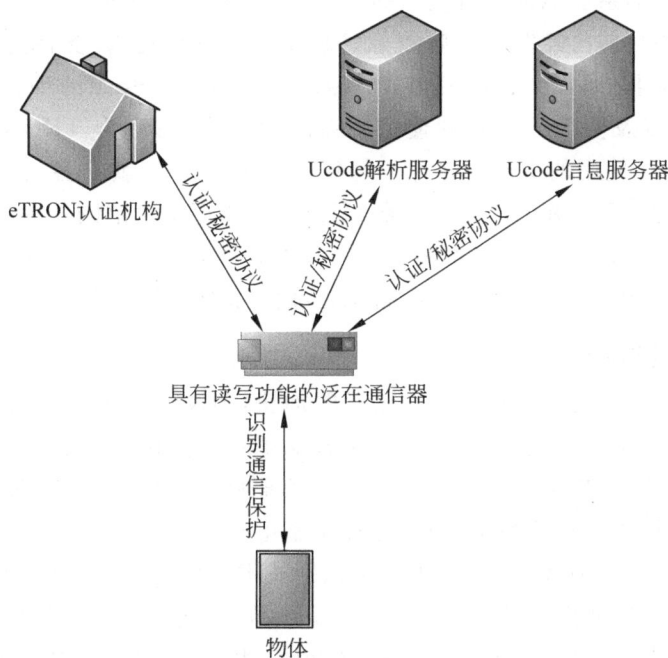

图 1-5　UID 技术体系架构

泛在计算模式中识别对象的一种手段。eTRON ID 在全过程都能得到很好的安全保证，并能支持接触和非接触等多种通信方式，从嵌入泛在技术的机器到智能卡、RFID 等，所有与泛在计算相关的要素都包含于泛在网络中。Ucode 是以泛在技术多样化的网络模式为前提的，它能对应互联网、电话网、ISO 14443 非接触近距离通信、USB 等多种通信，而且 Ucode 本身还具有位置概念等特征。

　　泛在通信器主要由 IC 标签、读写器和无线广域通信设备等部分构成，主要用于将读取的 Ucode 码信息传送到 Ucode 解析服务器，从 Ucode 信息服务器获取有关信息。泛在通信器将读取到的 Ucode 信息发送给 UID 中心的 Ucode 解析服务器，即可获得附有该 Ucode 码的物品相关信息的存储位置，即宽带通信网上的地址。泛在通信器检索对应地址，即可访问产品信息数据，从而得到该物品的相关信息。

信息服务器存储并提供与 Ucode 相关的各种信息。出于安全考虑，采用了 eTRON，从而保证了具有防复制、防伪造特性的电子数据能够在分散的系统框架中安全地流通和工作。Ucode 信息服务器具有专业的防破坏能力，它使用基于 PKI 技术的虚拟专用网，具有只允许数据移动而无法复制等特点。通过设备自带的 eTRON ID，Ucode 信息服务器能够接入多种网络建立通信连接。利用 eTRON，Ucode 信息服务器能实现电子票务和电子货币等的安全流通以及离线状态下的小额付款机制费用的征收，同时还能保证各泛在设备安全可靠地通信。

Ucode 解析服务器确定与 Ucode 相关的信息存放在哪个信息服务器上，其通信协议为 Ucode RP 和 eTP(entity Transfer Protocol，实体传输协议)，其中 eTP 是基于 eTRON (PKI)的密码认证通信协议。Ucode 解析服务器是以 Ucode 码为主要线索，对提供泛在识别相关信息服务的系统地址进行检索的、分散型轻量级目录服务系统。

日本泛在中心目前已经发布了射频标签超微芯片部分规格，支持这一 RFID 标准的有 300 多家日本企业，形成了比较完整的一条生产链，包括开源的手持机硬件设计、T-Engine 操作系统以及多个面向不同使用的系统集成商，总称为 TRON。日立的 uChip (2.4GHz)是其主要使用的 RFID 芯片。每年的 Tron-Show 就是各大厂家展示的时机。但是，一方面，目前 RFID 由于价格等因素，真正的使用还未大范围开始，UID 的生产和系统集成厂商只集中在日本，因此成本高就是一个很严重的问题；另一方面，这个技术只是日本自己的标准，在国际上响应者较少，特别是在国际物流上，EPC 才是主流。

4. EPC 体系结构

随着全球经济一体化和信息网络化进程的加快，为满足对单个物品的标识和高效识别，美国麻省理工学院的自动识别实验室(Auto-ID)在美国统一代码委员会(Uniform Code Council，UCC)的支持下，提出要在计算机互联网的基础上，利用 RFID、无线通信技术，构造一个覆盖世界万物的系统；同时还提出了电子产品代码(EPC)的概念，即每个对象都将赋予一个唯一的 EPC，并由采用射频识别技术的信息系统管理，彼此联系，数据传输和数据存储由 EPC 网络来处理。随后，国际物品编码协会和美国统一代码委员会于 2003 年 9 月联合成立了非营利性组织 EPC Global，将 EPC 纳入了全球统一标识系统，实现了全球统一标识系统中的 GTIN(Global Trade Item Number，全球贸易物品编码)编码体系与 EPC 概念的完美结合。

EPC Global 对于物联网的描述是：一个物联网主要由 EPC 编码体系、射频识别系统及信息网络系统 3 部分组成。

1) EPC 编码体系

物联网实现的是全球物品的信息实时共享。显然，首先要做的是实现全球物品的统一编码，即对在地球上任何地方生产出来的任何一件物品，都要给它打上电子标签。在这种电子标签上携带一个电子产品代码，并且全球唯一。电子标签代表了该物品的基本识别信息,例如,表示"A 公司于 B 时间在 C 地点生产的 D 类产品的第 E 件"。目前,欧美支持的 EPC 编码和日本支持的 UID 编码是两种常见的电子产品编码体系。EPC 编码有通用标识(GID),也有基于现有全球唯一的编码体系 EAN/UCC 的标识,如系列化全球贸易标识码 SGTIN、系列货运包装箱代码 SSCC、系列化全球位置码 SGLN、全球可回收资产标识符 GRAI、全球个人资产标识符 GIAI。这类标识又分为 96 位和 64 位两种,EPC编码体系如图 1-6 所示。

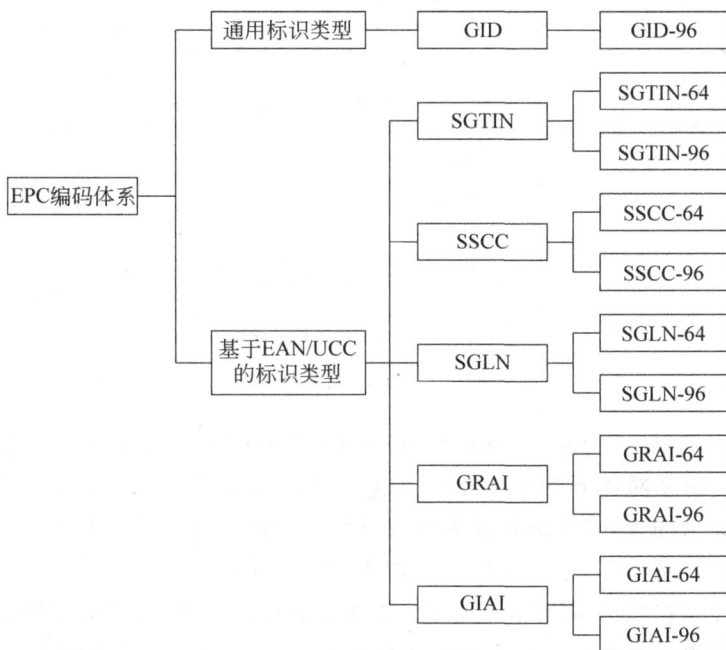

图 1-6 EPC 编码体系

2) 射频识别系统

射频识别系统包括 EPC 标签和读写器。EPC 标签是编号(每件商品唯一的号码,即牌照)的载体,当 EPC 标签贴在物品上或内嵌在物品中时,该物品与 EPC 标签中的电子产品代码就建立起了一对一的映射关系。EPC 标签从本质上来说是一个电子标签,通过 RFID 读写器可以对 EPC 标签内存信息进行读取。这个内存信息通常就是电子产品代码。电子产品代码经读写器报送给物联网中间件,经处理后存储在分布式数据库中。用户查询物品信息时,只要在网络浏览器的地址栏中输入物品名称、生产商、供货商等数据,就可以实时获悉物品在供应链中的状况。目前,与此相关的标准已制定,包括电子标签的封装标准、电子标签和读写器间的数据交互标准等。

3) EPC 信息网络系统

EPC 信息网络系统包括 EPC 中间件、发现服务和 EPC 信息服务 3 部分。

EPC 中间件通常指一个通用平台和接口,是连接 RFID 读写器和信息系统的纽带。它主要用于实现 RFID 读写器和后端应用系统之间的信息交互,捕获实时信息和事件,或向上传送给后端应用数据库软件系统以及 ERP 系统等,或向下传送给 RFID 读写器。

EPC 信息发现服务(discovery service)包括对象名解析服务(Object Name Service, ONS)以及配套服务,基于电子产品代码获取 EPC 数据访问通道信息。目前,根 ONS 系统和配套的发现服务系统由 EPC Global 委托 VeriSign 公司进行运维,其工作过程如图 1-7 所示。

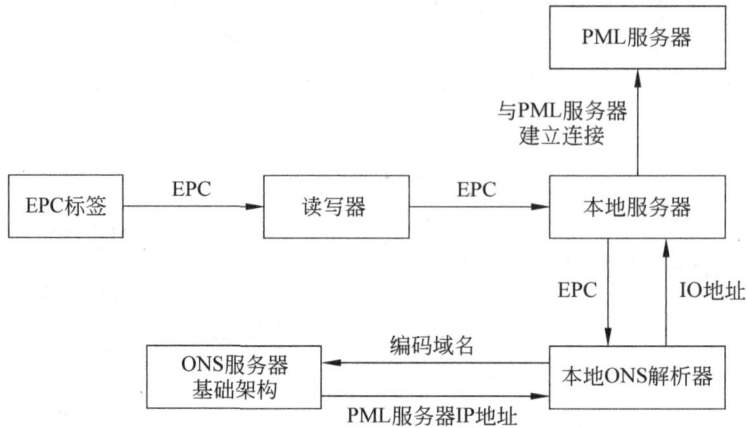

图 1-7　ONS 工作过程

EPC 信息服务(EPC Information Service,EPCIS)即 EPC 系统的软件支持系统,用以实现最终用户在物联网环境下交互 EPC 信息。EPCIS 以 PML 为系统的描述语言,主要包括客户端模块、数据存储模块和数据查询模块 3 个部分(在 EPC 1.0 中称为 PML 服务器,在 EPC 2.0 中完善了功能并称为 EPCIS 服务器)。客户端模块主要实现向指定 EPCIS 服务器传输物联网 EPC 标签信息;数据存储模块将通用数据存储于数据库中,在产品信息初始化的过程中调用通用数据生成针对每一个产品的属性信息,并将其存储于 PML 文档中;数据查询模块根据客户端的查询要求和权限访问相应的 PML 文档,生成 HTML 文档,返回给客户端。EPCIS 的工作流程如图 1-8 所示。

EPC 通信过程如图 1-9 所示,主要包括 3 个步骤:

(1) 对物体属性进行标识,属性包括静态和动态两种,静态属性可以直接存储在标签中,动态属性需要由传感器实时探测,阅读器通过无线传输读取 RFID 标签信息,并将其传输至 EPC 中间件。

(2) EPC 中间件过滤、整合阅读器送来的标签,询问 ONS 查找服务,获得一个或多个含有物品信息的主机的 URL 地址,以获取 EPCIS 服务器上更多的物品相关信息。

(3) EPCIS 解析 ONS 决定其提供哪些物品信息。

5. 物联网三层架构

国内业界公认物联网体系架构有 3 个层次,分别为感知层、网络层、应用层,如图 1-10 所示。

感知层主要采集物理世界中发生的物理事件和数据,包括各类物理量、标识、音频、视频数据。它是通过传感器、RFID、多媒体信息采集、二维码和实时定位等技术对物质属性、环境状态、行为态势等动态和静态信息进行大规模、分布式的信息获取与状态辨识。

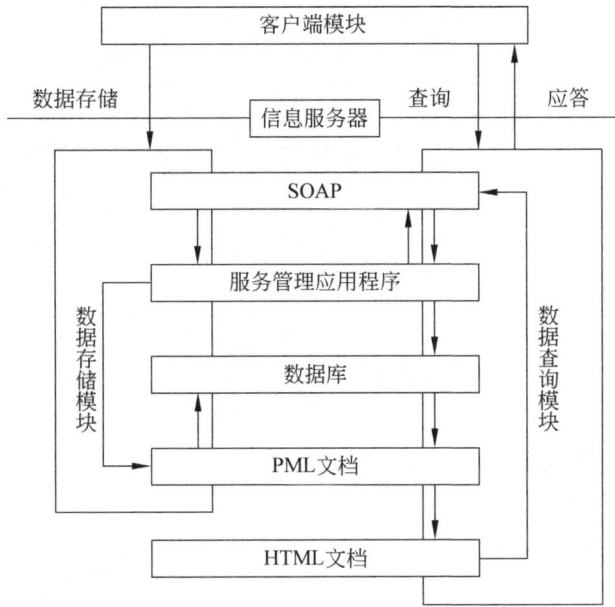

图 1-8　EPCIS 工作流程

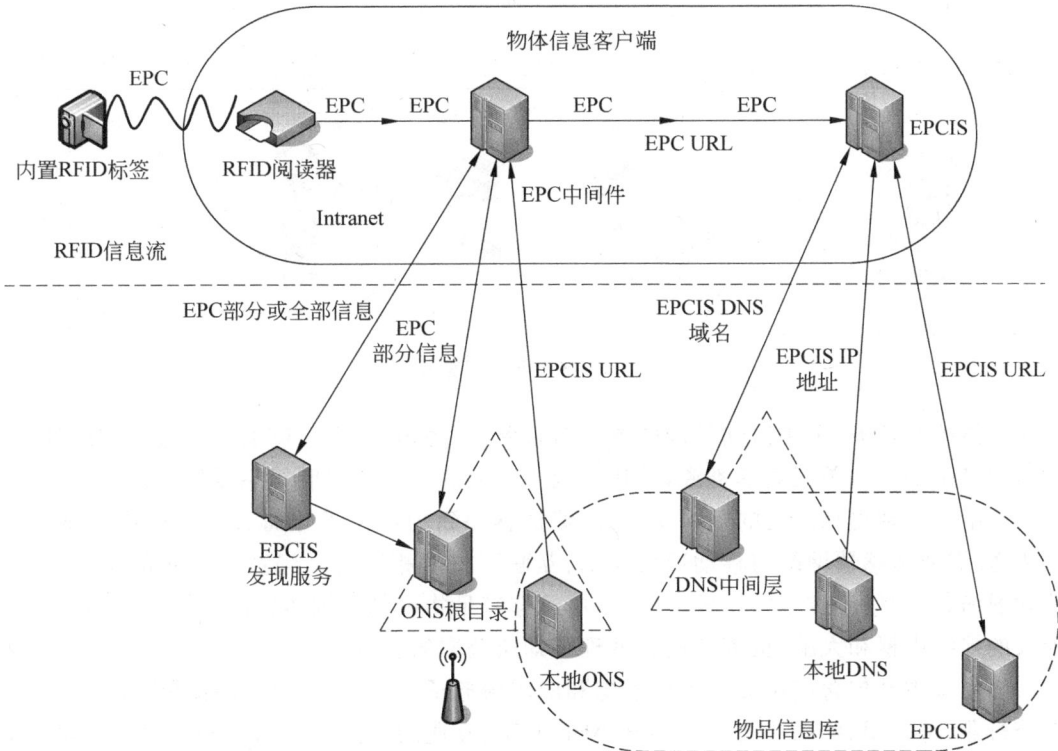

图 1-9　EPC 通信过程

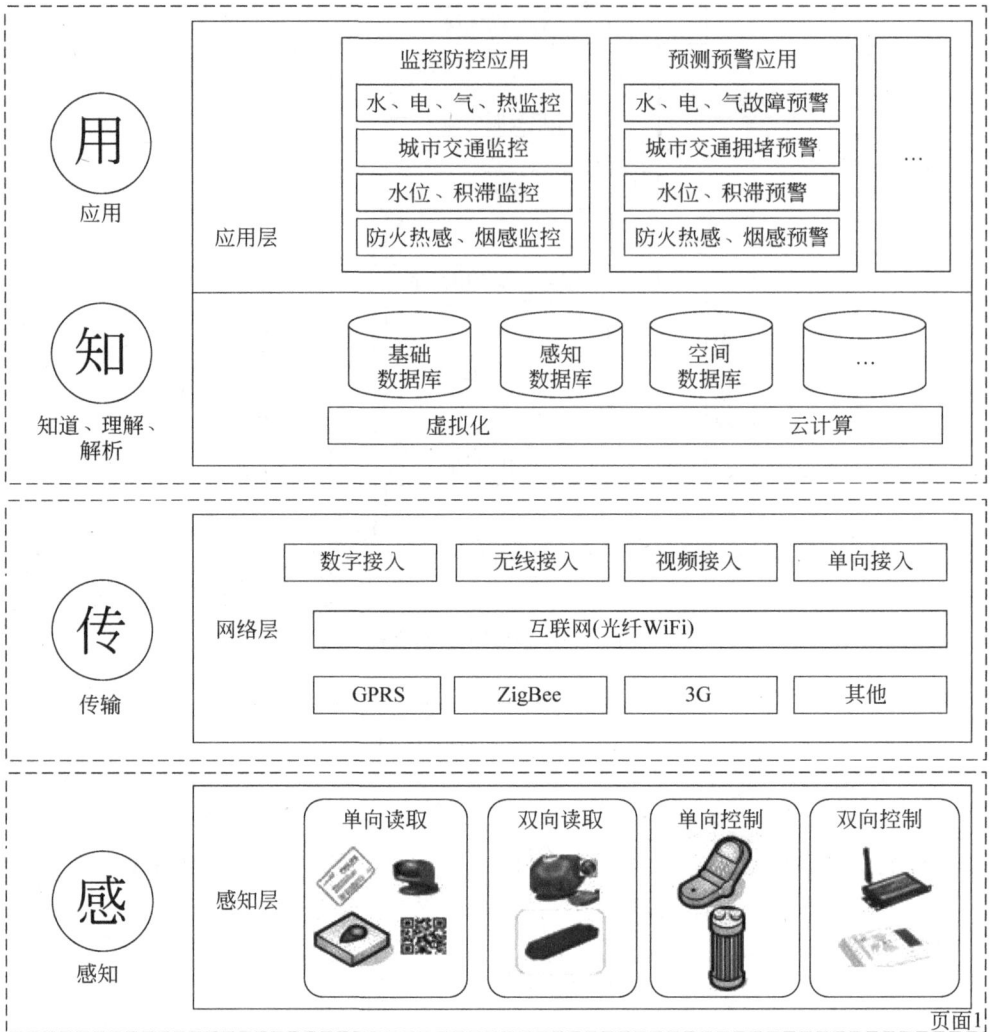

图 1-10　物联网 3 层架构图

针对具体感知任务,采用协同处理的方式对多种类、多角度、多尺度的信息进行在线计算,并与网络中的其他单元共享资源,其作用相当于人的五官和皮肤等感觉器官。

网络层实现更加广泛的互联功能,能够把感知到的信息无障碍、高可靠、高安全地进行传送,需要传感器网络与移动通信技术、互联网技术相融合。经过十余年的快速发展,移动通信、互联网等技术已比较成熟,基本能够满足物联网数据传输的需要。网络层相当于人的神经中枢和大脑,负责传递和处理感知层获取的信息。

应用层主要包含应用支撑平台子层和应用服务子层。其中应用支撑平台子层用于支撑跨行业、跨应用、跨系统之间的信息协同、共享、互通的功能。应用服务子层包括智能交通、智能医疗、智能家居、智能物流、智能电力等行业应用。应用层将物联网技术与行业专业系统相结合,实现广泛的物物互联应用。物联网的核心功能是对信息资源进行采集、开发和利用。应用层的主要功能是根据底层采集的数据,形成与业务需求相适应、实时更新的动态数据资源库,为各类业务提供统一的信息资源支撑,从而最终实现物联网各个行业领域应用。应用层通过建立、实时更新可重复使用的信息资源库和应用服务资源库,使得各类业务服务根据用户的需求组合,使得物联网的应用系统对于业务的适应能力明显提高。同时,各个行业应用可以在此基础上,根据业务和需求特点,开展相应的数据资源管理和应用,物联网按照应用领域对业务类型细分,包括绿色农业、工业监控、公共安全、城市管理、远程医疗、智能家居、智能交通和环境监测等各类业务服务,根据业务需求不同,对业务、服务、数据资源、共性支撑技术等进行裁剪,形成不同的应用解决方案。因此,应用层提升了对应用系统资源的重用度,为快速构建新的物联网应用奠定了基础,满足了物联网环境中复杂多变的网络资源应用需求和服务。

1.3　物联网关键技术

1.3.1　信息感知与处理技术

信息感知是构建整个物联网系统的基础,是物联网的“皮肤”和“五官”,依据人的综合感知能力,物联网感知可分为虚拟听觉系统、虚拟视觉系统、虚拟感觉系统、虚拟运行系统。其中,虚拟听觉系统可通过音频采集器获取音频数据,虚拟视觉系统通过摄像机、红外探测器获取图像等视频数据,虚拟感觉系统通过空气传感器、湿度传感器、温度传感器等获取体感数据,虚拟运行系统通过射频标签、GPS 等获取运行轨迹等动态数据。信息感知是实现人与物体沟通和对话的桥梁,是物联网应用最直接的环节,它为物联网应用提供了信息来源。信息感知最基本的形式是数据收集,即感知节点将感知数据通过网络传输到汇聚节点。

信息感知与处理技术涉及各个领域,种类纷繁复杂,包括 RFID、红外感应器、激光扫描、二维码、传感技术、GPS、视频探测等各类技术。但根据物体属性动态特性等特点,可以将信息感知与处理技术分为三类:①对物体静态数据及属性的感知,如 RFID、红外感应器、激光扫描、二维码;②对物体固定属性的动态感知,如传感网、GPS、北斗等;③对环境模糊信息的感知,如视频探头、摄像机等。RFID、传感技术、坐标定位技术三者均属于应用物联网的末端感知环节,且具有较强的协作性和互补性,这种协作性和互补性将不仅实现更为透彻的感知,而且将极大地提高信息感知的准确性。下面简单介绍这 3 种信息感知与处理技术。

1. 射频识别技术

RFID 技术广泛应用在社会生产生活各领域。日常生活中人们经常要使用各式各样的数字识别卡,如信用卡、电话卡、金融 IC 卡等。大部分识别卡是与读卡机作接触式连接来读取数据资料的,常见方法有磁条刷卡或 IC 芯片定点接触。这些用接触方式识别数据资料的做法,在长期使用下容易因磨损而造成资料判别错误,而且接触式识别卡有特定的接点,卡片有方向性,使用者常会因不当操作而无法正确判读资料。而 RFID 克服了上述缺点,采用射频信号以无线方式传送数据资料,因此,识别卡不必与读卡机接触就能读写数据资料。这种非接触式的方法无方向性要求,且卡片可置于口袋、皮包内,不必取出就能直接识别,免除了人们经常要从数张卡片中寻找特定卡片的烦恼。

RFID 常称为感应式电子芯片或近接卡、感应卡、非接触卡、电子标签、电子条码等,其基本原理是利用射频信号和空间耦合(电感或者电磁耦合)传输特性实现对被识别物体的自动识别,通常阅读器发送时所使用的频率称为 RFID 系统的工作频率,基本上可以划为 4 个范围:①低频(LF,10kHz~1MHz),常用的规格为 125kHz 与 135kHz 的标签;②高频(HF,1~400MHz),常用规格为 13.56MHz 的标签;③超高频(UHF,400MHz~1GHz),常用规格为 433MHz 和 868~960MHz 的标签;④微波(使用的频段范围为1GHz 以上),常用规格为 2.45GHz 和 5.8GHz 的标签。还有一些 RFID 系统采用的是复合频率,如双频 125kHz+6.8MHz 和混频/复合卡 LF+HF。

基本的 RFID 系统由 3 部分组成,如图 1-11 所示。一是标签,由耦合元件及芯片组成,每个标签具有唯一的电子编码,附着在物体上标识目标对象;二是阅读器,即读取(有时还可以写入)标签信息的设备,可设计为手持式或固定式;三是天线,在标签和阅读器间传递射频信号。电子标签中一般保存有约定格式的电子数据,在实际应用中,电子标签附着在待识别物体的表面,阅读器可无接触地读取并识别电子标签中所保存的电子数据,从而达到自动识别物体的目的。通常阅读器与计算机相连,所读取的标签信息被传送到计算机上进行下一步处理。

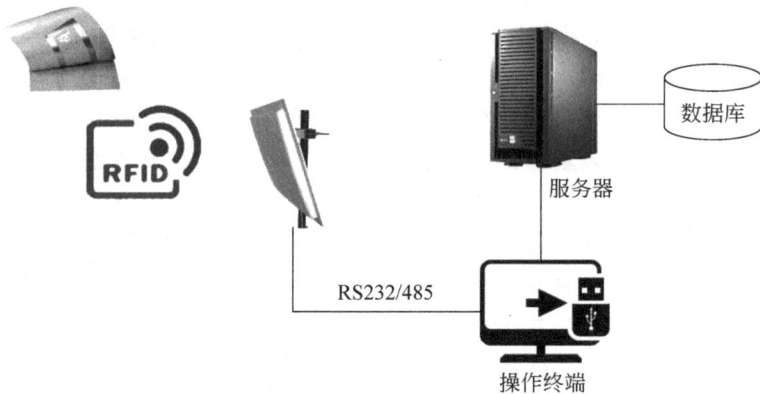

图 1-11 RFID 系统组成

RFID 标签主要功能在于接收到阅读器的命令后,将本身所存储的编码回传给阅读器。RFID 标签根据不同的功能可分为 3 种:①只读(Read Only,RO)标签,成本最低,其程序及数据编码在制造时写入,使用者无法更改数据的内容;②单次写入多次读取(One Time Programmable,OTP),允许使用者单次写入数据,数据在写入后便成为只读,无法更改;③多次读写(Read/Write,RW),价格昂贵,允许多次读写标签。RFID 标签根据有无电源分为 3 种:①被动式(Passive Tag),这类标签本身并无电源,其电源来自阅读器,由阅读器发射频率使感应器产生能量而将数据回传给阅读器,其体积比较轻薄短小,并且拥有相当长的使用年限,感应识别距离较短;②半主动(Battery Assisted),这类标签有电池,电池只对自身的数字电路供电,数据发送通过阅读器的能量场激活后,通过发射方式发送,感应距离较远;③主动式(Active Tag),这类标签价格较高,体积比被动式标签大,使用年限有限,但具有较长的感应距离。

和传统条形码等识别技术相比,RFID 有以下优势:

(1)快速扫描。一次只能有一个条形码受到扫描,而 RFID 阅读器可同时读取数个 RFID 标签。

(2)体积小型化,形状多样化。RFID 在读取时并不受标签大小与形状限制,不需为了读取精确度而规定纸张的固定尺寸和印刷品质。此外,RFID 标签更可向小型化与多样形态发展,以应用于不同产品。

(3)抗污染能力和耐久性。传统条形码的载体是纸张,因此,容易受到污染,而 RFID 对水、油和化学药品等物质具有很强的抵抗性。此外,由于条形码附于塑料袋或外包装纸箱上,所以特别容易受到折损,RFID 标签是将数据存在芯片中,因此可以免受污损。

(4)可重复使用。现在的条形码印刷之后就无法更改,RFID 标签则可以重复地新增、修改、删除其中存储的数据,方便信息的更新。

(5)穿透性和无屏障阅读。在被覆盖的情况下,RFID 能够穿透纸张、木材和塑料等非金属或非透明的材质,并能够进行穿透性通信。而条形码扫描机必须在近距离而且没有物体阻挡的情况下才可以辨读条形码。

(6)数据的存储容量大。一维条形码的容量是 50B,二维条形码最大的容量可储存 2～3000B,RFID 最大的容量则有数兆字节。随着存储载体的发展,数据容量也有不断扩大的趋势。未来物品所需携带的数据量会越来越大,对标签所能扩充的容量的需求也相应增加。

(7)安全性。由于 RFID 承载的是电子信息,其数据内容可用密码保护,使其内容不易被伪造及变造。

RFID 与其他识别方式的比较如表 1-1 所示。

表 1-1　RFID 与其他识别方式的性能比较分析

识别方式	信息载体	信息量	读写性	读取方式	保密性	智能化	抗干扰性	寿命	成本
条码/二维码	纸、塑料薄膜、金属表面	小	只读	CCD 或激光束扫描	差	无	差	较短	最低
磁卡	磁条	中	读写	扫描	中等	无	中	长	低
IC 卡	EEPROM	大	读写	接触	好	有	好	长	高
RFID 卡	EEPROM	大	读写	无线通信	最好	有	很好	最长	较高

RFID 的典型应用领域包括门禁考勤、图书馆、医药管理、仓储管理、物流配送、产品防伪、生产线自动化、身份证防伪、身份识别等。

其中低频(125kHz,135kHz)主要用于门禁管理、家畜识别、运动计时、托盘跟踪、汽车点火、无线商务等,其特点如下:

• 阅读距离一般小于 1m,可以通过增加功率提高距离。

- 天线线圈多且不能印刷。
- 存储容量是 64～2000B。
- 带宽窄,数据传输率较低。
- 不能多标签同时识别。
- 识别速度慢。
- 对干扰不敏感,在金属或液体环境中有较高的识别能力。

高频(13.56MHz)主要应用于供应链、票务、产品防伪等。其特点如下:

- 阅读距离可达 1.5m。
- 比低频线圈圈数少,天线可以印刷。
- 传输速率高于低频。
- 可以多标签同时识别。
- 对金属比较敏感,会减少识别距离和识读率。
- 在高湿度环境和液体中识别能力较差。

超高频(433MHz、960MHz)主要用于供应链、收费站、实时监控等。其特点如下:

- 阅读距离可达 20m。
- 天线印刷容易。
- 传输速率高。
- 阅读速度快。
- 多标签同时识别(80 张/秒)。
- 对高湿度环境和金属敏感,基本无法识别。

微波(2.45GHz、5.8GHz)用于交通工具控制和管理等。其特点如下:

- 简单的双极天线。
- 阅读距离大于 10m。
- 阅读速度快。
- 对高湿度环境和金属敏感,基本无法识别。

下面是 RFID 技术的两个典型应用。

(1) 铁路车号自动识别系统(ATIS)。

国内最早应用 RFID 系统,也是应用 RFID 范围最广的系统,开发于 20 世纪 90 年代中期。该系统可实时、准确无误地采集机车、车辆运行状态数据,如机车车次、车号、状态、位置、去向和到发时间等信息,实时追踪机车车辆;该系统已遍及全国及 18 个铁路局、7 万多千米铁路,超过 55 万辆机车和车厢安装了无源 RFID 标签。

(2) 北京奥运会门票。

北京奥运会期间,共发售了 1600 万张 RFID 门票。这种门票防伪性能良好,观众入场时手持门票通过检票设备即可,省去了人工验票过程;门票使用了国内自主开发的最小的 RFID 芯片,芯片最小面积 0.3mm², 厚度最小达到 50μm,可嵌入到纸张内。

2. 传感技术

物联网感知层的传感技术体现在传感器上。传感器位于物联网的末梢,通过有线或无线的方式接入与互联网相结合而成的泛在网络,实现物理节点的识别和管理,使得计算无处不在。传感器对外界模拟信号进行探测,将声、光、温、压等模拟信号转化为适合计算机处理的数字信号,以达到信息的传送、处理、存储、显示、记录和控制的要求,使物联网中的节点充满感应能力,通过与信息平台的相互配合实现自检和自控的功能。

传感器是一种能够对当前状态进行识别的元器件,当特定的状态发生变化时,传感器能够立即察觉出来,并且能够向其他的元器件发出相应的信号,以告知状态的变化。对于传感器,国家标准 GB 7665—1987 是这样定义的:"能感受规定的被测量并按照一定的规律转换成可用信号的器件或装置,通常由敏感元件和转换元件组成。"也就是说,传感器是一种检测装置,能感受到被测量的信息,并能将检测感受到的信息按一定规律变换成为电信号或其他所需形式的信息输出,以满足信息的传输、处理、存储、显示、记录和控制等要求。它是实现自动检测和自动控制的首要环节。

传感器根据不同的标准可以分成不同的类别。按照被测参量,可分为机械量参量(如位移传感器和速度传感器)、热工参量(如温度传感器和压力传感器)、物性参量(如 pH 传感器和氧含量传感器)。按照工作机理,可分为物理传感器、化学传感器和生物传感器。物理传感器是利用物质的物理现象和效应感知并检测出待测对象信息的器件;化学传感器是利用化学反应来识别和检测信息的器件;生物传感器是利用生物化学反应的器件,由固定生物体材料和适当转换器件组合成的系统,与化学传感器有密切关系。按照能量转换,可分为能量转换型传感器和能量控制型传感器。能量转换型传感器主要由能量转换元件构成,不须外加电源,基于物理效应产生信息,如热敏电阻、光敏电阻等。能量控制型传感器在信息变换过程中需外加电源供给,如霍尔传感器、电容传感器。按传感器使用材料,可分为半导体传感器、陶瓷传感器、复合材料传感器、金属材料传感器、高分子材料传感器、超导材料传感器、光纤材料传感器、纳米材料传感器等。按传感器输出信号,可分为模拟传感器和数字传感器。数字传感器直接输出数字量,不须使用 A/D 转换器,就可与计算机联机,提高系统可靠性和精确度,具有抗干扰能力强、适宜远距离传输等优点,是传感器的发展方向之一。

传感器广泛应用于太空卫星、运载火箭、民用飞机、建筑物、各种车辆、船舰、潜艇。一般而言,一辆汽车可以用 20～30 个传感器,一架飞机用到迎角、侧滑角传感器、飞机姿态传感器、各种参数传感器(如液压、油压、发动机振动量、滑油金属屑)、各种消耗品传感器(如油料剩余量、消耗速度传感器)、结冰传感器、火警传感器、刹车压力传感器、极限传感器、过载传感器、生命传感器以及各种多余度系统的自动转换传感器等,多达三四千个传感器。

传感器最初只对单个时间进行直接的数据采集、反馈和控制,输出的信号也是非标准的。随着技术的发展,传感器在完成自身控制需求外,还可将采集到的信息传递给中心指挥系统。这些基于中央处理器的中心指挥系统与多个分散的自控设备共同组成了具有系统化与群体协作能力的控制体系。传感器具体来说有以下特点:

- 技术复杂,原理不一。传感器涉及几乎所有技术领域,跨学科技术很多。如压力传感器涉及材料、半导体技术以及精密机械加工技术等。
- 同一品种的传感器,因技术和应用不同,不可互相替代,难以做到大规模生产。如压力传感器有应变式、压电式、压阻式、电容式甚至光纤式,压阻式还有陶瓷、蓝宝石等。

- 形状不同,大小不同。因为生产加工工艺截然不同,轻重相差较大,小至微纳米技术的压力传感器,大至大吨位称重传感器。
- 单价差异很大。热敏电阻作为温度传感器,单价仅 0.1 元,同样,工业用红外温度传感器单价为两三万元。

以下介绍 RFID 技术的 4 种典型应用。

（1）工业领域。

在工业生产领域,传感器技术是产品检验和质量控制的重要手段,同时也是产品智能化的基础。传感器技术在工业生产领域中广泛应用于产品的在线检测,如零件尺寸、产品缺陷等,实现了产品质量控制的自动化,为现代品质管理提供了可靠保障。另外,传感器技术与运动控制技术、过程控制技术相结合,应用于装配定位等生产环节,促进了工业生产的自动化,提高了生产效率。在工业生产中,传感器可以对一体化设备进行运行状态检测、位移检测、伺服和步进的定位检测、流水线的状态检测、设备的安全防护检测、温度和湿度检测、气体和液体的流量检测、压力和张力距离检测等。

传感器技术在智能汽车生产中至关重要。传感器作为汽车电子自动化控制系统的信息源、关键部件和核心技术,其技术性能将直接影响汽车的智能化水平。目前普通轿车约需要安装几十至近百只传感器,而豪华轿车上传感器的数量更是多达两百余只。发动机部分主要安装温度传感器、压力传感器、转速传感器、流量传感器、气体浓度和爆震传感器等,它们需要向发动机的电子控制单元（Electronic Control Unit,ECU）提供发动机的工作状况信息,对发动机的工作状况进行精确控制。汽车底盘使用了车速传感器、踏板传感器、加速度传感器、节气门传感器、发动机转速传感器、水温传感器、油温传感器等,从而实现了控制变速器系统、悬架系统、动力转向系统、制动防抱死系统等功能。车身部分安装温度传感器、湿度传感器、风量传感器、日照传感器、车速传感器、加速度传感器、测距传感器、图像传感器等,有效地提高了汽车的安全性、可靠性和舒适性等。

（2）日常生活领域。

在日常生活领域,传感技术也日益成为不可或缺的一部分。首先,传感器技术普遍应用于家用电器,如数码相机和数码摄像机的自动对焦,空调、冰箱、电饭煲等的温度检测,遥控接收的红外检测等。苹果的 iPhone 配备了大量传感器,如 TouchID 指纹扫描仪和 M7 运动感应芯片。TouchID 指纹传感器用于解锁设备以及在 iTunes 和 AppStore 中进行购物授权,TouchID 不会将已扫描的用户指纹存储在传感器中,或远程存储在 iCloud 云存储服务中。加密的指纹数据存储于 iPhone 的 A7 芯片。如果设备重启,或是在超过 48h 内没有使用,那么数据就会丢失,在这样的情况下,用户只需重新输入密码即可。其次,办公商务中的扫描仪和红外传输数据装置等也采用了传感器技术。

（3）医疗领域。

在医疗领域,数字体温计、电子血压计、血糖测试仪等设备均是传感器技术的产物。近日科学家发明出一种电子药丸,它带有传感器,可以将人体内的信息发送给医生。每一粒这样的药丸内置一种传感器,当它被病人吞服到口中,进入胃部,药物部分被胃部消化之后,这种传感器便可以使用胃酸产生电力,然后向外发出信息。这种技术被看做是未来的希望。美国 Proteus Digital Health 公司目前是该技术的研发者。他们觉得这种技术可以帮助医生更加准确地诊断病情,防止错误用药的情况,也可帮助人们更加准确地使用药物。

(4) 军事科技领域。

在军事科技领域,传感技术的应用主要体现在地面传感器上,其特点是结构简单,便于携带,易于埋伏和伪装,可用于飞机空投、火炮发射或人工埋设到交通线上和敌人出现的地段,用来执行预警、地面搜索和监视任务。当前的军事领域使用的传感器主要有震动传感器、声响传感器、磁性传感器、红外传感器、电缆传感器、压力传感器和扰动传感器等。传感器技术在航天领域中的作用更是举足轻重,用于火箭测控、飞行器测控等。

3. 坐标定位技术

目前常用的定位方式有 GPS 定位、基站定位、WiFi 定位、IP 定位、RFID/二维码等标签识别定位、蓝牙定位、声波定位、场景识别定位。卫星空间定位作为一种全新的现代定位方法,已逐渐在越来越多的领域取代了常规光学和电子仪器。20 世纪 80 年代以来,尤其是进入 20 世纪 90 年代以来,GPS 卫星定位和导航技术与现代通信技术相结合,在空间定位技术方面引起了革命性的变化。

常见的 GPS 定位的原理是:GPS 由 24 颗工作卫星组成,使得在全球任何地方、任何时间都可观测到 4 颗以上的卫星,测量出已知位置的卫星到用户接收机之间的距离,然后综合多颗卫星的数据就可知道接收机的具体位置。在整个天空范围内寻找卫星是很低效的,因此通过 GPS 进行定位时,第一次启动可能需要数分钟的时间。这也是在使用地图的时候经常会先出现一个大的圈,之后才会精确到某一个点的原因。不过,如果在进行定位之前能够事先知道自己的粗略位置,查找卫星的速度就可以大大缩短。

GPS 系统使用的伪码一共有两种,分别是民用的 C/A 码和军用的 P(Y)码。民用精度约为 10m,军用精度约为 1m。GPS 的优点在于无辐射,但是穿透力很弱,无法穿透钢筋水泥,通常要在室外看得到天的状态下才行。信号被遮挡或者衰减时,GPS 定位会出现漂移,在室内或者较为封闭的空间无法使用。正是由于 GPS 的这种缺点,所以经常需要辅助定位系统帮助完成定位,如 A-GPS。iPhone 就使用了 A-GPS,即基站或 WiFi AP 初步定位后,根据机器内存储的 GPS 卫星表来快速寻星,然后进行 GPS 定位。在民用的车载导航设备领域,目前比较成熟的是 GPS ＋ 加速度传感器补正算法定位。在日本的车载导航市场是由 Sony 公司的便携式车载导航系统 Nav-U1 最先引入量产。

迄今,四大卫星导航系统有美国的 GPS、俄罗斯的 GLONASS 系统、中国的北斗卫星导航系统(BeiDou Navigation Satellite System)以及欧洲计划推出的卫星导航系统 Galileo。

1) 中国北斗系统

"北斗一号"是双向的,既有定位又有通信的系统,但是有容量限制。北斗卫星导航系统由 5 颗静止轨道卫星和 30 颗非静止轨道卫星组成,军民两用,计划 2020 年完成全球的部署。

早在 20 世纪 70 年代,我国就开始研究利用卫星进行地面定位服务。从 2000 年到 2003 年,我国成功发射了 3 颗北斗导航试验卫星,建立起完善的北斗导航试验系统,成为世界上继美国、俄罗斯之后第三个拥有自主卫星导航系统的国家。目前,已发射升空的 3 颗北斗卫星已成功应用于我国的测绘、电信、水利、渔业、交通运输、森林防火、减灾救灾和国家安全等诸多领域,产生了显著的经济效益和社会效益。

北斗卫星导航系统是中国正在实施的自主发展、独立运行的全球卫星导航系统。系统建设目标是:建成独立自主、开放兼容、技术先进、稳定可靠的覆盖全球的北斗卫星导航系统,促进卫星导航产业链形成,形成完善的国家卫星导航应用产业支撑、推广和保障体系,推动卫星导航在国民经济社会各行业的广泛应用。

北斗卫星导航系统由空间段、地面段和用户段 3 部分组成,空间段包括 5 颗静止轨道卫星和 30 颗非静止轨道卫星,地面段包括主控站、注入站和监测站等若干个地面站,用户段包括北斗用户终端以及与其他卫星导航系统兼容的终端。

2）美国的 GPS 系统

美国的全球定位系统(GPS)是世界上第一个,也是目前使用最多的全球卫星导航定位系统。它是一个接收型的定位系统,只转播信号,用户接收信号就可以定位了,不受容量的限制。

3）欧洲“伽利略”系统

欧洲“伽利略”(Galileo)系统与 GPS 相比,有较大的不同。伽利略系统是欧洲空间局与欧盟在 1999 年合作启动的,该系统民用信号精度最高可达 1m,是美国 GPS 的 10 倍。计划中的伽利略系统由 30 颗卫星组成。“伽利略”更多地用于民用,不少专家形象地比喻说,如果说 GPS 只能找到街道,“伽利略”则可找到车库门。

4）俄罗斯“格洛纳斯”系统

“格洛纳斯”(GLONASS)是苏联国防部于 20 世纪 80 年代初开始建设的全球卫星导航系统,从某种意义上来说是冷战的产物。美制 GPS 从卫星回馈到地面的 GPS 信号很弱,如果对方采取多种干扰,都会使地面 GPS 接收机无法正常工作。而“格洛纳斯”系统的卫星具有更强的抗干扰能力。

1.3.2　通信技术

物联网网络层是在现有网络的基础上建立起来的,它与目前主流的移动通信网、国际互联网、企业内部网、各类专网等网络一样,主要承担着数据传输的功能,特别是当三网融合后,有线电视网也能承担数据传输的功能。在物联网中,要求网络层能够把感知层感知到的数据无障碍、高可靠、高安全地进行传送,它解决的是感知层所获得的数据在一定范围内,尤其是远距离地传输的问题。同时,物联网网络层将承担比现有网络更大的数据量,并且面临更高的服务质量要求。

物联网的实现涉及近程通信技术和远程运输技术。与物联网实现技术结合的远距离连接技术有 GSM、GPRS、UMTS、WiMAX 城域网无线接入技术、超宽带技术等,近距离连接技术有 WiFi、蓝牙、ZigBee、红外、RFID 和 UWB 等,此外还有 XML 和 Corba,以及基于 GPS、无线终端和网络的位置服务技术等。物联网实现有线与无线的结合、宽带与窄带的结合、感知网与通信网的结合。

物联网涉及的通信技术主要包括：

- Internet 技术。
- 2G/3G/4G 技术。
- WiMAX 城域网无线接入技术。
- WiFi 技术。
- 蓝牙技术。
- ZigBee 技术。
- 超宽带技术。

1. Internet 技术

Internet，中文译为因特网，广义的因特网叫互联网，是以相互交流信息资源为目的，基于一些共同的协议，并通过许多路由器和公共互联网连接而成，它是一个信息资源和资源共享的集合。凡是使用 TCP/IP 协议，并能与 Internet 中任意主机进行通信的计算机，无论是何种类型，采用何种操作系统，均可看成是 Internet 的一部分，可见 Internet 覆盖范围之广，物联网也被认为是 Internet 的进一步延伸。

Internet 将作为物联网主要的传输网络之一，然而为了让 Internet 适应物联网大数据量和多终端的要求，业界正在发展一系列新技术。其中，由于 Internet 中用 IP 地址对节点进行标识，而目前的 IPv4 受制于资源空间耗竭，已经无法提供更多的 IP 地址，所以 IPv6 以其近乎无限的地址空间将在物联网中发挥重大作用。引入 IPv6 技术，使网络不仅可以为人类服务，还将服务于众多硬件设备，如家用电器、传感器、远程照相机、汽车等，它将使物联网无所不在、无处不在地深入社会每个角落。

2. 2G/3G/4G 技术

1）2G 技术

2G 是第二代手机通信技术规格的简称，一般定义为无法直接传送如电子邮件、软件等信息，只具有通话和时间日期等传送的手机通信技术，其是以数字语音传输技术为核心。2G 技术可以分为两种：一种是基于 TDMA 所发展出来的，以 GSM 为代表；另一种则是 CDMA 规格，是复用（multiplexing）形式的一种。

GSM（Global System for Mobile Communications）是全球移动通信系统的简称，GSM 是一个蜂窝网络，它一共有 4 种不同的蜂窝单元尺寸：巨蜂窝、微蜂窝、微微蜂窝和伞蜂窝。覆盖面积因不同的环境而不同。巨蜂窝是将基站天线安装在天线杆或者建筑物顶上的蜂窝单元。微蜂窝则是天线高度低于平均建筑高度的蜂窝单元，一般用于市区内。微微蜂窝是只覆盖几十米范围的蜂窝，主要用于室内。伞蜂窝则用于覆盖更小的蜂窝网的盲区，填补蜂窝之间的信号空白区域。目前，中国移动、中国联通各拥有一个 GSM 网，为世界最大的移动通信网络。GSM 系统包括 GSM 900：900MHz、GSM1800：1800MHz 及 GSM1900：1900MHz 等几个频段。

CDMA（Code Division Multiple Access，码分多址）是基于码分技术和多址技术的通信系统，系统为每个用户分配各自的特定地址码。地址码之间具有相互准正交性，从而在时间、空间和频率上都可以重叠,增强了抗干扰能力。CDMA 允许所有使用者同时使用全部频带(1.2288MHz),且把其他使用者发送的信号视为杂信,完全不必考虑到信号碰撞问题。中国联通于 2002 年 1 月正式开通了 CDMA 网络,2008 年 10 月后转由中国电信经营,手机号段为 133、153、189 以及 180 等。

2)3G 技术

3G 是第三代移动通信技术的简称,是指支持高速数据传送的蜂窝移动通信技术,3G 服务能够同时传送语音及数据信息(电子邮件、即时通信等)。国内支持国际电联确定的 3 个无线接口标准,分别是中国移动的 TD-SCDMA、中国联通的 WCDMA、中国电信的 CDMA2000,上述接口标准都是基于 CDMA 技术的。

TD-SCDMA(Time Division Synchronous CDMA,时分同步码分多址)是中国独立研发的 3G 标准,该标准集 CDMA、TDMA、FDMA 技术优势于一体、系统容量大,频谱利用率高,抗干扰能力强。TD-SCDMA 采用 TDD 技术,上下行使用相同频率,易于引入智能天线、多用户检测等信息数据。TD-SCDMA 主要工作频段为 1880~1920MHz、2010~2025MHz、2300~2400MHz,采用了智能天线、联合检测、接力切换、动态信道分配以及上行同步等技术,有效提高了系统性能。

WCDMA,全称为 Wideband CDMA(宽频码分多址),也称为 CDMA Direct Spread(码分多址直接扩频),其核心网基于演进的 GSM、GPRS 网络技术,空中接口采用直接序列扩频,是欧洲提出的宽带 CDMA 技术,它与日本提出的宽带 CDMA 技术基本相同。WCDMA 已是当前世界上采用的国家及地区最广泛,终端种类最丰富的 3G 标准,占据全球 80% 以上市场份额。它可以支持 384kbps 到 2Mbps 不等的数据传输速率,在高速移动的状态,可提供 384kbps 的传输速率,在低速移动或室内环境下,则可提供高达 2Mbps 的传输速率。WCDMA 工作频率上行 1920~1980MHz,下行 2110~2170MHz。WCDMA 的支持者主要是以 GSM 系统为主的欧洲厂商,日本公司也或多或少参与其中,包括欧美的爱立信、阿尔卡特、诺基亚、朗讯、北电以及日本的 NTT、富士通、夏普等厂商。这套系统能够基于现有的 GSM 网络,可以较轻易地过渡到 3G,因此 WCDMA 具有先天的市场优势。

CMDA2000 是由美国高通北美公司为主导,摩托罗拉、朗讯、北电及韩国三星等提出的基于 CMDA One 的系统方案,可以从原有的 CDMA One 结构直接升级到 3G,建设成本低廉。CDMA2000 家族包含 CDMA2000-1X、CDMA2000-1X-EV、CDMA2000-3X 等。CDMA2000-1X 是 CDMA2000 的无线单载波系统,采用与 IS-95 相同的带宽,速率高于 IS-95,容量提高了一倍。CDMA2000-1X-EV 是在 CDMA2000-1X 基础上进一步提高速率的增强体制,采用高数据速率(High Data Rate,HDR)技术,能在 1.25MHz 内提供 2Mb/s 以上的数据业务。但 CDMA 2000-1X 在技术指标上又并非完全符合 3G 的标准,所以一般称其为 2.75G。CDMA2000-3X 是 CDMA2000 的无线多载波系统,它与 CDMA2000-1X 的主要区别是前向 CDMA 信道采用 3 载波方式,因此它的优势在于能提供更高的数据速率,但占用频谱资源也较宽。CDMA2000 工作频段分为 13 个频段级别 (Band Class),其中包括 400MHz、450MHz、800MHz、900MHz、1800MHz、1900MHz 和 2GHz 频段。

3）4G 技术

4G 集 3G 与 WLAN 于一体,并能够传输高质量视频图像,它的图像传输质量与高清晰度电视不相上下。ITU 认为 4G 是基于 IP 协议的高速蜂窝移动网,现有的各种无线通信技术从现有 3G 演进,并在 3GLTE 阶段完成标准统一。ITU4G 要求传输速率比现有网络高 1000 倍,达到 100Mb/s。尽管它最初的意义在于能允许 100Mb/s 的下载速度和其他的速度需求,但国际电信联盟放松了 4G 的定义,规定任何能在 3G 基础上有实质改进的都叫 4G,目前 ITU 已经将 WiMAX、HSPA＋、LTE 正式纳入 4G 标准,加上之前就已经确定的 LTE-Advanced 和 Wireless MAN-Advanced 这两种标准,目前 4G 标准已经达到了 5 种。

在中国,工业和信息化部给中国移动发放 TD-LTE 牌照,中国电信和中国联通均获发 TD-LTE 和 FDD LTE 两张牌照。中国移动获得 130MHz,分别为 1880～1900MHz、2320～2370MHz、2575～2635MHz;中国电信获得 40MHz,分别为 2370～2390MHz、2635～2655MHz;中国联通也获得 40MHz,分别为 2300～2320MHz、2555～2575MHz。因此,国内都是基于 LTE-Advanced 技术标准。LTE-Advanced 包含 TDD(Time Division Duplexing,时分双工)和 FDD(Frequency Division Duplexing,频分双工)两种制式,其中 TD-SCDMA 将能够进化到 TDD 制式,而 WCDMA 网络能够进化到 FDD 制式。移动主导的 TD-SCDMA 网络期望能够直接绕过 HSPA＋网络而直接进入到 LTE。

FDD 和 TDD 是两种不同的双工方式。FDD 是在分离的两个对称频率信道上进行接收和发送,用保护频段来分离接收和发送信道。FDD 必须采用成对的频率,依靠频率来区分上下行链路,其单方向的资源在时间上是连续的。FDD 在支持对称业务时,能充分利用上下行的频谱,但在支持非对称业务时,频谱利用率将大大降低。FDD-LTE 是最早提出的 LTE 系统模式,发展至今最为成熟,在世界各国推广的 LTE 系统模式中也最为普遍,备受网络基础设备厂商和终端生产商的支持,高通就是 FDD-LTE 的主要支持者和芯片供应商之一。

国内大规模试验的属于中国移动的 TD-LTE。在 TDD 方式的移动通信系统中,接收和发送使用同一频率载波的不同时隙作为信道的承载,其单方向的资源在时间上是不连续的,时间资源在两个方向上进行了分配。某个时间段由基站发送信号给移动台,另外的时间段由移动台发送信号给基站,基站和移动台之间必须协同一致才能顺利工作。未来中国移动采购的 TD-LTE 终端要支持多模多频,兼容 GSM、TD-SCDMA、WCDMA、TD-LTE、FDD-LTE 等多种网络制式,支持多种频段,以为后期的全球漫游和终端间通用做好准备。中国电信表示,4G 终端将主要围绕手机、数据终端和 SIM 卡 3 类产品,手机方面将推出 FDD 模式,部署 CDMA＋WCDMA＋GSM＋FDD-LTE 的 4 模 9 频产品;在数据终端方面,包括数据卡、MiFi 和 CPE 产品将采用 TDD＋WiFi 及 TDD＋FDD＋WiFi 的制式组合;在 SIM 卡方面,新卡将支持 LTE 和 NFC。

截至 2016 年 11 月,中国移动已建成 146 万个 4G 基站,覆盖人口超过 13 亿,实现全国乡镇以上连续覆盖和行政村热点覆盖。4G 用户达到 5.1 亿,拥有我国近七成(69％)的 4G 用户。据 GSMA 移动智库(GSMA Intelligence)预测,中国的 4G 连接将从 2014 年末的 1 亿(8％)上升到 2020 年的 10 亿,约占 2/3 的市场。

目前,5G 也处于快速发展阶段。2016 年 11 月美国高通公司发布了可以实现"万物互联"的 5G 技术原型,预计 2018 年发布首个 5G 技术标准,2020 年 5G 网络才开始真正商用,到那时依然是 4G 与 5G 并存的局面,届时 4G 会扩展到功能机,而智能手机逐步过渡到 5G 网络。

3. WiMAX 城域网无线接入技术

随着通信网的进一步发展,WiMAX(Worldwide Interoperability for Microwave Access,全球微波接入互操作性)作为一种面向"最后一公里"接入的标准,尤其在目前全球缺乏统一宽带无线接入标准之际,有重要的现实意义与战略价值。但是从现在的实践来看,大量的多媒体应用给现有移动网络资源造成巨大消耗,远远超过了相关收入的增加。所以在保证服务质量的前提下,有效地降低每比特成本以更好地满足用户需求对运营商意义重大,WiMAX 正是这样一种极具潜力的应用。

IEEE 802.11 系列标准在无线局域网(LAN)领域获得巨大成功之后,IEEE 进而希望将这种成功的应用模式推向更广阔的无线城域网(WMAN)的领域。1999 年,IEEE 专门成立了 IEEE 802.16 工作组,其主要任务是开发工作于 2~66GHz 频带的无线接入系统空中接口物理层(PHY)和媒体接入控制层(Media Access Control,MAC)规范,同时还有与空中接口协议相关的一致性测试以及不同无线接入系统之间的共存规范。IEEE 802.16 规定的无线系统主要应用于城域网。根据是否支持移动特性,IEEE 802.16 标准可以分为固定宽带无线接入空中接口标准和移动宽带无线接入空中接口标准,其中 IEEE 802.16、IEEE 802.16a、IEEE 802.16d 属于固定无线接入空中接口标准,而 IEEE 802.16e 属于移动宽带无线接入空中标准。

2001 年,由业界主要的无线宽带接入厂商和芯片制造商成立了非营利工业贸易联盟组织——WiMAX。该联盟对基于 IEEE 802.16 标准和 ETSI Hiper MAN 标准的宽带无线接入产品进行兼容性和互操作性的测试和认证,发放 WiMAX 认证标志,借此推动无线宽带接入技术的发展。IEEE 802.16 工作组于 2001 年 12 月通过最早的 IEEE 802.16 标准,2003 年 4 月,发布了修正和扩展后的 IEEE 802.16a 标准。该标准的工作频段为 2~11GHz,在 MAC 层提供了 QoS(Quality of Service,服务质量)保证机制,支持语音和视频等实时性业务。2004 年 7 月,通过了 IEEE 802.16d,对 2~6GHz 频段的空中接口物理层和 MAC 层做了详细的规定。该协议是相对成熟的版本,业界各大厂商基于该标准开发产品。2005 年 10 月,IEEE 正式批准 IEEE 802.16e 标准,该标准在 2~6GHz 频段上支持移动宽带接入,实现了移动中提供高速数据业务的宽带无线接入解决方案。

WiMAX 技术是针对微波和毫米波频段提出的一种新的空中接口标准,其主要目标是提供一种在城域网一点对多点的多厂商环境下可有效地互操作的宽带无线接入手段。

WiMAX 网络体系架构如图 1-12 所示,包括核心网络、用户基站(Subscriber Station,SS)、基站(Base Station,BS)、接力站(Relay Station,RS)、用户终端设备(Terminal Equipment,TE)和网管。

(1)核心网络。WiMAX 连接的核心网络通常为传统交换网或因特网。WiMAX 提供核心网络与基站间的连接接口,但 WiMAX 系统并不包括核心网络。

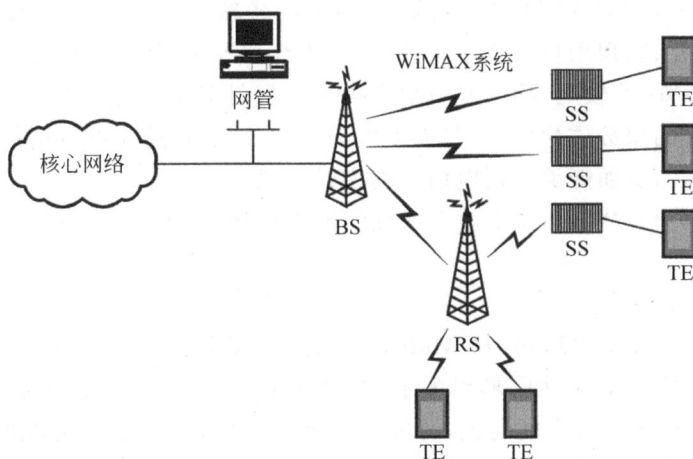

图 1-12　WiMAX 网络体系架构

(2) 基站。提供用户基站与核心网络间的连接,通常采用扇形/定向天线或全向天线,可提供灵活的子信道部署与配置功能,并根据用户群体状况不断升级扩展网络。

(3) 用户基站。属于基站的一种,提供基站与用户终端设备间的中继连接,通常采用固定天线,并被安装在屋顶上。基站与用户基站间采用动态适应性信号调制模式。

(4) 接力站。在点到多点体系结构中,接力站通常用于提高基站的覆盖能力,也就是说充当一个基站和若干个用户基站(或用户终端设备)间信息的中继站。接力站面向用户侧的下行频率可以与其面向基站的上行频率相同,当然也可以采用不同的频率。

(5) 用户终端设备。WiMAX 系统定义用户终端设备与用户基站间的连接接口,提供用户终端设备的接入。但用户终端设备本身并不属于 WiMAX 系统。

(6) 网管。用于监视和控制网内所有的基站和用户基站,提供查询、状态监控、软件下载、系统参数配置等功能。

WiMAX 的主要优势如下:

(1) WiMax 可以实现更远的传输距离。其 50km 的无线信号传输距离是无线局域网所不能比拟的,其网络所覆盖面积是 3G 发射塔的 10 倍,只要建设少数基站就能实现全城覆盖,这样就使得无线网络应用的范围大为扩展。

(2) WiMax 能够向互联网提供更高速的无线宽带接入。其所能提供的最高接入速度是 75Mb/s,这个速度是原 3G(非指 HSDPA 等)所能提供的宽带速度的 30 倍,数据传输能力强大,可弥补 3G 在数据传输速率与 WLAN 涵盖范围上的不足。对无线网络来说,WiMAX 还有另外一个惊人的数据优势,即能实现一定范围内的移动性。这与 3G 有些相似,但二者也有差别。WiMAX 倡导的是将宽带无线化,而 3G 倡导的是将无线宽带化。也就是说,WiMAX 和 3G 的基础构架和着重点并不相同。

(3) 提供优良的最后一公里网络接入服务,这也是 WiMAX 的主要市场定位。作为一种无线城域网技术,它可以将 WiFi 热点连接到互联网,也可作为 DSL 等有线接入方式的无线扩展,被视为是实现最后一公里的宽带网络无线接入(Broadband Wireless Access,BWA)的极佳实现方法。WiMAX 作为线缆和 DSL 的无线扩展技术,可实现无线同宽带接入的统一，同时 WiMAX 还提供 50km 的传输距离、75Mb/s 的传输速度，可适应用户的不同需要，实现用户网络中各种数据、语音和视频图像的传输。

（4）由于 WiMAX 较之 WiFi 具有更好的可扩展性和安全性，也支持数据、语音和视频，再加上其独有的服务质量保证、按需提供的带宽分配、自适应参数调整等特点，给组网带了更大的灵活性，从而能够实现电信级的多媒体通信服务。

从技术特点分析，WiMAX 不适合单独组网进行运营，WiMAX 的应用模式主要有以下场景：

（1）PMP 应用模式。

如图 1-13 所示，PMP(Point to MultiPoint，点到多点)应用模式以基站为核心，采用点到多点的连接方式，构建星形结构的 WiMAX 接入网络。基站扮演业务接入点(Service Access Point，SAP)的角色，通过动态带宽分配技术，基站可以根据覆盖区用户的情况，灵活选用定向天线、全向天线以及多扇区技术满足大量的用户站设备接入核心网的需求。必要时，可以通过中继站扩大无线覆盖范围。还可以根据用户群数量的变化灵活划分信道带宽，对网络进行扩容，实现效益与成本的平衡。

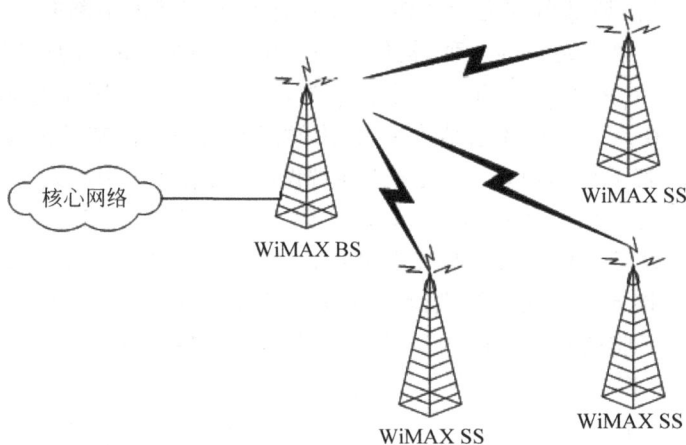

图 1-13　WiMAX PMP 应用模式

（2）Mesh 应用模式。

如图 1-14 所示，Mesh 应用模式采用多个基站以网状网方式扩大无线覆盖区。其中，有一个基站作为业务接入点与核心网络相连，其余基站以无线链路与该 SAP 相连。因此，作为 SAP 的基站既是业务的接入点又是接入的汇聚点，而其余基站并非简单的中继站功能，而是业务的接入点。

（3）热点回传模式。

如图 1-15 所示，热点回传(backhaul)模式采用 WiMAX 无线接入网络把远端 WiFi 热点(hotspot)业务回送到核心网络，WiMAX 基站的作用仍为业务接入点，而 WiMAX 用户站是热点侧的无线接入设备，提供标准接口与热点相连，作为 WLAN 接入点(Access Point，AP)的热点设备，再通过 IEEE 802.11a/b/g 无线链路与无线终端连接。

WiMAX 热点回传模式的主要特点在于作为业务回传应用，采用无线传输方式，与传

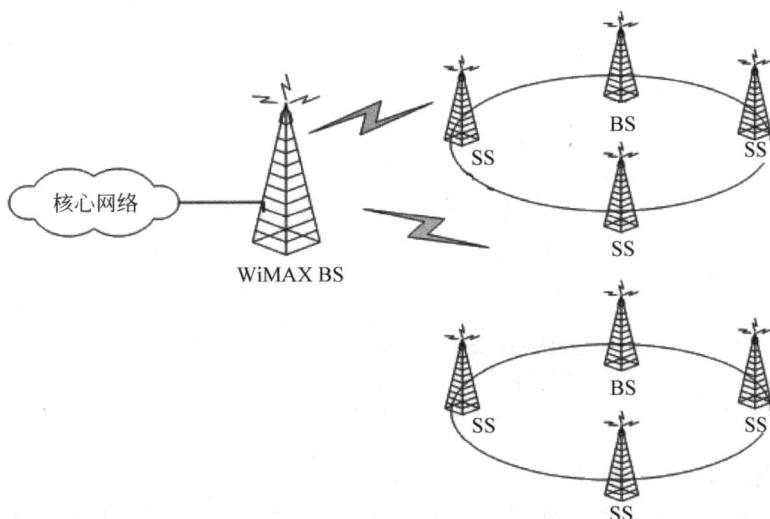

图 1-14 WiMax Mesh 应用模式

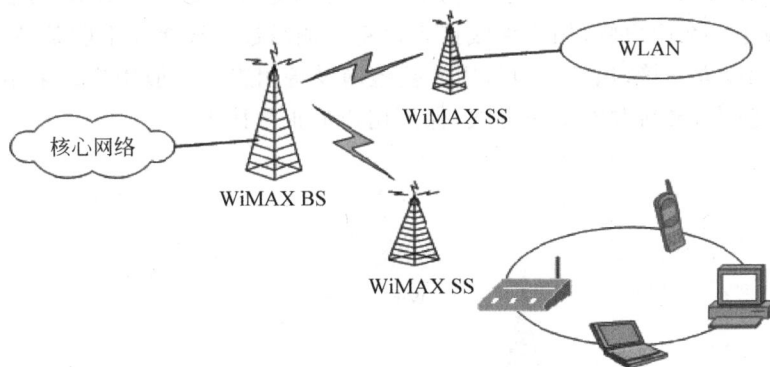

图 1-15 WiMax 热点回传模式

统有线回传模式相比,其特点显而易见,可作为传统回传模式的补充或替代方案。

(4) 终端接入模式。

如图 1-16 所示,在终端接入模式下,用户终端设备直接通过作为 SAP 的 WiMAX 基站接入核心网络。而用户终端设备若要直接接入 WiMAX 网络,则必须配置符合 WiMAX 标准的用户单元(Subscriber Unit,SU),用户单元一般是 WiMAX 无线网卡或无线模块形式。

由于 WiMAX 接入速率很高,而且支持城域网内终端设备的移动性(对于 IEEE 802. 16e),因此特别适合接入速率要求高并且有移动性要求的终端应用。该模式的特点在于允许用户终端直接高速接入网络,并支持便携式终端在城域范围内的移动和漫游。从技术和业务的角度看,只要再增加支持 VoIP 语音业务功能,就可成为名副其实的下一代移动通信网络。

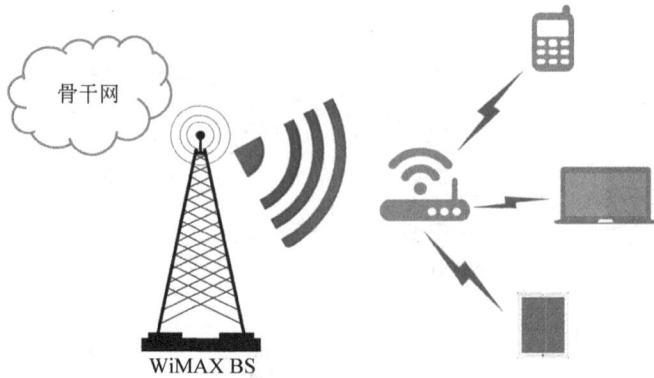

图 1-16　WiMAX 终端接入模式

（5）用户驻地网接入模式。

如图 1-17 所示，用户驻地网（Customer Premises Network，CPN）接入模式主要针对集团用户，其目标是把诸如企业、校园和 SOHO（Small Office Home Office）等用户驻地网通过 WiMAX 接入城域网。与其他应用模式相同，基站还是作为 SAP 与核心网相连提供无线接入服务。在用户侧，用户无线接入设备一侧通过无线接口上联基站，另一侧通过标准接口（例如以太网接口、E1 等）与用户驻地网设备相连。一般用户站采用定向天线以及各种自适应技术，灵活调整工作方式，保证用户的正常接入。

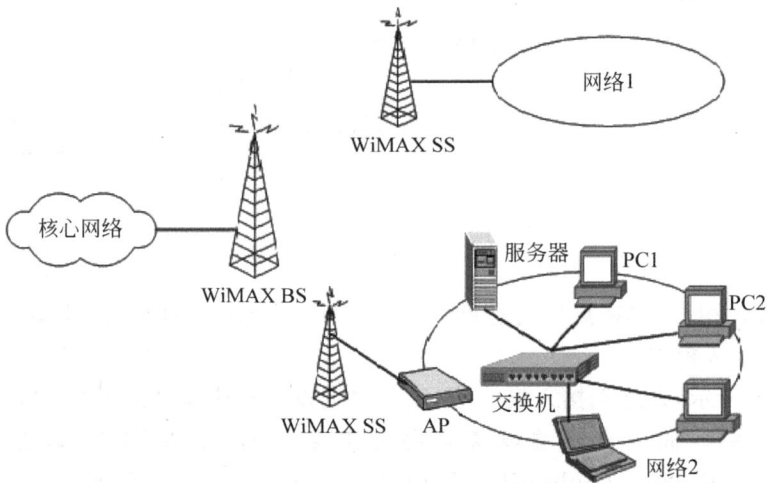

图 1-17　用户驻地网接入模式

用户驻地网接入模式特别适合于线缆接入不方便，对接入带宽要求不高的驻地间接入应用。与线缆接入方式相比，部署快捷是该模式的竞争优势。

4. WiFi 技术

WiFi 全称 Wireless Fidelity（无线局域网），它基于国际通用的 IEEE 802.11 标准，是一种短程无线传输技术，可以在数百英尺（一英尺约 0.3m）范围内支持互联网接入的无线电信号，可以将个人电脑、手持设备等智能终端以无线方式互联。自 1997 年 IEEE 推出第一代 WLAN 标准 IEEE 802.11 以来,先后发布了 IEEE 802.11a/b、IEEE 802.11g、IEEE 802.11n 标准,如表 1-2 所示。

表 1-2　IEEE 802.11 系列标准

标准号	IEEE 802.11a	IEEE 802.11b	IEEE 802.11g	IEEE 802.11n
标准发布时间	1999.9	1999.9	2003.6	2009.9
工作频率/GHz	5.150~5.350 5.475~5.725 5.725~5.850	2.4~2.4835	2.4~2.4835	2.4~2.4835 5.150~5.850
非重叠信道数	24	3	3	15
物理速率/(Mb/s)	54	11	54	600
实际吞吐量/(Mb/s)	24	6	24	100 以上
频宽/MHz	20	20	20	20/40
调制方式	OFDM	CCK/DSSS	CCK/DSSS/ OFDM	MIMO-OFDM/ DSSS/CCK
兼容性	IEEE 802.11a	IEEE 802.11b	IEEE 802.11b/g	IEEE 802.11a/b/g/n

WiFi 的拓扑结构可以分为两类,即无中心网络和有中心网络。

1) 无中心网络

无中心网络是最简单的无线局域网结构,又称为无 AP 网络、对等网络或 Ad-hoc 网络,它由一组有无线接口的计算机(无线客户端)组成一个独立基本服务集(Independent Basic Service Set,IBSS),这些无线客户端有相同的工作组名、ESSID 和密码,网络中任意两个站点之间均可直接通信。无中心网络的拓扑结构如图 1-18 所示。

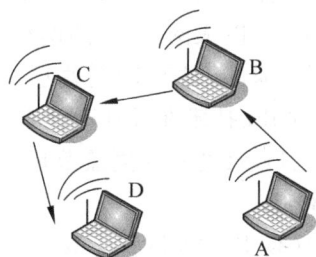

图 1-18　无中心网络的拓扑结构

无中心网络一般使用公用广播信道,每个站点都可竞争公用信道,而信道接入控制(MAC)协议大多采用 CSMA(载波监测多址接入)类型的多址接入协议。这种结构的优点是:网络抗毁性好、建网容易、成本较低。这种结构的缺点是:当网络中用户数量(站点数量)过多时,激烈的信道竞争将直接降低网络性能。此外,为了满足任意两个站点均可直接通信,网络中的站点布局受环境限制较大。因此,这种网络结构仅适应于工作站数量相对较少(一般不超过 15 台)的工作群,并且这些工作站应离得足够近。

2) 有中心网络

有中心网络也称结构化网络,它由一个或多个无线 AP 以及一系列无线客户端构成,网络拓扑结构如图 1-19 所示。在有中心网络中,一个无线 AP 以及与其关联(associate)的无线客户端称为一个 BSS(Basic Service Set,基本服务集),两个或多个 BSS 可构成一个 ESS(Extended Service Set,扩展服务集)。

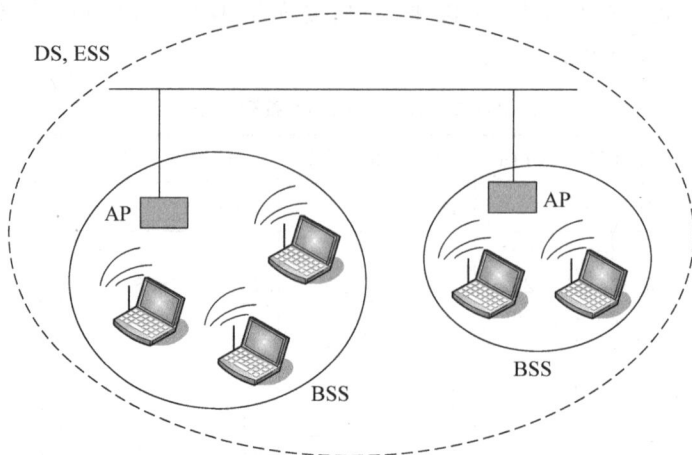

图 1-19　有中心网络的拓扑结构

有中心网络使用无线 AP 作为中心站,所有无线客户端对网络的访问均由无线 AP 控制。这样,当网络业务量增大时,网络吞吐性能及网络时延性能的恶化并不强烈。由于每个站点只要在中心站覆盖范围内就可与其他站点通信,故网络布局受环境限制比较小。此外,中心站为接入有线主干网提供了一个逻辑访问点。有中心网络拓扑结构的弱点是:抗毁性差,中心站点的故障容易导致整个网络瘫痪,并且中心站点的引入增加了网络成本。

虽然在 IEEE 802.11 标准中并没有明确定义构成 ESS 的分布式系统的结构,但目前大都是指以太网,ESS 的网络结构只包含物理层和数据链路层,不包含网络层及其以上各层。因此,对于 IP 等高层协议来说,一个 ESS 就是 IP 子网。

WiFi 技术在设计时就有自身所带的优势与劣势。其优势主要表现在以下几点:

(1) 无线电波覆盖范围广。最新的 WiFi 覆盖半径可达 300m,在空旷区域最远可达 800m。

(2) 传输速度快。其中 IEEE 802.11b 最高可达 11Mb/s,部分厂商在设备配套的情况下可以达 22Mb/s,IEEE 802.11a、IEEE 802.11g 最快为 54Mb/s,IEEE 802.11n 传输速率可达 300Mb/s。

(3) 辐射小。IEEE 802.11 规定的发射功率不可超过 100mW。

(4) 组网投入小,节约成本,且组网简单。

但 WiFi 技术也存在先天不足:

(1) 虽然 WiFi 技术最高数据传输速率标称可达 11～54Mb/s,但系统开销会使应用层速率减少 50% 左右。同时频率干扰会使数据传输速率明显降低。

(2) 空间的无线电波间存在相互影响,特别是同频段同技术设备之间将存在明显影响。不仅如此,无线电波传播中根据障碍物不同将发生折射、反射、衍射、信号无法穿透等情况,其质量和信号的稳定性都不如有线接入方式。

(3) WiFi 采用了基于用户的认证加密体系来提高其安全性,但依然存在非法窃听、接入、冒充、重要信息丢失、DoS 攻击等安全问题。

基于 WiFi 的组网架构,市场上出现了 3 种 WiFi 的应用模式。

(1) 内部接入。在企业内部或者家庭架设 AP,所有在覆盖范围内的 WiFi 终端通过这个 AP 实现内部通信,或者通过 AP 作为宽带接入出口链接到互联网,这是最普及的应用方式,这时 WiFi 提供的就是网络接入功能。

(2) 无线宽带接入。这种方式由电信运营商提供无线宽带接入服务,通过运营商,在很多宾馆、机场等公众服务场所纷纷架设 AP,为公众用户提供 WiFi 接入服务。

(3) 城际接入。这种方式属于"无线城市"的综合服务,基本由市政府全部或部分投资建设,是一种类似于城市基础设施的一种模式。

5. 蓝牙技术

蓝牙技术是由世界著名的 5 家大公司(爱立信、诺基亚、东芝、IBM 和 Intel 公司)于 1998 年 5 月联合发布的一种无线数据与语音通信的开放性全球规范,它以低成本的近距离无线连接为基础,为固定与移动设备通信环境建立一个特别连接,其程序写在一个 9mm×9mm 的微芯片中。其实质内容是建立通用的无线电空中接口,使计算机和通信进一步结合,让不同厂商生产的便携式设备在没有电线或电缆互连的情况下,能在近距离范围内相互操作的一种技术。

蓝牙无线技术已经成为一种全球通用的无线技术标准,通过蓝牙技术能够实现多种电子设备间简单的相互连接。蓝牙技术自 1998 年推出以来,经过 1.0、2.0、3.0 几个版本的发展,2010 年 7 月推出了 4.0 版本,蓝牙技术的关键指标也经历了由便捷互联到高速再到低功耗的演变。蓝牙 4.0 技术规范包括 3 个子规范,即传统蓝牙技术、高速蓝牙和新的蓝牙低功耗技术。蓝牙 4.0 的改进之处主要体现在 3 个方面:电池续航时间、节能和设备种类。拥有低成本、跨厂商互操作性、3ms 低延迟、100m 以上超长距离、AES-128 加密等诸多特色。此外,蓝牙 4.0 的有效传输距离也有所提升。当前,蓝牙的有效传输距离为 10m,而蓝牙 4.0 的有效传输距离可达到 100m。

蓝牙技术产品是采用低能耗无线电通信技术来实现语音、数据和视频传输,一般由以下 4 个功能单元组成:天线单元、链路控制(硬件)单元、链路管理(软件)单元、蓝牙软件(协议)单元。

蓝牙要求其天线单元体积十分小巧,重量轻。由于蓝牙工作在全球通用的 2.4GHz 的 ISM(Industrial, Scientific and Medical,工业、科学和医学)频段。为了使其具有较高的抗干扰能力,蓝牙特别设计了快速确认和跳频方案以确保链路稳定。链路控制(硬件)单元包含射频模块和基带模块,射频模块将基带模块的数据包通过无线电信号以一定的功率和跳频频率发送出去,实现蓝牙设备的无线连接。链路管理(软件)单元携了链路的数据设置、鉴权、链路硬件配置和其他一些协议。

蓝牙是一种短距离无线通信的技术规范,它最初的目标是取代现有的掌上电脑、移动电话等各种数字设备上的有线电缆连接。在制定蓝牙规范之初,就建立了统一全球的目标,向全球公开发布,工作频段为全球统一开放的 2.4GHz 的 ISM 频段。从目前的应用来看,由于蓝牙体积小,功率低,其应用已不局限于计算机外设,几乎可以集成到任何数字设备之中,特别是那些对数据传输速率要求不高的移动设备和便携设备。

蓝牙技术的特点可归纳为如下几点：

（1）蓝牙工作在 2.4GHz 的 ISM 频段,全球大多数国家 ISM 频段的范围是 2.4～2.4835GHz,使用该频段无须向各国的无线电资源管理部门申请许可证。

（2）可同时传输语音和数据。蓝牙采用电路交换和分组交换技术,支持异步数据信道、三路语音信道以及异步数据与同步语音同时传输的信道。

（3）可以建立临时性的对等连接（Ad-hoc connection）。根据蓝牙设备在网络中的角色,可分为主设备（master）与从设备（slave）。主设备是组网连接主动发起连接请求的蓝牙设备,几个蓝牙设备连接成一个皮网（piconet）时,其中只有一个主设备,其余的均为从设备。皮网是蓝牙最基本的一种网络形式,最简单的皮网是一个主设备和一个从设备组成的点对点的通信连接。通过时分复用技术,一个蓝牙设备便可以同时与几个不同的皮网保持同步,具体来说,就是该设备按照一定的时间顺序参与不同的皮网,即某一时刻参与某一皮网,而下一时刻参与另一个皮网。

（4）具有很好的抗干扰能力。工作在 ISM 频段的无线电设备有很多种,如家用微波炉、无线局域网和 HomeRF 等产品,为了很好地抵抗来自这些设备的干扰,蓝牙采用了跳频（frequency hopping）方式来扩展频谱（spread spectrum）,将 2.402～2.48GHz 频段分成 79 个频点,相邻频点间隔 1MHz。蓝牙设备在某个频点发送数据之后,再跳到另一个频点发送,而频点的排列顺序则是伪随机的,每秒频率改变 1600 次,每个频率持续 $625\mu s$。

（5）蓝牙模块体积很小,便于集成。例如爱立信公司的蓝牙模块 ROK101008 的外形尺寸仅为 32.8mm×16.8mm×2.95mm。

（6）低功耗。蓝牙设备在通信连接（connection）状态下,有 4 种工作模式——激活（active）模式、呼吸（sniff）模式、保持（hold）模式和休眠（park）模式。激活模式是正常的工作状态,另外 3 种模式是为了节能所规定的低功耗模式。

蓝牙技术只是 WLAN 中重要的技术之一,有其局限性,WLAN 网的实现需要几种技术的结合。例如,Bluetooth Smart 设备把信息传输到 Bluetooth Smart Ready 设备上,这些设备本身都是带有 WiFi 功能的。当数据从蓝牙一直传到云端的时候,如 WiFi、3G 这些技术对于蓝牙技术能起到补充的作用。

6. ZigBee 技术

ZigBee 是一种新兴的短距离、低复杂度、低功耗、低数据速率、低成本的无线网技术。ZigBee 标准规范是由 ZigBee Alliance 主导制定的,定义了网络层、安全层、应用层、以及各种应用产品的资料,而物理层、媒体存储层则由 IEEE 所制定的 IEEE 802.15.4 标准所规范。自 2005 年发布 ZigBee V1.0,随后相继发布 ZigBee V1.1（2007）、ZigBee V1.2（2008,又称 ZigBee pro）。

根据 IEEE 802.15.4 协议标准,ZigBee 分为 3 个工作频段,这 3 个工作频段相距较大,而且在各频段上的信道数据不同,因而,在该项技术标准中,各频段上的调制方式和传输速率不同。它们分别为 868MHz、915MHz 和 2.4GHz,其中 2.4GHz 频段上分为 16 个信道,该频段为全球通用的 ISM 频段,该频段为免付费、免申请的无线电频段,在该频段上,数据传输速率为 250kb/s;另外两个频段相应的信道个数分别为 1 个和 10 个,传输速率分别为 20kb/s 和 40kb/s,868MHz 和 915MHz 无线电使用直接序列扩频技术和二进制相移键控(Binary Phase Shift Keying,BPSK)调制技术。2.4GHz 无线电使用 DSSS (Direct Sequence Spread Spectrum,直接序列扩频)和偏移正交相移键控(Offset Quadrature Phase Shift Keying,O-QPSK)。

ZigBee 设备为低功耗设备,其发射输出为 0～3.6dBm,通信距离为 30～70m,具有能量检测和链路质量指示能力,根据这些检测结果,设备可以自动调整发射功率,在保证通信链路质量的条件下,使设备能量消耗最小。为保证 ZigBee 设备之间通信数据的安全保密性,ZigBee 技术采用了密钥长度为 128 位的加密算法,对所传输的数据信息进行加密处理。

ZigBee 技术具有如下特点:

(1) 数据传输率低,只有 10～250kb/s,专注于低传输速率应用。无线传感器网络不传输语音、视频之类的大数据量的采集数据,仅仅传输一些采集到的温度、湿度之类的简单数据。

(2) 低功耗。由于 ZigBee 的传输速率低,发射功率仅为 1mW,而且采用了休眠模式,耗电量仅仅只有 1μW。因此 ZigBee 设备非常省电。据估算,ZigBee 设备仅靠两节 5 号电池就可以维持长达 6 个月到 2 年的使用时间,这是其他无线设备望尘莫及的。

(3) 网络容量大。ZigBee 定义了两种器件:全功能器件(Full Function Device,FFD)和简化功能器件(Reduce Function Device,RFD)。网络协调器(coordinator)是一种全功能器件,而网络节点通常为简化功能器件。如果通过网络协调器组建无线传感器网络,整个网络最多可以支持超过 65 000 个 ZigBee 网络节点,再加上各个网络协调器可互相连接,整个 ZigBee 网络节点的数目将十分可观。一个星形结构的 ZigBee 网络最多可以容纳 254 个从设备和一个主设备,一个区域内可以同时存在最多 100 个 ZigBee 网络,而且网络组成灵活。

(4) 自动动态组网,自主路由。无线传感器网络是动态变化的,无论是节点的能量耗尽,还是节点被敌人俘获,都能使节点退出网络,而且网络的使用者也希望能在需要的时候向已有的网络中加入新的传感器节点。

(5) 传输可靠。采取了碰撞避免策略,同时为需要固定带宽的通信业务预留了专用时隙,避开了发送数据的竞争和冲突。MAC 层采用了完全确认的数据传输模式,每个发送的数据包都必须等待接收方的确认信息。如果传输过程中出现问题可以进行重发。

(6) 安全。ZigBee 提供了数据完整性检查和鉴权功能,并在数据传输中提供了 3 个级别的安全性。第一级是无安全模式,适用于安全不重要或者上层已经提供足够的安全保护的场景。第二级是访问控制模式,可以使用接入控制清单(Access Control List, ACL)来防止非法器件获取数据,注意,这一级不采取加密措施。第三级是安全加密模式,其在数据传输过程中采用类似 AES 的高级加密标准,以此来保护数据净荷和防止攻击者冒充合法器件。

ZigBee 产品广泛应用工业、家居等领域。例如,在北京地铁 9 号线隧道施工过程中的考勤定位系统便采用的是 ZigBee,ZigBee 取代传统的 RFID 考勤系统实现了无漏读、方向判断准确、定位轨迹准确和可查询。根据 ZigBee 联盟的观点,一般家庭可将 ZigBee 应用于以下装置:①空调系统的温度控制器、灯光、窗帘的自动控制;②老年人与行动不便者的紧急呼叫器;③电视与音响的万用遥控器、无线键盘、滑鼠、摇杆、玩具;④烟雾侦测器;⑤智慧型 RFID 标签。

7. 超宽带技术

超宽带技术(Ultra Wide Band,UWB)核心是冲击无线电技术,即用持续时间非常短(亚纳秒级)的脉冲波形来代替传统传输系统的持续波形。美国联邦通信委员会(Federal Communications Commission,FCC)对于 UWB 的定义为

$$\frac{f_H - f_L}{f_C} > 20\% \quad (\text{或者总带宽为 500MHz})$$

f_H、f_L 分别为功率较峰值功率下降 10dB 时所对应的高端频率和低端频率,f_C 为载波频率或中心频率。

UWB 并不是一门新兴的无线技术,早在 1940 年就出现了,其源于时域电磁学中用某类微波网络固有的冲击响应描述其瞬时特性的研究。UWB 迥异于其他无线技术,具有对信道衰落不敏感、发射信号功率谱密度低、系统复杂度低、功耗小、定位精度精确等优点。在无线通信、网络、雷达系统、图像处理和定位系统中都具有其他技术无法比拟的优点。UWB 的标准目前主要有两大类:分别是摩托罗拉旗下子公司飞思卡尔(Freescale)引领的 DS-UWB 和由 IEEE 倡导的 MBOA,两者的分歧体现在 UWB 技术的实现方式上,前者采用直接序列扩展频谱的技术,它可以使很多传输共享相同的频率范围,这使很多小批量(piconets)的 UWB 设备互相连接更为容易。而后者则采用多频带方式,OFDM 方案是将可用的频段分为多个子带,每个子带带宽大于 500Mb/s,每个子带的信号为一个 OFDM 信号。

UWB 具有以下特点:

(1) 共存性能好。超宽带技术可以与现有的其他通信系统共享频谱。超宽带通信使用的频谱范围为 3.1~10.6GHz,频谱宽度高达 7.5GHz,通过发射功率的限制,避免了对其他通信系统的干扰。超宽带信号的最高辐射功率为 −41.3dBm,这仅仅相当于一台个人计算机的辐射。这种在很低的功率谱密度下共享频谱的方式在频谱资源非常紧张的今天具有极其重要的意义,这也是超宽带兴起和发展的主要原因之一。

(2) 信道容量大,传输速率高。超宽带信号占有数百兆赫兹(MHz)甚至几吉赫兹(GHz)带宽,理论上可以提供极高的信道容量,达到吉位每秒(Gb/s)以上的传输速率,或者在很低的信噪比下以一定的传输速率实现可靠传输。假定一个超宽带信号使用 7GHz 带宽,当信噪比 S/N 低至 −10dB 时,超宽带可以提供的信道容量为 $C = 7 \times \log_2(1+0.1)\text{Gb/s} \approx 0.963\text{Gb/s}$,接近 1Gb/s。超宽带的空间通信容量是现有的通信系统(如无线局域网、蓝牙等)的 10 倍至上千倍。

(3) 低功耗。UWB 系统使用间歇的脉冲来发送数据,脉冲持续时间很短,一般为 0.20~1.5ns,有很低的占空因数,系统耗电可以做到很低,在高速通信时系统的耗电量仅为几百微瓦至几十毫瓦。民用的 UWB 设备功率一般是传统移动电话所需功率的 1/100 左右,是蓝牙设备所需功率的 1/20 左右。军用的 UWB 电台耗电也很低。因此,UWB

设备在电池寿命和电磁辐射上相对于传统无线设备有着很大的优越性。

（4）定位精度高。由于脉冲超宽带具有较强的穿透能力，因此可以用于各种环境下的测距和定位。系统的定位精度与信号的频谱宽度直接相关，频谱越宽，时间分辨率越高。脉冲超宽带发射极短的基带窄脉冲信号具有很高的定位精度，其带宽通常在数吉赫兹，所以理论上其定位精度可达厘米量级。研究表明，与 GPS 相比，超宽带技术具有更高的定位精度。

（5）保密和安全性好。超宽带信号的功率谱密度非常小，淹没在环境噪声和其他信号中，同时又具有极宽的带宽，很难被基于频谱搜索的侦测设备检测到。

UWB 与蓝牙、WiFi、HomeRF 技术的比较如表 1-3 所示。

表 1-3　UWB 与其他短距离无线技术比较

技术	UWB	蓝牙	WiFi(IEEE 802.11a)	HomeRF
速率	1Gb/s	<1Mb/s	54Mb/s	1~2Mb/s
距离/m	<10	10	10~100	50
功率/W	<0.000001	0.001~0.1	>1	>1

根据超宽带的技术特点，它尤其适用于室内等密集多径场所的高速无线接入和军事应用中，如高速移动 LAN、成像和监视系统、军事通信、地面穿透雷达、汽车传感器和医用检测器，同时由于其高速的传输速率，也适用于家庭娱乐及手机等无线网络设备。例如，基于 UWB 技术的无线 USB 2.0 可取代有线 USB，实现 PC 之间及消费类电子设备（电视、数码相机、DVD 播放器、MP3 等）之间的无线数据互连与通信。

1.3.3　组网接入技术

众所周知，物联网感知层涵盖传感器、RFID、GPS 终端、门禁、电子标签等不同协议类型的终端。其组网方式也是种类繁多，包括传感网网络组网方式、RFID 组网方式、DTN 组网方式、无线局域网组网方式以及移动通信或卫星等组网方式。其主要分为 3 类：

- 在感知网之上直接建立 Internet。
- 在 Internet 之上建立感知网。
- 基于网关的组网接入方式。

在传感器网络节点上实施 TCP/IP 协议，并与 Internet 直接互联是一种比较理想的方案。这种方案的优点是不需要通过代理网关就能够实现与 Internet 无缝连接，减少传输时延。与 Internet 直接互联可以有两种形式。第一种方式是在感知网之上建立 Internet，如图 1-20 所示。这种方式要求部分感知节点可以完整地实施 TCP/IP 协议，感知网通过这个智能节点与互联网节点进行通信，从而实现与 Internet 的互联。

第二种方式是在 Internet 上建立感知网，如图 1-21 所示。Internet 通过重叠网关将感知网的应用层、传输层、网络层数据包进行封装，传输至 Internet；Internet 信息通过重叠网关将封装的感知数据包进行拆包，交给感知网进行处理。这种方式的好处在于不改

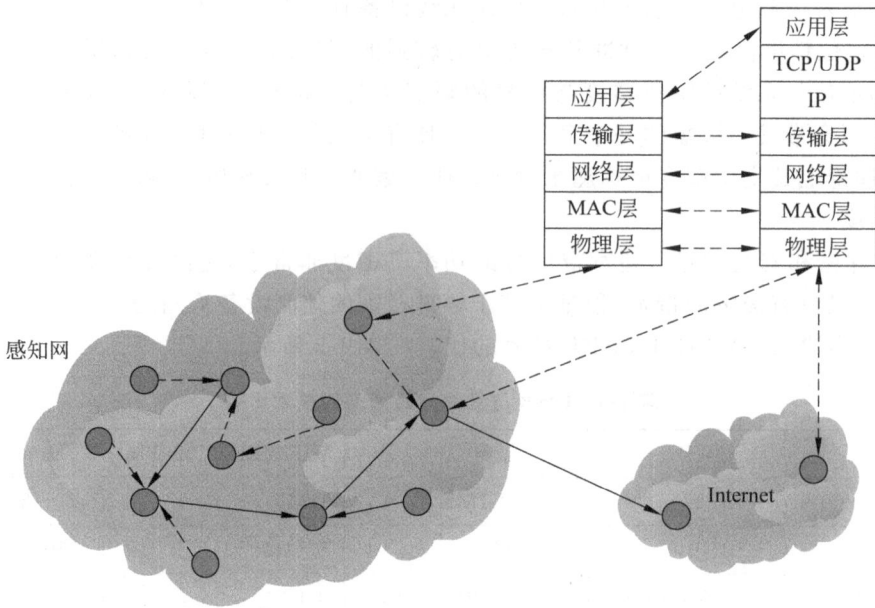

图 1-20　在感知网上建立 Internet

变现有的 Internet 结构,可以直接通过部署重叠网关进行无缝连接,开发和维护成本相对较低。

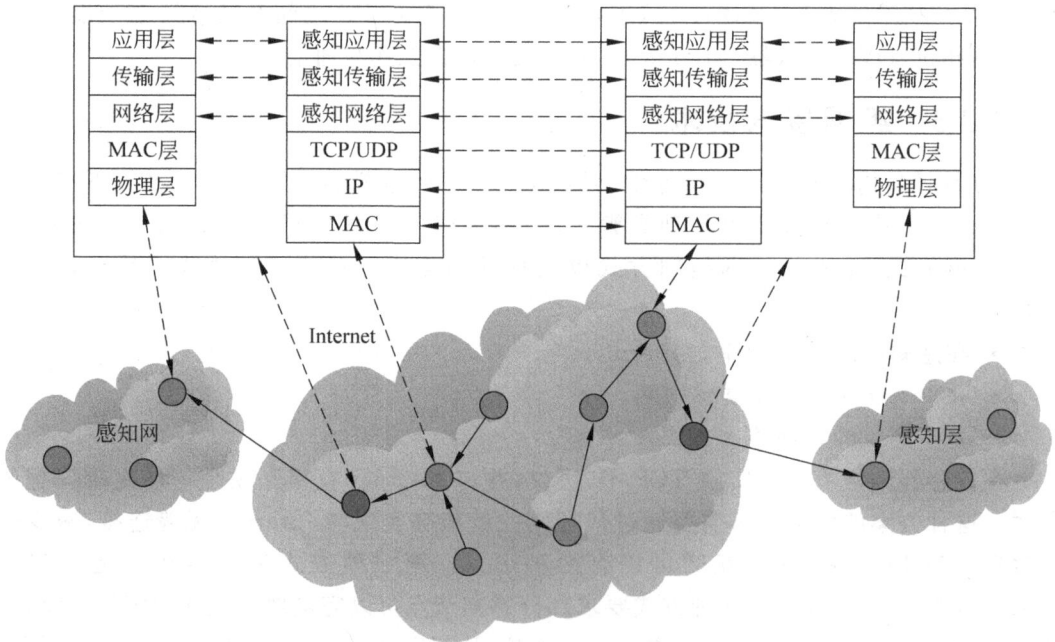

图 1-21　在 Internet 上建立感知网

许多感知网络应用在偏远区域,那里除了移动通信网络设施外没有其他的通信基础设施,因此在这类区域中感知网互联 Internet 必须借助于移动通信网。移动通信网覆盖范围广,并且已过渡到 4G 网络。用户接入方式可采用专用的 APN 技术,在行业终端模块上使用 GPRS/EDGE 或 HSDPA/HSUPA 拨号专用的 APN 接入核心网络。核心网络为用户分配指定的 IP,然后与数据中心服务器建立连接,从而实现远程无线接入。但通过移动通信网互联,要求 WSN 节点有较强的无线射频发射和接收功率,这将使感知节点能耗大大增加,需要增加额外的射频硬件或发射天线,且支持无线通信接口的相关协议。

由于传感器节点片上资源太少,无法在传感器上完整实施与 Internet 互联的 TCP/IP 协议,主要原因是:TCP/IP 协议簇庞大,在传感器上无法直接使用 TCP/IP 协议,只能根据网络互联要求实施实现互联功能的主要部分协议;其次,部分传感器网络应用于离城市较远的偏僻地区,这些地区没有连接到 Internet 的基础设施,因此即使传感器网络各节点实施了简化的 TCP/IP 协议组件,仍没有可连接的 Internet 接入点;第三,对于数量众多的感知节点,如果每个感知节点都分配一个 IP 地址,则地址数量过于庞大,目前的IPv4 无法满足要求。因此在传感器网络与 TCP/IP 网络之间设置一个网关是比较常用的方法,目前有两类网关形态,分为普通网关和 DTN 网关,如图 1-22 所示。

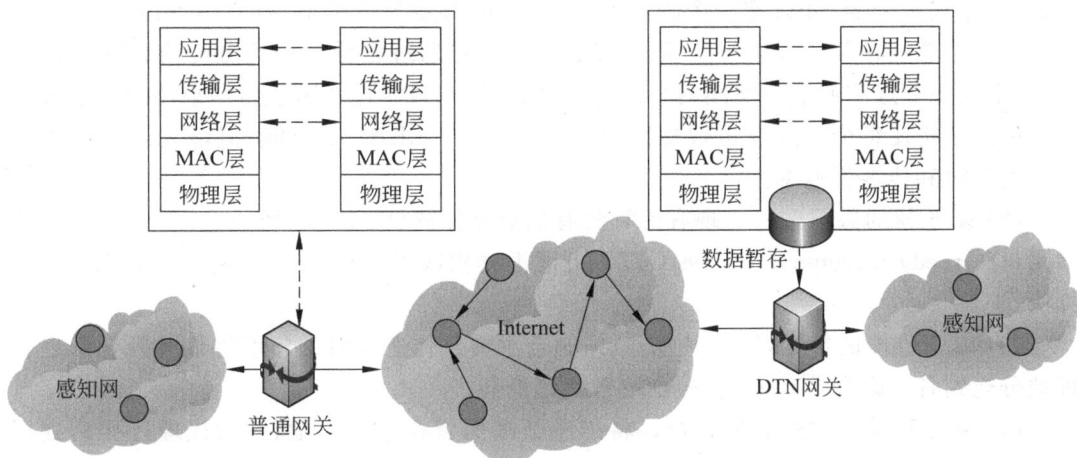

图 1-22　基于网关的组网接入

通过物联网网关实现感知网到 Internet 的协议进行转换,将协议适配层上传的标准格式数据统一封装,将广域接入层下发的数据解包成标准格式数据,从而完成跨域通信。

在一些特定的网络环境下(如星际网络、军事 Ad-hoc 网络、传感器网络、车辆 Ad-hoc 网络),会经常出现网络断开的现象,导致报文在传输过程中不能确保端到端的路径。因此,基于 DTN 网关的组网接入方式就应运而生,DTN 网关类似于 ARPANET 网关,但是和 ARPANET 网关不同的是:①DTN 关注的是可靠路由,而不是尽力传输的数据包交换;②当要求可靠传输时,DTN 网关负责非易失性的保管报文;③DTN 网关要对数据流量进行安全检查,大多数网络安全机制是通过鉴定用户身份和报文完整性来实现的,并没有对路由器进行鉴定。在 DTN 中,还需要鉴定转发节点(包括路由器和网关),发送者的信息由转发节点鉴定,从而阻止了没通过验证的数据传输,节省了网络资源。

1.3.4 数据融合与挖掘技术

从物联网的感知层到应用层,各种信息的种类和数量都成倍增加,需要分析的数据量也成级数增加,而且还涉及各种异构网络或多个系统之间数据的融合问题。另一方面物联网产生的海量数据通常是与时间和空间相关的,具有动态、异构、分布的特性,因此,如何从海量的数据中及时分析隐藏信息和有效数据的问题,给数据处理带来了巨大的挑战。结合数据融合与挖掘技术,可以有效降低数据处理和分析的过程。

数据融合技术是物联网中非常重要的一项技术,在 WSN 中应用更为广泛。其通过一定算法将采集到的数据进行各种网内处理,去除冗余信息,减少数据传输量,降低能耗,延长网络生命周期。目前数据融合方法大致可以分为以下 5 类。

(1)基于路由数据融合技术。将路由技术和数据融合结合起来,通过在数据转发过程中适当地进行数据融合,减轻网络拥塞,延长网络生存时间。例如,Lindsey 等人在 LEACH 的基础上提出了 PEGASIS 算法,每个节点通过贪婪算法找到与其最近的邻居并连接,形成一个链,并设定一个距离 Sink 最近的节点为链头节点,它与 Sink 进行一跳通信。数据总是在某个节点与其邻居之间传输,节点通过多跳方式轮流传输数据到 Sink 处,位于链头节点和源节点之间的节点进行融合操作,最终链头节点将结果传送给汇聚节点。链式结构使每个节点发送数据距离几乎最短,比 LEACH 节能,但增大了数据传送的平均延时和传输失败率。

(2)基于树的数据融合。现有的算法有最短路径树(Shortest Path Tree,SPT)、贪婪增量树(Greedy Incremental Tree,GIT)、近源汇集树(CNS)和 Steiner 树以及它们的改进算法。

(3)基于性能的数据融合。这类数据融合主要从传送延时的角度将最大融合延迟合理地分配到各个融合节点上,使融合效果达到最佳。

(4)基于移动代理的数据融合。将传感数据保留在节点本地,移动代理迁移到数据处采用合适的算法进行融合处理,克服传统的数据融合算法的弊端。

(5)基于数据压缩的数据融合。这种方式主要将同构的数据进行压缩。一种方案是在每个信息源点进行数据压缩,使所有信息源点输出的信息消息量最少,而且互不相关;第二种方案是对不同协议的报头进行压缩,减小传输的数据量,提高信道利用效率;第三种方案是将数据包合并为大的数据包,然后将合并后的数据包发送到父节点。

数据挖掘是指从数据中提取隐含在其中的人们事先未知的,但又潜在有用的信息知识并表示成最终能被人理解的模式的高级过程。它综合了数据库、人工智能、机器学习、统计学、可视化技术等学科,运用模式匹配和多种算法,发现数据间的联系,进行概念描述、关联分析、分类和预测、聚类分析,并可以用直观图形将信息模式、数据的关联趋势表示出来。目前,物联网数据挖掘主要集中在 3 方面的研究:

(1)挖掘 RFID 数据流。例如 Hector Gonzalez 等人提出一种压缩概率工作流,可以捕捉运动和重要的 RFID 流动异常。

(2)挖掘 GPS 装置、RFID 传感器网络、网络雷达或卫星等的运动性数据,从而分析移动物体的异常。

（3）对传感器数据的知识发现。由于传感器部署在无人区，资源有限，数据量大，所以需要在计算、记忆、电力限制下进行监督性机器学习，从而捕获异常情况。

物联网数据挖掘必须满足 3 个基本要求：一是可提供分布式并行整体数据挖掘，这主要是因为物联网的计算设备和数据在物理上是天然分布的，需要采用分布式并行方式进行数据挖掘；二是可进行实时高效的局部数据处理，物联网任何一个控制端均需要对瞬息万变的环境实时分析并响应；三是可对数据进行管理和质量控制，多源、多模态、多媒体、多格式数据的存储与管理是控制数据质量和获得真实结果的重要保证。

物联网数据挖掘技术与云计算相结合，既可以满足上述需求，也可以大大增强物联网的数据处理能力，利用云模式下数以百万的计算机集群，提供强大的可信计算能力，快速对海量业务数据进行分析、处理、存储和挖掘。

中国科学院计算技术研究所于 2008 年底开发完成了基于 Hadoop 的并行分布式数据挖掘系统 PDMiner。中国移动进一步建设了 1000 台服务器、5000 个 CPU、3000TB 存储组成的"大云"试验平台，并在与中国科学院计算技术研究所合作开发的并行数据挖掘系统基础上，结合数据挖掘、用户行为分析等需求，在上海、江苏等地进行了应用试点，在提高效率、降低成本、节能减排等方面取得了极为显著的效果。

1.3.5　安全技术

物联网安全与互联网安全关系密不可分，相辅相成，物联网既继承了互联网固有的安全问题，也面临着物联网新的、特有的安全问题。相比互联网安全而言，物联网面临的安全需求也更为复杂和广泛，其所造成的影响也更加"大众化"。物联网中的数据是海量级的，这对物联网安全设备的性能提出了更高要求，同样的技术，可能会采用不同的原理实现。在物联网安全中，隐私保护更加严峻。

根据物联网防护的范围和防护是深度，可以将物联网安全技术体系分为横向防御体系和纵向防御体系。物联网横向防御体系如图 1-23 所示，包括物理安全、安全计算环境、安全区域边界、安全通信网络、安全管理中心、应急响应恢复与处置 6 个方面，其中"一个中心"管理下的"三重保护"是核心，物理安全是基础，应急响应恢复与处置是保障。安全计算环境子系统主要实现计算环境内部的安全保护；安全区域边界子系统主要实现出/入区域边界的数据流向控制；安全通信子系统主要实现网络传输和交换的数据信息的保密性和完整性的安全保护；系统管理子系统主要实现系统资源的配置、管理和运行控制；安全管理子系统主要实现系统主体、客体的统一标记和主体的授权管理，以及系统安全策略和分布式安全机制的统一管理；安全审计子系统主要实现分布在系统各个组成部分的安全审计策略和机制的集中管理。安全体系中具体安全技术范围涵盖以下内容。

物理安全主要包括物理访问控制、环境安全（监控、报警系统、防雷、防火、防水、防潮、静电消除器等装置）、电磁屏蔽安全、EPC 设备安全。

安全计算环境主要包括感知节点身份鉴别、自主/强制/角色访问控制、授权管理（PKI/PMI 系统）、感知节点安全防护（恶意节点、节点失效识别）、标签数据源可信、数据保密性和完整性、EPC 业务认证、系统安全审计。

安全区域边界主要包括节点控制（网络访问控制、节点设备认证）、信息安全交换（数

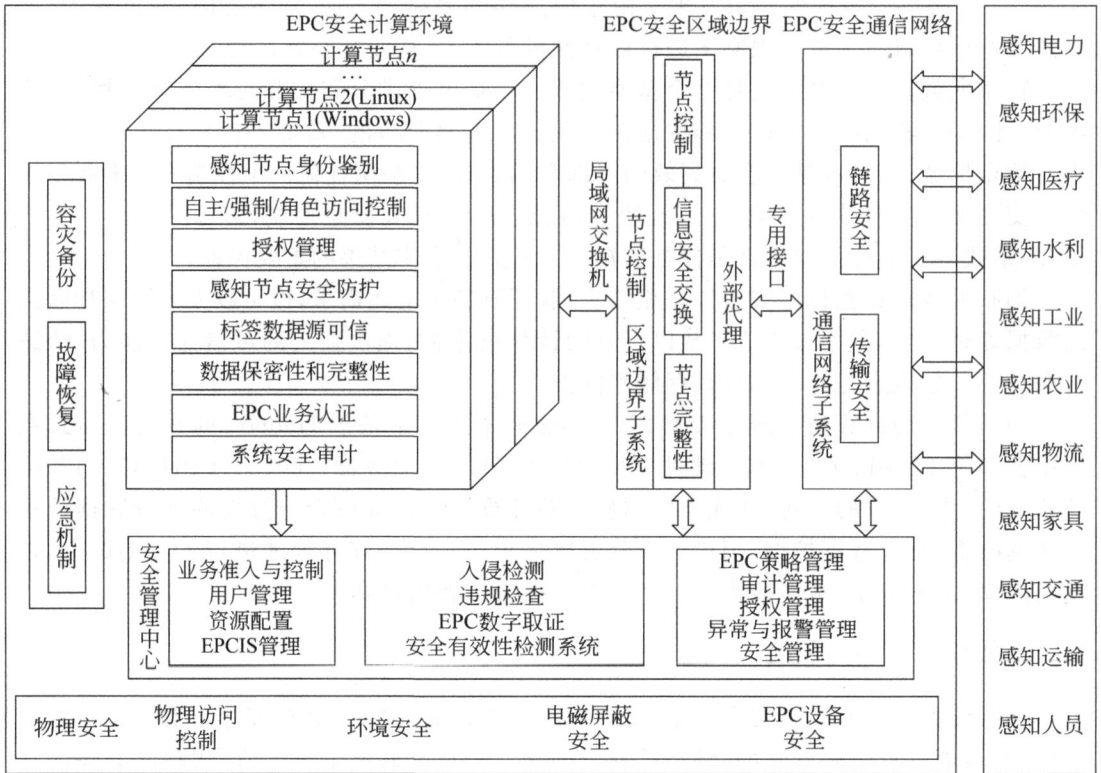

图 1-23　EPC 安全体系结构

据机密性与完整性、指令数据与内容数据分离、数据单向传输)、节点完整性(防护非法外联、入侵行为、恶意代码防范)、边界审计。

安全通信网络主要包括链路安全(物理专用或逻辑隔离)、传输安全(加密控制、消息摘要或数字签名)。

安全管理中心主要包括业务与系统管理(业务准入接入与控制、用户管理、资源配置、EPCIS 管理)、安全检测系统(入侵检测、违规检查、EPC 数字取证)、安全管理(EPC 策略管理、审计管理、授权管理、异常与报警管理)。

应急响应恢复与处置主要包括容灾备份、故障恢复、安全事件处理与分析、应急机制。

物联网可以依据保护对象的重要程度以及防范范围,将整个保护对象从网络空间划分为若干层次,不同层次采取不同的安全技术。目前,物联网体系以互联网为基础,因此可以将保护范围划分为边界防护、区域防护、节点防护、核心防护(应用防护或内核防护),从而实现如图 1-24 所示的纵深防御。物联网边界防护包括两层面:首先,物联网边界可以指单个应用的边界,即核心处理层与各个感知节点之间的边界,例如智能家居中控制中心与居室的洗衣机或路途中汽车之间的边界,也可理解是传感网与互联网之间的边界。其次,物联网边界也可以指不同应用之间的边界,例如感知电力与感知工业之间的业务应用之间的边界。区域防护是比边界更小的范围,特指单个业务应用内的区域,例如安全管理中心区域。节点防护一般具体到一台服务器或感知节点的防护,其保护系统的健壮性,

消除系统的安全漏洞等。核心防护可以是针对某一个具体的安全技术,也可以是具体的
节点或用户,还可以是操作系统的内核防护,它抗攻击强度最大,能够保证核心的安全。

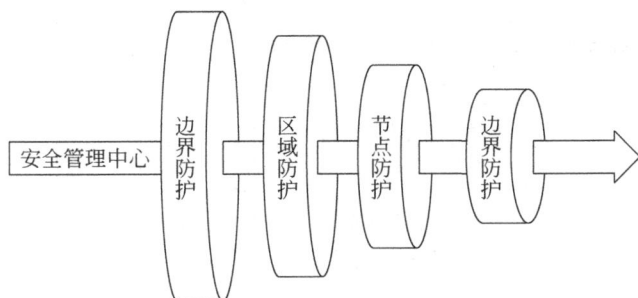

图 1-24 纵深防御结构

物联网主要包括访问控制、入侵检测等 40 多种安全技术,如表 1-4 所示。

表 1-4 物联网安全技术

防御体系 组成	边界防护	区域防护	节点防护	核心防护
物理安全	访问控制技术			
		EPC 设备安全技术	EPC 设备安全技术	
		抗电磁干扰技术		
安全计算 环境	授权管理技术	授权管理技术	授权管理技术	授权管理技术
	身份认证技术	身份认证技术	身份认证技术	身份认证技术
	自主/强制/角色访问 控制技术	自主/强制/角色访问 控制技术	自主/强制/角色访 问控制技术	自主/强制/角色访 问控制技术
			异常节点识别技术	
			标签数据源认证技术	
			安全封装技术	安全封装技术
	系统审计技术	系统审计技术	系统审计技术	系统审计技术
			数据库安全防护技术	数据库安全防护 技术
	密钥管理技术	密钥管理技术	密钥管理技术	
	可信接入	可信接入	可信接入	
			可信路径	可信路径
安全区域 边界	网络访问 控制技术	网络访问 控制技术		
			节点设备认证技术	
		数据机密性与完整性 技术	数据机密性与完整性 技术	数据机密性与完整 性技术

续表

防御体系组成	边 界 防 护	区 域 防 护	节 点 防 护	核 心 防 护
安全区域边界	指令数据与内容数据分离	指令数据与内容数据分离		
	数据单向传输技术	数据单向传输技术		
	入侵检测技术	入侵检测技术	入侵检测技术	
	非法外联检测技术			
	恶意代码防范技术	恶意代码防范技术	恶意代码防范技术	恶意代码防范技术
安全通信网络	物理链路专用	物理链路专用		
	链路逻辑隔离技术	链路逻辑隔离技术		
	加密与数字签名技术	加密与数字签名技术	加密与数字签名技术	
	消息认证技术	消息认证技术	消息认证技术	
安全管理中心	业务准入与接入控制	业务准入与接入控制	业务准入与接入控制	
		EPCIS 管理技术	EPCIS 管理技术	
	入侵检测	入侵检测	入侵检测	入侵检测
	违规检查	违规检查	违规检查	违规检查
	EPC 取证技术	EPC 取证技术	EPC 取证技术	EPC 取证技术
	EPC 策略管理	EPC 策略管理	EPC 策略管理	
	审计管理技术	审计管理技术	审计管理技术	审计管理技术
	授权管理技术	授权管理技术	授权管理技术	
	异常与报警管理	异常与报警管理	异常与报警管理	异常与报警管理
应急响应恢复与处置		容灾备份技术	容灾备份技术	
	故障恢复技术	故障恢复技术	故障恢复技术	故障恢复技术
	数据恢复与销毁技术	数据恢复与销毁技术	数据恢复与销毁技术	数据恢复与销毁技术
			安全事件处理与分析技术	

1.4　物联网市场环境

1.4.1　全球物联网市场

当前,以移动互联网、物联网、云计算、大数据等为代表的新一代信息通信技术(Information Communication Technology,ICT)创新活跃,发展迅猛,正在全球范围内掀起新一轮科技革命和产业变革。物联网通过与其他 ICT 技术不断融合,正加速与制造技术、新能源、新材料等其他领域的相互渗透。未来十年,物联网将实现大规模普及。Gartner 报告显示,预计到 2020 年全球物联网设备数量达到 260 亿个,市场规模达到1.9 万亿美元,该数字在 2014 年为 6558 亿美元。

近年来,世界主要国家纷纷进行物联网战略布局,大力发展新兴产业,促进全球经济新一轮增长,以期望实现经济复苏和占领全球竞争制高点。根据 Markets and Markets的一份市场研究报告显示,全球物联网市场分布主要包括以下地区:北美、亚太地区、欧洲、中东、非洲和拉丁美洲。北美地区由于其先进的物联网技术并且起步较早,将主导物联网市场。

另外,由于亚太地区特别是印度、中国和日本等国家物联网技术的采用和纵向行业的巨大机遇——对相关解决方案需求的驱动,预计未来几年内亚太地区的物联网市场的复合年增长率将达到最高。

目前美、欧、日、韩等都投入巨资深入研究探索物联网,并启动了以物联网为基础的智慧地球、物联网行动计划、U-Japan、U-Korea 等国家性区域战略规划。

1. 美国

美国政府高度重视物联网的发展。2008 年 IBM 公司提出智慧地球理念后,迅速得到了奥巴马政府的响应,《2009 年美国恢复和再投资法案》提出要在电网、教育、医疗卫生等领域加大政府投资力度,带动物联网技术的研发应用,发展物联网已经成为美国推动经济复苏和重塑其国家竞争力的重点。美国国家情报委员会(NIC)发表的《2025 年对美国利益潜在影响的关键技术报告》中,把物联网列为 6 种关键技术之一。此间,国防部的智能微尘(Smart Dust)、国家科学基金会的全球网络研究环境(GENI)等项目也都把物联网作为提升美国创新能力的重要举措。

美国竞争力委员会(Council on Competitiveness)指出"数字技术、纳米技术变革正在开辟美国制造业的广阔创新空间"。自 2011 年以来,美国政府先后发布了先进制造伙伴计划、总统创新伙伴计划,将以物联网技术为根基的网络物理系统(Cyber-Physical System,CPS)为扶持重点,并引入企业与大学的技术专家共同制定其参考框架和技术协议,持续推进物联网在各行业中的部署。在此过程中出现了工业互联网(Industrial Internet)的概念,美国总统创新伙伴项目(PIF)提出政府和行业合作,创造新一代的可互操作、动态、高效的"智能系统"工业互联网,其内涵是基于物联网、工业云计算和大数据应用。

与此同时,以思科、德州仪器(TI)、英特尔、高通、IBM、微软等企业为代表的产业界也在强化核心技术,抢占建设制高点,纷纷加大投入用于物联网软硬件技术的研发及产业化。在 2013 年开幕的 CES(Consumer Electronics Show,消费电子产品展览会)展上,美国电信企业再次将物联网推向了高潮。美国高通已于 2013 年 1 月 7 日推出物联网(Internet of Everything,IoE)开发平台,全面支持开发者在美国运营商 AT&T 的无线网络上进行相关应用的开发。与此同时,思科与 AT&T 合作,建立无线家庭安全控制面板。2012 年思科发布了一款物联网路由器 ISR819,同时借 2012 年的伦敦奥运会,思科大力地推广了其物联网技术。

2015 年 11 月 21 日,中国智慧城市发展联盟与美国智慧城市理事会签署《中美省州与地方城市智慧伙伴合作框架协议》。中国国家发展改革委城市和小城镇改革发展中心主任李铁介绍,双方将围绕中美智慧城市产业创新孵化中心及智慧城市基金等方向开展全面战略合作。

美国参议院商业委员会 2016 年批准通过成立工作委员会,为美国政府推动物联网创新提供顶层框架设计、创新建议和为推动物联网发展的频谱规划。美国众议院能源与商务委员会宣布成立两党工作组,对物联网政策进行审查并提交总结建议。2016 年,美国多部门联合向国会提交了国家制造创新网络年度报告和战略计划,希望借助先进的网络技术基础重启美国制造业的优势。

2. 欧盟

2009 年 6 月,欧盟委员会递交了《欧盟物联网行动计划通告》,以确保欧洲在构建物联网的过程中起主导作用。通告提出了 14 项物联网行动计划,发布了《欧盟物联网战略研究路线图》,提出欧盟到 2010 年、2015 年、2020 年 3 个阶段物联网研发路线图,并提出物联网在航空航天、汽车、医药、能源等 18 个主要应用领域,以及识别、数据处理、物联网架构等 12 个方面需要突破的关键技术领域。目前,除了进行大规模的研发外,作为欧盟经济刺激计划的一部分,物联网技术已经在智能汽车、智能建筑等领域得到普遍应用。

2009 年 11 月,欧盟委员会以政策文件的形式对外发布了物联网战略,提出要让欧洲在基于互联网的智能基础设施发展上领先全球,除了通过 ICT 研发计划投资 4 亿欧元,启动 90 多个研发项目提高网络智能化水平外,于 2011—2013 年间每年新增 2 亿欧元进一步加强研发力度,同时拿出 3 亿欧元专款,支持物联网相关公司合作短期项目建设。为了加强政府对物联网的管理,消除物联网发展的障碍,欧盟制定了一系列物联网的管理规则,并建立了一个有效的分布式管理架构,使全球管理机构可以公开、公平、尽责地履行管理职能。为了完善隐私和个人数据保护,欧盟提出持续监测隐私和个人数据保护问题,修订相关立法,加强相关方对话等。执委会将针对个人可以随时断开联网环境开展技术、法律层面的辩论。此外,为了提高物联网的可信度、接受度、安全性,欧盟积极推广标准化,执委会将评估现有物联网相关标准并推动制定新的标准,确保物联网标准的制定是在各相关方的积极参与下,以一种开放、透明、协商一致的方式达成。

欧盟在第七科研框架计划(Framework Program 7,FP7)下,设立了 IoT-A、IoT6、openIoT 等一系列项目对物联网进行了研发,在智能电网、智慧城市、智能交通方面进行了积极部署。欧盟在 2013 年通过了"地平线 2020"科研计划,旨在利用科技创新促进增长,增加就业,以塑造欧洲在未来发展的竞争新优势。"地平线 2020"计划中,物联网领域的研发重点集中在传感器、架构、标识、安全和隐私、语义互操作性等方面。

2014 年 11 月 6 日,欧盟 IERC(European Research Cluster on the Internet of Things,欧洲物联网研究总体协调组)与中国工业和信息化部电信研究院联合发布 *IoT Identifier White Paper*,集中展现了全球移动通信业界在 5G 领域的最新研究成果。

针对不同类型的物联网应用,欧盟各成员组织经过深入研究,提出并采用了一系列的标识技术,包括 IPv6、UPC、DOI/Handle 等。这些标识技术都得到了欧盟各组织研发架构的支持。除此之外,欧盟还资助了一系列物联网研究项目,旨在找到整合方案,以求能够跨越多种标识技术之间实现互联互通。沿着这个方向,欧盟委员会正在资助 IERC 的一些项目,开发和验证了几种和物联网标识命名机制相关的创新性解决方案。

2016 年,欧盟组建物联网创新平台(IOT-EPI),旨在维护欧盟物联网生态系统,最大化发挥平台开发、互操作、信息共享等共性技术和能力的作用。同时,欧盟开启"地平线 2020"研发计划,投入 2 亿欧元建设物联网平台,推动物联网集成和平台研究创新,重点是自动联网汽车、智慧城市、智能可穿戴设备、智能农业和食品安全、智能养老等试点应用。

3. 德国

德国是世界主要的经济强国之一,也是欧盟国家中重视信息化建设、信息化程度较高的国家之一。为迎接信息社会的新挑战,确保德国在新技术革命浪潮时代占据欧洲领先地位,德国也在积极部署物联网发展战略。

自 1999 年德国制定的《21 世纪信息社会的创新与工作机遇》以来,德国一方面在加紧部署物联网基础设施,另一方面大力推进新兴产业布局。2010 年,德国联邦政府发布了由德国联邦经济技术部编制的《信息与通信技术战略:2015 数字化德国》,面向 2015 年为实现"数字化德国"的目标规划了发展重点、主要任务和相关研究项目。通过此战略,联邦政府将进一步促进物联网、网络服务、云计算、3D 技术以及电动汽车信息通信技术的开发和应用,继续推进德国网络政策前景对话,加强新技术领域的教育和媒体宣传,着重改善相应的经济和技术等框架条件。

2013 年,德国联邦教研部与联邦经济和技术部正式将"工业 4.0"战略纳入了《高技术战略 2020》。"工业 4.0"的实施重点在于信息互联技术与传统工业制造的结合。德国认为,工业革命可以分为 4 个阶段,第三次工业革命引入了电子与信息技术,在此基础上,如果德国可以广泛地将物联网和服务网应用于制造领域,在智能工厂中实现数字和物质两个系统的无缝融合,德国就可以在第四次工业革命的道路上占领先机,巩固德国的竞争地位。在 2013 年 4 月汉诺威工业博览会上,德国正式发布了关于实施"工业 4.0"战略的建议 1。工业 4.0 将软件、传感器和通信系统集成于 CPS,通过将物联网与服务引入制造业重构全新的生产体系,改变制造业发展范式,形成新的产业革命。

2014 年 8 月 20 日,德国联邦政府内阁通过了由德国联邦经济和能源部、内政部、交通与数字基础设施建设部联合推出的《2014-2017 年数字议程》,提出在变革中推动"网络普及""网络安全""数字经济发展"3 个重要进程,希望以此打造具有国际竞争力的"数字强国"。

2015 年 11 月,德国工业 4.0 平台在德国全国信息技术峰会上正式推出了"工业 4.0 平台地图",如图 1-25 所示。这份虚拟在线地图上清晰标注了遍布德国各地的工业 4.0 应用实例和试验点。截至目前,这张工业 4.0 地图上共标有 202 个"大头针",每个"大头针"代表一个工业 4.0 应用实例或试验点。例如,在北部城市不来梅附近的一家工厂内,智能眼镜已在生产线上得到应用。工人可按照智能眼镜的指示,一步步完成组装工作。在德国中西部的黑森州,一家海绵垫生产商将设计环节交给了客户,客户可通过手机应用设计自己想要的海绵垫,然后直接传到工厂生产,实现廉价、快速的个性化定制。除介绍自己的工业 4.0 解决方案外,一些企业还分享了自己的经验教训。地图上的工业 4.0 应用实例涉及产品设计、生产、物流、服务等多个领域,而试验点则主要针对工业 4.0 应用展开研发和测试。借助试验点,中小企业在尝试满足工业 4.0 要求的改造时,可不必自行投资昂贵的研究设备。

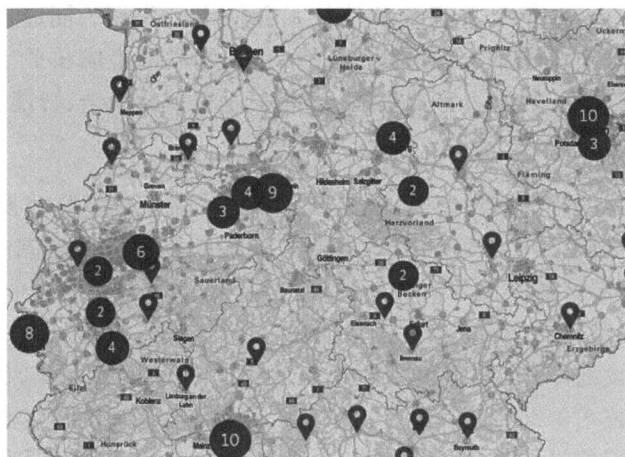

图 1-25　工业 4.0 平台地图

另一方面,德国格外重视信息安全,通过立法来保障信息安全,是德国的一大特色。《联邦数据保护法》是德国关于数据保护的专门法,其中规定,信息所有人有权获知自己哪些个人信息被记录,被谁获取,用于何种目的,私营组织在记录信息前必须将这一情况告知信息所有人。如果某人因非法或不当获取、处理、使用个人信息而对信息所有人造成伤害,应承担责任。《联邦数据保护法》修改生效后,更多德国企业开始对客户信息实施高水平的保护措施,提高了客户信息的保密性和安全性。2015 年 7 月 10 日,德国议会通过《德国网络安全法》,标志着德国网络安全立法由分散走向统一。

2016 年 10 月,IBM 公司看准德国物联网发展契机,宣布投资 2 亿美元在德国慕尼黑设立 IBM Watson 物联网事业部的新全球总部,旨在围绕区块链、安全,通过 Watson 物联网技术,从嵌在机器、汽车、无人驾驶飞机、滚珠轴承、设备部件甚至医院中的数十亿传感器中获取实时洞察的客户端,构建全新的物联网能力。

4. 日本

日本是世界上第一个提出泛在网战略的国家,2004 年日本政府在两期 E-Japan 战略目标均提前完成的基础上,提出了 U-Japan 战略,其战略目标是实现无论何时、何地、何物、何人都可受益于计算机通信技术的社会。物联网包含在泛在网的概念之中,并服务于 U-Japan 及后续的信息化战略。通过这些战略,日本开始推广物联网在电网、远程监测、智能家居、汽车联网和灾难应对等方面的应用。2009 年 3 月,日本总务省通过了面向未来 3 年的数字日本创新计划,物联网广泛应用于泛在城镇、泛在绿色 ICT、不撞车的下一代智能交通系统等项目中。2009 年 7 月,日本 IT 战略本部发表了《I-Japan 战 2015》,作为 U-Japan 战略的后续战略,目标是实现以国民为中心的数字安心、活力社会,强化了物联网在交通、医疗、教育、环境监测等领域的应用。2010 年,日本总务省发布了《智能云研究会报告书》,制定了"智能云战略",目的在于借助云服务推动整体社会系统实现海量信息和知识的集成与共享。该战略包括 3 部分内容:应用战略、技术战略和国际战略。

2012 年全日本总计发展物联网用户(放号量)超过了 317 万,其中 NTTDOCOMO 现有超过 150 万物联网用户,主要分布在交通、监控、远程支付(包括自动贩卖机)、物流辅助、抄表等 9 个领域;KDDI 虽然起步较晚,但一开始就追求高速大容量的物联网通信,通过推出可车载、小型、轻量、廉价的物联网通信服务,在交通、物流行业发展了超过 100 万用户;而 Softbank 因为最迟涉足物联网行业,目前仅 25 万多用户,大部分是数码相框等个人电子消费品,还有少量的电梯监控和自动贩卖机业务。

日本所推动的机器对机器通信(M2M)、HEMS 以及 Echonet Lite 等技术,都被重新包装成物联网解决方案的一部分。在日本横滨举行的 2014 年度嵌入式技术大会(Embedded Technology 2014)上,日本参展商全心全意拥抱物联网以及相关技术,并积极展示融合了新旧概念的解决方案。例如,某公司展示了一款 HomeKit 与 Echonet 桥接设备;另一家公司发表了简化的无线平台,配备 920MHz 无线模块以及 Echonet 无线模块转接器,以作为连接家电与物联网传感器的方案。此外展场上到处可见 Wi-SUN(以 IEEE 802.15.4g 为基础的低功耗无线通信规格)产品。东芝、NEC、富士通等都展示了物联网相关解决方案,包括软件、应用程序、服务器等。

IDC 报道显示,2016 年日本物联网市场规模 62 000 亿日元,2020 年将达到 138 000 亿元。2016 年 10 月,日本的物联网推进联盟与美国工业互联网联盟、德国工业 4.0 平台签署合作备忘录,希望美日德联合推进物联网标准合作。

5. 韩国

与日本类似,韩国也将物联网这一技术的发展纳入了信息产业的范畴。2004 年,韩国开始实施 u-Korea 战略,其目标是在全球最优的泛在基础设施上,将韩国建设成全球第一个泛在社会。为了更好地实施 u-Korea 战略,2006 年,韩国将 RFID/USN 列入发展重点,并在此后推出了一系列相关实施计划。同时还确定了 8 项需要重点推进的业务,其中 RFID、u-Home(泛在家庭网络)、Telematics/Location-based(汽车通信平台/基于位置的服务)等业务是实施的重点。与 u-Korea 战略政策的实施相配合,韩国信息和通信部还推出了 u-City、Telematics 示范应用与发展、u-IT 产业集群和 u-Home 4 项 u-IT 核心计划。

2009 年 10 月,韩国通信委员会通过了《物联网基础设施构建基本规划》,将物联网市场确定为新增长动力,确定了构建物联网基础设施、发展物联网服务、研发物联网技术、营造物联网扩散环境四大领域、12 项详细课题。完善安全等级保护制度,建立健全物联网安全测评、风险评估、安全防范、应急处置等机制,增强物联网基础设施、重大系统、重要信息等的安全保障能力,形成系统安全可用、数据安全可信的物联网应用系统。

2010 年初,韩国进一步推动 RFID 发展战略,包括 RFID 先导计划、RFID 全面推动计划和 USN 领域测试计划。2011 年 3 月 9 日,韩国知识经济部在经济政策调整会议上发布了隶属于"+α 产业培育战略"的一部分的"RFID 推广战略",进一步加强 RFID 战略部署。2010 年 1 月,韩国首尔市表示将耗资 27 亿韩元(约合 1649 万元人民币),建设 RFID 公共自行车系统示范项目。韩国的其他国家部门也相继推出一系列关于 RFID 的项目:韩国海洋研究院出台了构建 RFID 资产管理系统的政策,韩国警察厅宣布试行第四次 RFID 基础档案管理系统扩大项目,韩国行政安全部推出 2010 年视频档案 RFID 运用安全扩大项目。韩国的 RFID 发展已经从先导应用开始全面推广,而 USN 也进入实验性应用阶段。2010 年 9 月,韩国通信委员会将确立到 2012 年"通过构建世界最先进的传感器网基础设施,打造未来广播通信融合领域超一流的 ICT 强国"的目标。

近年来,韩国政府通过在汽车、造船、服装等行业设立 IT 融合革新中心,已经撮合三星等 IT 企业通过物联网技术与现代汽车等制造企业缔结战略合作项目,大规模地开展了智能化融合产品的联合研发与产品生产。2013 年 10 月,韩国政府发布了 ICT 研究与开发计划 ICT WAVE,目标是未来 5 年投入 8.5 万亿韩元(80 亿美元),在内容、平台、网络、设备和安全 5 大领域发展十大 ICT 关键技术和 15 项关键服务,其中物联网平台被列入十大关键技术。韩国科学信息通信技术和未来规划部还计划在 2014 年推出物联网国家行动计划,进一步推动 ICT 与其他产业的融合。

2015 年起,韩国未来科学创造部和产业通商资源部将投资 370 亿韩元(约合 2.26 亿元人民币)用于物联网核心技术以及微机电系统(MEMS)传感器芯片、宽带传感设备的研发。另外 123 亿韩元(约合 7512 万元人民币)将来自韩国的私营部门。政府还计划培养物联网技术领域的专家

全球物联网还处于发展期,物联网已在各领域广泛开始应用,特别是在 M2M、车联网、智能电网以及安防领域。物联网与互联网、移动互联网正在各个层面融合发展,互联网理念和 Web 理念不断向物联网渗透,ITU-T 已经发布了基于 Web 的物联网架构标准,3GPP(3rd Generation Partnership Project,第三代合作伙伴计划)也正在研究 MTC(Machine-Type Communication,机器类型通信)和智能终端对现有移动通信网的影响。

1.4.2　中国物联网市场

从 2009 年"感知中国"的提出,到 2010 年两会政府工作报告上首次提及物联网,再到 2011 年 5 亿元首批物联网专项基金的启动;又到 2012 年工业和信息化部发布《"十二五"物联网发展规划》,物联网在我国落地生根。2012 年,我国物联网行业总产值超过 3650 亿元,同比增长率超过 38%。伴随《关于加快培育和发展战略新兴产业的决定》《物联网物"十二五"发展规划》《物联网发展专项资金管理暂行办法》《国务院关于推进物联网

有序健康发展的指导意见》以及工信部等多部委印发的《物联网发展专项行动》《工业和信息化部 2014 物联网工作要点》的出台,我国物联网发展呈现出前所未有的良好势头。

在国家高层的推动下,各级地方政府部门也扬鞭奋起,北京等 28 省市开始制定物联网产业的规划政策,努力打造无线城市,发展物联网示范工程,培育物联网产业,攻坚物联网核心技术,举办物联网主题展会,积极抢占物联网发展的制高点。产业分布上,国内物联网产业已初步形成环渤海、长三角、珠三角以及中西部地区四大区域集聚发展的总体产业空间格局。

中国信息通信研究院 2016 年发布《物联网白皮书》,2009 年我国物联网产业规模为 1700 亿元,2015 年跃升至超过 7500 亿元,年复合增长率超过 25%,M2M 应用的终端数量超过 1 亿。2015 年我国传感器市场规模达 1100 亿元,预计到 2020 年将达到 2115 亿元,年复合增长率达到 14%。

国家发展与改革委员会、工业和信息化部、财政部、科技部、国家标准化管理委员会等各部门通过设立专项资金,为物联网应用示范工程、技术研发与产业化项目提供大力支持。国家发展与改革委员会自 2011 年起先后启动了 28 项国家物联网重大应用示范工程,2013 年 10 月又发布了《国家发展改革委员会办公厅关于组织开展 2014—2016 年国家物联网重大应用示范工程区域试点工作的通知》。工业和信息化部、国家发展与改革委员会、科技部、教育部等多部委共同制定了 10 个《物联网发展专项行动计划》,对于物联网行业健康发展具有重大影响。

财政部会同工业和信息化部设立了物联网发展专项资金,自 2011 年起累计安排物联网专项资金 15 亿元,陆续支持了 500 多个研发项目,重点对以企业为主体的物联网技术研发和产业化项目进行扶持。

2013 年,科技部支持组建了物联网产业技术创新战略联盟,联盟的成立对于加强物联网产学研紧密结合、加快推动物联网技术创新、引领物联网产业发展、促进国家经济发展和社会进步具有重要意义。科技部在"十二五规划"中已经组织实施了一批相关的科技专项,包括云计算、物联网、智能网络终端等。这些专项规划的制定和实施必将进一步推动我国物联网产业和技术的创新发展。

2013 年 5 月,农业部印发《农业物联网区域试验工程工作方案》。启动农业物联网区域试验工程对于推动农业现代化具有重要作用。

国家发展与改革委员会办公厅《关于组织开展 2014—2016 年国家物联网重大应用示范工程区域试点工作的通知》重点支持物联网专业服务和增值服务应用示范类项目和物联网技术集成应用示范类项目。

民政部于 2014 年 7 月下发通知,在北京市第一社会福利院、北京市大兴区新秋老年公寓、河北省优抚医院、江苏省无锡市失能老人托养中心、河南省社区老年服务中心中州颐养家园、安徽省合肥庐阳乐年长者之家、四川省资阳市社会福利院 7 家养老机构开展国家智能养老物联网应用示范工程试点工作。通过试点在养老机构开展老人定位求助、老人跌倒自动检测、老人卧床监测、痴呆老人防走失、老人行为智能分析、自助体检、运动计量评估、视频智能联动等服务。

截至 2016 年底,国家发展和改革委员会、住房和城乡建设部、工业和信息化部、交通部、科技部、国家标准化管理委员会、国家旅游局等部门组织了累计近 600 个智慧城市试点。以"智慧北京"为例,确立了 10 个物联网应用工程,智能人群动态感知工程可以在公交、地铁、商场等人群密集地区实时感知人的信息,绿色北京宜居生态工程通过传感技术实现对土地资源的实时监控,并对污染物和垃圾处理进行全过程跟踪监控。此外,在社会管理、药品食品追溯、市民卡、社区管理等领域也规划了相关应用。"十三五"规划明确指出,我国将支持绿色城市、智慧城市、森林城市建设和城际基础设施互联互通。2014 年,我国智慧城市 IT 投资规模达 2060 亿元,较 2013 年同期增长 17.0%;2015 年,我国智慧城市 IT 投资规模达 2480 亿元,较 2014 年同期增长 20.4%。预计在"十三五"期间,智慧城市产值将超过 4 万亿元。

2010 年,公安部部署了北京、深圳、无锡三大城市物联网重大示范工程,将物联网技术的产品、应用方案率先应用于第二代居民身份证、警员定位与警力动态调配、会务保障、车辆动态监管、警用装备和物证的单品级管理、大型刑事案件检材管理、监所管理以及重点区域的监控与预警等领域中。物联网技术在涉人、涉车、涉物和重点场所管理上发挥了重要作用,实现了现代警务对事件信息的实时采集、动态处理和防范预警等智能化功能。极大地提升了现代警务的实战能力和服务水平,促进警务工作的整体联动和协同作战。目前已部署实施了以下工程和系统:

- 天安门地区运行调度物联网应用平台。
- 警用装备智能管理系统及应用示范工程。
- 无锡滨湖感知安保应用示范工程。
- 无锡城市社会公共安全物联网应用示范工程。
- 武汉城市视频监控系统。
- 重庆森林生态智能安全预警平台。
- 上海世博会车辆安全监管系统。
- 上海浦东国际机场防入侵系统。
- 深圳视频综合应用管理系统。
- 深圳流动人口身份信息采集管理系统。
- 基于 RFID 和视频识别技术的南京特定车辆与治安防控体系。

物联网技术已在社会各领域得到了广泛应用。

2015 年,国务院印发《中国制造 2025》,以信息物理系统为代表的物联网技术全面推进制造业的智能化、网络化、服务化,并明确提出,到 2020 年,制造业重点领域智能化水平显著提升,试点示范项目运营成本降低 30%,产品生产周期缩短 30%,不良品率降低 30%。到 2025 年,制造业重点领域全面实现智能化,试点示范项目运营成本降低 50%,产品生产周期缩短 50%,不良品率降低 50%。

2016 年,中国电子技术标准化研究院联合国家物联网基础标准工作组发布《物联网标准化白皮书》显示,国家标准化管理委员会第一批下达了物联网等 47 项国家标准计划,其中基础共性 6 项,农业 13 项,公安 13 项,林业 4 项,交通 11 项;第二批立项 83 项,其中基础共性 23 项,数据采集 18 项,网络传输 19 项,交通 1 项,医疗 11 项,电力 1 项,智能家居 10 项;协调第三批 39 项国家标准立项工作。近年来,我国在国家标准化工作的影响力和竞争力呈不断上升趋势,在 OneM2M、3GPP、ITU、IEEE 等主要标准化组织的物联网相关领域获得 30 多项物联网相关标准组织领导席位,涉及标准 54 项。

2016 年 8 月,国务院正式印发《"十三五"国家科技创新规划》,其中多项重大工程涉及物联网技术,如智能制造和机器人。以智能、高效、协同、绿色、安全发展为总目标,构建网络协同制造平台,研发智能机器人、高端成套装备、三维(3D)打印等装备,夯实制造基础保障能力;智能电网。聚焦部署大规模可再生能源并网调控、大电网柔性互联、多元用户供需互动用电、智能电网基础支撑技术等重点任务,实现智能电网技术装备与系统全面国产化,提升电力装备全球市场占有率等。

物联网的理念和相关技术产品已经广泛渗透到社会经济和民生的各个领域,在越来越多的行业创新中发挥了关键作用。物联网凭借与新一代信息技术的深度集成和综合应用,在推动转型升级、提升社会服务、改善服务民生、推动增效节能等方面正发挥重要的作用,在部分领域正带来真正的"智慧"应用。

第 2 章 物联网安全现状

近年来,各类技术得到飞速发展。随着感知节点智能化、丰富化,云计算技术快速发展、处理和存储能力大幅度提升以及感知节点制造成本逐步降低,越来越多的感知节点广泛应用于各个领域。据不完全统计,2013 年,全球有 120 亿台感知设备连接物联网,预计到 2020 年,有近 500 亿台设备连接物联网,如图 2-1 所示,而在 2008 年连接在互联网上的设备超过地球上人口的总和。

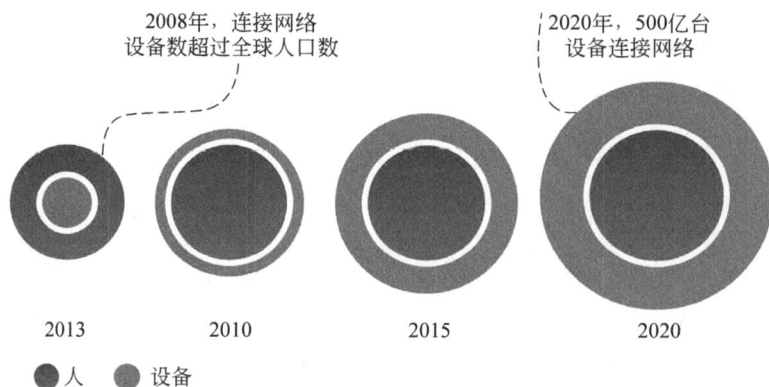

2008年,连接网络设备数超过全球人口数

2020年,500亿台设备连接网络

2013   2010   2015   2020

● 人   ● 设备

图 2-1 物联网设备增长示意图

物联网感知设备种类包含手机、无线设备、智能终端、RFID、传感器等众多类型,每类感知设备数量与市场规模都是快速扩张,如表 2-1 所示。

表 2-1 感知设备增长数据统计

设备类型、 市场规模	数 据 统 计
手机	每天大约有 2 800 000 000 部手机在使用,并每天以 1 600 000 部手机的速度递增。仅 2016 年一年的手机销售量就达 15 亿台
无线设备	预计在未来 15～20 年,全球将会有 1 万亿的无线设备连接网络
传感器	Intechno 咨询公司的调查数据显示,全球 3000 多家传感器制造商的总销售额在 2010 年为 800 亿美元。2014 年,全球传感器市场规模达 1260 亿美元,同比增长 20% 左右。截至 2016 年,全球传感器市场规模为 1741 亿美元

续表

设备类型、市场规模	数　据　统　计
RFID 芯片	数据显示,2008 年全球 RFID 市场规模已从 2007 年的 49.3 亿美元上升到 52.9 亿美元,这个数字覆盖了 RFID 市场的方方面面,包括标签、阅读器、其他基础设施、软件和服务等。RFID 卡和卡相关基础设施将占市场的 57.3%,达 30.3 亿美元。来自金融、安防行业的应用将推动 RFID 卡类市场的增长。智研咨询发布的《2017—2023 年中国 RFID 行业市场深度分析与投资战略咨询报告》显示,2014 年 RFID 标签及封装市场规模为 598.5 亿元,2015 年产业规模增长至 126.6 亿元,占 RFID 产业总量的 32.5%。预计 RFID 在 2016—2021 年年均复合增长率仍然维持在 18%～20% 的水平,主要的增长动力来源于社保卡和健康卡项目、交通管理、移动支付、物流与仓储、防伪、金融 IC 卡迁移等细分领域
M2M 市场	M2M 的应用主要是无人驾驶汽车。谷歌、亚马逊等大互联网公司和许多大运营商都在投入巨资开发相关技术。2014 年 M2M 模块销售额 16 亿美元,据一份研究结果显示,到 2020 年,M2M 市场可以达到 352 亿美元,未来五年的年均复合增长率达到 11.6%

在感知节点快速积累的同时,物联网与人的关系越来越紧密,人类越来越享受物联网智能化所带来的便利、舒适,如图 2-2 所示。

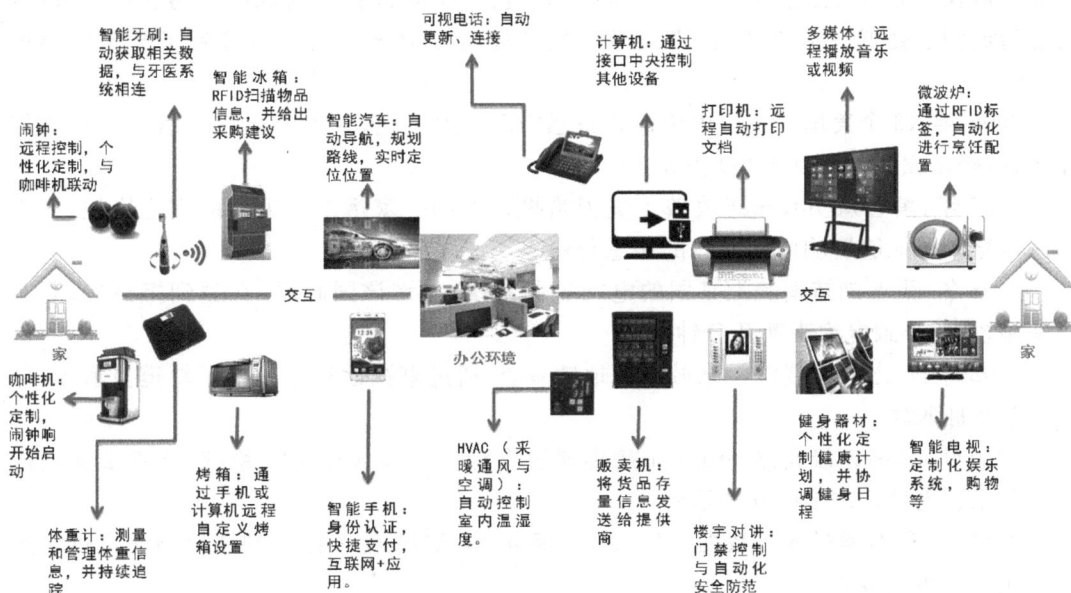

图 2-2　人与物联网

当清晨闹钟一响,你就开始进入智能的物联网世界:智能闹钟通过预先设定的程序远程开启咖啡机,咖啡机控制系统根据咖啡机上的感知数据确定用户习惯泡上咖啡;与此同时,电动牙刷自动涂上牙膏,并将牙刷上获取的牙齿健康状况发给医生。在准备早餐时,冰箱根据 RFID 阅读器获取所有食品信息,确定多种早餐方案供你选择。在上班的路上,汽车自动导航系统给出最佳路线和行车时间等信息,让你轻松避开堵车地段,当然你也可以将位置信息发送给你所关心的人。在工作中,智能视频会议系统轻松构建虚拟会议室,大大提高工作效率。未来的办公设备也将智能化:打印机将自动通知管理员剩余墨水和纸张数量情况,以及时进行更换,若超过预设值则进行报警;中央控制系统将根据光、温度传感器获取的数据自动调节温度和灯光亮度。工作之余,手机终端根据健康状况给出运动日程安排,包括运行方式、运动持续时间、饮食等。总之,物联网与生活越来越近。

试想一下,当恶意攻击者篡改闹钟的程序,半夜每隔10分钟响一次;咖啡机被恶意修改参数,泡出一杯五味俱全的咖啡;车载自动导航系统将你导航至极其拥堵的路上;视频会议被恶意截取,商业秘密被泄露;等等,所有智能化的便利将变成可怕的噩梦。而这些归根结底都是物联网安全问题,安全问题得不到重视,智能也变成空谈。而如此众多设备连接到网络,其造成的危害和影响也是无法估量的,特别是当物联网应用在国家关键基础设施,如电力、交通、工业、制造业等,极有可能在现实世界造成电力中断、金融瘫痪、社会混乱等严重危害公共安全的事件,甚至将危及国家安全。

以下是近年来与物联网相关的安全事件和安全问题:

2001年,澳大利亚昆士兰一位工程师被其公司解雇后,利用对水务工程的熟悉,使用偷窃的无线电台、SCADA(Supervisory Control And Data Acquisition,数据监控与采集)控制器以及控制软件通过不安全无线网络的未授权访问远程侵入该厂的污水控制系统,恶意造成污水处理泵站故障,在当地沿海域排放超过 $10m^3$ 的污水,导致了严重的环境污染。

2005年,13个美国汽车厂由于被蠕虫感染而被迫关闭,50 000名生产线工人被迫停止工作,经济损失超1 400 000美元。

2006年,黑客从 Internet 攻破了美国哈里斯堡的一家污水处理厂的安全措施,在其系统内植入了能够影响污水操作的恶意程序。

2008年,黑客劫持南美洲某国的电网控制系统,敲诈该国政府,在遭到拒绝后,对系统实施攻击,导致电力中断几分钟。

2008年,攻击者入侵波兰某城市的地铁系统,通过电视遥控器改变了轨道扳道器,导致4节车厢脱轨。

2010年,网络超级武器 Stuxnet 病毒通过有针对性地入侵 ICS 系统,严重威胁到伊朗布什尔核电站反应堆的安全运营。

2011年,黑客通过入侵数据采集与监控系统 SCADA 使美国伊利诺伊州城市供水系统的供水泵遭到破坏。

2012年,国内某市燃气管道 SCADA 系统存在登录绕过漏洞,对设备状态的监控可精确到某栋大厦。

2013年,国内某市燃气集团有限公司存在远程执行漏洞。

安全研究公司 Proofpoint 在2013年底发现了一种新型的僵尸网络,这种网络感染联网的家电设备,并借机发送了数十万封恶意电子邮件,这是首例被证实的基于智能家居的网络攻击行为。

在2014年的黑帽大会上,黑客们将 POS 机、车载系统、飞机系统、Google Glass 等系统一一破解,号称最安全的 Android 智能手机仅在 5 分钟内就遭破解。美国 NCR 公司安全架构师 Nir Valtman 展示了针对 POS 机系统的攻击。试想一下,一旦 POS 机被攻破,那么人们还会刷卡消费么? 号称最安全的 Android 智能手机 Blackphone 也成为黑客的攻击目标,Blackphone 手机在 5 分钟内就被 ROOT,这款产品使用的 Android 开源系统的安全服务只能保障普通用户的信息安全,难以满足企业用户的需求。澳大利亚黑客 Silvio Cesare 展示了破解汽车系统的过程,无须使用任何硬件设备,仅利用无线系统就能够打开汽车,通过无线技术工具将无线信号定义为与汽车钥匙统一的信号,就能在短时间内打开汽车,一般汽车都能在两小时内破解。

2015 年 6 月,安全专家公开展示了利用比亚迪云服务漏洞开启比亚迪汽车的车门、发动汽车、开启后备厢等操作。

2015 年 12 月 23 日,乌克兰电力网络受到攻击,导致伊万诺-弗兰科夫斯克州大停电,成为全世界第一起黑客攻击造成电网大规模停电事件。

2016 年 10 月 22 日,路由器、智能摄像头等沦为"肉鸡"向美国域名服务器管理机构 Dynamic Network Service(Dyn)发动大规模的 DDoS(分布式拒绝服务)攻击,致使全美互联网瘫痪。

此外,著名的物联网安全事件还有:亚欧 14 国 ATM 机遭受攻击自动吐钱;美国旧金山市政运输部门售票系统被入侵,黑客勒索 7 万美元;CIA 披露,三星智能电视可被变为窃听器;北京刚下架的一款名为"凯拉"的玩具娃娃被曝光可被破解为窃听器。从玩具娃娃到亚马逊 Echo、谷歌 Home Speakers,隐私问题越来越严峻。

可信计算集团主席 Jesus Molina 安全顾问在一次出差时入住了深圳一家五星级酒店。这家酒店为每个房间提供 iPad,客人可以用来控制房间的灯光。因为闲极无聊,Jesus Molina 研究起了 iPad,发现设备是通过酒店的互联网服务与灯具配件进行通信的,通信命令没有任何安全方面的设置。于是,他简单修改了设备 IP 地址的最后一位,就可以控制另外一个设备。然后,他在 iPad 上写了一个脚本,就控制了 200 个房间灯光的开和关。为了测试,Jesus Molina 换了 4 次房间,为此还惊动了酒店经理。他甚至还想试试能否入侵门锁控制系统,但觉得有点害怕而放弃了。之后,他联系了这家酒店的母公司,公司为这一系统漏洞加上了补丁。

2.1 物联网安全特征与面临挑战

2.1.1 物联网特征

从历史唯物主义角度来说,任何事物都是有源有据,物联网这一技术的发展也是在众多技术发展的基础上逐渐形成的,可以说物联网是大量技术应用的综合解决方案,是物理世界信息化的必然产物。但从中也可以看出,和传统的互联网相比,物联网有其鲜明的特征。

1. 全面感知

从物联网字面上理解,物联网就是物物相连的网络,那么如何将物连接起来呢?就是通过各种感知设备来获取物理世界各类属性和状态,将物理世界数字化。例如,利用条码获取商品价格、产地、保质期等信息,在汽车上部署 GPS 来追踪其行驶路线,在野外放置摄像头来观察周围环境,在大楼安装温感、烟感、气感等传感器来监控火情,等等。这些场景均是利用各类感知设备来实时再现物体或空间的状态,不仅包括有关触觉、视觉、听觉的状态,还包括位置、温度等各式各样的状态。毫不夸张地说:只要具有感知物体功能的网络应用,均可认为是物联网的某种应用。

感知也是区分物联网、互联网、移动通信网的重要标准,互联网和移动通信网都不具备感知能力。无锡物联网产业研究院院长曾这样描述物联网、互联网、移动通信网之间的区别:"物联网是以感知为目的的综合信息系统,互联网是以共享为目的的信息内容提供系统,移动通信网是以传输为目的的系统。"

2. 网络性

众所周知,传感器也具有感知能力,那么传感器是不是也等同于物联网?显然单一的感知能力并不能构成全部物联网,物联网是一种建立在互联网上的泛在网络,物联网技术的重要基础和核心仍旧是互联网,通过各种有线和无线网络与互联网融合,将物体的信息实时准确地传递出去。但随着物联网的规模化应用,物联网网络性也呈现出与互联网的不同,物联网通过大量感知设备获取各类信息,并伴随着时间的增长,数据极具扩散性,形成了海量信息。因此,在传输过程中,为了保障数据的正确性和及时性,必须适应各种异构网络和协议;在处理过程中,为了保障数据结果的有效性,需要借助于大数据分析,快速进行分析。

作为物联网承载网的互联网并没有独立发展,它将与电信网、广播电视网相互渗透、互相兼容,并逐步整合成为世界统一的信息通信网,"三网融合"应运而生。截至 2012 年初,国务院办公厅公布三网融合试点城市共 54 个,但三网融合之路并不轻松。2014 年6 月底,广电总局发函要求关闭互联网电视终端产品中的违规视频软件下载通道,点名批评华数传媒及百视通。7 月 9 日,要求牌照方推广自主研发的 TVOS 1.0 操作系统的试验。11 日,要求取消集成互联网电视平台直接提供的电视台节目时移及回看功能。近日,互联网电视 UI 成为监管新对象。广电总局 8 月 20 日约谈国内七大互联网电视牌照方,内容涉及目前互联网公司推出的智能电视 UI,点名批评小米 MIUI 和乐视 UI。相关政策正在市场上掀起巨浪。8 月 21 日,乐视网突然紧急停牌,并在 25 日复牌后股价大跌。腾讯视频 TV 版客户端发布公告称,将于 27 日关闭 TV 应用服务。一系列新政也对运营商家庭信息化战略有一定影响。除了个别地区出现的广电总局叫停 IPTV 业务外,运营商试图亲自试水 OTT 的尝试将被叫停。例如,中国电信悦 me 盒子的内容要由IPTV 牌照方等提供,自主权大打折扣。因此,物联网承载网还将继续呈现多网并存的局面。

3. 智能化

物联网不仅提供了传感器的连接,其本身也具有智能处理的能力,能够对物体实施智能控制。物联网将各类感知设备和智能处理相结合,利用云计算、模式识别等各种智能技术扩充其应用领域。从感知设备获得的海量信息中分析、加工和处理出有意义的数据,以适应不同用户的不同需求,发现新的应用领域和应用模式。物联网的设计愿景是:用自动化的设备代替人工,三个层次的全部设备都可以实现自动化控制。因此,物联网系统一经部署,一般不再需要人工干预,既提高了运作效率,减少出错几率,又能够在很大程度上降低维护成本。

4. 泛在性

物联网应用涉及国民经济和人类社会生活的方方面面,可以说无处不在。从表 2-2 可以看出,物联网广泛应用于安防、电力、交通、物流、家居、农业、环保、工业、医疗、能源、金融、旅游、政府、建筑等众多领域,它提供的相应产品及服务形态也是多种多样的。同样,物联网的应用有可能需要通过多个基础网络连接,这些基础网络有可能是有线网络、无线网络、移动网络或是专网。在物联网上,各种感知设备定时采集的信息通过网络进行传输,由于感知设备数量巨大,会使信息量极其庞大,形成海量信息。为了保障数据传输的正确性和及时性,必须适应多种接入方式、多种承载方式,实现无缝接入,任何对象(人或设备等)无论何时何地都能通过合适的方式获得永久在线的服务,可以随时随地存取所需信息。

表 2-2 物联网应用领域

领　　域	应 用 描 述
安防	城市道路和区域的拥堵状况、人的行为、异常事件等的分析和判断,楼宇智能化管理
交通	高速智能管理,出租车管理,公交车枢纽管理,铁路机车识别等。例如,卡口系统和电子警察系统不仅包括摄像类的视频单元,而且包含大量的交通传感器,如地感线圈、磁敏传感器、红外传感器、RFID 系统等
物流	物流过程中的货物追踪,信息自动采集,仓储应用,港口应用,邮政,快递
零售	商品的销售数据实时统计,补货,防盗
制造业	生产数据的实时监控,质量追踪,自动化生产
服装业	自动化生产,仓储管理,品牌管理,单品管理,渠道管理
社区管理	社区周界报警,车辆出入/停车管理,家庭安防管理等
建筑	将防盗、防劫、防破坏、防入侵、通信安全、防火安全、信息安全以及医疗救助、人体防护、防煤气泄漏等综合应用。建筑物内照明灯能自动调节光亮度,建筑物与 GPS 系统实时连接,在电子地图上准确、及时反映出建筑物空间地理位置、安全状况、人流量等信息
食品	对食品生产过程进行实时监控,水果、蔬菜、生鲜、食品等保鲜度管理
图书馆、档案馆	将 RFID 技术与图书馆数字化系统相结合,实现架位标识、文献定位导航、智能分拣等
医疗	药品物流管理,医疗器械管理,病人身份识别,婴儿防盗
汽车	自动化制造,防盗,定位,车钥匙
航空	旅客机票,行李包裹追踪

续表

领　域	应 用 描 述
军事	弹药、枪支、物资、人员、卡车等识别与追踪
石油	生产自动化管理
防伪	贵重物品(烟、酒、药品)的防伪,票证的防伪等
工业	制造供应链管理;生产过程工艺优化,生产过程的智能监控、智能控制、智能诊断、智能决策、智能维护;产品设备监控管理,环保监测及能源管理,工业安全生产管理,把感应器嵌入和装备到矿山设备、油气管道、矿工设备中,可以感知危险环境中工作人员、设备机器、周边环境等方面的安全状态信息
金融	基于大数据分析的客户管理、风险评估等

5. 实时性

由于信息采集层的工作可以实时进行,所以,物联网能够保障所获得的信息是实时的真实信息,从而在最大限度上保证了决策处理的实时性和有效性。例如,可以通过 GPS 实时了解物品或人所处的位置,通过温度、湿度传感器实时了解周围的温湿度。

从以上特征可以看出,物联网不是颠覆性的网络革命,而是对传统网络潜力的挖掘和网络效能的提升。其中,全面感知是区别于其他网络的概念,界定了物联网的基本特征;而网络性是对物联网作为互联网延伸的解读,即物联网的承载网络并不仅局限互联网,还包括广电网、移动通信网以及智能电网等;智能性体现物联网的深化应用,其不仅局限于获取感知信息,还包括后台汇聚、分析、研判等智能化行为;泛在性强调了物联网的整体特性,它对于单一的物联网应用并不适用;实时性反映了信息化应用的时间维度,体现了物联网应用与人交互的紧密关系。

2.1.2　信息安全特征

国际标准化组织将信息安全归纳为保密性、完整性、可用性、可控性、不可否认性 5 个基本特征,随着攻击形式的快速变化和安全防护手段的层出不穷,后来又增加了可追究性,也称为问责性,它强调信息安全事件事后处理的能力。

1. 保密性

保密性是指保证信息只让合法用户访问,信息不泄露给非授权的个人和实体,只有经过授权或许可,才能得到其权限对应的信息。信息的保密性可以根据信息重要程度划分不同等级。例如,《国家保密法》根据秘密泄露对国家经济、安全利益产品的影响,将国家秘密分为"秘密""机密""绝密",对于具体的信息保密性还有时效性要求等(如允许脱密、解密行为)。根据数据处理的客观流程,保密性主要包括:

(1) 数据交换的保密性。防止数据在选择、传送、接收过程中不被非法窃听、截获。

(2) 数据存储的保密性。通过加密算法或数据隐藏等技术避免非授权者获取明文信息。

(3) 数据处理的保密性。数据在运算时,通常会发生因辐射或传导电磁信号而产生的泄漏现象,若泄漏的信息被敌方接收,并分析提取,就可恢复信息而造成泄密,因此在数据处理过程中,要通过电磁屏蔽或跳频等技术防止或干扰电信号导致泄密,保证数据处理过程的保密性。

2. 完整性

完整性是指保障信息及其处理方法的准确性、完全性。它既包括信息在交换、存储、处理过程中不被篡改、丢失、缺损等,又包括信息处理方法的正确性。在实际应用中,完整性涉及数据、操作系统、软件等诸多方面。

3. 可用性

可用性是指合法用户在需要的时候可以获取所需的信息,确保授权用户或实体对信息及资源的正常使用不会被异常拒绝,允许其可靠而即时地访问信息及资源。

4. 可控性

可控性是指信息的传播及内容具有控制能力,即网络系统中的任何信息要在一定传输范围和存放空间内可控。除了采用常规的传播站点和传播内容监控这种形式外,最典型的例子是密码的托管政策,当加密算法交由第三方管理时,必须严格按规定可控执行。

5. 不可否认性

不可否认性指通信双方在信息交互过程中确信参与者本身以及参与者所提供的信息的真实同一性,即所有参与者都不可能否认或抵赖本人的真实身份、提供信息的原样性和完成的操作与承诺。

6. 可追究性

可追究性是指一个实体行为能够唯一追溯到该实体的特性。其强调事后处理能力,即一旦出现违反安全政策的事件,系统必须提供审计和追查手段,能够还原安全事件过程。

信息安全的保密性、完整性和可用性主要强调对非授权主体的控制。而对授权主体的不正当行为如何控制呢?信息安全的可控性和不可否认性恰恰是通过对授权主体的控制实现对保密性、完整性和可用性的有效补充,主要强调授权用户只能在授权范围内进行合法的访问,并对其行为进行监督和审查。

除了上述的信息安全特征外,还有信息安全的可审计性(auditability)、可鉴别性(authenticity)等。信息安全的可审计性是指信息系统的行为人不能否认自己的信息处理行为。可审计性的含义相比可追究性更宽泛一些,其审计的范围包括设备日志、应用日志、业务日志、用户日志等各个方面,而可追究性是审计的智能化应用。信息安全的可鉴别性是指信息的接收者能对信息的发送者的身份进行判定,它是一个与不可否认性相关的概念。

2.1.3 物联网安全特征

由于物联网是对传统网络的继承与发展,其不可避免地也继承了其呈现的安全特征,当前互联网面临的病毒、恶意代码、数据窃取、拒绝服务攻击、身份假冒等安全风险在物联网中依然存在,因此,物联网安全目标也是要达到被保护信息的保密性、完整性、可用性、可控性、不可否认性以及可追究性等。从物联网的信息处理过程来看,感知信息经过采集、汇聚、融合、传输、分析、控制、存储等过程,整个信息处理过程体现了物联网的安全特征与要求,也揭示了物联网所面临的安全问题与传统网络安全的一致性。

但由于物联网呈现的全面感知、网络性、智能化、泛在性以及实时性的特征,其在信息安全方面也有一些新特征,主要体现在普适性、轻量级、易操作性、复杂性、隐私保护等方面。就纯技术而言,物联网安全与互联网安全是紧密联系的,并没有超越互联网安全的范畴,其区别主要在于物联网特征的独特性对传统安全提出了新的要求,其安全防护重心发生了偏移。

1. 普适性

物联网的泛在性体现为物联网与普通大众的紧密关系,同样,物联网安全也与大众的生活密切程度十分高。在互联网时代,信息安全已引起民众重视,但也仅限于计算机和手机安装杀毒软件,更换密码、使用UKey等行为,大多数安全事件对民众的影响很有限,比如邮箱账号、CDSN账号、QQ账号被盗,用户要么只是更换用户名或密码,要么只是重新申请一个账号。

可以说,在互联网时代,信息安全虽然重要,但还达不到影响人们生活的程度。但是,在物联网时代,其应用深入民众生活各个层面,大众习惯网上购买生活用品;习惯远程操作家里的空调、热水器、灯光、电饭煲等,习惯清晨的阳光照到窗户时窗帘便自动打开,下雨时窗户自动关闭,室内温度根据个人喜好可以自动调节,习惯于当家里有小偷或者坏人进入时可以自动报警,保护家人和财产的安全……信息安全与人们的日常生活紧紧联系在一起,不再是可有可无。一旦物联网出现安全问题,将给民众生活造成极大不便。

2. 轻量级

出于低成本的考虑,感知设备通常是资源受限的。物联网应用中通常需要部署大量的感知节点,以实现特定区域充分覆盖。而且,对于已经部署的感知节点,通常是不会进行回收或维护的,因为量大和一次性的特点,感知节点必须具有较低的成本,这样大规模使用才是可行的。为了降低成本,感知节点通常是资源受限的,其能量、处理能力、存储空间、传输距离、无线电频率和带宽均受限。例如,由韩国PHYCHIPS公司研发的PR9000是目前市场上唯一一款能大量推广应用的UHF RFID读写单芯片,具有功耗低、成本低、封装小等特点,非常适合中低端市场的应用,如手持机、POS、手机等移动终端。其芯片工艺为TSMC 0.18 RF-CMOS Process,工作频率为UHF频段860~960MHz,支持协议为ISO 18000-6C,EPC Gen Ⅱ,封装尺寸为7mm×7mm,工作电压为单电压3.3V,芯片内建MCU为Turbo 80 C52,另外,该芯片还包括两个存储器:Flash(32KB)、SRAM(16KB)。

由于上述种种原因的限制,感知节点无法使用复杂的安全协议,也就无法拥有较强的安全保护能力,因此,物联网安全必须是轻量级、低成本的安全解决方案。

3. 易操作性

易操作性是指物联网安全攻击易操作,造成这种困境主要有以下原因。一是安全攻击手段日益丰富,黑客地下产业活动越来越频繁,导致攻击易操作,普通用户只要购买相关工具就可以完成攻击操作;二是物联网设备、节点等无人看管,容易受到物理操控。物联网多用来代替人完成一些复杂、危险和机械的工作。在此种情况下,物联网中设备、节点的工作环境大都是无人监控的,因此,攻击者很容易就能接触到这些设备,从而对设备或嵌入其中的感知节点进行破坏。攻击者甚至可以通过更换设备的软硬件对它们进行非法操作。例如,在远程输电过程中,电力企业可以使用非法物联网来远程操控一些变电设备。由于缺乏监管,攻击者可以轻易地使用非法装置来干扰这些设备上的感知节点。三是前端感知设备主要采用无线通信方式,信号容易被窃取和干扰。由于无线传输方式的便捷性和易连接性,暴露在外的无线信号很容易成为攻击者窃取和干扰的对象,这会对物联网的信息安全产生很严重的影响。例如,二代身份证都嵌入了 RFID 标签,在使用过程中攻击者可以通过窃取感知节点发射的信号来获取所需的信息,甚至是用户的机密信息,据此来伪造身份。攻击者也可以在物联网无线信号覆盖的区域内发射无线电信号干扰正常通信,从而使无线通信网络不能正常工作甚至瘫痪。例如,在物品运输过程中,嵌入在物品中的标签或读写设备的信号受到干扰,很容易造成一些物品的丢失。

4. 复杂性

物联网安全所面临的威胁、要解决的安全问题及所采用的安全技术不仅在数量上比互联网多,而且会出现互联网安全所没有的新问题和新技术。现阶段,一种有组织、有特定目标、持续时间极长的新型攻击和威胁应运而生,国际上有的称为 APT(Advanced Persistent Threat,高级持续性威胁)攻击,或者称之为"针对特定目标的攻击"。APT 能够灵活地组合使用多种新型的攻击技术和方法,超越了传统的基于特征签名的安全机制的防御能力,能够长时间针对特定目标进行渗透。APT 的出现无疑进一步增加了物联网安全威胁的复杂性,而伴随着技术的更迭,新型攻击也必将层出不穷。据国家互联网应急中心发布的 2016 年 IOT 设备漏洞统计简报显示,仅 2016 年 CNVD(China National Vulnerability Database,国家信息安全漏洞共享平台)就收录 IOT 设备漏洞 1117 个,事件型漏洞 540 个。

在物联网应用中,存在多类型异构网络,成千上万种网络协议,数据格式千差万别,获取、传输、处理和存储的数据以海量来描述,信息源和信息目的的相互关系错综复杂,这些无疑给物联网安全防护增加极大的复杂性和难度。

5. 隐私保护

因为物联网很多应用需要收集个人信息,物联网中个人隐私被暴露或被非法利用的概率较大,一些带有个人隐私内容的信息很容易被非法攻击者利用。在 RFID 系统中,带有电子标签的物品可能不受控制地被恶意入侵系统者扫描、定位和追踪,这势必会使物品所有者个人隐私信息被泄露。例如,通过监听带有 GPS 功能的手机来获取个人位置信息,这时候该人在什么位置,今天都去哪儿了都可能暴露给攻击者。

在 Internet 中,个人可以通过终端设备来保护自己的隐私;而在物联网中,个人很难控制个人信息不被泄露,即使那些没有使用物联网服务的用户也同样存在隐私问题。在物联网中,许多连接的设备都没有用户界面,消费者可能根本没有意识到他们正在使用的设备处于联网之中,或者更准确地说用户不知道数据正被发送到第三方,比如现在很多手机的应用程序在后台将用户的位置信息、通讯录、浏览记录、收藏夹、Cookie 记录等信息发往企业后台数据库,并美其名曰是为了提升服务质量,殊不知这些信息可以泄露年龄、收入水平、性别、健康状态、社会关系等个人信息。因此,物联网中的隐私问题尤为突出。

2.1.4　物联网安全面临的挑战

当今世界,随着网络入侵、病毒扩散范围不断增大,安全问题不仅涉及互联网,更牵动电信网以及多种专用网络,安全问题无处不在。从物联网三层结构上看,其与互联网的关键差别是增加了感知部分,可以说物联网继承了互联网全部的安全问题,加之物联网涉及国家经济、社会安全以及人们日常生活方方面面,因此,物联网安全事关国家安全、社会稳定,一旦发生安全问题,极有可能在现实世界造成电力中断、交通瘫痪、金融崩溃,社会混乱等严重危害公共安全的事件,甚至危及国家安全。为了保障物联网产业健康有序发展,必须解决安全问题。

物联网除了要应对从互联网那里继承来的安全问题,还需要超前研究物联网特有的安全问题,强化安全意识,提升安全防御的战略地位,更紧要的是克服需求与成本的矛盾,迎接安全复杂性、动态性、国产化、政策法规、技术标准各方面的挑战。

1. 需求与成本的矛盾

在物联网应用之初,成本一致是制约其发展的核心要素,沃尔玛是第一个推行 RFID 标签的零售商,在 2004 年 4 月 30 日发表声明:"RFID 能帮助我们在短期内提高满意度,并最终在成本控制和持续保持低价格方面发挥重要作用。"沃尔玛要求供货商为所有的商品打上 RFID 标签。沃尔玛乐观地预计,在 2005 年年底便能完成这项物流管理的改革。然而直到 2007 年 1 月 1 日,为其供货的 100 家大型供货商才陆续完成 RFID 标签的提供。不是沃尔玛说话分量不够,其主要原因是 RFID 标签太贵。波士顿 ARM 市场研究中心预计,仅仅是为了满足沃尔玛的要求,普通消费品的生产商将要花费 130 万～230 万美元来提供 RFID 标签,这样的成本,小型供货商当然不愿意承担。目前,RFID 标签的成本大约为 20 美分。RDIF 标签生产商美国 Alien 科技公司表示,年生产量超过 100 亿个,标签成本才能降到 10 美分以下。这样的价格对于汽车、冰箱、电视、手机等商品可能不值一提,但对于灯泡、牙膏等低价商品来说,依旧太高了。

在这之前安全还未被考虑,一旦考虑安全问题,势必会进一步增加成本。在现阶段,大多数厂家为了迅速推广,降低成本,不可避免地牺牲设备安全防护能力。随着安全问题日益凸显,人们越来越意识到安全的重要性,如何处理好成本与安全需求的关系,将是未来必须面对的挑战。

2. 安全复杂性、动态性的挑战

无处不在的感知节点、丰富频繁的数据采集、随时在线的网络传输使得物联网呈现不同层次的复杂性,包括节点设备的复杂性、数据的复杂性、网络协议的复杂性、应用的复杂性、用户的复杂性等,这些无疑给物联网安全防护增加了难度。与此同时,随着 APT 攻击的出现以及恶意软件的复杂性与日俱增,也给物联网安全防护增加了复杂性。

物联网安全并不是一蹴而就、一劳永逸、一成不变的,它是随着技术的发展而不断变化的。例如,大数据的出现一方面带来了强大的数据分析能力和精准信息;另一方面也使其成为黑客更关注的目标,增加隐私泄露风险。而安全防护手段的更新升级速度无法跟上数据量非线性增长的步伐,就会暴露大数据安全防护的漏洞。

总之,物联网安全复杂多变、动态变化的特征必然是物联网发展的重大挑战之一。

3. 自主可控的挑战

随着移动互联网时代手机、平板等移动终端的全面普及,物联网细分领域中个人消费和家庭消费市场的迅速崛起,智能家居、智能安防、智能终端、智能穿戴等硬件智能化的浪潮已是大势所趋。眼看着智能硬件的炙手可热,IT巨头、互联网大佬、家电厂商、电商平台争先恐后地进军物联网领域。在传统的产业链生态系统,芯片一致处于主导单位,如果芯片都不是自主可控,何谈安全?在物联网应用中,核心芯片和配套应用模块鲜有国产。在设备和技术中植入"后门"是美国进行信息监控和窃取的主要手段之一。例如,以前某些型号的思科路由器、英特尔奔腾3处理器芯片等设备或器件已被证实发现存在"后门"。倪光南认为,在各种硬件设备中,服务器的国产化替代十分关键。

资料显示,在网络基础设施建设方面,过去十几年间,思科几乎参与了中国所有大型网络项目的建设,涉及政府、海关、邮政、金融、铁路、民航、医疗、军警等重要行业。中国电信、中国联通等电信运营商的网络基础建设,思科也参与其中,在承载着中国互联网80%以上流量的中国电信163和中国联通169两个骨干网中,思科占据了70%以上的份额,并占据着所有超级核心节点。微软、谷歌、思科、苹果、雅虎等科技公司的产品已深入国内各部门、企事业单位,并培养了数以亿级的忠实用户,在使用过程中用户信息很容易被监听、过滤,这使得我国的信息安全几乎毫无保障可言。

4. 政策、法规挑战

中国在物联网安全或信息安全方面的有关政策滞后,信息保护手段不能满足国家信息发展的需要。

一是信息安全战术部署相对落后。2014年2月27日,中央网络安全和信息化领导小组成立。该领导小组将着眼国家安全和长远发展,统筹协调涉及经济、政治、文化、社会及军事等各个领域的网络安全和信息化重大问题,研究制定网络安全和信息化发展战略、宏观规划和重大政策,推动国家网络安全和信息化法治建设,不断增强安全保障能力。该小组的成立标志着将信息安全纳入国家发展战略及规划。虽然该领导小组是以规格高、力度大、立意远来统筹指导中国迈向网络强国的发展战略,是在中央层面设立的一个更强有力、更有权威性的机构,但由于成立不久,相关政策措施还在进一步研究中。

二是有关政策不合理。国内外的个别信息机构垄断了国家信息市场的重要部分,对信息传播进行非正常限制;国家新闻媒体的传播手段滞后,使信息丧失价值,无法产生社会和安全效应。

三是依法治理信息的能力弱,与信息安全的要求差距较大。国家信息管理机构设置不合理、不科学,权威感弱,协调能力不强。对信息、信息安全缺少国家评估标准,对信息技术和设备的引进缺乏必不可少的甄别、管理和改进,国家信息领域的法制建设不完备,执法经验不足且严重滞后。

四是有悖于信息技术、信息安全技术发展的社会行为依然存在,假冒伪劣产品对信息专利产品的侵害严重制约了信息技术及信息安全技术发展的空间。

五是对国内信息产业的发展、信息产品国际化和保护国内信息资源收集、保存和有效利用缺少必要的手段。主要表现是,对国内信息技术产品歧视,在国内市场上排挤国产的信息和电信产品,在技术性能相同的情况下,机关、团体、个人更多地购买进口信息和电信产品,致使信息专利产品成果转换节奏缓慢,信息高素质人才流失,信息安全威胁增大。

六是已通过的各项法规、政策的整合、通报、解释、宣传有待加强。社会的信息安全意识淡薄,心理不设防,有密难保,有密不保,重大政治、经济、军事信息泄密事件时有发生。

七是我国现有的与网络信息安全相关的法律、法规相对零散,涉及面窄,实用性及参考价值并不高,特别是在涉及追究法律责任时,往往操作性差。当前大部分文件都是以规范性文件存在,缺乏法律效力,且现有的这些法律条文几乎都是在新兴产品、新兴技术出现之前有的,跟不上时代和需求的变化。

八是一些专项法律法规急需出台,如关于个人信息保护、网络身份管理、网络犯罪的法律。生活中,哪些行为只是简单地无意识泄露个人信息,哪些行为构成侵犯个人信息安全的犯罪,我国的法律条文必须给出明确的界定。

5. 技术标准滞后的挑战

物联网安全技术标准是物联网安全防护的制高点,各国都在进行物联网安全标准化工作。国外介入物联网领域国际标准的主要组织有 W3C、IEEE、ISO、ETSI、ITU-T、3GPP、3GPP2、IETF、EPC Global GS1、IUT-T、ZigBee Alliance 等,涉及安全标准几十项,而我国涉及物联网总体架构、无线传感网、物联网应用层面的众多标准正在制定中,现有安全技术标准相对滞后。

现阶段大量的物联网技术被国外控制,中国缺乏自主知识产权。以 RFID 为例,由于 RFID 将在各个领域得到广泛的应用,而在标签芯片内或多或少包含了商业信息、流通信息、工业信息甚至个人信息,这些信息对于攻击对手来说具有极大的诱惑力。攻击者可以通过攻击标签获取各种信息,这种信息的泄露对于商业、工业机密乃至个人隐私都将带来巨大的灾难。而除了仅限日本本土使用的日本标准外,国际上 RFID 采用的行业标准目前均使用的是美国的 RFID 行业标准,该标准确定了包括通信协议等在内的核心协议标准。这就意味着,我们知道什么,对方就可能知道什么。窃取 RFID 信息、破解 M1 芯片的安全算法的案件在世界各地已屡屡发生。尽管 RFID 标签与读卡器通信安全模型措施对于攻击者有诸多的障碍,但是这并不足以说明 RFID 标签是安全的,因为这些障碍还无法完全阻止攻击者获取标签信息。要消除 RFID 安全隐患,将始终绕不过"美国行业标准"这一核心的问题。

根据客观规律,行业、国家标准出台一般都是在应用达到一定规模化时才形成,而物联网安全实施必须在应用设计之初就要考虑,因此如何处理两者关系,加速物联网行业、国家标准出台速度和质量是未来必须面对的挑战。

2.2 物联网安全威胁

2.2.1 感知层安全威胁

依据感知层数据采集、处理、存储与传输的实际流程,可将物联网感知层安全威胁划分为感知操作安全威胁、感知数据存储安全威胁、感知数据处理安全威胁、感知节点设备通信安全威胁和感知节点设备安全威胁。

1. 感知操作安全威胁

感知操作是指感知节点设备对客体进行读取或控制的过程。感知层设备种类繁多,根据感知原理和安全要求不同分为 4 种类型:单向读取、双向读取、单向控制、双向控制。感知操作面临的主要威胁如下:

(1)窃听。由于感知节点设备大多部署在无人区,因此攻击者可以窃听无线信道信息或控制指令。

(2)中间人攻击。恶意攻击者截获通信数据进行伪造,冒充原有感知设备进行欺骗,影响感知操作的数据传输。

(3)重放。将之前的合法通信数据记录下来,然后重放出来欺骗感知节点设备。

(4)无线干扰。针对空中接口的无线干扰分为四种:一是通过放大功率干扰设备正常通信;二是采用间谍标签攻击其放冲突协议,使设备不可用。

2. 感知数据存储安全威胁

由于感知节点计算能力、存储空间和能量的限制而使数据存储面临的主要安全威胁如下:

(1)攻击者远程或直接登录感知节点设备,非法窃取或篡改感知节点设备存储的数据。

(2)由于自然、人为或软硬件故障造成的数据丢失或破坏。

3. 感知数据处理安全威胁

感知数据处理安全威胁是指感知节点设备在数据处理过程中可能遭受的安全威胁,主要有以下两种:

(1)感知数据处理过程中的信息泄露。

(2)由于软硬件异常或外部人为攻击造成的数据不一致。

4. 感知节点设备通信安全威胁

感知节点设备通信是指感知节点设备通过网络与其他节点或设备间的通信,不包括物联网网络层的通信。感知节点设备通信包括感知数据通信以及支撑感知应用所需的审计信息、认证信息、策略配置信息等数据通信。其面临的主要安全威胁如下:

(1)旁路窃听或截获通信数据。

(2)篡改或伪造通信数据,导致网络传输故障或拒绝服务攻击。

（3）非法设备接入感知网，消耗网络资源或进行其他攻击行为。

（4）干扰网络通信，破坏路由信息。

5. 感知节点设备安全威胁

感知节点设备运行的操作系统包括 Windows PE、TinyOS、Linux、Android 等，因此感知节点设备安全威胁主要是针对操作系统的以下威胁：

（1）非授权用户修改感知节点设备配置参数与安全策略，安装恶意软件等。

（2）授权用户越权操作。例如，用户远程登录网络摄像头并私自改变摄像头拍摄角度，导致拍摄出现死角，无法拍下犯罪行为。

（3）感知节点设备存在安全漏洞，可能遭受网络病毒的袭击。全球首屈一指的安全研究和评测机构 NSS Labs 宣布，西门子 PLC 上的数据采集与监视系统（SCADA）存在安全漏洞，黑客可以利用该漏洞编写恶意软件对其所控制的系统进行攻击。

（4）感知节点设备大多部署在环境恶劣的地区，有可能发生物理损坏或软件故障，某些感知应用的业务连续性要求比较高的场合短时间内可能无法进行人工维护处理。

2.2.2 传输接入层安全威胁

物联网传输接入层是物联网数据传输的通道，它通过以太网通道、移动通信通道、WiFi 通道等各类链路将感知设备获取的数据传送至应用平台，其面临的安全威胁既继承了以太网、移动通信网、WiFi 网、ZigBee 网等已存在的威胁，也面临着新威胁。物联网传输网络是互联网末端的接入部分，根据物联网的传输介质不同，其面临的传统威胁也不同。

1. 以太网接入安全威胁

以太网是物联网的主要接入形式和通信载体，在以太网接入的物联网应用中，感知设备终端通过以太网接口接入到物联网中，其面临的威胁主要是 TCP/IP 的安全攻击行为，包括拒绝服务攻击、路由攻击。拒绝服务攻击主要利用 TCP/IP 协议本身的漏洞或利用网络中各个操作系统的 IP 协议栈的漏洞发起攻击，常见的攻击有 Ping of Death、IP Spoofing、SYN Flood、Land、Smurf、Fraggle、Flood、TearDrop 等。RIP、OSPF、IS-IS，BGP 等常见的路由协议在方便路由信息管理和传递的同时也存在一些缺陷，如果攻击者利用了路由协议的这些缺陷，就会造成网络设备资源大量消耗，甚至导致网络设备瘫痪。常见的路由攻击主要有 ISIS 路由协议攻击以及 OSPF 路由协议攻击。

2. 移动通信网接入安全威胁

移动通信网安全威胁主要来自网络协议和系统的弱点，攻击者可以利用网络协议和系统的弱点非授权访问敏感数据，非授权处理敏感数据，干扰或滥用网络服务，对用户的网络资源造成损失。移动互联网恶意程序一般存在一种或多种恶意行为，包括恶意扣费、信息窃取、远程控制、恶意传播、资源消耗、系统破坏、诱骗欺诈和流氓行为。《2015 年中国互联网网络安全报告》显示，移动互联网恶意程序样本达 147.7 万个，高危的有 30 927 个。恶意扣费累的恶意程序数量居首位，为 348 859 个，占 23.61%。2015 年，CNCERT/CC 监测发现移动互联网恶意程序传播事件 83 839 598 次，较 2014 年同期的 81 747 407 次增长 2.6%。

常见的移动通信网接入安全威胁如下：

（1）在移动通信网空中接口窃听用户数据、信令数据及控制数据，这主要是由于移动通信网信息是通过无线信号传送的，而无线信号易被截获和侵入，从而使得非法入侵者得以窃取用户信息，尤其是一些重要的信息，如个人银行账号和密码、个人隐私等，这些信息一旦被窃取，往往会给个人财产造成巨大经济损失。

（2）伪造网络单元非法接入移动通信网，这主要是因为在 2G GSM 网络中终端接入网络时的认证过程是单向的，攻击者通过假冒基站骗取终端驻留其上并通过后续信息交互窃取用户信息。

（3）主动或被动分析流量以获取信息的时间、长度、来源等隐私，修改、插入、重放、删除通信数据。

（4）否认业务费用、业务来源及发送或接收到的其他用户数据。

（5）通过拒绝服务攻击等方式耗尽网络资源。

（6）各类伪基站非法设立，劫持用户数据通信，实施各类欺诈行为。

随着 3G 技术的广泛应用，与以往移动通信系统相比，其采用了双向认证鉴别、无线空中接口采用加强加密机制，增加了抵抗恶意攻击的安全特性等机制，但其还存在一定的局限性。

（1）在 3G 网络中没有提供端到端的用户业务保护。用户数据在空中接口加密保护，可以防止攻击者在数据空口传输时被窃听，但业务在核心网中依然是以明文形式传输，设备商可以通过交换机后门等方式监听通话内容。

（2）未提供用户数据完整性保护。3G 完整性保护只用在 UE 和 RNC 之间信令数据传输中，没有提供用户数据的完整性保护，对于高安全性要求的业务，应提供端到端的完整性保护功能。

（3）目前安全研究主要集中在空中接口安全，核心网目前仅进行了边界防护，运营商即认为内部网络是安全的。

（4）网络边界防护没有考虑合法网络节点异常行为的防御措施，核心网的 GTP 信令、SS7 号信令、SIP 信令等域间安全都采用 IPSec 和 MAPSec 机制，这些机制的实施都不具有防止具有合法身份的信令实体发出的虚假信令。

（5）在用户第一次注册到一个服务网络或无法从 TMSI 中得到 IMSI 时，服务器向用户发送 IMSI 请求，用户的应答是包含 IMSI 信息的纯文本，易造成用户 IMSI 信息的泄露，违背用户身份的保密性。

（6）3G 网络没有建立公钥密码体系，难以实现用户数字签名，同时密钥产生机制和认证协议有一定的安全隐患，认证密钥在生命期内从不更新，存在一定威胁。

3. 无线接入安全威胁

无线接入技术包含 WiFi、ZigBee、RFID 及蓝牙等各类技术，无线接入网络与有线网络相比存在一些特有的安全威胁，因为无线接入网络是采用射频技术进行网络连接及传输的开放式物理系统。总体来说，无线接入网络所面临的威胁主要表现在以下几个方面：

（1）路由器 DNS 地址恶意篡改。通常情况下，由于绝大多数用户没有更改路由器默认账号、密码的习惯，导致黑客可通过默认设置页面和默认用户名、密码进行登录，篡改路由器的 DNS 地址，当用户访问正常网页时，浏览器会被指向非法恶意网站。2015 年 5月，据 SecLists.Org 报道，超过 60 个未公开的漏洞影响到了 22 个家庭路由器。2016 年12 月，ProofPoint 的研究人员发现了升级版的 DNSChanger EK（漏洞利用工具包），这款恶意软件曾在 2012 年感染了全世界范围内数百万台计算机。

（2）网络窃听。一般说来，大多数网络通信都是以明文（非加密）格式出现的，这就会使处于无线信号覆盖范围之内的攻击者可以乘机监视并破解（读取）通信。由于入侵者无须将窃听或分析设备物理地接入被窃听的网络，所以，这种威胁已经成为无线局域网面临的最大问题之一。

（3）MAC 地址欺骗。通过网络窃听工具获取数据，从而进一步获得 AP 允许通信的静态地址池，这样不法之徒就能利用 MAC 地址伪装等手段接入网络。

（4）代码窃取。无线控制系统一般使用射频波将命令从发送方发送到接收方设备，然而，该 RF 消息是在公共媒介传播的，这就意味着在发送方侦听范围内具有类似接收设备的任何人都可接收完整的信息。例如，如果将锁定和解锁消息简单发送给车辆报警系统，那么任何人都可以窃取该信息，从而偷窃车辆。

（5）信号干扰。攻击者使用信号屏蔽器或干扰设备发射恶意干扰信号，使用户无法正常连接网络，或其控制效果失效。例如，锁车干扰器是一种信号屏蔽器，通过发射电磁波屏蔽汽车遥控的电磁波，使汽车处于"假锁"状态。干扰范围随干扰器的功率而定，有的范围仅限于停车场等狭小空地，有的则可以扩展到周边地带。

4. 新出现的安全威胁

物联网的泛在特点，使得其存储和传输的数据都是海量的，这必然会对传输接入层的安全提出更高要求，虽然核心骨干网具有相对完整的安全防护手段，但其面临海量、集群方式传输数据的需求时，很容易导致核心网络或关键节点的网络拥塞，特别是大量设备在很短时间内接入网络更易导致网络拥塞，产生拒绝服务攻击。

由于物联网传输接入层存在互联网、移动通信网、ZigBee、WiFi 等不同架构的网络互相连通的问题，因此，其面临了异构网络跨域认证、多网融合、协议转换安全性、数据交换安全、无线认证安全等安全问题。将可能遭受 DoS 攻击、中间人攻击、异步攻击、合谋攻击等。

传统的通信网络认证是对终端逐个进行的，并生成相应的加密和完整性保护密钥，这些带来的问题是：当网络中存在 300 亿台物联网设备时，如果也通过逐一认证产生密钥，会给网络带来大量的资源消耗，同时，物联网存在多种业务，对于同一用户的同一业务设备来说，逐一对设备进行认证并产生不同的密钥也是对网络资源的一种浪费。

2.2.3 应用层安全威胁

物联网应用层是物联网和用户的接口，它与行业需求紧密结合，实现物联网的智能应用。物联网应用层由业务支撑平台、网络管理平台、信息处理平台、信息安全平台等组成，完成协同、管理、计算、存储、分析、挖掘以及面向行业或大众用户的服务等功能。典型技术包括中间件技术、虚拟技术、可信技术、云计算服务模式、大数据服务模式、SOA 系统架构方法等先进技术和服务模式。因此,物联网应用层面临的安全威胁主要有两方面:一是由于业务形态而固有的威胁,二是云计算、大数据服务模式应用引入的安全威胁。

1. 固有威胁

物联网中存在业务滥用,非法用户使用未授权的业务或者合法用户使用未定制的业务等。

(1) 身份冒用。由于物联网存在无人值守设备,这些设备可能被劫持,然后伪造客户端或应用服务器发送数据,执行操作。例如针对智能家居的自动门禁远程控制系统,攻击者可以伪造用户或管理员进入后台服务器,解除告警或打开门禁系统进入房间。

(2) 应用层窃听/篡改。由于物联网通信需要通过异构、多域网络,其安全机制相互独立,因此应用层数据可能被窃听、注入和篡改。

(3) 认证安全。目前业务认证方式是应用终端与应用服务器之间的一对一认证。而在物联网应用中,终端设备数量巨大,当短期内这些数量巨大的终端使用业务时,会与应用服务器之间产生大规模的认证请求消息。这些正常认证消息将会导致应用服务器过载,使得网络中的信令通道拥塞,引起拒绝服务攻击。

2. 新技术、新服务模式引入的威胁

2016 年云安全联盟(Cloud Security Alliance,CSA)发布了十二大云安全威胁:

(1) 数据泄露像一个讨厌的老相识,云计算加重了这种威胁。一个设计不当的多租户云服务数据库将使攻击者不仅进入一个账户,而且会进入每一个与该服务相关的其他账户。大量数据存储在云服务器上,云提供商便成为黑客很喜欢下手的目标。万一受到攻击,潜在损害的严重性取决于所泄露数据的敏感性。

(2) 凭证被盗,身份认证失效。据 CSA 的报告声称,之所以会出现数据泄露或给攻击造成可乘之机,是由于缺少可灵活扩展的身份访问管理系统,没有使用多因子验证,使用弱密码,以及加密密钥、密码和证书缺少日常的自动轮换机制。美国第二大医疗保险公司 Anthem 数据泄露事件中,超过 8000 万位客户的记录被盗,就是用户凭证被窃的结果。

(3) 不安全的接口和 API。云中的 API 允许任意数量的交互,如配置、管理和监控等操作。云服务提供商要暴露一套软件用户接口(UI)或应用编程接口(API),供客户使用。若不引入安全控制,则这对整体安全来说是一个薄弱的环节。

(4) 系统漏洞。随着云计算中多租户的出现,漏洞问题越来越不容忽视。公司企业共享内存、数据库和其他资源,催生了新的攻击方式。但可通过安全漏洞扫描、报告系统威胁、安装安全补丁和更新版本来避免。

(5) 账户劫持。云平台引入了新的问题,如果攻击者访问了用户的登录信息,那么就可以窃听用户的活动和交易事务,操控数据,返回虚假信息,并且将用户的客户重定向到非法网站。为此云服务提供商应禁止在用户和服务间共享账户凭证,并在可用的地方启用多因子身份验证方案。

(6) 恶意内部人员。内部人员涉及现员工或前雇员、系统管理员、承包商、商业合作

伙伴等。在云环境下,恶意的内部人员可以破坏整个基础设施,或者操作篡改数据。这种情况不一定发生,但当它发生时,造成的伤害就会很大。CSA建议采用分离职责、最小化用户权限、安全审计等措施。

(7) 高级持续性威胁(APT)。APT攻击一旦潜入,就会在数据中心网络中横向移动,与网络上的正常流量混杂在一起,很难检测出来。其常见的入口包括鱼叉式网络钓鱼(通过USB设备来分发攻击代码)、径直攻击系统、通过合作伙伴网络渗透以及使用不安全的网络或第三方网络等。

(8) 数据丢失。包括三个方面:一是恶意攻击者删除数据;二是火灾和地震等自然灾害以及用户或提供商不小心犯下的错误,也会导致数据永久性删除;三是数据因加密而丢失,客户可能在将数据上传到云端之前加密了数据,可是后来丢失了加密密钥,除非供应商提供备份,否则加密数据就会丢失。

(9) 调查不足。云计算的好处听起来有很多,比如降低成本、提高效率、更好的安全性等,但迁移到云计算的风险往往没有得到足够的评估,不了解云服务环境、将应用程序或服务推到云中以及营运责任(比如事件响应、加密、安全监控等)都会给企业带来未知的风险。

(10) 云服务滥用。有些黑客利用云服务进行违法活动,比如利用云计算资源破解密钥、发起分布式拒绝服务(DDoS)攻击、发送垃圾邮件和钓鱼邮件、托管恶意内容等。

(11) 拒绝服务攻击。剥夺用户访问他们的资源和数据的权限并造成延迟是破坏云服务的一种攻击方法,可能意味着在线服务的死亡。其他形式的攻击,如非对称应用级的DoS攻击,在不消耗大量的资源的情况下就可利用弱点对Web服务器、数据库和其他云资源实施攻击。

(12) 共享技术问题。共享技术中的漏洞给云计算带来了相当大的威胁。云服务提供商共享基础设施、平台和应用,一旦其中任何一个层级出现漏洞,每个人都会受到影响。一个漏洞或错误配置就能导致整个提供商的云环境遭到破坏。例如,构成部署基础设施的底层部件(如CPU缓存或GPU)也许在设计当初并没有为多租户架构(IaaS)、可重复部署的平台(PaaS)或多客户应用系统(SaaS)提供强有力的隔离机制,这会导致共享技术安全漏洞,可能在所有交付模式中都会被人利用,影响巨大。

大数据应用极大地优化了物联网应用模式,扩展了应用范围,提升了应用效率,但随之也带来了挑战。

(1) 大数据成为网络攻击的显著目标。在网络空间,大数据是更容易被"发现"的大目标。一方面,大数据意味着海量的数据,也意味着更复杂、更敏感的数据,这些数据会吸引更多的潜在攻击者。另一方面,数据的大量汇集,使得黑客成功攻击一次就能获得更多数据,无形中降低了黑客的进攻成本,增加了"收益率"。

(2) 大数据威胁现有的存储和安防措施。大数据的存储带来新的安全问题。数据大集中的后果是复杂多样的数据存储在一起,很可能会出现将某些生产数据放在经营数据的存储位置的情况,致使企业安全管理不合规。大数据的大小也影响到安全控制措施能否正确运行。安全防护手段的更新升级速度无法跟上数据量非线性增长的速度,就会暴露大数据安全防护的漏洞。

（3）大数据技术成为黑客的攻击手段。在企业用数据挖掘和数据分析等大数据技术获取商业价值的同时,黑客也在利用这些大数据技术向企业发起攻击。黑客会最大限度地收集更多的有用信息,比如社交网络、邮件、微博、电子商务、电话和家庭住址等信息,大数据分析使黑客的攻击更加精准。此外,大数据也为黑客发起攻击提供了更多机会。黑客利用大数据发起僵尸网络攻击,可能会同时控制上百万台傀偏机并发起攻击。

（4）大数据成为高级持续性攻击的载体。传统的检测是基于单个时间点进行的基于威胁特征的实时匹配检测,而 APT 是一个实施过程,无法被实时检测。此外,大数据的价值低密度性使得安全分析工具很难聚焦在价值点上,黑客可以将攻击隐藏在大数据中,给安全服务提供商的分析制造很大困难。黑客设置的任何一个会误导安全厂商目标信息提取和检索的攻击都会导致安全监测偏离应有方向。

（5）安全防护成本提高。传统数据安全往往是围绕生命周期,即数据的产生、存储、使用和销毁来部署的。随着大数据应用越来越多,数据的拥有者和管理者相分离,原来的数据生命周期逐渐转变成数据的产生、传输、存储和使用,大数据的规模没有上限,且许多数据的生命周期极为短暂。因此,传统安全产品要想发挥作用,则必须增加一定的安全成本,解决大数据存储和处理的动态化、并行化的问题,动态跟踪数据边界,管理对数据的操作行为。

2.2.4　隐私威胁

随着谷歌"街景"丑闻、iPad 泄密、Facebook 用户隐私外泄、机场"裸体"安检、"棱镜门"、苹果 iCloud 好莱坞艳照门等一系列事件曝光,物联网时代下的个人隐私越来越受到关注。物联网将大量与个人生活息息相关的摄像头、GPS、各类传感器以及 RFID 设备连接在网络上,如果得不到保护,个人隐私数据必然暴露于物联网上。

根据隐私数据类型,可以将物联网的隐私分为 3 类:一是身份隐私,它是关于个人身份、个人特征、信用状况等的信息;二是数据隐私,是指与个人相关的医疗、购物、休闲等过程中形成的数据记录;三是位置隐私,是指个人在活动中所处的地点和周围环境的信息,生活中许多便携设备使用了各种定位技术,如 GPS、位置指纹识别等,这些均有可能泄露用户的位置隐私。

下面具体分析物联网系统中的隐私问题。

1. RFID 隐私威胁

RIFD 阅读器与 RFID 标签进行通信时,其通信内容包含了标签用户的个人隐私信息,当受到安全攻击时会造成用户隐私信息的泄露。例如,当 RFID 标签应用于图书馆管理时,图书馆信息是公开的,读者的读书信息任何其他人都可以获得。当 RFID 标签应用于医院处方药物管理时,很可能暴露药物使用者的病理,隐私侵犯者可以通过扫描服用的药物推断出某人的健康状况。当个人信息比如电子档案、生物特征添加到 RFID 标签里时,标签信息泄露问题便会极大地危害个人隐私。如美国原计划 2005 年 8 月在入境护照上装备电子标签的计划,因为考虑到信息泄露的安全问题而被迟。

RFID 系统后台服务器提供有数据库,标签一般不需包含和传输大量的信息。通常情况下,标签只需要传输简单的标识符,然后,通过这个标识符访问数据库获得目标对象的相关数据和信息。因此,可通过标签固定的标识符实施跟踪,即使标签进行加密后不知道标签的内容,仍然可以通过固定的加密信息跟踪标签。也就是说,人们可以在不同的时间和不同的地点识别标签,获取标签的位置信息。这样,攻击者可以通过标签的位置信息获取标签携带者的行踪,比如得出他的工作地点,以及到达和离开工作地点的时间。

2. 传感器网络隐私威胁

传感器网络的数据采集、传输、处理和应用的全过程都面临着传感节点容易被攻击者物理俘获、破解、窜改甚至部分网络为敌控制等多方面的威胁,会导致用户及被监测对象的身份、行踪、私密数据等信息被暴露。由于传感器节点资源受限,以电池提供能量的传感器节点在存储处理和传输能力上都受到限制,因此,需要复杂计算和资源消耗的密码体制对无线传感网络不适合,这就带来了隐私保护的挑战。

定位技术是无线传感网中的关键基础技术,一旦节点的定位信息被非法滥用,也将导致严重的安全和隐私问题。

3. 移动设备隐私威胁

如今,在安装 Android、iOS、Windows Mobile 操作系统的移动设备中,其应用程序可以直接访问个人位置信息,攻击者可以通过植入木马等方式取得控制权,获取个人用户的位置信息。

4. 数据处理过程中的隐私威胁

物联网处理的信息是海量的,因此,需要数据挖掘和各种计算技术,而数据挖掘如果被滥用,很容易被用来挖掘用户个人隐私数据,例如,美国的一个零售公司在做了很多数据分析后,给一个 17 岁的女孩儿发了一个邮件,推荐了孕妇用品。女孩儿的父亲很不高兴,他说:"我女儿才 17 岁,你们怎么能给她发孕妇用品的推送呢?"有趣的是,几天后,女孩儿真的被确定怀孕了。这就是这个零售公司对用户信息挖掘过度的例子。通过数据挖掘了解用户行为特点,进行精确的产品推送,会获取用户的敏感信息。

分布式处理中要解决的隐私保护问题主要是指,当有多个实体以私有数据参与协作计算时,如何保护每个实体私有数据的安全。也就是说,当需要多方合作进行计算时,任何一方都只知道自己的私有数据,每一方的私有数据都不会被泄露给其他参与方,并且不存在可以访问任何参与方数据的中心信任方。当计算结束时,各方只能得到正确的最终结果,而不能得到他人的私有数据。

5. 应用隐私威胁

应用隐私是指用户在使用某种应用或服务时注册个人信息后遭受的隐私泄露问题。这种隐私威胁的典型实例就是社交网络的隐私威胁。网民在社交网站注册个人资料之后,很容易遭遇手机号泄露、MSN 和邮箱账号、密码被盗用等安全风险,而利用各种方式骗取网民个人资料用以牟利,已经成为社交网站利润的重要来源。在流行的社交网站中,要求用户填写的个人资料包括性别、年龄、受教育程度、工作情况、婚姻情况、真实照片、手机号码等。如果用户要使用网站的交友功能、游戏功能,通常还要提供更多的信息,包括

MSN 账号和密码、QQ 账号和密码、Outlook 邮箱通讯录等。可以说,如果网民将这些信息全部填写完毕,就几乎没有任何隐私可言。另外,通过"查找朋友""游戏邀请"等方式引诱用户填写隐私资料,对其好友进行频繁骚扰,并不是少数网站的个别行为,而已经成为很多 SNS(Sodial Network Site,社交网站)借以吸引用户的重要手段,几乎所有网站都在采用,这对用户的隐私构成了严重威胁。

2.2.5　几种典型的安全威胁

随着应用不断升级,技术不断发展,新的攻击方式与威胁也不断变化。下面介绍几种典型的安全威胁。

1. 高级持续性威胁

高级持续性威胁(APT)是指具有相应能力和意图的组织针对其他特定组织所做的持续、复杂且多方位的网络攻击。严格来说,APT 能够灵活地组织使用多种新型攻击技术和方法,超越了传统的基于特征签名的安全机制的防御能力,可长时间针对特定目标进行渗透,并长期潜伏,不被发现。其具备以下特征:

(1)高级。威胁背后的操作者有能力进行全方位的情报收集工作。不仅包括通过计算机入侵获取信息,而且还可以扩展到传统的情报收集,如电话拦截技术和卫星成像技术。其通常利用 0day 漏洞,采用多种先进方法、工具和技术,由一组人员相互协作完成攻击。

(2)持续。操作者会执着地进行特定任务,而不是随机地搜寻目标,攻击准备和攻击过程的持续时间都很长。攻击行为是一个任务,抱定势在必得的决心,不成功绝不罢手。

APT 攻击分为情报收集、突破防线、建立据点、隐秘横向渗透和完成任务几个阶段。

(1)情报收集主要是攻击者在社交网站等公开数据源中搜索并锁定特定人员,或通过搜索引擎确定特定机构,收集有价值的情报。

(2)突破防线是指采用"水坑"+网站挂马、鱼叉式钓鱼邮件+客户端漏洞、网站挂马+URL 社工、服务器漏洞等技术获取代码执行权。

- "水坑"+网站挂马。攻击者收集潜在受害者经常访问的网站(俗称"水坑"),并寻找这些网站中存在的漏洞(攻击者自己发现漏洞或通过黑市购买漏洞)。然后通过存储型 XSS 漏洞在这些网站上植入恶意代码,等待潜在受害者使用包含漏洞的 Web 客户端(如 IE 浏览器)访问植入了恶意代码的网页。
- 鱼叉式钓鱼邮件+客户端漏洞。根据潜在受害者的行业和爱好,攻击者直接向受害者发送其可能感兴趣的电子邮件,这些电子邮件会包含植入了恶意代码的附件。一旦潜在受害者使用攻击关联的客户端打开了恶意附件,则攻击者就可以利用客户端漏洞轻易突破防线。
- 网站挂马+URL 社工。攻击者首先在包含存储型 XSS 漏洞的某些知名网站上植入恶意代码,然后将恶意代码的 URL 通过即时通信/电子邮件等方式发送给潜在受害者。一旦潜在受害者打开包含恶意代码的 URL,则攻击实施成功。
- 服务器漏洞利用。攻击者利用网络服务中存在的 SQL 注入、远程溢出等漏洞直接进入目标网络。

（3）建立据点是指突破防线后，建立 C&C（Command & Control，命令和控制）服务器到第一台受害主机的信道，并获取系统的最高权限，将第一个据点变成对内部网络发动后续攻击的前沿阵地。

（4）隐秘横向渗透是指在内部网络探测，入侵更多的主机，发掘有价值的资产及数据服务器，并尽可能长时间地避免被发现。

APT 要完成的任务即信息窃取或破坏 PLC 等设备。

下面介绍一些有代表性的 APT 攻击案例。

（1）Google 极光攻击。2010 年的 Google Aurora（极光）攻击是一次十分著名的 APT 攻击，这次攻击以 Google 和其他大约 20 家公司为目标，由一个有组织的网络犯罪团体精心策划，目的是长时间地渗入这些企业的网络并窃取数据。

其攻击过程大致如下：通过 Facebook、Twitter、LinkedIn 和其他社交网站上发布的信息收集特定的 Google 员工信息，接着攻击者利用一个动态 DNS 供应商来建立一个托管伪造照片网站的 Web 服务器。该 Google 员工收到来自信任的人发来的网络链接并且点击它，就进入了恶意网站。该恶意网站页面载入含有 shellcode 的 JavaScript 程序码，造成 IE 浏览器溢出，进而执行 FTP 下载程序，并从远端进一步抓取更多新的程序来执行。攻击者通过 SSL 安全隧道与受害人机器建立了连接，持续监听并最终获得了该员工访问 Google 服务器的账号、密码等信息。攻击者使用该员工的凭证成功渗透进入 Google 的邮件服务器，进而不断地获取特定 Gmail 账户的邮件内容信息。

（2）Stuxnet（震网）攻击。遭受超级工厂病毒攻击的核电站计算机系统实际上是与外界物理隔离的，理论上不会遭受外界攻击。坚固的堡垒只有从内部才能被攻破，超级工厂病毒也正是充分利用了这一点。超级工厂病毒的攻击者并没有广泛地传播病毒，而是针对核电站相关工作人员的家用计算机、个人计算机等能够接触到互联网的计算机发起感染攻击，以此为第一道攻击跳板，进一步感染相关人员的移动设备，病毒以移动设备为桥梁进入"堡垒"内部，随即潜伏下来。病毒很有耐心地逐步扩散，一点一点地进行破坏。2011 年，一种基于 Stuxnet 代码的新型的蠕虫 Duqu 又出现在欧洲，号称"震网二代"。Duqu 主要收集工业控制系统的情报数据和资产信息，为攻击者提供下一步攻击的必要信息。攻击者通过僵尸网络对其内置的 RAT 进行远程控制，并且采用私有协议与 CC 端进行通信，传出的数据被包装成 jpg 文件和加密文件。

（3）夜龙攻击。夜龙攻击是 McAfee 公司在 2011 年 2 月发现并命名的针对全球主要能源公司的攻击行为，其攻击过程是：外网主机如 Web 服务器遭受攻击，多半是被 SQL 注入攻击，被黑的 Web 服务器被作为跳板，对内网的其他服务器或 PC 进行扫描。内网机器如 AD 服务器或开发人员计算机遭受攻击，多半是被密码暴力破解。被黑机器被植入恶意代码，多半被安装远端控制工具（RAT），传回大量机密文件（Word、PPT、PDF 等），包括所有会议记录与组织人事架构图。更多内网机器遭受入侵，多半为高级主管点击了看似正常的邮件附件，却不知其中含有恶意代码。

（4）RSA SecurID 窃取攻击。2011 年 3 月，EMC 公司下属的 RSA 公司遭受入侵，部分 SecurID 技术及客户资料被窃取。其后果导致很多使用 SecurID 作为认证凭据建立

VPN 网络的公司——包括洛克希德·马丁公司、诺斯罗普公司等美国国防外包商——受到攻击,重要资料被窃取。其攻击过程是:RSA 有两组员工们在两天之中分别收到标题为 2011 Recruitment Plan 的恶意邮件,附件是名为 2011 Recruitment plan.xls 的电子表格,其中一位员工对此邮件感兴趣,并将其从垃圾邮件中取出来阅读,此电子表格其实含有当时最新的 Adobe Flash 的 0day 漏洞(CVE-2011-0609),使该员工的主机被植入臭名昭著的 Poison Ivy 远端控制工具,并开始自 C&C 中继站下载指令执行任务。首批受害的使用者并非"位高权重"的人物。紧接着相关员工(包括 IT 与非 IT 等服务器管理员)的计算机相继被黑。RSA 发现开发用服务器(Staging server)遭受入侵,攻击方随即撤离,加密并压缩所有资料(rar 格式),并以 FTP 传送至远端主机,又迅速再次撤离该主机,清除所有踪迹。

(5) 暗鼠攻击。2011 年 8 月,McAfee 发现并报告了该攻击。该攻击在数年中渗透并攻击了全球多达 70 个公司和组织的网络,包括美国政府、联合国、红十字会、武器制造商、能源公司、金融公司等。其攻击过程是:攻击者通过社会工程学的方法收集被攻击目标的信息。攻击者给目标公司的某个特定人发送一些极具诱惑性的、带有附件的邮件,例如邀请他参加某个他所在行业的会议,以他同事或者 HR 部门的名义告知他更新通讯录,请他审阅某个真实存在的项目的预算,等等;当受害人打开这些邮件,查看附件(大部分形如 Participant_Contacts.xls、2011 project budget.xls、Contact List-Update.xls、The budget justification.xls)时,受害人的 Excel 程序的 FEATHEADER 远程代码执行漏洞(Bloodhound.Exploit.306)被利用,从而被植入木马。实际上,该漏洞不是 0day 漏洞,但是受害人没有及时打补丁,并且,该漏洞只针对某些版本的 Excel 有效,可见被害人所使用的 Excel 版本信息也已经为攻击者所悉知;木马开始跟远程的服务器进行连接,并下载恶意代码。而这些恶意代码被精心伪装(例如被伪装为图片或者 HTML 文件),不为安全设备所识别。借助恶意代码,受害人计算机与远程计算机建立了远程 Shell 连接,从而导致攻击者可以任意控制受害人的计算机。

(6) Lurid 攻击。2011 年 9 月 22 日,TrendMicro 公司的研究人员公布了一起针对前独联体国家、印度、越南和中国等国家的政府部门、外交部门、航天部门、科研机构的 APT 攻击——Lurid 攻击。攻击者主要利用 CVE-2009-4324 和 CVE-2010-2883 这两个已知的 Adobe Reader 漏洞,以及被压缩成 RAR 文件的带有恶意代码的屏幕保护程序。用户一旦阅读了恶意 PDF 文件或者打开了恶意屏幕保护程序,就会被植入木马。木马程序会变换多种花样驻留在受害人计算机中,并与 C&C 服务器进行通信,收集的信息通常通过 HTTP POST 上传给 C&C 服务器。攻击者借助 C&C 服务器对木马下达各种指令,不断收集受害企业的敏感信息。

(7) Nitro 攻击。2011 年 10 月底,Symantec 公司发布的一份报告公开了主要针对全球化工企业进行信息窃取的 Nitro 攻击。其攻击过程是:受害企业的部分员工收到带有欺骗性的邮件,当受害人阅读邮件的时候,往往会看到一个通过文件名和图标伪装成一个类似文本文件的附件,而实际上是一个可执行程序,或者看到一个有密码保护的压缩文件附件,密码在邮件中注明,如果解压该文件会产生一个可执行程序。只要受害人执行了附件中的可执行程序,就会被植入 Poison Ivy 后门程序;Poison Ivy 会通过 TCP 80 端口与

C&C 服务器进行加密通信,将受害人的计算机上的信息上传,主要是账号相关的文件信息。攻击者在获取了加密的账号信息后,通过解密工具找到账号的密码,然后借助事先植入的木马在受害企业的网络中寻找目标,伺机行动,不断收集企业的敏感信息。所有的敏感信息会加密存储在网络中的一台临时服务器上,并最终上传到公司外部的某个服务器上,从而完成攻击。

(8) Luckycat 攻击。2012 年 3 月,TrendMicro 发布的报告中披露了一个针对印度和日本的航空航天、军队、能源等单位进行长时间的渗透和刺探的攻击行动。根据报告显示,这次 APT 攻击行动依然是通过钓鱼邮件开始的。例如,针对日本目标的钓鱼邮件的内容大都跟福岛核电站的核辐射问题有关。同时还利用了很多针对 PDF/RTF 的漏洞,包括 CVE-2010-3333、CVE-2010-2883、CVE-2010-3654、CVE-2011-0611、CVE-2011-2462 等。攻击者渗透进去之后就用 C&C 进行远程控制。而 C&C 服务器是通过 VPS 申请到的 DNS 域名。

(9) Havex 攻击。2014 年出现了继震网病毒以后的又一超级病毒——Havex,专门针对工控系统发动新型攻击,其变种多(F-Secure 声称他们已收集和分析了 Havex RAT 的 88 个变种),危害大(Havex 可感染 SCADA 和工控系统中使用的工业控制软件,这种木马可能有能力禁用水电大坝,使核电站过载,甚至可以做到按一下键盘就能关闭一个国家的电网),范围广(ICS-CERT 的安全通告称已发现当前至少 3 个著名的工业控制系统提供商的 Web 网站受到该恶意代码的感染)。

2. 路由器漏洞威胁

2014 年,国家互联网应急中心先后发布了《关于多款路由器设备存在预置后门漏洞的情况通报》和《关于 Linksys 路由器产品受漏洞和 the moon 蠕虫攻击威胁的情况通报》,其中列举了以下漏洞:

(1) Cisco、Netgear、Linksys 多款路由器产品存在 TCP 32764 端口预设后门漏洞(收录编号:CNVD-2014-00513、CNVD-2014-00243 、CNVD-2014-00264)。利用这种漏洞,未授权的攻击者可以通过该端口访问设备,以管理员权限在受影响设备上执行内置操作系统指令,进而取得设备的控制权。

(2) Tenda 的 W330R、W302R 无线路由器固件最新版本及 Medialink MWN-WAPR150N 中存在预设后门(收录编号:CNVD-2013-13948)。该漏洞通过一个 UDP 数据包即可利用,数据包以字符串 w302r_mfg 开头,精心构造后可触发漏洞,执行各类命令,甚至以 root 权限执行任何命令,进而取得设备控制权。

(3) NetGear 多款路由器存在后门漏洞(收录编号:CNVD-2013-15013)。该后门为厂商预设的超级用户和口令,攻击者可以利用后门,在相邻网络内获取路由器的 root 权限,进而植入木马,完全控制用户的路由器。

(4) D-LINK 部分路由器使用的固件版本中存在一个人为设置的后门漏洞(收录编号:CNVD-2013-13777)。攻击者通过修改 User-Agent 值为 xmlset_roodkcableoj28840ybtide 即可绕过路由器 Web 认证机制取得后台管理权限,随后攻击者可以通过升级固件的方式植入后门,取得路由器的完全控制权。

（5）国外研究者发现一种名为 the moon 的蠕虫正在发起对 Linksys 路由器的攻击。该蠕虫利用的是 Linksys 相关 CGI 页面的漏洞,对暴露在互联网上的 Linksys 路由器 80 或 8080 端口进行扫描,利用漏洞从黑客控制的服务器下载恶意程序至路由器设备上,完成对路由器的远程控制。根据进一步分析,该蠕虫还会使用 SSL 协议进行远程控制,并对其他的恶意攻击采取排他措施。

路由器安全漏洞引爆了家庭网络安全话题。随着物联网的发展,从手机和汽车到冰箱和灯开关,几乎所有的电子设备都可以连接到互联网。与路由器一样,具有操作系统的联网设备都可能受到攻击,所以连接在物联网上的这些设备也可能会成为攻击者入侵企业的后门,企业和消费者都将不可避免地要面对这些风险。

无独有偶,2014 年 3 月 30 日,中央电视台播出网络安全专项调查,曝出国内低端家用路由器的重大安全隐患。报道称,腾讯电脑管家在对上亿用户的路由器进行检测后发现,中国目前 5% 的路由器已被黑客成功控制。如果你发现在家上网时不停遭遇弹窗广告骚扰、恶意跳转链接、杀不掉的木马病毒或手机流量不翼而飞,多半跟路由器被劫持相关。

路由器劫持一般是指黑客利用路由器存在的安全漏洞获得的、不需要授权的远程权限来修改路由器的 DNS 配置。DNS 相当于网络中的导航仪,用户输入想访问的网址,就由 DNS 服务器来分配该网址对应的 IP 地址。如果攻击者利用路由器的漏洞侵入其中,修改路由器的 DNS 配置,就可以将正常网站的域名解析到错误的地址上。360 安全中心发布的路由器安全调查报告显示,黑客篡改 DNS 的主要目的是推送色情网页和游戏广告,其比例达到 49.5%;28.0% 的 DNS 篡改是为了把电商网站劫持到推广页面,从而赚取推广佣金;此外还有 22.5% 的其他各类劫持,比如访问网上银行或购物网站时输入正确的网址,实际打开的却是冒牌网站的页面,这时受害者输入账户和密码,就会提交到钓鱼网站的服务器上。

目前有不少网上银行攻击事件,就是黑客利用路由器的漏洞对 DNS 配置进行了篡改。在大多数情况下,用户会首先连接到该银行在纯 HTTP 下的主网站,然后点击其中一个按钮或链接来访问网上银行的登录页面。而对于黑客来说,这些银行网站使用的是 HTTPS 页面通道———一种 HTTP 与 SSL 加密相结合的技术,使黑客无法模仿银行颁发的由证书颁发机构提供的有效数字证书。因此,攻击者一般会使用不太复杂的称为 SSL 剥离的技术来进行 DNS 欺骗,即利用许多银行不是在整个网站上使用 SSL 加密技术,而只是在其网上银行系统上使用该技术的情况,对用户的访问实施拦截。这种攻击手法也称为"中间人攻击"(Man-In-The-Middle Attack,MITM 攻击),黑客通过该方式拦截用户对网络银行网站的访问,利用 DNS 欺骗、会话劫持(session hijack)等手法拦截数据,修改数据,发送数据,以达到欺骗网络用户,窃取用户网上银行资产的目的。

3. OpenSSL 心血漏洞

2014 年 4 月 8 日,OpenSSL 组织公布了存在于 OpenSSL 1.0.1 至 1.01f 版本中的一个重大漏洞,即著名的 Heartbleed 漏洞。它源于 SSL 心跳扩展协议程序实现中的一段有问题的代码,攻击者利用这一漏洞以正常 SSL 心跳协议报文读取加密服务器的内存内容,其中可能包含用户的安全证书和密钥、未经加密的用户名和口令等重要私密信息。基于 OpenSSL 库的传输层安全协议被广泛应用于加密 Web 服务和使用加密的电子邮件服务等各种互联网应用中。据公开报道,黑客在 2014 年 4 月利用这一漏洞窃取了加拿大税务局的网上报税系统约 900 个纳税人的社保号等私密信息,加拿大税务局网站不得不因此关闭 5 天来修补漏洞。黑客利用这一漏洞不会留下痕迹,受攻击者无法获知有多少用户信息已经被盗,大量的互联网网站被迫中断服务,要求用户更新口令和安全证书,由此造成的损失难以估量。

在 OpenSSL 实现中处理 SSL 连接对端发送的心跳请求时,没有检查负荷长度字段的值是否与负荷的长度一致以及是否超越了合法边界。按照心跳协议的要求,心跳回应报文应将请求报文的负荷内容原封不动地发回请求放,这段代码在其后的内存复制函数中直接使用了未经检查的长度值,将请求报文的负荷内容复制到心跳回应报文中,并发送给请求方。利用这一漏洞,黑客可以伪造一个负荷长度字段值,例如 65535,发送给服务器,服务器则错误地为心跳回应报文分配 65 535B 的内存数据,并试图复制从请求报文的负荷字段开始的 65 535B 内容。由于伪造请求报文负荷仅几个字节,所以内存复制的结果就会越界读取其他用户的信息。

2.3 物联网安全需求

物联网安全的根本需求是保障物联网系统或工程的机密性、完整性、可用性、可控性、不可否认性以及可追究性等。

1. 感知层安全需求

感知层安全需求应建立在感知层节点设备、应用服务以及用户群体特点的基础上。众所周知,感知层节点设备具有低功耗、分布松散、信令简练、协议简单、广播特性、无线连接、少量交互甚至无交互、节点设备大多无人值守的特点,因此,感知层安全需求应该是轻量级的,尽可能使用较少的能量、内存、计算能力以及带宽资源,设计出既精简又安全的密码算法、密钥体系以及安全协议,解决相应的安全问题。如轻量级的认证协议以及数据传输协议,防止非法接入、非授权使用、泄露、篡改、假冒或重放、中间人攻击等,保护感知层的机密性、完整性、可用性。

2. 传输接入层安全需求

传输接入层是数据传输的通道,包括以太网、移动通信网、无线局域网以及卫星等,其安全问题并不是物联网研究范畴下的新课题,早在通信网络标准制定时,已被国际及国内相关标准组织、研究院所及管理机构所研究,并制定了一些列标准算法、安全协议以及解决方案。但随着技术的融合发展,物联网系统、工程方案大多整合了多种网络接入方式,前端采用 WiFi、蓝牙、ZigBee 等无线通道,并通过移动通信网或有线方式接入应用系统,其安全需求包括:接入鉴权;语音、数据、多媒体信息的传输保护;在公共网络设施上构建虚拟专用网(VPN)的应用需求,用户个人信息或集团信息的隐藏;各种网络病毒、网络攻击、DDoS 攻击等，此外，还包括新形势下的多网技术融合数据保护、多种协议转换安全以及安全信任链等，例如：

（1）业务数据在承载网络中的传输安全。需要保证物联网业务数据内容在承载网络传输过程中不被泄露、篡改，数据流量不被非法获取。

（2）承载网络的安全防护。物联网中需要解决如何对脆弱传输点或核心网络设备的非法攻击进行安全防护的问题。

（3）终端及异构网络的鉴权认证。在网络层，为物联网终端提供轻量级鉴别认证和访问控制，实现对物联网终端接入认证、异构网络互连的身份认证、鉴权管理等是物联网网络层安全的核心需求之一。

（4）异构网络下终端安全接入。物联网应用业务承载包括互联网、移动通信网、WLAN 等多种类型的承载网络，针对业务特征，对网络接入技术和网络架构都需要改进和优化，以满足物联网业务网络安全应用需求。

（5）物联网应用网络统一协议栈需求。物联网需要一个统一的协议栈和相应的技术标准，以此杜绝篡改协议、协议漏洞等安全风险威胁网络应用安全。

（6）大规模终端分布式安全管控。物联网应用终端的大规模部署对网络安全管控体系、安全管控与应用服务统一部署、安全检测、应急联动、安全审计等方面提出了新的安全需求。

3. 业务应用层安全需求

物联网的不同应用领域存在共性和差异。共性的安全需求包括对操作用户的身份认证、访问控制、多源数据聚合、数据挖掘安全、个人隐私数据保护、对行业敏感信息的信源加密、证书及 PKI 应用实现身份鉴别、数字签名及抗抵赖、安全审计、可信身份管理、可信资源、可信应用系统及平台等。业务应用层个性化的安全需求还要针对智能应用的特点、使用场景、服务对象及用户特殊要求加以区分。

下面将针对社会公共安全、交通、电力、医疗行业分析行业的安全需求。

2.3.1　社会公共安全行业的物联网安全需求

在社会公共安全领域，物联网主要应用于重点场所的安全防卫、交通消防、危险物品安全监管以及违法犯罪嫌疑人的控制等。例如：

- 2009 年，上海浦东机场投入 5000 万元，在数十千米的周界线上安装了一圈如火柴盒般大小的传感器，这些传感器能准确感知各种入侵对象，进行自动报警和跟踪监视，以保证航空安全。
- 2010 年校园暴力案件屡屡发生后，江苏等地运用传感技术，迅速在一些中小学校、幼儿园安装了简易的防入侵报警装置。
- 2010 年世博会开幕前，上海移动车务通全面运用于公交系统，通过最先进的传感技术联通市内车辆和道路信息，动态计算出最优的交通指挥方案和行车路线，以保障世博会期间大流量交通的顺畅。
- 把传感器装置于楼幢、桥梁、仓库等建筑物中，能及时察觉各类明火或温度异常，预防火灾事故的发生,还能在一定程度上察觉到地震等灾害异常,起到提前预警的作用,能够为人们争取宝贵的时间。把传感器装置于易燃、易爆、有毒等危险物品或其周围,则可对危险物品的状况进行监测和报警,预防爆炸、泄漏、毒害等事故的发生。

- 中国移动推出了把带有钱包功能的电子标签与 SIM 卡合二为一的手机,这种手机可以作为小额支付工具,用以乘坐地铁公交、超市购物、影剧院购票等。2009 年底重庆市已有 20 万人刷手机乘坐城市轻轨。借助手机的消费功能,政府可以对个人的活动轨迹和即时行踪进行有力的监控。

- 把首饰、珠宝、手机、车辆等财物用电子标签、条形码与互联网连接后,一旦违法犯罪嫌疑人实施偷盗、抢劫、抢夺等行为,警察通过追踪被抢物品的流向,便能迅速将犯罪嫌疑人抓获归案,或者在犯罪嫌疑人作案过程中,物联网就已自动报警。由此可见,在监控违法犯罪活动等方面,物联网将发挥不可替代的作用。

社会公共安全领域的物联网应用注重人、车、物的管理,其安全需求主要如下:

(1)感知节点设备的物理安全。如附着在易燃、易爆、有毒等危险物品和首饰、珠宝、手机、车辆等物体上的电子标签、条形码应不易破损,具有物理防拆机制。

(2)通信安全。空中接口协议具有加密机制,可保护传输的数据的机密性和完整性。

(3)安全监控。社会公共安全工程可实时监测前端设备的状态,可自动检测恶意节点和受损节点,增强物联网实际应用效果。

(4)安全备份与恢复。由于前端数据实时采集,导致后台数据量巨大。因此,要求后台有高效的数据备份与恢复机制,确保数据重现,以满足应用需求。

2.3.2　交通行业的物联网安全需求

车联网借助车载的传感设备和通信模块,应用近距离通信、无线移动通信等通信技术,实现车与车、车与路、车与人、车与外部环境的全面网络连接,并通过业务平台对传感设备采集到的信息进行分析、处理和挖掘,实现更加舒适、安全、高效的车辆管理和驾驶体验。车联网的典型应用包括汽车故障自动提醒、声控自动驾驶、车辆防盗、紧急救援等。

车联网在为公众生活带来便利的同时,其引发的安全风险也不容小觑。破坏传感设备、篡改采集信息、攻击业务平台等恶性行为均可导致严重的车辆事故,甚至危及生命财产安全。

2010 年,由于黑客入侵车联网制动系统,美国得克萨斯州的 100 多辆汽车或瘫痪无法启动,或出现汽笛故障。2013 年,美国著名调查记者 Michael Hastings 的汽车控制系统被黑客攻击,关键零部件遭到破坏,导致汽车失灵。据悉,有安全研究员计划向世人展示一款不足 20 美元的设备,名为 CAN Hacking Tool(CHT)。该设备"小巧玲珑",但体积小不代表"杀伤力"小,只要将其通过电线与 CAN 连接,利用车载电源系统维持电力,就能发出恶意指令,从而影响驾驶。通过 4 款汽车的实际测试,仅需 5 分钟,CHT 就能进行车灯、车窗控制,甚至还能发布"转向、刹车"等命令,一旦被黑客操控,行车危险系数之高足以让驾驶者胆战心惊。

更可怕的是,未来 CHT 想要制造安全隐患,甚至无须接触汽车。研究员坦言,目前

CHT 通过蓝牙进行通信,攻击范围尚有限制,但随着研究的深入,今后只要把通信装置升级到 GSM 网络,就可以让挟持事件发生于千里之外。车联网的安全漏洞不仅存在于驾驶安全方面,也存在于隐私保护方面。中国汽车 IT 业协会副秘书长叶盛基表示:"随着车联网技术的发展,个人隐私要面临被'监控'的危险。如果问题不解决,无疑会让车联网的发展脱离轨道。"

据郭孔辉院士介绍,目前的智能汽车至少有超过 80 个智能传感器,每天向车联网云端传输的数据高达 100MB,这些数据涵盖了汽车和驾驶者个人的各类信息,利用市面上随手可得的汽车诊断设备,外加一款应用软件,即可实现对智能汽车的攻击,甚至"10 美元可攻破奔驰、宝马"。

上述攻击并不是不可实现,在 2014 年中国互联网安全大会上,某演示区工作人员就现场演示了汽车的破解。一位工作人员走近一辆奔驰轿车,按下身上的遥控锁,车灯一闪,车身一响,便锁上了门锁。而另一位技术人员在计算机上操作一会儿,并将一块智能手表连接到计算机上,没过一会儿,他将智能手表取下戴在手腕上,走近车门一按,轻松把之前锁着的车门打开了。据现场演示的负责人介绍,他拿着用来破解汽车的设备只是一个很普通的电视遥控器,从淘宝上花几十元就可以买到,而黑客可以通过电视遥控器的一些功能,将车钥匙发出的波段信号截取下来,然后在计算机上还原信号,再存储到手机或者智能手表这类可以发出信号的终端设备上,就可以轻松"撬车门"了。据悉,目前这一安全漏洞已经由他们所在的研发小组提交给相关企业。

当前车联网主要存在以下安全隐患:

(1) 远程信息处理系统。汽车的远程信息处理系统可在碰撞发生时通知警方,远程禁用被盗车辆,或者通过手机软件远程控制汽车启动,进行诊断并提供诊断信息给客户。这种远程控制的方式确实给人们的生活带来一定程度上的便利,但是其安全性却远远没有得到保障。黑客可以通过手机破解控制软件,从而控制连接到 CAN 总线的系统。这样车的防盗系统就形同虚设了,安全隐患可谓不小。不过,有前瞻性的汽车制造商已经开始注意到外部通信和车载网络的安全问题。例如 OnStar 系统有一个被允许与汽车连接的计算机的"白名单"。

(2) 未经授权的 App。很多车载互联系统都可以进行 App 下载,就像智能手机制造商有应用程序商店,其中有很多的由第三方开发的程序可供下载一样,汽车制造商正在通过可下载的软件扩展他们的信息娱乐产品。如果一个流氓程序包含恶意软件或病毒,在没有防备的情况下感染车辆,信息泄露是小事,威胁到车主的行车安全就非同小可了。虽然现在并没有出现病毒软件感染汽车的事件,但作为智能系统,不能不说存在这种可能性,至少目前并没有发现用于车载系统的杀毒软件或者防火墙。

虽然汽车制造商对于其系统中的应用程序选择很严格,例如福特的 MyFord 触摸和丰田的 Entune 只允许极少数预先批准的程序,但如果是开源性的平台,还是很容易出现这种情况。

(3) MP3 恶意软件。作为车载信息娱乐系统的增益功能,也是最常见的功能,MP3 也可能威胁到汽车安全。如果从未经授权的文件共享传输带有代码的 MP3,或许会导致整个系统的感染并且威胁到 CAN 总线系统。目前很多汽车制造商已开始注意到这个问题,开始强化所有的安全关键系统,确保感染的文件不会危及整车集成系统。

（4）OBD-Ⅱ接口。目前,除了主机厂直接预装的车载互联系统,市面上大多数所谓的车联网解决方案基本都是通过 OBD（On-Board Diagnostic,车载诊断）接口实现的,比如路宝盒子。可以说,大多数车辆系统之间发送的数据没有被加密,而 OBD 接口是最直接破解一辆汽车的方法,因为它发出的代码直接传到 CAN 总线上。有研究人员在 CAESS（Center for Automotive Embedded System Security,汽车嵌入式系统安全中心）网站上传了一个程序,搜索车辆系统接口中薄弱的通信点,程序通过 OBD 接口进入汽车总线,一旦汽车出现在网络上,该程序就可以控制汽车从雨刷到刹车的每一个系统。

（5）在智能交通服务体系中基础信息数据的获取、采集主要依赖于安装在载运工具和交通基础设施上的传感器节点。根据传感器节点应用场景及功能需求的不同,智能交通服务体系中的传感器节点可以划分为移动传感器节点和固定点传感器节点,这些节点需要同时具有身份标识、数据处理、传输及存储的能力。但是受到应用环境的限制,传感器节点面临着信息泄露、数据篡改、重放攻击、拒绝服务等多种威胁,不仅信息容易遭到空中拦截、窃听或篡改,还面临传感器节点容易被攻击者物理操纵,获取存储在传感器节点中的信息并进一步控制部分网络等安全威胁。

下面以车辆和路侧站点作为移动节点和固定节点的代表做初步分析。移动传感器节点负责车辆的运行相关信息的采集及数据传输工作。车载移动节点的特点是实时移动且只有较少的资源,因此,只能采用无线射频或专用短程通信技术作为信息传递的主要手段,但其存在一个不可忽视的隐患——安全机制,没有可靠的安全机制,就无法有效保护车辆的数据信息。其最主要的安全风险是数据保密性。显然,没有安全机制的移动节点会向邻近的节点泄露一些敏感信息,由于缺乏支持点对点加密和 PKI（Public Key Infrastructure,公钥基础设施）密钥交换的功能,在应用过程中,攻击者有许多机会可以获取车载节点上的数据,达到伪造、变造车载身份,获取非法利益的目的。车辆的标识信息被伪造,普通车辆、运营车辆的套牌问题就无法通过技术手段得到有效的解决;车辆的标识信息被变造,在涉及车辆缴费的问题时,就会有少缴或逃缴的情况发生。车载节点没有有效安全机制的另一个安全风险是位置保密性。如同个人携带物品的商标可能泄露个人身份一样,车载节点也可能会泄露个人身份,通过车载节点就能跟踪携带不安全标识的车辆。

固定点传感器节点承担着车载节点的身份认证和数据汇总、处理、传输工作,固定点节点的特点是部署在广大区域内且一般无人值守。固定点节点作为车载节点的初级汇聚节点,一旦被攻击者控制,就意味着固定点节点所联系的车载节点信息全部被获取,我们应该意识到,单个数据未必会对安全性带来多大威胁,但是当它们通过汇聚节点被联合起来时,某些敏感的信息和关键关系就会被暴露出来或被轻易发现,这将导致机密泄露,从而对整个物联网的安全造成危害或者造成潜在威胁,同时,固定点节点一般还依托可变情报板担负着路况信息的发布工作,一旦被攻击者控制,也存在非法信息发布的可能。

因此,交通行业的安全需求如下:

（1）数据传输安全,包括 OBD 接口安全和远程信息处理传输安全。

（2）车联网应用的安全管理,恶意程序的检测。

（3）无线通信安全，实现空中接口加密和抗干扰机制。

（4）智能交通的感知节点安全，保障感知节点设备涉及的信息、位置数据的存储和传输的保密性和完整性。

2.3.3　电力行业的物联网安全需求

智慧电网为当前 IoT 部署最有力的证明。因为它有先进的感知设备，提供了能量管理的先进平台。智慧电网的主要技术为监测电力传输线路、管理变电站、将太阳能或风力发电等微型发电站整合至网络、使用大型电池等。这些技术可以让电力公司快速判断导致电力过度消耗的原因，也能更好地管理电力，确保能够给用户稳定供电，尽可能地避免或延后建立新电厂以节省开销。

智慧电网是一种嵌入式机器的 IoT 网络，这些嵌入式设备能检测与控制地球的能源利用效率。智慧电网相当依赖机器之间的互动，以便更有效率地利用资源。美国大约一半的家庭已拥有具备通信功能的先进电表，全球各国的电力公司正在安装控制分散式自动化供电管理设备。自来水、天然气公司也要开始投资类似项目。

对于不法分子来说，智慧电网将是他们获利的首要目标。当怀着恶意的组织介入智慧电网，他们就将带来灾难。他们可以通过电力公司的通信网络漏报用电量或伪造感测器数据，进而中断电力。当前智能电网主要面临以下几类威胁：

（1）用户的安全威胁。在智能电网中，用户与电网广泛联系，实现信息和电能的双向互动，电力公司与用户之间的信息交互都涉及互联网的使用，这对于用户的隐私保护将是一个新的挑战。另一方面，基于 AMI 系统的用户侧的智能设备（智能电表、插拔式电动车等）的使用量不断增加，这些设备作为负载连接到电力系统中，必然扩展了智能电网的边界，将智能设备的风险引入到智能电网中。这些智能设备一般都具有可支持远程控制的功能，比如远程断开或连接等，且智能设备一般都安装了操作系统以及各种应用软件，软件往往都存在一定的漏洞，黑客可以利用漏洞入侵到智能终端，攻击关键节点，进而对电力系统的安全运行带来巨大损害。

（2）设备安全威胁。智能电网中，利用智能设备代替人完成一些复杂、危险的工作，设备部署在无人监控的环境中，攻击者可以轻易盗取和篡改信息。

（3）网络安全威胁。智能电网用户类型众多，应用范围广泛，涵盖了电力发送、电力储蓄以及电网互动等一系列过程，这类系统化的庞大信息频繁交互活动，从而使得电网信息与其数据外部接口呈现多样化。在智能电网中，存在多种通信方式与网络协议并存的情况，包括智能传感网、卫星通信、移动通信网络、无线局域网等。这一现象容易导致电网通信网络的边界扩大，遭受到的攻击也将更为智能化、多样化。另外，在信息的传输过程中，也存在被破坏、篡改与非法窃听等隐患。

（4）数据备份威胁。当前有许多单位仅用一台工作站对数据进行备份，并没有制定完善的数据备份管理制度，没有实行有效的数据备份策略，没有先进的备份数据专用设备，以至于对数据无法进行更妥善的保管，威胁着数据信息的安全存储。在智能电网中，数据备份安全有两点含义：其一是数据本身的安全，即采用密码技术对数据进行加密保护；其二是数据防护的安全，即采用信息存储、备份等手段对数据进行主动防护。

（5）在电力行业中，计算机上的应用系统一般都是商用的软硬件系统，所以用户的身份认证一般采用口令鉴别模式，然而这种模式非常容易被其他人攻破。甚至有的应用系统使用用户自己的鉴别方法，把口令、用户名和许多安全控制信息用明文形式记在文件或者数据库中，这样的安全控制措施有非常大的潜在危险，稍不注意就会被攻破，威胁信息的安全。

（6）密钥管理威胁。现在大多数通信采用 AES-128 标准加密算法保护电力网络的数据和命令传输，但缺乏密钥和有效期限的管理很可能带来攻击威胁。不法分子可以对智慧电表进行物理侦测，并获得通信密钥。

当前，传统 IT 领域的安全标准体系与安全技术手段已较为成熟，但对于智能电网来说还远远不够，因为与传统的计算机网络安全相比，智能电网具有不同的安全目标、安全结构、技术基础及性能要求：

（1）智能电网安全的首要目标是保证人的生命财产安全，其次是保护系统的可靠性和电力系统基础设施的安全。

（2）电力系统中，处于边缘的终端设备（如 RTU、PLC 等）如果受损，通常造成停电事故的发生，甚至会进一步影响整个电网的运行，因此，必须保证智能终端设备安全，提升其安全防护能力。

（3）电力网络中有很多专用的系统和设备，它们基于专有的操作系统和通信协议（如 IEC61850、DNP 3.0、ICCP 等），因此，需要加固操作系统和实施安全的通信协议。

（4）智能电网中传输的数据大多是时间关键的，对传输带宽、延迟性能要求很高。

（5）提升安全技术，实施加强的身份认证机制、密钥管理机制以及数据备份与恢复机制。

2.3.4　医疗行业的物联网安全需求

专家表示，智能医疗是未来的趋势，对我国深化医药卫生体制改革、解决看病难及看病贵问题有着很现实的意义。我国政府、医院近年来在医疗信息化领域投入较大，医疗信息化水平得到迅速提高。通过医疗信息系统，患者的相关信息可以完整、便捷地存储、检索、共享，再经过运营管理系统，可以方便地进行药品、物流、办公耗材等项目的统计和管理。另外，医疗信息化系统还包括区域医疗系统实现不同医院、医院社区之间的信息交换，并且可以建立全国范围内的信息共享平台，实现全国范围内的远程诊疗，这可以在很大程度上提高医疗质量和医疗效率。

近年来，美欧日等纷纷出台相关战略支持医疗信息化发展，一个重要的原因是人口老龄化问题凸显，导致医疗卫生系统所面临的压力日益增大。据了解，智慧医疗发展要经历 3 个阶段：医院管理信息化阶段、临床管理信息化阶段和区域医疗卫生服务信息化阶段。在我国，当前医院管理信息化以财务系统信息化为主，占 70%～80%；临床管理系统涵盖一些临床应用，如电子病历、健康体检等，国内有 20%左右的医院正向这一阶段转变。

随着医疗智能化的深入，安全问题也不容忽视。2008 年，华盛顿州大学和马萨诸塞州大学的研究人员侵入一个心脏起搏器/心脏除颤器，从机器中获取了个人信息，还能操控某些功能。已故的世界著名白帽黑客巴纳比·杰克曾于 2012 年演示过另一起无线心脏起搏器侵入。杰克发现攻击者可对附近的心脏起搏器注入恶意代码,可以扫描一定范围内所有的心脏起搏器并实施入侵,他甚至认为可以直接入侵生产商的软件服务器,将后门植入他们生产的所有起搏器,像病毒一样传播开来。杰克在演示中控制一台笔记本电脑使距离 15m 之外的一个心脏起搏器释放出 830V 足以致命的电压。

当前医疗行业信息安全现状主要表现在以下几方面:

(1) 信息化安全体系不健全。大量身份特殊的患者挤到了信息安全程度高的医院,造成了一些医院超负荷运行,另一些医院则门可罗雀的局面,医疗资源大大浪费。

(2) 存在多个层面的严重的"孤岛"和"烟囱"现象。

① 各领域之间(如医疗和公共卫生、医院和社区之间)信息不通。公共卫生服务与医疗服务之间密不可分。利用信息技术整合公共卫生与医院以及基层医疗的服务,防控结合,可以大幅度提高综合防治的效果。

② 同一领域的不同机构之间(如不同医院之间)信息不通。同一机构内不同科室之间信息不通,少数机构的同一科室同一岗位甚至同一个人使用几个不同的系统,信息不通。大量的"孤岛"和"烟囱"必然造成大量的重复操作,信息不能共享、互操作性无从谈起,不能充分发挥信息的作用和体现信息化建设的意义。区域卫生信息化就要解决这个问题,这将牵涉到与信息化建设有关的几乎所有方面的因素。

(3) 运维人员的日常工作重复性高,运维效率低,对软硬件故障排查能力弱。外来设备轻易就可接入内部网络,网络安全系数极低,常造成网络局部瘫痪。内部员工随意使用 U 盘、移动硬盘等存储设备,造成病毒肆意蔓延,严重影响正常工作。敏感信息随意存储,患者数据频被非法盗取、贩卖,造成了患者对医院的信任危机。

(4) 现有安全保障措施无法应对新形势下的各种安全威胁。目前大部分省市医疗卫生机构、医院和社区卫生服务中心(站)等信息系统安全保障基本以传统安全防御措施为主,即防火墙、入侵检测系统、防病毒系统等传统的网络安全设备构筑的静态防御体系,但基于身份和行为的真实合法性保护的可信安全防御体系几乎是空白。

由于防火墙等安全设备主要基于已知威胁的攻击特征、安全策略配置等技术进行静态防御,无法及时发现各种威胁演变的新特征,而且新型网络攻击技术自动化程度和攻击效率也在不断提高,导致传统安全的静态防御体系很容易被攻破。

通过对"棱镜门""泄密门"等各种愈演愈烈的安全事件分析发现:目前黑客对系统进行攻击的主要方式是绕过信息系统正面的传统防御体系(防火墙、IDS、网闸等),利用众多安全保护能力相对脆弱的用户节点,通过身份欺骗、行为欺骗等手段攻入系统,并以此为跳板,攻击内部的其他重要信息系统,篡改和窃取系统的重要数据。因此,可信安全防御体系问题是影响区域卫生信息化建设健康有序发展的核心问题

(5) 无线技术的应用使得攻击者可以更便捷地入侵医疗系统。

因此,医疗行业的安全需求如下:

(1) 确保终端安全与合规,实现网络层准入控制和业务层准入控制,从而确保接入网络的终端都是可信的、健康的、可控的。

(2) 提升安全运维能力。主要包括补丁管理(通过联机的系统,可自动或手动,设置时间为终端系统打补丁,确保操作系统更稳定、更安全)、软件分发(可以实现差异化的、多

种形式的软件分发和安装模式,提高软件管理的效率,节省管理时间和人力成本)、远程控制(让管理员突破地域和空间的限制,实时、有效地为终端用户排查故障,解决问题)、安全检查和修复(自动检测不健康的终端并自动实现修复,确保终端安全的时效性和全面性)。

(3)实现安全存储、加密传输和审核输出的问题,以确保数据在存放、传输、使用上都是安全的,即存放的位置是安全的,传输过程是安全的(全程加密),使用是安全的(审批通过才可以输出)。

(4)建立动态防御体系,应对各类未知风险。

(5)实现加强的无线安全接入,确保可靠的连接,拒绝非授权接入,并保证数据传输的保密性和完整性。

(6)加强医疗数据的隐私保护。

2.4 物联网安全应对措施

面对纷繁复杂的各类安全威胁和不同领域、不同层次的安全需求,需要从政策、法律、法规、技术标准加以应对,政策和法律法规是物联网安全防护的基础,安全技术是物联网安全防护的手段和工具,而安全检测是验证、评估物联网安全防护合规性的关键和核心抓手。

2.4.1 国家政策

20世纪以来,各国相继颁布了网络空间国家安全战略,仅美国就颁布了40多份与网络安全有关的文件。2015年4月23日,美国五角大楼发布新版网络安全战略概要,首次公开要把网络战作为今后军事冲突的战术选项之一,明确提出要提高美军在网络空间的威慑和进攻能力。不仅美国紧锣密鼓地执行网络空间国际和战争战略,最近颁布的北约网络空间安全框架表明,目前世界上有一百多个国家具备一定的网络战能力,公开发表网络安全战略的国家达56家之多。因此,与国际接轨,建设坚固可靠的国家网络安全体系,是中国必须作出的战略选择。

当前我国也采取了一系列重大举措加大网络安全,保障物联网健康有序发展。

1.《国家中长期科学和技术发展规划纲要(2006—2020年)》

《国家中长期科学和技术发展规划纲要(2006—2020年)》指出,优先发展传感网络及智能信息处理、面向核心应用的信息安全,重点研究开发国家基础信息网络和重要信息系统中的安全保障技术,开发复杂大系统下的网络生存、主动实时防护、安全存储、网络病毒防范、恶意攻击防范、网络信任体系与新的密码技术等。

2.《国务院关于大力推进信息化发展和切实保障信息安全的若干意见》

2012年发布的《国务院关于大力推进信息化发展和切实保障信息安全的若干意见》强调健全安全防护和管理,保障重点领域信息安全。

(1)确保重要信息系统和基础信息网络安全。能源、交通、金融等领域涉及国计民生的重要信息系统和电信网、广播电视网、互联网等基础信息网络,要同步规划、同步建设、同步运行安全防护设施,强化技术防范,严格安全管理,切实提高防攻击、防篡改、防病毒、防瘫痪、防窃密能力。加大无线电安全管理和重要信息系统无线电频率保障力度。加强互联网网站、地址、域名和接入服务单位的管理,完善信息共享机制,规范互联网服务市场秩序。

(2) 加强政府和涉密信息系统安全管理。严格政府信息技术服务外包的安全管理,为政府机关提供服务的数据中心、云计算服务平台等要设在境内,禁止办公用计算机安装使用与工作无关的软件。建立政府网站开办审核、统一标识、监测和举报制度。减少政府机关的互联网连接点数量,加强安全和保密防护监测。落实涉密信息系统分级保护制度,强化涉密信息系统审查机制。

(3) 保障工业控制系统安全。加强核设施、航空航天、先进制造、石油石化、油气管网、电力系统、交通运输、水利枢纽、城市设施等重要领域工业控制系统,以及物联网应用、数字城市建设中的安全防护和管理,定期开展安全检查和风险评估。重点对可能危及生命和公共财产安全的工业控制系统加强监管。对重点领域使用的关键产品开展安全测评,实行安全风险和漏洞通报制度。

(4) 强化信息资源和个人信息保护。加强地理、人口、法人、统计等基础信息资源的保护和管理,保障信息系统互联互通和部门间信息资源共享安全。明确敏感信息保护要求,强化企业、机构在网络经济活动中保护用户数据和国家基础数据的责任,严格规范企业、机构在我国境内收集数据的行为。在软件服务外包、信息技术服务和电子商务等领域开展个人信息保护试点,加强个人信息保护工作。

3.《关于推进物联网有序健康发展的指导意见》

2013 年 2 月,国务院出台的《关于推进物联网有序健康发展的指导意见》中强调安全可控,强化安全意识,注重信息系统安全管理和数据保护。加强物联网重大应用和系统的安全测评、风险评估和安全防护工作,保障物联网重大基础设施、重要业务系统和重点领域应用的安全可控。文中更是明确提出了重点任务:"加强防护管理,保障信息安全。提高物联网信息安全管理与数据保护水平,加强信息安全技术的研发,推进信息安全保障体系建设,建立健全监督、检查和安全评估机制,有效保障物联网信息采集、传输、处理、应用等各环节的安全可控。涉及国家公共安全和基础设施的重要物联网应用,其系统解决方案、核心设备以及运营服务必须立足于安全可控。"

4.《国务院关于促进信息消费扩大内需的若干意见》

2013 年 8 月,国务院出台《国务院关于促进信息消费扩大内需的若干意见》,强调加强信息消费安全环境建设。

(1) 构建安全可信的信息消费环境基础。大力推进身份认证、网站认证和电子签名等网络信任服务,推行电子营业执照。推动互联网金融创新,规范互联网金融服务,开展非金融机构支付业务设施认证,建设移动金融安全可信公共服务平台,推动多层次支付体系的发展。推进国家基础数据库、金融信用信息基础数据库等数据库的协同,支持社会信用体系建设。

（2）提升信息安全保障能力。依法加强信息产品和服务的检测和认证,鼓励企业开发技术先进、性能可靠的信息技术产品,支持建立第三方安全评估与监测机制。加强与终端产品相连接的集成平台的建设和管理,引导信息产品和服务发展。加强应用商店监管。加强政府和涉密信息系统安全管理,保障重要信息系统互联互通和部门间信息资源共享安全。落实信息安全等级保护制度,加强网络与信息安全监管,提升网络与信息安全监管能力和系统安全防护水平。

（3）加强个人信息保护。落实全国人大常委会关于加强网络信息保护的决定,积极推动出台网络信息安全、个人信息保护等方面的法律制度,明确互联网服务提供者保护用户个人信息的义务,制定用户个人信息保护标准,规范服务商对个人信息收集、存储及使用。

5. 中央网络安全和信息化领导小组

2014 年 2 月,中央网络安全和信息化领导小组成立,该领导小组将着眼国家安全和长远发展,统筹协调涉及经济、政治、文化、社会及军事等各个领域的网络安全和信息化重大问题,研究制定网络安全和信息化发展战略、宏观规划和重大政策,推动国家网络安全和信息化法治建设,不断增强安全保障能力。中央网络安全和信息化建设领导小组的成立是以规格高、力度大、立意远来统筹指导中国迈向网络强国的发展战略,在中央层面设立一个更强有力、更有权威性的机构。体现了中国最高层全面深化改革、加强顶层设计的意志,显示出在保障网络安全、维护国家利益、推动信息化发展的决心。这是中共落实十八届三中全会精神的又一重大举措,是中国网络安全和信息化国家战略迈出的重要一步,标志着这个拥有 6 亿网民的网络大国加速向网络强国挺进。

习近平主持召开中央网络安全和信息化领导小组第一次会议强调,网络安全和信息化对一个国家很多领域都是牵一发而动全身的,要认清我们面临的形势和任务,充分认识做好工作的重要性和紧迫性,因势而谋,应势而动,顺势而为。网络安全和信息化是一体之两翼、驱动之双轮,必须统一谋划、统一部署、统一推进、统一实施。做好网络安全和信息化工作,要处理好安全和发展的关系,做到协调一致、齐头并进,以安全保发展、以发展促安全,努力建久安之势、成长治之业。

6. 网络法治建设

2014 年 10 月,随着中共十八届四中全会《全面推进依法治国若干重大问题的决定》出炉,中国将全面进入依法管网、依法办网、依法上网的轨道,众多管理规定即将出台。

2015 年 8 月 29 日,第十二届全国人民代表大会常务委员会第十六次会议通过了《中华人民共和国刑法修正案（九）》,于 2015 年 11 月 1 日起实施。为维护信息网络安全,完善惩处网络犯罪的法律规定,修正案新增多项措施严厉惩处各类网络犯罪。其中包括为进一步加强对公民个人信息保护制定的条例,以及针对一些网络服务提供者不履行网络安全管理义务,造成严重后果的情况而增加的规定。此外,修正案也对为实施违法犯罪活动而设立网站、通讯群组、发布信息,开设"伪基站"等严重扰乱无线电秩序,在信息网络或者其他媒体上恶意编造、传播虚假信息,对单位实施侵入等行为作出惩处规定。

在刑法修正案（九）提出之前,2014 年 10 月,最高人民法院还通报了《关于审理利用信息网络侵害人身权益民事纠纷案件适用法律若干问题的规定》。该规定首次明确了个人信息保护的范围、利用自媒体等转载网络信息行为的过错及程度认定以及非法删帖、网络水军等互联网灰色产业的责任承担问题等。

2016 年 6 月,国家互联网信息办公室发布《移动互联网应用程序信息服务管理规定》,旨在加强对移动互联网应用程序(App)信息服务的规范管理,促进行业健康有序发展,保护公民、法人和其他组织的合法权益。解决社会反映强烈的问题,如少数 App 被不法分子利用,传播暴力恐怖、淫秽色情及谣言等违法违规信息,有的还存在窃取隐私、恶意扣费、诱骗欺诈等损害用户合法权益的行为。

《中华人民共和国网络安全法》已由中华人民共和国第十二届全国人民代表大会常务委员会第二十四次会议于 2016 年 11 月 7 日通过。《网络安全法》共有 7 章 79 条,内容十分丰富,具有六大突出亮点:一是明确了网络空间主权的原则,二是明确了网络产品和服务提供者的安全义务,三是明确了网络运营者的安全义务,四是进一步完善了个人信息保护规则,五是建立了关键信息基础设施安全保护制度,六是确立了关键信息基础设施重要数据跨境传输的规则。

2016 年 12 月,经中央网络安全和信息化领导小组批准,国家互联网信息办公室发布《国家网络空间安全战略》。其阐明了中国关于网络空间发展和安全的重大立场和主张,更明确了接下来若干年内的战略方针和主要任务,主要包括坚定捍卫网络空间主权,坚决维护国家安全,保护关键基础设施,加强网络文化建设,打击网络恐怖和违法犯罪,完善网络治理体系,夯实网络安全基础,提升网络空间防护能力,强化网络空间国际合作九大战略任务。

2017 年,中共中央办公厅、国务院办公厅印发了《关于促进移动互联网健康有序发展的意见》,从推动移动互联网创新发展、强化移动互联网驱动引领作用、防范移动互联网安全风险等几个方面为促进我国移动互联网健康有序发展提出了 24 条意见。

2017 年 2 月,为提高网络产品和服务安全可控水平,防范供应链安全风险,维护国家安全和公共利益,依据《中华人民共和国网络安全法》,国家互联网信息办公室起草了《网络产品和服务安全审查办法(征求意见稿)》,向社会公开征求意见。

2017 年 4 月,为保障个人信息和重要数据安全,维护网络空间主权和国家安全、社会公共利益,促进网络信息依法有序自由流动,依据《中华人民共和国国家安全法》《中华人民共和国网络安全法》等法律法规,中央网络安全和信息化领导小组办公室起草了《个人信息和重要数据出境安全评估办法(征求意见稿)》,向社会公开征求意见。

2.4.2　安全技术发展

物联网健康有序发展离不开安全技术的保驾护航,信息安全技术已经与国家战略利益和国民经济发展紧密地结合在一起。信息安全技术的发展必然积极促进物联网安全保障体系的稳固,大大提升物联网安全防护水平。下面结合 2017 RSA 大会简单介绍未来安全技术的发展趋势。

早在 2014 年 RSA 大会上,451 Research 的首席分析师 Javvad Malik 就公布了一项调查:哪些技术被企业束之高阁或已经过时了? 参与这份调查报告的用户指出了哪些技术或产品在企业中没有得到充分利用或根本就没被使用过。从图 2-3 中可以看出未来技术发展趋势的端倪，未来集成式、可操作性强以及兼容性好的产品和技术才能赢得市场认可。

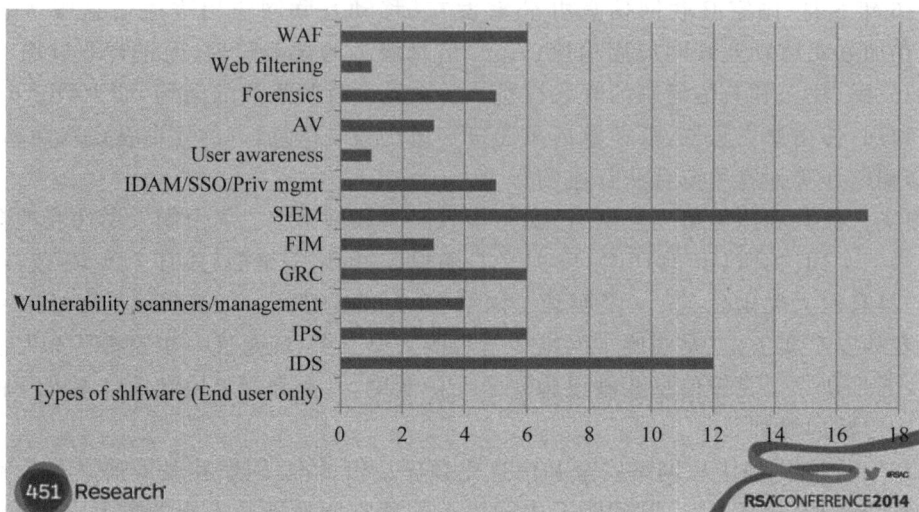

图 2-3 安全技术和产品使用调查报告

经过 3 年的快速发展，事实又是如何？

2017 年 RSA 会议的主题 Power of Opportunity 彰显了 UNITY 的重要性，这间接印证了 2014 年"集成式"的预测。物联网、大数据、云安全、人工智能依然是未来的发展方向。

(1) 物联网安全登上了话题榜首，物联网设备安全该如何防护将成为安全行业关注的重要领域，主要集中在以下三个方面：一是物联网存在 DDoS 攻击的风险；二是物联网设备不是孤立存在的，所以攻击者能寻求方法让其他设备"妥协"，从而影响它们的可用性；三是物联网设备收集的数据作为法律依据将会产生自己的一系列问题，包括保留数据及其完整性，以及对事件进行调查并在法庭上作为证据进行分析等。

(2) 大数据安全继续演变发展，既有固有的部署混合云中的隐私问题、虚拟化的数据加密码、数据合规要求，又有威胁情报分析的技术发展。融合云数据的威胁分析已成为一个方向，比如 IBM 公司的 Waston in QRadar 就是结合云数据来做的，它会从互联网上的博客、论坛等地方把专家意见拉过来，将这些专家的意见结合到事件分析中，结合全网的数据和一些专家意见，可以提高分析的深度和分析的相关性，把整体事件的全貌还原出来。还有 Splunk 公司的 UBA、微软公司的 sysmon、初创（SentinelOne）公司的 attack story 等基于场景的分析，所有这些都基于大数据分析来提供威胁情报。

(3) 2017 的 RSA 展馆里，云可谓无处不在，在很多安全公司的展台上都能找到 Cloud 这个关键词。其中 Cato Networks 为用户提供了一个敏捷可伸缩的云安全平台，即所谓的网络安全即服务（NSaaS）。这种方案的需求主要源于现代企业已经突破了传统的集中式部署，分支机构和设备散布在全球各处。Illumio 的旗舰产品是 Adaptive

Security Platform(自适应安全平台),它使用了一种新的安全模型,把安全和底层的基础设施解耦,从而能够适应虚拟化数据中心环境下资产和应用的快速变化,动态地保持安全策略的一致性和有效性。2017 年 RSA 云安全相关的技术讨论包括"多云安全需求(CipherCloud)""NSX 微细分基准(VMware)""潮汐力量:改变四分五裂的安全""公有云中的事件响应""下一代云托管平台需要什么""DevSecOps 在云中不只是 CI/CD:拥抱安全自动化""Open Security Controller:OpenStack 的安全编排""复活云中的隐私:隐私工程实现""云安全评估:你做错了!""云安全:自动化或死亡"等。

(4) 有十家公司入选创新沙盒,其中三家和人工智能有关。Splunk 公司提到的一个很典型的场景是如何检测勒索软件。勒索软件会有下载、数控、数据传输、感染等不同的阶段,在不同的阶段,勒索软件的网络行为和本地行为的数据、日志是不一样的。通过机器学习,利用海量的正向样本和恶意样本的分类,就能够区分出哪些是属于勒索软件的行为,就可以发现谁感染了勒索软件,哪些勒索软件可能已要开始起作用了,提前感知,然后做一些判定。Splunk 公司在机器学习和人工智能方面最关注的是误报率,通过对算法的调整,已经可以很好地对某些场景(比如勒索软件)做到低于千分之一的误报率。在安全方面,IBM 公司的 Waston 可以学习所有安全专家的意见,收集安全专家在推特、博客等上面发表的意见,尤其是在一些新型攻击发生时,安全专家的意见更是至关重要,把这些东西形成一些专家报告,通过人工智能学习的方式把它结合进来,就能给本地的数据带来一定的帮助。安全运营平台的目的是把安全专家处理的步骤自动化,不仅是内部的安全专家,还有全网的安全专家都能够去结合起来为自己提供服务。人工智能在信息安全中将如何发挥作用?我们对未来拭目以待。

纵观 RSA 大会,安全产品走向整合,平台化趋势成为共识。Palo Alto Networks 公司 CEO Mark McLaughlin 在题为"即将到来的颠覆式安全变革"的演讲中指出,近年来数据泄露事件频发,新兴威胁不断出现,这表明当前的安全模式已经无法奏效,这需要企业转向基于平台的安全新模式。McLaughlin 认为,这种平台安全模式不是当前安全厂商所兜售的安全平台,而是新一代的安全平台——关照可视化、分析和安全处置。PAN 公司发布的 PAN-OS 8.0、思科公司发布的互联网安全网关 Umbrella 都体现了新一代安全平台的特点——安全平台化,单点产品的深度整合。在 RSA 大会上,IBM 公司发布了 Waston 安全服务,该服务将被整合到 IBM 公司新的 Cognitive SOC 平台中,将先进的认知技术与安全操作相结合,并提供应对终端、网络、用户和云端威胁的能力。此前,IBM 公司收购了安全事件响应平台商 Resilient Systems,将其整合进其 SIEM 平台 QRadar。赛门铁克公司则发布了"业界最完整"的云安全解决方案,将传统的安全防护延伸到云端。

还有一个值得关注的新技术。所有安全保护必然会增强身份认证,而多层验证更是被反复使用。例如,设置密码时,怕密码忘记,要设置密码问题和答案。为了安全使用硬件 key,要通过手机短信确认。UnifyID 的创业公司的 UnifyID 技术是一个使用多个隐式的行为和环境因素的身份认证技术,其在验证用户的身份时很大程度上比使用密码及生物识别更安全。UnifyID 通过用户平常使用手机、计算机和可穿戴设备里的陀螺仪、加速器、GPS、周围光感应、WiFi、蓝牙等,对包括击键间隔、鼠标的移动和滚轮的滚动、触摸板的移动、周边 WiFi、蓝牙等一百种维度产生数据,将这些数据上传云端,并使用机器算法对用户的行为进行学习,再消除噪音数据,包括因运动状态、环境等导致的差异。

最后,CSO.com报道了RSA大会上排在前5位的最新安全产品:

(1) ThreatOps。主要特性是通过自动关联攻击信息来加速攻击事件处理的进程。攻击会被自动隔离,可以有效地根除潜在威胁。

(2) SSH+。这是一个基于Web的SSH密钥管理解决方案,并支持Linux系统的网络基础设施。SSH+提供了强大的功能,旨在使用户访问更安全和高效。

(3) BigID数据映射器。用以保护和管理个人数据,软件可以帮助查找个人身份信息、数据主体的清单、地图数据流,管理数据风险并满足隐私法规(如GDPR)的合规性。

(4) Bitdefender自检管理程序(Hypervisor Introspection,HVI)。Bitdefender HVI是一个安全层,通过原始内存自我直接管理,保护企业免受高级目标攻击。

(5) CipherCloud。是第一个将端到端数据加密从企业扩展到云以及移动用户领域,从而实现保护个人敏感数据安全以及保护整个企业数据安全的解决方案。

从中可以看出,自动化、智能化、平台化、数据保护技术是未来发展的趋势。

2.4.3　安全检测

物联网工程、系统部署了安全防护技术手段,进行有效验证、合规性评价需要安全检测加以补充。特别是在当前环境下,物联网发展方兴未艾,物联网安全还处于探索阶段,各类安全技术并未完全在物联网工程、系统、产品上得以验证,其技术成熟度还不是很高,因此,安全检测就成为当前物联网安全保障的重要手段之一。

当前,物联网对信息安全的依赖性越来越大,可以说物联网应用的成败大部分取决于安全是否能得到有效保障,从而也对安全检测工作的要求越来越高,现阶段主要呈现3个特点:

(1) 当前信息安全涉及领域范围进一步扩大,其需求层次不断深化。根据智研咨询发布的《2016—2022年中国互联网市场运行态势及投资战略研究报告》显示,2016年互联网消费金融交易规模为8695.1亿元,2015年网络零售交易总额近10万亿元,物联网、云计算、移动互联网、IPv6、智能终端等新技术应用范围和服务内容不断丰富扩大,其安全成为重点关注内容。

(2) 网络技术军事化应用倾向明显,计算机病毒、高能电磁脉冲、网络嗅探和攻击、内网无线注入、微波炸弹等技术成为未来网络作战武器,各国网络备战步步升级,也成为国际合作和斗争的重要内容。

(3) 网络黑客攻击窃密风险长期存在。根据2016年中国互联网网络安全报告显示:

- 工业互联网面临网络安全威胁加剧。2015年,国家信息安全漏洞共享平台共收录工控漏洞125个,境外有千余个IP地址对我国大量使用的某款工控系统进行渗透扫描。

- 2015年共发现10.5万余个木马和僵尸网络控制端,控制了我国境内1978万余台主机。

- 2015年发生多起危害严重的个人信息泄漏事件,如某应用商店用户信息泄露事件、约10万条应届高考考生信息泄露事件、酒店入住信息泄露事件、某票务系统近 600 万用户信息泄露事件等。

- 移动互联网恶意程序数量近 148 万个,较 2014 年增长 55.3%。排名前三位的恶意行为类别分别是恶意扣费类、流氓行为类和远程控制类。

- 2015 年,CNVD 共收录安全漏洞 8080 个,较 2014 年减少 11.8%。其中,高危漏洞收录数量高达 2909 个,较 2014 年增长 21.5%。2015 年,CNVD 共向基础电信企业通报 2447 份漏洞风险,较 2014 年增长 61.9%。2015 年,CNVD 共收录了 739 个移动互联网设备或软件产品漏洞,通报了多款智能监控设备、路由器等存在被远程控制高危风险漏洞的安全事件。2015 年年初,政府机关和公共行业广泛使用的某型号监控设备被曝存在高危漏洞,并已被植入恶意代码,导致部分设备被远程控制并可对外发动网络攻击。

- 随着行业对 APT 攻击事件的了解加深,"仍有众多 APT 攻击事件尚未被识别"这一观点已是业内共识。据行业报告显示,2015 年对我国发起 APT 攻击的黑客组织近 30 个,主要针对我国境内科研教育、政府机构等。

美国称 85.7% 以上的物联网设备存在软硬件漏洞,出现在政府、军工、金融等重要信息基础设施和关键信息系统的恶意攻击和信息窃取事件层出不穷。

无疑,组织信息安全检测是确保物联网系统、工程安全的首选措施。

1. 安全检测的目的

通过安全检测可以确保产品、信息系统的安全运行,预防和消除故障隐患,避免安全事件的发生。具体来说,主要包括以下方面:

- 安全检测能及时、正确地对产品的功能、参数做出全面检测,可以在实验室环境下有效验证产品的功能、性能、安全性,确保其在实际应用环境中能发挥作用,达到工程或系统运行的预期目标,避免由于已知漏洞造成的安全事件发生。

- 可对产品运行进行必要的指导,提高设备运行的安全性、可靠性和有效性,以期把运行设备发生事故的概率降低到最低水平,将事故造成的损失减低到最低程度。

- 通过对运行设备进行检测、隐患分析和性能评估等,为设备的结构修改、设计优化和安全运行提供数据和信息。

- 通过对物联网工程、系统的检测/检查,可以有效验证工程、系统是否符合设计规范,能否达到设计目标,保证工程、系统的质量。

- 通过周期性的安全检测,可以及时、有效地发现物联网工程、系统在实际应用环境中存在的安全隐患和攻击事件,将损失降低至最低点。同时根据检测结果,提供必要的整改措施和安全指导,优化物联网工程、系统的安全保障能力,持续提高物联网的安全性。

2. 安全检测分类

安全检测根据检测对象不同,可以简单划分为产品检测、系统测评、系统检查、风险评估。

1)产品检测

在产品检测中,可以分为产品测试认证和标准符合性检测。

产品测试认证可进一步细分为产品型式认证和产品认证。

产品型式认证属于产品质量认证的一种，其特点是仅包括质量认证基本要素中的"型式试验"和"监督检验"两个要素。产品型式认证的基本要求是：对认证申请者送达的样品进行型式试验(测试评估)，若符合标准要求，即予以认证。产品获取证书后，认证中心再从市场和(或)工厂(车间)抽样，对其进行核查试验即监督检验，若检验合格即维持认证，否则取消认证。

产品认证属于典型完整的产品质量认证，其特点是包括了质量认证的全部基本要素，即包括了"型式试验""质量体系检查""监督检验"和"监督检查"。

标准符合性检测是针对产品符合某项或某几项标准的测试，其针对性较强，既可以是针对强制性标准的检测，也可是针对推荐性标准的检测，甚至可以是针对企业标准的检测。通常其适用范围是已进入市场产品的附加检测，如工程产品入围检测、招投标检测、政府采购额外附件的检测等。

与通常意义的标准符合性检测不同，产品测评认证通常通过对认证申请者送达的样品进行型式试验(测试评估)，同时对申请者的质量体系(即质量保证能力)进行检验、评审。这两方面都符合有关标准要求，则予以认证。产品获取证书后，认证中心再从市场和(或)工厂(车间)抽样进行核查试验，即监督检验，同时对其质量体系进行监督性复查，若两方面都合格，即维持认证，否则取消认证。

不管是产品测评认证还是标准符合性检测，其中涉及的技术检测是一致的。技术测试一般都包括功能检测、性能检测和安全性检测，安全性检测进一步分为系统安全性分析、硬件安全性测试、软件安全性测试、电气安全性测试以及管理控制等。因此，从这个角度，抽离技术测评部分，将其称为产品检测。

如果产品采用了加密算法，加密算法必须经过国家密码管理委员会的审定和认可。对于那些不得不采用国外密码算法的安全产品，测试时要求提供算法的源代码和技术实现细节，以便验证算法的实现能够达到国家密码管理委员会对密码强度的要求。

2) 系统测评

信息系统测评大致可分为系统等级保护测评、涉密系统安全保密测评、信息化项目安全测评、系统综合性能测试以及系统渗透性测试。

(1) 信息系统安全等级保护测评。

信息系统安全等级保护是国家信息安全保障工作的基本制度、基本策略、基本方法。开展信息系统安全等级保护工作不仅是加强国家信息安全保障工作的重要内容，也是一项事关国家安全、社会稳定的政治任务。信息系统安全等级保护测评是指测评机构依据国家信息安全等级保护制度规定，按照有关管理规范和技术标准，对未涉及国家秘密的信息系统安全等级保护状况进行检测评估的活动。信息系统安全等级保护测评是标准符合性评判活动，即依据信息安全等级保护的国家标准或行业标准，按照特定方法对信息系统的安全防护能力进行科学公正的综合评判过程。目前信息系统安全等级保护技术标准主要有以下几个：

• GB/T 25058—2010《信息系统安全等级保护实施指南》。
• GB/T 25070—2010《信息系统等级保护安全设计技术要求》。

- GB/T 22240—2008《信息系统安全等级保护定级指南》。
- GB/T 22239—2008《信息系统安全等级保护基本要求》。
- GB 17859—1999《计算机信息系统安全保护等级划分准则》。

（2）涉密系统安全保密测评。

依据国家保密标准和规范，对涉密信息系统进行安全保密测评，测评结论作为保密部门审批涉密信息系统的依据。

（3）信息化项目安全测评。

信息化项目安全测评是指根据信息化项目计划任务书的内容，结合国家、地方的信息安全相关标准、规范，从项目功能、性能、物理安全、网络安全、主机安全、应用安全等方面着手，测评并评估信息化项目是否完成项目计划任务书中的建设目标和考核指标，评估、评价信息化项目所采取的安全措施是否满足项目建设的需要。

信息化项目安全测评主要包括：项目功能验证，网络、应用等技术指标的测试，物理环境、网络平台、主机平台、应用平台、应用渗透、数据备份与冗余等方面的安全测试和评估。

（4）系统综合性能测试。

系统综合性能测试是从网络层、应用层等各方面对信息系统进行综合性能测试，获取性能基准数据，评估目标信息系统性能现状，包括系统的性能承受能力和系统瓶颈。

网络层性能测试可包括以下测试内容：

- 链路带宽。测试指定网络设备、服务器主机之间的网络链路传输性能。
- 网络关键设备性能。测试网络中关键设备（如核心交换机、路由器、防火墙等）的吞吐量、延迟、丢包、并发数、连接速率等性能。

应用层性能测试包括以下测试内容：

- 事务响应情况。测试通过、失败、停止或因为出错而结束的事务的数目，以及执行每项事务所需花费的时间。
- 并发用户数。测试系统所能承载的并发用户数。
- 主机资源。测试服务器的 CPU 利用率、可用内存以及磁盘流量等。
- 数据库资源。测试缓冲区命中率、SQL 语句执行与解析的比率、软解析的百分比等。

（5）系统渗透性测试。

渗透性测试（penetration test）是完全模拟黑客可能使用的攻击技术和漏洞发现技术，对目标网络/系统/主机/应用的安全性作深入的探测，发现信息系统最脆弱的环节。渗透性测试的目的有两个：一方面可以从攻击者的角度检验业务系统的安全防护措施是否有效，各项安全策略是否得到贯彻落实；另一方面可以将潜在的安全风险以真实事件的方式凸显出来，从而有助于提高相关人员对安全问题的认识水平。渗透性测试结束后，立即进行安全加固，解决测试发现的安全问题，从而有效地防止真实安全事件的发生。总之，渗透性测试让管理人员直观地了解该系统在技术层面所面临的主要安全威胁和重要安全隐患。

渗透性测试的对象主要为网络设备、主机操作系统、数据库系统和应用系统。在测试过程中无法避免地会发生很多可预见和不可预见的风险,因此,在测试之前需了解目标系统概况、重点保护对象及特性,测试方必须提供规避措施以免对系统造成重大的影响。

渗透性测试一般过程是:信息收集、分析→制定渗透方案并实施→前段信息汇总、分析→提升权限、内部渗透→渗透结果总结→输出渗透测试报告→提出安全解决建议。

3)系统检查

系统检查一般是政府、事业单位等机构的年度检查行为,主要针对信息系统安全管理的内容进行检查,涉及人、资产、日常维护、制度执行等内容。目前,各行业均会在每年年底按照《国务院办公厅关于印发〈政府信息系统安全检查办法〉的通知》等要求,组织开展信息系统安全检查工作。其范围是为各部门履行政府职能提供支撑的信息系统,包括自行运行维护管理以及委托其他机构运行维护管理的办公系统、业务系统、网站系统等。

系统检查的重点是本部门的重要业务系统和门户网站。重点检查内容一般包括信息安全管理机构及其工作开展情况、信息安全员及其工作开展情况、人员管理、资产管理、信息技术外包服务安全管理、信息技术产品使用管理、信息安全防护管理、信息安全应急管理、信息安全教育培训、信息安全检查工作等内容。

4)风险评估

从信息安全的角度来讲,风险评估是依据 GB/T 20984—2007《信息安全技术 信息安全风险评估规范》,通过风险评估项目的实施,对信息系统的重要资产、资产所面临的威胁、资产存在的脆弱性、已采取的防护措施等进行分析,对所采用的安全控制措施的有效性进行检测,综合分析、判断安全事件发生的概率以及可能造成的损失,判断信息系统面临的安全风险,提出风险管理建议,为系统安全保护措施的改进提供参考依据。目前的相关国家标准如下:

- GB/T 18336—2001《信息安全技术 信息技术安全性评估准则》。
- GB/T 20984—2007《信息安全技术 信息安全风险评估规范》。

风险评估模型如图 2-4 所示,其主要包括资产评估、威胁评估、脆弱性评估、安全措施有效性评估以及综合风险分析 5 个步骤。

资产评估主要是对资产进行相对估价,而其估价准则依赖于对其影响的分析,主要从保密性、完整性、可用性 3 方面的安全属性进行影响分析,以资产的相对价值体现威胁的严重程度。

威胁评估是对资产所受威胁发生可能性的评估,主要从威胁源的动机和能力两个方面进行分析。

脆弱性评估是对资产脆弱程度的评估,主要从脆弱性被利用的难易程度、被利用成功后的严重性两方面安全属性进行分析。

安全措施有效性评估是对保障措施的有效性进行的评估活动,主要对安全措施在防范威胁、减少脆弱性方面的有效状况的安全属性进行分析。

综合风险分析就是通过综合分析评估后的资产信息、威胁信息、脆弱性信息、安全措施信息,最终生成风险信息。

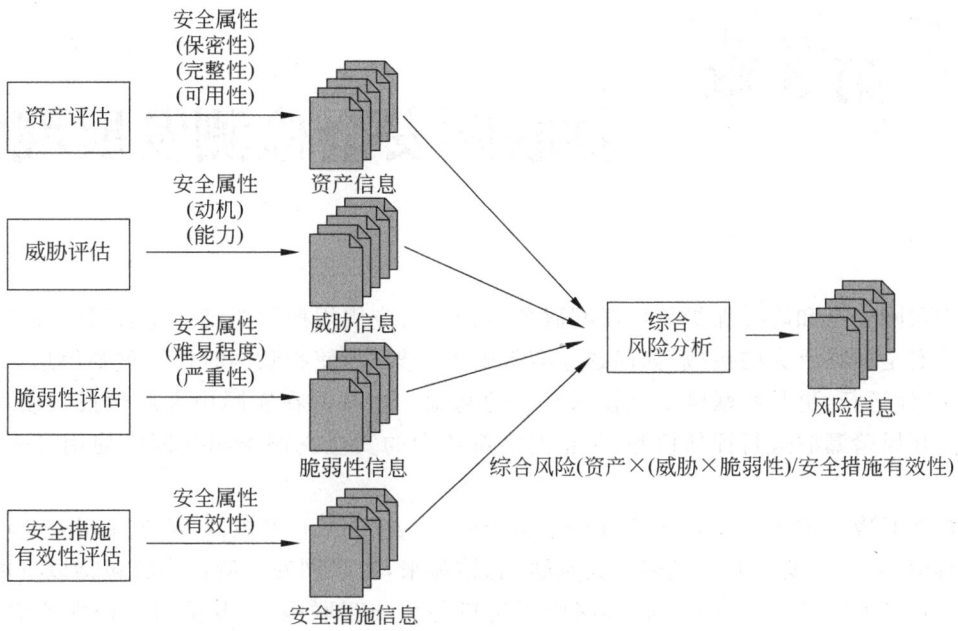

图 2-4   风险评估模型

第3章 物联网安全检测发展现状

物联网安全和隐私保护是物联网服务能否扩大应用规模的关键。物联网的多源异构性使其安全面临巨大的挑战,如何建立有效的安全架构,使物联网时代的重要信息系统安全、稳定地运行,更是物联网安全技术发展的基础。物联网在实际中大规模投入使用前,需要对其风险漏洞进行评估检测,防止网络系统中的安全漏洞给物联网的使用带来巨大损失。

根据 OWASP(Open Web Application Security Project,开放式 Web 应用安全项目)安全组织 2014 年发布的物联网十大威胁,总结起来,物联网安全测试内容包括以下内容:

(1)应用接口安全测试。物联网应用接口与传统互联网 Web 接口一样面临着默认认证、跨站脚本(Cross-Site Scripting,XSS)、SQL 注入、跨站请求伪造(Cross-Site Request Forgery,CSRF)等安全威胁,因此,需要通过动态应用安全测试(Dynamic Application Security Test,DAST)技术对应用接口进行安全测试,如使用 ZedAttackProxy 等工具。物联网应用服务中可能使用一些不常见的端口,且不同应用使用不同端口,因此,在测试时,需要使用一个标准的端口扫描器确定物联网设备使用什么 Web 服务。

(2)认证/授权测试。在很多物联网设备中,其认证口令都很简单,且一些程序使用 Java 代码在客户端进行验证,甚至不使用 HTTPS 等加密方式来传送凭证信息。因此,需要对物联网设备认证进行安全测试:①验证弱口令、默认口令登录;②验证口令是否仅使用 BASE64 方式进行编码,是否使用加密算法;③扫描设备文件,查看密码是否明文保存。

(3)网络服务测试。在物联网智能设备中存在 Telnet、FTP、TFTP、SMB 等不安全的服务,特别是那些基于 Linux 或 Windows 内核而没有加固的网络服务,更易被攻击。根据 2014 年 8 月统计,在 32 000 个物联网设备中发现 2000 多个设备可以 Telnet 登录;OWASP 2014 年 10 月的研究结果显示,超过 1 000 000 台路由器错误配置 NAT - PMP 服务。在物联网安全测试中可以通过 Nmap、Nessus 或者 OpenVAS 等工具发现这些危险服务。

(4)加密通信测试。由于物联网感知设备存储空间、计算能力、能量等限制原因,无法实现加密通信,因此,在具体测试过程中,查看其是否使用轻量级加密方案,验证数据包是否明文来进行加密通信测试。

(5)隐私保护测试。物联网将个人信息越来越多地连接到互联网上,个人隐私泄露问题越来越严重。因此,在物联网测试中应检测物联网设备是否涉及个人信息,个人信息是否得到保护,哪些组织或机构可能获取设备中的个人信息,检测物联网设备是否将个人信息发送到互联网中。在检测过程中,应明确个人隐私包括哪些,比如个人数据(个人照片、手机号、家庭住址、位置信息等)、金融数据(银行卡号)、健康信息以及个人搜索习惯等。

(6) 移动接口测试。为了方便连接设备,在物联网系统大量使用 WLAN、ZigBee、蓝牙、RFID 等无线通信技术,这在给物联网部署带来便利的同时,也使得攻击者更容易连接网络进行攻击。因此,需要对移动接口进行安全测试,确保其未使用不安全的协议(如 WEP 等)。

(7) 恶意代码测试。物联网设备可能自动下载未认证的软件以及自动更新为签名的程序,因此,在移动设备安全测试中,需要检测软件自动更新 URL 是否可被篡改,是否提供软件下载安全检测机制。

(8) 物理接口安全。根据 *Hack all the things：20 devices in 45 minutes* 显示,其实施的安全攻击均通过 USB 接口实现。因此,在物联网设备测试中,测试是否清除存储介质痕迹,是否加密存储数据,是否对 USB 提供物理防护,是否关闭没有必要的 USB 接口。

国内外一些公司、研究机构已经专门从事针对物联网的安全检测技术的研究和产品开发。

3.1 国外安全检测技术发展

3.1.1 SenSec 物联网信息安全测试系统

SenSec 系统是美国加州大学洛杉矶分校研发的一种物联网安全测试平台,该系统可用于在真实环境和攻击下测试传感网安全。其主要由 TinyOS 真实模拟器和攻击模拟子系统组成,如图 3-1 所示。

1. TinyOS 真实模拟器

TinyOS 真实模拟器包括真实传感器应用程序和离散事件模拟器(Discrete Events Simulator,DES)和两部分,其结构如图 3-2 所示。

离散事件模拟器提供对物理层和链路层的模拟,其使用的是 QualNet 模拟器,在 DES 与 TinyOS 节点之间通过 CFP 通信,主要是获取传感节点的数值以及发送数据包等。传感节点应用程序启动均是由 DES 驱动执行,其数据流如图 3-3 所示。当应用程序执行结束或者进入休眠状态时,控制权就交回给 DES,直到开始下一个时间片。

将 SenSec 模型与 Motelab、TiQ、EmTOS、Acrora 以及其他 TinyOS 模拟器相比较,其发包率更趋近于真实情况,如图 3-4 所示。

2. 攻击模拟子系统

SenSec 攻击模拟子系统包括攻击知识库、攻击控制器以及部署在 DES 中的攻击处理程序 3 部分组成,其中攻击知识库包括一些组件和对这些组件的设置机制。这些组件

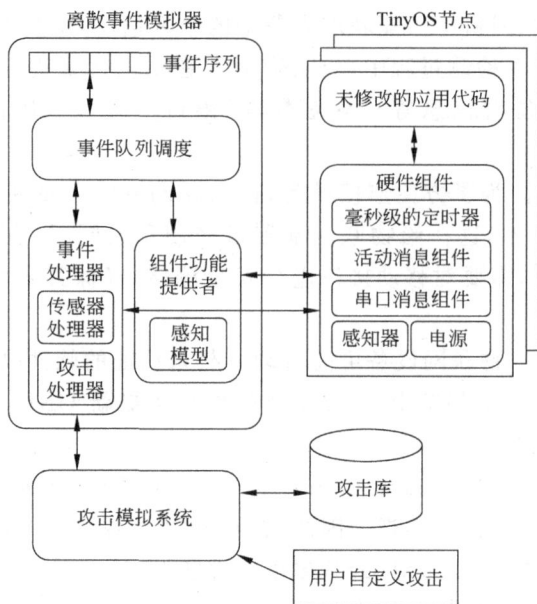

图 3-1 SenSec 系统结构

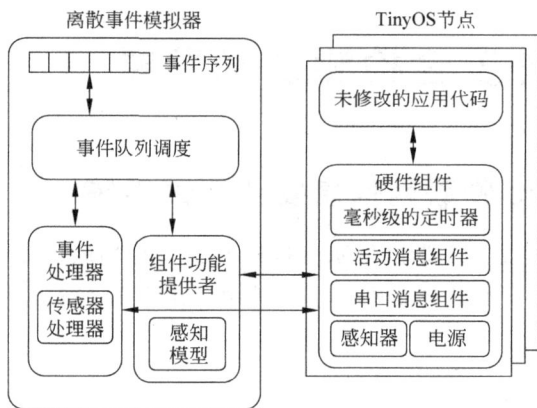

图 3-2 TinyOS 真实模拟器结构

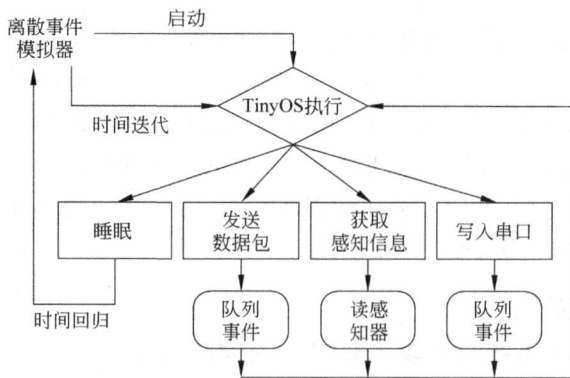

图 3-3 TinyOS 真实模拟器数据流

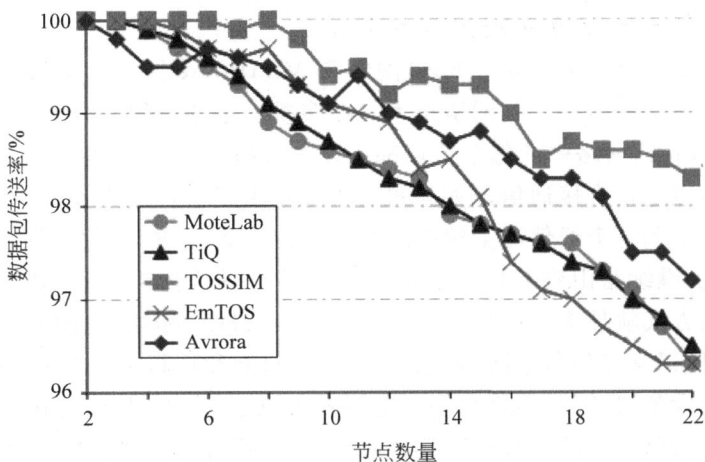

图 3-4　SenSec 模型与其他模型比较

包括定义组件(Generalize Definition,GD)和特定应用定义组件(Application-Specified Definition,ASD),提供对攻击案例的定义手段。利用 GD 组件定义的案例与具体平台无关,具有较好的可移植性。而利用 ASD 组件定义的案例与具体平台有关,具有更强的针对性。攻击知识库主要功能如下:

- 管理和组织传感器攻击的测试用例。
- 通过参数的调整或测试用例来适应未来的情景。
- 存储各个攻击的参数。
- 基于面向对象的层次结构模拟新的攻击,或通过组合现有攻击形式丰富攻击测试用例。

攻击控制器用于管理攻击仿真过程中的攻击行为,对攻击参数的进行配置或修改。攻击控制器包括攻击发生器(Attack Generator,AG)、攻击执行器(Attack Executor, AE)、模拟状态处理器(Simulation State Processor,SSP)和 DES 接口(DESI)。攻击发生器用于自动产生可能的攻击程序(与平台相关)。攻击执行器和模拟状态处理器协同完成模拟的攻击行为。DESI 接口使得攻击可以扩展到其他支持本接口的模拟器上。攻击控制器的主要功能如下:

- 定义攻击形式和类型,包括用户自定义攻击或者通过攻击知识库来定义攻击。
- 验证功能,例如,通过定义好的攻击方式对实际的传感器节点进行攻击。
- 基于当前的模拟状态,产生一系列连续事件,并与 DES 中的攻击处理程序进行交换。
- 攻击处理程序充当攻击控制器与 DES 的接口,在实际传感节点中实施攻击行为。

虽然攻击测试可以在相对真实的环境中实施攻击测试,但它也存在一定的局限性:

- SenSec 仅能控制攻击者和受控节点的行为,分布式攻击测试还无法满足。
- 其执行的攻击都是网络层,无法对干扰性做安全测试。
- 目前支持的攻击行为有重放攻击、延时攻击、数据完整性、数据包欺骗、选择路由、Sybil 攻击、虫洞攻击、DDoS、Hello Flooding 等。

3. 应用案例——传感网路由安全测试

安全测试主要针对多跳（multi-hop）网络和 MintRoute 网络。多跳网络是一种与传统无线网络完全不同的新型无线网络技术。在多跳网络中，任何无线设备节点都可以同时作为 AP 和路由器，网络中的每个节点都可以发送和接收信号，每个节点都可以与一个或者多个对等节点进行直接通信。如果最近的 AP 由于流量过大而导致拥塞，那么数据可以自动重新路由到一个通信流量较小的邻近节点进行传输，以此类推。数据包还可以根据网络的情况，继续路由到与之最近的下一个节点进行传输，直到到达最终目的地为止。这样的访问方式就是多跳访问。与传统的交换式网络相比，多跳网络去掉了节点之间的布线需求，但仍具有分布式网络所提供的冗余机制和重新路由功能。在多跳网络里，如果要添加新的设备，只需要简单地接上电源就可以了，它可以自动进行自我配置，并确定最佳的多跳传输路径。添加或移动设备时，网络能够自动发现拓扑变化，并自动调整通信路由，以获取最有效的传输路径。

MintRoute 采用最短路径优先的原则进行路由。最短路径特指从源节点到基站节点方向上的数据链路。在 MintRoute 网络中，每个节点都维护一个邻居表信息，邻居表项主要记录当前一个可达邻居节点的父节点信息、链路估价等。父节点经过代价计算后得出的最优下跳节点具有距离基站最短以及链路质量好的特点。

SenSec 传感路由安全测试实验环境：部署 7×7 的网络节点，每个节点仅存储 2～8 个邻居节点信息，模拟的攻击包括选择路由、Sybil 攻击、虫洞攻击、Hello Flooding。其试验结果如图 3-5 所示。

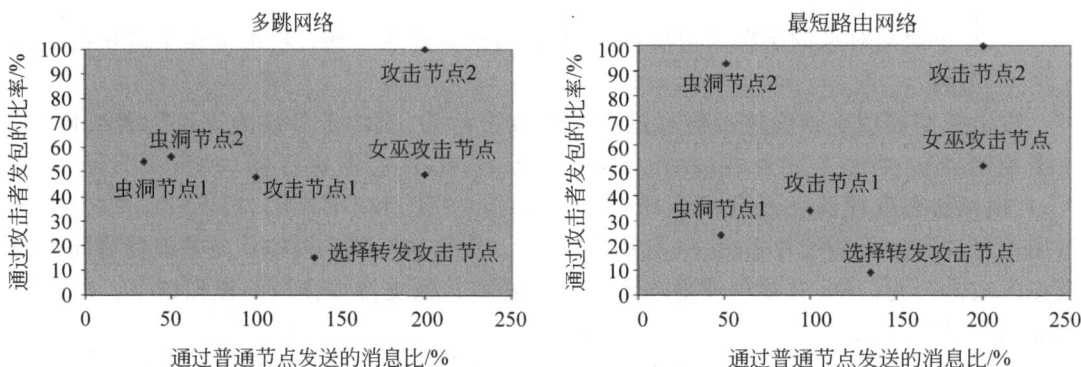

图 3-5　SenSec 传感路由安全测试结果

其中选择路由攻击随着节点变化越来越快，其安全风险越低；Sybil 攻击风险在两类路由协议的环境下都比较高；在攻击者欺骗邻居节点实际基站质量很差的情况下，Hello Flooding 攻击的风险在两种试验环境都相差不大。

从以上实验可以看出，SenSec 系统对环境的模拟较真实，且与实际的网络协议无关，对脆弱性和测试环境设计很容易，可操作性强。

3.1.2　BANAID 系统

虫洞（wormhole）攻击又可称为隧道攻击，它是利用两个相距很远的攻击节点间共谋建立一条高质量、高带宽的私有隧道,攻击者在私有隧道一端记录数据包或位信息,通过此私有隧道将窃取的信息传递到隧道的另一端。因为私有隧道的距离一般远大于单跳无线传输半径,所以通过私有隧道传递的数据包比通过正常多跳路径传递的数据包早到达目标节点。

　　由于该隧道的高效特点,周围节点都选择该私有隧道进行数据传递。如图 3-6 所示,A、G 是无线传感器网络中相隔很远的两个普通节点,彼此都不在对方的通信半径内,W1、W2 表示虫洞攻击节点,B、C、D、E、F 表示中间节点,正常的节点路径为 A→B→C→D→E→F→G。但是当虫洞攻击存在时,恶意节点 W1 接收到请求消息,通过私有隧道传送到恶意节点 W2。当 W2 接收到请求消息时,它直接传送该消息到节点 G,似乎数据包传送经过了节点 A、W1 和 W2,即 A→W1→W2→G。节点 W2 同样通过私有隧道将回复消息传送回 W1。这样,节点 W1、W2 虚假地宣称在它们之间存在一条更高效的路径,从而欺骗合法节点 A 选择路径 W1→W2(因为看起来它的路径最短)。两个恶意节点之间的实际距离远远大于节点的通信半径。若是攻击节点采用隐式方式进行虫洞攻击,则数据包经过 A 直接到达节点 G,恶意节点 W1 和 W2 对网络不可见。

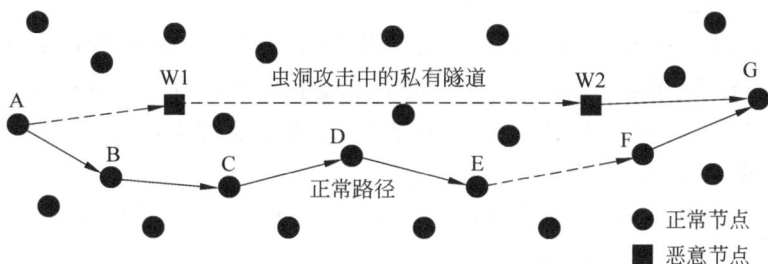

图 3-6　虫洞攻击示意图

　　虫洞攻击者能够伪造远小于合法路径的虚假高效路径,将会破坏依靠节点间距离信息的路由机制,从而使路由发现协议失效,同时使虫洞隧道附近节点的邻居列表混乱。虫洞攻击能破坏消息的完整性和机密性等基本安全目标。例如,在传递消息包的过程中,攻击者可以随意丢弃收到的消息包,以及伪造和更改消息包的内容,造成数据的丢失或者错误。也可以实施被动攻击来窃听消息包的内容。虫洞攻击非常难以检测,因为它用于传递信息的路径通常不是实际网络的一部分,而且它能够在任何路由协议或网络提供的服务的情况下进行破坏。

　　澳大利亚新南威尔士大学研发了一种专门针对传感网蛀洞攻击的测试平台——BANAID 系统。BANAID 系统由两种无线传感节点组成:一种是普通的无线传感网节点(MICA2 Motes);另一种是用于模拟虫洞攻击的攻击节点 Stargate 节点。在无线传感网节点上运行的都是基于 TinyOS 的程序,通信协议为 ZigBee。Stargate 节点是基于英特尔 PXA225 处理器开发的 400MHz 无线通信节点,可通过插槽与无线传感网节点直连并给该传感节点供电,可以与其他普通无线传感网节点通信,但 Stargate 节点最大的特点是相互之间可通过 WiFi 无线协议传递数据。Stargate 节点采用基于 Linux 内核裁剪的操作系统,它可以运行 C 语言的应用程序,易于开发攻击测试脚本。

测试环境搭建主要包括计算机、MICA2 Motes 以及 Stargate 节点安全配置,其环境如图 3-7 所示。

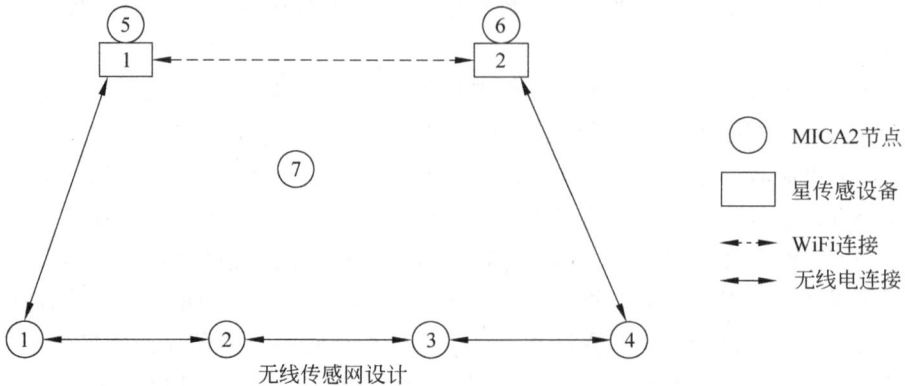

图 3-7　BANAID 系统测试环境

1. 计算机配置

为了与 MICA2 Motes 通信,需要在计算机配置 TinyOS 环境,同时为了将测试攻击脚本安装到 Stargate 节点上,需要在计算机上安装 C 语言编译器(arm-linux-gcc)。首先在 Windows 2000/XP 环境下配置 TinyOS 系统,详细步骤如下:

(1) 下载并安装 Sun JDK。

(2) 从 http://webs.cs.berkeley.edu/tos/dist-1.1.0/tools/windows/tinyos-cygwin-1.1.zip 下载并安装 cywin。

(3) 从 http://java.sun.com/products/javacomm/下载并安装 Sun 的 javax.comm 包,按照如下指令进行安装;

```
c:\ProgramFiles\jdk:
unzip javacomm20-win32.zip
cd commapi
cp win32com.dll "c:\Program Files\jdk\jre\bin"
chmod 755 "c:\Program Files\jdk\jre\bin\win32com.dll"
cp comm.jar "c:\Program Files\jdk\jre\lib\ext"
cp javax.comm.properties "c:\Program Files\jdk\jre\lib"
cp javax.comm.properties "c:\ProgramFiles\jdk\lib"
```

(4) 从 http://webs.cs.berkeley.edu/tos/dist-1.1.0/tools/windows/graphviz-1.10.exe 下载并安装 graphviz。

(5) 从 http://webs.cs.berkeley.edu/tos/dist-1.1.0/tools/windows 下载 avarice-2.0.20030825cvs-1w.cygwin.i386.rpm、avr-binutils-2.13.2.1-1w.cygwin.i386.rpm、avr-gcc-3.3tinyos-1w.cygwin.i386.rpm、avr-insight-pre6.0cvs.tinyos-1w.cygwin.i386.rpm、avr-libc-20030512cvs-1w.cygwin.i386.rpm,并从 http://webs.cs.berkeley.edu/tos/dist-1.1.0/tinyos/windows 下载 nesc-1.1-1w.cygwin.i386.rpm、tinyos-tools-1.1.0-

1. cygwin. i386. rpm、tinyos-1. 1. 0-1. cygwin. noarch. rpm。

然后,在 RedHat 9 下配置 TinyOS 环境,详细步骤如下:

(1) 从 https://www6. software. ibm. com/dl/lxdk/lxdk-p 或 http://www. ibm. com/developerworks/java/jdk/下载并安装 IBMJava2-SDK、IBMjava2-JAVACOMM。

(2) 从 http://webs. cs. berkeley. edu/tos/dist-1. 1. 0/tools/linux 下载并安装 avarice-2. 0. 20030825cvs-1. i386. rpm、avr-binutils-2. 13. 2. 1-1. i386. rpm、avr-gcc-3. 3tinyos-1. i386. rpm、avr-insight-pre6. 0cvs. tinyos-1. 3. i386. rpm、avr-libc-20030512cvs-1. i386. rpm、graphviz-1. 10-1. i386. rpm,并从 http://webs. cs. berkeley. edu/tos/dist-1. 1. 0/tinyos/linux 下载并安装 nesc-1. 1-1. i386. rpm、tinyos-tools-1. 1. 0-1. i386. rpm。

(3) 将/dev/ttyS<n>和/dev/parport0 的权限改为 666。

(4) 从 http://webs. cs. berkeley. edu/tos/dist-1. 1. 0/tinyos/linux/tinyos-1. 1. 0-1. noarch. rpm 下载并安装 TinyOS rpm。

在计算机部署 C 语言编译环境。从 http://gpe. handhelds. org/pub/linux/arm/toolchain/下载并解压安装,将 bin 路径放置到 path 中即可。最后开启串口和 USB 连接:

```
root#chmod 666 /dev/tty*
root#insmod usbserial
root#ln -sf /dev/ttyUSB0 /dev/ttyS0
```

2. MICA2 Motes 节点配置

在 MICA2 Motes 节点①、②、③、④的路径/opt/tinyos-1. x/apps/的配置文件中添加以下内容:

```
PFLAGS +=-DCC1K_DEF_FREQ=916700000
MIB510=COMx make mica2 install
MIB510=/dev/ttyUSBx make mica2 install
MIB510=/dev/ttySx make mica2 install
```

在 Stargate 节点⑤、⑥的路径/opt/tinyos - 1. x/apps/TOSBase/的配置文件中同样添加上述指令即可。

3. Stargate 节点配置

如果是在 Linux 系统的计算机下,以 root 身份登录系统,并输入 minicom -s 打开 Minicom 配置界面,通过 tty 端口连接 Stargate 节点,配置参数如下:/dev/ttyS0(com1), 115200,8bits,无奇偶校验位和 1 个停止位,无流量控制设置。

为了在计算机与 Stargate 节点之间传送文件,可以通过设置 WiFi 连接来实现,具体指令如下:

```
root#iwconfig ethX essid GROUP-NAME
root#iwconfig ethX mode Ad-Hoc
root#iwconfig ethX channel 3
root#iwconfig ethX enc 1234-abcd-1234-abcd-1234-abcd-12
root#ifconfig ethX 10.1.1.1 netmask 255.255.255.0
```

其中 X 标识 WiFi 的接口，GROUP-NAME 为 WiFi 接入点名称。在本测试环境中，计算机的 IP 地址是 10.1.1.1，Stargate 节点⑤的 IP 地址是 10.1.1.2，Stargate 节点⑥的 IP 地址是 10.1.1.3。

在 Stargate 节点端同样开启 WiFi，其配置指令如下：

```
root#iwconfig wlan0 essid GROUP-NAME
root#iwconfig wlan0 mode Ad-Hoc
root#iwconfig wlan0 channel 3
root#iwconfig wlan0 enc 1234-abcd-1234-abcd-1234-abcd-12
root#ifconfig wlan0 10.1.1.2 netmask 255.255.255.0(Stargate 节点⑥改为 10.1.1.3)
```

如果需要传送文件，则输入指令

```
scp root@10.1.1.2:ptest /root/
```

IP 是 10.1.1.2(对于 Stargate 节点⑥是 10.1.1.3)，ptest 为编译后的脚本。

配置好以后即可开始测试，BANAID 的虫洞仿真过程如下：以常用的自组网按需距离向量(Ad hoc On Demand Distance Vector AODV)路由算法为例，正常情况下 Stargate 节点关闭，①、④节点之间的通路只有一条，即通过节点②、③形成的链路通信。在虫洞测试时，Stargate 节点启动。①、④节点之间的通路不再只有节点②、③链路，还有节点⑤、⑥链路。由于 Stargate 节点可以 WiFi 通信，而 WiFi 的速率比 ZigBee 快，加之 AODV 算法只关注邻近节点的通信效率，那么很快①、④节点都会在路由表中分别选中速度更快的⑤、⑥节点，从而代替原来的②、③节点。而⑤、⑥节点之间的链路并非 ZigBee。这样，虫洞就出现了。

BANAID 工具侧重于研究蛀洞攻击，主要是路由协议层次。

3.1.3 TAP-SNS 系统

TAP-SNS 系统是德国不来梅大学开发的物联网安全协议仿真与验证系统，可提供安全测试和仿真服务。在硬件部署之前既可以验证加密算法的能量消耗、处理时间等瓶颈问题，也可以验证 x86 平台在安全机制实现过程中的缺陷和漏洞。从而可以提高开发效率，降低开发成本。TAP-SNS 系统旨在验证 x86 平台与嵌入式设备之间通信协议的安全性，其验证环境如图 3-8 所示。

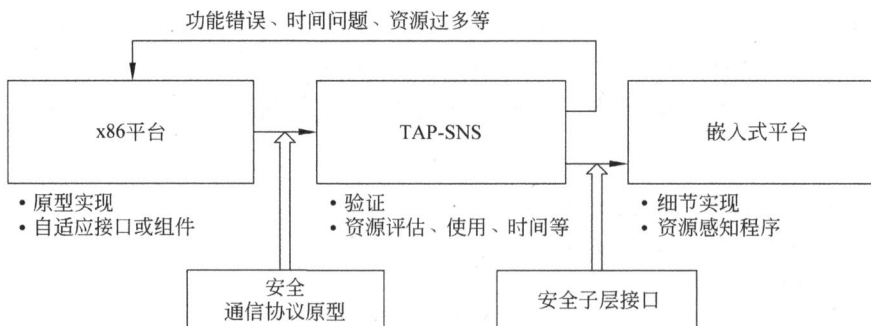

图 3-8　TAP-SNS 系统验证环境

在传感网中一般包含主节点(master node)、基站(base station)、采集节点(sensor node)3 类节点。主节点是数据收集、处理中心,并可以作为与 WLAN、移动通信网的网关来向外传输数据;基站主要用来控制数据的路由转发;采集节点用来收集环境数据。由于成本等因素,不同类型的节点不能采用同样强制的通信安全机制,如图 3-9 所示。采集节点、基站、主节点的安全性是递增的。

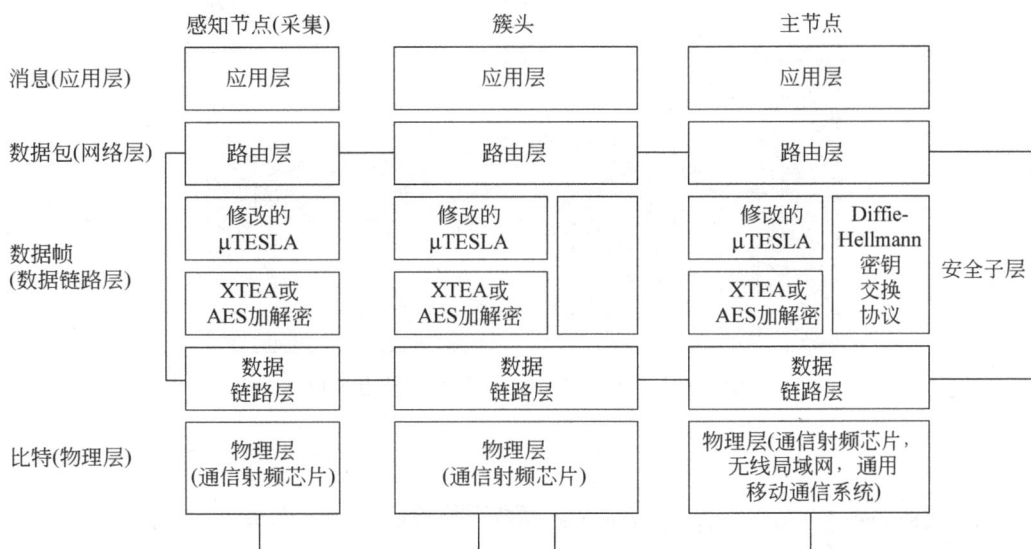

图 3-9　传感网 3 类感知节点功能示意图

因此,在设计和验证传感网的通信安全机制时,需要平台具有灵活的支持能力,包括不同的报文定义手段和加密函数接口,这样就可以在 x86 平台上对于将要部署在嵌入式平台上的应用软件的通信安全性进行仿真和验证,通过调整时隙、握手等参数,开发出易于在嵌入式平台上运行的通信软件。

TAP-SNS 提供了 encrylib(加密库)和 WSN-manager(WSN 管理器)两个核心组件。encrylib 可以模拟 AES、RC2、RC5 以及 XTEA 等加密程序,它包含了所有可以安全通信的算法。WSN-manager,运行在模拟的采集节点和基站/主节点之间。WSN-manager 提供两个窗口,一个窗口用来显示基站/主节点信息,如图 3-10 所示,另一个窗口用来显示采集节点信息。用户可以从基站/主节点窗口向采集节点发送自定义的报文,采集节点窗口限制响应指令的信息,测试者通过观察采集节点的回应来验证通信过程的安全性。

安全测试结束后,安全子层(加密算法库和通信函数)等就可以移植到嵌入式系统中,其过程如图 3-11 所示。

3.1.4　ASF 攻击测试框架

意大利比萨大学提出一种物联网攻击测试框架——ASF,该框架体系结构如图 3-12 所示。ASF 包括 ASL(Attack Specification Language,攻击描述语言)、攻击库(Attack Database)、攻击编译器(Attack Compiler)以及攻击模拟器(Attack Simulator)。其中,ASL 用计算机语言描述物联网各类攻击,攻击库则用来存储物联网各类攻击的 ASL 描

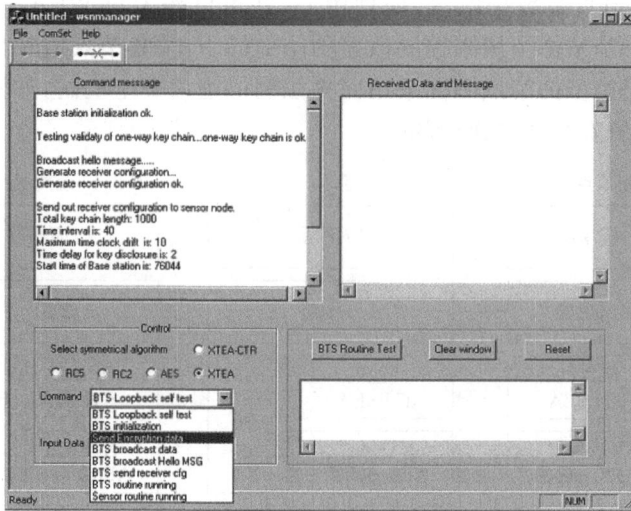

图 3-10　WSN-Manager 基站/主节点窗口

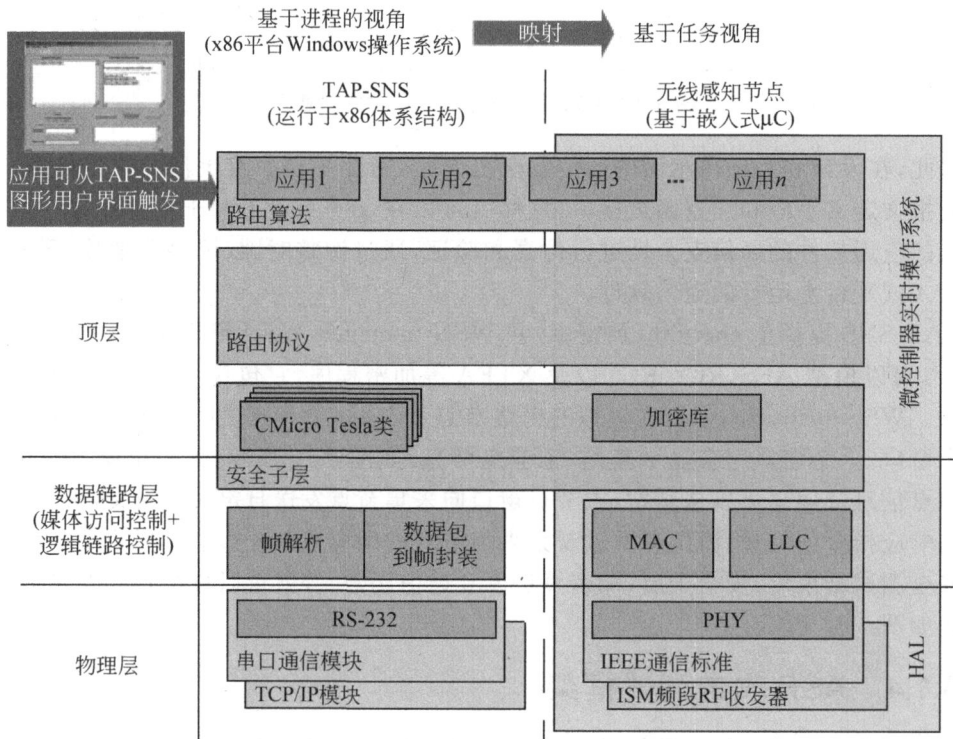

图 3-11　安全移植过程

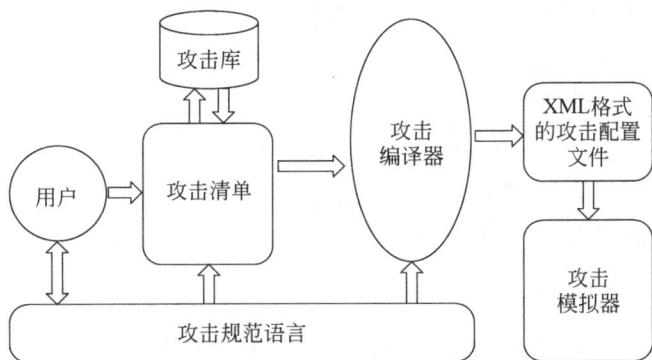

图 3-12　ASF 攻击测试框架

述,攻击编译器将攻击描述编译成 XML 文件,攻击模拟器根据 XML 文件描述的攻击方式执行攻击。

1. ASF 测试框架功能描述

在 ASF 测试系统中,其将攻击描述成一系列连续的事件。在 ASL 中有两类基本数据元：一类是节点数据元,用来描述节点行为；另一类是数据包数据元,用来描述网络数据包的行为,具体如下：

(1) 节点数据元。

Destroy(nodeID,t)：在 t 时刻,将节点 nodeID 从网络中移除。

Move(nodeID,t,x,y,z)：在 t 时刻,将节点 nodeID 移动到位置(x,y,z)。

(2) 数据包数据元。

Drop(packet)：丢失数据包。

Create(packet,field,content)：创建一个 field 域内容为 content 的数据包。

Clone(srcPacket,dstPacket)：通过复制 srcPacket 来创建 dstPacket 数据包。

Change (packet, field, newContent)：修改 packet 数据包 field 域内容为 newContent。

Retrieve(packet,field,content)：恢复数据包 field 域内容。

Put(packet,dstNodes,direction,delay)：延时 delay 毫秒,发送或接收 packet 数据包到目标节点集合中。

通过上述 ASL 语言可以描述物理攻击、条件和非条件攻击。物理攻击描述为 Destroy 或者 Move 某个节点；条件攻击依赖数据包过滤器,例如,在 200s 后,节点 1、2、7 拦截所有经过它们的数据包,其攻击描述为

```
From t=200;nodes="1,2,7"do{
    If(<packet filter>)
        <List of events>
}
```

非条件攻击主要是新节点创建或复制,其目的是对物联网进行注入攻击,例如,在

200s 时,攻击将每 10s 执行一次,其攻击描述为

```
From t200;every f=10 do{
    <List of events>
}
```

使用上述语言描述以下 4 种类型的攻击:

(1) 破坏或移除节点。例如,在时刻 200s 和 500s 分别移除节点 5 和 10:

```
destroy(5,200);destroy(10,500);
```

(2) 错位攻击。例如,在时刻 200s,将节点 10 移到位置(80,10,0):

```
Move(10,200,80,10,0);
```

(3) 节点篡改攻击。例如,在时刻 400s,节点 5、7 将由节点 10 发送的数据包有效荷载大小修改为最小值,然后再发送出去:

```
From t=400;nodes="5,7" do{
    If(packet.APP.source==10&& packet.APP.type==DATA)
        Change(packet,APP.payload,MIN);
}
```

(4) 虫洞攻击。例如,在时刻 200s,拦截由节点 3 发送给节点 15、17、18 的数据链路层数据包,并延时 100s 发送:

```
dstList={15,17,18}
From t=200;nodes=" * "do{
    If(packet.MAC.source==3&& packet.MAC.type==DATA)
        Put(packet,dstList,RX,100);
}
```

可通过 OMNeT＋＋平台和 Castalia 模拟器访问数据包的头结构。在 ASF 测试系统,将传感器节点的设备抽象为感知信息和应用功能区(Sensing&Application)、通信栈区(Communication Stack)以及本地滤包器(Local Filter)3 部分,如图 3-13 所示。

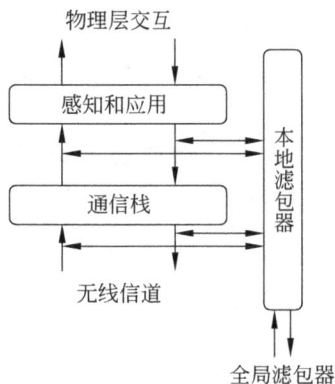

图 3-13　传感器节点抽象结构

感知信息和应用功能区是感知物理世界信息的功能区,它可以包含一个或多个子功能区。通信栈区是负责通信的功能区,包括路由和 MAC 等。本地滤包器可以拦截所用通信栈区发送或接收的数据包,通过本地滤包器可以监听、修改、添加以及丢弃不同层次下的数据包。

为了描述更加复杂的攻击,在 ASF 系统中还定义了一个全局的滤包器,所有节点的本地滤包器都通过全局滤包器进行通信,两节点的通信结构如图 3-14 所示。

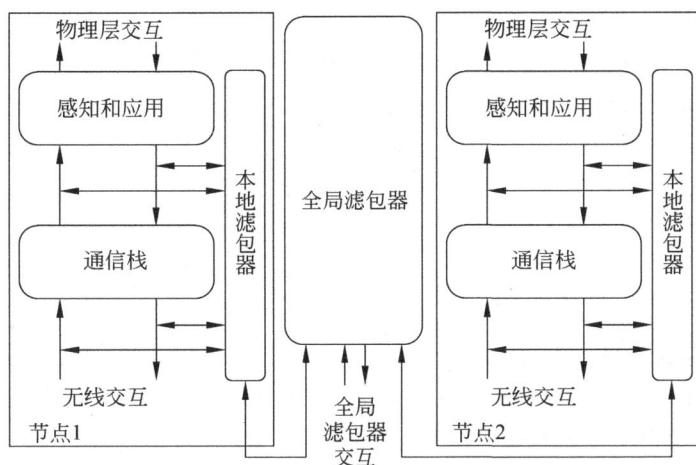

图 3-14　两节点通信结构

2. ASF 系统测试验证

ASF 是在 OMNetT++ 平台的基础上实现的,其试验环境如图 3-15 所示,由 18 个温度传感器(0~1000℃)以及 3 个簇节点组成,其中发热体在 S2 处。在这种试验环境中,将模拟破坏节点攻击、错位攻击、篡改攻击以及丢包 4 种类型的攻击进行试验,分别如下:

(1) 破坏攻击,攻击者将破坏网络中的传感节点,使其失效,并移除网络。

(2) 将某类传感节点变换物理位置,进行错位攻击。

(3) 攻击截获一定数量的节点,对数据包进行篡改。

(4) 攻击者强制节点进行丢包处理。

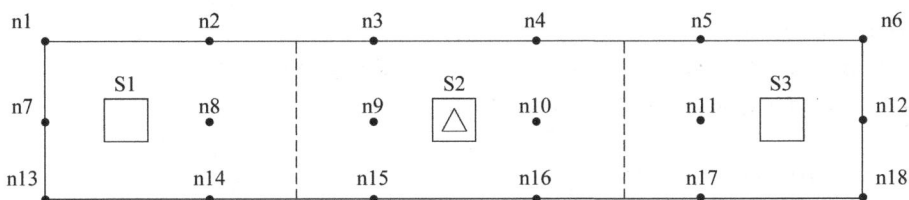

图 3-15　ASF 攻击测试试验环境

在实施过程中,先选定时间 t＝200s,传感节点集合＝{{},{2,3},{9,10},{12,18}}。首先用户从攻击库取出测试样本集合并配置相关参数。

(1) 破坏攻击:

```
Destroy(2,200);
Destroy(3,200);
Destroy(9,200);
Destroy(10,200);
Destroy(12,200);
Destroy(18,200);
```

（2）错位攻击：

```
Move(2,200,0,10,0);
Move(3,200,0,10,0);
Move(9,200,100,10,0);
Move(10,200,100,10,0);
Move(12,200,50,10,0);
Move(18,200,50,10,0);
```

（3）篡改攻击：

```
From t=200;nodes="9,10" do{
    If(packet.APP.source==SELF&&packet.APP.type==DATA)
        Change(packet,APP.payload,RAND);
}
From t=200;nodes="9,10" do{
    If(packet.APP.source==SELF&&packet.APP.type==DATA)
        Change(packet,APP.payload,MIN);
}
From t=200;nodes="9,10" do{
    If(packet.APP.source==SELF&&packet.APP.type==DATA)
        Change(packet,APP.payload,MAX);
}
From t=200;nodes="12,18" do{
    If(packet.APP.source==SELF&&packet.APP.type==DATA)
        Change(packet,APP.payload,RAND);
}
From t=200;nodes="12,18" do{
    If(packet.APP.source==SELF&&packet.APP.type==DATA)
        Change(packet,APP.payload,MIN);
}
From t=200;nodes="12,18" do{
    If(packet.APP.source==SELF&&packet.APP.type==DATA)
        Change(packet,APP.payload,MAX);}
```

（4）丢包攻击。假设节点{9,10}维护{1,2,7,8,13,14}的 MAC 数据，其样本如下：

```
srcList-={1,2,7,8,13,14}
From t=200;nodes="9,10"do{
    If(belong(srcList,packet.MAC.source)&&packet.MAC.type==DATA)
        Drop(packet);
}
```

其次，攻击控制器根据上述攻击描述将其编译成 ACF，由攻击模拟器实施攻击。试验结果如下：

（1）破坏攻击。

从图 3-16 所示的攻击试验结果可以看出破坏某些传感节点对获取整体平均温度情况的影响，除破坏 {9,10} 以外，平均温度波动不大。{9,10} 被破坏后温度变化较大，主要原因是 {9,10} 靠近核心发热节点。通过观察每个节点的温度值也可以看到相似结果，如图 3-17 所示。

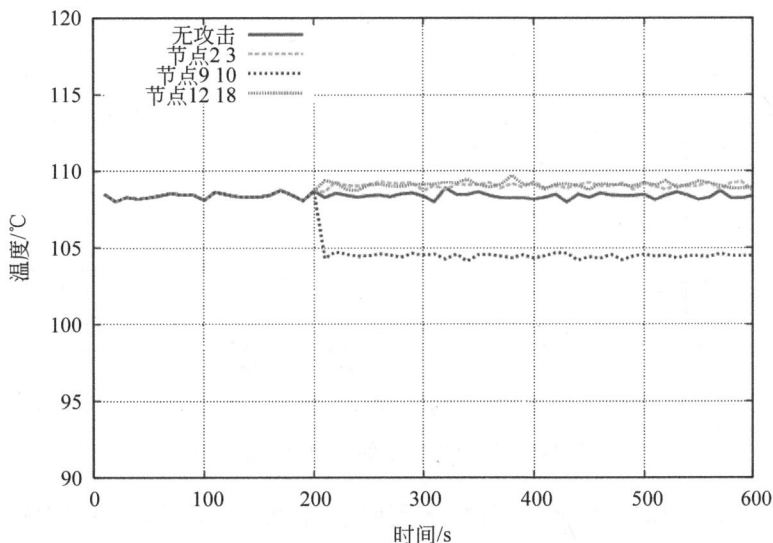

图 3-16　破坏攻击下平均温度值变化

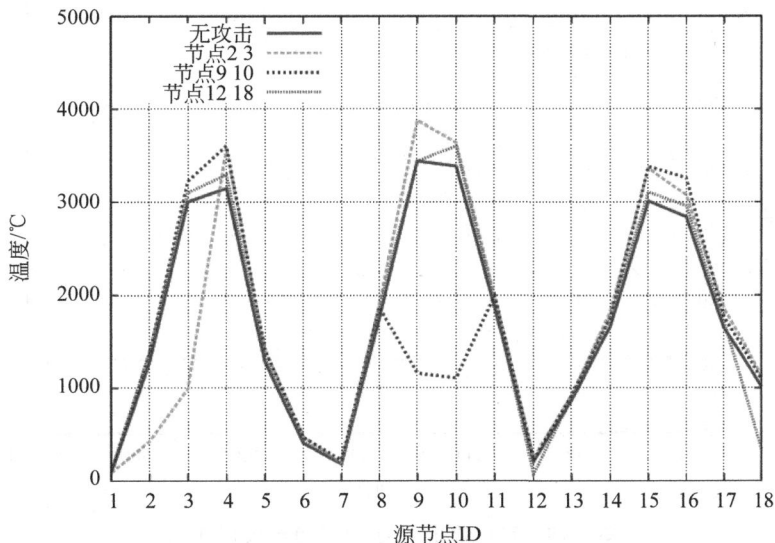

图 3-17　破坏攻击下每个节点温度值变化

（2）错位攻击。

在错位攻击下，如图 3-18 所示，节点 {12,18} 的位置移动对室温测量影响最大，这主要由于之前{12,18}在室内边缘位置,如果将其移至发热体位置,室内平均温度上升了20%。

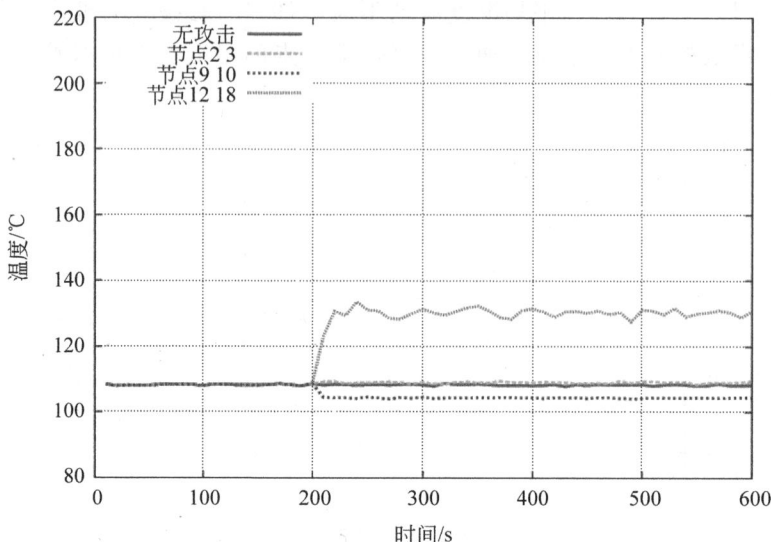

图 3-18　错位攻击下的平均温度值变化

如果仅关注 S3 测试的数据,这种情况更明显,如图 3-19 所示。在实际使用过程中,如果监控系统仅关注 S3 节点,那么这种攻击必然会引起误报,即不必要的火警警告。

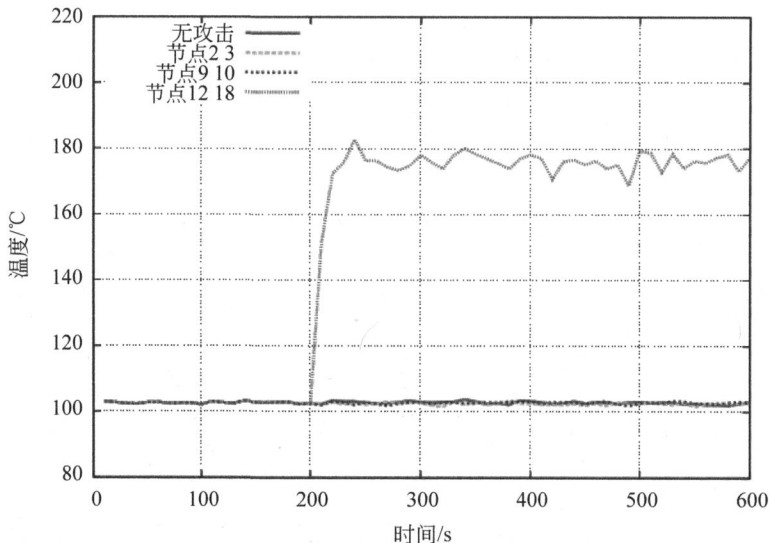

图 3-19　错位攻击下的 S3 节点温度值变化

(3) 篡改攻击。

从图 3-20 所示的试验结果可以看出,恶意修改节点{9,10}的温度值将使室内平均温度值提升至少 100%,因此这种攻击更容易造成误报,引起不必要的火警警告。恶意修改节点{12,18}的温度值,其试验结果如图 3-21 所示,由于其远离发热点,其影响温度平均值的效果就低,只提高 40%。

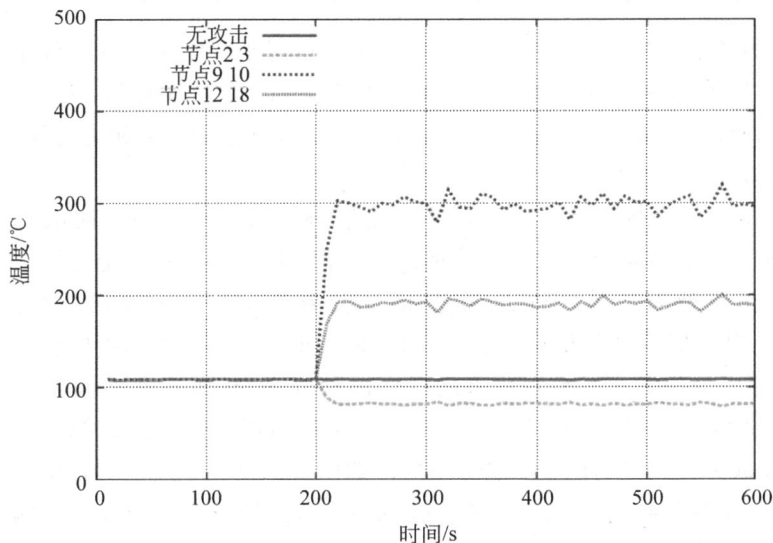

图 3-20　篡改节点{9,10}的平均温度值变化

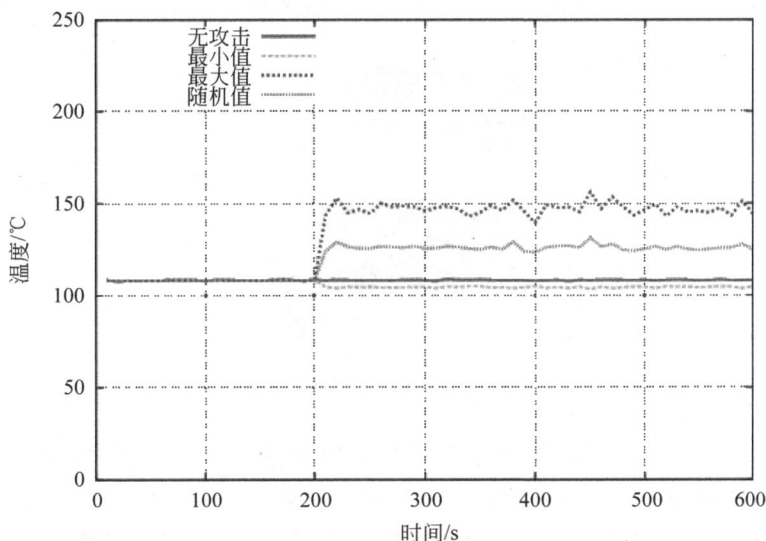

图 3-21　篡改节点{12,18}的平均温度值变化

在丢包试验结果中,即使{9,10}节点丢弃了一些包,也没有对平均温度值产生影响。这主要是因为本网络是 Multipath Rings 路由协议所决定的,丢弃某些包并没有影响网络的健壮性,所以没有产生影响。

ASF 系统是在攻击实施成功的前提下,强调模拟攻击给传感节点产生的影响,而不像其他系统那样模拟实际的攻击,并且 ASF 体系是通用、可扩展的。但其主要针对已知攻击进行模拟,其依赖于攻击库的建立,受控于攻击模型,无法检测未知攻击的影响。

3.1.5　医用传感网通信协议的安全可用性测试平台

随着智能医疗进程的加快,越来越多的感知节点用于智能医疗的建设中,但安全问题严重制约着其发展,主要是由于感知节点的 CPU、内存、能量都有限,传统的安全措施无法直接应用,特别是在研究了相关的安全技术措施后,急需在医生和患者等终端实际环境下对其进行测试。

丹麦奥尔胡斯大学提出一种医用传感网通信协议的安全可用性测试平台,该平台可以用来验证各类安全协议的实施对网络的影响,评估和比较各类安全协议。

由于感知节点种类众多,因此测试验证平台需要设计一个通用的用户接口,Jacob Andersen 等人提出了 BLIG(Blinking Led Indicated Grouping)解决方案,该方案旨在以简易快捷、安全可信的方式对感知节点进行标识和分组,从而管理不同类型的感知节点。BLIG 方案包括 Sensor-Node 和 Authorization-Node 两类节点,这两类感知节点都是基于扩展了电圈和放大器的 Berkeley mote 节点,如图 3-22 所示。Sensor-Node 就是一些常用的感知节点,如促动器、床边监护仪等,这些感知节点通常是逻辑连接于病人,并形成一个紧密分组,Sensor-Node 设备通常有一个按钮和一组指示灯用来表示基本功能。Authorization-Node 节点通常是逻辑连接于医生,其可以是一个嵌入式的标签,也可以是PDA 或平板电脑等设备。Authorization-Node 节点通过一个按钮来反馈认证。

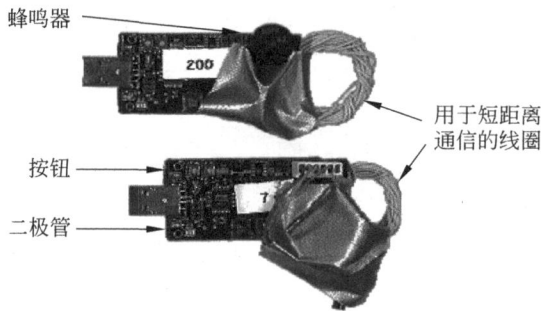

图 3-22　BLIG 两类感知节点

BLIG 提供操作接口用来组织和观察某分组的感知节点。例如,有 Authorization-Node 集合{X,Y}和 Sensor-Node 集合{A,B,C},如果 A、B、C 节点需要共享密钥或医疗信息,则节点至少包括这类信息:B 和 A 同属一个分组,由 X 节点签名;C 和 B 同属一个分组,由 Y 签名。在这里假设 X、Y 由同一服务器进行签发,因此认为可信。

医用传感网通信协议的安全可用性测试平台结构如图 3-23 所示,其包括 Sensor-Node 感知节点、简单的 Authorization-Node 感知节点、扩展的 Authorization-Node 感知节点、Local Displays、网关、服务、应用。

在测试平台中,Sensor-Node 可以是 ECG、SpO2 感知节点、恶意节点(产生错误信息)、存储节点等。简单 Authorization-Node 节点类似姓名标签,可以进行短距离通信,根据测试的协议和用户场景,简单 Authorization-Node 节点可以配置指纹读写器,其核心功能至少包括登录验证,电池时间为 8 小时。扩展 Authorization-Node 的功能包括监测同

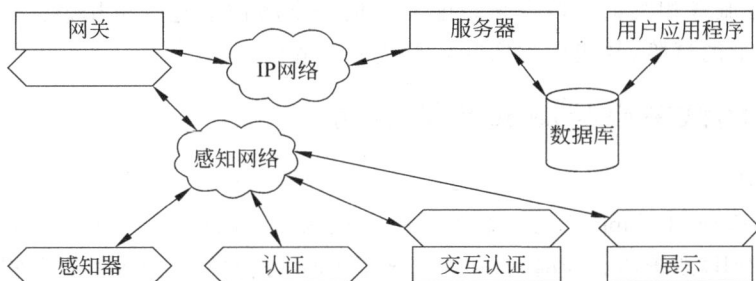

图 3-23　医用传感网通信协议的安全可用性测试平台结构

一分组感知节点的读日志和数据,配置感知分组的名称、IS/SSN、感知参数等。Local Displays 作为本地接入感知节点,它可以通过 USB 接口连接笔记本电脑或 PDA 来执行 Java 程序,同时,它还可以显示感知节点读数和执行配置修改任务等。

网关主要是用来将感知网与 IP 网络进行连接通信的设备。服务是作为整个测试环境的基础设备,加密的远程访问均通过这个后台服务,该服务通过 Java 语言来实现,数据库使用 MySQL,多类服务可以模拟病人与不同域之间的测试场景,如急救与医院、两个不同医院之间等。服务还可以记录试验进程的各类信息,用来评估试验结果。应用显示感知节点的当前或历史读数,这个组件是选配的,根据模拟场景进行增减。

医用传感网通信协议的安全可用性测试平台感知节点软件结构如图 3-24 所示。感知节点是基于 TinyOS 系统,包括 BLIG Interaction、协议、控制器、Meta Store、安全通信、LED 信号等组件。

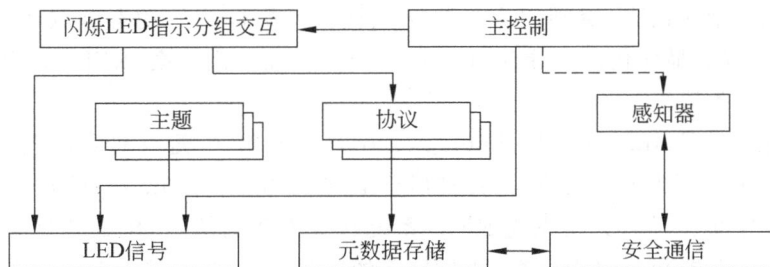

图 3-24　感知节点软件架构

从图 3-24 可以看出,感知节点可以包含众多协议的实现,其通过 Meta Store 的指令来决定当前使用的是哪个协议,Meta Store 是负责所有接收和发送指令的模块。如果 Sensor-Node 节点不配置物理传感器(ECG 或者 SpO2),则其可以模拟多种类型的传感器,LED 信号通过不同的信号主体来实现。

当一个感知节点成功地加入一个分组时,它的分组 ID 和分组密钥将在分组范围内被共享,这些信息都存储在 Meta Store 中。若一个新分组被创建,其相关信息也将存储在 Meta Store 中。另外 Meta Store 还存储病人的姓名、ID、SSN、IP 地址和远程通信加密密钥等。

通过上述测试平台可以模拟内部和外部敌手防护体系、非授权访问以及认证过程和可用性,并根据服务相关记录信息来验证和评估安全防护措施的可用性。但该平台还未进行真实环境下的试验,其应用的实际效果还有待验证。

3.1.6　测试中心与测试产品/服务

1. 测试中心

澳大利亚 Pure Hacking 公司正在重点研究与 RFID 系统安全性相关的操作和技术风险,主要测试 RFID 系统弱点和漏洞,并为部署了 RFID 技术的公司提供安全监测服务。

IBM 公司也在美国马里兰州兴建了 RFID 测试中心,并宣布这个测试中心可作为沃尔玛等各家厂商将 RFID 导入例行操作之前的测试场地。IBM 公司同样在欧洲成立了测试和互操作性实验室,以指导并提供 RFID 技术,这个位于法国尼斯的实验中心将测试 RFID 芯片、数据识别器和相关的应用软件以验证它们之间的相互配合情况。

Sun 公司则在整合了硬件、软件和服务后推出了多层的 Sun EPC 网络架构,并在全球各地部署了多个 RFID 测试中心。Sun 公司在美国达拉斯设立的 RFID 测试中心面积达 17 000 平方英尺(约 1579m²),是 Sun 公司发现并解决诸如优化标签和后台数据整合之类的问题的地方。Sun 客户可通过该测试中心确保他们的产品达到 RFID 要求,同时也可在项目实施之前先对其进行测试。

2005 年 10 月 26 日,位于中国台湾新竹的工业技术研究院系统中心对外宣布启用亚太 RFID 应用验测中心,依业务流程主要分为 RFID 静态性能测试、RFID 动态性能测试及 RFID 产业应用实验场三大部分。该中心可提供的服务项目包括:标签最低开启功率与标签读取角度量测,标签类型/标签贴附位置最佳化选用方案,输送带闸门容器附贴标签的动态读取率量测,进出货闸门大型物箱或栈板贴附标签的动态读取率量测,标签类型/标签贴附位置的最佳化选用建议,RFID 系统架设最佳化方案,RFID 应用平台技术导入及系统整合服务等。

英飞凌科技公司(Infineon Technologies AG)2004 年在奥地利格拉兹成立了 RFID 解决方案展示和测评中心和系统实验室(RFID Solution Excellence Center and System Lab)。该实验室提供了有关英飞凌 RFID 系统解决方案的信息,包括软件和系统集成平台、基础设施、读取器和 RFID 标签。RFID 系统实验室主要完成 4 个方面的任务:①应用演示,客户可以从这里了解并熟悉 B2B 领域中针对不同领域应用的 RFID 物流过程;②专用 RFID 系统基础设施的开发和验证中心,在这里主要开发和测试针对特定领域的 RFID 物流解决方案;③技术评估,确定 RFID 技术的性能和局限,从而保证 RFID 基础设施能够在优化的物流系统中正确发挥其功能;④系统实验室培训中心,主要面对潜在客户、合作伙伴和 RFID 服务人员。

EPCglobal 公司为全球 4 个 RFID 测试机构颁发 EPCglobal 全球网络测试中心的认证。EPCglobal 全球网络测试中心的认证要求测试中心应用一整套标准的性能测试流程,模仿实际的应用环境来测试贴有 RFID 标签的终端用户货品的可读性。获得这种论证的 4 个测试机构分别位于欧洲(麦德龙集团 AG/GS1 德国 RFID 测试中心)、中国台湾(亚太 RFID 应用验测中心)和美国(金佰利公司 Auto-ID 感应科技性能测试中心,阿肯色州大学 Sam M. Walton 商学院信息科技研究学院 RFID 研究中心),并且跨越了零售业、制造业、非营利性学术机构、商业机构以及第三方测试机构,其他测试机构一旦符合标准也将被加入认证中心列表。

2. 提供测试产品或服务的公司或机构

随着物联网的发展,越来越需要对物联网应用的漏洞、脆弱性、后门等进行安全评估,根据通付盾发布的《移动应用安全态势报告(2016 年度)》显示,3 641 831 个移动应用中,没有通过安全测试的就达 95 076 个。

下面简单介绍提供安全测试产品或服务的国外公司或机构的基本情况。

1) Acunetix

该公司专注动态应用安全测试(Dynamic Application Security Testing,DAST)技术测试,提供 Acunetix Web 漏洞扫描工具 AcuSensor 和在线 Web 漏洞扫描服务 AcuMonitor。AcuSensor 主要针对 PHP 和 .NET 应用程序测试,而 AcuMonitor 则可以对跨站脚本 XSS、邮件注入、XXE 以及 SSRF 进行细粒度测试。但值得注意的是 AcuSensor 不支持 Adobe Flash、Apache Flex 测试和移动应用的安全测试。

2) Appthority

Appthority 是一家致力于提供移动应用安全检测的美国公司,提供了独立的入口,用来装载第三方移动应用进行分析,其数据库已经分析了大约 250 万个移动应用。Appthority 可对 iOS、Android 和 BlackBerry 系统设备进行静态应用安全测试(Static Application Security Testing,SAST)测试,通过行为分析可以探测后台恶意程序。Appthority 不提供移动应用检测工具,仅提供基于云的测试服务,目前也不支持 Windows Mobile 或 Windows Phone 平台。

3) Checkmarx

Checkmarx 是以色列源代码安全扫描软件 CheckmarxCxSuite 的生产商,Checkmarx CxEnterpris 企业服务下的代码扫描不依赖于特定操作系统,只需在在企业范围内部署一台扫描服务器,就可以扫描其他操作系统开发环境下的代码,包括但不限于如下操作系统:Windows、Linux、AIX、HP-UNIX、Mac OS、Solaris。Checkmarx CxEnterpris 产品架构如图 3-25 所示,包括 CxScanEngine、CxManager、CxClient、CxPortal Web Service 以及 Web 浏览器、Eclipse 和 Visual Studio Plugin 基本组件。CxScanEngine 安装在指定的服务器上,引擎服务负责扫描和查询的任务。CxManager 安装在指定的服务器上,负责管理用户、项目、扫描任务等。CxClient 通过 WCF 与 CxManager 通信,作为轻量级的客户端组件安装在客户端的计算机机上。Web Services 用于公司局域网或者外部网络采用 Web 浏览器或者 IDE 开发插件使用扫描服务。CxPortal 客户端,用于公司局域网或者外部 Internet 网络用户采用 Web 浏览器或者 IDE 开发插件使用扫描服务,管理扫描结果。

Checkmarx 自身不能提供 Web 应用的 DAST 测试,其与 Trustwave 和 NT OBJECTives 合作来丰富其产品线,在移动应用安全测试领域,其主要专注于源代码测试,而缺乏行为分析以及其他安全测试内容。

4) Contrast Security

Contrast Security 是美国一家提供交互式安全测试解决方案的技术公司,它将 AST

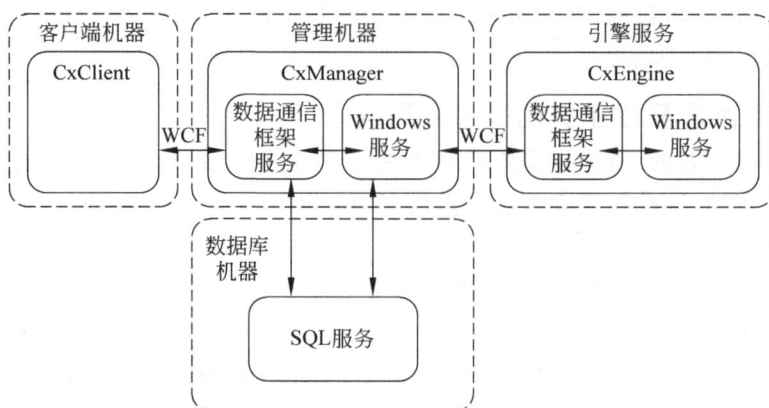

图 3-25　Checkmarx CxEnterpris 产品架构

与开发者、测试者的距离拉得更近,其不需要购买、安装和学习安全测试工具。它的目标是让应用程序自动完成安全测试。但目前这种测试方式不能安全检测由 Java、.NET 和 ColdFusion 语言编写的应用程序,不能检测 DOM XSS 攻击。

5）HP

HP 公司应用安全测试产品包括 WebInspect、Fortify 静态代码分析器、Fortify 软件安全中心服务器、Fortify on Demand 以及应用自主防护。HP 公司提供 SAST、DAST、IAST 的全面解决方案,也是 RASP 技术的发起者之一。

HP 公司的 WebInspect 是一款可配置的自动化 Web 应用安全和渗透测试工具。它旨在模拟实际的黑客入侵技术和攻击,支持全面分析错综复杂的 Web 应用和安全漏洞服务。WebInspect 支持在从开发到生产的整个过程中对 Web 应用进行测试,高效管理测试结果。使用 HP WebInspect Real-Time,可以在 Web 应用遭受 HP WebInspect 发起的测试性攻击时,在代码级别中深入查看这些应用,并在测试继续进行时使用这些信息进行动态分析。因此,它可以在动态测试中提供漏洞确认功能,并通过实时分析找出根源（代码行详细信息）。

Fortify 静态代码分析器可以帮助验证软件是否可靠,降低成本,提高效率,并实施安全编码最佳实践。静态代码分析器可以扫描源代码,识别软件安全漏洞的根源,关联和区分结果的优先级,提供代码行指导,帮助缩短安全性差距。为了验证最严重的问题是否已优先处理,静态代码分析器将关联并确定结果的优先级,提供一份准确的按风险排名的问题列表。

使用 HP Fortify 软件安全中心服务器,可以快速对 HP 静态和动态分析器识别的漏洞进行分类和修复。利用基于 Web 的协作式工作区和资源库,可以使用角色特定的界面协同工作。向开发人员提供详细的参考信息,描述各种问题并提供修复问题所需的详细说明。所有这一切均通过为相关代码使用的编程语言来完成。

Fortify on Demand 提供涵盖静态、动态、移动、供应商和开源应用的全面测试。此外,Fortify on Demand 与多种开发工具完全集成,成为安全软件开发生命周期（包括构建服务器集成、IDE 插件以及缺陷跟踪系统）的强大支柱。用户可以选择内部部署、外部部署或混合部署解决方案。

HP Application Defender 对应用安全进行了简化。它是一种 SaaS 解决方案,可自内而外地保护生产应用。应用本身的内部环境使用户能够发现并阻止网络安全看不到的攻击。该解决方案采用云托管的方式,经过预先配置,可实时了解应用的安全性,让用户无须更改代码即可在几分钟内开始防御生产软件中安全漏洞的侵害。

6) IBM

IBM 公司可以评估软件代码、Web 和移动应用以发现漏洞,具有自动关联静态和动态应用安全测试的结果的能力,IBM 公司也提供 SAST、DAST、IAST 的全面解决方案,其中 IAST 解决方案当前适用于 Java 和 .NET 应用程序,具体包括 App Scan、AppScan Enterprise、AppScan Source、AppScan Standard、Virtual Forge CodeProfiler for AppScan Source、Arxan Application Protection for IBM Solutions 等。

AppScan 是桌面版本的,安装在 Windows 操作系统上,可以对网站等 Web 应用进行自动化的应用安全扫描和测试。AppScan 通过对网站等 Web 应用进行安全攻击,用真实的攻击来检查网站是否存在安全漏洞,其工作原理如图 3-26 所示。

- 通过探索(爬行)发现整个Web应用结构
- 根据分析,发送修改的HTTP Request进行攻击尝试(扫描规则库)
- 通过对于HTTP Response的分析验证是否存在安全漏洞

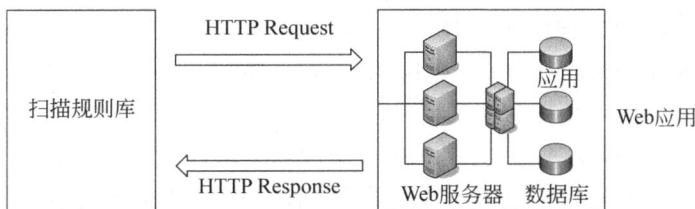

图 3-26　AppScan 工作原理

AppScan Enterprise 能够帮助组织缓解应用安全性风险,增强应用安全项目管理计划并实现合规。安全和开发团队能够在整个应用生命周期中协作、制定策略并扩展测试。企业仪表盘按照业务影响对应用资产进行分类和优先排序,确定高风险区域。同时提供绩效指标,有助于监控应用安全项目的进展。IBM Security AppScan Enterprise 可提供多种测试方法。

AppScan Source 支持 Windows、OS X、Linux,并且 AppScan Source for Development(Eclipse 插件)可以应用于 Eclipse 3.8。同时也支持 Android、iOS。AppScan Source 安全知识库是行业中最大、最全面的知识库,其中包括数万个用来确定造成软件漏洞的编码错误、设计缺陷和策略违例的条目。该知识库是 IBM 公司在安全编码最佳实践和信息安全方面数十年经验的体现。

AppScan Standard 通过自动执行应用安全性漏洞测试,帮助组织降低 Web 应用遭受攻击和数据泄露的风险。IBM Security AppScan Standard 可在应用部署之前对其进行测试并在生产环境中持续进行风险评估,以降低风险。

Virtual Forge CodeProfiler for AppScan Source 可自动进行静态分析安全性测试,以

识别和修复高级企业应用编程语言（Advanced Business Application Programming，ABAP）源代码中的漏洞。它可通过对 ABAP 源代码进行高级静态（白盒）安全性测试，消除 SAP 应用风险。Virtual Forge CodeProfiler for IBM Security AppScan Source 将安全测试融入软件开发的过程。其可通过将安全性扫描集成到 ABAP 工作台和 SAP 用户界面中，支持开发人员编写更安全的 ABAP 应用。

Arxan Application Protection for IBM Solutions 将 IBM Security AppScan 漏洞分析功能扩展至移动应用固化和运行时保护。它支持开发人员无须修改源代码即可将应用保护整合到其工作流程中。通过与 IBM Security AppScan 结合部署，组织可以更安全地构建和分析其移动应用并将这些移动应用发布至生产。Arxan Application Protection for IBM Solutions 支持保护个别应用免遭风险，包括黑客工具和恶意软件利用。IBM Security AppScan 漏洞分析功能还让用户能够识别和补救安全性漏洞。其提供代码完整性和机密性功能，用于 Arxan 技术提供的移动应用级别保护。

但 IBM 公司不提供 SAST 云基础测试服务，不支持 JSON（JavaScript Object Notation）和 RESTful 应用测试。

7）N-Stalker

N-Stalker 是巴西的一家 Web 安全测试公司，其 SAST 技术可以分析 PHP、C++、JavaEE 语言的应用程序，其 2012 免费版本能够为 Web 应用程序清除该环境中大量常见的漏洞，包括跨站脚本（XSS）、SQL 注入（SQL injection）、缓存溢出（buffer overflow）、参数篡改（parameter tampering）等。N-Stalker Web 漏洞扫描器通过与知名的 N-Stealth HTTP Security Scanner 及其 35 000 个 Web 攻击签名数据库合并，再加上 Web 应用程序安全评估技术组件，能为 Web 应用程序彻底消除大量普遍的安全隐患。

N-Stalker Web 漏洞扫描器有 3 个不同级别的版本，以更准确地满足不同用户的需求，包括：

（1）QA Edition（研发和 SQA 测试），专门为开发人员和软件质量保证专业人员研制的专业解决方案，用于评估定制的 Web 应用程序。

（2）Infrastructure Edition（Web 服务器设施安全），专门为 Web 服务器管理员和 IT 专业人员研制的专业解决方案，用于评估 Web 服务器设施。

（3）Enterprise Edition（全面的 Web 应用程序安全测试），专门为审查员和安全专家研制的最完整、全面的解决方案包。

8）NT Objectives

美国 NT Objectives 公司是一家提供 DAST 技术产品和服务的公司，NT Objectives 公司提供的产品线包括 NTOSpider、NTODefend、NTOEnterprise、NTOSpider On-Demand、Integrated Testing、NTOMobile On-Demand。NTOSpider 提供综合、自动化的测试方案，支持 AJAX、GWT、REST 以及 JSON 等应用 SQL 注入测试；NTODefend 部署后可以是企业能够有效抵御 SQL 注入攻击，可以立即修补系统漏洞，轻松地制定和训练企业的 ISP 和 WAF 设置以达到最佳效果；NTOEnterprise 提供安全程序的全局视图，通过集中部署方式，全面评估系统的安全性；NTOSpider On-Demand 集合 NTOSpider 与 NTOEnterprise 的优势，使用云来提供安全测试服务；Integrated Testing 是 NT

Objectives 公司与 Converity 公司合作提供的 IAST 解决方案,通过部署在研发阶段来交互地进行安全测试,其客户主要是有研发能力的机构和公司;NTOMobile On-Demand 结合了 SAST 和 DAST 分析技术,主要面对移动应用程序,对外提供云测试服务。

NT Objectives 公司的 Universal translator 技术使得其可以测试的应用程序包括 JSON、REST、SOAP、XML-RPC、GWT-RPC 以及 AMF(Action Message Format)。

9) PortSwigger

PortSwigger 作为英国的一家应用安全测试公司,其产品主要是以 DAST 技术为核心的 Burp Suite,这是一个网站攻击测试工具,该程序用 Java 写成,需要 JRE 的支持,如图 3-27 所示。该产品分为免费版和企业版。

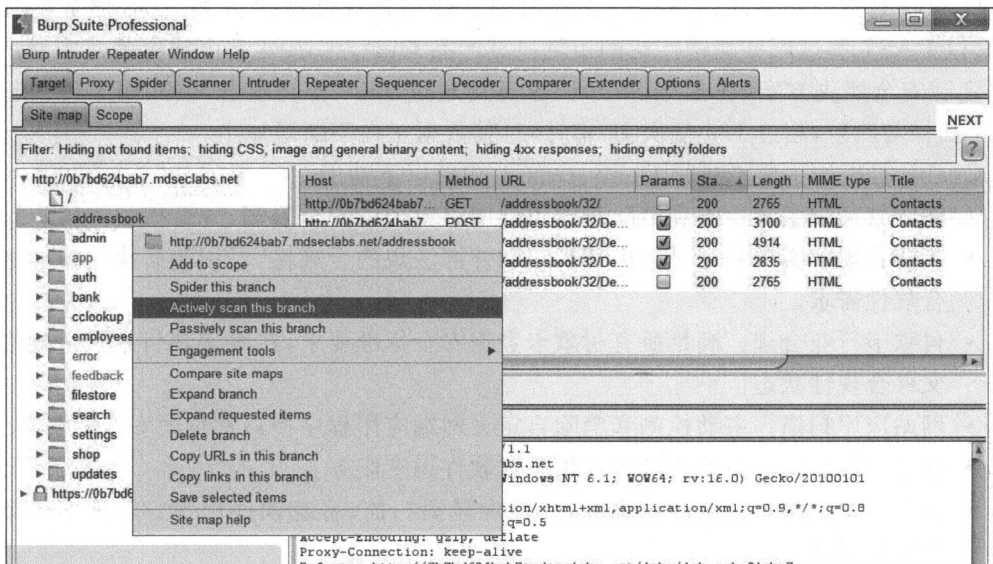

图 3-27　Burp Suite 测试工具界面

Burp Suite 包括以下组件:

- 拦截代理。观察或修改浏览器与目的应用程序的数据包。
- 应用感知的爬虫。抓取网页或应用程序的内容和功能。
- Web 扫描器。自动化检测多种类型应用程序的漏洞。
- 攻击器。执行定制的攻击,以发现和利用不寻常的漏洞。
- 重放器。操作或重放用户请求。
- 音序器。用于测试会话令牌的随机性。

Burp Suite 可通过插件进行扩展,使用度较高的插件有 SAML 编辑器、WSDL 向导和有效载荷的解析。该工具支持 HTML5 测试,可执行复杂的大型 Web 应用程序组件的并行测试。Burp Suite 目前不支持 IDE、QA 和缺陷跟踪系统。

10) Pradeo

法国 Pradeo 公司专注于移动应用安全测试,其产品或服务包括 3 个方面:

(1) AuditMyApps,审计移动应用所有的网络行为,包括连接、数据处理等。

（2）CheckMyApps，通过策略来对移动应用进行安全管理。

（3）CheckMyAppAPI，提供一组安全的 API 函数，以供用户使用。

该公司已完成 672 843 个移动应用的安全测试。其中，46.7% 的应用程序发送了照片、联系人、位置信息等个人隐私数据到网络中，如 Twitter 5.1.0 将电话服务提供商、国家代码等电话信息发送到网络中；5.1% 的应用导致了经济损失，如自动发送短信；48.2% 的应用发现了已知的漏洞。

当前，Pradeo 公司的产品和服务以云服务的形式支持 iOS、Android、Windows 8 以及 WindowsPhone 平台，可以用 SAST 方式对移动应用程序进行测试。

11）Qualys

Qualys 是美国一家世界领先的提供漏洞管理与合规性解决方案 SaaS 服务的提供商，其以 DAST 测试服务赢得广泛的市场。其产品 QualysGuard 是全球覆盖范围最广的按需定制安全解决方案，在全球 85 个国家运用超过 9500 台扫描器设备，每年进行超过 5 亿个扫描与映射，超过 1.5 亿次 IP 审计，且其数据正在不断增加中。

Qualys 推出的主要工具是 QualysGuard，包括以下功能：

- 漏洞管理。主动检测和消除可能引起网络攻击的安全漏洞，并管理整体风险。
- 策略合规。实现和记录对内部策略和外部法规的合规性，可用于解决用户业务的合规性需求。
- 付款卡行业合规。满足所有付款卡数据安全标准要求，在线实现付款卡合规性和文件合规性状态。
- 网站应用扫描。主动检测和消除自定义网端应用程序中最常见的安全漏洞。
- 恶意软件识别。免费为网页提供恶意软件识别服务。
- 安全印章。网页安全测试服务，并提供漏洞扫描、恶意软件识别、3G 证书验证后的安全印章。

12）Quotium

Quotium 总部在法国，其主要提供 IAST 技术的产品 Seeker 以及压力测试工具 QTest。Quotium 在安全层测试方面的客户群为具有研发能力的机构或企业，其 Seeker 产品支持 Java、.NET 和 PHP 应用程序的交互式安全测试。

13）Vercode

Vercode 是美国一家提供基于云的应用程序安全测试服务的公司，Veracode 提供一个基于云的应用程序安全测试平台。无须购买硬件，无须安装软件，用户马上就可以开始测试和对应用进行补救。另外，Veracode 提供自动化的静态和动态应用程序安全测试软件和补救服务。其主要产品如下：

（1）Veracode 静态分析。

Veracode 提供了一种更好的应用程序安全测试方法，利用其专利技术——自动静态二进制分析创建一种行为模式，该模式通过利用可运行的机器代码分析应用程序的控制和数据流得到，是一种攻击者可以识别的方式。与源代码分析工具不同，这种方法可精确地检测出导致核心应用程序、第三方库、预包装组件、编译器或平台中的漏洞。这被业内称为类似于 Gartner 的"突破"。通过查看"最后"编译版本的代码，Veracode 可以评价由链接库、API、编译器最优化和第三方控件推出的、源代码测试无法识别的漏洞。这是业内最准确、最完整的安全测试方法。

（2）Veracode 动态分析。

Veracode 自动化 Web 应用程序漏洞扫描，又称动态分析安全测试（DAST）或黑盒测试。授权公司在黑客入侵他们运行的 Web 应用程序之前，利用动态分析来识别和修复安全问题。通过动态测试运行时的 Web 应用程序，Veracode 使用黑客可能采取的攻击方式来检测应用程序，以提供准确和可操作的漏洞检测。

Veracode 动态分析是通过在真实或模拟环境中执行程序进行分析的方法，多用于性能测试、功能测试、内存泄漏测试等方面，其架构如图 3-28 所示。

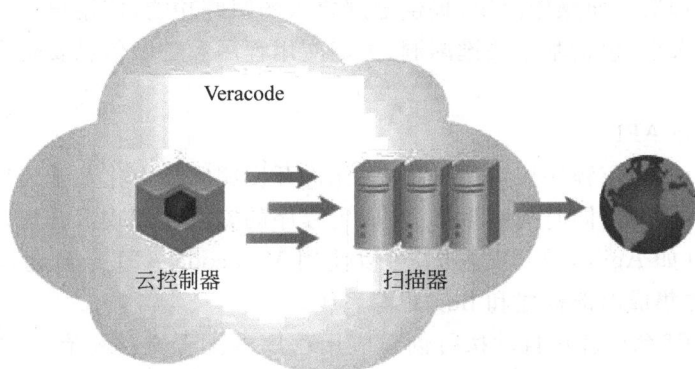

图 3-28　Veracode 动态分析架构

Veracode 动态分析具有以下特点：

① 精确地抓取和审计。Veracode 的扫描技术自动记录抓取的数据，建立一个 Web 应用程序的地图，确定可能出现的漏洞攻击向量，然后进行有针对性的分析，以确保高水平地覆盖准确的结果。Veracode 整合行业标准技术，如 Selenium 和 Mozilla Firefox。

② 精确扫描并不断学习进步。Veracode 的网页扫描技术建立在成千上万的扫描的经验教训之上，不断发展变化，以配合新技术和应对新威胁。

③ 完全自动化。Veracode 的动态扫描是完全自动化的。其他工具，即使第三方"托管"的工具，都需要人工介入。用户只需提供一个 URL，Veracode 的扫描技术会立即执行分析，并提供准确的和可操作的结果。此外，Veracode 的运作团队监视每次扫描的性能，在发现问题时会实时帮助用户解决。

④ 全面整合 Veracode 平台。Veracode 可以在单一的在线平台整合静态（SAST）和动态（DAST）测试。从而使企业能够使用多种评估方法充分测试他们的应用，并提供一个综合的结果、评级和报告。

（3）Veracode DynamicMP。

Veracode DynamicMP（动态多处理器）提供符合成本效益的扫描方法，从简单地一次只能检查一个应用程序、一个源和一个漏洞转变为多进程检测。Veracode 动态多处理器结合自动 Web 应用程序漏洞扫描的能力和灵活的云计算的优势，实现大规模可扩展的且价格低廉的漏洞检测服务。事实上，Veracode 可以同时执行数百个 DynamicMP 实例。

DynamicMP 通过采用大规模并行的基于云的动态扫描架构,可以在几小时或几天内得出扫描结果。

(4) Veracode Analytics。

Veracode Analytics 的报告功能能够量化对比用户和业内同行的应用程序的安全性。Veracode Analytics 可涵盖静态测试、动态测试、人工测试等多种测试技术的结果,支持 Java、.NET、C/C++ 开发平台。

(5) Veracode Policy。

Veracode Policy Manager(网络安全策略管理器)为首席信息安全官提供一个仪表板,可集中查看内置应用和第三方应用程序的组合,从安全政策的角度来看每个应用的执行细节。策略管理器界面操作简单,提供合规要求的跟踪功能,使用户可以选择性地确定适当的安全政策选项,包括基于关键漏洞、关键应用程序和首席信息安全官既定的要求建议修复次数。

(6) Veracode API

Veracode API(应用程序接口测试工具)允许开发团队最大化基于云计算的静态和动态的安全性测试的优势,同时提高生产力、应用程序的安全性和政策合规性。工作在快速构建和测试周期(如 Agile)的开发人员,可以使用 Veracode API 全自动地验证整套软件组合的安全性,并集成内部构建和 bug 跟踪系统。

Veracode API 允许客户自动执行创建应用程序的配置文件所有必要的安全验证步骤,上传应用程序和提交扫描应用程序获得状态。通过特定行代码漏洞识别和修复指令,结果可能直接集成到缺陷跟踪系统,对开发周期不产生负面影响。其架构如图 3-29 所示。

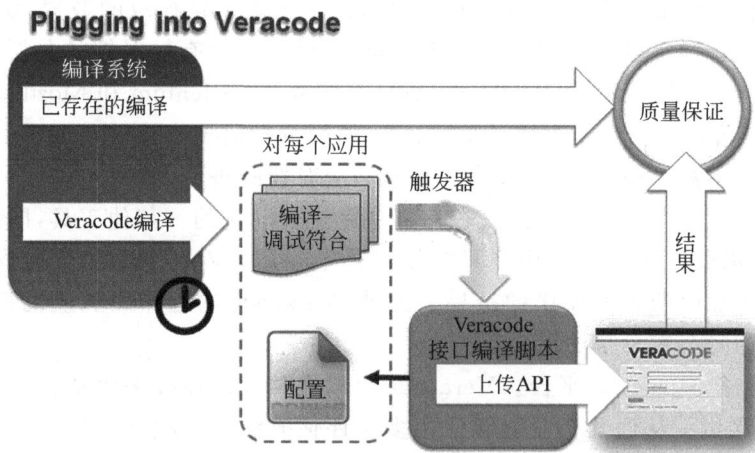

图 3-29　Veracode API 应用程序接口测试工具

Veracode API 可以在系统开发生命周期(SDLC)充分融合,在集成开发环境(IDE)中进行静态二进制扫描的架构如图 3-30 所示。Veracode 在 IDE 中提供 Eclipse 和 Visual Studio 等的插件。插件安装后,开发人员可以在自己的 IDE 中上传可执行文件给 Veracode。

基于连续集成的静态二进制扫描

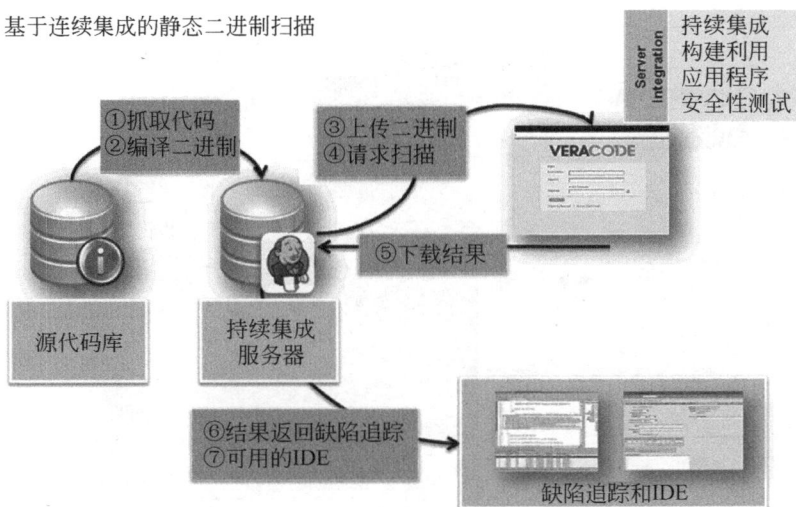

图 3-30　Veracode API 与 IDE 集成测试

插件可以在联机或脱机模式下使用。在联机模式下，登录以后就可以访问 Veracode Result API 和 Upload API，插件可以连接 Veracode 平台，选择性地直接下载漏洞和自主上传新版本的应用程序。在脱机模式下，这个插件可以从 Veracode Result XML 文件中读取漏洞。

（7）Veracode Mobile。

移动动设备应用程序的威胁正在迅速蔓延，从简单的"收费短信和通话"攻击变为直接从受害者的账单获利，再到完全成熟的移动僵尸网络功能，如在 Android 手机上发现的 Geinimi 木马，Veracode 为 RIM 的黑莓操作系统（OS）、Windows 移动设备、谷歌的 Android 和苹果的 iOS 应用程序提供安全验证。

14）Virtual Forge

Virtual Forge 是德国一家提供静态应用安全测试工具的公司，其产品 CodeProfiler 专注于对应用程序的静态测试技术，是市场上推出的用于对 ABAP 应用进行静态分析的首款解决方案，重点是安全性和一致性测试，可对代码安全、质量以及后门进行检测分析。基于数据和控制流分析，CodeProfiler 可以在较短时间内提供可靠的测试结果。该工具每秒可最多分析 5000 行源代码，因此，即便是广泛的软件应用测试也能够在任何时候进行。但其无法支持 Java 平台。

15）WhiteHat Security

WhiteHat Security 总部在美国，该公司提供多层次的 AST 检测服务，其应用安全测试技术主要包括 SAST、DAST。WhiteHat Security 公司产品包括 WhiteHat Sentinel、WhiteHat Sentinel Source、WhiteHat Sentinel Mobile。其服务模式如图 3-31 所示。

首先由用户提交安全测试需求，需要提供 URL、登录相关信息等，然后 WhiteHat Security 公司根据风险模型配置扫描器，对 Web 应用程序进行安全测试和评估，如果需要，则提供 API 集成服务，最后提供可视化报告并给出防护建议。

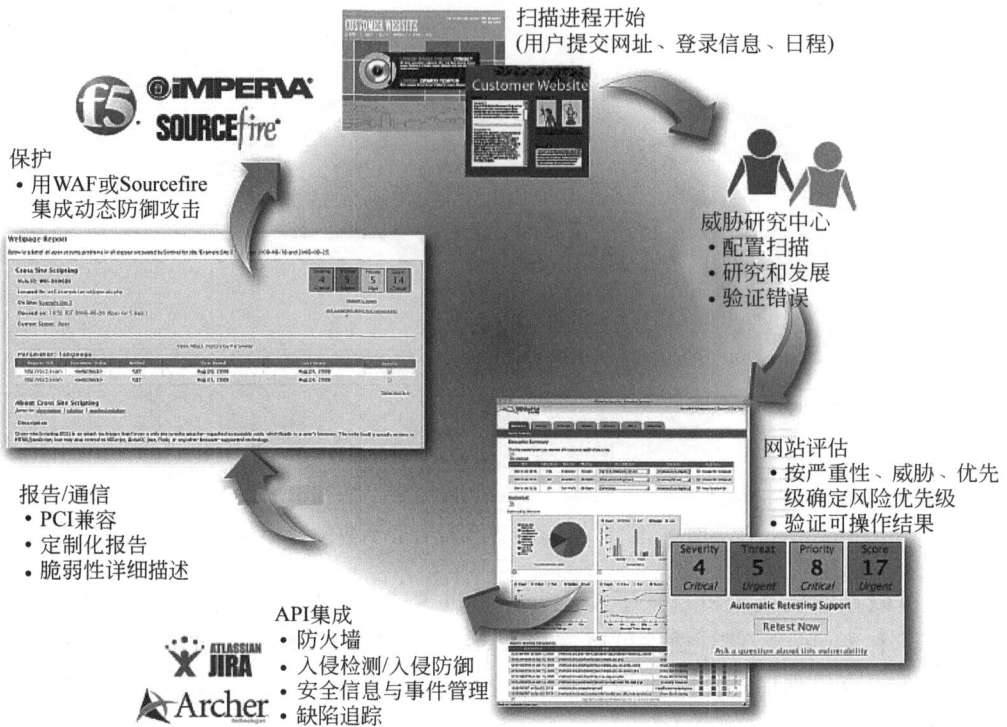

图 3-31　WhiteHat Security 安全检测服务模式

WhiteHat Sentinel 是一款基于 Web 的预订服务，它能将先进的扫描技术与专家分析相结合，一旦网站出现漏洞，客户就可及时识别、按优先顺序管理和修复它们。WhiteHat Sentinel 是动态应用安全检测技术，提供 100% 的脆弱性检测。通过该检测服务，用户只需要浏览器就可以评估和检测应用程序安全。WhiteHat Sentinel 安全测试界面如图 3-32 所示。

WhiteHat Sentinel Source 提供代码和二进制分析安全检测云服务，在 SDLC 早期阶段检测安全漏洞或后门，它是 SAST 解决方案，提供静态应用安全检测服务。

WhiteHat Sentinel Mobile 与传统移动应用安全测试技术不同的是，它以攻击者的角度检测和发现移动应用的漏洞，可自动完成源代码分析以及 API 安全测试。目前支持 iOS、Android 系统。WhiteHat Sentinel Mobile 支持 Web 方式的移动应用安全测试，也支持部署在移动设备和服务端上的移动应用源代码测试，如图 3-33 所示。

16）Applause

Applause 公司是一家致力于应用安全测试的公司，其涉足的应用领域如图 3-34 所示，有智能手机、Web 应用、桌面应用、穿戴设备、智能卡以及物联网。

Applause 公司通过实验室环境来评估设备和应用的功能、性能以及安全能力。严格按照如图 3-35 所示的流程，即功能测试、用例测试、本地化测试、压力测试和安全测试流程，全面评估应用。

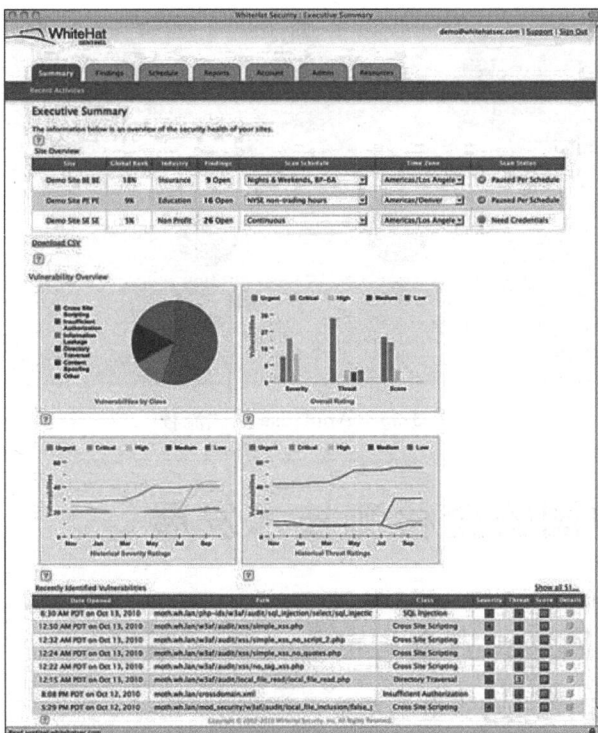

图 3-32　WhiteHat Sentinel 安全测试界面

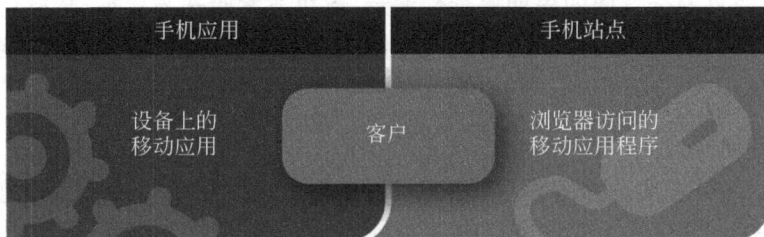

图 3-33　WhiteHat Sentinel Mobile 安全测试内容

图 3-34　Applause 安全测试涉足的范围

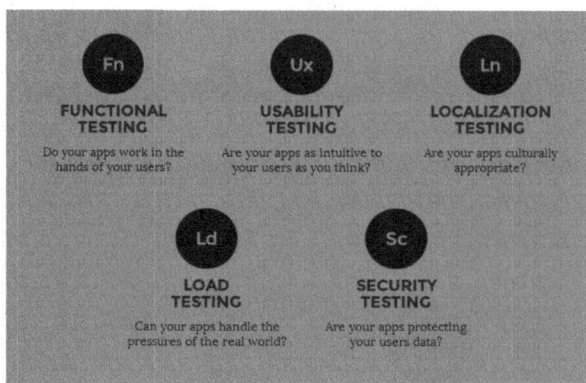

图 3-35　Applause 测试流程

3.2　中国安全检测技术发展

3.2.1　物联网系统安全与可靠性测试系统

工业和信息化部计算机与微电子发展研究中心提出了一种基于 TOSSIM 的无线传感器网络安全性测评工具(简称 TOSSIM Tool)与基于 OPNET 的物联网系统安全仿真验证系统。TOSSIM Tool 能够从数学仿真到物理仿真的多层次仿真测试环境,可以为无线传感网提供信息安全方面的先期概念性演示、解决方案筛选与验证、传感网安全专项模拟与测试等服务。基于 OPNET 的物联网系统安全仿真验证系统可对物联网系统进行整体的可靠性评估。

1. TOSSIM Tool

TOSSIM Tool 主要由接口模块、采样模块和用户端控制模块三大部分组成。

(1)节点接口模块用于获取节点内部变量、无线通信数据等信息。当基于 ZigBee 协议帧格式的数据在节点转发时,通过侦听接口,TOSSIM Tool 可以获取节点通信数据。接节点接口模块也可以在待测节点程序中按照一定的格式调用接口命令,以获取节点内部数据。

(2)TOSSIM Tool 工具支持 USB 端口和串口作为数据传输口的传感器节点,采样模块的作用相当于一个数据收集和控制网关。另一边通过 USB 或者串口连接传感器节点,另一边通过 SPI 总线连接到用户的控制模块。采样模块通过节点接口模块可以获取节点内部变量以及通信数据等信息,并将这些数据信息通过总线传输给用户控制模块。其中,采样模块的硬件载体是自主研发的基于 ARM11 的采集板。

(3)用户端控制模块具有信息处理与人机交互功能,由 SRES(Security & Reliability Emulation System,安全和可靠性仿真系统)组成。SRES 面向的应用场景有两类,一类针对节点路由安全测试与仿真,另一类针对节点数据传输安全测试与仿真。在前一类场景中,SRES 可模拟发送伪造的节点路由报文,在传感网路由初始化过程或者路由变换过程中攻击传感网关,测试各节点的路由程序的安全机制与抗攻击能力。在后一类场景中,SRES 可发送伪造的节点数据报文,在数据传输中模拟恶意攻击,测试评估传感网传输中的安全机制和抗攻击能力。

SRES 架构如图 3-36 所示,包括一个注入器(injector)、一个接收器(receiver)、一个分配器(dispatcher)和一个图形化界面,图形化界面包括进程管理、数据解析和报文处理等模块。测试前,首先要定义好被测系统,例如使用 C++ 程序编写,然后编译被测系统 TOSSIM 可执行程序,最后即可开展测试。

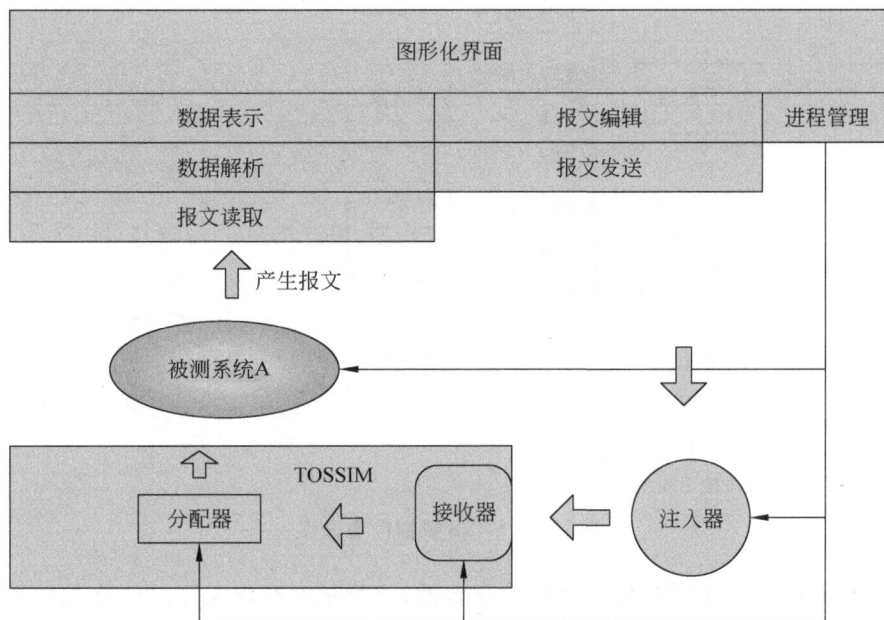

图 3-36　SRES 架构

测试时,首先通过图形化界面的进程管理启动被测系统 A,然后通过进程管理控制一个或多个注入器从外部向 TOSSIM 发送数据。这些注入的数据被嵌入 TOSSIM 的接收器所接收,注入器与接收器之间通过套接口(socket)传递数据。接收器再将数据传递给分配器,分配器将对数据的内容进行分析并判断出仿真的场景,从而选择进行下一步数据传递时的内部格式,注入的关键数据被传递给运行中的被测系统 A。由于注入行为所产生的各种后果都会通过 A 运行所产生的报文数据反映出来,而这些数据被反馈回图形化界面,并继续被数据解析模块解析出来,以图形方式表达,于是就可以通过图形界面直观地看到 A 仿真的过程和结果。

其在设计过程中考虑到注入器和 TOSSIM 之间、TOSSIM 内部分配器和接收器之间的数据往来过程必须是异步的,不应出现 TOSSIM 等待注入器发送数据后才能继续运行以及分配器必须等待接收器发送数据后才能运行的情况,因此将注入器、接收器都设计成各自使用独立进程运行的模式。

图 3-37 为注入器、接收器和分配器之间的数据传递过程。在接收器和分配器之间有一个数据缓冲区。首先由注入器向接收器发送带有源节点、目的节点和具体数据的报文,

如前所述,这一发送通道是建立在套接口机制上的,为保证传递的准确性,使用 TCP 传输协议。接收器接收到报文后,存入数据缓冲区,并设置缓冲区数据写入标志。分配器检查缓冲区数据写入标志,如果该标志有效,则从缓冲区读走报文并清除缓冲区写入标志。分配器随后将分析报文并转发,或直接将报文提交给 TOSSIM 发送模块进行发送。

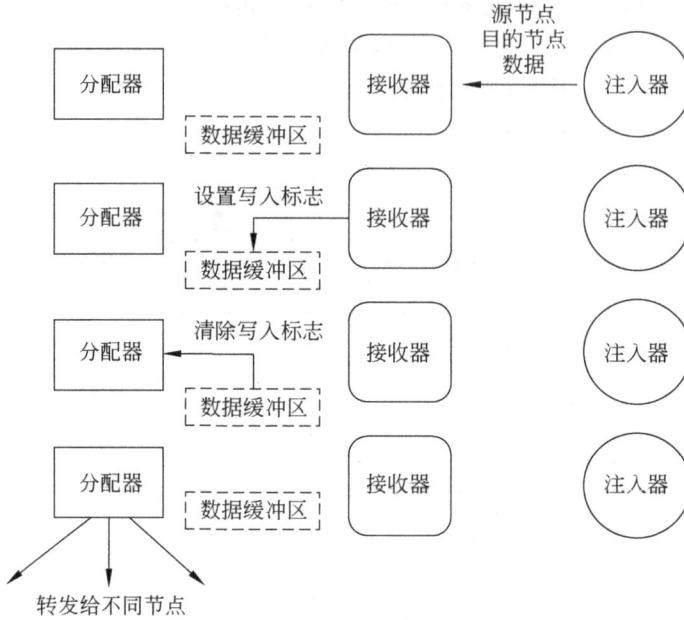

图 3-37　SRES 数据传递过程

为保持与 TOSSIM 原有数据结构的兼容性,该测试系统定义了适于在接收器和分配器之间的数据缓冲区使用的新数据结构 msg_q:

```
Type def struct msg_q{
    Int source;
    Int dest;
    Msg_t msg;
    Int clean_flag;
    Int ctp_cp_flag;
    ...
}msg_q;
```

数据缓冲区可以放置最多 64 个 msg_q 变量。对于每个变量而言,source 表示源节点,dest 为目标节点。字符串内容被置于 msg_t 变量域中,msg_t 也是一个自定义的结构型变量,内含一个整型数组,字符串就放置在该数组中。clean_flag 是用于指示后一类场景下该变量是否可以被丢弃的标志,通常在该变量已经被分配器读取后设置为可丢弃。ctp_cp_flag 用于前一类场景测试。msg_q 数据结构的内容可以根据不同测试内容的需要而扩充。

在图 3-38 的主界面中显示了当前运行系统的网络拓扑,不同颜色表示不同类型的节点,例如蓝色表示服务器节点(图中标 2 的节点),绿色表示 sink 节点(图中标 1 的节点),黄色表示普通节点(图中标 0、3、4 的节点)。图 3-38 显示的操作为第二类场景下的数据注入。在图右侧上方的小窗口中输入被测系统的程序名,右侧下方小窗口中有 3 个区域,分别对应源节点、目的节点和注入数据。如果输入 1、3、er,单击该窗口的 Start 按钮之后,SRES 注入器将发送一条报文给接收器,内容是将字符串 er 从节点 1 发给节点 3。由于被测系统将被注入的报文视同自身运行产生的报文,这些报文回馈给图形化界面的数据解析模块,最终在主界面的网络拓扑中以动画方式显示出字符串 er 从节点 1 发送给节点 3。

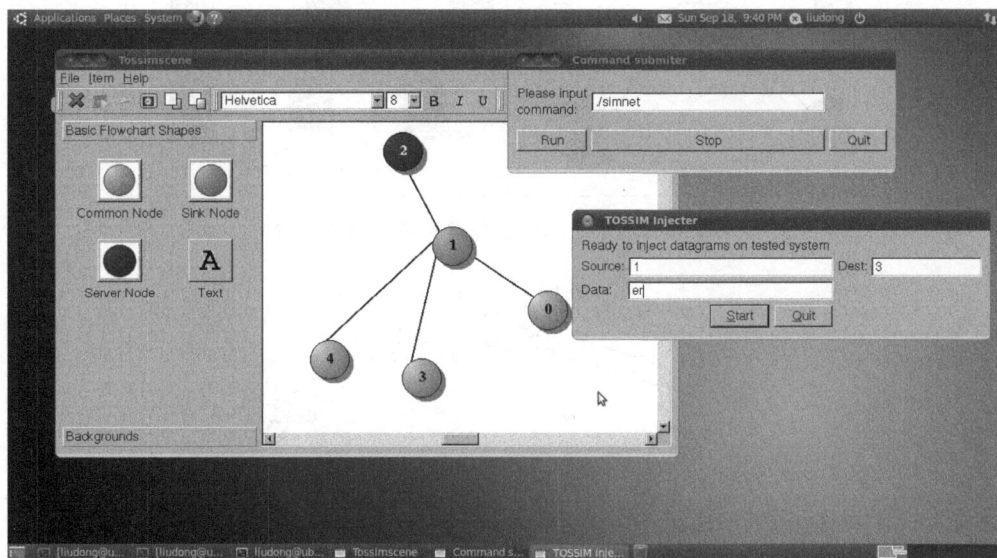

图 3-38　SRES 主界面

2. 基于 OPNET 的物联网系统安全仿真验证系统

为了对物联网系统进行整体的可靠性评估,工业和信息化部计算机与微电子发展研究中心开发了物联网系统可靠性方案评估系统。根据系统设计方案建立相应的网络及应用模型,同时考虑硬件系统的可靠性因素,进行相应业务的仿真运行,获取系统的各种指标,发现系统中可能存在的缺陷,验证系统的可靠性。

图 3-39 是一个异构的物联网系统示例,其采用的仿真系统平台可以支持常见的网络技术及应用,网络技术包括以太网、ATM、Token Ring、Frame Relay、X.25、ZigBee 以及 3G/4G 移动通信技术,应用包括 FTP、Mail、视频会议、远程终端等。仿真网络系统由以太网、ZigBee、WLAN 网络组成,还可以包含其他支持网络,构成异构物联网。

图 3-40 是 ZigBee/以太网网关模块,实现 ZigBee 和以太网之间的双向数据转换,该网关工作于网络层,接收 MAC 层封装的数据包,进行包的分析,然后把包中的数据再进行封装。如果接收的数据包为以太网格式,则进行包的解析后封装为 ZigBee 数据包;如果接收到的数据包为 ZigBee 格式,则封装为以太网格式。这样就实现了二者的互相转换。

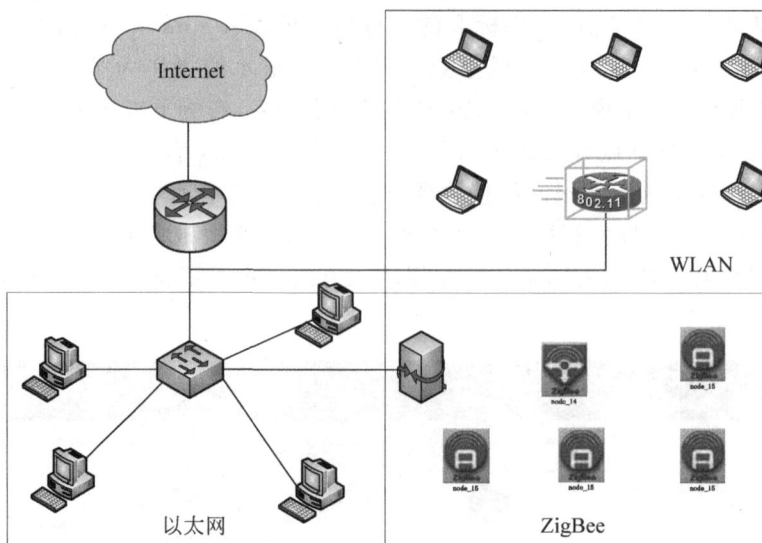

图 3-39　基于仿真的物联网安全可靠性评估

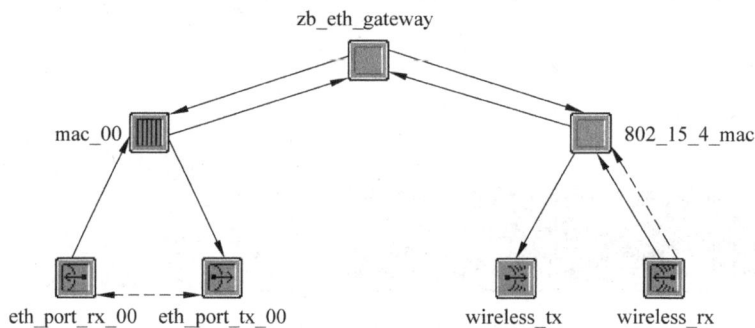

图 3-40　ZigBee/以太网网关

图 3-41 是 ZigBee/以太网网关的进程示意图。进程初始化后，根据所接收到的数据包类型，其流程是不同的。如果接收到的数据包为以太网格式，则执行 extract_eth 进程，

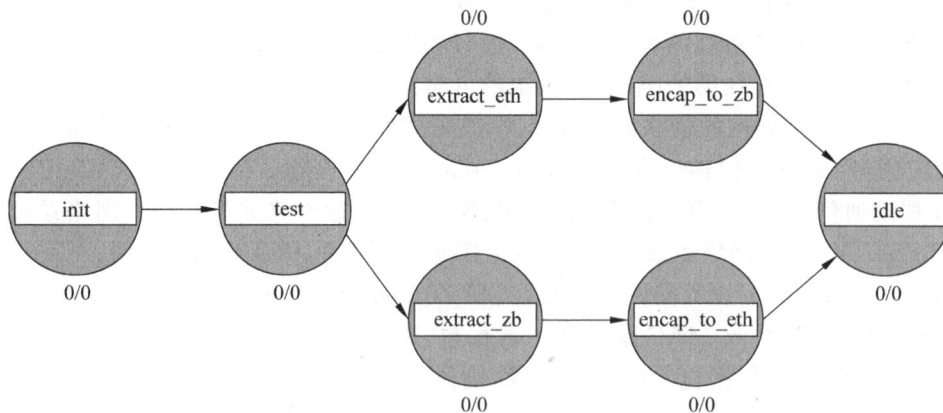

图 3-41　ZigBee/以太网网关进程

然后把以太网数据包中的数据封装到 ZigBee 数据包中,即执行 encap_to_zb。如果接收到的数据包为 ZigBee 格式,则执行 extract_zb 进程,然后把数据封装到以太网数据包中,即执行 encap_to_eth 进程。上述进程执行完毕后,进入空闲(idle)状态,等待新数据包的到来。

与实际现场测试相比,该验证系统具有快速、多协议支持、多厂商设备支持的优点,而且可以在物联网系统建设之前就对其进行评估,发现可能存在的问题,降低建设的风险。

3.2.2　基于零打扰测试背板的无线传感器网络测试平台

物联网安全测试中不仅需要关注物联网设备、网络中的漏洞与安全配置,也必须精确评估网络运行状态监控和性能评估。而当前已有的测试技术或平台在测试过程中或多或少地存在一定的干扰,其测试效果受限于节点的硬件配置,中国科学院软件研究所提出了一种基于零打扰测试背板的测试平台(Non-Intrusive Backplance-Based Testing Platform for WSN,NIBBTP for WSN)。

目前,典型的无线传感网测试技术可以根据测试数据的产生和收集方式分为 3 类:第 1 类是由无线传感网感知节点产生测试数据,这些测试数据由自身的链路传输至汇聚节点,从而进行分析。这种测试存在较大干扰,但测试成本较低。第 2 类测试方式的测试数据依然是由无线传感网感知节点产生,但这些测试数据不是由自身的链路进行传输,而是通过额外的数据通道传输至分析服务器上。这种方式对被测试的网络通信不会产生干扰,但测试节点还需要运行测试代码。第 3 类是通过额外的侦听节点或辅助仪器实施对无线传感网的测试,典型的测试工具有 SNAMP、SpyGlass 和 WiSens 等。而基于零打扰测试背板的测试平台采用内部侦听方式,其通过捕获和分析节点内部芯片的互连信号达到了解节点内部状态和行为的测试目标。

理论上,若获取节点微控制器和射频芯片之间的交互信号,则可以完全了解节点的射频数据收发情况,从而了解节点的感知采样操作等。因此,通过额外的测试背板,由感知节点内部互联新型号获取测试数据并传输到测试服务器进行集中处理,不仅可以呈现丰富的节点运行时刻信息,同时也避免了对节点自身运行的干扰,实现了对无线传感网的有效测试分析。NIBBTP 架构如图 3-42 所示。

NIBBTP 包括若干测试单元、额外的测试数据传输网络、一台测试服务器以及若干远程访问客户端。每个测试单元由一个待测传感器节点和测试背板组成,测试背板负责采集节点的内部互连信号并产生测试数据传输到测试服务器。测试数据传输网络可以用有线或无线网络实现,通常支持 TCP/IP 协议,从而支持远程的测试需求。测试服务器和远程访问客户端之间采用 C/S 架构。测试服务器通过额外的测试数据传输网络接收测试数据,对其进行解析和预处理,并将原始数据和解析后的数据存储到数据库中,以备提供给远程访问客户端使用。远程访问客户端通过现有网络连接至测试服务器,运行测试数据分析工具,对无线传感器网络进行信号分析、协议验证和性能精确评估。

NIBBTP 测试背板主要由信号采集模块(Singal Acquisition Mudule,SAM)、微处理器和以太网接口模块等组成,SAM 模块与待测传感网节点连接,负责捕获节点内部互连信号产生原始测试数据,是测试背板的核心模块。微处理器对 SA M 模块产生的测试数

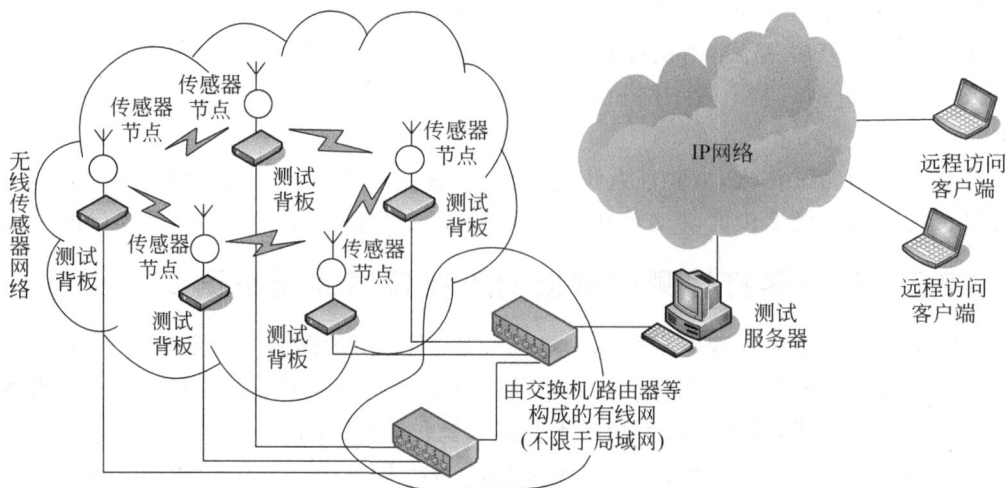

图 3-42　NIBBTP 架构

据进行必要的压缩和编码,并转发到以太网接口模块。以太网接口模块主要提供测试数据在网络中的传输能力。

　　无线传感器网络测试平台的测试单元由测试节点和测试背板连接组成。为适应多种传感器节点类型,测试单元的连接采用了辅助的转接板,测试背板的扩展槽和待测传感器节点的扩展槽通过转接板相连。

　　在 NIBBTP 方案中,所有的测试数据由测试背板采集,然后传至测试服务器。测试服务器收到测试数据后,对其进行解析和预处理。远程访问客户端通过订阅机制访问测试服务器上的测试数据,然后对其进一步分析和处理。在使用数据分析工具进行任何性能分析之前,首先要解决的是测试单元之间以及测试单元与测试服务器之间的时钟同步问题,这对于无线传感器网络的高精度测量具有重要的意义。

　　通过 NIBBTP 平台可以实现信号层、分组层、性能评估层 3 个层面的测试。在信号层,无线传感器网络测试平台可以获得节点内部的互连信号信息,包括信号发生变化的精确时间戳,这些信息反映了丰富的节点内部状态的变化情况。在分组层,通过解析节点内部微控制器和射频模块间的互连信号获得节点收发的无线分组的全部内容和对应的精确时刻,可以用于验证和分析无线传感器网络协议。在性能评估层,通过网内多个节点间对应收发分组情况的分析统计获得链路质量、传输延时、分组丢失率、网络拓扑等性能指标。

3.2.3　无线 Mesh 网链路层攻击检测系统

　　WMN(Wireless Mesh Network,无线 Mesh 网络)由 Mesh router(路由器)和 Mesh client(客户端)组成,其中 Mesh router 构成骨干网络,并和有线的互联网相连接,负责为 Mesh client 提供多跳的无线互联网连接。无线 Mesh 网络也称为多跳网络,它是一种与传统无线网络完全不同的新型无线网络技术。无线 Mesh 网是一种无中心、分布式的网络,具有自组织、自配置的优点。由于动态的网络架构和无线多跳通信的特点,其链路层面临的安全威胁更加严峻。因此,黄晓晖等人提出了一种基于 PDA 的无线 Mesh 网链路层攻击检测平台(简称 DSFAIWMN)。该平台可以为管理人员提供一个智能、动态、便携的信息处理平台,极大地提高了管理人员对分布式网络的掌控能力,能够有效地获取网络实时性能,监控网络运行,诊断网络故障,并对链路层的攻击行为进行检测与响应,为WMN 的安全运行提供实时的情报支持和安全预警。

WMN 数据链路层是其最容易被攻击的区域,其主要面临克隆节点攻击、节点捕获攻击、消耗节点资源的 DoS 攻击、AMPE 会话劫持攻击、消耗链路资源 DoS 攻击、PREQ 洪泛攻击、黑洞攻击、虫洞攻击、注入错误路由攻击等,如图 3-43 所示。

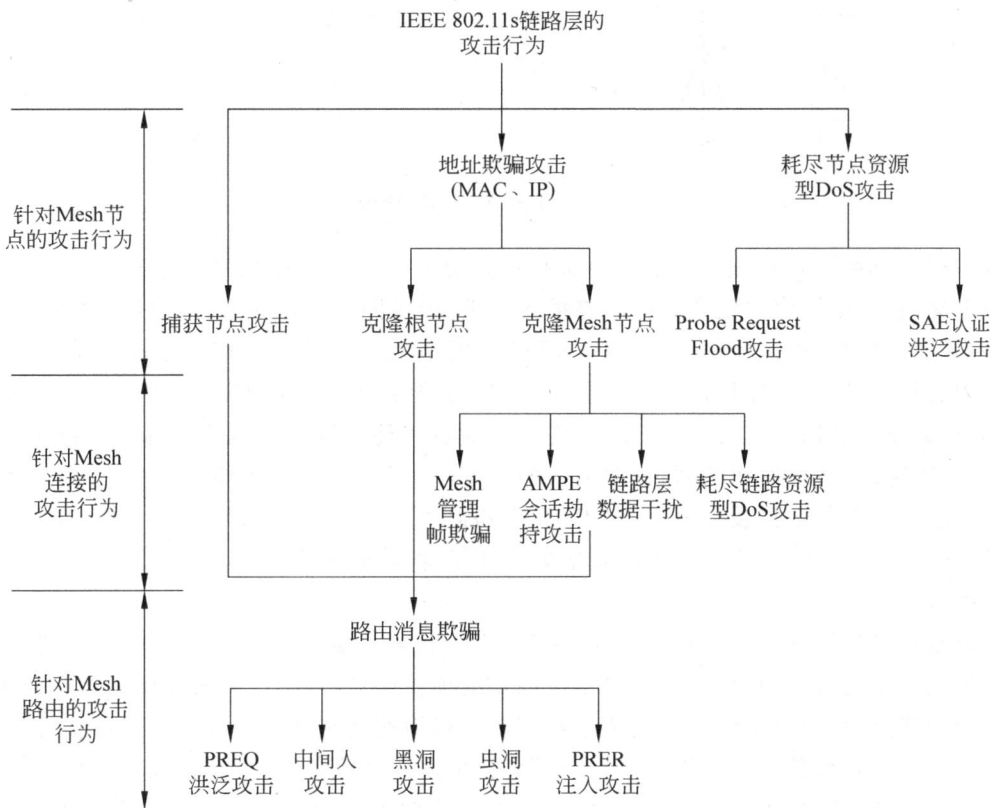

图 3-43　WMN 数据链路层攻击示意图

DSFAIWMN 检测系统的架构如图 3-44 所示,系统总体呈分布式架构,由 PDA 作为检测终端布置于 WMN 中各 Mesh STA 附近,负责侦听各个 Mesh 连接并执行检测功能。数据服务器使用固定的域名和 IP 地址接入互联网,并为 PDA 提供信息查询、存储、中转服务。PDA 通过 GPRS 连接与数据服务器进行数据通信。

DSFAIWMN 检测系统主要由 PDA 检测终端、攻击检测规则库、GPRS 传输网络以及数据中心服务器组成。PDA 作为检测系统的执行端,通过被动地监听无线信道来监听网络传输数据,同时构建监听范围内所有节点的节点信息表、连接信息表、路由转发表并进行存储,以便用于将来检测行为不端的节点。PDA 的主要任务是执行恶意行为发现、攻击行为识别、网络安全监控、数据上传下载等功能,并且在需要与其他节点进行协作时

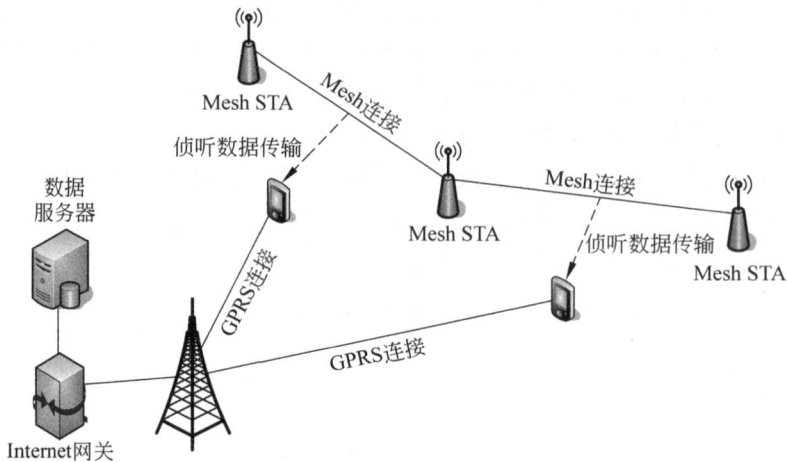

图 3-44　DSFAIWMN 架构

通过 GPRS 网络连接数据中心服务器进行信息交换。攻击检测规则库根据 RFC 的相关规范定义,将网络协议的正常运行状态抽象建模,跟踪网络运行状态转移过程来发现异常事件,并加以分析,确认攻击类型。GPRS 传输网络负责系统各个部分之间的信息交互。在检测过程中,PDA 之间、PDA 与数据中心服务器之间都不可避免地需要多种数据通信,并且数据的发送是随机的、动态的,内容格式也可能不同。数据中心服务器接入互联网,具有固定的 IP 地址和域名,存储网络的基本配置信息、安全策略设置信息、检测系统配置信息以及上传数据缓存表等,供 PDA 在检测时下载调用。在执行攻击检测时,如果 PDA 需要与其他 PDA 进行协作或数据交互,便可将数据上传到中心服务器,通过服务器进行中转。

攻击检测过程如下:DSFAIWMN 系统设置了异常预警机制和攻击报警机制,即当首次出现异常情况时,系统将对该异常原因发出预警信息,若异常继续发生并且符合相关攻击行为特点,系统将结合检测阈值来辨别攻击行为的类别并发出攻击报警,同时记录攻击行为并上传到服务器。在检测过程中系统会根据网络流量及时更新检测阈值。该方案不仅可以发现已知的攻击行为,还可以发现未知的攻击行为。使用加入输入输出安全约束的状态转移模型作为检测依据,PDA 只需具备很小的存储处理能力就能够检测到疑似攻击行为的错误和异常,大大减轻了 PDA 的性能消耗,同时有利于系统的更新升级,提高抗攻击能力。系统可以根据需要加入新的 PDA 检测终端,而不需要进行大的更改,因此具有更好的扩展性。

该系统针对攻击检测分析是以下功能的实现为基础的:

(1) 所有合法 Mesh STA 的 MAC 地址和 IP 地址都在中心服务器绑定注册,即一个 MAC 地址对应唯一的 IP 地址,并且保持不变。

(2) 每个 PDA 检测端也要在中心服务器注册,具有固定的标识名称,具有对数据中心服务器的查询、访问权限,但没有操作权限。

(3) 分布在 MBSS 中的 PDA 监控范围足以覆盖 MBSS 中所有的 Mesh STA。

(4) PDA 检测终端系统开启后,首先从中心服务器下载 Mesh 节点信息表、Mesh 连接信息表,进而对传输数据流进行输入安全约束检测。

1. WMN 节点合法性检测

DSFAIWMN 采用访问控制列表方式来检测 WMN 节点合法性,其 Mesh 连接的对等节点也加入了访问控制规则,在这种规则设置下,即使恶意节点将自己伪装成某个合法节点,检测系统依然可以通过发现其与对等节点的连接是否合法将其检测出来。检测过程如下:PDA 在检测到周围 Mesh 节点发送的 MAC 帧后,首先解析出发送节点标识信息和连接信息,进而查询 Mesh 节点信息表与 Mesh 连接信息表,寻找并获取访问控制规则,之后将检测到的节点信息与访问控制规则进行对比,若完全一致,则可认为数据的发送节点是真实存在并且可信的。在发生以下 3 种异常情况时,将启动相应的报警:

- 异常情况 1:PDA 检测到 MAC 帧的发送地址在 Mesh 节点信息表中根本不存在,则启动未授权访问报警。
- 异常情况 2:PDA 检测到某一 MAC 帧的发送地址在 Mesh 节点信息表中,但此节点并不在自己的监控范围之内,则启动 MAC 地址欺骗攻击报警。
- 异常情况 3:PDA 检测到 MAC 帧的发送地址在自己的监控范围内,但该帧所携带的标识信息或连接信息与访问控制列表中的规则不一致,则启动克隆节点攻击报警。

2. Mesh 连接的攻击行为检测

检测时,将 PDA 置于某一 Mesh 连接中间,当 PDA 接收到无线 MAC 帧时,根据 MAC 帧的类型和解析后的地址信息,首先进行发送节点的合法性检测,即检测是否是非法节点或欺骗节点发送的数据。通过检测后,PDA 依据检测到的 MAC 帧,判断是否存在对应的 Mesh 连接 FSM,若已经存在,判断 FSM 所处状态并将其输入自动机运行。若不存在,构建新的 FSM 并判断所处状态,继续监听信道,等待新的 MAC 帧。监测到新 MAC 帧后,系统对 MAC 帧进行输入安全约束检查,若满足,即输入自动机后进行输出安全约束检查。如果以上阶段都能够顺利完成,检测节点更新自动机当前状态,中断操作,继续监听。

- 异常情况 1:没有通过发送节点合法性检查,则启动相应的欺骗攻击报警。
- 异常情况 2:数据帧的发送(接收)节点 MAC 地址和 IP 地址与服务器上 Mesh 节点信息表中的记录不一致,判定为伪造的数据帧,存在欺骗攻击。
- 异常情况 3:出现负向状态转移,即状态机的状态序列由大向小跳转,通常这种情况是伪造管理帧造成 DoS 攻击的特征,因为所有的管理帧都有可能被伪造并大量发送,造成 Mesh 连接中断或节点资源耗尽,形成拒绝服务攻击。但也并非全部如此,这种情况也有可能是对等 Mesh 节点自身的连接管理功能造成的,如 ID 不匹配、SAE 认证失败等。
- 异常情况 4:出现正向状态跳跃,即自动机的状态序列没有按照 0~12 的顺序转移,而是发生了超过 1 的跳跃。通常这种情况是欺骗攻击、会话劫持和中间人攻击的开始阶段。如果在正向跳转发生之前先发生了一次负向转移,则代表存在管理帧欺骗,进而形成会话劫持。在 WMN 中,帧丢失也可能导致自动机的跳跃推进。例如,检测过程中 PDA 没有收到所有的传输帧,它可能会误判 Mesh STA 所处的真实状态而产生误报。

- 异常情况 6:出现零状态转移,即已有新的 MAC 帧到来,而该 Mesh 连接自动机状态却始终不变。在 Mesh 连接状态转移模型中,只允许自动机进入状态 12(数据传输阶段)以后且只有数据帧到来时才允许保持在该状态不变。若自动机始终处于非数据传输状态,就预示着可能存在管理帧欺骗 DoS 攻击,导致 Mesh 连接无法正常建立。不过也有可能是因为数据重传的因素造成的短暂停留。

为了减少误报率,在该系统中使用了一个结构体 Abnormal Transition 来描述异常跳转,包括两个成员:异常跳转的当前次数和门限次数。每发生一次异常状态转移,Abnormal Transition 的当前跳转次数就自动加 1,并启动攻击预警,当异常跳转次数超过了规定的检测阈值时即刻启动攻击报警。经过多次仿真实验验证,当负向跳转阈值设为 2、正向跳转阈值设为 3 时,系统对各种攻击的检测精度和误报率都能保持在较高的水平。

3. Mesh 路由的攻击行为检测

Mesh 路由攻击检测需要在每个合法节点附件都设置一个 PDA,其作为主控节点来检测各个节点运行情况,同时构建传播路径图作为路由消息传播过程的映射,用来跟踪网络信息在传播过程中是否保持一致。这种测试虽然可以正确反映网络状态信息,但成本过大,此处不做介绍。

从理论研究和实验测试结果可以看出,该检测系统能够达到非打扰式、整体范围内监控网络运行、检测网络攻击行为的目标。但针对路由攻击行为检测,其检测成本较大,特别不适用于节点数量比较多的待测系统,且该系统并未在真实环境中进行测试,其攻击检测能力还有待验证。

3.2.4 嵌入式安全关键软件仿真测试平台

随着物联网深入化的应用以及工业 4.0 时代的来临,嵌入式设备广泛应用于工业控制、航空、交通、银行、金融以及医疗等领域,在这些领域中,设备安全往往关系到人民生命财产和生态环境的安危。一旦发生故障或攻击,就可能造成生命和财产巨大损失。同济大学提出了一种针对安全关键系统/软件的仿真测试平台(Embedded SCS Simulation Testing Platform,ESCSSTP),该平台通过测试对象的可靠性来进行验证,以区别于由于恶意攻击者利用漏洞进行安全攻击的不可靠性。

嵌入式安全关键软件仿真测试平台为目标机的全数字仿真测试。将被测的嵌入式软件代码从目标机中剥离出来,在宿主机上测试,通过软件仿真以下部分:目标机的处理器、目标机外围硬件环境(如 I/O 操作和中断)、支持目标软件运行的操作系统、激励目标软件运行的输入信号和数据。通过数字仿真产生被测目标软件的运行激励,取代成本昂贵的实物激励系统和装置,为被测软件提供外部真实信号,使目标软件在较为真实的环境中运行,对于需要昂贵外围设备支持的嵌入式系统,安全性测试成本大大降低。ESCSSTP 的系统总体工作逻辑流程图如图 3-45 所示。

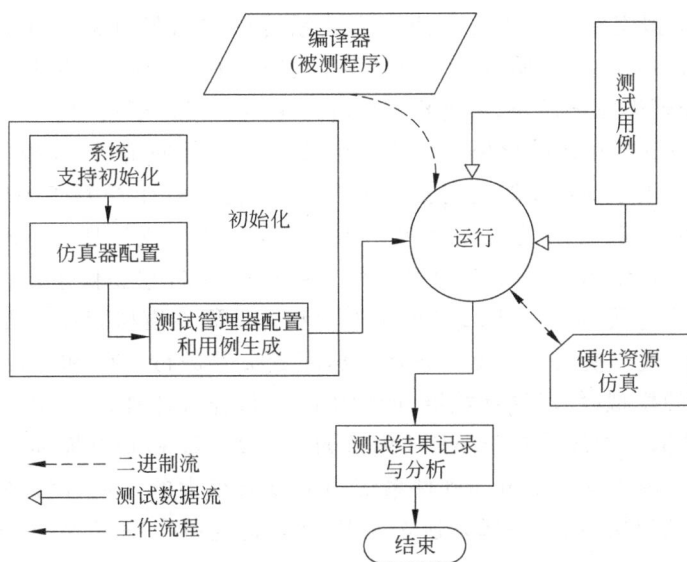

图 3-45　ESCSSTP 系统工作流程图

嵌入式安全关键软件仿真模拟器是嵌入式系统软件测试平台的核心组件之一,是一个运行于宿主机 Linux 操作系统上的应用软件,可为嵌入式软件模拟其运行的环境。它包括符号处理模块、目标目录模块以及目标控制模块。嵌入式软件模拟器体系结构是一个在统一的模拟时钟控制下的多任务模型。关键任务进程是 MCU 模拟器,它将 ARM 系列内核的功能通过软件的方式仿真实现。其他每个任务进程作为可选模块,模拟一个或一组外部设备,这些进程可通过统一的模拟器配置文件根据实际情况进行选择。关键模块 MCU 模拟器通过其子模块系统 I/O 模拟模块提供通信接口,提供多种方式与其他可选模块进行通信和同步,包括串口通信或者 TCP/IP 网络。作为关键模块的 MCU 模拟器的内部结构如图 3-46 所示。

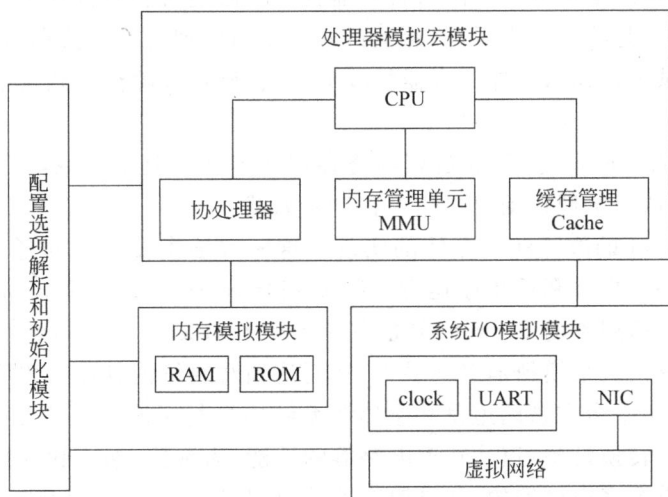

图 3-46　MCU 模拟器内部结构

（1）处理器模拟宏模块。主要完成嵌入式系统中与微处理器的体系结构相关的模拟，它可以细分为 MCU 指令模拟执行子模块、三级流水线模拟子模块、MMU/Cache 模拟子模块、异常处理模拟子模块、协处理器（coprocessor）模拟子模块。

（2）配置选项解析和初始化模块。主要完成配置文件的解析，并根据各种硬件的选项完成各种配置。由于 ARM 系列内核版本众多，获得授权生产基于 ARM 系列嵌入式 MCU 的供应商也对其进行了各自的扩展。为了尽可能多地支持现有 ARM 系列开发板，嵌入式仿真测试平台使用统一硬件配置文件 testpan.conf，它提供了模拟硬件配置和模拟执行行为配置等选项，包括 ARM 开发板选项和外设硬件模拟配置选项。

（3）系统 I/O 模拟模块。主要任务是根据配置文件进行 I/O 和外设初始化，完成各种外部 I/O 设备的模拟（如时钟计数器、产生中断等），进行各种特定 MCU 和外设的 I/O 寄存器读/写的模拟。大部分基于 ARM 内核的各种 MCU 和开发板都有自己的扩展，而且一般各不相同。由于这一部分与硬件系统的 I/O 有很大的关系，因此嵌入式仿真平台建立了一个 I/O 抽象层，把这一部分独立出来，然后建立各个特定 MCU 和开发板的 I/O 处理模拟实现。

ESCSSTP 测试平台主要采用故障注入和基于接口参数的软件安全测试方法。其故障注入模块可以实现通信故障、寄存器故障、外设硬件故障、内存故障、MCU 故障 5 种类型的注入攻击，故障注入开始后，每种故障注入模块根据故障的时间类型选择故障注入的机制。故障注入机制主要在注入瞬时性（永久性）故障、注入间歇性故障实现。定时器主要是为了实现故障的持续时间和间隔时间。具体来讲，定时器控制故障启动开关、暂时性故障持续开关、永久性故障持续开关、间歇性故障持续开关、间歇性故障开关。其实现包括 3 种方式：

（1）寄存器故障的注入方法的实现。寄存器故障的故障位置是 MCU 寄存器的指令计数器、堆栈指针寄存器和其他扩展寄存器。通过程序插桩，在程序故障插入点设置陷阱（trap），设置陷阱方法非常简单，对于 ARM 内核只要将 0x00000000（无效指令，表示故障注入）写入指定的地址就可以了。测试管理器会实时监视所有异常状态，当捕捉到预取址异常，并且无效指令是故障注入后，开始执行异常中断处理程序。仿真测试平台将在中断处理程序等待测试人员输入具体寄存器的故障形式，便将故障注入到其中，然后返回程序继续运行。

（2）内存故障的注入。方法和过程与寄存器故障注入基本一致，但它可以接受测试过程参数的控制，从而实现自动故障注入和自动测试。

（3）基于 Socket 的故障注入方法的实现。这种方法主要是针对通信故障的一种故障注入机制。核心思想是利用程序运行期间截获与 Socket 接口间传递的消息时注入通信故障。对于程序所用到的 Socket 函数，如 recev()、bind()、connect()、send() 等函数，修改这些函数的返回值来模拟消息的丢失，从而达到对通信消息注入故障的目的。

ESCSSTP 测试平台在铁路道岔状态监测系统中进行了验证。道岔监测系统监测铁路上关键道岔及其转换设备、道岔轨道电路等的性能，为维护、保养和维修提供决策支持。系统在道岔轨旁设置多组可靠的、高灵敏度的传感器，测量单元包括尖轨与基本轨的密贴度、尖轨与基本轨的斥离度、可动心轨与翼轨的密贴度、转辙机转换力和动态力、道岔环境温度和相对度以及道岔工务参数等。现场监测单元(Field Monitoring Unit,FMU)将收集到的传感信息进行加工预处理后,通过现场控制总线或网络系统传送至位于车站控制室的 MS 中央处理服务器(CPS),CPS 分析收到的现场信息,确定可能的设备损耗和性能恶化。道岔监测系统中的现场监测单元是典型的基于 ARM 的嵌入式计算系统,它包括若干个可热插拔的数据采集板(Analog Input Board,AIB)和一个主控板(Main Process Board,MPB),经由内部 CAN 总线集成在一个机箱内,形成一个独立的子系统。运行在现场监测单元主控板中的软件是典型的实时嵌入式软件,它负责确保现场监测单元工作正常,并在出现故障时能自动恢复,是整个系统的安全关键软件。

经过嵌入式安全关键软件仿真测试平台的检测,在 MPB 第一个实现版本的通信子模块中,发现了内部通信在 CAN 总线错误累计达到复位点后不再自行恢复并死锁的故障,以至于 CPS 无法正确获知其内部各个采样板的状态。这次测试为以后修正软硬件设计提供了翔实的第一手测试数据。

3.2.5　测试中心与测试产品及服务

1. 测试中心

1) 中国信息安全测评中心

中国信息安全测评中心(以下简称测评中心)是我国专门从事信息技术安全测试和风险评估的权威职能机构。依据中央授权,测评中心的主要职能包括:负责信息技术产品和系统的安全漏洞分析与信息通报,负责党政机关信息网络、重要信息系统的安全风险评估,开展信息技术产品、系统和工程建设的安全性测试与评估,开展信息安全服务和专业人员的能力评估与资质审核,从事信息安全测试评估的理论研究、技术研发、标准研制等。在物联网领域,其主要对外提供工业控制系统产品测评。

其在物联网领域的测试内容如下:对工业控制系统中的各类产品进行功能性及安全性测试,包括控制类产品(即工业控制设备)和安全类产品(工业安全设备)。其中控制类产品包括可编程控制器(PLC)、离散控制系统(DCS)、远程终端单元(RTU)、智能电子设备(IED)、各行业控制系统等用于生产控制的产品。安全类产品包括工业防火墙、工业安全网关、工业异常监测系统、工业应用软件漏洞扫描产品等用于工业环境安全防护的产品。根据测评依据及测评内容,工业控制系统产品测评类型包含标准测试、选型测试和定制测试等。

2) 工业和信息化部计算机与微电子发展研究中心

工业和信息化部计算机与微电子发展研究中心与中国软件评测中心、中国赛迪实验室、北京市电子系统可靠性评测工程技术研究中心同属一个实体。其依托工业和信息化部电子发展基金项目开展物联网公共服务平台建设,目前已经完成了测试工具研发储备以及对行业的深入研究,具备物联网示范工程信息化系统设计与测试能力。

其服务内容如下:

(1) 方案设计。提供产品开展项目建议书、可行性研究报告、初步设计方案的编写服务。分析工程(项目)建设需求、效益和风险等内容,评估工程(项目)实施的可行性、有效性,定位关键技术及难点,设计技术路线,总结系统实现思路。

（2）方案验证。对物联网示范工程（项目）的系统设计方案进行有效性、科学性验证。

（3）系统测评。在物联网示范工程建设过程中，开展系统测试与评估服务。主要进行功能测试、安全性测试、可靠性评测等内容的服务，预防和发现系统建设缺陷，保障工程的建设质量和顺利通过验收。

该中心已形成研发基于 TinyOS 的无线传感网信息安全仿真工具、物联网仿真验证系统、虚拟机安全检测工具、多租户数据安全检测工具、漏洞扫描分析工具、能耗检测及诊断工具。

3）信息产业信息安全测评中心

信息产业信息安全测评中心与中国信息安全测评中心计算测评中心、国家金卡工程IC 卡产品信息安全测评中心同属一个实体。1998 年，原信息产业部鉴于华北计算技术研究所多年从事计算机安全技术研究与开发的优势，授权其组建成立信息产业部计算机安全技术检测中心，为国家信息安全产业健康、有序发展提供可靠的技术保障。

2011 年 5 月，经工业和信息化部批示，中心更名为信息产业信息安全测评中心。以此为基础，中国信息安全产品测评认证中心（现已更名为中国信息安全测评中心）于2000 年授权华北计算技术研究所成立中国信息安全产品测评认证中心计算机测评中心（现已更名为中国信息安全测评中心计算机测评中心）。2008 年，该中心被中国国家认证认可监督管理委员会指定为信息安全产品强制性认证检测实验室，开展信息安全产品强制性认证测评。

在物联网安全测评领域，信息产业信息安全测评中心主要对外提供智能卡及读卡器的安全性进行安全测评服务。目前，已对北京华虹集成电路设计有限公司的北京华虹HSM0864K SIM 卡、珠海市金邦达金卡片设备有限公司的金慧智能 IC 卡操作系统GemGold V1.0、大唐微电子技术有限公司的安全芯片 DMT-CTSC09A03、中国电子科技集团公司第十五研究所的非接触式智能卡芯片 NCI128RF(V1.0)等 20 多款产品进行了安全测试。

4）中国信息安全认证中心

中国信息安全认证中心是经中央编制委员会批准成立，由国务院信息化工作办公室、国家认证认可监督管理委员会等八部委授权，依据国家有关强制性产品认证、信息安全管理的法律法规，负责实施信息安全认证的专门机构，是国家质检总局直属事业单位。

中国信息安全认证中心在物联网安全检测领域主要对外提供无线局域网产品认证、智能卡 COS 产品强制认证、安全路由器产品强制性认证以及电子防盗锁产品、网络摄像机、条码阅读器、射频标签、RFID 读写器等产品安全认证服务。

5）公安部第一研究所检测中心

公安部第一研究所检测中心下设国家安全防范报警系统产品质量监督检验中心、公安部安全与警用电子产品质量检测中心、公安部特种警用装备质量监督检验中心、神盾计量校准中心。公安部安全与警用电子产品质量检测中心成立于 1987 年，公安部特种警用装备质量监督检验中心（原公安部警械警服质量监督检测中心）成立于 1999 年，在此基础上，国家安全防范报警系统产品质量监督检验中心（北京）于 2005 年正式挂牌。该中心是经公安部政治部批准，通过中国国家认证认可监督管理委员会授权、计量认证合格、中国合格评定国家认可委员会认可的多学科、多专业、具有第三方公证地位的技术服务机构，是集计量、校准、监督检验、检查于一体的综合性国家级实验室。

该中心行政上隶属于公安部第一研究所，业务工作直接受国家质量监督检验检疫总局和公安部科技信息化局、装备财务局及公安部相关业务局的领导和指导，是中国质量认证中心和中国安全技术防范认证中心签约实验室，承担安全防范产品强制性认证（CCC）和自愿性认证的检验工作，其中强制性认证检测范围包括了 4 大类 11 种产品，是国内唯一可以进行全部 11 种安防产品强制性认证检测的检验机构。

该中心建有电性能、安全性能、防护性能、电磁兼容（EMC）5 米法电波暗室、防弹性能、锁具测试、环境试验、警用装备、警用服装服饰、信息安全、软件测评、消音室、声学、光学、长度力学、视频图像（暗室）、通信屏蔽、步行、防伪、技侦、UL294、UL639、UL1037 WTDP 目击测试、计量等 20 余个专业实验室，并在北京近郊设有靶场，开展各类防暴（爆）、防化产品的测试和检验方法的研究。目前，该中心经中国合格评定国家认可委员会实验室认可的计量校准能力为 136 项，检验能力达 328 项，检查能力 3 项。具备按照相应的国家标准、行业标准、地方标准、企业标准及 IEC、UL、CE 等国际标准开展相关测试服务工作的能力。检验类别涵盖国家、行业质量监督抽查检验、仲裁检验、质量鉴定、司法鉴定、生产许可证检验、委托检验、型式检验、计量校准检定、信息安全检查、科技成果鉴定检验。业务范围包括社会公共安全防范、信息安全、警用装备、警用服饰等领域内系统及产品的质量检验、检查，各类安全防范工程的检测，计量器具的校准检定。

在物联网安全检测领域，该中心提供物联网设备安全性检测与物联网系统安全检测。检测中心依托 2012 年国家发展与改革委员会信息安全专项"物联网一体化安全检测专业化服务项目"形成了针对 RFID 读写器、电子防盗锁、射频遥控器、射频标签等产品的安全检测能力，以及提供基于物联网智能感知技术的目标定位管理系统安全检测、超高层安全物联网监测与应急救援系统安全检测、人防工程建设和运维监测预警系统安全检测、城市安全运行和应急管理物联网应用辅助决策系统安全检测、物联网网络边界接入平台安全测评、物联网系统视频接入系统安全测评、物联网系统无线接入系统安全测评、物联网系统单向导入系统安全测评等检测能力。

自 2013 年起，该中心与中国信息安全认证中心开展合作，筹备成立认证业务功能实验室。实验室将分批分次开展涵盖物联网各类感知设备、接入传输设备和业务应用设备共 3 大类 12 项 56 个产品族群，涉及几百款产品的检测。2014 年 1 月，公安部第一研究所检测中心与中国信息安全认证中心签署实验室委托协议，成为其首个物联网 IT 产品签约检测实验室。

6）中国科学院自动化研究所 RFID 测试实验室

中国科学院自动化研究所 RFID 研究中心与北京中交国科物流技术发展有限公司于 2004 年 10 月在国家 863 计划的支持下建立了国内首个 RFID 测试实验室，其目的在于对已有产品和系统进行测试，通过对多种 RFID 产品和解决方案的测试和比较，在实际应用中选择最佳应用方案。

依托于 863 课题，物流应用中的 RFID 技术分析测试课题组建立了国内唯一的开放式面向物流应用的 RFID 技术分析和模拟测试实验平台，RFID 测试平台的主要研究内容包括读写性能研究和复杂场景下的性能研究两部分,分别对单件产品和整套系统进行评测。其中 RFID 标签和读写器的性能研究也可以称为单通道 RFID 性能研究,主要在于测试不同介质、不同材料、不同磁场、不同距离、不同速度、不同潮湿环境以及标签与读写器的不同方向、不同位置、不同角度等条件下的阅读器与电子标签之间的性能。复杂场景下的性能研究也可以称作多通道 RFID 性能研究,设计一些典型应用场景,如超市、高速公路收费场景,通过 RFID 系统在场景下的测试结果研究多个 RFID 通道之间的空间分布及互相影响,并通过多点 RFID 系统验证研究点到点之间 RFID 信息传输的准确性、效率和可靠性。通过测试平台的这些研究,可以找到并解决 RFID 应用中的几个主要影响因素和难点,如 RFID 识别范围及其影响因素、多目标识别能力及其影响因素、防碰撞性能及其影响因素、抗干扰性及其影响因素以及应用中 RFID 与条形码的系统兼容性等。

7) 国家物联网产品及应用系统质量监督检验中心

国家物联网产品及应用系统质量监督检验中心经国家认证认可监督管理委员会批准,落户无锡市太湖之滨的江苏省电子信息产品质量监督检验研究院内。该中心总投资 2 亿元人民币,建有电磁兼容、无线通信、多媒体整机、元器件、环境适应性、有毒有害物质、系统安全 7 个国内领先、国际先进的专业检测实验室。目前已能为物联网产业提供基础传感产品的环境适应性与可靠性试验、无线传感网的无线发射特性与电磁兼容性能试验测试、物联网的安全性与可靠性评估和物联网产业应用系统监理、系统集成资质企业的认证等直接服务。

该中心由国家认证认可监督管理委员会于 2013 年 12 月正式授权其主要检验产品为物联网产品及应用系统。因此,目前还未形成关于物联网产品和应用系统的检测报告。

8) 国家信息中心软件评测中心。

国家信息中心软件评测中心是经国家发展与改革委员会批准设立的国家级第三方信息技术评测机构,具有国家级计量认证(CMA)、中国合格评定国家认可委员会认可实验室(CNAS)、中国合格评定国家认可委员会认可检查机构(CNAS)等权威资质,是国家电子政务云集成与应用工程实验室云测试工作负责单位。1996 年由国家计委批复正式成立国家信息中心、国家计委学术委员会软件测评研究中心,2008 年由国家发改委批复更名为国家信息中心软件评测中心。

该中心通过云服务平台逐步开展云测试的服务,目前主要提供 App 检测和门户网站安全监测等评测服务,并部署软件产品登记测试等应用。其 App 安全检测服务主要提供以下服务:

(1) 通过对移动互联网的应用软件(App)进行安全测试来减少或避免恶意应用对终端用户的利益损害,推动移动互联网领域的健康发展。

(2) 通过多引擎查杀病毒,降低 App 的病毒感染率,增强 App 的健康发展。

(3) 通过静态和动态双重检测方法,多层次、多角度对应用软件进行风险分析,查杀未知病毒。

9) 江苏物联网研究发展中心

2009 年 11 月 12 日,中国科学院、江苏省人民政府、无锡市人民政府签署共建中国物联网研究发展中心协议。2009 年 12 月 30 日,江苏省批复成立江苏物联网研究发展中心。2010 年 10 月 8 日,中国科学院批复成立中国科学院物联网研究发展中心,作为中国科学院在物联网领域的总体单位,并纳入到中国科学院"创新 2020"规划中的战略高技术中心进行建设。

在物联网安全测试领域,江苏物联网研究发展中心通过公共技术平台对外提供通信系统与芯片设计平台、物联网软件开发评测平台以及物联网应用系统验证评测平台。

通信系统及芯片测试验证分析平台主要解决物联网系统和芯片设计、分析验证面临的软件工具、仪器等设备昂贵、使用复杂性问题,减轻企业开发工具、测试设备负担,降低企业研发成本,以及解决研发产业链共性关键技术,提供成套先进的设计、验证和测试的方法、设备和环境,形成资源汇聚,整合产业链,提高企业研发效率,降低成本。其主要服务内容是面向国内从事物联网相关通信系统和集成传感芯片研发的中小型创新型企业,提供测试仪器设备及调试环境租赁、测试技术咨询、通信设备委托测试、标准化测试计量、高效能测试数据分析、先进测试技术培训。其服务模式如图 3-47 所示。

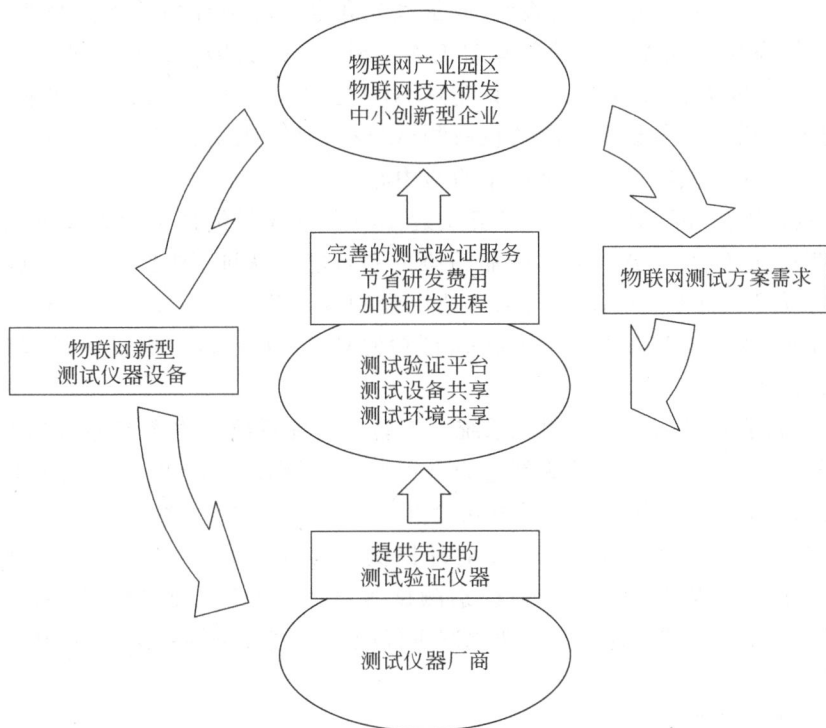

图 3-47　通信系统及芯片测试验证分析平台服务模式

物联网软件开发评测平台主要集成物联网应用系统开发关键技术,建设基于云服务模式的应用软件开发环境,突破基于虚拟化测试资源管理技术,形成全面的物联网应用软件测试服务能力,对外提供系统级开发、评测、监控及咨询等服务,降低物联网应用系统开发、测试技术难度及研发成本,培育完整的应用研发与运营服务体系,带动相关软件与系统集成企业发展。通过具有自主知识产权的应用测试工具集、测试环境业务管理系统、测试资源管理系统、测试用例库管理系统、测试流程管理系统、测试开发环境,对外提供软件测试测评服务、第三方测试测评、在线业务监控测试、测试方案设计和咨询等服务。

物联网应用系统验证评测平台针对物联网应用热点,建立统一的综合测试与验证评估环境,提供基于国家或行业标准的标准化测试、验证、评估和认证平台。该平台以防入侵、环境监测、智能电网和地震灾害预警等物联网重点应用领域为切入点,为各行业应用示范系统的大规模推广以及统一物物互联平台建设提供综合测试服务、验证评估服务和质量保障服务,以质量助发展。为我国在物联网应用领域推广应用统一架构、技术体系、标准芯片、系列设备、解决方案提供质量支撑手段;为传感器网络"共性平台＋应用子集"产业化模式的大规模推广提供质量保障基础,推动形成规范的产业链,完成产业集聚,加速物联网技术体系的标准化工作,争取在部分领域主导国际标准。

10) 国家无线电监测中心检测中心

国家无线电监测中心检测中心(SRTC)是隶属于国家无线电监测中心的独立事业法人单位,主要承担无线电产品和无线电监管设施的质量检测、全国无线电检测机构认定、无线电规范和标准制定、检测方法验证、设备系统和电磁环境评估等相关技术工作,即检测、验证、评估、鉴定 4 项无线电设备检定工作。SRTC 是我国无线电行业唯一的实验室认可(CNAS)、计量认证(CMA)、资质认定(CAL)"三合一"认证国家级质检机构,是我国各类无线电发射设备型号核准检测的权威测试机构,是国家认证认可监督管理委员会正式批准成立的国家无线电产品质量监督检验中心。

SRTC 具备国内外权威认证、认可资质近 20 项,可开展包括中国无线电设备型号核准、中国强制认证(CCC)、电子信息产品污染控制自愿性认证(国推 RoHS)、欧盟 CE、美国 FCC、加拿大 IC、日本 TCM 等国家和地区强制性认证,以及 GCF&PTCRB、CCF、蓝牙、WiFi、VDE-EMC、CTIA 等产业联盟认证检测业务,可为客户提供一站式的国内、国际检测/认证服务。

SRTC 研制了系列化的自动测试系统及实验室管理系统。主要产品包括 2G/3G、4G LTE、无线接入、专业无线通信等无线电设备射频自动测试系统,以及在用无线电设备射频测试系统、REMC1000 自动测试系统和检测实验室管理信息系统。

SRTC 在物联网安全检测领域主要对外提供无线电设备射频测试、移动通信终端一致性测试、蓝牙测试、WiFi 测试、射频识别测试等,但 SRTC 主要是针对一致性、互操作性、协议、性能等方面的测试,其安全性测试也仅限于电气安全性的测试,不包括信息安全方面的测试。

11) 银行卡检测中心

银行卡检测中心(工商注册名北京银联金卡科技有限公司)经中国人民银行总行批准成立于 1998 年 4 月,作为一个独立的第三方专业技术检测机构,其主要职责是按照国际、国家和金融行业有关技术质量标准,根据中国人民银行的授权承担我国银行卡及其受理终端机具等产品的检测,为我国银行卡联网通用和交易安全提供专业技术检测服务,积极推动我国银行卡产业健康、有序、快速发展。

在物联网安全检测领域,银行卡检测中心提供产品安全评估和系统安全评估。其产品安全评估包括:

• 银联卡受理终端 PIN 输入设备安全评测。

- 销售点(POS)终端安全评测。
- 中国银联电话支付终端Ⅱ型评测。
- 个人支付终端安全评测。
- 非接触 IC 卡安全评测。
- IC 卡安全评测。
- 中国银联电话支付终端Ⅰ型评测。
- 银联卡受理自助终端安全评测。
- 银联智能销售点终端安全评测。
- 中石油加油 PSAM 卡安全评测。
- 中石油加油 IC 卡安全评测。
- 中国建行 PSAM 卡安全评测。
- 收费公路联网收费 PSAM 卡逻辑部分评测。
- 非接触 IC 卡及多应用文件访问权限安全评测。
- 北京市政交通一卡通非接触 IC 卡安全评测。
- USBKey 安全评测。
- OTP 设备安全评测。
- ESAM 模块安全评测。

系统安全评估包括：

- 发卡系统安全评测。
- 支付系统安全评测。
- 第三方收单机构接入银联系统测试
- 银联卡账户信息安全合规评测。
- 网上银行信息系统安全评测。

12) NSTC

国家电子计算机质量监督检验中心和国家金卡工程信息存储系统测评中心(NSTC)是由国家质检总局、国家认证认可监督管理委员会和国家金卡办公室授权,由工业和信息化部主管的第三方国家级信息产品检测机构。NSTC 是专门从事信息存储产品及系统、软件等测评服务的第三方检验机构,以"尊重科技、冠名品牌"为宗旨,致力于为客户提供公平、公正、科学、权威的测评服务,促进信息存储产业的健康发展和市场的良性竞争。

NSTC 的法人实体为北京尊冠科技有限公司,目前,北京尊冠科技有限公司共获得 2 个国家检测中心、4 个部级检测中心和 4 个国家金卡办公室检测中心,分别为国家电子计算机质量监督检验中心(1993),国家电子标签产品质量监督检验中心(2006),信息产业计算机产品质量监督检验中心(1986),信息产业 IC 卡质量监督检验中心(1998),信息产业印制电路板质量监督检验中心(1986),信息产业计算机机房工程及设备质量监督检测中心(1988),国家金卡工程 IC 卡及机具产品检验中心(2004),国家金卡工程射频识别与电子标签产品检验中心(2006),国家金卡工程信息存储系统测评中心(2011),国家金卡工程自动售检票系统质量检测中心(2011)。

NSTC 是通过中国实验室国家认可委员会按照 CNAS-CL01:2006《检测和校准实验

室认可准则》(ISO/IEC17025：2005)的要求认可,国家质量监督检验检疫总局、信息产业部和国家金卡办公室授权从事计算机、计算机外设、计算机网络设备、税控收款机、第二代居民身份证阅读(验证)机具、机房设备及工程、印制电路板、元器件、网络综合布线、软件、IC卡与机具、电子标签与机具、计算机类节能等产品检验(评测)的第三方专业检测实验室。

近年来,NSTC完成了基于Linux和国产BIOS的微机安全操作系统,无触点IC卡、IC卡机具产品质量检测技术的研究,计算机网络、第二代居民身份证相关产品(含安全)测试平台建设,工业控制计算机产品及系统测试平台建设、电子标签产品及系统检测平台建设等检测科研项目的研究。

13) 中国物品编码中心

中国物品编码中心下设国家条码质量监督检验中心、国家射频识别产品质量监督检验中心、国家IC卡工业产品生产许可发证检验机构、国际射频识别认证测试中心。

国家条码质量监督检验中心是国家质量监督检验检疫总局授权的国家级产品质量监督检验中心(国认监认字225号)。该中心筹建于1991年,并于1997年首次通过评审,2003年通过了中国实验室国家认可委员会认可(CNAL No. L0719),2008年和2011年通过国家合格评定实验室认可委员会的复评审(No. CNAS L0719)。2004年,该中心还通过了专项计量授权评审,2009年通过专项计量授权的复评审,获得国家质量监督检验检疫总局专项计量授权((国)法计(2009)0123号)。

国家条码质量监督检验中心向社会各界提供条码符号、条码胶片、条码识读器/条码扫描器、条码打印机/条码生成器、条码设计软件/条码生成软件以及其他条码相关产品的检验服务与条码检测仪的检定/校准服务,同时还接受国家质量监督部门的委托,开展条码质量国家监督抽查工作。

国家射频识别产品质量监督检验中心是国家级的专业射频识别相关产品检验机构,是我国射频识别领域的权威检测机构,是目前亚太地区唯一获得ARTC(Approved RFID Test Center,经批准的RFID检验中心)国际射频识别硬件产品认证测试资质的认证测试机构。拥有国家认证认可监督管理委员会的CMA和CAL资质,同时拥有中国合格评定国家实验室认可委员会的CNAS资质,在我国射频识别技术检测领域具有国内领先、国际一流地位。该中心测试的硬件产品包括射频识别芯片、标签、读写器模块、读写器、打印机等硬件产品,覆盖低频(动物标签)、高频、超高频、微波等频段。测试的软件产品包括读写器软件、RFID中间件以及信息服务等射频识别专用软件产品。测试各种应用软件产品,覆盖软件功能、性能、可靠性、易用性、维修性、可移植性等多方面。测试RFID应用系统以及闸门入口、传送带以及卖场货架、书架等多种动态性能。国家射频识别产品质量监督检验中心还具有IC卡生产许可证发证检验机构资质,能够为IC卡研发和生产单位提供检测服务并提供许可证相关检测服务。

国家射频识别产品质量监督检验中心为芯片研发、标签制造、设备制造、软件开发以及系统集成等各类型厂商以及国家政府机关、事业单位、大型国企等社会各界提供委托检验、硬件认证测试、研发测试、软件登记测试、软件确认测试、软件验收测试、科技项目技术鉴定测试以及IC卡生产许可证检测等服务。同时还接受国家质量监督部门的委托,开展射频识别相关产品质量的国家监督抽查工作。

国家射频识别产品质量监督检中心为全国工业产品生产许可证办公室授权的国家 IC 卡工业产品生产许可证发证检验机构。检测产品包括接触式 IC 卡、非接触式 IC 卡、双界面 IC 卡、柔性标签及各种异型 IC 卡,行业应用包括交通、物流、通信、社会保障、公用事业等。

中国物品编码中心于 2007 年 9 月通过了国际 EPCglobal 授权的 METlab 实验室的评审,取得了射频识别认证测试中心 ARTC 资质,是目前国内唯一可以提供射频识别产品认证测试的机构,可以开展射频识别相关产品的认证测试。

上述机构主要开展物联网一致性、通用性和可靠性的检测,未针对物联网安全检测提供服务。

14) 中国移动物联网研究院

2010 年 7 月,中国移动公司物联网研究基地在重庆成立,该中心主要针对物联网中应用到的 WSN、RFID、二维条形码和云计算技术等安全性开展研究。

15) 国家物联网智能安防及交通产品质量监督检验中心

2014 年 9 月 30 日,国家质检总局发文批复同意浙江省质检院筹建国家物联网智能安防及交通产品质量监督检验中心(浙江)的申请。浙江省质检院将通过 18 个月的筹建时间,全面建设国家物联网智能安防及交通产品质量监督检验中心。建成后,其检测能力将覆盖电磁兼容、无线通信、多媒体整机、元器件、环境适应性、有毒有害物质、系统安全等检测项目,可以开展包括系统物理网产品综合性能评价、软件可靠性、网络及信息安全、音视频性能、电器安全性能等领域的检测服务,进一步助力我国物联网产业技术的高速发展。

16) 国家级物联网标准与测试认证机构——无锡中检信安物联网检测技术有限公司

国家级物联网标准与测试认证机构——无锡中检信安物联网检测技术有限公司 2014 年 10 月 28 日在无锡新区揭牌成立。无锡中检信安物联网检测技术有限公司由中国检验认证集团、中国信息安全认证中心、感知集团等共同出资组建。其核心业务包括物联网信息安全标准规范研究与技术服务、物联网信息安全标准验证及共性技术研发等六大体系,提供传感网产业化共性关键技术研发和产业化公共服务功能,助力国内物联网发展。其将在物联网科研、检测、认证等方面进行深度开发,为国家物联网产业建设提供标准研究、技术验证、产品检验、系统和服务评估等全面的技术支撑。

2. 提供物联网产品、系统安全测试工具或服务的公司或机构

国内提供物联网产品、系统安全测试工具或服务的公司与国外相比较少。传统的安全厂商,如 360、金山、天融信、江民、东方微点、亿阳信通、冠群金辰等公司大多提供安全防护产品,涉及物联网安全检测领域则更少,仅少数企业和公司关注物联网中无线领域、工业控制的安全检测产品与服务。

1) 匡恩公司

北京匡恩网络科技有限责任公司是一家专业从事工业控制网络安全的企业,拥有完全自主知识产权的安全测试和防护技术,其面向工业控制领域提供相关的安全产品和技

术服务。主要的产品有工控网络安全综合管理平台、工控网络安全 IAD 智能保护平台、工控网络安全漏洞挖掘检测平台、工控网络安全威胁管理平台、工控网络安全数据采集隔离平台、工控网络安全攻防演示系统以及工控网络安全监控审计平台等,提供包括系统风险评估、设备漏洞挖掘、仿真演示系统、工控设备认证、工控网络安全培训等安全服务,服务的内容涵盖了从产品设计到产品生产、安装实施以及运营维护的工控系统的整个生命周期。

其漏洞挖掘检测平台全面支持各类网络和串行总线接口的工控协议,提供针对工控设备及系统(如 PLC、DCS、SCADA 等)和工控安全防护设备(如工控防火墙、网关等)的全面漏洞检测和漏洞挖掘功能,通过综合应用各种测试脚本和套件,快速精确地发现各类工控设备中的已知漏洞和挖掘未知漏洞,并能够在漏洞挖掘的基础上,进行一系列的漏洞根源分析和保护策略研发验证等后续衍生开发。

2) 启明星辰

启明星辰公司成立于 1996 年,拥有完全自主知识产权的网络安全产品、可信安全管理平台、安全服务与解决方案的综合提供商。在物联网领域,其对外提供天清无线安全引擎产品,可自动发现无线射频信号,支持 IEEE 802.11a/b/g/n 系列协议,支持 2.4GHz、5.8GHz 双频段,支持 2.4GHz&5.8GHz 宽频全向桨状天线,增益 5dBi。无障碍空间覆盖面积达 500m² (低端型号)、2000m² (高端型号),可发现该产品覆盖区域中的 AP、终端,并可识别常见设备的生产商等信息,同时也可发现终端与 AP 的连接信息、加密方式、安全设置等。

在防护区域内,可通过定制的无线安全策略(黑名单、白名单),在 WLAN 链路层上杜绝未经授权的 AP 和终端接入。可全面检测无线欺骗、无线破解、无线 DoS、有风险的配置等多个大类数十种无线威胁,并通过阻断防范 WLAN 无线攻击。

可检测多类数十种攻击行为,并执行告警和阻断:

- 流氓 AP 检测。流氓 AP 通常是内部员工有意或无意在内部私接 AP,从而使外部非法终端接入内网,造成内部资料外泄。
- 内部终端的非法外联检测。内部人员通过 WLAN 连接其在内网周围私架的 AP,从而使内部信息外泄。
- 无线网络扫描。扫描是攻击的前期行为,是安全隐患。
- 无线钓鱼攻击。通过伪造信息来搭设钓鱼 AP,用于仿冒内网合法 AP,欺骗无线用户与其关联,从而获得合法用户的信息,包括用户名、密码等。
- 无线 DoS 攻击。攻击者通过仿造无线客户地址大量发送攻击报文,使得无线用户的合法接入遭到破坏,影响网络使用。
- 代理 AP 攻击。代理 AP 的攻击者通常在客户端(比如 Windows 7)上伪造一个合法 AP,欺骗其他终端连接,并以桥接的方式使得合法终端访问 Internet 或内网。后续过程中,被欺骗终端数据流都将经过这个伪造 AP,从而造成信息泄露。
- Ad-hoc 连接。Ad-hoc 允许两台无线设备直接相连,增加了信息泄露的风险,给内网安全带来隐患。

其通用部署架构如图 3-48 所示。

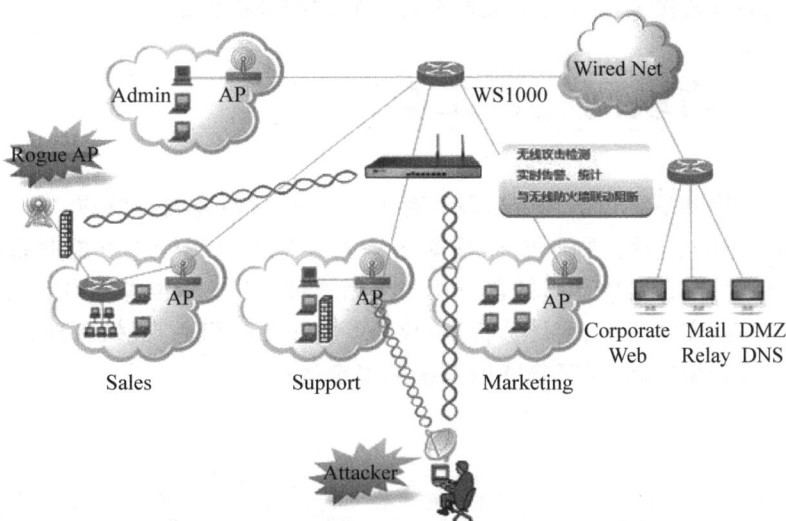

图 3-48　天清无线安全引擎产品部署

3）安氏领信

随着无线技术的飞速发展以及智能终端的迅速普及,WLAN 应用逐步成为通信领域的焦点。安氏领信提供 WLAN 安全解决方案。目前市场上的 AP 和 AC 是标准的硬件设备,传统的 AP 产品只提供了终端接入方法的功能和保障,对无线网络中的攻击、入侵和伪装等威胁缺乏防护能力。由于 WLAN 网络的物理开发性和日益普及,安全威胁层出不穷,需要大量部署前面提到的无线网络扫描和检测产品,此类产品的硬件平台和 AP 基本一致。安氏领信研究开发了一款全新的安全加固 AP(具有无线安全防护功能的 AP),从而减轻电信运营商在建设 WLAN 公众网时在安全方面的投资压力,且切实有效地提高 WLAN 网络的安全性。同时,该公司也在研究 AC 设备的安全性问题,准备今后在 AC 上加入安全防护和控制模块,从而推出安全加固的 AC。

4）绿盟科技

绿盟科技对外提供工控漏洞扫描系统(Industrial Control Systems Vulnerability Scanning System,ICSScan),该系统不仅能对在工业控制系统中使用的传统 IT 设备/系统(如服务器、网络设备、数据库、工作站等)进行安全评估,还可以针对工业控制系统中特有的设备/系统(如 SCADA、DCS、PLC 等)进行漏洞扫描,并可以对一些关键系统的安全配置进行评估,以完整地呈现工业控制系统的安全风险。支持对 Advantech BroadWin、Citect、7-Technologies、Measuresoft、WellinTech 等出品的 SCADA/HMI 应用进行漏洞扫描,支持对 Schneider、Siemens、VxWorks 等 DCS 控制器嵌入式软件(包括 PLC)进行漏洞扫描,支持 Modbus TCP、西门子 S7 等主流现场总线。

5）北京谷神星网络科技有限公司

北京谷神星网络科技有限公司成立于 2011 年,其提供的工业控制系统漏洞检测系统可快速、有效地完成对目前国内主流的工控系统的检测,并生成相关检测结果的数据和报告,提示相关风险,以利于检测者快速、准确地发现存在于工业生产过程中的信息安全隐患。通过日志的方式接入网络安全管理平台实时监控分析数据。

3.3 物联网检测工具

典型的安全检测系统包括 4 个阶段：脆弱性分析、实时监测与响应、审计与检测和计算机取证，如图 3-49 所示。物联网体系安全检测分析以对智能节点控制系统分析为基础，基于潜在风险分析，实施部署阶段分析与事后取证分析。综合集成代码分析、防火墙、入侵检测、防病毒、安全通信、审计分析、抗攻击等安全工具组件，提供管理、评估、认证、授权、防护、监控等安全机制，保障物联网系统的安全运行。

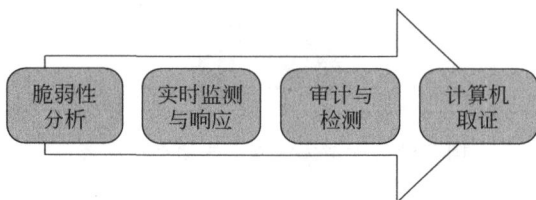

图 3-49　安全检测系统的 4 个典型阶段

1. 脆弱性分析

脆弱性指计算机系统中与安全策略相冲突的状态或错误，将导致攻击者非授权访问、假冒用户执行操作及拒绝服务。脆弱性分析属于系统部署实施前的安全防护，从而从根本上保证系统的安全，防患于未然。

GB/T 18336 标准指出，脆弱性的存在将会导致风险，即威胁主体利用脆弱性产生风险。在可行的情况下，操作系统的脆弱性分析和处理包括如下主要工作：

（1）脆弱性标识。分析确认操作系统的脆弱性分布及可能利用途径。

（2）脆弱性消除。采取积极的安全措施发现、除去出现的脆弱性。

（3）最小化。减少脆弱性的潜在影响，使残留的脆弱性达到可接受的水平。

（4）监视。采取安全措施，确保发现利用残留的脆弱性的企图，以便采取及时的限制破坏措施。

系统脆弱性分析主要包括基于已知脆弱性检测及局部分析方法、基于安全属性形式规范脆弱性分析方法、基于关联脆弱性分析与检测、脆弱性标准化、源代码漏洞分析研究进展、静态检测技术、动态检测技术等。

2. 实时监测与响应

实时监测和响应是对入侵行为的检测和处理，是安全事件发生过程中的安全防护措施。监测系统通过收集和分析网络行为、安全日志等数据获得计算机系统中若干关键点的信息，检查网络或系统中是否存在违反安全策略的行为和被攻击的迹象。入侵检测作为一种积极主动的安全防护技术，提供了对内部攻击、外部攻击和误操作的实时保护，在网络系统受到危害之前拦截和响应入侵。

入侵检测通过执行以下任务来实现：监视、分析用户及系统活动，系统构造和弱点的审计，识别反映已知进攻的活动模式并向相关人士报警，异常行为模式的统计分析，评估重要系统和数据文件的完整性；操作系统的审计跟踪管理，并识别用户违反安全策略的行为。入侵检测是防火墙的合理补充，帮助系统对付网络攻击，扩展了系统管理员的安全管理能力，提高了信息安全基础结构的完整性。它从计算机网络系统中的若干关键点收集信息，并分析这些信息，判断网络中是否有违反安全策略的行为和遭到袭击的迹象。入侵检测被认为是防火墙之后的第二道安全闸门，在不影响网络性能的情况下能对网络进行监测，从而提供对内部攻击、外部攻击和误操作的实时保护。

3. 审计与检测

安全审计与检测是指对计算机系统安全的审核与稽查。审计系统根据一定的安全策略、记录分析安全行为事件，发现安全隐患，明确事故责任，并采取相应的响应措施保护系统安全。审计与检测机制是安全事件发生后的补救措施，在系统日志或行为记录中发现安全威胁，为后续的安全工作提供依据。

安全审计过程包括确定审计数据类型、设置审计点、存储、清洗审计数据、检测审计数据以及响应审计事件等步骤。围绕着这些步骤，形成了审计内容、审计响应、审计数据分析、审计数据存储 4 个研究领域。审计系统是安全操作系统诸多子系统中的一个，是信息系统的最后一道防线，对于保障安全策略的正确实施，监督系统的正常运行以及构造入侵检测系统等都具有十分重要的意义。

安全审计和检测通过执行以下任务来实现：监视、分析用户及系统活动，系统构造和弱点的审计，识别反映已知进攻的活动模式并向相关人士报警，异常行为模式的统计分析，评估重要系统和数据文件的完整性，操作系统的审计跟踪管理，并检测用户违反安全策略的行为。

4. 计算机取证

计算机取证是传统的刑事取证技术向计算机或者数字领域的延伸，是抵御计算机、网络犯罪的重要手段，是安全事件发生之后采取的预后技术。计算机取证过程包括 3 个阶段：获取、检查和呈现。取证对象一般情况下是指关键的文件、图片和邮件，有时候则应要求重现计算机在过去工作中的细节，比如入侵取证、网络活动状态取证等。

在物联网安全中，当发生安全事件后，诉诸法律时就必须采用计算机取证技术将数字证据呈送法庭作为依据。

针对物联网系统的安全检测可以表示为图 3-50 的三维空间图。在物联网的感知、传输与存储、处理与应用阶段（用 X 轴表示）都需要进行脆弱性分析、监测与响应、审计与检测、计算机取证（用 Y 轴表示），同时又可以分为静态检测和动态监测（用 Z 轴表示）。具体的安全检测工具、产品、价格及相关信息如表 3-1 所示。

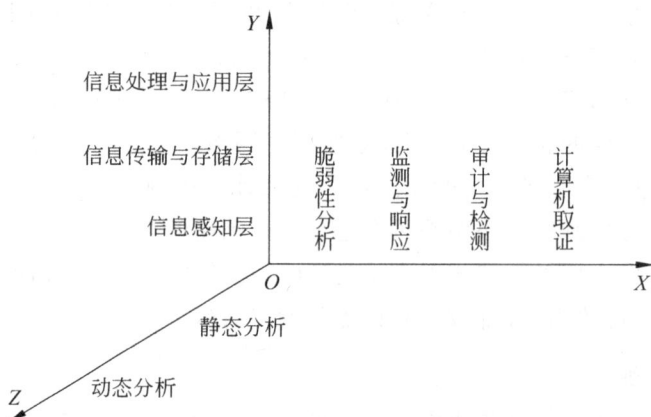

图 3-50　物联网安全检测工具的三维空间图示

表 3-1　安全检测产品列表

软件检测工具与平台			
名　称	公　司	类　型	功　能　描　述
Nessus Perimeter Service	Tenable	漏洞探测	可以全天候执行弱点扫描。当一个新的漏洞被发现时，可以更新下载插件。 用户也可以执行 UNIX、Windows 和 SQL 数据库配置审核定制策略，从系统及政策依据中得到的配置：PCI 扫描和审核，网络安全中心，NIST SCAP 和 FDCC 政策，来自微软和 RedHat 供应商的准则，DISA STIG 指南，CERT 指引等
Nessus Professional Feed		审计与检测	• 完整 PCI－DSS 合规性审计； • 进行特定 Web 应用程序审计，跨站点脚本的嵌入式应用，SQL 潜入等； • Conduct 应用，路由和对 CERT、CIS、DISA STIGs、GLBA、HIPAA、NIST SCAP FDCC、NSA 和 PCI 标准的 SQL 数据库配置审计； • 内容审核，例如成人内容、企业电子表格中的个人隐私(信用卡、SSN)等； • SCADA 脆弱性检测和控制系统设备审核
Fortify SCA	HP	代码分析	从源代码角度分析系统是否存在安全漏洞，不仅能在静态情况下发现新的漏洞，而且能在测试和产品阶段验证已经发现的漏洞。 SCA 在发现和分析漏洞方面是全面的。SCA 的分析引擎和已获得专利的 X-Tier 数据流分析器在一个其他技术无法到达的深度对问题进行广泛检测。SCA 的分析引擎以最大和最全面的安全编码规则为基础，该规则中的漏洞类别超过 200 种，并且 Fortify Software 的安全专家还在不断更新这些规则

软件检测工具与平台			
名　　称	公　司	类　型	功　能　描　述
Ounce	Ounce 实验室	内存错误	Ounce 5.0 是 Ounce 实验室研发的扫描程序。该软件支持 VB. NET、C、C++、C♯、Java。它可以扫描到恶意代码和"哑"代码(使程序容易受攻击的代码)。它不仅仅针对缓存问题,会注意每一个数据 I/O 的每一个入口和出口
Coverity Prevent	Coverity	内存错误	Coverity 公司是由斯坦福大学的科学家于 2002 年成立的,产品核心技术是 1998—2002 年在斯坦福大学计算机系统实验室开发的,用于解决一个计算机科学领域最困难的问题,在 2003 年发布了第一个能够帮助 Linux、FreeBSD 等开源项目检测大量关键缺陷的系统。Prevent 是检测和解决 C、C++、Java 源代码中严重缺陷的领先的自动化方法。通过对构建环境、源代码和开发过程给出一个完整的分析,Prevent 建立了获得高质量软件的标准
Knowledge Refinery	Hatha Systems	代码分析	该产品的核心任务是,通过提取的源代码分析系统的潜在安全缺陷。通过提取运行该应用程序的环境,检测数据流的安全影响。 该产品给予图形映射,通过解析和分析目标源代码,创建相互作用和相互依存关系的关系图
PC-Lint	Gimpel Software USA	静态分析	从源代码的角度检查程序是否存在语法错误和语义错误
McAfee Vulnerability Manager	McAfee	漏洞分析	可以快速、精确、全面地了解所有联网资产存在的漏洞。具有以下特点:基于优先级的审核与补救,新威胁识别和关联,策略审核与合规性评估,执行认证和非认证检查,以查找漏洞和违反策略行为
SAINT integrated vulnerability assessment	SAINT	漏洞分析	SAINT 脆弱性分析工具使用漏洞扫描工具对整个系统进行风险评估,包括硬件设备、操作系统、桌面应用、Web 应用、数据库等。 (1) 漏洞评估。能针对网络设备、操作系统、桌面应用、Web 应用、数据库等进行漏洞检测; (2) 提供漏洞检测和漏洞修复的网络安全解决方案; (3) 预测并组织常见系统漏洞; (4) 实行自定义的策略配置审计
DragonSoft Vulnerability Management	Cyberim Limited	脆弱性分析	远端安全弱点管理系统是专门为中大型企业的网络安全弱点实施网络安全漏洞管理的最佳解决方案,包含了安全漏洞扫描(Security Scan)以及弱点风险管理(Vulnerability Risk Management)两大功能。该系统是业界领先的网络型安全弱点评估与管理系统,它能协助企业快速掌握所有网络存在的安全威胁,并集中管理企业内以及外部主机存在的安全问题,快速做出风险管理决策,也是资产管理员以及网管人员不可或缺的管理工具

软件检测工具与平台

名　　称	公　司	类　型	功　能　描　述
DbProtect 2007	Application Security Inc	审计检测	为数据库安全、风险与一致性软件,可在企业数据库环境中为信息安全分析师、业务经理和数据库管理员检查用户权限,大幅节约操作的时间
熊猫卫士企业版	熊猫卫士	检测响应	在整个网络中快速而顺利地配置和管理防病毒及其他攻击的保护
ESET NOD32 ESS 安全套装 V4.0	ESET NOD32	检测响应	为企业、事业单位及复杂的网络环境而设计,内含强大的中央管理控制台和病毒分发服务器,拥有远程安装、配置、升级、杀毒、生成各种报表等功能,全面、及时地维护整个网络的安全
Core Impact Professional	Core Security Technologies	脆弱性分析	是评估网络系统、站点、邮件用户和 Web 应用安全最全面的软件解决方案。通过渗透测试技术检测出新出现的关键性威胁,并且追踪入侵行为的攻击路径
Agiliance RiskVision v6.0	Agiliance	脆弱性分析	是专用的 GRC 解决方案,汇集了威胁和脆弱性数据、安全配置数据、合规性要求和风险评估
eGestalt Technologies SecureGRC	eGestalt Technologies	检测响应	为基于云计算的软件即服务(SaaS)的企业应用程序提供安全性管理,统一到单一的解决方案,以解决围绕风险管理的需要的安全监测
FusionVM Virtual All-in-One Appliance	Critical Watch	检测响应	提供了一个功能齐全的脆弱性管理和配置审计平台。管理员可以通过定制的形式设置和管理环境中的漏洞。 可为混合部署软件作为服务(SaaS)。设备本身作为一个开放虚拟化格式(OVF)模板安装到 VMware ESX 服务器。提供了多种漏洞管理任务,管理员可以轻松地完成整治任务,并组织特定的组或用户
AccessData Group Forensic Toolkit 3.2	AccessData	计算机取证	该产品包括手机取证工具,允许多个用户登录广告实验室,通过 Web 界面查看和分析数据等。目前的版本提供了 3 台机器的工作组以及一个 Oracle 数据库,在处理步骤中组织所有的事件,允许对该数据库进行快速索引搜索
F-Response Enterprise Edition	F-Response	计算机取证	该工具允许用户通过网络连接设备并将身边映射到取证工具上提供检测。与 Windows、Mac 和 Linux 兼容,方便捕获网络中的图像,并对图像进行进一步的分析。 不依赖于特定的取证工具,允许用户使用自己的取证工具,其另一个优点是可以应用于虚拟环境中
Skipfish	Google 开源	审计检测	通过 Skipfish 可以运行一系列的测试,探测高、中、低风险的漏洞。其中高风险漏洞包括服务端的 SQL 注入漏洞、Explicit SQL、服务端的 Shell 命令注入漏洞、XML/XPath 注入漏洞、格式化字串漏洞、整数溢出漏洞等

软件检测工具与平台

名　　称	公　司	类　型	功 能 描 述
Clang Static Analyzer	开源	内存错误	是一个 LLVM 原生的 C/C++/Objective C 编译器,是 Clang 上针对 C 和 Objective-C 程序 Bug 的静态分析工具
Valgrind	开源	内存错误	是一款基于 Linux 的程序调试器和剖析器的软件,可以运行于 x86、AMD64 和 PPC32 架构上。Valgrind 包含一个核心,它提供一个虚拟的 CPU 运行程序和一系列的工具,完成调试、剖析和类似的任务。Valgrind 是高度模块化的,开发人员或者用户可以给它添加新的工具而不会损坏已有的结构
天镜脆弱性扫描与管理系统	启明星辰	检测发现	能够快速发现网络资产,准确识别资产属性,全面扫描安全漏洞,清晰定性安全风险,给出修复建议和预防措施,并对风险控制策略进行有效审核。 同时,该系统支持扩展无线安全模块,可实时发现所覆盖区域内的无线设备、终端和信号分布情况,协助管理员识别非法无线设备、终端,并可以进一步发现对无线设备不安全配置所存在的无线安全隐患
Defensics	eodenomicon	检测发现	是世界领先的模糊测试解决方案,可为 200 多种不同通信接口提供全自动化安全性测试套件。使用基于模型的系统化模糊测试方法,为 150 多种协议和文件格式提供了现成的测试工具。可用于测试数字媒体、无线设施和网络协议。其在从内部软件和第三方软件中查找已知漏洞和未知漏洞方面具有无与伦比的效率
Metasploit 专业版	Rapid7	渗透测试	通过管理用户的数据和安全的自动攻击、验证由 Nexpose 发现的漏洞大大减少用户的渗透测试工作量,并且可以帮助用户对补救工作进行优先级划分;通过模拟钓鱼攻击可以管理组织的安全意识,降低遭受 APT 攻击的风险
起航黑盒测试系统	南京翰海源	检测发现	起源于方兴(Flashsky)开发的一个完整黑盒 FUZZ 安全测试的框架工具,该工具曾找到数百个高危的安全漏洞,包括微软重点产品,如 Windows、Office、IE 等。2010 年,该工具由翰海源安全团队接手,可以支持多种测试对象,在性能和准确度上得到了质的提升
追踪二进制代码审计系统		检测发现	是一套针对编译好的二进制代码进行代码安全测试的系统,采用灰盒动态二进制测试方法,是一种全新的安全测试方法,能够自动发现软件中存在的安全漏洞。所以不需要软件的源代码就可以做安全测试。该系统利用动态污染传播方法的特点,自动进行污点源的标记、污染的传播以及安全检测。不需要测试人员输入任何带攻击性的测试数据,就可以进行安全测试。它会根据功能测试自动地找出软件中所有可能因外部输入数据而造成的安全问题,并根据漏洞类别清晰地报告出来

续表

软件检测工具与平台			
名　称	公　司	类　型	功　能　描　述
Spirent Studio Security	思博伦	检测发现	是专为测试网络基础设施而设计的统一安全测试解决方案,具有测量网络设备、探测和阻止数千种已知攻击的能力: • 通过验证网络设备处置数百万种意外和恶意输出的能力来验证其弹性。 • 通过生成负面测试,实现包括定制协议和专有扩展在内的几乎任何的协议互动,对网络设备的可靠性进行测试。 • 测量网络设备的承受目标 DDoS 攻击的能力。 • 测试目标检查流量中恶意软件、不需要的 URL 和垃圾邮件并采取适当措施的能力。
硬件检测平台			
McAfee Network Security Platform	McAfee	检测响应	可以为物理环境和虚拟环境统一部署网络安全解决方案,简化安全操作,同时保护企业免受最新恶意软件、0day 攻击、僵尸网络(Botnet)、拒绝服务攻击和高级有针对性攻击的侵扰。它通过预测威胁智能感知、应用程序监控和控制、网络行为分析和实时威胁感知技术协助用户对自身网络加以控制
NitroGuard IPS 4245	NitroSecurity	检测响应	积极检测、分析和保护网络安全,防止攻击,包括病毒、蠕虫、间谍软件、拒绝服务攻击(DoS)以及未知或 0day 攻击
天清无线安全引擎	启明星辰	检测响应	针对 WLAN 网络的安全防护,实时监控和阻断基于 WLAN 的威胁。是一款专门针对无线网络(基于 IEEE 802.11a/b/g/n)的安全硬件设备,能够实时监听空间区域内的无线信号,自动发现覆盖区域内的无线设备及终端,并可通过安全策略阻断流氓 AP 及非法终端;可实时检测扫描、欺骗、DoS、暴力破解等各类针对无线网络链路层的攻击行为,并采取阻断和报警措施
Web 应用漏洞扫描系统	绿盟科技	检测响应	可自动获取网站包含的相关信息,并全面模拟网站访问的各种行为,如按钮点击、鼠标移动、表单复杂填充等,通过内建的安全模型检测 Web 应用系统潜在的各种漏洞,同时为用户构建从急到缓的修补流程,满足安全检查工作中所需要的高效性和准确性
工控漏洞扫描系统		检测响应	该系统不仅能对在工业控制系统中使用的传统 IT 设备/系统(如服务器、网络设备、数据库、工作站等)进行安全评估,还可以针对工业控制系统中特有的设备/系统(如 SCADA、DCS、PLC 等)进行漏洞扫描

续表

	硬件检测平台		
名　称	公　司	类　型	功　能　描　述
工控网络安全漏洞挖掘检测平台	北京匡恩	检测发现	全面支持各类网络和串行总线接口的工控协议,提供针对工控设备及系统(如 PLC、DCS、SCADA 等)和工控安全防护设备(如工控防火墙、网关等)的全面漏洞检测和漏洞挖掘功能,通过综合应用各种测试脚本和套件,快速精确地发现各类工控设备中的已知漏洞和挖掘未知漏洞
HFI 系列故障注入器	哈尔滨工业大学	检测发现	该工具使用强制法向目标系统芯片管脚注入故障,主要原理是让被注入点的电平值随注入点改变。通过总线信号,故障注入器和目标系统可实现同步,并将固定 0、固定 1 和桥接故障注入到目标系统的任意芯片管脚和指定存储器单元。HFI 系列故障注入器已经应用于国内许多部门研制的多种型号容错机中
威兰-手持式无线局域网测试仪	山东省计算机网络重点实验室	检测发现	该工具是基于 PDA 的新一代无线局域网 IEEE 802.11b 测试、管理和诊断工具,它将多种工具集成在同一个高实用性的应用程序中运行。这些工具可用于无线局域网的规划、设计、安装、维护和管理等各个阶段,可迅速排除连接性问题,维护网络的性能和安全。其主要功能包括性能测试、协议分析、安全状况评估、性能管理、网络辅助涉及、连接故障诊断
软件故障注入仿真系统	哈尔滨工业大学	检测发现	是一个在操作系统为 Linux 的 PC 上实现的软件故障注入仿真系统。在寄存器传输级上实现故障注入,主要对象是处理器、存储器和总线。采用静态和动态两种注入方法,动态故障注入又分为按时间和按地址两种方式。不仅可用于多种不同类型容错软件的可靠性仿真和验证,还应用于某些星载计算机操作系统上
ClearNet DBA-3000	莱克斯	审计取证	该数据库安全审计系统通过有效监控数据库访问行为,准确掌握数据库系统的安全状态,及时发现违反数据库安全策略的事件,并实时告警、记录,从而实现安全事件定位分析和事后追查取证,保障数据库安全
Amaranten AS-F5000Pro-8M	Amaranten	检测响应	采用基于 ASIC 的硬件防火墙,为电信运营商及大型企业数据中心等需要最高安全解决方案的机构提供极高的 VPN 吞吐量和极低的延时,在不降低吞吐能力的情况下为用户网络中的数据提供加密和认证保护
Astaro Security Gateway	Astaro	检测响应	为网络安全、Web 登录及电子邮件传输提供实时可靠保护
Barracuda Networks Web Application Firewall	Barracuda Networks	检测响应	提供强大的应用防火墙,能够为 Web 服务器和 Web 应用提供全面的保护。既可防范已知的对 Web 应用系统及基础设施漏洞的攻击,也可抵御更多的恶意攻击及目标攻击。该防火墙基于 NetContinuum 专利的 NCOS 系统,对 Web 应用具备终止、防护和加速。集中化 GUI 控制界面可以让系统的配置和管理变得十分简单

硬件检测平台

名　　称	公　　司	类　　型	功 能 描 述
F5 Networks BIG-IP Application Security Manager	F5 Networks	检测响应	提供在 XML、JavaScript、Flash、FTP 以及欺骗攻击(evasion attack)等方面的检测和保护。 经过 ICSA 认证的 BIG-IP 应用安全模块可以在不影响合法应用处理的情况下侦测、隔离并阻止复杂的攻击。 对 0day 攻击的防御与传统的数字签名检测方法不同，ASM 不仅仅针对已知的可能攻击进行防御，它采用了一种双向的启发式的安全模型，可以应对各种已知或未知的基于 HTTP 或 HTTPS 的攻击威胁。这一解决方案可以应用在生产动态环境中
Imperva SecureSphere Web Application Firewall	Imperva Inc	检测响应	实现了自动化的 Web 攻击防护，因此改变了企业保护应用和敏感数据的方法。Imperva 的动态建模技术自动构建合法行为模型，并在以后自动根据应用变化进行调整，从而保持 SecureSphere 的应用防护总是最新的、准确的，不需要手动配置或调整。 SecureSphere 的部署几分钟内即可完成，不需要修改原有基础架构，能够保护从个别应用到服务器和网络的整个应用体系。Imperva 的透明检查技术具有数千兆比特的吞吐能力，等待时间短至亚毫秒级，还提供了多种高可用性选项，能够满足最苛刻的数据中心要求。对于大规模部署，SecureSphere MX 管理服务器可以集中并简化配置、监视和报表工作。
Trustwave WebDefend	Trustwave	检测响应	Web 应用防火墙专用设备(WAF)可为网络应用程序提供实时、持续的安全保护，防止受到攻击和丢失数据，可确保网络应用程序正常运行，同时帮助企业遵循行业法规，如支付卡行业数据安全标准(PCI DSS)
SIEM	Trustwave	计算机取证	具有收集和分析用于计算机取证和审计日志和事件的能力。提供实时警报和高度可定制的错误报告，同时可以快速识别可能的威胁或风险，如违反政策的行为、恶意服务器或服务、配置管理，并使用共享证据
Forum Systems Sentry WAF	Forum Systems	检测响应	是一个全功能的 Web 应用程序防火墙，为几乎全部的 Web 应用程序提供全面保护，例如 HTML、JSON、XML 和 SOAP。同时能够防止新的威胁，防止被黑客利用这些应用程序的漏洞
FortiDB-400B	Fortinet	检测响应	提供集中管理、企业级、数据库自动安全防护等功能，可以评估企业数据库的安全弱点，提高企业数据库的安全性。 设备预先内置了几百条策略，这些策略涵盖了企业和政府的规范、数据库安全的最优方法、已知的数据库漏洞、与数据库安全相关的操作系统问题和数据库访问权限等

续表

| | 硬件检测平台 | | |
名 称	公 司	类 型	功能描述
SecureSphere Database Activity Monitoring	Imperva Inc	检测审计	监控数据库活动,连续监测和审计所有的数据库操作,包括特权用户的访问和响应,检测和阻止攻击和数据泄露。该产品采用基于行为的动态分析,以帮助确定恶意行为或在使用中的差异的基准
Tufin Technologies Security Suite	Tufin	审计检测	提供管理网络设备的安全策略和审计的两种方法: (1) SecureTrack,使管理员能够跟踪和审计防火墙和网络基础设施的政策。 (2) SecureChange 工作流,有助于整个网络基础设施的自动化策略的变化。 这两部分相结合,可以提供强大的网络安全审计,为维护网络策略奠定了坚实的基础,可用于自动化的安全策略配置
Achilles 测试平台	Wurldtech	检测发现	专门为控制设备生产商、最终用户及检测单位设计定制网络测试设备,用于测试控制设备本身的健壮性及网络安全性。可模拟各种风暴攻击测试,针对已知漏洞进行攻击测试,通过智能 FUZZER 功能进行未知漏洞测试,可对未知工控协议进行截包、分析及 FUZZER 测试
WaveJudge 4900	Sanjole	协议分析	是一个无线通信协议嗅探器,捕获包括 RF 信号特征的所有无线上层协议交互消息。支持 400MHz～6GHz。通过运行在笔记本电脑或 PC 上的 WaveJudge 软件控制 WaveJudge 4900。软件提供友好、强大的可视化界面

从目前国内外对物联网信息安全检测方面的研究以及现有检测工具可以看出,已经有一些企业和单位开始从事物联网信息安全方面的研究和开发工作。物联网安全检测主要是针对物联网的保密、认证、数据安全等方面展开进行的,上述各测试系统缺乏综合性,目前尚没有统一的方法或统一的准则,集成化测试服务需求无法得到满足,因此,需要形成物联网安全综合检测平台。

物联网信息安全方面的安全检测工作今后主要朝着以下方向发展:
- RFID 读写设备读写过程中对于物品信息的保密性。
- 智能感知层的传感网络的数据保密性。
- 无线接入通信链路的安全性。
- 物联网终端设备的安全性。
- 物联网数据传输的安全性。
- 基于云存储的物联网数据信息的安全性。
- 物联网应用系统的安全性。
- 物联网集约化、综合安全检测。

第 4 章
物联网安全框架与模型

随着互联网技术的快速发展及各种新型网络应用的出现,针对网络信息系统的攻击变得越来越多样化和复杂化,因此,如何用清晰的框架和形式化描述安全防护需求、目标至关重要。在物联网领域更是如此,据不完全统计,2013 年,全球有 120 亿台感知设备连接物联网,预计到 2020 年,有近 500 亿台设备连接物联网,而在 2008 年连接在互联网上的设备数量已超过地球上人口的总和。如此众多的设备连接到网络,涉及的协议类型、联网方式、数据格式、防护对象、攻击形式等都纷繁复杂,急需研究适用于物联网环境的安全模型,以更加清晰、科学的方式保障物联网安全、健康发展。物联网安全模型将为物联网提供清晰防护目标,可进一步明确物联网核心安全需求,为物联网稳定、快速发展保驾护航。

信息安全模型是以抽象的方式,按照一定的安全防护目标和需求,描述信息系统的安全特征,解释系统安全相关行为。通过安全模型能准确地描述安全与系统行为的关系,清晰地展现关键安全需求,从中开发出一套安全性评估准则。信息安全模型最早可以追溯到 Lampson 提出的访问控制的形式化和机制描述,提出了主体和客体两个重要的概率,并提出用访问矩阵来描述主体和客体之间的访问关系。该安全模型尽管简单,但在计算机安全研究史上具有较大和较长期的影响,Harrison、Ruzzo 和 Ullman 提出的 HRU 安全模型以及 Bell LaPadula 提出的 BLP 安全模型均基于此。信息安全模型发展 40 多年以来,积累了大量的安全模型,总体情况如图 4-1 所示。下面简单回顾一下几类典型的信息安全模型。

1. BLP 模型

BLP 模型是由 D. Bell 和 J. LaPadula 提出并加以完善的,它是根据军方的安全策略设计,以密级分级为原则的访问控制策略实施,是第一个比较完整地用形式化方法对系统安全进行严格证明的数据模型,被广泛应用于描述计算机系统的安全问题。BLP 模型本质上来说是一个状态机模型,它形式化地定义了系统、系统状态以及系统状态间的转换规则;定义了安全的概念,并制定了一组安全特性,以此对系统状态和状态转换规则进行限制约束,使得对于一个系统,如果它的初始状态是安全的,并经过一些列的安全转换规则能保持安全特性,那么就认为它是可以被证明安全的。

但 BLP 模型也存在一定的问题,比如未考虑完整性,缺乏灵活性,它没有调整安全级别的相关策略,不能避免隐通道问题,不存在多安全级的客体;没有考虑可信主体违反规则时需要遵循的规则等。因此,Landwehr CE 等人提出了改进方案,形成了 11 条规则,解决了上述问题。同样,由于 BLP 模型未与权限管理相结合,Richard Kuhn 提出了一种

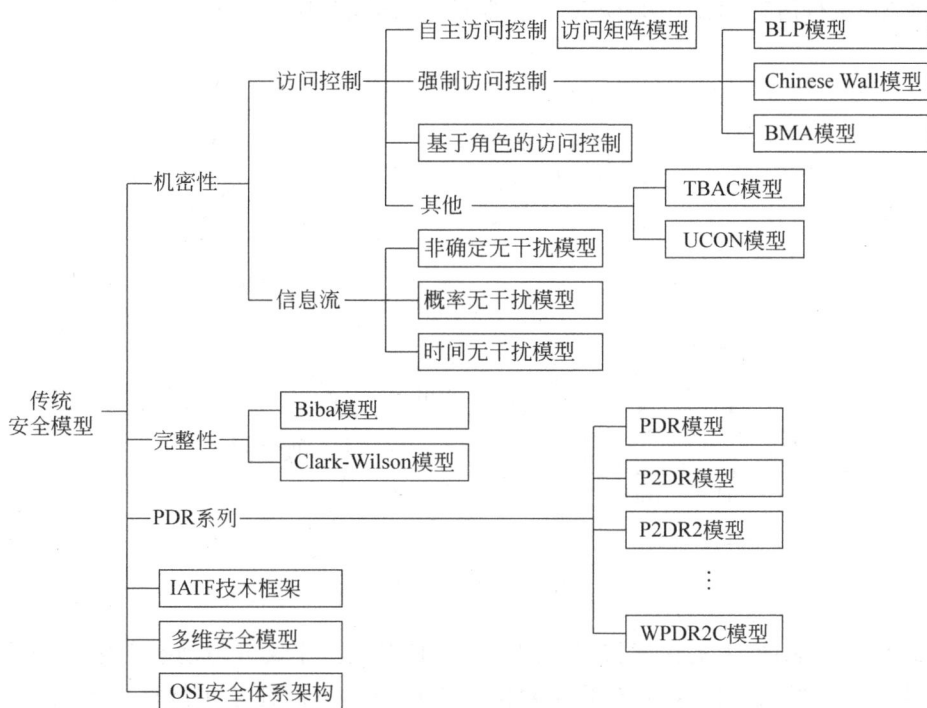

图 4-1 信息安全模型综述

在现有多级安全系统中实现 RBAC 而无须改动系统的方案。李守鹏等人针对 BLP 模型在分布式环境中存在的问题,对原有模型进行了拓宽,借助安全域的概念,分别对单域系统、简单系统和复杂系统进行了安全性的形式化讨论,给出了一个更为通用的安全模型。

2. Clark-Wilson 模型

Clark-Wilson 模型是由 David Clark 等人提出的"以良构事务(well-formed transaction)来操作数据和职责隔离(separation of duty)"思想为核心的完整性保护模型。良性事务处理机制指的是用户对信息的处理必须限定在一定的权力和范围内进行,用户不能任意地处理数据。在 Clark-Wilson 模型中,为保证良性事务处理机制,规定了主体对客体的访问必须通过特定的程序集合来进行。任务分离机制指的是将任务分成多个子集,不同的子集由不同的人来完成。即任务需要两个以上的人完成,对任务进行划分,以避免个人欺骗行为的发生,以此保障任务的安全性。Clark-Wilson 模型为了保证任务分离机制,规定每个主体只能被允许使用特定的程序集,通过指定主体可以使用的程序集和分配主体对选定程序的执行权限来保证数据的完整性。

3. TBAC 模型

为了解决随着任务的执行而进行动态授权的安全保护问题,提出了基于任务的访问控制模型(TBAC)。TBAC 模型是从企业的角度出发,采用面向服务机制,建立安全模型和实现安全机制。TBAC 模型定义了工作流(Work flow,Wf)、授权结构体(Authorization unit,Au),受托人集合(Trustee Set,T)、许可集合(Permission,P),所有

Wf 借助 Au 执行活动,而 Au 是受 T、P 控制的,其结构如图 4-2 所示。

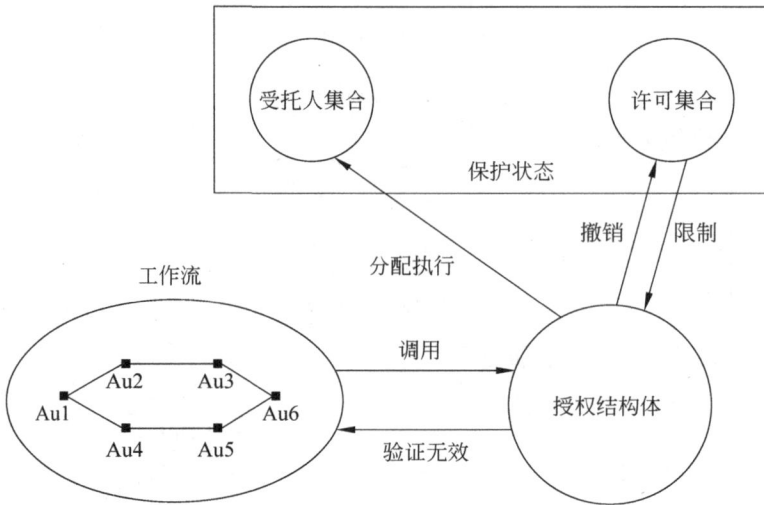

图 4-2　TBAC 模型

　　TBAC 是动态的,T 的访问权限控制是随着任务的上下文环境动态变化的,可对不同工作流执行不同的访问控制策略,也可对同一工作流的不同任务实例执行不同的访问控制策略。

4. UCON 模型

　　为了适应新形势下的安全防护要求,Ravi Sandhu 等人提出了使用控制模型(Usage Control,UCON),UCON 模型主要是综合 DAC、MAC 和 RBAC 以及数字版权管理、信任管理等方案的优点而提出的一种综合安全模型,它涵盖了现代商务和信息系统需求中安全和隐私两个重要问题。

　　UCON 模型定义了 8 个基本元素:主体、主体属性、客体、客体属性、权限、授权规则、条件以及义务,如图 4-3 所示。

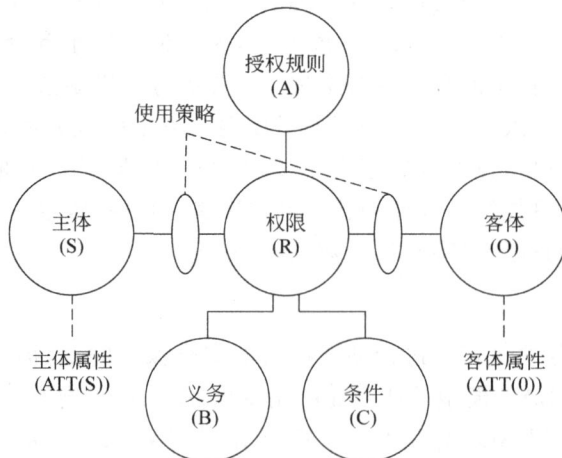

图 4-3　UCON 模型

UCON 模型将凭证、条件和授权作为决策进程的一部分,提供了一种更好的决策能力。可变属性引入是 UCON 模型与其他模型的最大差别,随着访问对象的结果而改变。主体和客体属性可变性允许在使用期间作为访问的结果对主体或客体属性进行更新,如果在访问决策过程没有属性更新要求表示为 0,使用前更新表示为 1,使用期间更新表示为 2,使用后更新表示为 3。考虑到授权、条件、凭证以及使用前和使用期间的决策,UCON 提出了使用控制的 16 个基本模型,包括预先授权模型、访问时进行授权模型、预先访问凭证模型、进行访问凭证模型、预先访问条件模型以及进行访问条件模型等。

5. 信息流模型

信息流模型早期是试图控制系统内部各实体间的信息流动,保证信息不被篡改和非授权读取。而随着技术发展,它也适用于网络应用。目前根据信息保障的方式来看,可分为显示模型和隐式模型。隐式模型是为了防止信息在正常的处理过程中,数据被间接地泄露或修改。为了防止信息隐式泄露,Goguen 博士最早开始了这方面的研究,其核心思想是基于无干扰理论:若低级别用户通过外部观察来推断高级别用户的行为而获取秘密信息,则称之为高级别用户干扰低级别用户。其主要思路是给出安全描述体系,分析信息流在什么情况下不存在干扰,进而比较在不同情况下不同信息流之间的关系。目前无干扰工作模型可分为非确定无干扰模型、概率无干扰模型、时间无干扰模型以及时间概率无干扰模型。

6. IATF

《信息保障技术框架》(Information Assurance Technical Framework,IATF)是美国国家安全局(NSA)制定的,描述其信息保障的指导性文件。IATF 将信息系统的信息保障技术层面划分成 4 个技术框架焦点域:网络和基础设施、区域边界、计算环境和支撑性基础设施。在每个焦点领域范围内,IATF 都描述了其特有的安全需求和相应的可供选择的技术措施,形成深度防护战略(defense in-depth strategy)。所谓深度防御战略,就是采用一个多层次的、纵深的安全措施来保障用户信息及信息系统的安全。在深度防御战略中,人、技术和操作是 3 个核心因素,要保障信息及信息系统的安全,三者缺一不可。

7. PDR 模型

PDR 模型是由 ISS 公司提出的,该模型认为安全应从防护(protection)、检测(detection)、响应(reaction)3 个方面考虑,形成安全防护体系。按照 PDR 模型的思想,一个完整的安全防护体系,不仅需要防护机制(比如防火墙、加密等),而且需要检测机制(比如入侵检测、漏洞扫描等),在发现问题时还需要及时做出响应。同时 PDR 模型是建立在基于时间的理论基础之上的,该理论的基本思想是:信息安全相关的所有活动,无论是攻击行为、防护行为、检测行为还是响应行为,都要消耗时间,因而可以用时间尺度来衡量一个体系的能力。

假设被攻破保护的时间为 Pt,检测到攻击的时间为 Dt,响应并反攻击的时间 Rt,系统被暴露的时间为 Et,则系统安全状态的表示为 $Et = Dt + Rt - Pt$。当 $Et > 0$ 时,说明系统处于安全状态;当 $Et < 0$ 时,说明系统已受到危害,处于不安全状态;当 $Et = 0$ 时,说明系统安全处于临界状态。

PDR 模型解决了一定的安全问题,但信息安全既包括技术,也包括管理,即所谓"三分技术,七分管理"。除了技术外还应考虑人员、管理、制度和法律等方面的要素。为此,安全行业的研究者们对这一模型进行了补充和完善,先后提出了 P2DR、PDR2、P2DR2、P2DRM、WPDR2C 等改进模型。P2DR 模型框架如图 4-4 所示。

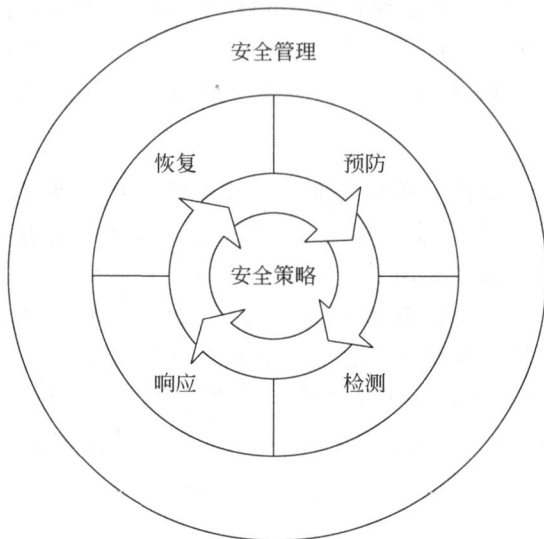

图 4-4　P2DR 模型

8. OSI 安全体系架构

国际标准化组织(ISO)在对开放系统互联环境的安全性进行了深入研究后,提出了 OSI 安全体系结构(Open System Interconnection Reference Model,开放系统互连参考模型),即《信息处理系统—开放系统互连—基本参考模型—第二部分:安全体系结构》(ISO 7498-2:1989),该标准被我国等同采用,即 GB/T 9387.2—1995.该标准是基于 OSI 参考模型针对通信网络提出的安全体系架构模型,如图 4-5 所示。

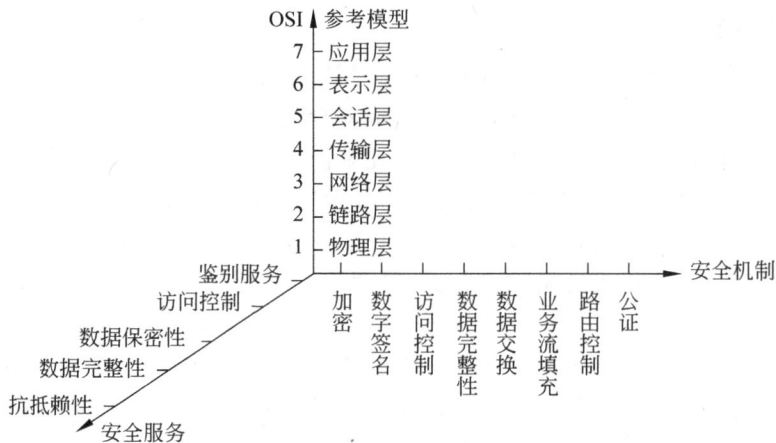

图 4-5　OSI 安全体系架构

该模型提出了安全服务、安全机制、安全管理和安全层次的概念。需要实现的 5 类安全服务包括鉴别服务、访问控制、数据保密性、数据完整性和抗抵赖性,用来支持安全服务的 8 种安全机制,包括加密、数字签名、访问控制、数据完整性、数据交换、业务流填充、路由控制和公证,实施的安全管理分为系统安全管理、安全服务管理和安全机制管理。实现安全服务和安全机制的层面包括物理层、链路层、网络层、传输层、会话层、表示层和应用层。

但物联网涉及的技术纷繁复杂,防护对象参次不齐,传统的安全模型已很难适应新的安全需求。近年来,人们在原有的模型基础上,对物联网信息安全模型做了初步探讨和研究。从安全防护对象以及方式来看,物联网信息安全模型可分为 3 类:第一类是单层安全模型,这类模型主要侧重于物联网三层结构中某一层的安全问题,具有一定的安全防护能力,整体防护能力偏弱;第二类是整体防护安全模型,这类模型从整体角度分析安全防护措施,或以攻击形式考虑安全问题,或以安全技术考虑问题,不尽相同;第三类是针对某项应用,基于某种技术,解决某种具体问题而提出的"专项"安全模型。

4.1　物联网单层安全模型

4.1.1　面向感知层安全模型

为了构建通用安全框架模型,最大程度地改变当前存在的安全系统、信息管理、自治管理的关系,Pierre 等人提出一种自管理安全单元模型(SMSC),该模型适用于大型分布式系统,以资源作为其安全防护对象,其中资源可以理解为连接在网络上的资产,典型的资源有应用、传感器等设备。SMSC 模型具备互操作性、自动操作、权力下放和上下文前后对照等特性。互操作性是指资源可以相互通信与理解的特性,其被分为 3 个主要领域,即通信语义、通信语法、操作的连接。自动控制是指资源根据侦听的安全威胁,自动执行安全策略进行响应。在物联网中,随着资源数量和它们之间联系的增加,人工管理效率也越来越低,因此需要系统进行自动控制。权力下放是指在实际应用中,资源不可避免地要管理下放信息的存储以及制定安全策略,典型的例子就是电子邮件客户端允许创建和管理自己的规则。由于一些实际的原因,资源不可避免地要管理这些下放信息的存储和制定的决策,但为安全起见,最好不复制和共享上下文之外的相关信息安全。上下文前后对照是指资源必须根据不同功能、不同类型的数据进行自适应管理,安全实施必须依赖其上下文环境。

SMSC 模型是基于自我管理单元模式(SMC)的模型,SMSC 模型在 SMC 中加入了基于安全和管理的组件,借助于大量资源结盟潜在的影响来提高网络安全性,从而能够保证安全通信。图 4-6 为 SMSC 模型的逻辑视图。这种改进的模型把前面互操作性、自动操作、权力下放和上下文前后对照特性考虑在内,以便针对分布式资源提出一种可升级的安全加强系统。对 SMSC 来讲,当希望用户输入时(比如用户加入排他性域,把来往少的电子邮件当做垃圾邮件),系统不再瞄准完全自治性。

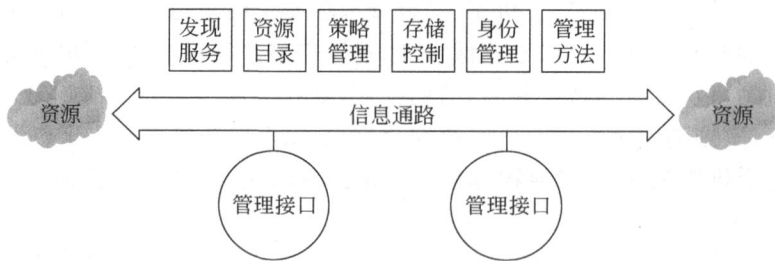

图 4-6　SMSC 模型逻辑视图

信息通路的作用是对 SMSC 的不同部分提供一种连通性，支持同步或异步通信，是信息交换与传递的载体。发现服务是为了提高一个单元的理解力，发现其他能够改进自己的组件。发现服务的目的就是发现新的同伴，并且允许所控制的资源来认识它们，如它们做什么、由谁控制它们等。资源目录允许持有其他单元的策略（比如存取控制、适配器等）和配置文件等信息，这些对管理资源提供了必要的支撑。策略管理提供统一的策略服务，避免逻辑的不一致性，如果过多的策略没有一个单独的机构进行管理，则无法确认各自策略的合法性。存储控制和身份管理提供资源的访问控制，在 SMSC 模型中，应支持动态行为。管理方法服务连同策略管理确保即将到来的安全更新和执行策略对现有策略有一个安全性影响。并且它能够找出它所管理资源的状态是如何对在资源登记处注册的已知资源产生影响的。SMSC 模型提供的管理接口和操作接口允许远程配置和资格管理，并通过操作接口允许管理不同类型的资源并进行扩展，以进行整体整合。

SMSC 模型要求资源节点具有一定的处理能力来完成自动控制功能，而在物联网应用中，特别是传感网应用中，感知节点处理能力、存储能力、能量消耗均有限，安全功能实现成本代价较高，其实际应用效果并不明显。

针对感知层安全，周艮记等人提出了基于危险免疫理论的物联网感知层安全模型（SSMBIP 模型），SSMBIP 模型采用分布式结构设计以适应感应层节点的分布，同时针对感应层面临的各种攻击，按照危险程度将其划分为不同的危险等级，SSMBIP 模型对各种危险等级的攻击采取与之对应的感知策略，从而定量地感知整个感知层的安全态势。

物联网的安全问题与生物免疫系统（Biological Immune System，BIS）所要解决的问题具有较大的相似性，即都是要在不断变化的环境中保持系统的稳定性。生物免疫系统具有的多种优良特性（免疫识别、免疫记忆、快速免疫应答、多样化、鲁棒性等）得到了很多学者的关注。SSMBIP 模型借鉴免疫危险理论中感知细胞异常死亡的危险信号并激活抗体识别与响应有害的异己和自体的原理，提出一种集危险信号感知、攻击主动响应为一体的物联网感知层主动防御模型。

SSMBIP 模型定义了物联网感知层常见的 6 类威胁：DoS 攻击、重放攻击、完整性攻击、假冒攻击、Sinkhole 攻击和物理攻击，并将其划分为 4 个等级，如表 4-1 所示。

根据危险理论，系统中的记忆免疫细胞和成熟免疫细胞用于感知层攻击，并产生危险信号；模拟二次免疫应答功能，设定先由记忆免疫细胞进行检测。考虑到物联网感知层主要是一些 RFID 标签或是无线传感器节点，而且均是分布式结构，记忆免疫细胞和成熟免

图 4-1　危险等级

编号	危险信号	危险等级
1	DoS 攻击	1
2	重放攻击	2
3	完整性攻击	2
4	假冒攻击	3
5	Sinkhole 攻击	3
6	物理攻击	4

疫细胞将放置于每一个 RFID 标签或者无线传感器节点上,SSMBIP 模型提出了危险信号计算算法:

(1) 每检测到一次抗原,且在危险区域内,则下一时刻该节点的危险信号按照线性递增。其增加的幅值与相应的危险因子的危险等级相关,感应层受到持续的攻击时,检测器产生的危险信号按照线性增长。

(2) 若在规定的时间没有检测到一次抗原,则下一时刻该节点的危险信号逐渐递减。若在连续 p 个时间均未检测到攻击抗原,则危险值持续减少,直到趋于 0。

(3) 若在某时刻,某一节点受到多种攻击,则其计算方法是

$$X(t) = x_1(t) + x_2(t) + \cdots + x_n(t)$$

其中 $x_i(t)(1{\leqslant}i{\leqslant}n)$ 是指在不同攻击下产生的危险信号值。

该模型将人工免疫系统引入到物联网感知层安全领域中,其危险评估考虑的因素只是单纯的威胁,没有考虑在一定防护措施下,计算危险信号值的算法还是粗粒度的。在实际应用过程中,面临的环境复杂多样,需要引入人工智能算法来计算危险信号。

4.1.2　面向传输层安全模型

在 EPC 物联网体系结构中,信息传输过程中易出现隐私泄露,其主要原因有:①阅读器与标签之间的任意读取;②ONS 查询系统为 L-ONS 提供无条件查询功能;③物品信息由 R-TIS 以明文形式传送给 L-TIS。为此,吴政强等人提出基于 EPC 物联网架构的安全传输模型,该模型是面向协议的,主要增强了传输过程中信息隐私的安全性。其通过引入可信第三方——可信认证服务器对原有模型进行改进:在 ONS 查询机制中增加了可信匿名认证过程,对 L-ONS 的身份合法性以及平台可信性进行认证;物品信息可信匿名传输机制确保物品信息的安全传输,物联网安全传输模型如图 4-7 所示。在传输过程中,远程物品信息服务器按响应路径各节点的顺序从后至前用公钥对物品信息嵌套加密,加密后的数据每经过一个路由节点被解密一层,直到本地信息服务器时,物品信息才被还原成明文。传输过程中每个路由节点可以验证收到的数据的完整性及转发路径的真实性。

该模型通过引入可信认证服务器(Trusted Authentication Server,TAS),实现可信匿名认证的 ONS 查询机制和物品信息可信匿名传输机制。在查询过程中,Root-ONS 在

TAS 的协助下对 L-ONS 的身份合法性及平台可信进行认证。查询机制具有匿名性和不可追踪性，在通信消息中，L-ONS 真实身份不会出现，在注册时，L-ONS 的真实身份也是以临时身份 TIDLONS 替代的。因此，只有 TAS 才能正确验证用户真实身份，保证了 L-ONS 身份匿名性。TAS 安全存储 L-ONS 的配置信息，可以保护平台信息私密性和进行平台的可信性验证。即使泄露了 L-ONS 的配置信息，也能对密钥进行加密处理，防止平台身份和 L-ONS 的配置信息泄露出去，所以具有很强的可信性。

物联网安全传输模型匿名认证协议具有抗被动攻击、抗主动攻击、信息泄露量极小、路由可鉴别性、响应数据的可验证性。但由于其基于 EPC 网络结构，适用范围具有一定局限性。

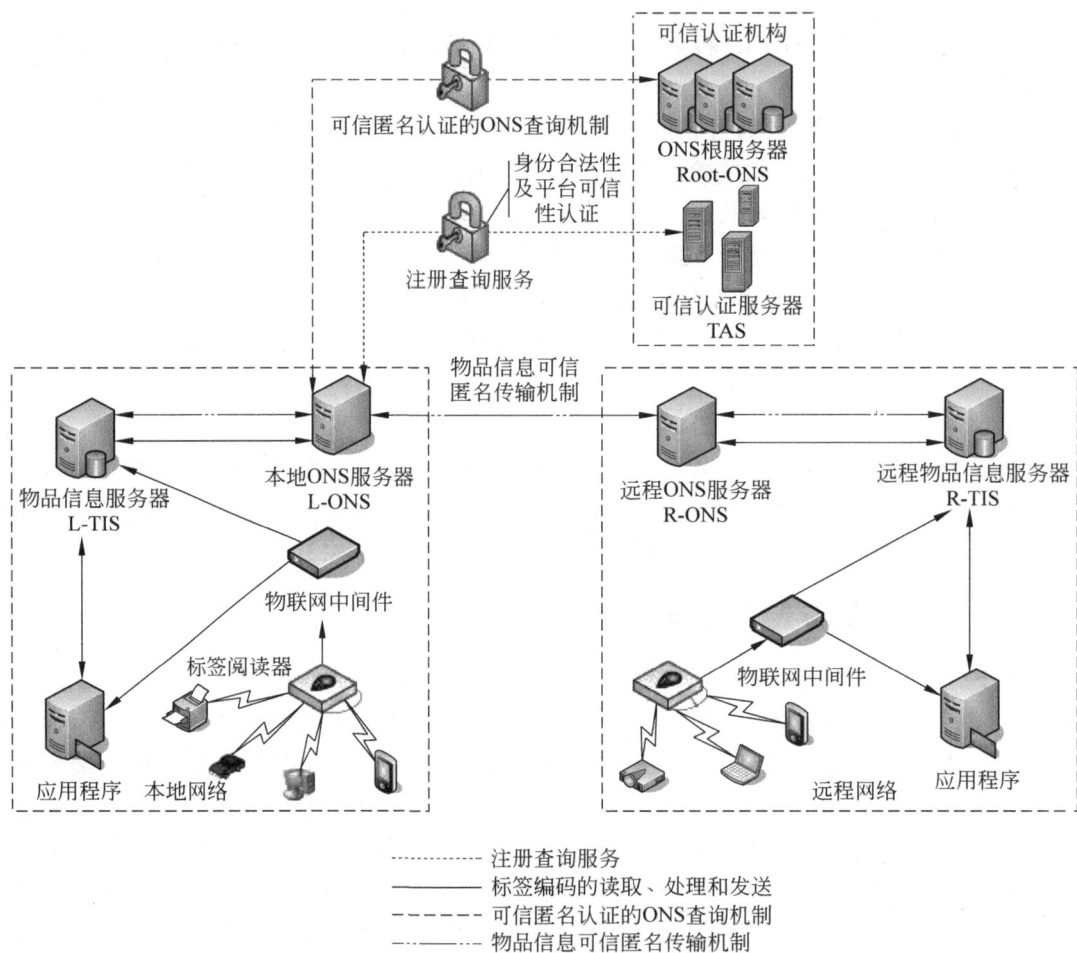

图 4-7　物联网安全传输模型

4.1.3　面向中间件的安全实现

中间件是为了实现行业中需要遵循的统一规范，降低不同硬件和软件基础设备的互联互通成本而开发出来的统一软件执行环境和应用开发环境。物联网中众多终端物品及感知设备一般基于不同的硬件构建,也具有不同的软件执行环境,中间件可以屏蔽这些软硬件环境的差异,从而可以基于中间件设计跨平台的软件代码,实现统一的安全和规范部署。因此,面向中间件的安全实现是指由中间件实现安全功能,对外提供统一的安全服务。姚远提出的面向中间件安全实现提供了 3 个安全功能:

(1) 使用安全沙箱(sandbox)保证只有明确授权的应用程序可以访问底层资源。沙箱模型是一种保护本机安全的虚拟技术。利用沙箱技术,可以将系统关键数据进行虚拟化映射,外界对数据的获取和修正,首先在沙箱映射层中实现,只有经过严格授权的请求才能访问底层实际硬件和资源,从而保证了设备本身不会因为受到病毒或恶意程序的攻击而崩溃。中间件中使用此模型,则通过远程调用或通信协议执行的一般信令,不可能访问真正的设备系统资源,但由于沙箱中的关键数据和系统中的数据时刻保持同步,此模型并不会影响获取数据的实时性。

(2) 通过插件(plugin)模式挂接不同的通信适配组件,以支持基于 SSL、TSL、VPN等加密通道传输信息。传统的业务层加密机制则是端到端的,即信息只在发送端和接收端才是明文,在传输的过程和转发节点上都是密文。对于逐跳加密来说,它可以只对有必要受保护的链接进行加密,并且由于逐跳加密在网络层进行,保证了逐跳加密的低时延、高效率、低成本、可扩展性好的特点。但逐跳加密需要在各传送节点上对数据进行解密,因此,逐跳加密对传输路径中的各节点的可信任度要求很高。端到端的加密方式相对效率较高,但不能覆盖传输的起点和终点,也不能满足政府对信息监听的实际需求。由此可知,逐跳加密和端到端加密应该根据实际情况配合使用,中间件设计中均支持此两种方式。

(3) 使用基于 X.509 证书的授权方式保证终端和设备授权认证。

该模型给出了具体的安全技术,具有可操作性,但其未考虑感知节点存储空间和内存等限制条件,仅适用于计算能力很强的智能终端。

4.2　物联网整体安全模型

4.2.1　基于 P2DR2 的物联网安全模型

传统的安全防护方法是对系统或设备进行风险分析,制定相应的安全防护策略或部署安全设备进行防护,这种方式忽略了物联网安全的动态性,为此 PDR 模型应运而生,PDR 是防护(Protection)、检测(Detection)、反应(Reaction)的缩写。PDR 模型通过 Pt(攻击所需时间)、Dt(检测安全威胁时间)、Rt(对安全事件的反应时间)来描述系统是否安全,即 Pt>Dt+Rt,随着技术发展,PDR 模型演变为 P2DR 模型,后期又融合了恢复(Recovery),形成了更为完善的 P2DR2 的动态自适应安全模型。刘波等人提出了基于P2DR2 的物联网安全模型,该模型采用动态防御的思想,结合物联网的三层体系结构,如图 4-8 所示。

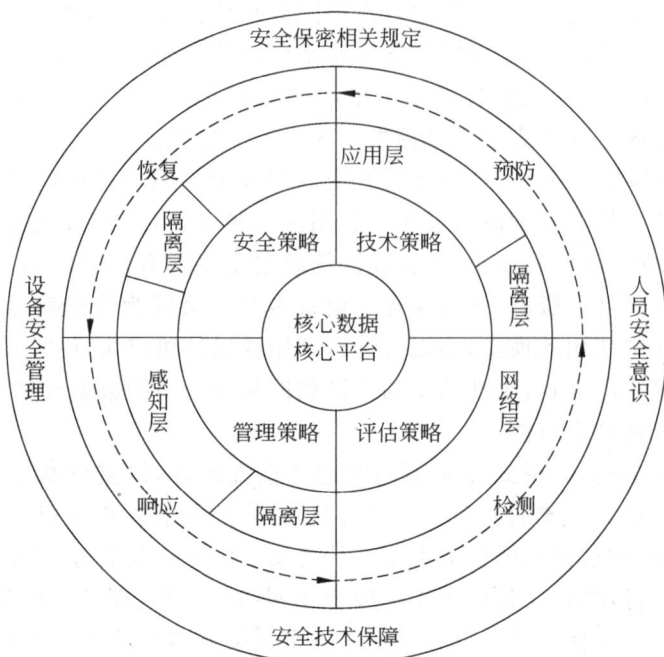

图 4-8　基于 P2DR2 的物联网安全模型

　　实现物联网动态安全防御就是要实现预防、检测、响应、恢复和策略等安全机制的智能协作、动态调整。策略(Policy)是动态防御的中枢神经,策略要跟随系统的实时状态不断地调整,指导防护、检测、响应和恢复的有效实施。物联网策略是安全策略、技术策略、管理策略和评估策略的协作,安全策略提供安全解决方案,技术策略根据安全解决方案需求提供必要的技术支撑,管理策略根据安全需求提供完善的管理机制,评估策略则通过定期对物联网系统进行安全检查和风险评估,并将安全风险反馈给安全策略,进一步完善安全解决方案。

　　防护(Protection)是动态防御的第一道屏障,其按照安全策略执行必要的防护,为检测和响应提供更多的时间。

　　检测是防护的必要补充(Detection),通过检测可以发现新出现的安全威胁,并及时将结果反馈给安全策略,生成新的安全防护方案,最大化减少安全损失。

　　物联网应用中要求反应(Reaction)及时与合理,具有多种不同级别的处理手段,针对不同等级的安全威胁可以进行不同程度提示、告警、阻断、隔离等处理。

　　恢复(Recovery)保障物联网系统在出现故障或安全攻击时可以通过必要的手段恢复到可用、安全状态,可以通过初始化机制、备份机制来实现。

　　基于 P2DR2 的物联网安全模型强调了安全防护的各个方面,但各层均未给出安全技术实施方法,缺乏可操作性。将 P2DR2 模型直接应用物联网,虽然考虑了分层结构,但各层策略、防护、检测、反应、恢复实现能力参次不齐,特别是在感知层,容易出现"短板"问题。

4.2.2 基于等级划分的物联网安全模型

目前,国内外较为流行的无线通信协议均采用为不同安全等级应用配置不同加密等级策略的思路。我国自 1994 年开始实施信息安全等级保护制度来重点保护基础信息网络和关系国家安全、经济命脉、社会稳定等方面的重要信息系统。随着物联网的发展,等级保护也成为物联网安全防护的重要分支。

孙知信等人提出了一种基于等级划分的物联网安全模型(BHSM-IOT),该模型以物联网攻击模型和以物联网实际应用为前提构建的物联网拓扑模型为基础,利用模糊评价方法对物联网应用进行等级划分(无安全模式,ACL 模式,认证、完整性和机密性模式,认证、完整性和机密、密钥管理模式),从而部署实施不同安全配置。BHSM-IOT 模型架构如图 4-9 所示,包括应用需求分析、网络拓扑分析、攻击类型预测以及应用安全等级判定 4 个部分,BHSM-IOT 模型从信息系统提取关键对象进行描述:应用系统管理员(ASA)、用户(User)、维护数据单元(MDU)、系统硬件设备(SH)、应用涉及范围(AR)、应用类型(AT)和敏感数据单元(SDU)。ASA 是维护应用系统安全、为应用系统用户分配资源的主体,其安全等级由高到低划分为 4~1 级。MDU 指 ASA 在对应于系统的日常维护工作中涉及的数据对象,包括安全检测时延、故障维护延时和数据备份间隔等。SH 指物联网应用中使用的硬件设备,包括硬件设备数量和安全等级属性。AR 指应用涉及的物理和逻辑范围,包括网络覆盖范围和涉及的人群类别。AT 指物联网行业。SDU 指物联网应用中可能涉及的敏感数据。

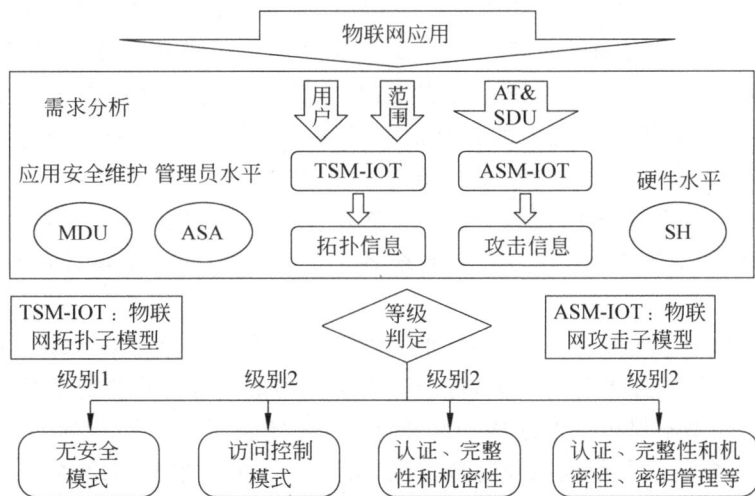

图 4-9 基于等级划分的物联网安全模型

BHSM-IOT 模型针对物联网应用评定标准的不确定性,对安全的敏感程度没有量化标准,提出了基于三估计法的模糊评价方法来判定物联网应用安全等级,其定义了 5 个评价指标:

(1) 管理人员专业水平。水平越高,该应用安全度越高。

(2) 应用系统维护情况。情况越良好,该应用安全度越高。

（3）应用系统硬件安全水平。水平越高，该应用安全度越高。

（4）网络拓扑影响安全能力。能力越低，该应用安全度越高。

（5）攻击预测详细程度。预测越详细，该应用安全度越高。

该模型通过建立等级因素与评价之间的模糊关系矩阵，结合专家打分确立的评价因素的权向量，合成后得到模糊评价结果，从而明确物联网应用的安全等级。BHSM-IOT模型等级分为以下4级：安全等级为1的应用配置无安全模式，安全等级为2的应用配置ACL模式，安全等级达到3和4的应用配置机密性保护、完整性保护和认证等其他安全策略。在无安全模式下，应用系统包括其数据和设备均不需要配置安全保护策略。这种配置涉及的应用较少，例如环境生物监测。ACL模式即访问控制模式，一般在数据链路层进行此模式的安全技术应用。ACL模式也不对MAC帧做任何加密或修改操作，仅提供给设备一种按帧中源/目的地址进行过滤的机制，并将结果指示给高层，此模式的应用有家庭应用、工业质量检测等。该模型为等级3和等级4的应用配置了认证、机密性保护和完整性保护措施等常用策略。物联网的大部分应用都隶属于该等级域，物联网安全技术的研究也大多是针对这两个安全等级域中的应用的。而等级3和等级4之间的安全配置差别并不是特别明显，可以根据具体的应用配置不同的安全策略。

本书作者提出一种从横向和纵向两个方面提升物联网防护水平的物联网安全技术体系（STA-EPC），横向防御体系以国家标准GB 25070—2010为依据，涵盖等级保护物理安全、安全计算环境、安全区域边界、安全通信网络、安全管理中心、应急响应恢复与处置6个方面，如图1-23所示，其中"一个中心"管理下的"三重保护"是核心，物理安全是基础，应急响应处置与恢复是保障。安全计算环境子系统主要实现计算环境内部的安全保护；安全区域边界子系统主要实现出/入区域边界的数据流向控制；安全通信子系统主要实现网络传输和交换的数据信息的保密性和完整性的安全保护；系统管理子系统主要实现系统资源的配置、管理和运行控制；安全管理子系统主要实现系统主体、客体的统一标记和主体的授权管理，以及系统安全策略和分布式安全机制的统一管理；安全审计子系统主要实现分布在系统各个组成部分的安全审计策略和机制的集中管理。

STA-EPC模型中的安全防护等级划分是完全参照国家标准GB 25070—2010的分级思想，将安全防护划分为5个等级，每个等级防护均要求有明确的安全机制进行保障。

STA-EPC模型不仅包括上述横向防御体系，还定义了纵深防御体系。纵深防御体系是依据保护对象的重要程度以及防范范围，将整个保护对象从网络空间划分为若干层次，不同层次采取不同的安全技术。目前，物联网体系以互联网为基础，因此可以将保护范围划分为边界防护、区域防护、节点防护、核心防护（应用防护或内核防护），从而实现如图1-24所示的纵深防御体系。物联网边界防护包括两个层面：首先，物联网边界可以指单个应用的边界，即核心处理层与各个感知节点之间的边界，例如智能家居中控制中心与居室的洗衣机或路途中汽车之间的边界，也可理解为传感网与互联网之间的边界；其次，物联网边界也可以指不同应用之间的边界，例如感知电力与感知工业的业务应用之间的边界。区域是比边界更小的范围，特指单个业务应用内的区域，例如安全管理中心区域。

节点防护一般具体到一台服务器或感知节点的防护,保护系统的健壮性,消除系统的安全漏洞等。核心防护可以针对某个具体的安全技术,也可以针对具体的节点或用户,还可以针对操作系统的内核,它抗攻击强度最大,能够保证核心的安全。

STA-EPC 模型满足机密性、完整性、可问责性、可用性安全属性。

上述两个安全模型均包含等级防护的思想。BHSM-IOT 模型通过赋值进行信息系统等级定量评估,具有一定的可操作性,但其安全技术粒度粗糙。STA-EPC 模型针对 40 多个安全技术部署位置以及防御的层次给出了详细的描述,为物联网安全防护提供了细粒度的操作指南。

4.2.3　基于 3 层架构的安全模型

目前较为通用的物联网架构分为 3 层,即感知层、网络层和应用层,Omar Said 结合物联网 3 层架构提出了一种物联网安全模型,该模型在物联网 3 层架构的基础上,增加了应用安全层、网络安全层、感知安全层,如图 4-10 所示。应用安全层被划分局部应用安全防御和全局应用安全防御。全局应用安全防御的安全级别更高,但其不能与局部应用安全防御相冲突。网络安全层分为有线网络安全层与无线网络安全层。无线网络安全层包括无线局域网、移动通信网、传感网等,其防护技术包括密钥分发、入侵探测、身份认证等;有线网络安全层包括传统的防火墙、路由访问控制、IPS 等技术。感知安全层依据采集数据分为多媒体、图像、文本信息。多媒体数据可以通过压缩加密、时间戳、时间同步、会话认证防御安全威胁。图像数据使用图像压缩算法、循环冗余等技术保障安全。文本信息数据则通过加密、抗干扰等技术进行防护。

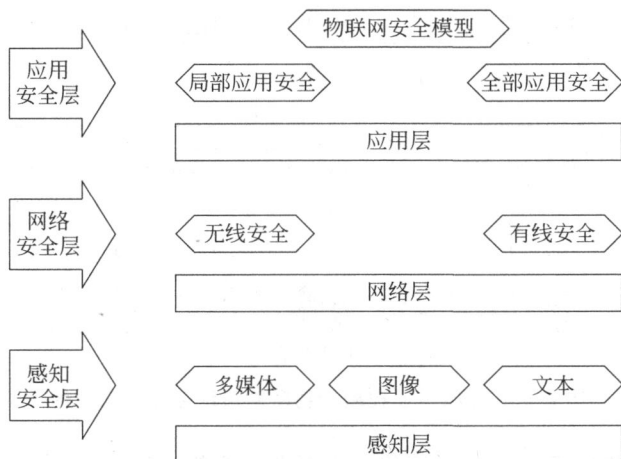

图 4-10　物联网安全模型

该模型通过能量消耗、成本、时间、安全强度参数进行了评估,随着传输量和时间的增长,其能量消耗趋于稳定,并且其安全强度处于 80～100 之间。虽然上述测试结果比较理想,但其选择的试验的安全技术相对简单,如身份认证、授权管理、时间同步均未涉及。

4.3 物联网"专项"安全模型

4.3.1 面向物联网的通用控制系统安全模型

物联网环境下,工业以太网与互联网紧密联系,特别是德国提出工业 4.0 战略,更是将物联网全面引入到工业制造领域。德国工业 4.0 通过基于信息物理系统(cyber physical system)实现新的制造方式。信息物理系统是指通过传感网紧密连接现实世界,将网络空间的高级计算能力有效运用于现实世界中。从而,在生产制造过程中,设计、开发、生产有关的所有数据将通过传感器采集并进行分析,形成可自律操作的智能生产系统。但是必须同时注意到,当封闭的控制系统与外界互联时,存在很多不安全因素,一旦这些不安全因素被利用,将造成物理世界中重大的安全事故。

物联网一旦应用到工业控制领域,除了要关注信息安全和隐私保护,还必须重视物联网的控制安全问题,即被控系统的安全问题。通常情况下,物联网的体系结构分为感知层、接入传输层、业务应用 3 层,而在工业控制领域还必须有体系控制功能,为此,杨金翠等人描述了面向工业控制的物联网系统标准体系结构,如图 4-11 所示。在这个结构下,物联网被分为物理层、网络层以及应用层。其中网络层和应用层与通用物联网体系结构一致,但在物理层分为感知子系统和控制子系统,该层描述了工业现场数据的感知以及系统指令对现场设备控制的场景。

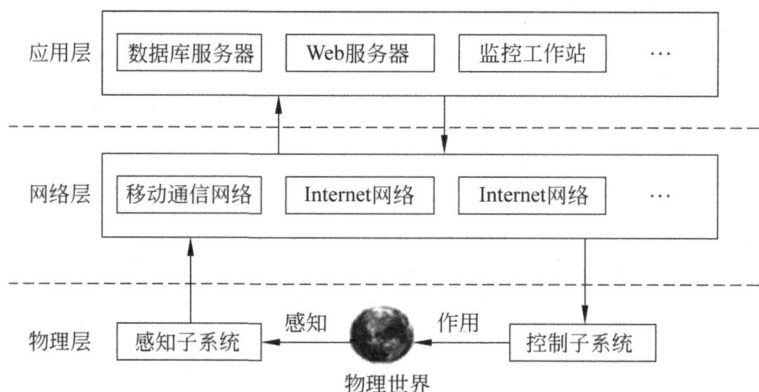

图 4-11 面向工业控制的物联网系统标准体系结构

物联网控制系统由于复杂性及网络的开放性,可能会引进干扰因素,主要来源是采集源点的干扰、控制源点的干扰、控制算法干扰以及传输过程的干扰。杨金翠等人针对物联网控制系统中可能存在的干扰因素,结合物联网环境下通用控制系统模型 IOTC 提出了一种物联网环境下的通用控制安全模型 S-IoTC,如图 4-12 所示。

S-IoTC 模型定义了物联网控制系统中采集源点、管理节点、控制源点以及被控对象等元素,并描述了多个元素、相应关系和状态规则。S-IoTC 模型通过定理证明方式证明了采集源点、传输通道、算法、控制源点及控制通道的安全性。

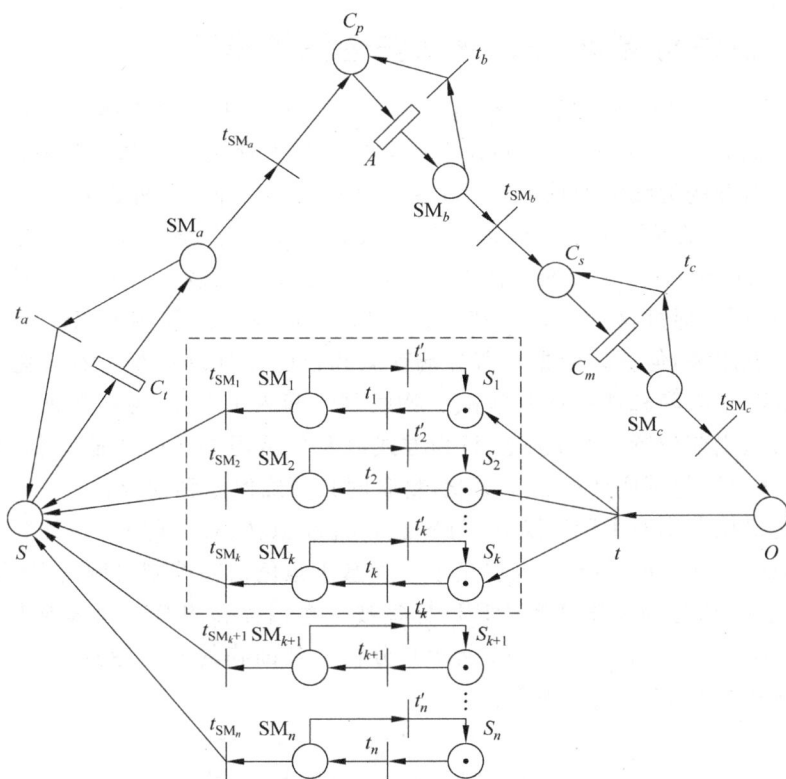

图 4-12　物联网环境下的 S-IoTC 模型

　　S-IoTC 模型实现过程如图 4-13 所示。其核心思想是经过每个核心元素前均使用安全认证模块进行验证,确保数据安全流转。

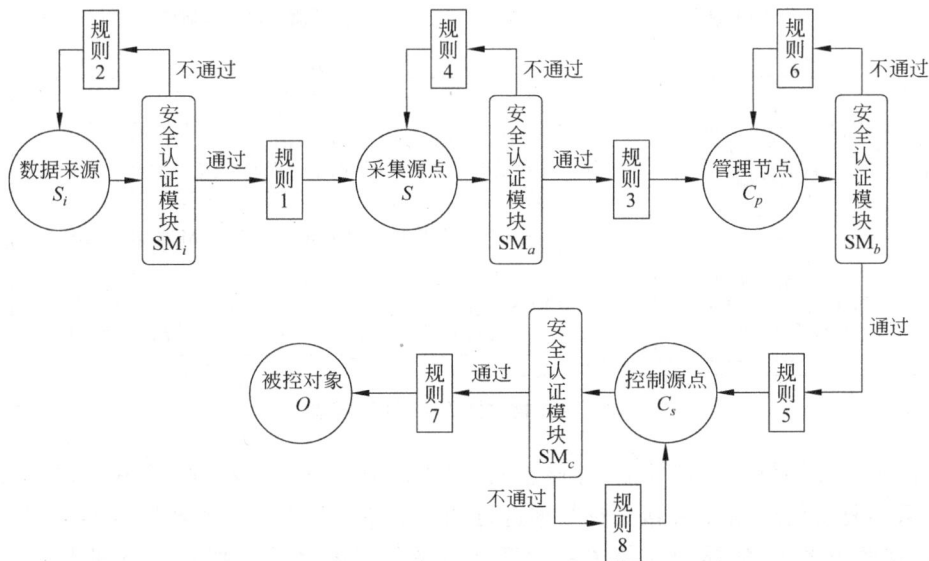

图 4-13　S-IoTC 模型实现过程

4.3.2 物联网空间 LBS 隐私安全保护模型

随着 GPS、北斗卫星技术的普及,基于位置的服务应用也越来越广泛,越来越便捷,特别是智能手机应用了 GPS 技术,将位置服务带入到大众视野。基于位置的服务(LBS)是通过移动运营商的无线电通信网络(如 GSM 网、CDMA 网)或外部定位方式(如 GPS)获取移动终端用户的位置信息(地理坐标或大地坐标),在地理信息系统(Geographic Information System,GIS)平台的支持下,为用户提供相应服务的一种增值业务。在物联网环境下,不仅可以通过移动通信网获取位置信息,而且无线传感网、RFID 标签等技术均可以提供位置服务,但感知数据在服务端存储和智能化处理过程中存在隐私数据被窃取、盗用等风险,个人隐私数据面临挑战。物联网空间内 LBS 的隐私数据不仅包括用户身份、银行账户、当前位置、活动轨迹、行为方式以及生活习惯等个人隐私信息,也包括企业产品信息、客户资料等商业机密。因此,物联网必须确保隐私安全。

国内研究机构分别对 RFID 隐私、位置隐私轨迹隐私、查询隐私、云计算隐私等问题进行了探讨,如 Chun-Te Chen 等人提出了一种基于角色访问控制机制的 RFID 系统隐私安全模型,其主要通过加密来实现 RFID 标签被恶意扫描和跟踪。而廖龙龙等人根据物联网空间内 LBS 服务框架(如图 4-14 所示),分析了其面临的各种隐身安全问题,提出了一种相对通用的 LBS 隐私安全模型。

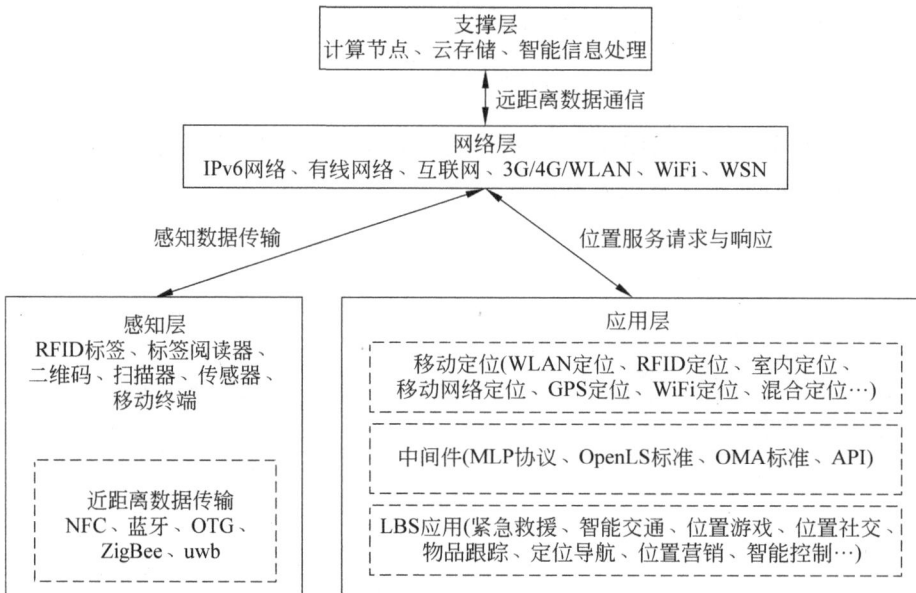

图 4-14　物联网 LBS 服务框架

考虑到感知层设备处理性能、存储空间、网络通信等方面的限制,通用 LBS 隐私安全模型未采用复杂的数据加密算法对数据进行加密处理,而是通过匿名技术实现信息发匿名、信息接收方匿名、实体间通信关系的匿名以及位置匿名等。物联网空间内 LBS 隐私安全模型反映了位置服务请求发送方、位置服务接收方和位置服务提供者三者之间的交互过程,如图 4-15 所示。

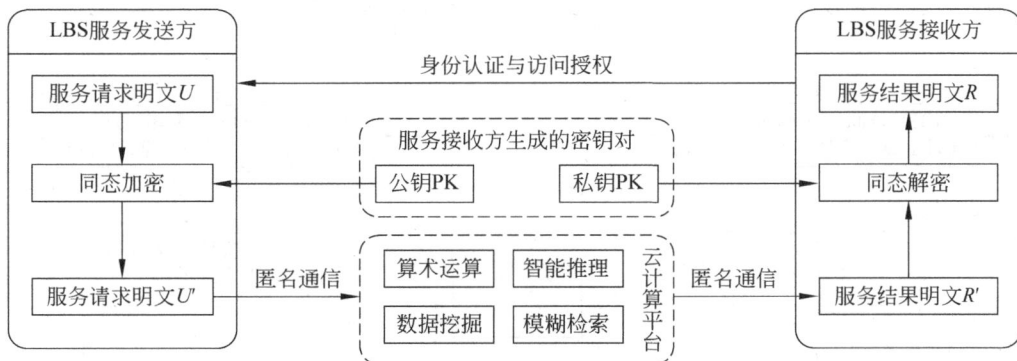

图 4-15　物联网通用 LBS 隐私安全模型

第一步,服务接收方的终端实体对象利用同态加密机制中的密钥生成算法,生成用于服务请求明文数据加密的公钥 PK 和服务响应结果数据解密的私钥 SK。第二步,服务发送方利用服务接收方所拥有的公钥 PK 对明文信息进行全同态加密,得到相应的服务请求密文。第三步,采用匿名通信技术将来自发送方的服务请求密文传输给位置服务提供者,即支撑层的云计算平台。第四步,云计算平台直接对接收到的服务请求密文进行智能推理、数据挖掘、模糊检索等,得到密文形式的服务响应结果。第五步,服务接收方接收到服务响应结果后,利用服务发送方的私钥 SK 对其进行同态解密,得到响应结果明文。

物联网通用 LBS 隐私安全模型通过模型实现算法分析,显示其对物联网空间内 LBS 服务的真实身份、实体位置和服务内容等隐私信息具有很好的安全保护。

4.3.3　基于 PKI 的物联网安全模型

物联网架构的一种重要分支是 EPC 网络,图 4-16 是一个典型的全球 EPC 网络架构。EPC 网络部分组成有 EPC 编码、识别系统、EPC 中间件、对象名称服务(Object Naming Service,ONS)以及 EPC 信息系统(EPCIS)。EPC 编码产品电子代码(EPC)是产品独一无二的编码,用以识辨供应链上的个别物品;识别系统包括 RFID 卷标及阅读器卷标是无线射频识别器的一种,内含一个微芯片及一个连接底板(substrate)的天线;EPC 中间件负责管理数据的实时接收工作、处理信息、发出预警,以及整理初步接收到的数据,传送到 EPC 信息系统及企业的其他计算机系统;定位服务协助用户获取个别产品电子代码的数据,并发出提取该数据的请求。对象名称服务是定位服务系统之一;EPCIS 协助用户通过 EPCglobal 网络与贸易伙伴交换有关的产品电子代码数据。

传统 EPC 网络架构很好地解决了物品信息共享的实时性和效率问题,但对安全性考虑较少,各种安全标准还在完善中,而构建一个安全可靠的物联网需求迫在眉睫。虽然近年来业界在提高物联网安全性方面做了很多研究,如 EPCglobal 颁布了证书使用规范,明确了 X.509 证书在 EPC 网络中的使用规范,但存在信息服务器与用户未进行隔离处理、访问控制过于集中等问题。为此曾会提出了一种基于 PKI 的物联网安全模型(PKI-

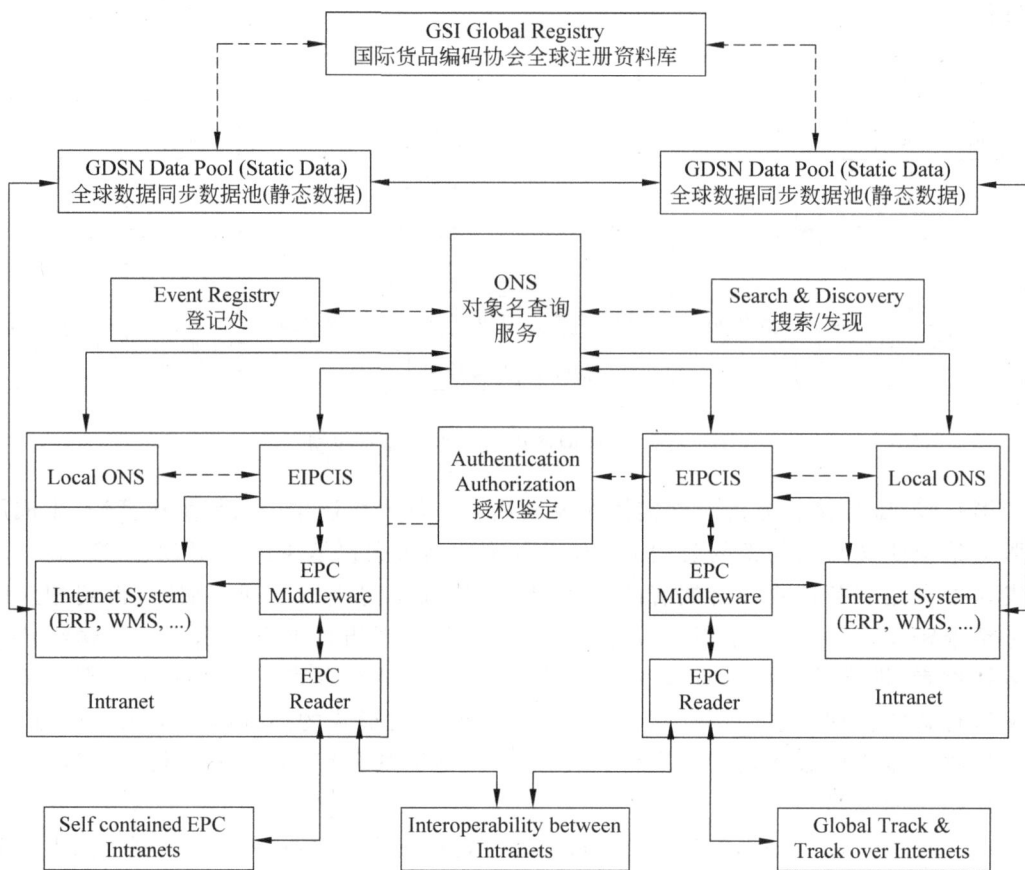

图 4-16 EPC 网络架构

IOTSM），如图 4-17 所示。

PKI-IOTSM 主要包括 EPCIS、TM-Server、User Interface、ONS、Light PKI 五大模块，EPCIS 用于存储物品相关的信息，它不直接接入网络，通过 TM-Server 接入网络，与 EPCIS 的通信需要经过 TM-Server 的审核和转发。TM-Server 用于实现加密通信以及访问控制等功能，它按照一定的规范分布式部署，每个 TM-Server 服务器下面可以挂载多个 EPCIS 服务器。用户通过 User Interface 接入 EPC 网络。ONS 提供 EPC 与对应的信息映射关系查询服务，与传统 EPC 网络所不同的是，这里 ONS 存储的是 EPCIS 对应的 TM-Server 的地址。Light PKI 在保留 PKI 的基本功能的基础上简化了 CA 的管理智能，它提供了 Grant Certificate（证书签发）、Register Certificate（证书注册）、Certificate Verify（证书验证）、Certificate Revoke（证书撤销）、Store Certificate（证书存储）功能。

在注册服务阶段，由于引入了 Light PKI，要求加入 EPC 网络的用户端、TM-Server 以及 EPCIS 服务器等对象都需要在 Light PKI 中进行注册。通过注册，可以有效地对加入 EPC 网络的对象进行甄别，防止非法使用者加入网络。

在信息查询流程中加入了认证和授权环节，具体流程如下：

（1）用户端发送通信请求。

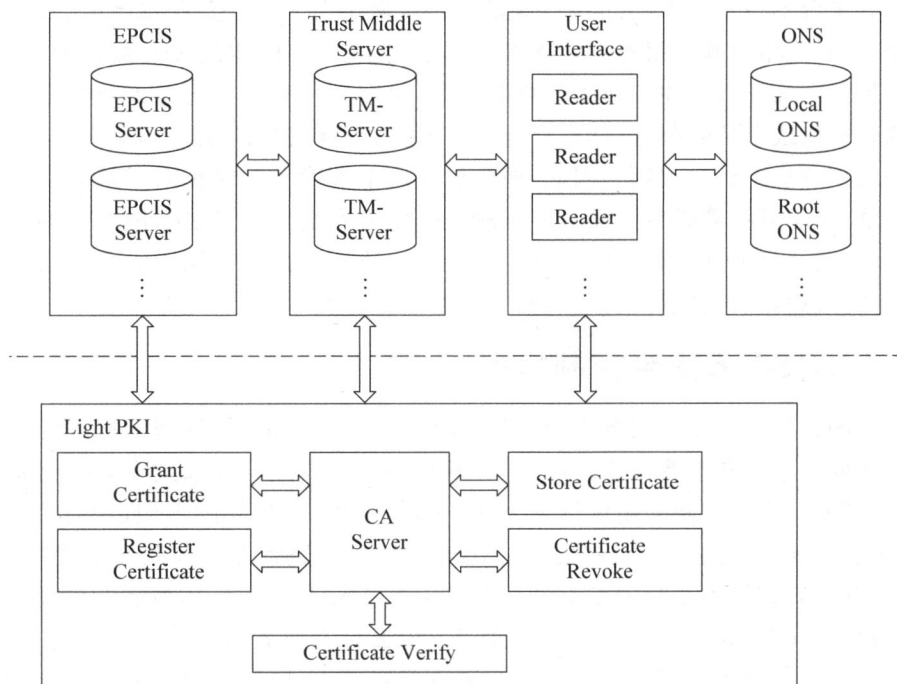

图 4-17　基于 PKI 的物联网安全模型

（2）ONS 服务器返回对应的 TM-Server 地址。

（3）用户端向对应的 TM-Server 发送通信请求，TM-Server 收到请求后会进行用户身份认证和授权。

（4）用户在通过身份认证和授权后，TM-Server 将根据用户请求向对应的 EPCIS 发起通信请求。

（5）TM-Server 与对应的 EPCIS 之间相互确认身份后，EPCIS 将数据使用发起请求用户的公钥进行加密后传递给 TM-Server，TM-Server 将收到的信息转发给对应的用户端。

（6）用户端使用私钥进行解密。

在上述过程中，用户端并不知道信息具体是由哪个 EPCIS 提供的，实现了 EPCIS 与用户的隔离。另外，传输过程中也实现了加密传输。

4.4　云安全模型

借助云计算技术的支持，物联网则可以更好地提升数据的存储以及处理能力。从而使自身的技术得到进一步的完善。而如果失去云计算的支持，物联网的工作性能无疑会大打折扣，而和其他传统的技术相比，它的意义也会大大降低，所以说物联网对云计算有着很强的依赖性。

但云计算在物联网中的应用也带了一些安全问题，例如用户数据的安全问题，这个问题是云计算平台不得不考虑的问题。这里面包含两层意思：一要在技术上、管理上确保数据安全，二要让用户确信服务商能够保证数据安全。另外，也需要对数据的容错性、连续数据保护等方面加以关注。在云计算平台中，每个用户都处在开放的环境中。在该平台中无论是提供或者接受服务，都有可能将个人隐私不经意间暴露出来。长此以往，将可能引起一系列意想不到的问题。因此，如何加强对个人隐私的保护对云计算来讲是一个重要的问题，也是云计算必然要面对的挑战。因此云安全模型是物联网安全的重要组成部分。首先，云计算能够为物联网上层应用提供大数据处理与存储；其次，云服务自身必须是安全的；最后，云计算也为物联网的安全提供必要的防护。

4.4.1　CSA 云安全控制模型

现实中的各种云产品在服务模型、部署模型、资源物理位置、管理和所有者属性等方面呈现出不同的形态和消费模式，从而具有不同的安全风险特征以及安全控制职责和范围。因此，需要从安全控制的角度建立云计算的参考模型，描述不同属性组合的云服务架构，并实现云服务架构到安全架构之间的映射，为风险识别、安全控制和决策提供依据。目前，对云安全研究最为活跃的组织是云安全联盟（CSA）。CSA 作为业界比较认可的云安全研究论坛，在 2009 年 12 月 17 日发布了一份云计算服务的安全实践手册——《云计算安全指南》，该指南总结了云计算的技术架构模型、安全控制模型以及相关合规模型之间的映射关系，如图 4-18 所示。

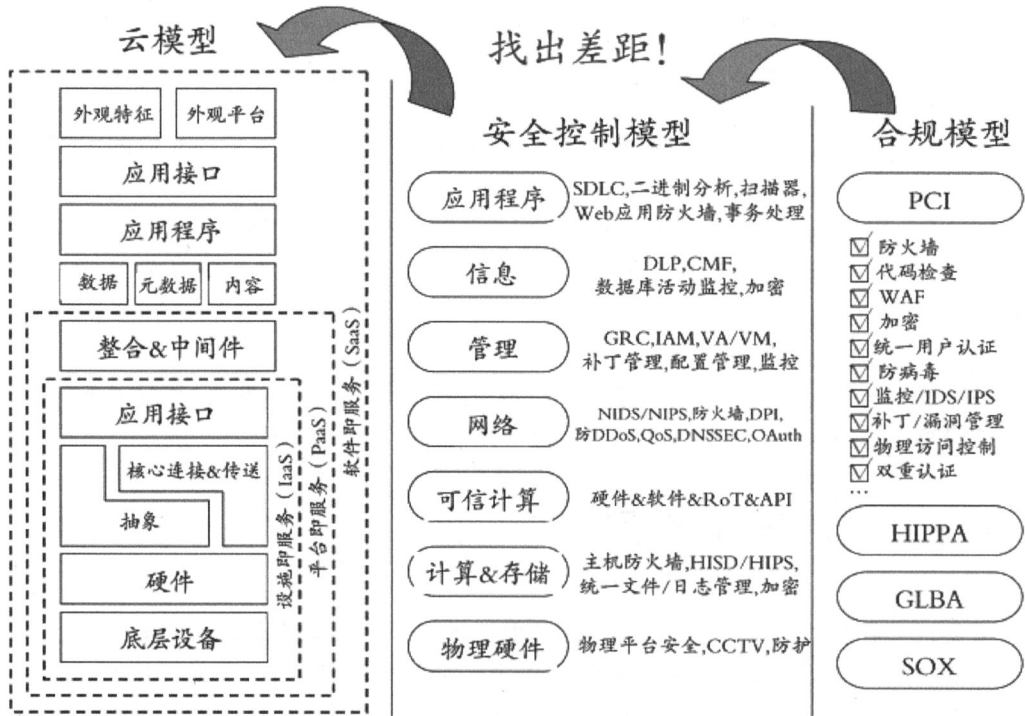

图 4-18　云模型、安全控制和合规模型的映射

根据 CSA 提出的云安全控制模型,云上的安全首先取决于云服务的分类,其次是云上部署的安全架构以及业务、监管和其他合规要求。对这两部分内容进行差异分析,就可以输出整个云的安全状态以及如何与资产的保障要求相关联。CSA 云安全控制模型的重要特点是:供应商所在的等级越低,云服务用户所要承担的安全能力和管理职责就越多。这种模型主要考虑了合规性要求,未从安全攻击的角度出发。

2016 年云安全联盟发表了《2016 年十二大云安全威胁》,其主要内容如下:

- 数据泄漏。
- 凭证被盗和身份验证形同虚设。
- 界面和 API 被黑。
- 系统漏洞利用。
- 账户劫持。
- 恶意内部员工。
- APT。
- 永久数据丢失。
- 调查不足。
- 云服务滥用。
- 拒绝服务攻击。
- 共享技术威胁。

CSA 云安全控制模型综合考虑业务合规、监管性要求以及上述 12 类安全威胁的基础上,将云安全提供清晰的安全防护目标。

胡秀健等人在 CSA 技术框架的基础上提出了一种云计算安全技术体系框架,该框架区分 IaaS、PaaS、SaaS 安全功能,涵盖了终端安全和通信安全,其结构如图 4-19 所示。

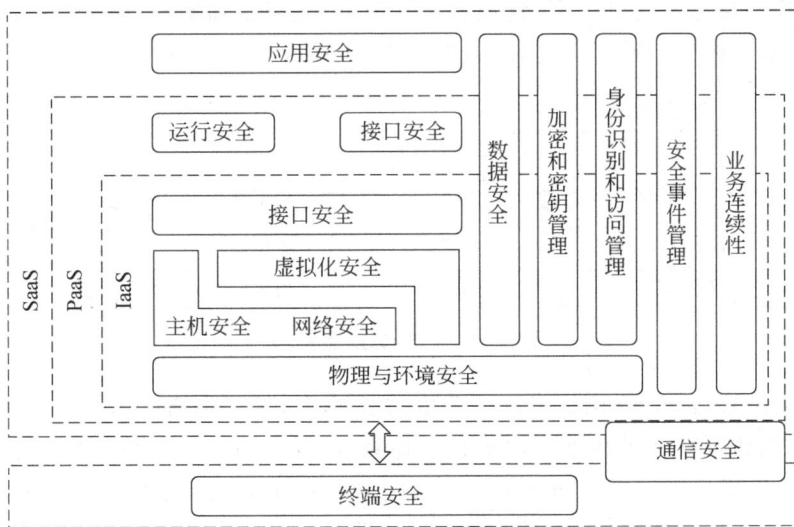

图 4-19　云计算安全技术体系

其中 IaaS 层涵盖从机房设备到硬件平台的所有基础设施资源层面,它包括将资源抽象化的能力。IaaS 层安全主要包括物理安全、主机安全、网络安全、虚拟化安全、接口安全，以及数据安全、加密和密钥管理、身份识别和访问控制、安全事件管理、业务连续性等。PaaS 位于 IaaS 之上，与应用开发框架、中间件能力以及数据库、消息和队列等功能集成。PaaS 允许开发者在平台上开发应用，开发的编程语言和工具由 PaaS 提供。PaaS 层的安全主要包括接口安全、运行安全以及数据安全、加密和密钥管理、身份识别和访问控制、安全事件管理、业务连续性等。SaaS 位于 IaaS 和 PaaS 之上，它能够提供独立的运行环境，用以交付完整的用户体验，包括内容、展现、应用和管理能力。SaaS 层的安全主要是应用安全，当然也包括数据安全、加密和密钥管理、身份识别和访问控制、安全事件管理、业务连续性等。

4.4.2　Jericho 云立方体模型

在云中，企业大多数会考虑以下问题：

（1）云服务是如何部署的？云服务是在哪里提供的？例如，公共或私有可能被描述成外部或内部云，这种互换不是所有情况下都是准确的。

（2）如何确定界限？云服务的使用方式经常被描述成与组织的管理或安全边界位置有关（通常定义在某个防火墙上）。虽然了解云计算中安全边界在哪里很重要，但是，"界限清晰的边界"的这一概念是一个时代性错误。

（3）如何适应云服务的动态特征？传统静态安全控制无法解决无处不在的连接、各种形式的信息交换等云服务动态特性，这些都要求针对云计算的新思维进行边界重整。

Jericho 论坛开放了相当多的材料，包括很多案例分析。云的部署和消费模式不能仅仅在"内部"还是"外部"上讨论，因为它们只与资产、资源和信息的物理位置有关，还要讨论由谁消费、谁负责监管、安全和政策标准的合规等。云面临的风险与信息所处的位置、所要管理的资产资源和信息类型、管理者和管理方法、控制和集成方法以及合规性等因素有关，云计算部署模型分析了上述要点，如图 4-20 所示。

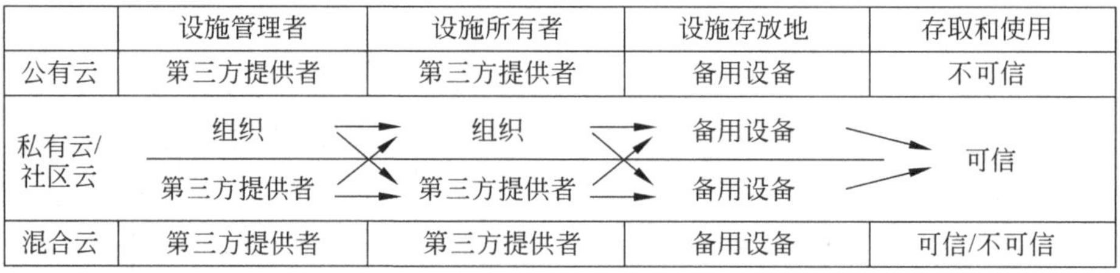

	设施管理者	设施所有者	设施存放地	存取和使用
公有云	第三方提供者	第三方提供者	备用设备	不可信
私有云/社区云	组织／第三方提供者	组织／第三方提供者	备用设备	可信
混合云	第三方提供者	第三方提供者	备用设备	可信/不可信

图 4-20　云计算部署模型

针对这些因素，Jericho 论坛提出了云立方体模型，将云服务模型、云计算部署、资源物理位置、管理和所有者属性等要素进行了体系化描述，Jericho 论坛的云立方体模型从安全协同的角度提出了用以区分云从一种形态（formation）转换到另外一种形态的四种准则/维度以及各种组成的供应配置方式，以便理解云计算影响安全路线的方式。Jericho 云立方体模型从数据的物理位置（internal/external，内部/外部）、云相关技术和服务的所有关系状态（proprietary/open，私有/公开）、应用资源和服务时的边界状态

(perimeterised/de-perimeterised,边界化/去边界化)、云服务的运行和管理者(insourced/outsourced,自供/外包)4个影响安全协同的维度上划分了16种可能的云计算形态,如图4-21所示。

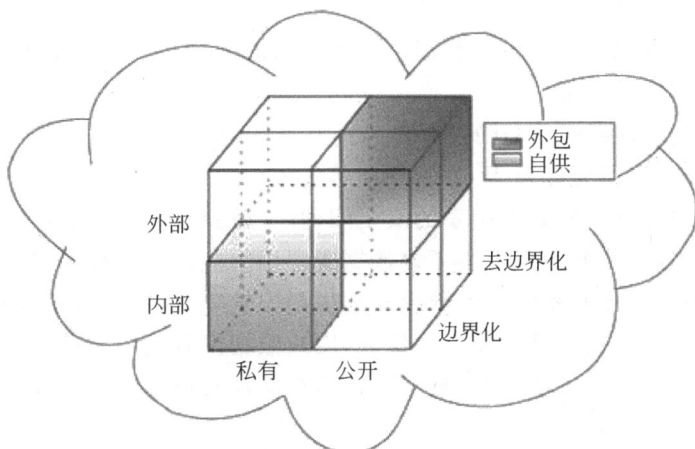

图 4-21　云立方体模型

维度1(内部/外部)描述了数据物理位置,衡量依据是云数据是否在公司内部。如果部署在公司内则是内部维,反之是外部维。虚拟硬盘位于公司的数据中心,属于内部维;亚马逊SC3位于"场外",属于外部维。此处注意不要做出内部比外部安全的错误假设。有时候,根据实际情况,可能需要有效结合两个维度一起使用才能提供较安全的模型。

维度2(私有/公开)描述了安全技术路线,其定义了云技术、服务、接口等所有权,界定了安全防护实施主体以及责任承担方。

维度3(边界化/去边界化)描述了体系理念,即云在传统边界的里面还是外面。边界化意味着继续在以防火墙为标志的传统IT边界内经营,这种做法阻碍合作,不利于共享。边界化情况下,可以通过VPN简单地延伸组织边界到外部云域,在公司的IP域内运营虚拟服务器,利用目录服务来控制访问。当计算任务完成后,把边界退回到原来的传统位置。去边界化是指传统IT周边的逐渐移除。假定系统边界是遵循COA架构原则构建的(例如数据通过元数据和防止数据不当使用的机制一起封装),由于COA系统允许安全合作,因此在去边界化环境里,公司能与第三方(业务伙伴、客户、供应商、外包方等)越过任何COA网络进行全球性的安全合作。COA架构是为了满足公司在面临复杂威胁的开放环境下与众多外界合作方安全可靠地大量交互信息所设计的一个安全架构。为了达到开放式环境下的信息安全交互的目标,COA架构中提出了信息系统需要满足的一些基本要求,并在COA Framework中详细描述了COA架构的功能组件,其基本功能组件包括规则、过程、服务、属性、技术5种。在规则中COA架构一共提出了11条需要遵循的基本原则。

维度4(自供/外包)描述运维管理。其包括两种运维状体,分别是自供和外包。公司自己控制运维管理属于自供维,运维管理服务外包给第三方属于外包维,这两个状态描述了运维管理权的归属,主要是策略问题(即商业决定,而不是技术或架构决定)。

云立方体模型呈现的 16 种云形态,每一个都有不同的特点、不同程度的灵活性、不同的合作机会和不同的风险度。

4.4.3　云计算安全技术框架

冯登国研究员指出云计算安全将面临解决关键技术、标准与法规建设以及国家监督管理制度等多个层次的挑战。

挑战一:建立以数据安全和隐私保护为主要目标的云安全技术框架。云计算不仅面临诸如主机系统层、网络层以及 Web 应用层等传统威胁,也面临新的问题。

一是云计算服务计算模式所引发的安全问题。当用户或企业将所属的数据外包给云计算服务商时,云计算服务商就获得了该数据或应用的优先访问权。事实证明,由于存在内部人员失职、黑客攻击及系统故障导致安全机制失效等多种风险,云服务商没有充足的证据让用户确信其数据被正确地使用。例如,用户数据没有被盗卖给其竞争对手,用户使用习惯隐私没有被记录或分析,用户数据被正确存储在其指定的国家或区域,且不需要的数据已被彻底删除,等等。

二是云计算的动态虚拟化管理方式引发的安全问题。在典型的云计算服务平台中,资源以虚拟、租用的模式提供给用户,这些虚拟资源根据实际运行所需与物理资源相绑定。由于在云计算中是多租户共享资源,多个虚拟资源很可能会被绑定到相同的物理资源上。如果云平台中的虚拟化软件中存在安全漏洞,那么用户的数据就可能被其他用户访问。例如,2009 年 5 月,网络上曾经曝光 VMware 虚拟化软件的 Mac 版本中存在一个严重的安全漏洞。别有用心的人可以利用该漏洞通过 Windows 虚拟机在 Mac 主机上执行恶意代码。因此,如果云计算平台无法实现用户数据与其他企业用户数据的有效隔离,用户不知道自己的邻居是谁,有何企图,那么云服务商就无法说服用户相信自己的数据是安全的。

三是云计算中多层服务模式引发的安全问题。云服务商在对外提供服务的同时,自身也需要购买其他云服务商提供的服务。因而用户所享用的云服务间接涉及多个服务提供商,多层转包无疑极大地提高了问题的复杂性,进一步增加了安全风险。由于缺乏安全关键技术支持,当前的云平台服务商多数选择采用商业手段回避上述问题。但长远来看,用户数据安全与隐私保护需求属于云计算产业发展无法回避的核心问题。

挑战二:建立以安全目标验证、安全服务等级测评为核心的云计算安全标准及其测评体系。首先,云计算安全标准应支持更广义的安全目标。云计算安全标准不仅应支持用户描述其数据安全保护目标,指定其所属资产安全保护的范围和程度,更重要的是,应支持用户,尤其是企业用户的安全管理需求,如分析查看日志信息,搜集信息,了解数据使用情况以及展开违法操作调查等。其次,云计算安全标准应支持对灵活、复杂的云服务过程的安全评估;同时,标准应支持云服务的安全水平等级化,便于用户直观理解与选用。最后,云计算安全标准应规定云服务安全目标验证的方法和程序,如可信审计记录等。云计算安全标准应明确定义证据提取方法以及证据交付方法。

挑战三:建立可控的云计算安全监管体系。实现云计算监管需要解决几个问题。一是实现基于云计算的安全攻击的快速识别、预警与防护,二是实现云计算内容监控,三是识别并防止基于云计算的密码类犯罪活动。

为了解决上述问题,需要建立综合性的云计算安全框架,为此冯登国研究员提出了一个参考性的云安全框架建议,如图 4-22 所示。该框架包括云计算安全服务体系与云计算安全标准及其测评体系两大部分,为实现云用户安全目标提供技术支撑。

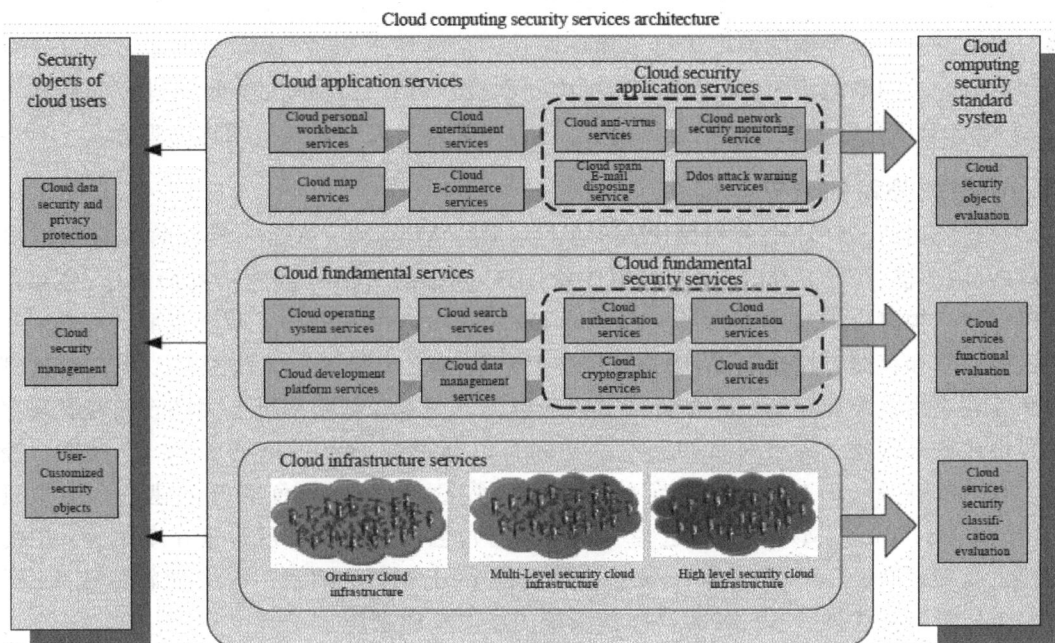

图 4-22　云计算安全技术框架

云用户安全目标包括数据安全、隐私保护以及安全管理。云计算服务体系由一系列云安全服务构成,是实现云用户安全目标的重要技术手段。根据其所属层次的不同,云安全服务可以进一步分为可信云基础设施服务、云安全基础服务以及云安全应用服务 3 类。云基础设施服务为上层云应用提供安全的数据存储、计算等 IT 资源服务,是整个云计算体系安全的基石。这里,安全性包含两个层面的含义:其一是抵挡来自外部黑客的安全攻击的能力;其二是证明自己无法破坏用户数据与应用的能力。云安全基础服务属于云基础软件服务层,为各类云应用提供共性信息安全服务,是支撑云应用满足用户安全目标的重要手段。在该框架提供云用户身份管理服务、云访问控制服务、云审计服务以及云密码服务。典型的云安全应用服务包括 DDoS 攻击防护云服务、Botnet 检测与监控云服务、云网页过滤与杀毒应用、内容安全云服务、安全事件监控与预警云服务、云垃圾邮件过滤及防治等。

云计算安全标准及其测评体系为云计算安全服务体系提供了重要的技术与管理支撑。它提供了云服务安全目标的定义、度量及其测评方法,云安全服务功能及其符合性测试方法,云服务安全等级划分及测评规范,可以通过指定测评机构或者第三方实验室测试评估。

该安全技术框架以清晰的层次结构划分安全区,描述了安全功能以及支撑安全功能实现与有效性验证的云计算安全标准及其测评体系,具有较强的技术指导意义。其主要考虑云计算环境自身或对外提供服务的能力安全需求,但未考虑云计算终端、边界、物理位置以及通信的安全需求。

4.4.4　企业提出的云安全架构

以上对云安全模型的情况进行了简单阐述。从整体上来说,国际上关于云计算安全问题的研究也刚刚起步,有很多组织和机构在积极地对云计算的安全问题进行分析和研究,下面将简单介绍微软、谷歌、亚马逊、思科等几个公司关于云安全架构的理念。

1. 微软公司的云安全架构

微软公司的云计算平台叫做 Windows Azure。Windows Azure 旨在将通常构成应用程序(服务器、操作系统、网络和数据库软件等)基础的大部分基础结构抽象化,使用户可以专注于构建应用程序。如图 4-23 所示,Windows Azure 提供了两个主要的功能:基于云的计算和存储。在这上面,用户可以建立和管理应用程序和关联配置。用户通过订阅来管理应用程序和存储。典型订阅可以通过用信用卡在订阅网页上关联新的或者现存的身份凭证来创建。随后对订阅系统的访问可以通过一个 Windows Live ID 来进行控制。Windows Azure 基于客户指定的角色实例数量,为每个角色实例创建一个虚拟机(Virtual Machine,VM),然后在这些 VM 上运行角色。这些 VM 反过来在专用于云中的虚拟机管理程序(Windows Azure 虚拟机管理程序)上运行。有一个 VM 比较特殊:它运行一个托管结构代理(FA)、名为根操作系统的加固操作系统。

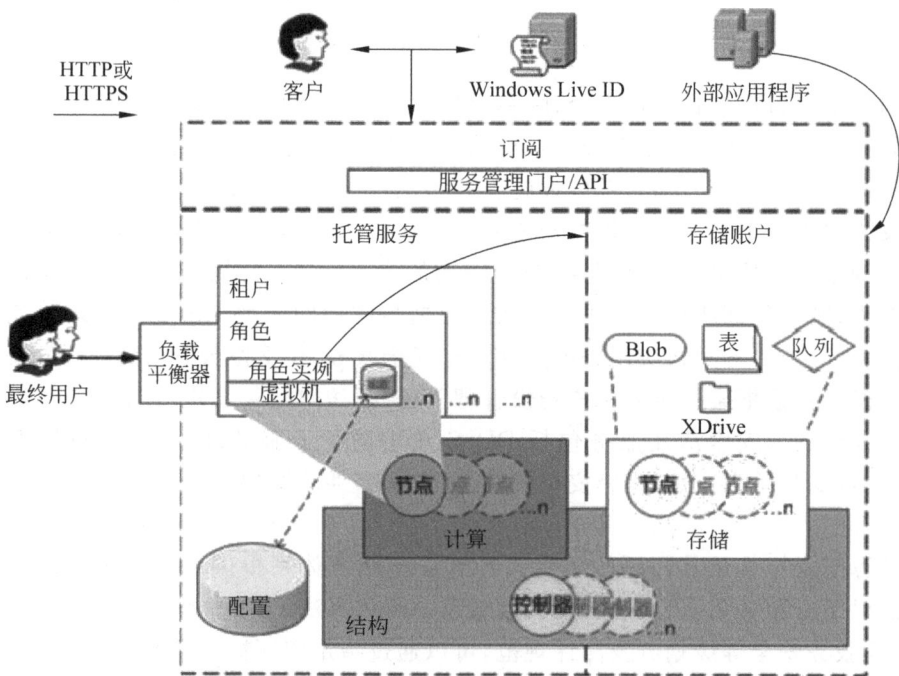

图 4-23　Windows Azure 关键组件概述

在云安全设计上,微软公司通过采用强化底层安全技术、使用 Sydney 安全机制以及在硬件层面上提升访问权限安全等系列技术措施为用户提供一个可信任的云。它提供私密性、完整性和用户数据可用性、可靠性。

私密性通过以下机制实现:

(1) 通过身份和访问控制机制确保只有适当的经验证的实体允许访问,具体实现机制有身份和访问管理、SMAPI 身份验证、最少特权用户软件、内部控制通信量的 SSL 双向认证、证书和私有密钥管理、WindowsAzure Storage 的访问控制机制。

(2) 通过保证适当的容器在逻辑上和物理上的分离来实现最小化数据交互,具体隔离方式有管理程序、Root OS 和 Guest VM 的隔离、Fabric Controller 的隔离、包过滤、VLAN 隔离、用户访问的隔离。

(3) 在 Windows Azure 内部使用 SSl 加密机制来保护控制渠道,并且可提供给需要严格数据保护机制的用户。Windows Azure SDK 扩展了核心. NET 类库以允许开发人员在 Windows Azure 中整合. NET 加密服务提供商(CSP)。使用. NET CSP,Windows Azure 开发人员可以轻松地访问加密功能。

Windows Azure 客户数据的完整性主要是通过 Fabric VM 设计来实现的,Fabric 自身的完整性在从引导程序到操作中都被精心管理。存储完整性是通过使用简单的访问控制模型来实现的。每个存储账户有两个存储账户密钥来控制所有对存储账户中的数据的访问,因此对存储密钥的访问提供了对相应数据的完全控制。

Windows Azure 提供了大量的冗余级别来提供最大化的用户数据可用性。数据在 Windows Azure 中被备份到 Fabric 中的 3 个不同的节点来最小化硬件故障带来的影响。用户可以通过创建第二个存储账户来利用 Windows Azure 基础设施的地理分布特性达到热失效备援功能。在每个虚拟机上的 GA 监视虚拟机的状态。如果 GA 响应失败,FC 会重启虚拟机。将来,用户可以选择定制化的持续/恢复策略。当硬件遇到问题时,FC 会将角色实例移动到一个新的硬件节点并为这些服务角色实例重启网络配置来恢复服务的功能性。FC 为用户服务使用类似的高可用性原理和自动失效备援,从而让 FC 的管理功能始终有效。

因为云计算平台实际上是外包计算环境,必须能够经常向用户和其指定的代理商证明其运行的安全性。Windows Azure 实现了监视代理(MA),从包括 FC 和 Root OS 在内的许多地方获取监视和诊断日志信息,写到日志文件中,通过监视数据分析服务(MDS)读取多种监视和诊断日志数据并总结信息,将其写到集成化日志中,发布给用户。

此外,Windows Azure 还提供直接删除数据的功能,该功能类似计算机物理设备操作,当相应的存储数据块为了存储其他数据而被重用的时候,原有的物理二进制数据会被覆盖。

2. 谷歌公司的云安全架构

2010 年,为使其安全措施、政策及涉及到谷歌应用程序套件的技术更透明,谷歌公司发布了一份白皮书,既说明了谷歌公司所提供的服务后技术架构的安全,又阐述了谷歌公司自身的安全管理。

谷歌云计算的安全管理与 ISO 27001 的安全域类似,有专职信息安全团队,由一些世界一流专家组成(专长为信息、应用、网络安全),整个安全团队嵌入在谷歌软件开发团队和管理公司整体运作的机构中。这个团队负责维护公司的外围防御系统,建立安全评审机制,并建立基于企业特点个性化定制的安全基础设施,还有一项最重要的工作就是建立健全的信息安全制度体系以及将这些策略实施下去,此外还负责公司的内审以及对国际标准的合法合规。在人员管理方面,有严格的培训,签订保密协议,鼓励员工匿名举报任何违反商业道德的事件,并确保员工的匿名性。另外,谷歌公司对录用的员工要进行背景调查,核实个人教育和以往的就业情况,并进行内部和外部参照检查。

在技术安全架构方面,白皮书分别对资产分类与控制、数据删除、人员安全、物理环境安全、操作安全、网络安全以及操作系统安全等进行了阐述。例如,在谷歌云架构中的信息存储采用分布式计算来存储用户信息,无单点故障,程序的调用需要认证和授权等。其文件体系如图 4-24 所示。

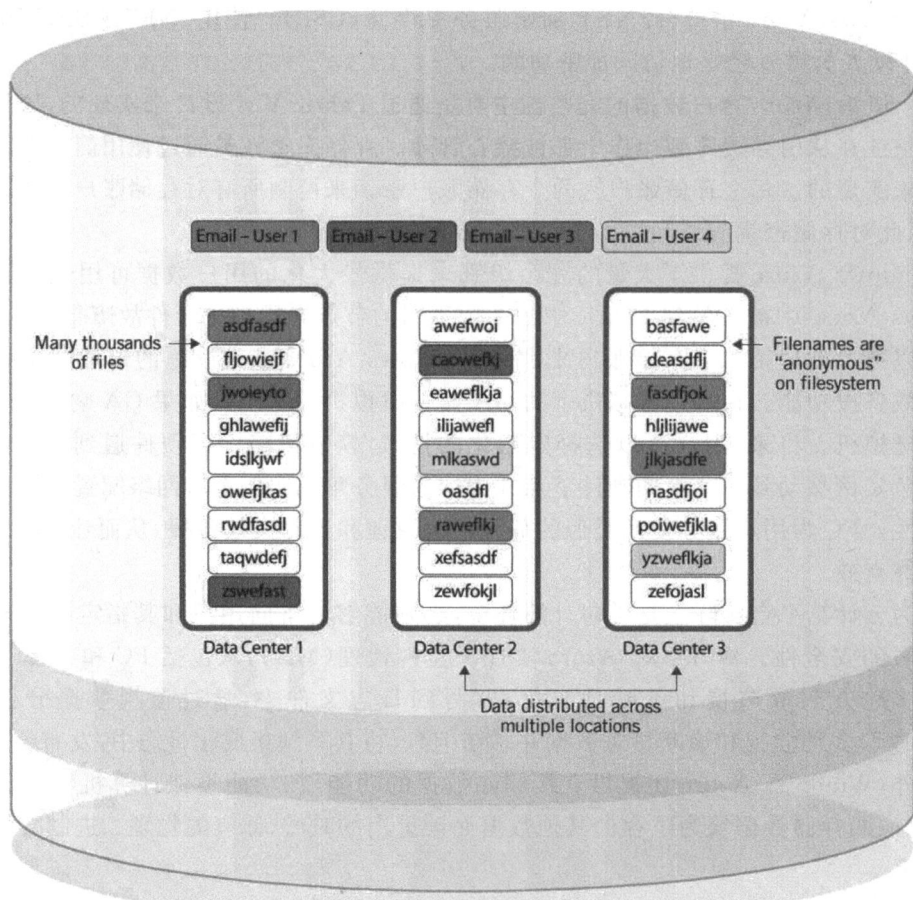

图 4-24　谷歌云文件系统

谷歌云在安全上实现了可信云安全产品管理、可信云安全合作伙伴管理、云计算合作伙伴自管理、可信云安全的接入服务管理、可信云安全企业自管理等。

3. 亚马逊公司的云安全架构

亚马逊是最早提供远程云计算平台服务的公司,其云计算平台称为弹性计算云 (Elastic Compute Cloud,EC2)。亚马逊云不仅受到高安全性的设施和基础设施的保护,也受到广泛的网络和安全监控系统的保护。这些系统提供了基本但重要的安全措施,例如分布式拒绝服务(DDoS)保护和 AWS 账户的密码暴力检测。其他安全措施包括:API 终端节点允许安全的 HTTP 访问;配置内置防火墙进行访问控制;AWS Identity and Access Management(IAM)工具(允许控制用户对于 AWS 基础设施服务的访问级别,每个用户都拥有唯一的安全证书);使用多重验证方式;AWS Virtual Private Cloud(VPC) 服务允许创建私有子网;加密数据存储;使用 AWS Direct Connect 服务建立一个从本地设施到 AWS 的专用网络连接;使用隔离的 GovCloud;必须使用硬件安全模块(HSM)设备来实现加密密钥的存储。

亚马逊云安全遵循以下 20 条规则:

- 加密所有网络通信。
- 只使用加密的文件系统。
- 高强度加密放在 S3 上的所有文件。
- 绝对不能让解密密钥进入云,除非用于解密进程。
- 除了用于解密文件系统的密钥外,绝对不能在 AMI 中放置用户的认证证书。
- 在实例启动时解密用户的文件系统。
- Shell 访问时绝对不能使用简单的用户名/密码认证方式。
- Sudo 访问时不需要密码。
- 使应用程序不依赖于特定的 AMI 结构。
- 定期把数据从亚马逊云中完整地备份出来,并且在其他地方安全保管。
- 每个 EC2 实例只运行一个服务。
- 只打开实例中的服务所需的最少的端口。
- 设置你的实例时指定源 IP 地址。仅对 HTTP / HTTPS 等开放全局访问。
- 把敏感数据和非敏感数据存放在不同的数据库中,并且在不同的安全组中。
- 自动化处理安全错误。
- 安装基于主机的入侵检测系统,如 OSSEC。
- 充分利用系统强化工具,如 Bastille Linux。
- 如果你怀疑被黑客入侵,则赶紧备份根文件系统、快照块卷,并关闭该实例。您可以稍后在一个没有被入侵的系统上取证研究。
- 设计一个程序可以给 AMI 打安全补丁,只需简单地重启你的实例。
- 最重要的是:编写安全的 Web 应用程序。

4. 思科公司的云安全架构

移动与协作打破了传统企业的网络边界,如图 4-25 所示。云计算打破了企业数据中心的边界。为此,思科公司提出了无边界网络云安全架构,提供正确人员、正确终端、正确地点、正确时间以及正确资源等安全保证。

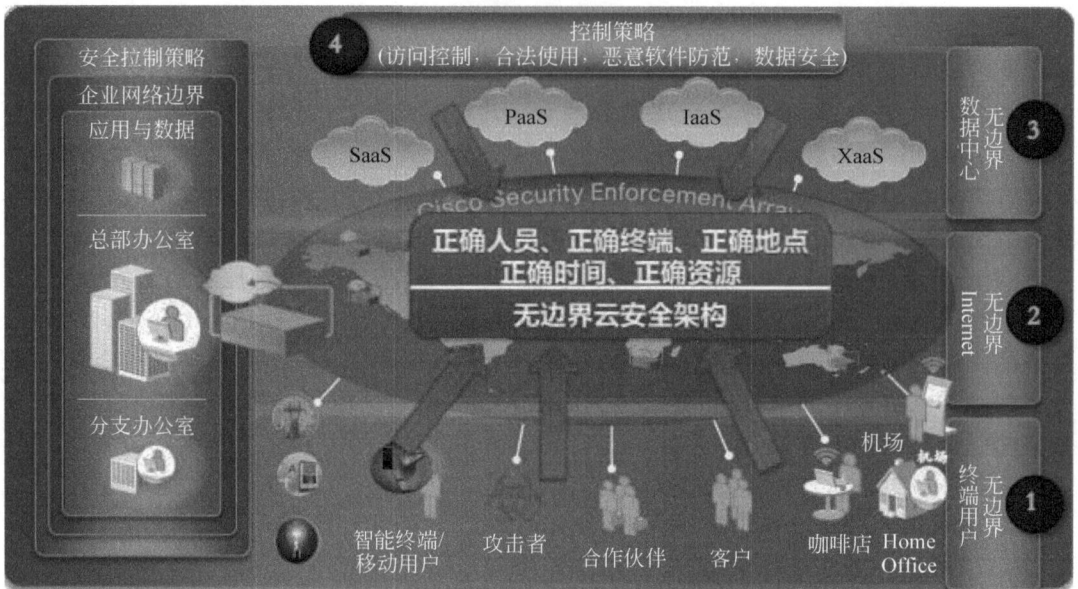

图 4-25　思科无边界网络云安全架构

思科云安全战略关键组件包括 FWSM、IDSM、威胁管理 MARS 以及网络准入 NAC/CCA、云防火墙(Spyker Anti-Botnet,ASA)、入侵检测(IPS Correlation)以及内容安全(IronPort)。

2010 年思科公司宣布对云安全平台进行的重大提升,延续了其在云保护和思科安全无边界网络(Secure Borderless Network)架构方面的发展势头,思科公司推出了永远开启、基于云的 Cisco IronProt Email Data Loss Prevention and Encryption(电子邮件数据丢失防御与加密)以及 Cisco ScanSafe Web Intelligence Reporting(思科 ScanSafe Web 智能报告)服务。

2014 年,思科公司宣布进一步扩展其高级恶意软件防护与数据中心安全解决方案,以帮助客户抵御攻击和高级持续性威胁(APT)。思科高级恶意软件防护(AMP)的最新更新使其成为第一款能够在网络和终端之间关联入侵指示(IoC)数据的解决方案,同时它还具备集成的威胁防御和共享智能功能,能够帮助客户全面、持续地应对最高级的威胁。AMP 在扩展的网络中提供了持续的严格检测与响应能力,包括终端、移动设备、虚拟系统、Web 和电子邮件网关等,AMP 消除了网络与终端防护之间的缺口。思科公司通过其 ASA 和更新的 ASA 5585-X 防火墙带来卓越的性能、可扩展性和灵活性,旨在进一步提高数据中心和云的防护能力,支持软件定义网络(SDN)和以应用为中心的基础设施(ACI)环境中的最新技术进步。

5. 阿里云架构

阿里云以保护数据的保密性、完整性、可用性为目标,制定防范数据泄露、篡改、丢失等安全威胁的控制要求,根据不同类别数据的安全级别(例如,生产数据是指安全级别最高的数据类型,其类别主要包括用户数据、业务数据、系统数据等),设计、执行、复查、改进各项云计算环境下的安全管理和技术控制措施。

阿里云安全控制包括组织安全、合规安全、数据安全、访问控制、人员安全、物理安全、基础安全、系统和软件开发及维护、灾难恢复及业务连续性。其中组织安全由安全团队负责,包括信息安全、安全审计、物理安全 3 个团队。合规安全一方面通过 ISO 27001、云安全国际认证、信息安全等级保护等第三方认证机构进行认证;另一方面签署保密协议,并根据国家信息安全相关法律、法规要求设置并维护和各信息安全监管机构之间的联络员和联络点,以确保其提供的云计算平台、云计算产品、云计算服务符合国家关于知识产权的相关法律和法规要求。数据安全通过访问与隔离机制、存储与销毁机制进行保护。访问控制采取认证技术、授权技术以及审计技术防止未经授权的访问。人员安全参照谷歌公司的做法,包括职业培训、匿名报告等方式来维护。物理和环境安全主要对所有数据中心的所有资产设备、物资配件、耗材、人员采用了多种不同的物理安全机制,环境控制主要保障电力充足、温度适宜以及火灾及时检测等。基础安全提供防 DDoS 清洗服务、网站端口安全检测、网站 Web 漏洞检测、网站木马检测、漏洞管理、安全事件管理、网络安全、传输层安全、操作系统安全。系统和软件开发及维护提供云服务安全基线、安全咨询和审计以及阿里云软件生命周期中的安全等服务。灾难恢复及业务连续性实施数据复制与备份、分数据中心运行在分布式地理位置、冗余以及灾难恢复计划定期测试等组件功能。

6. 中国电信的云安全架构

作为拥有全球最大固话网络和中文信息网络的基础电信运营商,中国电信一直高度关注云计算的发展。对于云安全,中国电信认为,云计算应用作为一项信息服务模式,其安全与 ASP(应用托管服务)等传统 IT 信息服务并无本质上的区别,只是由于云计算的应用模式及底层架构的特性,使得在具体安全技术及防护策略实现上会有所不同。为有效保障云计算应用的安全,需在采取基本的 IT 系统安全防护技术的基础上,结合云计算应用的特点,进一步集成数据加密、VPN、身份认证、安全存储等综合安全技术手段,构建面向云计算应用的纵深安全防御体系,并重点解决如下问题:

(1) 云计算底层技术架构安全,如虚拟化安全、分布式计算安全等。

(2) 云计算基础设施安全,保障云计算系统稳定性及服务连续性。

(3) 用户信息安全,保护用户信息的可用性、保密性和完整性。

物联网安全模型研究还处于初级阶段,随着应用越来越复杂,涵盖的技术越来越多,安全威胁越来越繁杂,需要构建适应性较强的物联网安全模型以保障物联网安全。从现阶段各个研究机构和公司的研究成果来看,物联网安全模型的未来发展必须满足以下关键要求:

(1) 适用于分布式拓扑架构且安全管理单元可进行自治。

(2) 横向防御与纵深防御结合。

(3) 需进行能量消耗、成本、时间、安全强度的评估。

(4) 物联网安全模型在实现时,安全技术应细粒度,可操作性强。

(5) 综合考虑标准、监管模式、法律法规以及技术来探索解决物联网安全问题。

(6) 由于物联网当前含义较为广泛,包括传感网、移动通信网、EPC、云计算等众多内容,因此,物联网模型在一定的通用性基础上,应丰富和扩展各类"专项"物联网子模型。

第 5 章

物联网安全保障框架

在感知层,物联网感知节点易遭受物理破坏、冒充或越权、重放攻击、篡改、泄露标识数据等多种威胁;在传输接入层,物联网存在多种拒绝服务攻击、违规外联、非法接入等威胁;在业务层,物联网存在各种漏洞、数据多源异构、大数据安全等威胁。因此,面对国内日益发展的物联网市场,急需构建物联网安全保障体系,保障物联网健康顺利发展,物联网在大规模投入实际使用前,需要对其风险漏洞进行评估检测,防止网络系统中的安全漏洞给物联网的使用带来巨大损失。

从国家一系列关于物联网的政策文件中可以清晰地发现,物联网发展需要安全保障体系的支撑。例如:

- 《国务院关于推进物联网有序健康发展的指导意见》提出:到 2015 年,建立物联网安全保障体系,完善安全等级保护制度,建立健全物联网安全测评、风险评估、安全防范、应急处置等机制,增强物联网基础设施、重大系统、重要信息等的安全保障能力,形成系统安全可用、数据安全可信的物联网应用系统。

- 《物联网发展专项行动》指出:建立健全物联网系统生命周期的安全保障体系,建立健全物联网信息安全等级保护制度,开展物联网系统安全等级测评与检查、评估工作。在物联网系统设计研发阶段,对设计方案进行安全验证与风险评估;在物联网项目竣工验收阶段,对系统的安全防护能力进行测试和评估;在物联网系统运营阶段,适时开展安全检查工作,查找突出问题和薄弱环节,评估安全防护水平。同时,建立相关信息采集交换平台与信息共享分析机制,在物联网工程的生命周期提供安全监测和预警服务。

- 《工业和信息化部 2014 年物联网工作要点》明确指出:要建立健全物联网安全保障体系,推进物联网关键安全技术研发与产业化。加强物联网安全标准制定与实施工作。完成物联网信息安全技术研究并进行物联网信息安全技术检测评估平台建设方案论证,支持 2~3 家国家级科研机构以产学研用联合的方式开展平台建设。建立健全物联网信息安全相关制度、标准、规范,完成预警与态势通报机制、信息共享与分析机制建立与基础环境建设。

我国物联网安全保障体系要在借鉴国内外成功经验的基础上健全完善信息安全法律体系和监管制度体系,积极推进我国信息安全政策法规和体制机制建设,做好信息安全顶层设计,强化信息安全基础设施建设,构建物联网安全技术保障措施,并以物联网安全检测评估手段夯实物联网安全建设,加强信息安全人才培养与管理。

物联网安全保障体系架构如图 5-1 所示。建立健全物联网安全保障体系需要政府、企业乃至整个社会共同努力,法律法规、政策、标准在支撑物联网应用与工程建设的同时,需要引导物联网安全技术发展,物联网安全检测与评估按照法律法规、政策、标准的要求,在物联网应用与工程生命周期内开展安全检测与评估工作,确保物联网工程合规性以及安全防护措施的有效性,保障物联网安全。

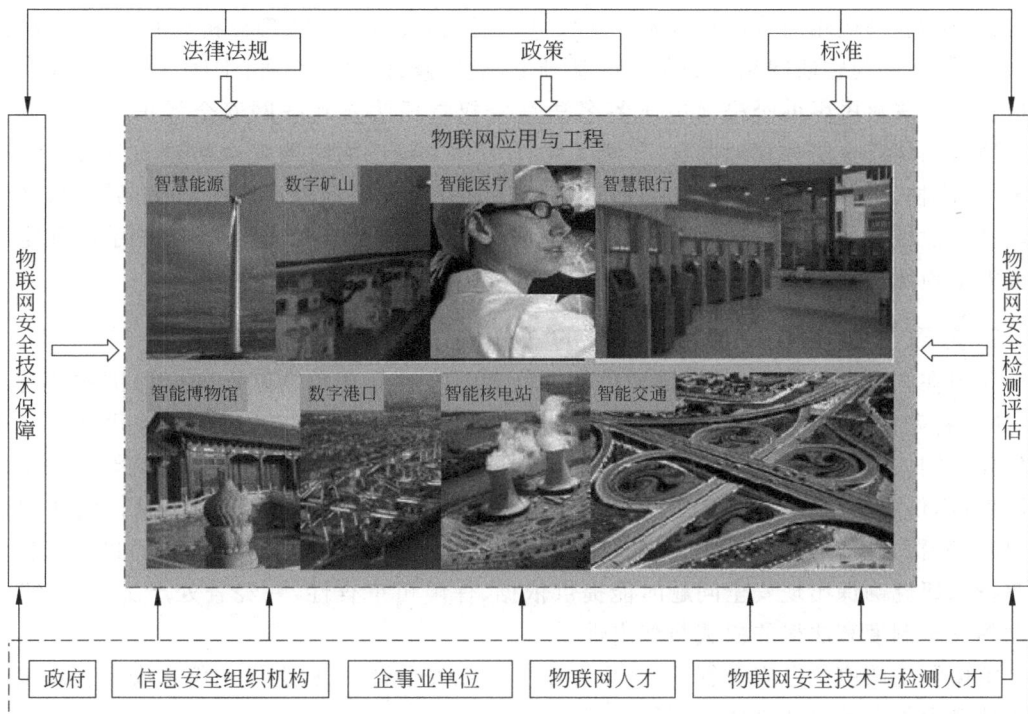

图 5-1　物联网安全保障体系

5.1　信息安全法律法规

随着物联网网络延伸和应用拓展,为避免人为恶意破坏、擅自利用处理结果等行为对个人隐私、行业安全、国家安全等方面造成严重威胁,需将物联网安全可控问题上升到法律层面考虑。

当前,我国关于信息安全的法律大多分散在《中华人民共和国宪法》《中华人民共和国民法通则》《中华人民共和国刑法》《中华人民共和国侵权责任法》《中华人民共和国消费者权益保护法》等法律和司法解释文件的条款中。专门针对信息安全的法律主要有《中华人民共和国电子签名法》《关于加强网络信息保护的决定》《互联网信息管理办法》《关于维护互联网安全的决定》《非经营性互联网信息服务备案管理办法》《互联网安全保护技术措施规定》《信息安全等级保护管理办法》《通信网络安全防护管理办法》《互联网 IP 地址备案管理办法》和《电话用户真实身份信息登记规定》等,专门针对物联网安全保护的法律几乎没有。因此,需要进一步完善我国现有的法律体系,加大法律法规制定的力度,促进物联网安全保障体系建设。我国物联网安全法律体系建设可以从 3 方面开展工作。

1. 修订与完善现有法律法规

在新形势下,以前制定的法律法规有可能出现针对性不强、界定模糊等情况,但其法律定位未发生变化,仍具有现实指导意义,可以通过修订进行完善。

针对物联网应用的特点和技术高速发展的现实状况,应在梳理分析现有法律法规、规章、规范性文件与物联网相关的条款的基础上,继续修订、不断完善《刑法》《信息安全等级保护管理办法》《民事诉讼法》《电子签名法》《侵权责任法》《互联网安全保护技术措施规定》《通信网络安全防护管理办法》等相关法律法规中对于物联网安全防护和管理相关的条款,明确物品联网范围,避免物品随意互联对国家安全等方面造成的隐患,界定破坏物联网基础设施需要承担的法律责任,以及物联网工程实施方应部署安全防护手段和定期开展安全检测与评估的义务。

2. 起草与物联网安全保护相关的法律

我国在立法方面,要在物联网发展初期就着手考虑起草与物联网安全保护相关的法律,并不断完善细化相关法律规定,使立法上尽量覆盖到关键细节,做到有法可依。其中不仅要控制人的行为,还要限制物品联网范围,避免物品随意互联对国家安全等方面造成的隐患;不仅要确立安全防护实施满足的目标,还要规定违法犯罪行为应承担的法律后果,加大惩罚力度,形成威慑力,遏制物联网违法犯罪行为。在执法方面,可通过计算机取证等技术研究确保出现安全问题时能提供依据、保障可审查性,一经查处严厉处置,维护物联网安全制度和法律的权威与严肃性。

审慎制定政府信息安全管理、企事业单位信息安全管理、社会组织信息安全管理以及个人信息保护等条例和办法。具体包括:

- 研究制定物联网环境下个人信息保护规则,强调对感知、传输和处理相关设备应用过程中,个人享有知情权、选择权等基本权利,明确信息收集、传输、处理环节中主体的责任和义务,提出泄露和非法利用个人隐私应承担的法律责任。
- 研究物联网数据安全保护法,规范数据收集、传输、处理和分析过程中利益相关方的权利和义务,保障大数据安全,重点保护涉及国家公共安全的物联网应用领域,加强对关键基础设施的保护。
- 研究制定物联网相关资源保护法律法规,将与物联网发展相关的频率、标识、号码等资源纳入立法,规范物联网资源的规划、分配、使用和保护。
- 研究制定物联网可信体系法律法规,将物联网涉及的实体、资源以及行为统一纳入网络空间可信体系中,建立开放、公平和安全的物联网生态环境。
- 研究制定物联网安全检测与评估法律法规,将重点领域的关键基础设施安全检测与风险评估纳入立法,通过第三方检测机构定期开展安全检查、安全检测、风险评估,保障物联网安全。

通过法律和制度的形式,监督和引导企事业单位、社会组织以及个人承担维护信息安全的责任和义务。

2015 年 6 月,第十二届全国人大常委会第十五次会议初次审议了《中华人民共和国网络安全法(草案)》,2017 年 6 月,《中华人民共和国网络安全法》正式施行,这标志我国信息安全法律进入了一个新的阶段。

3. 对法律法规开展多维度评估

对于物联网安全相关的法律法规评估应该至少从以下几个方面考虑:

(1) 新制定的法律法规是否符合国家总体网络安全的发展战略。新制定的法律是否适应原有的法律法规,如人大常委会颁布的《公民个人信息保护办法》,是否有利于各部委在其职权范围内对网络上的相关事务实施管理。

(2) 政策与法律是否具有技术上、执行上的可操作性。是否便于网络服务商执行,且不增加其负担,进而由于安全性的提高,使网络服务商在经济上获益;是否有利于用户自愿参与。

(3) 相关法律法规与技术标准实施的实际效果。应当从政府、网络服务商、用户等多角度进行综合分析与评估。

此外,还要搞好信息安全执法队伍的建设和管理,不断提升信息安全保障的执法水平。通过贯彻依法治国理念,从立法与司法层面,严厉打击网络犯罪、明确对网络侵权行为的认定与处罚力度,实现并完善对数字财产、网络身份、网上交易、政务民生应用等物联网资源和行为的法律保护,进而促进隐私保护、权益保障、经济繁荣、文化复兴、社会稳定、国家安全。

5.2　物联网发展与安全保障政策

物联网安全涉及因素众多,关系复杂,绝非仅靠一些信息安全技术和措施就能妥善解决。在这之中,需要将物联网安全上升至国家战略层面,站在国家的高度提升安全意识,负起相应责任,通过严格、高效的管理手段保障物联网安全。通过政府的主导作用,做好信息安全顶层设计,从国家战略部署的高度考虑物联网安全问题,通过体制、机制等多种管理手段对物联网安全进行提前部署,有效指导物联网安全保障体系的构建。

制定规划保障物联网安全有序发展,让应用发展和技术发展相匹配,避免在技术尚未成熟时就依赖国外技术和企业盲目进行大规模应用扩张和以物联网为支撑的智慧城市建设而埋下受国外操控的安全隐患。

物联网的安全可控须建立在技术自主可控、核心产品产业化的基础上。通过财税、投融资等政策支持优化产业政策环境,重点扶持中高端传感器、RFID 射频芯片、高端路由器、专用通信终端、物联网应用软件、信息安全等核心产业的发展。整合优化物联网产业公共服务平台已有资源,建设急需的公共服务平台,提升物联网技术研发、产业化、推广应用等方面的公共服务能力,建立健全"政府引导、市场导向、企业主体"的自主创新体系,培育具有自主知识产权和国际竞争力的龙头企业,提升物联网产业核心竞争力。

政府通过发布一系列产业发展、安全保障政策,贯彻落实好信息安全顶层设计的各个具体操作步骤,广泛动员和组织机关、事业、企业单位等社会各方面的力量,改善管理方式,改进工作方法,充分发挥政府的主导作用,提升信息安全的防护能力。

加大财政资金投入力度。在国家科技计划中提高对物联网安全基础理论和技术研发的资金支持比例，国家 973 技术、国家 863 技术以及国家科技支撑技术重点加强面向农业、工业、制造业、公共安全、智能电网、智能家居、智慧城市等领域的信息安全技术支持力度。在国家重大科技专项中加大对物联网安全技术研发和产业化的支持，在物联网发展专项资金中加大对物联网安全检测产业化的支持，兼顾标准研制和公共服务平台建设。

此外，还要开展覆盖全国的全民信息安全教育，进一步提升全社会的信息安全意识，建立健全我国的物联网安全监管体系和物联网空间信任体系。

5.3　物联网标准

标准开放是吸引众多研究者、基础设施建设者、关键软硬件研究生产单位、网络服务提供者投入物联网安全产业的前提。标准的编制与使用推广过程就是凝聚共识的过程，就是宣传与推广物联网安全框架和服务的过程。

面对物联网复杂多样的感知对象类型、感知数据类型、传输网络类型、支撑平台种类、业务服务种类、应用范围领域，为避免标准缺失和标准混乱带来的安全隐患，需要在加强推动各种安全标准研究制定工作的同时，构建科学合理的标准体系。以物联网安全标准体系为纲要，整体部署安全技术、安全管理标准，开展物联网通用安全导则、物联网安全体系结构、物联网可信标识、物联网数据安全、物联网安全测评和风险评估等领域共性技术标准的研制工作。优先支持应用急需行业标准，继续推进公安、交通、工业、农业等重点领域的标准化工作。

加强各标准化机构的协同合作和资源整合，既要在横向上做好各行业和部门间的协调合作，保证各自标准相互衔接，满足跨行业、跨地区的应用需求，又要在纵向上确保网络架构层面的互联互通，做好信息获取、传输、处理、服务等环节标准的配套，共同有序做好覆盖基础共性标准、各层关键技术标准、应用标准、安全标准等全方面的物联网标准体系建设工作。

争取国家标准与国际标准同步推进，不断争取在国际上的话语权，积极参与制定互联网治理国际规范、信息安全国际行为准则等国际规则和规范，争取在 ISO/IEC、ITU-T、AllSeen Alliance、OneM2M 等重要国际标准化组织的领导席位，提交物联网安全标准提案，增强国际影响力和竞争力。

5.4　物联网安全技术保障

物联网安全技术是物联网安全保障体系得以实现的重要手段之一，通过加强物联网安全基础设施建设，巩固物联网防护基石，积极研发自主知识产权的物联网产品、系统以及解决方案，从根源上防范外界窃取个人、企业甚至国家机密，破坏社会稳定甚至国家安全的行为，推进物联网关键安全技术研发与产业化，最大化发挥物联网安全技术效力。

物联网安全基础设施是信息化条件下经济和社会正常运行的基础和重要保障。当前,我国安全基础设施包括数字身份管理服务基础设施、跨应用鉴别服务基础设施、授权管理服务基础设施、访问控制服务基础设施、平台信任服务基础设施、审计服务基础设施、责任认定服务基础设施和密码算法基础设施。上述各个基础设施虽然有部分在逐渐融合,但其建设还缺乏必要的管理政策,缺乏可以共同遵循的标准,不同程度地存在着重复建设、资源得不到充分利用等问题,需要在后续建立协调管理机制,统筹规划和推进我国物联网安全基础设施建设,实现资源共享和互联互通。另外,还需要加强重要部门、重点行业的信息安全检查。指导和协调各重要部门、重点行业的信息安全应急预案,提高突发危机的应对能力。深入调查和研究,积极发展和规范信息安全服务业。

加强物联网核心关键技术研发,掌握自主知识产权。2014 年 10 月,西安优势微电子公司推出了国内首颗物联网核心芯片——"唐芯一号",宣告我国在物联网的核心技术上取得了重大进展。"唐芯一号"是我国第一颗完全自主知识产权的 2.4GHz 超低功耗射频可编程片上系统(PSoC),采用 $0.18\mu m$ 数字 CMOS 工艺,集无线射频收发、数字基带、电源管理于一体,是目前同类芯片中集成度最高、静态功耗最小的产品。但是,我国与发达国家相比,物联网核心关键技术研发能力还存在一定差距,需要以组织重大专项规划等方式引导产学研各界加强核心技术研发。立足自主创新,保障物联网核心技术自主可控,实现核心设备、解决方案等产品自主生产,并加强国产软硬件和解决方案的推广。与此同时,加强党政军、公安专网建设,加快发展下一代互联网、第四代移动通信、网络融合等技术,实现信息更自由、更可靠传送。一方面保障公共安全、生产安全、军事安全等重大领域对网络的专用性提出的要求,避免单纯依赖公网传输所带来的安全隐患;另一方面通过提供更加协同和融合的网络基础设施,在网络组织、安全架构、网络功能和性能等方面满足物联网对实时性、安全可信性、资源保证性等方面的要求,实现物联网可管、可控。

针对物联网自身的特点导致的感知层海量复杂数据的获取和传输安全等问题,需要研发智能传感器安全功能机制、物联网安全网关、VPN 网关、可信认证网关、流量清洗、防火墙等产品加以解决。快速有效地存储和处理海量、异构的加密数据,可通过大数据安全处理、云计算、加密等技术研发解决。创新入侵检测技术和容侵容错技术,解决行为异常节点、外部入侵节点带来的安全问题等。加强灾难的控制与恢复技术研发,做好安全问题产生后的补救工作。一方面要针对海量数据,通过云存储、云灾备等灾难的控制与恢复技术尽量减少安全问题带来的损害;另一方面还要研究通过计算机取证等技术,确保出现安全问题时能提供依据,从而实现可审查性等安全需求。

要进一步完善电子认证服务体系,大力推广电子签名在电子商务、金融、保险等领域的应用。加大对密码技术的自主研发,强化密码在电子商务、电子政务以及保护公民个人信息等方面的积极作用,特别是加大密码技术在涉密信息系统保护等领域的推广。对于计算机、嵌入式设备等操作系统、数据库以及 CPU 芯片等短期内还无法脱离进口的产品和技术,要下大力度研发自主可控的信息安全产品和寻找有效的应对方案,从而保证我国信息技术的稳定运行,维护国家的政治稳定和经济的持续健康发展。要加大对信息安全技术研发的资金投入,给予信息安全研发企业税收上的优惠,政府采购优先选择本土信息安全产品,切实加强对信息安全技术产业的扶持。

5.5 物联网安全检测与评估

从《国务院关于推进物联网有序健康发展的指导意见》等国家政策文件可以清晰地认识到，物联网安全检测与评估是物联网安全保障的核心，通过加强物联网产品、系统、服务的漏洞分析工作，开展物联网产品、系统、服务安全检测，对进口技术、产品、服务和系统解决方案进行安全审查，对重点领域已运营的物联网工程系统进行严格的安全检查与评估，形成物联网一体化安全检测体系，保障物联网安全。

随着物联网开放平台与操作系统的蓬勃发展，物联网工程普遍存在安全漏洞，且多为能够造成远程攻击、越权执行的严重威胁类漏洞。物联网通信协议种类繁多、系统软件难以及时升级、设备使用周期长以及系统补丁兼容性差、发布周期长等现实问题，又造成物联网系统的补丁管理困难，难以及时处理威胁，且近两年漏洞的数量呈快速增长的趋势。因此，需要加强对物联网产品、系统静态或动态代码脆弱性分析、系统漏洞分析研究，建立权威的物联网专业漏洞库以及完善的漏洞安全补丁发布机制。

通过对各行业物联网建设方面的调查发现，当前已有的物联网应用对安全性能的检测和技术支持的需求十分迫切。例如，移动系统与行业网的接入安全性评估和检测、物联网产品的安全检测、社会公共安全的视频采集系统的接入安全检测、基于 RFID 和车牌识别的智能车辆管控系统安全性评估等检测业务都是亟待解决的问题。因此，必须通过第三方检测机构开展物联网产品、系统、服务安全检测。通过对重要信息产品功能性、安全性、可控性的强制性检测、审查，据此建立政府采购、重要信息系统采购目录。政府采购、重要信息系统采购中在平衡安全价值、经济价值、发展价值中优先考虑安全性原则，要从供应链安全角度优先使用自主研发的高端服务器、操作系统、数据库等技术产品。

近年来，美国以国家信息安全为由，一直在阻止中国企业的 IT 产品在美国本土参与竞标，同时阻挠中国企业并购美国高科技企业，防止中国企业获取核心技术。特别是在2012 年美国众议院指控中国华为、中兴公司威胁其国家安全，2012 年 10 月 8 日，在一份有关华为和中兴公司的调查报告中指出：华为和中兴公司对美国国家安全构成威胁，它们制造的设备可以通过遥控向中国发回数据，有间谍嫌疑，应该对其在美开展的业务进行严厉限制。而我国对外国产品是否留有后门或存在安全漏洞并未进行完整的检测。无论从 WTO 准则还是欧美国家的实践上看，是完全可以基于国家安全考虑对国产和进口的产品进行信息安全审查，建立安全准入和预警机制，对核心关键设备的进口进行严格的安全审查和认证。

按照分类分级管理的原则，对于国防、政府、商业应用不同类别的信息产品实行与之相应的不同安全等级。对信息安全相关产品要根据产品的来源（国别）、可靠性（国家是否可控和生产单位是否可控）、可监督性（产品的源代码是否备案，是否经过检查）和安全性（是否具有漏洞、后门、远程控制等功能）进行严格审查，规范其使用范围，进行监督管理。

对交通、电力等国家安全重大领域的物联网设备和应用解决方案必须由我国企业自主掌控和运营，并严格进行安全评测和风险评估。对不符合安全等级要求的产品原则上要严格限制使用,对于无法避免的要进行风险分析,制定安全机制和应急措施,并要定期进行安全审计,在机制和措施建立的基础上严格审批程序并报相关安全管理机关备案。

通过开展对金融(包括银行、证券、保险)、能源(电力、石油天然气、石化、煤炭)、通信(包括电信网、互联网)、交通(包括铁路、民航、公路)、广播电视、国防军工、医疗卫生、教育、水利、环境保护、钢铁、有色、化工、装备制造等重点行业的网络与信息系统(含工业控制系统)等重点领域的网络与信息安全进行检查,以查促建,以查促管,以查促改,以查促防,增强安全意识,落实安全责任,深入分析安全风险,系统评估安全状况,全面排查安全隐患,进一步健全安全管理制度,完善安全防护措施,提升自主可控水平和安全防护能力,预防和减少网络安全事件的发生,切实保障重要网络与信息系统的安全稳定运行。

在已有国家级信息安全检测机构基础上,整合国内信息安全领域优势资源,完善物联网安全技术检测平台。信息安全服务机构对重要信息系统提供服务时不可避免地可能知晓重要信息系统中的国家秘密或者商业秘密等重要信息,这不但要求安全服务机构具有较高的技术能力和服务水平,而且要求具有较高的可信度和可靠性。因此,更需要建立起一支技术能力强、政治素质可靠的信息安全服务队伍,为物联网整体保护提供安全技术支持。

各类物联网示范工程在进行大规模应用之前,应充分考虑和评测其安全性,从源头保证物联网安全措施有效性、功能符合性以及给出安全防护评估。在建设实施阶段,将所有的安全功能模块(产品)集成为一个完整的系统后,需要检查集成后的系统是否符合要求,测试并评估安全措施在整个系统中实施的有效性,跟踪安全保障机制并发现漏洞,完成系统的运行程序和全生命期的安全风险评估报告。在运行维护阶段,要定期进行安全性检测和风险评估,以保证系统的安全水平在运行期间不会下降。具体包括检查产品的升级和系统打补丁情况,检测系统的安全性能,检测新安全攻击、新威胁以及其他与安全风险有关的因素,评估系统改动对安全系统造成的影响。

5.6　政府、信息安全组织机构、企事业单位与人才

物联网泛在的特点使金融、证券、交通、能源、海关、税务、工业、科技等重点行业逐步迁移到开放互通的网络环境中,也使得这些行业面临更严峻的安全考验,物联网安全保障体系需要政府、信息安全组织机构、企事业单位以及个人全面参与,而信息安全人才队伍建设是解决物联网安全问题的关键要素之一。

美英等国高度重视信息安全人才队伍建设。美国现已形成从国家战略到政府部门再到执行机构的系统化、规模化、体系化的信息安全教育和培训体系。2009 年,奥巴马政府发布《信息空间政策评估——保障可信和强健的信息和通信基础设施》报告,将信息安全教育和人才培养列为重点之一,正式提出了信息安全劳动力的概念,从而把信息安全作为一种新的社会职业。2011 年,奥巴马政府发布了《国家网络空间安全教育战略计划》,加强信息安全人才培养工作,大力推进信息安全教育和培训发展,指出应增强公众有关网络活动的风险意识,建立具有全球竞争力的网络安全队伍。美国微软、思科、波音、通用等企

业结合自身特点也在积极开展信息安全培训。2011年,英国发布了《网络安全战略》,其中要求"现有的各级立法和教育工作应将网络安全纳入其主流活动中"。近年来,英国政府每年拨款几百万英镑帮助牛津大学、伦敦大学等培养下一代网络安全专家。2014年,英国国家审计署发布《英国网络战略评估》报告,指出英国需要20年时间解决各级信息安全教育中技能缺口问题。

当前,我国信息安全人才队伍建设还面临着精通信息安全理论和核心技术的尖端人才缺乏,信息安全人才供需不平衡,信息安全人才综合素质有待提高,信息安全学科人才培养体系不完善,认证培训未形成规模等问题。

我国物联网安全人才培养需要多措并举,打造可靠的信息安全人才队伍。通过紧紧抓住培育人才、吸引人才、用好人才3个环节,完善人才培养体系,加强培养能力建设,加大人才吸引力度,优化人才使用环境,使高精尖人才充实到信息安全领域,打造一支思想品德高尚、技术水平上乘,能吃苦、勤钻研的信息安全人才队伍。

按照《物联网发展专项行动——人才培养专项行动计划》的要求,依托重大科研项目和科技创新基地,加强人才培养同产业需求结合;在相关一级学科下自主设置物联网安全相关的学科,鼓励学生和教师参与企业安全创新,引导物联网安全企业参与培养工程人才;完善物联网人才发展环境,建立一套行之有效的信息安全人才的科学管理制度,做到奖惩分明。鼓励和支持高水平信息安全专业人才脱颖而出,并给予精神和物质奖励。同时还要及时发现和严厉惩处信息安全队伍中违法乱纪的害群之马,肃清信息安全人才队伍中的不安定因素,不断提升信息安全防范能力。

5.7 物联网一体化安全检测体系

物联网有3个关键安全问题:一是物联网产品安全问题;二是物联网系统安全和风险评估,重点是接入安全问题;三是业务应用安全,即集成化安全管理问题。根据物联网产品安全检测、系统测评、风险评估以及集成化安全管理检查的迫切需求,物联网一体化安全检测体系核心内容包括"五平台、二库、一中心",如图5-2所示,即开放式场景检测支撑平台、物联网产品安全检测服务平台、物联网系统安全检测服务平台、物联网系统风险评估服务平台、物联网集成化安全管理检查服务平台、标准及指标库、漏洞与补丁库以及一体化安全检测管理中心。"五平台"以开放式场景检测支撑平台作为物联网产品安全检测服务平台、物联网系统安全检测服务平台的检测环境,通过关联外在威胁和自身脆弱性进行物联网系统风险评估。同时,为了从管理上保障物联网安全,应形成物联网集成化安全管理检查服务平台。

该体系由物联网安全性检测方法、检测规范、检测指标体系、专业化检测技术等支撑,并通过一支服务于物联网安全检测的专业化人才队伍来持续地保证物联网专业化检测服务质量。

物联网一体化安全检测体系在扩大和加强物联网产品安全检测、物联网系统安全检测、物联网风险评估以及物联网集成化安全管理检查的服务规模和技术能力的基础上,逐步探索和实践物联网安全建设的监督和审计机制,探索物联网安全检测服务体系,以达到具有提供专业化、规范化、标准化的检测服务能力,解决我国物联网安全检测服务产业的关键问题的目标。通过物联网一体化安全检测体系积极发挥第三方检测机构的监管作用,使得安全保障与物联网建设齐头并进,避免"先应用后安全"的被动局面,增强物联网主动保障能力。提高物联网安全检测能力,扩大安全检测应用范围,推进我国物联网安全检测标准化进程。培养锻炼拥有丰富的技术积累和高水平的创新人才队伍,使得物联网安全检测工作专业化、规范化地持续发展,形成长效机制。总之,物联网一体化安全检测体系可为政府、各行业物联网建设单位提供科学、公平、公正的检测服务和技术保障,为国家物联网监管部门的监督、检查、指导工作提供专业的技术支持。

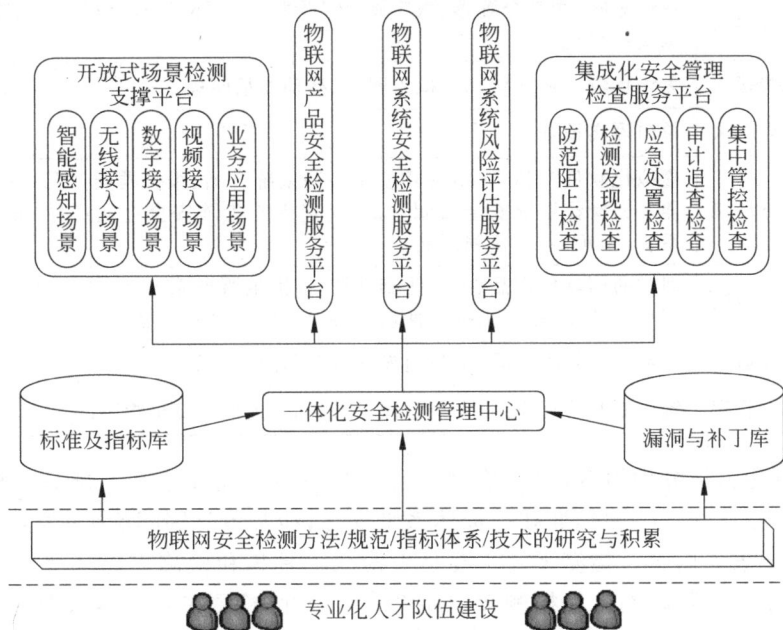

图 5-2　物联网一体化安全检测体系

5.7.1　产品安全检测服务平台

物联网产品安全检测服务平台是一个综合性的产品安全检测平台,以开放式场景检测支撑平台为被测设备提供运行检测环境,以支撑物联网产品的功能符合性检测、性能检测、安全性检测以及安全保证检测等,其产品范围涵盖物联网感知产品、接入传输产品以及业务应用产品 3 类,每类又均分为 4 个子类,具体如下:

(1)感知产品检测。包括 4 类,即单向读取、双向读取、单向控制和双向控制。

(2)接入传输产品检测。包括 4 类,即数据接入、视频接入、无线接入和单向接入。

(3)业务应用产品检测。包括 4 类,即计算环境、通信网络、区域边界和安全管理。

物联网产品安全检测服务平台涵盖的产品如表 5-1 所示。

表 5-1 物联网产品安全检测服务平台涵盖的产品

大类	子类	产品
智能感知产品	单向读取	球形摄像机、条码扫描器、产品唯一标识标签、入侵探测器、指纹采集器、GPS产品、北斗产品
	双向读取	多频段RFID电子标签、多频段RFID读写器、IC卡及读写设备、第二代居民身份证阅读机具,远程终端单元
	单向控制	射频遥控器、紧急报警装置
	双向控制	门禁控制设备、停车场出入口控制设备、ATM、电子防盗锁
接入传输产品	数据接入	路由器、交换机(含云交换机)、安全接入网关、物联网网关、工控专用网关
	视频接入	视频矩阵、视频分配器、数字硬盘录像机、视频网络存储设备、光端机、视频传输交换系统
	无线接入	无线传输交换系统、3G接入网关、移动通信网关
	单向接入	单向隔离设备
业务应用产品	计算环境	虚拟化软件产品、Web应用安全检测系统产品、服务器类产品(含云计算服务器)、云操作系统安全加固产品、高速固态盘阵安全存储产品、面向集散控制系统(DOC)异常检测产品
	通信网络	即时通信软件产品、入侵防御系统、抗拒绝服务系统产品、高性能异常流量检测和清洗产品、高级持续性攻击(APT)安全监测产品
	区域边界	上网行为管理产品、工控边界安全专用网关产品
	安全管理	统一威胁管理产品、安全管理平台产品、虚拟机安全管理产品

产品检测能力细分为检测依据、检测平台以及检测场地3个主要部分。检测依据可以由物联网一体化安全检测标准和指标体系来支撑,涉及各类国际标准、国家标准以及行业规范、技术要求等内容。检测平台主要是由检测工具集和检测支撑环境组合而成的平台,当然其中也包括物联网产品检测知识库系统。因此,检测平台内容涵盖非侵入式安全性检测平台、感知网络安全检测平台、无线智能终端安全检测平台、GPS终端产品、视频网络产品、安全管理产品等各类检测平台以及物联网产品检测知识库系统。检测场地划分为6个相对独立的检测实验室:

- 感知单向读取类产品检测实验室。提供摄像头、条码扫描器产品族群等单向读取产品的检测环境。
- 感知双向读取类产品检测实验室。提供RFID标签、读写器产品族群等双向读取产品的检测环境。
- 感知单向控制类产品检测实验室。提供遥控器、电子锁等单向控制产品检测环境。
- 感知双向控制类产品检测实验室。提供门禁系统双向控制产品的检测环境。
- 传输接入类产品检测实验室。提供路由器、防火墙、3G网关接入类产品的检测环境。
- 系统检测与检查实验室。提供系统类、虚拟化软件、云计算管理平台等产品检测与检查环境。

产品测试技术指标如下：

(1) 具有漏洞扫描工具、操作系统安全检查工具、福禄克网络分析仪、源代码安全分析工具、数据恢复工具等安全类检测设备。

(2) 具有网络分析仪、频谱分析仪、射频综合检测仪、网络性能测试仪等网络功能和性能检测设备。

(3) 协议分析支持 IEEE 802.15.4 和 ZigBee 网络，符合 IEEE 802.15.4—2006 和 IEEE 802.15.4—2003 的 PHY 和 MAC 层、ZigBee、ZigBee Pro 等标准。

(4) 支持 ASP.NET、C/C++、C♯、Java、JSP、XML、VB.NET、VB、VBScript 等语言源代码分析能力，支持静态的、白盒的软件源代码安全扫描。

(5) 支持 FAT、NTFS、Ext2/3/4、CDFS、UDF 文件系统的磁盘克隆和镜像，支持对磁盘阵列 JBOD、RAID0、RAID5 重组、分析和数据恢复。

(6) 支持 Windows XP/2003/Server 2003/Server 2008/7/8、Linux、AIX 等多操作系统，Java、Tomcat、ASP、JSP 等应用程序的运行检测环境。

(7) 可完成渗透测试、应用攻击测试、恶意软件及病毒代码流量仿真测试。

(8) 具有静电放电抗干扰检测、辐射（射频）电磁场抗干扰性检测、磁场抗干扰检测功能。

5.7.2　开放式场景检测支撑平台

开放式场景检测支撑平台实现物联网感知设备、接入系统、业务应用 3 层检测场景，通过多部件的灵活组合，形成开放式、多类型的场景，支撑产品和系统安全检测，并为物联网系统风险评估和集成化安全管理检查等服务提供示范试验环境。开放式场景检测支撑平台建设分为智能感知检测环境、接入传输检测环境、业务应用检测环境。

1. 智能感知检测环境

智能感知检测环境的主要目标是实现感知设备应用场景，以及将被测感知设备连接到测试环境中以支撑感知设备功能性检测、感知设备安全性检测和感知设备性能检测等。

由于智能感知节点种类繁杂，类型丰富，智能感知检测环境应具有适用范围广、测试接口种类齐全、业务兼容性强等特点。该检测环境各个组成部分所包含设备类型的高、中、低端产品可满足真实情况下不同设备安全性测试需要；检测环境中每一级别都提供多种软、硬件测试接口，可支持丰富的软硬件检测工具。

智能感知检测环境的需求包括业务需求和能力建设需求。

1) 业务需求

目前，智能感知检测环境主要有 4 类安全检测需求：

(1) 一致性测试。物联网安全一致性测试与传统的电信设备测试类似，主要用来检测物联网设备（传感网、智能终端、RFID 和网关等）的性能是否与标准规定的一致，具体测试内容包括射频性能和协议流程两大部分。

(2) 互操作性测试。侧重设备间互联互通，物联网感知层延伸层采集设备类型众多，网关协议也不尽相同,如何确定不同厂家或不同类型的设备在物联网应用部署中能够正常交互通信,是物联网推广应用的关键。目前,国际上的 WiMax 论坛、NFC 论坛等都极其关注互操作性测试。

(3)安全功能测试。对网络中关键的组件进行安全功能方面的有效性测试。根据感知网络的应用特点和技术特点,安全功能测试是对系统安全功能进行验证性测试和抗威胁测试。

(4)感知设备网络测试。主要关注影响网络性能及容量的条件,具体包括网络的拓扑结构是集中式还是分布式、网络规模的大小以及实际部署中的具体环境参数,例如网络吞吐量、网络业务性能、网络能耗效率、网络的传输速率以及网络的自愈能力等。该部分测试可以基于网络仿真软件,通过输入相应的配置参数来导出网络的实际运行情况。也可以通过搭建检测网络,获取实际参数进行分析,由点及面,为未来大规模的实际部署提供参考和指导意见。

2)能力建设需求

(1)能力需求。

- 提供可重构的实验场景,可灵活部署不同的拓扑形式,以及支持不同的网络接入方式。
- 满足典型频段的基准传感网节点(433MHz、780MHz、915MHz、2.4GHz)。
- 适用于多种恶意攻击模拟。
- 支持干扰与抗干扰(多种射频噪声和干扰模拟)。
- 可控射频衰减模拟多跳通信。
- 部分节点可由导轨控制移动(二维移动点电控平面),满足不同移动场景。
- 室内常温、高低温湿条件。
- 提供待测节点测试基座,用于数据采集(顶架/底架固定节点测试床)、电源供给与测量、被测对象信号模拟输入、通用输入输出结构、节点处理器动态编程与配置接口、标准时间基准、高速并行通信口。
- 不同频率的标签与阅读器。
- 可进行 RFID 芯片设计评估、功耗分析、电磁辐射分析、故障攻击等安全性测试。
- 支持无线智能终端产品安全性测试、设备外联检测等。
- 支持 GPS 模拟环境。
- 支撑视频联网测试环境。

......

(2)硬件设施。

- 场地。应具有多个独立检测实验室,避免干扰。
- 工具软件。应具有便携式频谱分析仪、IQ 基带信号发生器、传感器分析仪等测试工具,测试基座、不同频段的标签与阅读器、门禁系统等辅助工具,工作台、计算机等基础设施。

（3）软件设施。

● 智能感知检测环境的管理制度。

● 规范检测工作流程。

（4）支撑条件。即人员，包括实验室管理人员和检测工程师。

由于智能感知检测环境以支撑产品和系统检测为目的，其软硬件设备必须满足一定的技术参数要求，具体如表 5-2 所示。

表 5-2　智能感知检测环境技术参数

项 目 类 别	技术参数要求
RFID 频段	支持 433MHz、780MHz、915MHz、2.4GHz 等典型频段的基准传感网节点，包括： ● 低频（LF，10kHz～1MHz），常用规格为 125kHz 与 135kHz； ● 高频（HF，1MHz～400MHz），常用规格为 13.56MHz； ● 超高频（UHF，400MHz～1GHz），常用规格为 433MHz 和 868～950MHz RFID； ● 微波（使用的频段范围为 1GHz 以上），常用规格 2.45GHz 和 5.8GHz
传感分析	适合于各类气体、液体、化学反应、光敏、热敏、压力、速度、位移等类型传感器及其配套电路的电阻、电容、电流、电压响应特性及选择性的精确测量、成批比对、分析、研究。 ● 支持传感器电阻测量。可以直流方式测量从 Ω 级至 GΩ 级超宽范围的传感器电阻，并应内置动态全自动挡位，在其标准的全部测量范围内高精度都有保证，能够测量传感器细微和超大幅度变化特性。 ● 支持传感器电容测量。可以纯交流方式测量从 10 皮法级至毫法级超宽范围传感器电容。 ● 支持传感器交流电阻测量。可以纯交流方式测量从数十欧级至数百兆欧级超宽范围传感器电阻；支持直流、交流弱电压测量；可以测量从 10 皮安级至 10 毫安级超宽范围传感器及其电路的弱电流；支持直流、交流弱电流测量。 ● 可以测量从数百纳伏级至数伏级超宽范围传感器及其电路的弱电压；支持 1～16（或更多）个同类或不同类传感器同时测量； ● 可以直观地对比多个传感器的测量曲线或直接得出不同气体（或其他物质）的含量
嵌入式平台	● 应集成有 ZigBee 无线传感器模块、RFID 射频读卡模块、蓝牙通信模块、GSM/GPRS 通信模块。 ● 可直接外扩其他多种通信模块，如 WiFi、3G、GPS 等。 ● 嵌入式网关系统的处理器基于 ARM11 架构的 S3C6410，具有更高的主频、更大的存储容量，更优越的性能。可以轻松顺畅地运行目前主流的嵌入式操作系统：Linux、Android、Windows CE。 ● 支持短距离通信模块：ZigBee 模块（6 个，可扩展；CC2430 和 CC2530 可选）；RFID 模块（读卡器 1 个，电子标签 2 个；采用步进电机电路模拟动态读卡过程）；蓝牙模块（1 主 1 从设备；从设备板载温湿度传感器，另可外接传感器）。 ● 长距离通信模块：以太网/WiFi、GPRS 等丰富的通信接口。支持灵活多样的传感器模块，至少包括温湿度传感器、热释红外传感器、广谱气体传感器、声响开关/光敏开关、红外对射传感器、干簧门磁/霍尔开关传感器、压力传感器、仪表放大器、接近开关/红外反射传感器、三轴加速度传感器等

项 目 类 别	技术参数要求
恶意攻击测试	无线安全引擎。 • 支持 IEEE 802.11a/b/g/n 系列协议。 • 支持 2.4GHz、5.8GHz 双频段。 • 支持 2.4GHz、5.8GHz 宽频全向桨状天线,增益 5dBi,无障碍空间覆盖面积达 500m²(低端型号)和 2000m²(高端型号)。 • 可发现该产品覆盖区域中的 AP、终端,并可识别常见设备的生产商等信息,同时也可发现终端与 AP 的连接信息、加密方式、安全设置等。 • 可自动学习覆盖区域内 AP、终端,并智能地对设备进行分类管理,区分内部 AP、邻居 AP 以及内网私接的流氓 AP,辅以手工调整,帮助用户轻松部署。 • 无线安全测试应具有可测量和防止数千种未知攻击的能力;通过发送数百万条意外或恶意输入来测试其弹性;测量其承受有目标 DDoS 攻击的能力;测试其检查流量中恶意软件、不需要的 URL 和垃圾邮件的能力和采取适当行动的能力
射频检测	• 支持静电放电抗干扰检测。 • 支持冲击抗干扰检测。 • 支持辐射(射频)电磁场抗干扰性检测。 • 支持磁场抗干扰检测。 • 支持电压暂降、短期中断和电压变化的抗扰性检测等。 • 射频勘测仪可识别、寻找射频干扰源,可自动实时发现蓝牙、移动电话、微波炉、摄像机、射频干扰发射器等,并定位和追踪干扰无线设备的来源。实时反映当前干扰环境,评估无线环境质量

2. 接入传输检测环境

从物联网信息的角度看,物联网需要解决物品信息的标识、感知、传输和处理 4 个环节,分别由不同的系统实现。这里的传输网络包含两个层面。首先它可以理解为感知网络,实现物品信息的标识、感知,也被称为物品信息的感知,例如传感网络,其在一定范围内属于自组网,不具有互联网的特性。当然在有些场景下,其并不是真正意义上的网络,例如多个射频标签和多个读写器构成的通信网络。另外一种更加宽泛的理解就是传输网络,包括互联网或移动通信网,它具有广泛互联的特性,其可以依靠互联网、移动通信网或者卫星来进行更远距离的传输,既包括近场通信,也包括互联网通信,这种网络可以是 Internet、移动通信网络、企业网等各种公用或专用网络。因此物联网接入传输检测环境就包括上述两部分内容:一是感知数据的接入,支持近场通信;二是信息的接入传输检测环境,支持互联网通信。

接入传输测试内容与传统互联网系统的接入环境是一致的,其环境建设的重点在基础连接服务和安全验证服务。基础连接服务由不同类型的路由器和交换机实现,路由器是一种多端口的网络设备,它能够连接多个不同的网段和网络,并能对不同网段或网络之间的数据信息进行传输。路由器应当放置于访问广域网最频繁的位置,尽量直接连接在核心交换机上。在组网结构比较简单的网络中,通过设置和使用静态路由不仅可以改进网络的性能,还能为重要应用保证带宽。路由器担当着保护内部网络和数据安全的重要责任,在具体的实施过程中可以借助地址转换和访问列表来实现。交换机作为网络传输的枢纽,在网络接入规范中的重要地位也是无可取代的,无论是控制广播风暴的产生、拒绝用户之间非授权访问、限制用户的网络服务与应用、禁止未授权计算机接入网络还是拒绝非法用户访问网络,都离不开对交换机的深入配置。

另一方面,物联网连接对象复杂,需要的带宽性能也就不低。以耗费带宽较高的视频图像传输性能要求为例,高清监控视频上传需要 2MB/s 带宽,而今天 WCDMA 和 CDMA2000 的上传带宽只有 600~800KB/s,TD-SCDMA 带宽要更窄一些,而这样的带宽条件只能传输分辨率较低的 4 路 CIF 或一路 D1,不能传输高清视频。以目前基础的百万像素高清 720P 规格计算,码流约是 D1 的 2 倍,带宽达到 4MB/s 左右;而采用 1080P 计算,码流是 D1 的 5 倍,所用带宽约为 10MB/s。目前的实验环境中,若通过局域网进行传输,则带宽应不低于 100MB/s;若通过信息通信网络接入,则网络拟接入不少于 5 路视频图像,其中包括高清的 2 路 D1 格式视频和标清的 8 路 CIF 格式视频,则带宽达到 8MB/s 左右,考虑到冗余,应保证不低于 10MB/s 带宽,加上其他业务应用的需要,故租用的网络专线带宽设定为 20MB/s。

安全验证服务由一系列安全设备支撑,如防火墙、安全接入网关、隔离网闸、IDS/IPS 等设备。其中防火墙最基本的功能就是控制在计算机网络中不同信任程度区域间传送的数据流。例如,互联网是不可信任的区域,而内部网络是高度信任的区域,以避免安全策略中禁止的一些通信,从而保护内部网免受非法用户的侵入。防火墙主要由服务访问规则、验证工具、包过滤和应用网关 4 个部分组成。网络层防火墙可视为一种 IP 封包过滤器,运作在底层的 TCP/IP 协议堆栈上。可以以枚举的方式,只允许符合特定规则的封包通过,其余的一概禁止穿越防火墙(病毒除外,防火墙不能防止病毒侵入)。应用层防火墙是在 TCP/IP 堆栈的应用层上运作,可以拦截进出某应用程序的所有封包,并且封锁其他的封包(通常是直接将封包丢弃)。

在远程跨信任域访问中需要防止非法设备冒充合法设备的身份或者一个合法设备冒充另一个合法设备的身份,最常用的方法就是身份认证。安全接入网关对感知设备节点身份认证包括对终端设备自身的认证和对接入代理服务的认证两大类。身份认证包括登录网关身份认证和感知节点接入身份认证。其中登录网关身份认证指的是对登录网关的用户进行身份识别,确认其合法性;感知节点接入身份认证是指对传感网的感知节点或数据汇集节点进行身份确认,判别其是否为合法接入节点。感知节点身份认证包括感知设备(如网络摄像头、RFID 读写器等)的设备认证或接入服务器(GPS 定位接入服务器等)的设备认证。接入网关的身份证方式采用基于用户的安全模型(User Safety Model,USM)身份认证和 IP/MAC 地址绑定身份认证等多种模式。USM 被广泛应用于 SNMPv3 作为 SNMP 引擎和用户(设备)身份的认证手段。

入侵检测/防御系统依照一定的安全策略,通过软硬件对网络和系统的运行状况进行监视,尽可能发现各种攻击企图、攻击行为或者攻击结果,以保证网络系统资源的机密性、完整性和可用性。做一个形象的比喻:假如防火墙是一幢大楼的门锁,那么 IDS 就是这幢大楼里的监视系统。一旦小偷爬窗进入大楼,或内部人员有越界行为,只有实时监视系统才能发现情况并发出警告。

3. 业务应用检测环境

业务应用检测环境为被测应用系统提供应用运行所需的各类软硬件支撑服务,包括利用虚拟化技术,提供 Windows、AIX 等多操作系统、WebSphere、WebLogic 等多平台的运行环境支持的应用服务集群,提供各类常见数据库以及云存储支持的存储服务集群,以及提供监测、识别、管控、定位跟踪等典型应用场景等。

业务应用由于具有数据量大的特点,依赖服务器集群提供各种 Web 服务、FTP 服务、SMTP 服务、视频转发服务、数据库服务等各类常见应用服务,若采用单一服务器提供这些服务,不仅配置复杂,易引起冲突,而且容易破坏检测的客观性;若对每个应用都部署单独的服务器,其成本过高;另外由于检测并发性的几率很小,极易造成资源浪费。因此,业务应用检测环境应采用云计算技术来构建。

业务应用检测环境能够根据不同应用领域展示各类物联网业务应用,使得被测产品的功能得以充分体现。物联网应用包括但不限于人员识别、重要区域管控、汽车牌照识别、危险物品监控、GPS 定位感知等。

5.7.3　物联网系统安全检测服务平台

物联网系统/工程是一个由众多部件构成的复杂的系统,与传统信息系统/工程相比,它面临着更多元化的设备、更广泛的互联互通以及更复杂多变的安全威胁。目前对于物联网信息安全的认识还处于探索阶段,安全防护手段大多参照以前的安全技术。物联网系统安全检测是保障物联网系统/工程安全的重要手段,通过安全检测,可以提前发现系统薄弱环节,分析安全风险,及时采取安全措施,降低物联网系统/工程安全事件发生的概率。

当前,国内物联网安全测评工作还没形成体系,对物联网安全检测研究还不够深入,为此,我们针对国家物联网发展战略和国家信息安全产业的发展需求,构建了物联网系统安全检测服务平台,采用实操环境支撑物联网系统的搭建,对各种攻击行为进行仿真,参照国际标准、国家标准、行业标准与规范对物联网智能感知层、接入传输层和业务应用层进行安全检测,形成物联网安全检测服务能力,为我国物联网系统/工程安全防护效能提供验证手段和决策支撑。

物联网系统安全检测服务平台由服务和实体两部分组成。其中服务部分分为智能感知层安全检测服务、接入传输层安全检测服务和业务应用层安全检测服务。实体部分分为系统检测知识库和系统检测工具集。其中3类检测服务所映射的对象是要接受安全性检测的物联网系统,系统检测知识库和系统检测工具所映射的对象是检测工程师以及检测方案。在该服务平台中,系统检测知识库是基础,维护检测服务所需的各类知识并定期更新。系统检测知识库又具体划分为指标库、案例库、规则库、环境库、结果库、方法库等。系统检测工具集是保障,使检测结果的产生更加快捷、客观。不同层次的检测服务是目的,检测服务分为现场检测和实验室检测两类,对不同的系统各有侧重。检测工程师是核心,检测工程师依据知识库中的各类知识,选用适合的检测工具,为各类物联网系统提供安全检测服务,并出具检测报告或安全评估报告。

物联网系统安全检测服务平台技术指标如下:

(1) 物联网系统安全检测服务平台。系统应具备完善的知识库,包括检测案例库、检测环境库、检测规则库、检测指标库、检测方法库和检测结果库;对物联网系统提供综合安全评估,包括安全检查、安全评估、形成报告等功能;提供物联网系统安全运行支持服务功能,利用安全运行知识库,对出现的问题进行分析,提供可行的解决方案。

(2) 检测案例库。能够实现对不同检测案例的集中维护存储。其内容为检测案例的各个特征项,包括但不限于名称、系统类型、应用场景、检测地点、检测时间、检测人员、检测环境、系统内设备清单、检测工具清单、系统拓扑图等。

(3) 检测环境库。能够实现对不同检测环境的集中维护存储。其内容为检测环境的各个特征项,包括但不限于物理环境情况、系统外设备清单、系统/设备安全参数配置情况等。

(4) 检测规则库。能够实现对不同检测规则的集中维护存储。其内容为各类检测规则,包括智能感知层检测规则、接入传输层检测规则、业务应用层检测规则。还可向下细分,包括但不限于操作系统安全检测规则、协议安全检测规则、网络安全检测规则、数据安全检测规则、应用安全检测规则等。

(5) 检测指标库。能够实现对不同检测指标的集中维护存储。其内容为各类检测指标,包括智能感知层检测指标、接入传输层检测指标、业务应用层检测指标。还可向下细分,包括但不限于操作系统安全检测指标、协议安全检测指标、网络安全检测指标、数据安全检测指标、应用安全检测指标等。

(6) 检测方法库。能够实现对不同检测方法的集中维护存储。其内容为各类检测方法,可按不同分类方式进行检索,包括但不限于按检测对象、按检测内容、按检测形式等。每种分类方式还可再向下细分为更具体的检测项目所对应的检测方法。

(7) 检测结果库。能够实现检测结果的集中维护存储。其内容为检测报告、测试记录、工具检查结果文件、查阅的文档名称列表、人员访谈记录、人工查看检测系统截图和数据统计与分析模型等。具备检测结果的调用和结果数据分析功能。

(8) 知识库管理系统。通过该系统可以实现对 6 大知识子库的数据调用、组合查询、添加、修改、删除、统计分析等功能。应能支持个管理系统自身的系统管理,且具有符合安全性要求的相应安全功能。

(9) 检测工具集。工具集中包括多种软硬件工具,针对不同工具的功能性,有着各自性能方面的要求。漏洞扫描工具应能同时并发 70 路以上的检测线程,内置 CVE、OSVDB、BugTraqID 等组织的完整漏洞库并保持更新。数据库安全评估工具应能检测 Oracle、SQL Server、MySQL、DB2、Sybase 等主流数据库,内置 CVE、OSVDB、BugTraqID 等组织的完整漏洞库并保持更新。网络安全分析仪应支持至少 28 000 种以上的病毒和恶意代码库。在进行防病毒测试时,可以修改病毒的传输协议和病毒的文件压缩类型以及压缩方式;应能模拟出最常出现用的攻击类型,如 TCP/UDP 端口扫描、后门攻击、拒绝服务攻击、蠕虫病毒攻击、渗透攻击、Fuzzing 攻击等;网络性能分析工具应支持在同一个平台上 2~3 层流量转发测试、4~7 层应用层业务压力测试和恶意流量攻击测试。可以在同一个测试界面一个端口上发出以上各种流量,提供统一的测试结果显示和统计，测试仪表必须兼顾对安全设备进行基准测试——RFC2544 的能力；操作系统安全基线检查工具应能支持 Windows、Linux、UNIX、Solaris、AIX 等主流服务器及终端操作系统。

5.7.4　物联网系统风险评估服务平台

信息系统安全风险评估研究自 20 世纪 70 年代就已经开始，研究成果涵盖标准、模型、方法和工具等。比较有影响力的成果包括美国国防部 1985 年发布的《可信计算机系统评估准则》(俗称橘皮书)/英国标准协会 1995 年发布的《信息安全管理体系标准》(BS 779、/ISO 17799)以及国际上较为认可的风险评估理论标准《IT 安全管理指南》(ISO/IEC 13335)。国内是从 20 世纪 90 年代开始逐步形成信息安全风险意识，2003 年 9 月，中共中央办公厅，国务院办公厅转发《国家信息化领导小组关于加强信息安全保障工作的意见》(中办发[2003]27 号)，并从 2006 年开始，确立了建立健全国家重要信息系统和基础信息网络风险评估工作制度，随后形成了《信息安全风险评估规范》等标准，但这些标准主要是针对信息系统，而对于物联网尚缺乏可操作性强的风险评估模型、方法和工具。

与传统信息系统的安全风险相比，物联网的安全风险是由于引入感知层带来的新风险，对于接入传输层和业务应用层，其安全风险与传统的信息系统类似，因此，在进行物联网风险评估时需要重点考虑以下几个方面：

- 感知操作安全风险。
- 感知设备存储安全风险。
- 感知数据处理安全风险。
- 感知节点设备通信安全风险。
- 感知节点设备安全风险。

为此，我们构建了物联网系统风险评估服务平台，该平台能实现基于风险评估知识库的物联网系统风险评估、风险评估辅助工具和漏洞库等功能。基于风险评估知识库的物联网系统风险评估的关键在于风险评估知识库的建设，包括威胁库、脆弱性库、风险分析方法和评估案例的建设。根据在风险评估过程中的主要任务和作用原理的不同，风险评估工具集主要分为风险评估与管理工具、系统基础平台风险评估工具和风险评估辅助工具 3 个子工具集；漏洞库作为独立的功能支撑风险评估服务，但不仅限于风险评估，漏洞库也可以支撑物联网产品检测、系统检测和集成化安全管理检查。

物联网系统风险评估服务平台可分为 4 个功能区：信息采集功能区、评估处理功能区、控制功能区和态势展示功能区。

信息采集功能主要由路由器、交换机、计算机终端和服务器组成。主要完成对被评估对象安全要素的信息收集，采集方式包括手工录入、在线填报和离线导入，最终存储在服务器中，以便平台作进一步的信息评估、态势分析和数据处理。

评估处理功能主要由服务器组成。主要完成对已采集的数据进行综合分析并进行评估计算，为安全态势评估总体结果提供数据支持。

控制功能主要由服务器组成。完成整个安全风险评估过程的总体控制功能，包括评估标准的选取、评估模型的确定、评估辅助工具的选取、预警信息确定和屏幕展示内容的确定。

态势展示功能主要由服务器和展示屏幕组成。主要完成物联网系统风险评估总体安全态势结果展示的功能，可以按照单系统进行详细展示，也可以按照多系统进行列表展示。

5.7.5　集成化安全管理检查服务平台

信息安全检查是目前世界各国保障信息系统安全采取的常用手段。美国颁布了《联邦信息安全管理法案》，要求联邦各机构对每一个系统实施有效性测试与评估，这种评估包括对管理、运行和技术类的测试，其中还强调了对各系统安全状态的了解，并每年度准确地报告各机构 IT 安全项目的总体态势。美国行政管理和预算局在每年夏季公布上一年的信息安全管理实施报告指南，并汇总各机构报告形成总报告提交国会审议。此外，美国还有一份由国会众议院监管及政府改革委员会做出的政府信息系统安全评估报告。

俄罗斯也同样重视政府信息系统安全工作，其宪法将信息安全纳入了国家安全管理范畴，颁布了《联邦信息、信息化和信息网络保护法》，强调国家建立信息资源和信息网络化的责任，建立了联邦经济信息保护中心，负责政府网络及其他行业网络的配套保护以及技术保障。

英国政府部门设有专门的工作小组负责对电子政府建设法律法规和规章制度的贯彻落实和监督检查，例如英国教育与技能部 6 人工作小组专门负责《数据保护法案》和《信息自由法》执行情况的监督检查。

中国近年来高度重视信息安全工作。2009 年，国务院办公厅下发了《关于印发〈政府信息系统安全检查办法〉的通知》，全面开启了我国政府信息系统安全检查工作，该项检测针对各部门信息安全工作进行全面检查，了解、掌握政府信息系统安全总体状况，发现存在的主要问题和薄弱环节，完善信息安全管理制度，加强安全防护措施，提高信息安全工作水平。其检查范围是：依据国家有关政策规定，参照国家信息安全技术标准规范，对政府信息系统安全工作进行检测评估、查找隐患、堵塞漏洞、规范管理、完善措施、落实整改、通报情况，包括进行信息安全风险评估、安全检测、等级测评等。政府信息系统安全检查的范围是为各部门履行职能提供支撑的信息系统，包括自行运行、维护、管理以及委托其他机构运行、维护、管理的办公系统、业务系统、网站系统等。各部门的重要业务系统、门户网站是检查重点。

众多行业依据国务院下发的通知开展安全大检查工作。

电力行业借鉴电力生成安全性评价的做法，已将信息系统安全检查工作常态化。

中国保监会早已认识到保险业信息系统安全检查的重要性，在 2008 年组织了保险业的安全大检查，主要围绕内容与组织管理和信息技术管理两个重点开展。

税务系统信息安全检查以非涉密的网络系统和物理环境为检查对象，采用问卷调查、网络安全设备评估、主机扫描、安全威胁调查、渗透性测试等多种手段开展安全检查。

2014 年，公安部、国家发改委、财政部《关于加强国家级重要信息系统安全保障工作有关事项的通知》（公信安〔2014〕2182 号）明确了检查范围涉及 500 个国家级重要信息系统，主要涉及能源、金融、电信、交通、广电、海关、税务、人力资源社会保障、教育、卫生计生等 47 个行业主管部门,276 家信息系统运营使用单位。2015 年 5 月,公安部在全国范围内开展了国家级重要信息系统和重点网站安全执法检查工作,为期 3 个月。

随着物联网技术深化应用,物联网已广泛应用于政府领域,如数字城管、电子政府、城市信息安全、智能化交通管理、车联网等。物联网集成化安全管理检查也已提上日程,各地迫切需要一套完整的检查体系来发现问题,完善制度,加强防护。为此,我们构建了集成化安全管理检查服务平台,该平台实现基于集成化安全管理检查知识库的检查和安全评分展示系统两大功能建设。基于集成化安全管理检查知识库的检查关键在于知识库的建设,包括集成化安全管理检查内容和检查方法两部分。在安全评分展示系统中通过各个管理模块为物联网安全管理检查提供人员管理、物联网信息系统管理、安全管理检查指标、填报管理、结果展示和分析处理等提供支撑。从检查项目、时间警示、分析统计、集中评分 4 方面对物联网安全管理检查结果进行集中展示。

5.7.6　标准库及指标库

检测标准和指标是物联网检测的生命线,只有符合相关标准和规范的检测才能确保物联网系统/工程满足一定的安全基线。因此,构建一个完整的、具有体系结构的检测服务平台,必须有标准库和指标库作为支撑。标准库及指标库将形成物联网一体化安全检测标准体系,满足物联网的安全检测体系化、集成化的检测需求。

标准库及指标库作为物联网的产品检测、系统检测、风险评估与集成化安全管理检查的支撑条件,主要建设内容包括 3 部分:

(1) 构建物联网一体化安全检测标准体系。

(2) 构建物联网一体化安全检测指标体系。

(3) 搭建标准与指标子库查询服务平台。

物联网一体化安全检测标准体系架构依托检测体系,划分为产品安全检测标准、系统安全检测标准、风险评估标准以及安全管理检查标准 4 部分。由于指标体系需要反映物联网总体组成类别和层次关系,所以将其区分为产品类安全检测指标和系统类检测指标,其中系统类安全检测指标再细分为系统安全检测指标、风险评估指标和集成化安全管理检查指标。标准与指标子库查询服务平台是服务的外在形式,其核心功能是丰富和完善物联网安全检测标准、检测指标,并提供查询。

5.7.7　物联网漏洞与补丁库

物联网漏洞与补丁库收集物联网信息安全漏洞与补丁知识,建立一个全面、专业的物联网信息安全漏洞与补丁知识库,为物联网的智能感知层、接入传输层和业务应用层的系统安全检测、产品检测、风险评估及安全检查提供技术支撑服务。同时对外提供咨询服务,包括网上发布漏洞信息、定制客户漏洞处理方案、提供漏洞补丁和专用杀毒工具下载等服务。针对物联网在使用过程中出现的安全漏洞,不断对漏洞和补丁知识库进行更新,以保证知识库的全面性和可用性。漏洞与补丁库建设是物联网一体化安全检测专业化服务项目的重要组成部分,为物联网的安全建设和健康运行提供技术支撑。

漏洞与补丁知识库的建设是为了满足物联网产品安全检测、系统安全检测、风险评估以及安全检查的需求,拟从 3 个方面建设漏洞与补丁知识库。首先,建设漏洞与补丁知识库平台环境,即平台所需要的软硬件环境;其次,建设知识库原型和服务网站;最后,对知识库进行完善和维护,并开放对外咨询服务。

5.7.8　物联网一体化安全检测管理中心

物联网一体化安全检测管理中心实现上述"两库、五平台"的互联互通和信息共享,并与常规检测、基础库资源共享和互动,避免重复建设。本中心统一管理物联网产品、物联网工程入围设备安全检测;统一检测项目管理,并完成检测数据的统一汇总;统一分析测试数据,形成物联网产品检测报告、物联网系统检测报告、风险评估报告以及集成化安全管理检查报告等。

物联网一体化安全检测管理中心主要建设一套安全检测管理系统,满足上述工作需求。

信息化综合服务平台建设目标是实现 4 类监督检验服务的互联互通和信息共享,并与基础库资源共享,从而完成检测业务全流程自动化管理,提高检测工作标准化水平,提高检测工作效率。信息化综合服务平台核心建设内容为检测业务管理信息系统和检测档案库建设。

(1) 检测业务管理信息系统。

技术路线:建设检测业务管理信息系统,实现检测受理、样品入库、任务下发、检测工具申领、检测结果上传、检测报告编制、报告审核、报告发放等检测工作自动化管理。

(2) 检测档案库。

技术路线:建设检测档案库,实现检测申请单、任务单、样品信息、检测记录、检测报告等文档材料的信息化管理,实现检测过程可监控、检测结果可追溯的目标。

信息化综合服务平台由检测业务管理、场景管理、产品检测、系统检测、风险评估、集成化安全管理检查、工具集、基础库管理 8 个核心模块组成,整个平台由检测档案库数据库支撑,并与标准库、指标库、漏洞与补丁库、生物特征库等基础库数据共享。其框架设计如图 5-3 所示。

(1) 检测业务管理。检测业务与工作流程紧密结合,用于实现对测评项目的全程信息化管理,其中包括测评立项、网络的建立与分类、材料的汇总与分类、被测网络单元和组件的管理、项目进度跟踪、现场测评数据的管理、报告生成、项目关闭和数据备份。

(2) 场景管理。描述当前产品或系统安全检测/检查支持的场景类型,该模块实现场景维护、评估。

(3) 产品检测、系统检测、风险评估、集成化安全管理检查。这 4 个模块实现"4 类安全监督检验服务"的互联互通,通过接口方式交互数据,共享信息。

(4) 工具集。根据"4 类安全监督检验服务"涉及的工具集划分 4 个子类,实现各类检测工具结果汇聚和存储管理,与检查报告关联,维护检测记录的完备性。

(5) 基础库管理。通过查询、调用、更新等方式对 4 类基础库进行管理。

(6) 档案库。内容包括检测申请单、任务单、样品信息、检测记录、检测报告等文档材料。

检测业务管理 场景管理 产品检测 系统检测 风险评估 集成化管理检查 基础库管理 工具集 系统管理

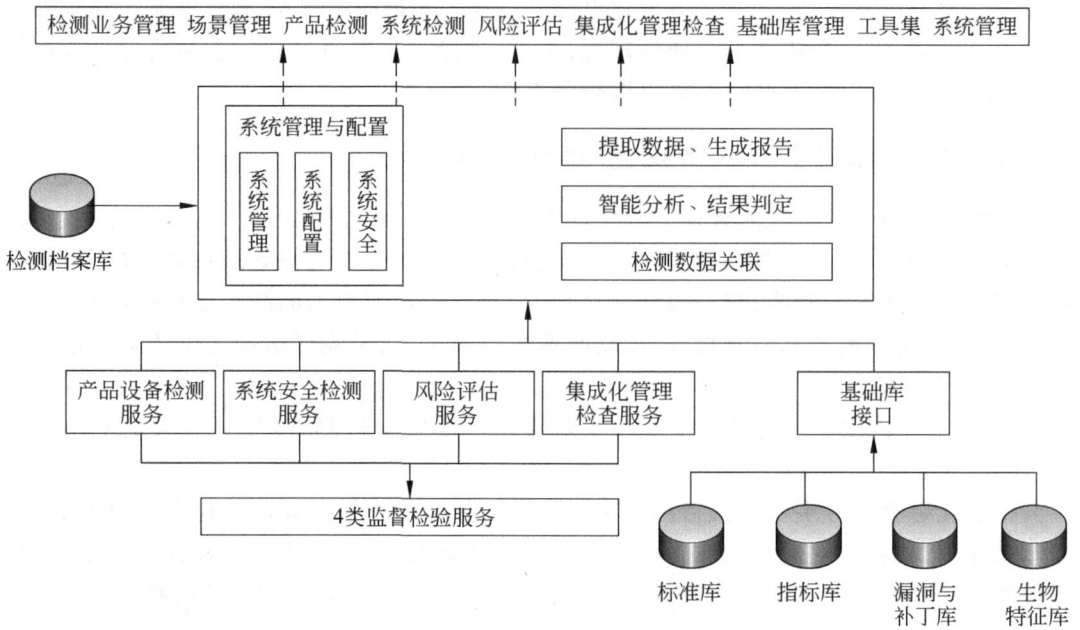

图 5 3 信息化综合服务平台框架

第6章

物联网安全检测标准与检测指标

物联网领域涉及无线网络、工业控制网、通信链路、云计算、传感器、传感网、RFID、服务技术、数据挖掘、标识、定位、多网融合等多种技术。各国不同的组织机构都初步建立了各自的技术方案,但核心技术研发如果缺乏各组织机构协同攻关、各类技术实现方式不相一致,各自封闭,那么物联网将无法形成规模化发展,尤其是在物联网安全保障方面,如果某项技术、某项产品、某项解决方案只适应某一种应用场景,将严重影响物联网的整体安全,阻碍安全技术发展。

物联网安全标准的制定是物联网安全保障发挥自身价值和优势的基础支撑。从本质上来讲,物联网安全标准是对重复性事物和概念所做的统一规定。它以科学、技术和实践经验的综合成果为基础,经有关方面协商一致,由主管机构批准,以特定形式发布,作为共同遵守的准则和依据。通过物联网安全标准,可以确保物联网安全产品和系统在设计、研发、生产、建设、使用、测评等过程中解决其一致性、可靠性、可控性、先进性和合规性问题。例如,物联网中的工业控制系统安全标准的制定,对于保护我国电力、石油化工以及公共交通等命脉行业的安全运营具有重要作用。国家网络安全审查有关支撑标准的制定,在确保我国国家网络空间安全的同时,也有效地保障了我国公民的个人隐私。

另一方面,在物联网一体化安全检测体系下,安全检测标准与检测指标更是物联网安全检测得以实现的关键环节。物联网安全检测需要物联网安全标准的支持,检测机构只有依据国家法律法规、安全技术标准,在规定的条件下,按规定的程序开展检测工作,才能确保物联网产品、系统安全检测工作的科学性。检测过程中依据特定安全要求和产品特性选择合适的安全标准,而不能千篇一律。相同的产品,应当采用相同的方法,以保证检测结果的可重复性。

6.1 国内外物联网安全标准情况

近年来,国内外的标准化组织已开始展开针对物联网的安全标准化工作。国外的标准化组织包括 ISO、IEC、3GPP、ETSI、ITU-T 等。国内开展物联网安全标准化工作的组织包括工信部电子标签标准工作组、信息设备共享协同服务标准工作组、国家传感器网络标准工作组(WGSN)和中国通信标准化协会(CCSA)。但各自标准定义不尽统一,针对性也不同。

6.1.1　国外物联网安全标准进展

国际上介入物联网领域的主要国际标准组织有 W3C、IEEE、ISO、ETSI、ITU-T、3GPP、3GPP2、IETF、EPCglobal GS1、IUT-T、ZigBee Alliance 等,如图 6-1 所示,基本上处于起步阶段,各标准组织自称体系,标准内容涉及架构、传感、编码、数据处理、应用等,不尽相同。下面对主要的国际物联网标准组织进行简单介绍。

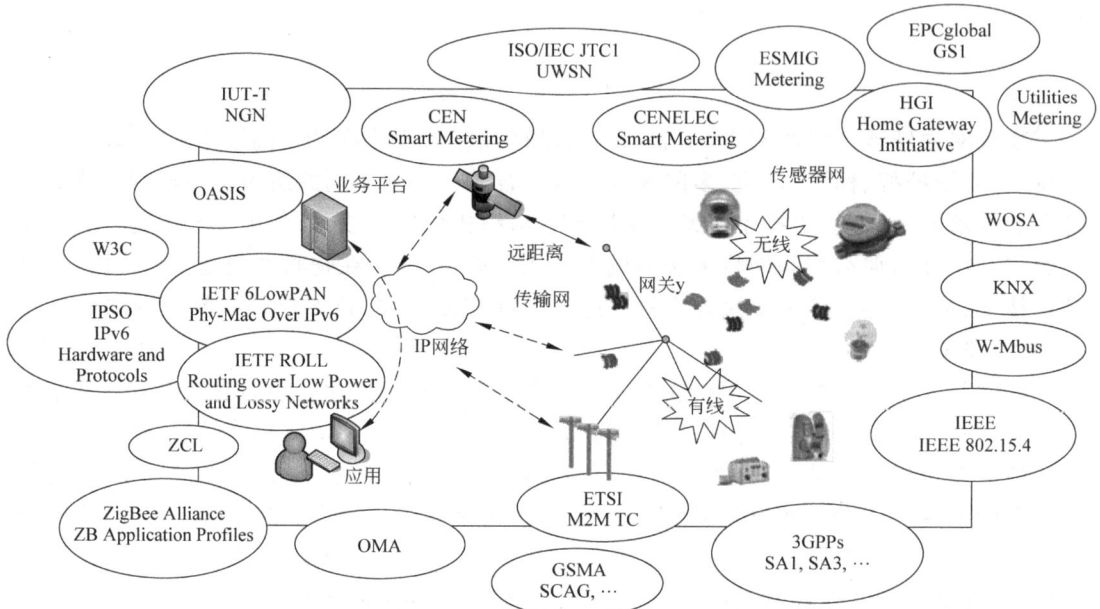

图 6-1　介入物联网的国际标准化组织

1. ETSI

欧洲电信标准化协会(European Telecommunications Standards Institute,ETSI)是由欧共体委员会于 1988 年批准建立的一个非营利性的电信标准化组织,总部设在法国南部的尼斯。ETSI 的标准化领域主要是电信业,并涉及与其他组织合作的信息及广播技术领域。ETSI 作为一个被 CEN(欧洲标准化协会)和 CEPT(欧洲邮电主管部门会议)认可的电信标准协会,其制定的推荐性标准常被欧共体作为欧洲法规的技术基础而采用并要求执行。欧洲电信标准化协会(ETSI)下设 13 个技术委员会。其中,M2M 技术委员会(M2M TC)主要以研究 M2M 网络为目标;TC SEC(Security 安全技术委员会)负责提供关于安全方面的 ETSI 技术报告和标准,向其他技术委员会提供关于安全方面的建议和援助。

M2M 技术委员会当前发布的物联网标准如表 6-1 所示。

其中涉及物联网安全的标准主要是 TR103 167《M2M 业务层安全威胁分析对策》(*Threat analysis and counter measures to M2M service layer*),这项标准分析了 20 多种安全威胁,并针对物联网安全威胁提出了相应的对策。

表 6-1　M2M 发布的物联网标准

标准编号	标 准 名 称
TS 102 921	Machine-to-Machine communications（M2M）；mIa，dIa and mId interfaces
TR 102 966	Machine-to-Machine communications（M2M）；Interworking between the M2M Architecture and M2M Area Network technologies
TR 101 584	Machine-to-Machine communications（M2M）；Study on Semantic support for M2M Data
TS 102 690	Machine-to-Machine communications（M2M）；Functional architecture
TR 102 732	Machine-to-Machine communications（M2M）；Use Cases of M2M applications for eHealth
TR 102 857	Machine-to-Machine communications（M2M）；Use Cases of M2M applications for Connected Consumer
TS 102 689	Machine-to-Machine communications（M2M）；M2M service requirements
TR 102 725	Machine-to-Machine communications（M2M）；Definitions
TS 103 104	Machine-to-Machine communications（M2M）；Interoperability Test Specification for CoAP Binding of ETSI M2M Primitives
TR 102 898	Machine to Machine communications（M2M）；Use cases of Automotive Applications in M2M capable networks
TS 103 093	Machine-to-Machine communications（M2M）；BBF TR-069 compatible Management Objects for ETSI M2M
TS 103 092	Machine-to-Machine communications（M2M）；OMA DM compatible Management Objects for ETSI M2M
TR 102 935	Machine-to-Machine communications（M2M）；Applicability of M2M architecture to Smart Grid Networks；Impact of Smart Grids on M2M platform
TR 103 167	Machine to Machine（M2M）；Threat analysis and counter measures to M2M service layer
TR 102 691	Machine-to-Machine communications（M2M）；Smart Metering Use Cases

　　TC SEC 当前发布的安全标准如表 6-2 所示，TC SEC 定义的标准主要包括智能卡、电子签名以及合法监听相关标准，与物联网相关的标准主要是关于智能卡安全标准，包括TS 103 383、TS 102 694-1、TS 102 695-1、TS 102 225、TS 102 622、TS 102 694-2、TS 102 695-2、TS 102 223、TS 102 230 等标准。

表 6-2　TC SEC 发布的安全标准

标准编号	标 准 名 称
TS 103 383	Smart Cards；Embedded UICC；Requirements Specification（Release 12）
TS 102 694-1	Smart Cards；Test specification for the Single Wire Protocol（SWP）interface；Part 1：Terminal features（Release 10）
TS 102 695-1	Smart Cards；Test specification for the Host Controller Interface（HCI）；Part 1：Terminal features（Release 9）

标准编号	标准名称
TS 119 403	Electronic Signatures and Infrastructures (ESI); Trust Service Provider Conformity Assessment—Requirements for conformity assessment bodies assessing Trust Service Providers
TS 119 312	Electronic Signatures and Infrastructures (ESI); Cryptographic Suites
TS 102 225	Smart Cards; Secured packet structure for UICC based applications (Release 12)
TS 102 232-1	Lawful Interception (LI); Handover Interface and Service-Specific Details (SSD) for IP delivery; Part 1: Handover specification for IP delivery
TS 102 232-2	Lawful Interception (LI); Handover Interface and Service-Specific Details (SSD) for IP delivery; Part 2: Service-specific details for messaging services
TS 102 232-5	Lawful Interception (LI); Handover Interface and Service-Specific Details (SSD) for IP delivery; Part 5: Service-specific details for IP Multimedia Services
TS 102 657	Lawful Interception (LI); Retained data handling; Handover interface for the request and delivery of retained data
TS 102 622	Smart Cards; UICC—Contactless Front-end (CLF) Interface; Host Controller Interface (HCI) (Release 12)
TS 102 694-2	Smart Cards; Test specification for the Single Wire Protocol (SWP) interface; Part 2: UICC features (Release 10)
TS 102 695-2	Smart Cards; Test specification for the Host Controller Interface (HCI); Part 2: UICC features (Release 10)
TS 102 656	Lawful Interception (LI); Retained Data; Requirements of Law Enforcement Agencies for handling Retained Data
TS 102 223	Smart Cards; Card Application Toolkit (CAT) (Release 12)
TS 102 232-4	Lawful Interception (LI); Handover Interface and Service-Specific Details (SSD) for IP delivery; Part 4: Service-specific details for Layer 2 services
TS 119 612	Electronic Signatures and Infrastructures (ESI); Trusted Lists
TS 102 230	Smart Cards; UICC—Terminal interface; Physical, electrical and logical test specification (Release 10)
TS 102 232-6	Lawful Interception (LI); Handover Interface and Service-Specific Details (SSD) for IP delivery; Part 6: Service-specific details for PSTN/ISDN services
TR 102 519	Lawful Interception (LI); Lawful Interception of public Wireless LAN Internet Access

TS 103 383《智能卡;嵌入式 UICC;要求说明》(Smart Cards; Embedded UICC; Requirements Specification)标准 6.4 专门针对智能卡安全提出了 37 项安全要求,实现认证、授权以及管理等操作的完整性与机密性等安全功能。智能卡安全通信架构如图 6-2 所示,标准 TS 102 225《智能卡,基于 UICC 应用的安全数据包结构》(Smart Cards; Secured packet structure for UICC based applications)在安全通信架构下定义了通信协议下的安全数据包格式,以及规范要求数据通信是基于 HTTPS 协议。

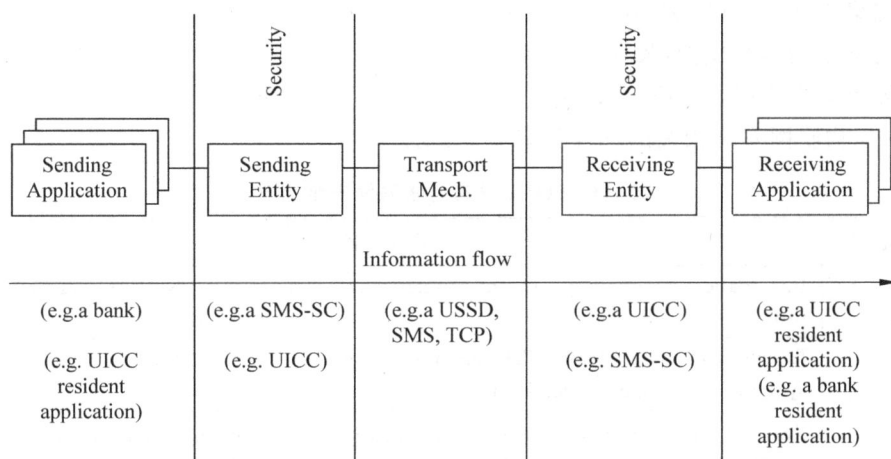

图 6-2　智能卡安全通信架构

2. ITU-T

ITU-T 的中文名称是国际电信联盟远程通信标准化组织（ITU Telecommunication Standardization Sector），它是国际电信联盟管理下的专门制定远程通信相关国际标准的组织。ITU-T 下设 17 个工作组，其中 SG17 规定安全通信服务研究领域包括家庭网络安全、移动安全、基于应用层安全协议以及网页服务安全，如基于证书的家庭网络安全研究、移动通信认证架构研究、移动通信增值服务安全研究以及反垃圾信息研究等。

目前已公布了以安全为重点的七十多项 ITU-T 建议。ITU-T SG17 重点是网络安全标准，此外，它还协调有关电子卫生、云计算和智能网络安全、开放的身份信任框架、近端通信（NFC）安全和保护上网儿童的标准化工作。ITU-T SG17 组织公布的建议又分为 X 系列建议、Z 系列建议以及 EF 系列建议。

与物联网相关标准主要是 X 系列建议。X 系列建议如下：

- 公共数据网络（X.1～X.199）。
- 开放系统互联（X.200～X.299，其中安全协议建议是 X.270～X.279）。
- 网络互通（X.300～X.399）。
- 信息处理系统（X.400～X.499）。
- 目录（X.500～X.599）。
- OSI 网络与系统（X.600～X.699）。
- OSI 管理（X.700～X.799）。
- 安全（X.800～X.849）。
- OSI 应用（X.850～X.899）。
- 开放分布式处理（X.900～X.999）。
- 信息与网络安全（X.1000～X.1099）。
- 安全应用与服务（X.1100～X.1199 与 X.1300～X.1399，包括家庭网络安全、手机安全、Web 安全、安全协议、点对点安全、网络 ID 安全以及 IPTV 安全）。

- 网络空间安全(X.1200～X.1299)。
- 网络空间信息交换(X.1500～X.1599)。
- 云计算安全(X.1600～X.1699)。

其中与物联网安全相关的标准如表 6-3 所示。

表 6-3　ITU-T 发布的物联网安全标准

标准编号	标 准 名 称
X.273	Information technology—Open Systems Interconnection—Network layer security protocol
X.274	Information technology—Telecommunications and information exchange between systems—Transport layer security protocol
X.1031	Roles of end users and telecommunications networks within security architecture
X.1032	Architecture of external interrelations for a telecommunication IP-based network security system
X.1034	Guideline on extensible authentication protocol based authentication and key management in a data communication network
X.1035	Password-authenticated key exchange (PAK) protocol
X.1036	Framework for creation, storage, distribution and enforcement of policies for network security
X.1037	IPv6 technical security guidelines
X.gsiiso	Guidelines on security of the individual information service for operators
X.hsn	Heterarchic architecture for secure distributed service networks
X.vissec	Security of digital broadcasting and multimedia video information systems (VIS Security)
X.1111	Framework of security technologies for home network
X.1112	Device certificate profile for the home network
X.1113	Guideline on user authentication mechanisms for home network services
X.1114	Authorization framework for home networks
X.1143	Security architecture for message security in mobile web services
X.1121	Framework of security technologies for mobile end-to-end data communications
X.1122	Guideline for implementing secure mobile systems based on PKI
X.1123	Differentiated security service for secure mobile end-to-end data communication
X.1124	Authentication architecture for mobile end-to-end data communication
X.1171	Threats and requirements for protection of personally identifiable information in applications using tag-based identification
X.1191	Functional requirements and architecture for IPTV security aspects
X.1192	Functional requirements and mechanisms for the secure transcoding of IPTV

续表

标 准 编 号	标 准 名 称
X. 1198	Virtual machine-based security platform for renewable IPTV service and content protection
X. sbb	Security capability requirements for countering smartphone-based botnets
X. 1275	Guidelines on protection of personally identifiable information in the application of RFID technology
X. 1311	Information technology—Security framework for ubiquitous sensor networks
X. 1312	Ubiquitous sensor network middleware security guidelines
X. 1313	Security requirements for wireless sensor network routing
X. unsec-1	Security requirements and framework of ubiquitous networking
X. usnsec-2	USN middleware security
X. usnsec-3	Secure routing mechanisms for WSN
X. 1601	Security framework for cloud computing
X. sfcse	Security functional requirements for Software as a Service（SaaS）application environment
X. goscc	Guideline of operational security for cloud computing
X. sfcse	Security functional requirements for Software as a Service（SaaS）application environment
X. cc-control	Information technology—Security techniques—Code of practice for information security controls for cloud computing services based on ISO/IEC 27002
X. fsspvn	Framework of the secure service platform for virtual network

3. ISO/IEC

国际电工委员会（IEC）成立于 1906 年，是世界上成立最早的国际性电工标准化机构，负责有关电气工程和电子工程领域中的国际标准化工作，在信息技术方面 ISO 与 IEC 成立了联合技术委员会（JTC1）负责制定信息技术领域中的国际标准，秘书处由美国标准学会（ANSI）担任。

ISO/IEC 在安全领域出台了 110 多项标准，其中与物联网安全相关的标准如表 6-4 所示。

表 6-4　ISO/IEC 物联网安全标准

标 准 编 号	标 准 名 称
ISO/IEC 29100	A privacy framework
ISO/IEC 29101	A privacy reference architecture
IEC 62734	Industrial networks—Wireless communication network and communication profiles(2014)

续表

标　准　编　号	标　准　名　称
IEC 62591	Industrial communication networks—Wireless communication network and communication profiles
IEC/TS 62351-1	Power systems management and associated information exchange—Data and communications security—Part 1：Communication network and system security—Introduction to security issues
IEC/TS 62351-2	Power systems management and associated information exchange—Data and communications security—Part 2：Glossary of terms
IEC/TS 62351-3	Power systems management and associated information exchange—Data and communications security—Part 3：Communication network and system security—Profiles including TCP/IP
IEC/TS 62351-4	Power systems management and associated information exchange—Data and communications security—Part 4：Profiles including MMS
IEC/TS 62351-5	Power systems management and associated information exchange—Data and communications security—Part 5：Security for IEC 60870-5 and derivatives
IEC/TS 62351-6	Power systems management and associated information exchange—Data and communications security—Part 6：Security for IEC 61850
IEC/TS 62351-7	Power systems management and associated information exchange—Data and communications security—Part 7：Network and system management（NSM）data object models
IEC 62351-8	Power systems management and associated information exchange—Data and communications security—Part 8：Role-based access control
IEC/TR 62357	Power system control and associated communications—Reference architecture for object models，services and protocols
IEC/TS 62443-1-1：2009	Industrial communication networks—Network and system security—Part 1-1：Terminology，concepts and models
IEC 62443-2-1：2010	Industrial communication networks—Network and system security—Part 2-1：Establishing an industrial automation and control system security program
IEC/TR 62443-3-1：2009	Industrial communication networks—Network and system security—Part 3-1：Security technologies for industrial automation and control systems
IEC/PAS 62443-3-3：2013	Industrial communication networks—Network and system security—Part 3-3：System security requirements and security levels

　　标准 IEC 62734《工业网-无线通信网和通信配置文件》（*Industrial networks—Wireless communication network and communication*）为监测、报警、监控、开环控制和闭环控制应用提供了可靠的无线操作，并定义了无线连接协议组、系统管理平台、网关和安全规范，其遵循必要的 OSI 模型，使用对象技术支持工业物联网（IIOT）。

　　IEC 62443 系列标准针对工控系统信息安全的范围如下：

　　A. 保护系统所采取的措施。

B. 由建立和维护保护系统的措施所得到的系统状态。

C. 能够免于对系统资源的非授权访问和非授权或意外的变更、破坏或者损失。

D. 基于计算机系统的能力，能够使非授权人员和系统既无法修改软件及其数据，也无法访问系统功能，但应保证授权人员和系统不被阻止。

E. 防止对工控系统的非法或有害入侵，或者干扰其正确和计划的操作。

IEC/TS 62443-1-1 描述了工业通信网络与系统信息安全相关的术语、概念、模型、缩略语、符合性度量。IEC 62443-2-1 规定了如何在工业自动化和控制系统（IACS）中建立网络信息安全管理系统，并且提供了如何开发这些元素的指南。IEC/TR 62443-3-1 描述了工业自动化和控制系统为中心的网络安全技术中的几个类别，并给出这些类别的安全技术相对预期的威胁和已知网络攻击的优缺点描述，为使用这些网络安全技术提供初步建议和指导。IEC/PAS 62443-3-3 在工业控制运营安全生命周期阶段内，建立了网络安全技术框架，用于工业过程测量和控制系统，包括其中的网络和设备，它提供了指导电厂运行的安全要求。

IEC/SC65C 负责针对智能传感器方面的标准化工作，下设 WG16 和 WG17 工作组制定工业无线相关标准。目前 WG16 已开展了 3 种主流工业无线国际标准 WIA-PA、无线 HART 和 SP 100.11a 的安全架构制定工作。

4. 3GPP

3GPP 组织（The 3rd Generation Partnership Project）是领先的 3G 技术规范机构，是由欧洲的 ETSI、日本的 ARIB 和 TTC、韩国的 TTA 以及美国的 T1 在 1998 年底发起成立的，旨在研究制定并推广基于演进的 GSM 核心网络的 3G 标准。在物联网领域 3GPP 标准组织主要关注的是 M2M 对移动通信的终端和网络带来的影响，其下设的 SA3 工作组主要从事移动通信网络支撑 M2M 通信的安全需求和标准制定工作，涉及的物联网安全标准如表 6-5 所示。

表 6-5 3GPP 物联网安全标准

标准编号	标 准 名 称
TS 33.187	Security aspects of Machine—Type Communications（MTC）and other mobile data applications communications enhancements
TS 33.234	3G security；Wireless Local Area Network（WLAN）inter working security
TS 33.269	Public Warning System（PWS）security architecture
TR 33.769	Feasibility Study on Security Aspects of Machine—Type Communications Enhancements to facilitate communications with Packet Data Networks and Applications
TR 33.812	Feasibility study on the security aspects of remote provisioning and change of subscription for Machine to Machine（M2M）equipment
TR 33.865	Security Aspects of WLAN Network Selection for 3GPP Terminals
TR 33.868	Study on security aspects of Machine—Type Communications（MTC）and other mobile data applications communications enhancements
TR 33.889	Feasibility Study on Security Aspects of Machine—Type Communications Enhancements to facilitate communications with Packet Data Networks and Applications

5. IETF

IETF 下设 3 个与物联网相关的工作组：6LoWPAN、ROLL 和 CoRE，研究主要集中在 IPv6 的低功耗网络路由和应用方面。IETF 总结了 6LoWPAN 网络中存在的安全挑战，如资源消耗最小化与安全性能最大化的冲突。6LoWPAN 的部署使得安全包含被动加密到主动干涉，网络处理过程包含端到端信息传输网的中间节点等。同时，该组织提出了 6LoWPAN 网络的安全需求，包括数据机密性、数据认证、完整性、新鲜指数、有效性、鲁棒性、能量使用效率等。大多数 6LoWPAN 中对用户数据安全的攻击或威胁看似可信，其实后果很糟糕，这主要是因为 6LoWPAN 是通过无线方式接入 Internet。对 6LoWPAN 安全的研究从研究网络各层中的各种各样的威胁开始，分为物理攻击、DoS 攻击、网络层攻击、传输层攻击。IETF 定义的与物联网安全相关标准如表 6-6 所示。

表 6-6 IETF 发布的物联网安全相关标准

标 准 编 号	标 准 名 称
Draft-garcia-core-security-03	Security Considerations in the IP-based Internet of Things（基于 IP 的物联网中安全思考）
Draft-ietf-roll-security-Framework-07	A Security Framework for Routing over Low Power and Lossy Network（低功耗易损网络路由安全架构）
Draft-dvir-roll-security-authentication-01	Version Number and Rank Authentication（版本号和等级认证）
Draft-alexander-roll-mikey-lln-key-mgmt-03	Adapted Multimedia Internet KEYing（AMIKEY）：an Extension of Multimedia Internet KEYing Methods for Generic LIN Environments（AMIKEY：针对低功耗网络环境的 MIKEY 扩展）
Draft-qiu-roll-kemp-01	Lightweight Key Establishment and Management Protocol（KEMP）in Dynamic Sensor Network（动态传感器网络中的轻量级密钥建立和管理协议）
Draft-daniel-6lowpan-Security-Analysis-05	IPv6 over Low Power WPAN Security Analysis（低功耗 WPAN 上的 IPv6 安全分析）

6. IEEE

IEEE 的工作主要集中在近距离通信领域，包括无线局域网（WLAN）和无线个人局域网（WPAN）等方面。与物联网相关的研究集中在 IEEE 802.11 和 IEEE 802.15 工作组。

IEEE 802.11 是第一种无线以太网标准，IEEE 802.11i 是为了解决 IEEE 802.11 中的安全问题而制定的，定义了基于高级加密标准的全新加密协议以及向前兼容 RC4 的加密协议（临时密钥完整性协议），采用了 WiFi 访问控制（WPA）、端口访问控制技术、EAP 和 AES 安全机制。

IEEE 802.15 专门从事短距离无线通信的标准化工作。在 IEEE 802.15.14 中，在 MAC 层，以 MAC 帧为单位，提供了 4 种帧安全服务：访问控制、数据加密、帧完整性检查和顺序更新。同时，为了适应不同的应用，在低功耗 WPAN 中，设备可以根据自身需要选择不同的模式：无安全模式、访问控制表（ACL）模式和安全模式。无安全模式下设

备不对接收到的帧进行任何安全检查。ACL 模式中高层可以通过设置 MAC 层的 ACL
条目指示 MAC 层根据源地址过滤接收到的帧。安全模式对接收或者发送的帧提供 4 种
安全服务。

7. ZigBee

ZigBee 制定了基于 IEEE 802.15.14,具有高可靠性、高性价比、低功耗的网络应用规
范。IEEE 802.15.14 定义的是物理层和 MAC 层的规范,而 ZigBee 主要专注于网络层及
其上层的规范。ZigBee 的安全体系提供的安全管理主要依靠对称密钥保护、应用保护机
制、合适的密码机制及相关的保密措施。MAC 层、网络层和业务支撑层都有可靠的安全
传输机制用于各自的数据帧。ZigBee 定义了两类安全模式:高安全模式和标准安全模
式。高安全模式为高安全商业应用设计,该模式要求使用对称密钥建立协议和实体鉴权
实现密钥建立流程。标准安全模式为低安全应用。

8. AllSeen Alliance

物联网行业标准组织 AllSeen Alliance 由 Linux 基金会牵头成立,有 LG、SHARP、
海尔、松下等家电厂商以及 Silicon Image、思科、TP-LINK、Canary、FON、Harman、HTC
等电子和 IT 企业等 80 余家科技巨头成为其主要成员。

AllSeen Alliance 希望为智能家居联网设备打造无线标准和通信平台。该联盟以高
通开源项目 AllJoyn 为基础,试图为物联网建立统一语言。目前,ForgeRock、Verisign、
Symantec 以及其他联盟成员正在研究物联网设备的安全和隐私保护相关标准,还未正式
出台相关标准。

9. oneM2M

随着物联网技术研发及市场推广的不断深入,全球各通信标准化组织都在加强物联
网标准化工作。为了促进国际物联网标准化活动的协调统一,减少重复工作,降低企业生
产及运营成本,保障各行业的物联网应用,2011 年 5 月,在 ICT 领域一些重要公司的推动
下,欧洲电信标准化协会(ETSI)联络美国和中日韩各通信标准化组织(共 7 家),提议参
照 3GPP 的模式,成立物联网领域国际标准化组织 oneM2M。目前其技术全会(TP)下设
5 个工作组:

(1) 需求工作组。
(2) 体系架构工作组。
(3) 协议工作组。
(4) 安全工作组。
(5) 管理工作组。

其中安全工作组负责研究制定身份验证、加密、认证等方面的安全和隐私标准。
oneM2M 制定的物联网标准如表 6-7 所示。其中关于物联网安全的标准有 TR-0008
《oneM2M 安全》、TS-M2M-0002《oneM2M 规范》等,oneM2M 制定的物联网安全标准如
表 6-6 所示。

表 6-7　oneM2M 物联网安全相关标准

标 准 编 号	标 准 名 称
TR-M2M-0008v2.0.0	Security
TS-M2M-0002v2.7.1	Requirements
TS-M2M-0003v2.4.1	Security Solution
TR-M2M-0012v2.0.0	oneM2M End-to-End Security and Group Authentication
TR-M2M-0016v2.0.0	Study of Authorization Architecture for Supporting Heterogeneous Access Control Policies
TR0019-v2.0.0	Dynamic Authorization for IOT

TR-0008 标准定义了物联网的 4 个安全域,分析物联网中窃听、非授权访问、缓冲区溢出、注入攻击、篡改和不安全加密存储等 22 类威胁,并给出了防篡改存储、控制密钥生命周期、完整性验证、强访问控制、风险评估、安全编码等 26 项安全技术优缺点分析,规定了认证、授权、隐私保护和 RBAC 令牌安全需求。其针对物联网提出了安全和隐私的程序和过程,具有一定指导意义。

TR-M2M-0002《oneM2M 技术要求规范》标准分为两大部分。

一是将物联网功能角色划分为 4 类:最终用户、应用服务提供者、M2M 服务提供者以及网络管理者,如图 6-3 所示。

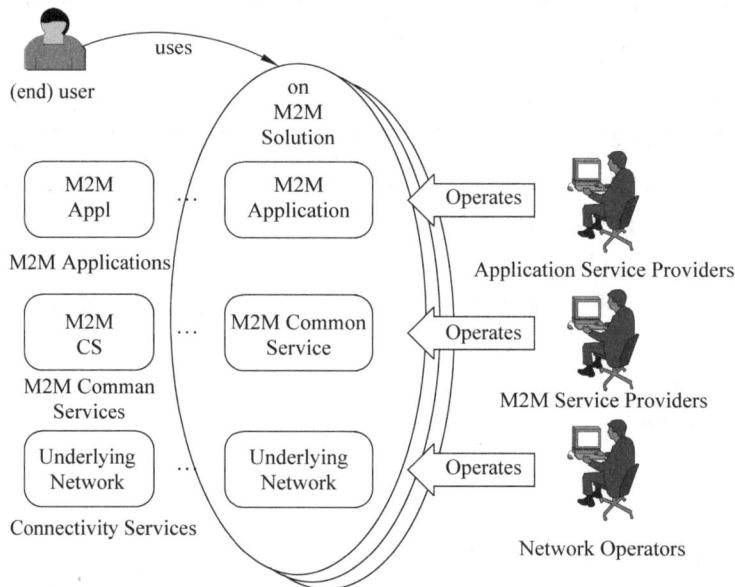

图 6-3　oneM2M 功能角色

二是给出物联网技术要求,包括物联网系统整体要求、管理要求、抽象和语义的要求、安全要求、充电要求、操作要求和通信请求处理要求。其中 M2M 系统安全要求如下:

(1) 应抵御破坏可用性的安全威胁,如 DoS 攻击。

（2）应能保障数据的机密性和完整性。

（3）如果 M2M 设备支持 USIM / UICC 和底层网络支持网络层安全，M2M 系统应能利用 USIM / UICC 设备凭据和网络安全的能力，引导安全协议证书。

（4）当一些 M2M 解决方案的组件不可用时（例如 WAN 连接丢失），M2M 系统应能够支持可用的组件数据的完整性验证。

（5）M2M 系统应支持针对未经授权访问 M2M 服务和 M2M 应用服务的访问控制策略。

（6）M2M 系统应能够支持与底层网络互动的相互认证。

（7）M2M 系统应能够支持防止误用、克隆的机制、安全凭据替换或盗窃。

（8）M2M 系统应保护利益相关者的身份，对非授权行为进行控制。

（9）M2M 系统应能够支持反假冒攻击和重放攻击。

（10）M2M 系统应能提供在启动完整性检查机制，在运行时或升级时，定期对 M2M 设备上软件/硬件/固件组件进行完整性校验。

（11）M2M 系统可以将配置数据传输给经过身份验证和授权的 M2M 网关/设备。

（12）M2M 系统应能够支持不可否认性，可减轻 TR008 标准定义的安全威胁。

（13）M2M 系统应能防止未经授权的 M2M 的利益相关者识别 M2M 系统和/或其他利益相关者观察 M2M 系统的行为，如对资源的访问和服务。

（14）M2M 系统应能提供地理位置信息的机密性保护机制。

（15）M2M 系统应允许 M2M 应用使用不同的隔离安全环境。

（16）M2M 装置应能够使用硬件安全模块（HSM）支持安全。

（17）M2M 系统应能够远程为 M2M 设备和/或 M2M 网关提供安全凭据。

10. EPCglobal

EPCglobal 是由美国统一代码协会（UCC）和国际物品编码协会（EAN）于 2003 年 9 月共同成立的非营利性组织，其主要职责是在全球范围内对各个行业建立和维护 EPCglobal 网络，保证供应链各环节信息的自动、实时识别，采用全球统一标准。

EPCglobal 下设工业行动组（Industry Action Groups，IAG）、技术行动组（Technical Action Groups，TAG）、联合需求组（Joint Requirements Groups，JRG）、跨行业实施组（Cross Industry Adoption & Implementation Groups，AIG），其中技术行动组主要负责 RFID 相关标准的制定。

EPCglobal 的 RFID 标准体系框架包含硬件、软件、数据标准，以及由 EPCglobal 运营的网络共享服务标准等多个方面的内容。EPCglobal 标准列表如表 6-8 所示，包括数据识别、数据获取和数据交换 3 个层次，其中数据识别层的标准包括 RFID 标签数据标准和协议标准，目的是确保供应链上的不同企业间数据格式和说明的统一性。数据获取层的标准包括读写器协议标准、读写器管理标准、读写器组网和初始化标准以及中间件标准等，定义了收集和记录 EPC 数据的主要基础设施组件，并允许最终用户使用具有互操作性的设备建立 RFID 应用。数据交换层的标准包括 EPC 信息服务标准（EPC Information Services，EPCIS）、核心业务词汇标准（Core Business Vocabulary，CBV）、对象名解析服务标准(Object Name Service，ONS)、发现服务标准(Discovery Services)、安全认证标准
(Certificate Profile)以及谱系标准(Pedigree)等。

表 6-8　EPCglobal 标准

标准编号	标准名称
V1.9-2014	Tag Data Standard(RFID 标签数据标准)
V1.6-2014	EPCglobal Architecture Framework(EPCglobal 体系框架)
V2.0.0-2013	EPC Radio—Frequency Identity Protocol Generation-2 UHF RFID(RFID 第二代 UHF)
V1.6-2011	Tag Data Translation (RFID 标签格式标准)
V1.1-2010	Low Level Reader Protocol(底层读写器协议)
V1.0.1-2007	Reader Management(读写器管理)
V1.0-2009	Discovery,Configuration,and Initialization(DCI)for Reader Operations(读写器组网和初始化)
V1.1.1-2009	Application Level Events(ALE)(中间件)
V1.1-2014	EPC Information Services(EPC 信息服务)
V1.1-2014	Core Business Vocabulary(核心业务词汇)
V1.0-2007	Pedigree Standard(谱系标准)
V2.0-2010	EPCglobal Certificate Profile Sepcification(安全证书文件规范)
V1.0.1-2008	EPCglobal Certificate Profile (安全认证标准)
V2.0.1-2013	Object Name Service(对象名解析服务)
开发中	Discovery Services(发现服务)

与物联网安全相关标准是 EPCglobal Architecture Framework(EPCglobal 体系框架)、EPCglobal Certificate Profile (安全认证标准)和 EPCglobal Certificate Profile Sepcification(安全证书文件规范)。EPC Global 体系框架描述了 EPCglobal 物联网认证、访问控制、验证和隐私保护等安全功能,明确网络接口、应用、读写器协议、底层读写器协议、读写器管理、EPC 信息服务、ECP 网络服务、空中接口需要实施的安全技术和安全机制。安全认证标准涵盖了 EPCglobal Network 所有组件间的数据安全,从企业间透过EPCIS 接口的数据交换,到 RFID 阅读器与中间件的沟通,以及阅读器管理系统等。EPCglobal Certificate Profile Specification(安全证书文件规范)规范了 X.509 证书在EPCglobal 物联网应用的算法、证书格式的要求。

11. NIST

美国国家标准与技术研究院(National Institute of Standards and Technology, NIST)直属美国商务部,从事物理、生物和工程方面的基础和应用研究,以及测量技术和测试方法方面的研究,提供标准、标准参考数据及有关服务。

2014 年 2 月,美国国家标准与技术研究院发布了《增强关键基础设施网络安全的框

架规范》(以下简称《规范》)第 1 版。《规范》以业务驱动指导网络安全行动,将网络安全风险纳入企业风险管理程序当中。《规范》核心包括识别、保护、检测、响应和恢复 5 项功能,提供全生命周期的网络安全风险管理战略。

《规范》索引了 6 部标准、指南和实践,其中,与工控信息安全直接相关的有两部,分别是 ANSI/ISA-62443-2-1(99.02.01)—2009《工业自动化和控制系统安全:建立工业自动化和控制系统安全计划》和 ANSI/ISA-62443-3-3(99.03.03)—2013《工业自动化和控制系统安全:系统安全要求和安全等级》。

近年来,美国 ICS-CERT 接到的工控系统漏洞上报数量持续增加,2016 年 ICS-CERT 的报告显示,美国关键基础设施工业控制系统中出现了超过 600 个 IT 安全漏洞,涉及供水、能源和石油行业,较 2013 年的上涨幅度超过 231%。《规范》的发布无疑代表了关键基础设施网络安全特别是工控系统安全标准的走向。随着信息化与工业化深度融合,物联网与云计算产业的蓬勃发展,工业控制系统产品越来越多地采用通用协议、通用硬件和通用软件,并以各种方式与互联网等公共网络连接。《规范》也针对这一趋势制定了统一的、涵盖传统信息系统与工控系统的网络安全标准。

6.1.2　国内物联网安全标准进展

目前中国正在制定涉及物联网总体架构、无线传感网、物联网应用层面的众多标准,并且有相当一部分标准项目已在相关国际标准组织立项。中国研究物联网的标准组织主要有传感器网络标准工作组(WGSN)、中国通信标准化协会(CCSA)、电子标签标准工作组、中国物联网标准联合工作组、国家物联网基础标准工作组等,如图 6-4 所示。

图 6-4　国内物联网主要标准组织

近年来,物联网广泛应用于工业与制造业领域。在制造业供应链管理上,物联网通过应用传感网络技术,完善和优化供应链管理体系。例如,空中客车就构建了全球制造业规模最大、效率最高的供应链体系。在生产过程中,物联网技术应用各种传感器和通信网络,大大提高了生产线过程检测、实时参数采集、生成设备监控、材料消耗监测的能力和水平,优化了生产流程。

在产品设备监管管理上,各种传感技术与制造技术融合,实现了对产品设备操作使用记录、设备故障诊断的远程监控。在环保监测与能源管理领域,物联网与环保设备融合实现了对工业生产过程中产生的各种污染源实时监控。目前,电信运营商已开始推广基于物联网的污染治理实时监测解决方案。

在安全生产管理上,通过将感应器嵌入和装备到矿山设备、油气管道中可以感知危险环境中的人员、机器以及周边环境等方面的安全状态信息,实现实时感知、准确辨识、快速响应和有效控制。因此,工业控制系统是物联网的重要组成部分。现阶段,特别是震网病毒席卷全球工业以来,国家高度重视工业控制系统安全,各个标准组织均开始研究制定工业控制系统安全标准,主要标准组织有全国信息安全标准技术委员会、全国电子系统管理及其信息交换标准化技术委员会、全国工业过程测量和控制标准化技术委员会以及全国电子监管标准化技术委员会等。

以下将对上述物联网标准组织以及物联网安全标准情况进行简单介绍。

1. 中国物联网标准联合工作组

当前,中国物联网标准工作组各自独立开展工作,缺乏完整体系。为了适应跨机构、跨部门、跨地区之间开展合作的新形势,工业和信息化部电子标签标准工作组、资源共享协同服务标准工作组,以及全国信息技术标准化技术委员会传感器网络标准工作组、全国工业过程测量和控制标准化技术委员会共同倡导并发起成立中国物联网标准联合工作组。

2010年6月8日,中国物联网标准联合工作组宣布成立,联合工作组包含全国11个部委及下属的19个标准工作组,具体包括全国工业过程测量和控制标准化技术委员会、全国智能建筑及居住区数字化标准化技术委员会、全国智能运输系统标准化技术委员会、全国集装箱标准化技术委员会、全国电力系统管理及信息交换标准化技术委员会、全国家用电器标准化技术委员会、全国安全生产标准化技术委员会、中国急诊医师协会技术标准委员会、工业和信息化部电子标签标准工作组、工业和信息化部信息资源共享协同服务标准工作组、工业和信息化部宽带无线IP标准工作组、工业和信息化部数字音视频编解码技术标准工作组、工业和信息化部家庭网络标准工作组、全国信息技术标准化技术委员会传感器网络标准工作组、总后信息化专家咨询委员会标准化专业委员会、卫生行业RFID与物联网标准工作组、商务领域射频识别标签数据格式标准工作组、国家密码管理局电子标签密码应用体系研究专项工作组、香港物流与供应链管理应用技术研发中心。

中国物联网标准联合工作组属于联合协调机构,其标准产出依赖下属的19个标准组织,其成立的意义在于形成物联网标准制定规模效应,整体推进我国物联网标准建设。

2. 电子标签标准工作组

电子标签标准工作组成立于2005年10月。电子标签工作组下设7个专题组:总体组、标签与读写器组、频率与通信组、数据格式组、信息安全组、应用组和知识产权组。信息安全组专门开展 RFID 安全领域的研究。电子标签标准工作组立项的 RFID 国家标准有 32 个，与安全相关的标准如表 6-9 所示。

表 6-9　与物联网安全相关的 RFID 国家标准

标准编号	标准名称
20100380-T-469	射频识别系统通用安全技术要求
20110139-T-469	信息技术射频识别 支持安全协议的 800/900MHz 空中接口协议
TD 0006-2008	电子标签标准工作组技术指导文件 信息处理产品和服务数字标识格式规范
GM/T 0035	射频识别系统密码应用技术要求 第 1 部分：密码安全保护框架及安全级别
20100411-Z-469	信息技术 用于物品管理的射频识别 实施指南 第 4 部分：标签数据安全
20110140-T-469	信息技术 射频识别标签通用技术规范 2.45GHz
20110142-T-469	信息技术 射频识别读写器通用技术规范 2.45GHz
20110141-T-469	信息技术 射频识别标签通用技术规范 800/900MHz

3. 传感器网络标准工作组

传感器网络标准工作组（WGSN）是由中国国家标准化管理委员会批准筹建，中国信息技术标准化技术委员会批准成立并领导，从事传感器网络（简称传感网）标准化工作的全国性技术组织。WGSN 成立于 2009 年 9 月。目前开展多项标准制定工作，分别由标准体系与系统架构项目组、协同信息处理项目组、通信与信息交互项目组、标识项目组、安全项目组和接口项目组负责。2010 年第一次全体会议之后，又新成立了传感器网络网关标准项目组、无线频谱研究与测试研究项目组、传感器网络设备技术要求和测试规范研究项目组、机场围界传感器网络防入侵系统技术要求行业标准项目组、面向大型建筑节能监控的传感器网络系统技术要求行业标准项目组。截至 2016 年，共有 45 个成员单位。

目前 WGSN 已有一些标准正在制定中，并代表中国积极参加 ISO、IEEE 等国际标准组织的标准制定工作。WGSN 的标准制定情况如表 6-10 所示，其中发布标准 10 项，在研标准 24 项。

表 6-10　WGSN 的物联网标准制定情况

标准/计划编号	标准名称
GB/T 30269.1—2015	信息技术 传感器网络 第 1 部分：参考体系结构和通用技术要求
GB/T 30269.2—2013	信息技术 传感器网络 第 2 部分：术语
GB/T30269.301—2014	信息技术 传感器网络 第 301 部分：通信与信息交换：低速无线传感器网络网络层和应用支持子层规范
GB/T 30269.302—2015	信息技术 传感器网络 第 302 部分：通信与信息交换：高可靠性无线传感器网络媒体访问控制和物理层规范
GB/T 30269.401—2015	信息技术 传感器网络 第 401 部分：协同信息处理：支撑协同信息处理的服务及接口
GB/T 30269.501—2014	信息技术 传感器网络 第 501 部分：标识：传感节点标识符编制规则

标准/计划编号	标 准 名 称
GB/T 30269.601—2016	信息技术 传感器网络 第601部分：信息安全：通用技术规范
GB/T30269.701—2014	信息技术 传感器网络 第701部分：传感器接口：信号接口
GB/T30269.702—2016	信息技术 传感器网络 第702部分：传感器接口：数据接口
GB/T30269.901—2016	信息技术 传感器网络 第901部分：网关：通用技术要求
20153381-T-469	信息技术 传感器网络 第303部分：通信与信息交换：基于IP的无线传感器网络网络层技术规范
20150041-T-469	信息技术 传感器网络 第305部分：通信与信息交换：超声波通信协议规范
20120545-T-469	信息技术 传感器网络 第502部分：标识：传感节点解析和管理规范
20153390-T-469	信息技术 传感器网络 第503部分：标识：对象标识符注册规程
20153386-T-469	信息技术 传感器网络 第504部分：标识：传感节点标识符管理规范
20120551-T-469	信息技术 传感器网络 第602部分：信息安全：低速率无线传感器网络网络层和应用支持子层安全规范
20150039-T-469	信息技术 传感器网络 第603部分：信息安全：网络传输安全测评规范
20153385-T-469	信息技术 传感器网络 第604部分：低速率无线传感器网络：网络层和应用支持子层安全测评规范
20120548-T-469	信息技术 传感器网络 第801部分：测试：通用要求
20120546-T-469	信息技术 传感器网络 第802部分：测试：低速无线传感器网络媒体访问控制和物理层
20120547-T-469	信息技术 传感器网络 第803部分：测试：低速无线传感器网络网络层和应用支持子层
20153384-T-469	信息技术 传感器网络 第804部分：测试：传感器接口测试规范
20153383-T-469	信息技术 传感器网络 第805部分：测试：传感器网关测试规范
20153382-T-469	信息技术 传感器网络 第806部分：测试：传感节点标识符解析一致性测试技术规范
20141552-T-469	信息技术 传感器网络 第902部分：网关：远程管理技术要求
20141553-T-469	信息技术 传感器网络 第903部分：网关：逻辑功能接口技术规范
20100399-T-469	信息技术 传感器网络 第1001部分：中间件：传感器网络节点数据交互规范
20132346-T-469	信息技术 农业传感器网络系统 第1部分：设施农业技术要求
20130360-T-469	基于传感器的产品监测软件集成接口规范
2009-2807T-SJ	机场围界传感器网络防入侵系统技术要求
2009-2810T-SJ	面向大型建筑节能监控的传感器网络系统技术要求
20153388-T-469	信息技术 工业传感网设备点检管理系统总体架构
20153389-T-469	信息技术 面向需求侧变电站应用的传感器网络系统总体技术要求
20153387-T-469	信息技术 面向远程燃气抄表应用的传感器网络技术要求

其中安全领域的标准是《信息技术 传感器网络 第 601 部分：信息安全：通用技术规范》(GB/T 30269.601—2016)，已正式发表。该标准分析了传感器网络容易遭受的安全威胁，提出了相应的安全功能要求，定义了传感器网络的安全模型和安全机制，划分并规范了传感器网络的安全等级。《信息技术 传感器网络 第 602 部分：信息安全：低速率无线传感器网络网络层和应用支持子层安全规范》《信息技术 传感器网络 第 603 部分：信息安全 网络传输安全测评规范》《信息技术 传感器网络 第 604 部分：低速率无线传感器网络网络层和应用支持子层安全测评规范》目前还处于在研阶段。

4. CCSA

中国通信标准化协会(China Communications Standards Association, CCSA)于 2002 年 12 月在北京正式成立。该协会是国内企事业单位自愿联合组织起来，经业务主管部门批准，国家社团登记管理机关登记，开展通信技术领域标准化活动的非营利性法人社会团体。中国通信标准化协会(CCSA)的 TC3、TC5、TC8 和 TC10 已经开展泛在网和 M2M 通信的研究，与物联网安全相关的标准如表 6-11 所示。

表 6-11   与物联网安全相关的 CCSA 标准

标准/计划编号	标准名称
2007H55	无线传感器网络与电信网络相结合的总体技术要求
2010T25	物联网安全需求
2017-YDB-05	智能家居终端设备安全能力技术要求
	M2M 通信系统增强安全要求

5. 国家物联网基础标准工作组

国家物联网基础标准工作组是国家标准化管理委员会、国家发展和改革委员会于 2010 年 11 月成立的，下设 4 个专题组：物联网总体项目组、物联网标识技术项目组、物联网信息安全技术项目组、国际标准化研究组。其中总体项目组在研标准 13 项，《物联网标准化工作指南》《物联网属于》和《物联网参考体系结构》3 项标准已完成送审稿。物联网标识技术项目组已研制完成与 OID 技术相关的 6 项标准，其中 14 项标准已获得国家标准立项。物联网信息安全技术项目组已有 11 项国家标准，如表 6-12 所示。

表 6-12   物联网信息安全技术项目组制定的 11 项国家标准

标准/计划编号	标准名称
	信息安全技术 物联网数据传输安全要求(征求意见稿)
20100038-T-469	信息安全技术 物联网 RFID 密码技术规范(送审稿)
GB/T 31507—2015	信息安全技术 物联网网络层信息安全规范
	信息安全技术 物联网感知层网关安全技术要求(征求意见稿)
	信息安全技术 物联网感知设备安全技术要求(征求意见稿)

续表

标准/计划编号	标准名称
20141145-T-469	信息安全技术 物联网感知层接入通信网的安全要求（征求意见稿）
	信息安全技术 物联网信息安全参考模型及通用要求（征求意见稿）
20130082-T-312	公安物联网感知层传输安全性评测要求（送审稿）
20130090-T-312	公安物联网感知终端安全防护技术要求（报批）
20130091-T-312	公安物联网感知终端接入网安全技术要求（报批）
20130092-T-312	公安物联网系统信息安全等级保护要求（报批）

6. 全国信息安全标准化技术委员会

经国家标准化管理委员会批准，全国信息安全标准化技术委员会（TC260）于 2002 年 4 月 15 日在北京正式成立。TC260 负责组织开展国内信息安全有关的标准化技术工作，其主要工作范围包括安全技术、安全机制、安全服务、安全管理、安全评估等领域的标准化技术工作。

TC260 的一些研究成果对物联网安全具有重要的价值。当前 TC260 已经开始起草与物联网相关的标准，详细如表 6-13 所示。

表 6-13　TC260 物联网安全标准

编号	状态	标准名称
1	征求意见稿	智慧城市建设信息安全保障指南
2	征求意见稿	智慧城市安全体系框架
3	立项	信息安全技术 物联网智能终端安全访问接入要求
4	立项	信息安全技术 车载终端安全技术要求
5	立项	信息安全技术 工业控制系统信息安全防护评价方法
6	立项研究	信息安全技术 汽车电子系统网络安全指南
7	立项研究	信息安全技术 网络智能家用电气信息技术安全框架与测评指南
8	立项研究	信息安全技术 物联网视频监控智能终端信息安全规范
9	征求意见稿	信息安全技术 智能卡安全技术要求
10	征求意见稿	信息安全技术 物联网数据传输安全技术要求
11	征求意见稿	信息安全技术 工业控制系统漏洞检测技术要求及测试评价方法
12	征求意见稿	信息安全技术 工业控制网络监测安全技术要求及测试评价方法
13	送审稿	信息安全技术 网络安全等级保护基本要求 第 4 部分：物联网安全扩展要求

编号	状 态	标 准 名 称
14	送审稿	信息安全技术 网络安全等级保护基本要求 第5部分：工业控制系统安全扩展要求
15	送审稿	信息安全技术 网络安全等级保护测评要求 第4部分：物联网安全扩展要求
16	送审稿	信息安全技术 网络安全等级保护测评要求 第5部分：工业控制系统安全扩展要求
17	送审稿	信息安全技术 工业控制系统安全检查指南
18	送审稿	信息安全技术 物联网安全参考模型及通用要求
19	送审稿	信息安全技术 物联网感知终端应用安全技术要求
20	送审稿	信息安全技术 网络安全等级保护安全设计技术要求 第4部分：物联网安全要求
21	送审稿	信息安全技术 网络安全等级保护安全设计技术要求 第5部分：工业控制系统安全要求
22	征求意见稿	信息安全技术 网关安全技术要求
23	征求意见稿	信息安全技术 工业控制系统专用防火墙技术要求
24	征求意见稿	信息安全技术 工业控制系统网络审计产品安全技术要求
25	征求意见稿	信息安全技术 工业控制系统网络安全隔离与信息交换系统安全技术要求
26	征求意见稿	信息安全技术 工业控制系统风险评估实施指南
27	征求意见稿	信息安全技术 云计算服务运行监管框架
28	征求意见稿	信息安全技术 移动应用网络安全评价规范
29	GB/T 31167—2014	信息安全技术 云计算服务安全指南
30	GB/T 31168—2014	信息安全技术 云计算服务安全能力要求

7. 全国电力系统管理及其信息交换标准化技术委员会

全国电力系统管理及其信息交换标准化技术委员会先后组建了变电站工作组、通信安全工作组、配网工作组、能量管理系统应用程序接口工作组、电力市场工作组、电力系统动态监测工作组、通信技术工作组共7个标准化工作组。IEC TC57主要负责电力系统远动、远方保护、变电站自动化、配网自动化、能量管理系统应用程序接口、电力市场、分布能源通信、水电厂通信、数据通信和安全方面的标准化工作。全国电力系统管理及其信息交换标准化技术委员会与IEC TC57的相关工作组对口，负责电力系统控制及其通信领域的各个系列标准的跟踪、转化，以及自主制定相关的国家标准或电力行业标准。已经发布实施的和正在起草的国家标准、电力行业标准有160个左右，在电力系统得到广泛的应用。

其已发布的物联网安全标准如表6-14所示。

表 6-14　与物联网安全相关的电力系统国家标准和行业标准

标 准 编 号	标 准 名 称
GB/Z 25320.1—2010	电力系统管理及其信息交换 数据和通信安全 第 1 部分：通信网络和系统安全 安全问题介绍
GB/Z 25320.2—2013	电力系统管理及其信息交换 数据和通信安全 第 2 部分：术语
GB/Z 25320.3—2010	电力系统管理及其信息交换 数据和通信安全 第 3 部分：通信网络和系统安全 包括 TCP/IP 的协议集
GB/Z 25320.4—2010	电力系统管理及其信息交换 数据和通信安全 第 4 部分：包含 MMS 的协议集
GB/Z 25320.5—2013	电力系统管理及其信息交换 数据和通信安全 第 5 部分：IEC 60870-5 及其衍生标准的安全
GB/Z 25320.6—2011	电力系统管理及其信息交换 数据和通信安全 第 6 部分：IEC 61850 的安全

8. 全国工业过程测量和控制标准化技术委员会(TC124)

全国工业过程测量和控制标准化技术委员会 SAC/TC124 直属中国国家标准化管理委员会，由全国工业自动化领域中的各单位选举产生，是国际电工委员会 IEC/TC65 和 ISO/TC30 的国内对口单位。标委会的运作受中国国家标准化管理委员会领导，并接受中国机械工业联合会及国家各有关部门的业务指导，在工业过程测量和控制领域内开展全国性标准化技术工作。

TC124 目前开展与物联网相关的安全标准如表 6-15 所示。

表 6-15　TC124 物联网安全标准

计划/标准编号	标 准 名 称
20130783-T-604	集散控制系统(DCS)安全防护
20130784-T-604	集散控制系统(DCS)安全管理
20130785-T-604	集散控制系统(DCS)安全评估
20130786-T-604	集散控制系统(DCS)风险与脆弱性检测
20130787-T-604	可编程逻辑控制器(PLC)安全要求
20120829-T-604	工业通信网络 网络和系统安全 第 2-1 部分：建立工业自动化和控制系统信息安全程序
GB/T 30976.1—2014	工业控制系统信息安全 第 1 部分：评估规范
GB/T 30976.2—2014	工业控制系统信息安全 第 2 部分：验收规范

其中 GB/T 30976.1—2014 与 GB/T 30976.2—2014 是我国工控领域首次发布的正式标准，主要内容包括安全分级、安全管理基本要求、技术要求、安全检查测试方法等基本要求，适用于系统设计方、设备生产商、系统集成商、工程公司、用户、资产所有人以及评估认证机构等对工业控制系统的信息安全进行评估和验收时使用。

《集散控制系统(DCS)安全防护》规定了集散控制系统的安全防护区域的划分,并对每个区域的防护要点、防护设备以及防护技术提出了具体的要求。它适用于涉及集散控制系统安全防护的电力、石油、化工、水利、冶金、建材等各关键基础设施领域,指导企业用户提高在运行和新增集散控制系统的安全性,也可作为安全集散控制系统的生产和集成商的系统安全设计指导。

《集散控制系统(DCS)安全管理》规定了集散控制系统信息安全管理体系及其相关安全管理要素的具体要求,适用于工业企业在集散控制系统在实施、运行维护过程中的安全管理活动。

《集散控制系统(DCS)安全评估》定义了集散控制系统在运行和维护过程中对系统技术防护能力和安全管理有效性的评估过程和方法。

《集散控制系统(DCS)风险与脆弱性检测》定义了集散控制系统在运行和维护过程中潜在系统脆弱性和安全风险的检测内容和测试方法。

《可编程逻辑控制器(PLC)安全要求》适用于可编程逻辑控制器(PLC)系统的信息安全要求,包括 PLC 通过网络(以太网、总线等)直接或间接与外部通信的信息安全要求。

《工业通信网络　网络和系统安全　第 2-1 部分:建立工业自动化和控制系统信息安全程序》规定了如何在工业自动化和控制系统(IACS)中建立网络信息安全管理系统,并且提供了如何开发这些元素的指南。

9. 社会安全行业物联网应用标准工作组

社会安全行业物联网应用标准工作组是由公安部科技信息化局标准处牵头,于 2011 年 3 月成立的,其合作标准化技术委员会主要有公安部计算机与信息处理标准化技术委员会、全国安全防范报警系统标准化技术委员会、全国安全防范报警系统标准化技术委员会人体生物特征识别应用分技术委员会(SAC/TC100/SC2)、公安部特种警用装备标准化技术委员会和公安部社会公共安全应用基础标准化技术委员会。在公共安全行业标准中,一些与物联网相关的标准已颁布实施,如城市监控报警联网系统系列标准,已从技术、合格评定、管理 3 个方面制定了 14 项行业标准,在各地视频物联网系统中得到应用。

社会安全行业物联网应用标准工作组起草与物联网相关的安全标准如下:

(1)《公安物联网感知层信息安全技术导则》。

(2)《公安物联网工程建设导则》。

(3)《安全防范视频监控图像信息安全接入公安信息网测试规范》。

(4)《公安物联网示范工程软件平台与应用系统检测规范》。

(5)《公安物联网术语》。

10. 其他国内标准情况

物联网已经渗透到安防领域和智能卡、密码管理等领域,这些标准化组织的研究成果也可以用于保障物联网安全。其他领域与物联网安全相关的标准(包括计划制定的标准)如表 6-16 所示。

表 6-16　其他领域与物联网安全相关的标准

标 准 编 号	标 准 名 称
CJ/T 330—2010	电子标签通用技术要求
GM/T 0035.1—2014	射频识别系统密码应用技术要求　第 1 部分:密码安全保护框架及安全级别
GM/T 0035.2—2014	射频识别系统密码应用技术要求　第 2 部分:电子标签芯片密码应用技术要求
GM/T 0035.3—2014	射频识别系统密码应用技术要求　第 3 部分:读写器密码应用技术要求
GM/T 0035.4—2014	射频识别系统密码应用技术要求　第 4 部分:电子标签与读写器通信密码应用技术要求
GM/T 0035.5—2014	射频识别系统密码应用技术要求　第 5 部分:密钥管理技术要求
GM/T 0027—2014	智能密码钥匙技术规范
GM/T 0037—2014	证书认证系统检测规范
SB/T 10772—2012	信息技术　射频识别　支持安全协议的 800/900MHz 空中接口通信协议
GJB 7370—2011	军用射频识别标签和读写器安全测试与评估方法
GJB 7369—2011	军用射频识别系统安全通用要求
YDB 085.1—2012	近场通信安全技术要求　第 1 部分：NFCIP-1 安全服务和协议
YDB 085.2—2012	近场通信安全技术要求　第 2 部分：安全机制
计 划 编 号	计 划 名 称
20100384-T-469	信息安全技术　工控 SCADA 系统安全防护管理指南
20111595-T-469	信息安全技术　IC 卡通用安全检测标准
20111599-T-469	信息安全技术　RFID 密码技术规范
20111602-T-469	信息安全技术　第三代移动通信 TD-SCDMA 网络空中接口加密算法规
20111612-T-469	信息安全技术　射频识别系统密码应用技术要求 第 3 部分：电子标签芯片密码应用技术要求
20111628-T-469	信息安全技术　移动通信智能终端嵌入式系统安全技术要求
20111633-T-469	信息安全技术　智能卡系统安全技术要求
20120528-T-469	ICT 供应链安全风险管理指南(征求意见稿)
20130320-T-469	信息安全技术 IPSec VPN 安全接入技术要求与实施指南
20130321-T-469	信息安全技术　低速无线个域网空口安全测试规范
20130327-T-469	信息安全技术　具有中央处理器的集成电路(IC)卡芯片安全技术要求(评估保证级 4 增强级)
20130328-T-469	信息安全技术　轻量级鉴别与访问控制机制

计 划 编 号	计 划 名 称
20130336-T-469	信息安全技术　移动智能终端安全体系架构
20130337-T-469	信息安全技术　移动智能终端操作系统安全测试评价方法
20130338-T-469	信息安全技术　移动智能终端个人信息保护技术要求
20130339-T-469	信息安全技术　移动智能终端数据存储安全技术要求和测试评价方法
20130340-T-469	信息安全技术　移动智能终端应用软件安全技术要求和测试评价方法
20130346-T-469	信息安全技术　智能卡嵌入式软件安全技术要求(EAL4 增强级)
20141145-T-469	信息安全技术　物联网感知层接入通信网的安全要求

6.2　物联网安全检测标准与检测指标体系

从国内外的物联网安全标准化现状看,参与标准化的工作组众多,涉及行业也众多,这无疑增加了标准重复性的可能,急需对物联网安全标准进行体系化设计。同时,为了保障物联网一体化安全检测顺利开展,也急需对物联网安全检测指标体系进行总体设计。只有形成了物联网安全标准以及物联网安全检测指标体系,才能满足物联网综合、集成化测试需求。

物联网标准与检测指标将为物联网一体化检测的"四平台"提供支撑。物联网一体化安全检测标准体系框架包括产品检测、系统检测、风险评估和集成化安全管理检查 4 部分。物联网一体化安全检测指标体系分为产品指标和系统指标两部分,其为物联网各种类型的被测设备和系统提供相应的检测指标项目。物联网安全标准与检测指标统一由物联网安全检测标准与指标平台对外提供服务,通过开放合作、共同发展的理念,全面推动物联网安全检测发展,保障物联网安全。

标准和指标体系的丰富和发展将贯穿于物联网安全检测行业发展的全过程。物联网产业、安全检测和标准化与指标体系是一个相互促进发展的过程,三者之间的关系如图 6-5 所示。通过安全检测可以验证物联网产品的安全性,为大规模推广应用提供条件,物联网安全标准化的内容提供验证方法和手段,不断发现和解决新的安全问题,有助于完善物联网安全检测的标准与指标体系结构。

6.2.1　物联网一体化安全检测标准体系

物联网一体化安全检测标准体系的构建包括标准体系框架的构建和标准内容的丰富。物联网一体化安全检测标准体系框架反映物联网安全检测标准体系的总体组成类别和层次结构关系,是对物联网安全检测标准体系的概括。物联网一体化安全检测标准体系框架的形成为物联网安全检测标准的制定工作起指导作用。在构架的基础上完成标准内容的丰富和完善,为物联网的安全检测工作中对标准的采用提供重要的支持。

物联网一体化安全检测标准体系框架按照标准服务性质可分为物联网产品安全检测

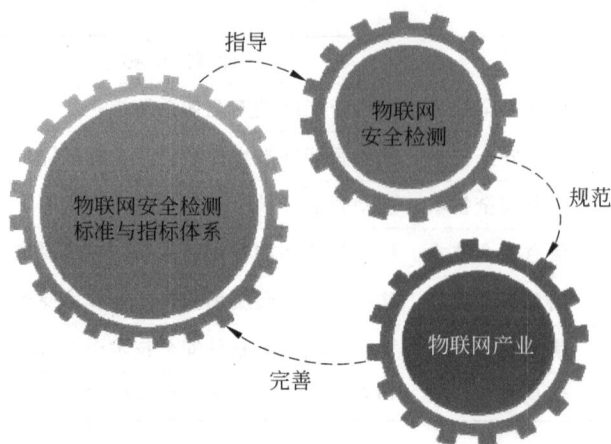

图 6-5　物联网产业、安全检测和标准与指标体系关系图

标准、物联网系统安全检测标准、物联网风险评估标准以及物联网集成化安全管理检查标准，如图 6-6 所示。

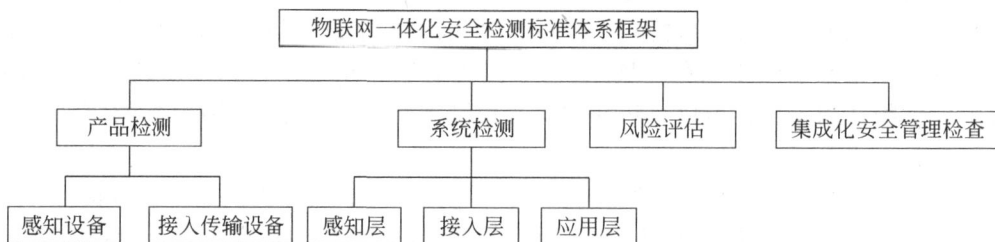

图 6-6　物联网一体化安全检测标准体系框架

1. 物联网产品安全检测标准

物联网产品安全检测标准主要包括物联网中各类感知设备安全标准与指标和接入传输设备安全标准。

物联网产品安全检测标准分为感知设备标准、接入传输设备标准。其中感知设备安全标准结构如图 6-7 所示，包括通用安全检测标准以及单向读取、双向读取、单向控制和双向控制 5 类。

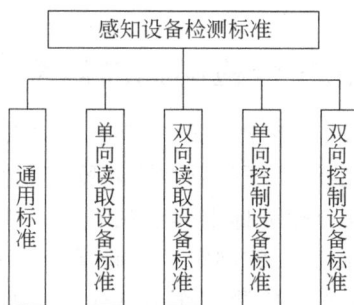

图 6-7　感知设备检测标准结构

（1）通用标准，主要是物联网感知设备基础性安全标准，具体为《公安物联网感知层通用安全技术要求》。

（2）单向读取类感知设备安全标准，具体包括：

① 识别类（二位条码、语音识别、生物特征识别、图像识别）安全标准。

② 传感器类（力、热、温度、光、磁、气体、湿度、生物等）的安全标准等相关标准。

（3）双向读取类感知设备安全标准，具体包括：

① RFID 类安全标准：

- ISO/IEC TR 24729-4 标签数据安全。
- ISO/IEC 29167 RFID 空中接口中文件管理和安全服务。
- 射频识别（RFID）系统通用安全技术要求。
- 射频识别系统密码应用技术要求第 1 部分：密码安全保护框架。
- 20110139-T-469 信息技术射频识别支持安全协议的 800/900MHz 空中接口协议。
- 20111612-T-469 信息安全技术射频识别系统密码应用技术要求第 3 部分：电子标签芯片密码应用技术要求。

② 无线智能移动终端类的安全标准等相关标准。

（4）单向控制类感知设备安全标准，具体包括用于工业过程自动化的网络终端检测相关标准。

（5）双向控制类感知设备安全标准，具体为智能传感器类安全标准。智能传感器一般装备有一个用于感知外界环境信息的敏感组件，一个用于处理采集到的敏感信息的计算模块和一个通信模块，这种传感器具有记忆、存储、判断、自诊、控制等人工智能，对于这类传感器应当有更高的安全要求。

物联网接入传输设备是指物联网接入传输层中的各类接入设备，主要包括可信安全网关、数据交换与隔离系统、防火墙、入侵检测系统等。物联网接入层从接入方式划分为无线移动安全接入方式、数字安全接入方式、视频安全接入方式、无线局域网接入以及采用 ZigBee、ANT、6LoWPAN、Enocean 等协议的感知设备的接入，如图 6-8 所示。由于每种接入方式对接入传输设备的要求不同，因此接入传输设备的检测标准应当考虑在各种接入方式中的通用性和特殊要求。

物联网接入传输设备的检测标准包括以下 4 类：

（1）网关的检测标准。

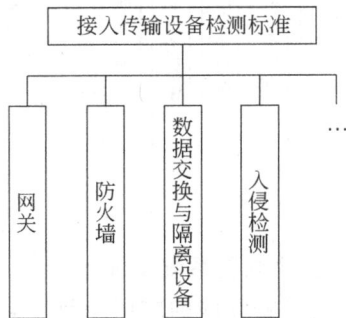

图 6-8　接入传输设备检测标准结构

在数字接入方式和视频接入方式中，由于感知设备大多运行的是 TCP/IP 协议，感知设备的计算和存储能力也基本不受限制，这两种接入方式对可信边界网关的要求是基本相同的。

而对于无线移动接入方式、ZigBee、ANT、6LoWPAN、Enocean 等协议的感知设备的接入，由于感知设备的运行协议不是传统互联网的 TCP/IP 协议，采用这些协议的很多感知设备的计算和存储能力都受限,因此可信网关有特殊的要求。网关应当支持这些协议与 TCP/IP 协议的转换,同时考虑到这些感知设备的特殊需求,网关应采用相应的措施保证传输信息的机密性、完整性和不可抵赖性。因此,对于这些接入方式的网关应采用不同的测评标准。

(2) 数据交换与隔离系统的检测标准。

在视频接入方式中,对视频数据有单向传输的要求,视频单向传输是指只能由内网内授权终端或主机,通过数据交换与隔离系统主动访问或主动获取视频专网资源,包括视频数据的显示、存储、回放及远程传输等。对视频等有单向传输要求的数据交换与隔离系统应采用包含这些特殊要求的检测标准。

- 防火墙的检测标准。
- 入侵检测系统的检测标准。

2. 物联网系统安全检测标准

物联网系统安全检测标准是物联网系统进行安全检测的依据。物联网系统安全检测包含物联网系统整体安全检测标准、物联网智能感知层、接入传输层和应用层这 3 个子系统的安全检测,如图 6-9 所示。

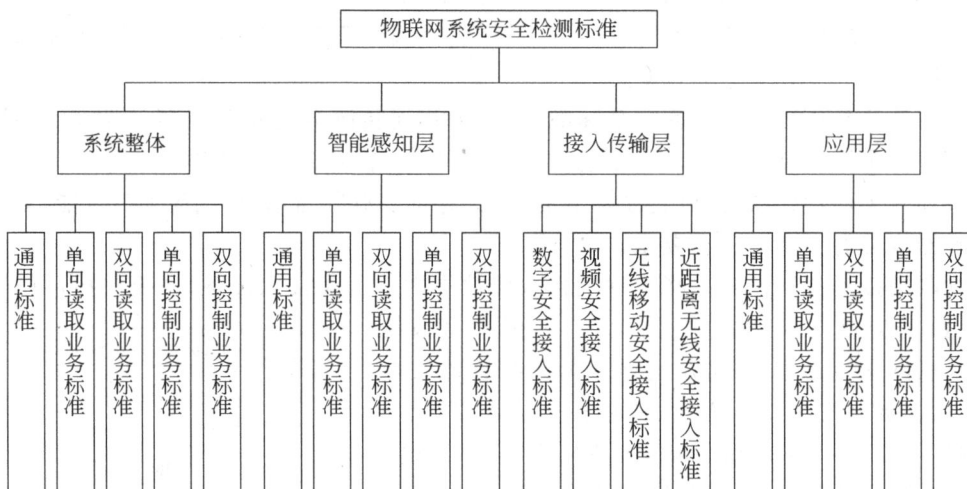

图 6-9　物联网系统安全检测标准

1) 物联网系统整体检测

由于物联网的应用涉及社会的各个行业和领域,各应用领域所感知的内容不同,安全的要求也不完全相同,因此,物联网整体系统安全检测既需要一个通用安全检测标准,又应从业务应用领域的角度制定对物联网整体系统安全检测标准。根据业务对感知层获取的数据的处理方式和安全要求的不同,业务应用分为单向读取类业务、双向读取类业务、单向控制类业务、双向控制类业务,相应的安全标准既可以从业务的 4 个大类角度制定,也可以针对每一大类业务中的具体某个业务制定安全标准。

(1) 通用标准,包括:

- 《信息系统安全工程管理要求》(GB/T 20282—2006)。

- X. unsec-1 泛在网安全需求和架构（Security Requirement and Framework of Ubiquitous Network）。
- X.1311 泛在传感器网络安全架构（Security Framework for Ubiquitous Sensor Network）。
- 物联网安全研究（计划编号 2010T25）。

（2）单向读取类业务检测标准，具体业务包括人员识别、智能物流环境监控、安防监控、危险物品监控和汽车牌照识别等。相关标准包括：

- X. rfidsec-1 网络 ID 业务的隐私保护框架（Privacy Protection Framework for Network ID Services）。
- X.1275 RFID 技术应用过程中对个人身份信息的保护指南（Guideline on Protection for Personally Identifiable Information in RFID Application）。
- X.1171 基于标签的应用中个人身份信息安全威胁和需求（Theats and Requirements for Protection of Personally Identifiable Information in Applications using Tag-based Identification）。
- 《城市社会公共安全物联网安全检测与评估规范》。
- 《城市监控报警联网系统》系列标准（GA/T 669—2008）。

（3）双向读取类业务检测标准，具体业务包括 GPS 定位感知、城市一卡通等。相关标准为《公安移动通信网警用自动级通信系统工程验收技术规范》（GA/T 266—2000）。

（4）单向控制类业务检测标准，具体业务包括智能电网、工业监控等。相关标准为 IEC/PAS 62601 用于工业过程自动化的无线网络（Wireless Network for Industrial Automation-Process Automation，WIA-PA）。

（5）双向控制类业务检测标准，具体业务包括智能门禁系统等。

实际的应用中经常包括两类以上业务，可分别采用各业务对应的检测标准。

2）物联网智能感知层安全检测标准

物联网智能感知层安全检测标准应该对部署在系统中的感知设备的物理安全、安全策略的配置情况、产品安全功能的实现、环境安全等方面做出要求。物联网智能感知层的安全标准包括感知层通用安全标准，以及涉及具体应用领域的感知层安全标准，这是因为感知设备的分类与业务应用领域的分类是一一对应的。因此，既可以从业务应用的 4 个分类来制定物联网的感知层标准，又可以针对某个具体业务来制定该业务下的感知层安全标准。

3）物联网接入传输层安全检测标准

物联网接入传输层安全检测标准对各种接入方式做出安全要求。

（1）数字安全接入方式检测标准，包括：

- 无线传感器网络与电信网络相结合的总体技术要求（计划编号 2007H55）。
- 《公安信息通信网边界接入平台安全规范（试行）》。

（2）视频安全接入方式检测标准，相关标准为《公安信息通信网边界接入平台安全规范（试行）——视频接入部分》。

（3）远距离无线接入——无线移动安全接入检测标准，相关标准为《基于终端安全评估的移动网络接入安全技术要求》(YD/T 2036—2009)。

（4）近距离无线接入检测标准，相关标准为无线局域网安全接入检测标准，具体包括：

- 6LoWPAN 协议接入安全检测标准。
- ZigBee 协议接入安全检测标。
- Bluetooth 协议接入安全检测标准。
- ANT 协议接入安全检测标准。
- Enocean 协议接入安全检测标准。

4）物联网应用层安全检测标准

物联网应用层安全检测标准对业务应用层的数据库安全、应用系统和网站安全、应用系统稳定性、业务连续性以及应用模拟等的符合性和有效性做出规定。应用层安全检测标准包括应用层通用安全标准以及各类具体应用的应用层安全标准。具体的分类标准与物联网系统整体安全标准的分类相同。

3. 物联网风险评估标准

物联网风险评估标准是对物联网进行系统风险评估的依据，分别对物联网感知层、接入层和应用层 3 个层次的风险评估方法与系统综合评估方法进行规定。要对物联网系统进行风险评估，需要考虑一些新的安全问题，例如，物联网的海量感知数据比传统网络大得多，针对这些海量数据进行融合处理的时候，是否会由于数据融合而引发信息泄露；海量数据进行云计算和云存储是否会引发云计算技术的安全问题等。目前国内外还没有一个典型意义上的、系统、完整的物联网风险评估指南与规范，应当加快这方面标准的建设工作。目前具有参考价值的相关标准有《信息技术安全技术信息技术安全性评估准则》(GB/T 18336—2008)、《信息安全风险评估规范》(GB/T 20984—2007)等。

4. 物联网集成化安全管理检查标准

物联网集成化安全管理检查标准是对物联网进行集成化安全管理的依据。集成化安全管理标准主要对防范阻止、检测发现、应急处置、审计追查和集中管控 5 个安全管理部分进行规定。目前国内外还没有一个典型意义上的、系统、完整的物联网的集成化安全管理标准，应当加快这方面标准的建设工作。目前具有参考价值的标准是 ISO/IEC 27002《信息技术 安全技术 信息安全管理实施规程》(*Information technology—Security techniques—Code of practice for information security management*)，该标准提供了有关信息安全管理的通用指南。

6.2.2 物联网一体化安全检测指标体系

物联网一体化安全检测指标体系的构建包括指标体系框架的构建和指标内容的丰富。物联网一体化安全检测指标体系框架反映物联网安全检测指标体系的总体组成类别和层次结构关系，是对物联网安全检测指标体系的概括。在构架的基础上完成指标内容的丰富和完善，为物联网一体化安全检测中"四平台"提供对应的检测指标。

物联网一体化安全检测指标包括产品类安全检测指标和系统类安全检测指标，如图 6-10 所示。

物联网一体化安全检测指标体系
├─ 产品
│   ├─ 智能感知类产品
│   │   ├─ 产品功能指标
│   │   ├─ 产品性能指标
│   │   ├─ 安全性指标
│   │   └─ 安全保证指标
│   ├─ 接入传输类产品
│   │   ├─ 产品功能指标
│   │   ├─ 产品性能指标
│   │   ├─ 安全性指标
│   │   └─ 安全保证指标
│   └─ 业务应用类产品
│   ├─ 产品功能指标
│   ├─ 产品性能指标
│   ├─ 安全性指标
│   └─ 安全保证指标
└─ 系统
    ├─ 系统安全检测
    │   ├─ 智能感知子系统
    │   │   ├─ 功能指标
    │   │   ├─ 性能指标
    │   │   └─ 安全性指标
    │   ├─ 接入传输子系统
    │   │   ├─ 功能指标
    │   │   ├─ 性能指标
    │   │   └─ 安全性指标
    │   └─ 业务应用子系统
    │   ├─ 功能指标
    │   ├─ 性能指标
    │   └─ 安全性指标
    ├─ 风险评估
    │   ├─ 资产识别、赋值
    │   ├─ 威胁识别
    │   └─ 脆弱性检测
    │   ├─ 可靠性指标
    │   ├─ 漏洞指标
    │   ├─ 网络脆弱性指标
    │   ├─ 数据库脆弱性指标
    │   └─ 操作系统脆弱性指标
    └─ 集成化安全管理
        ├─ 防范阻止指标
        ├─ 检查发现指标
        ├─ 应急处置指标
        ├─ 审计追查指标
        └─ 集中管控指标

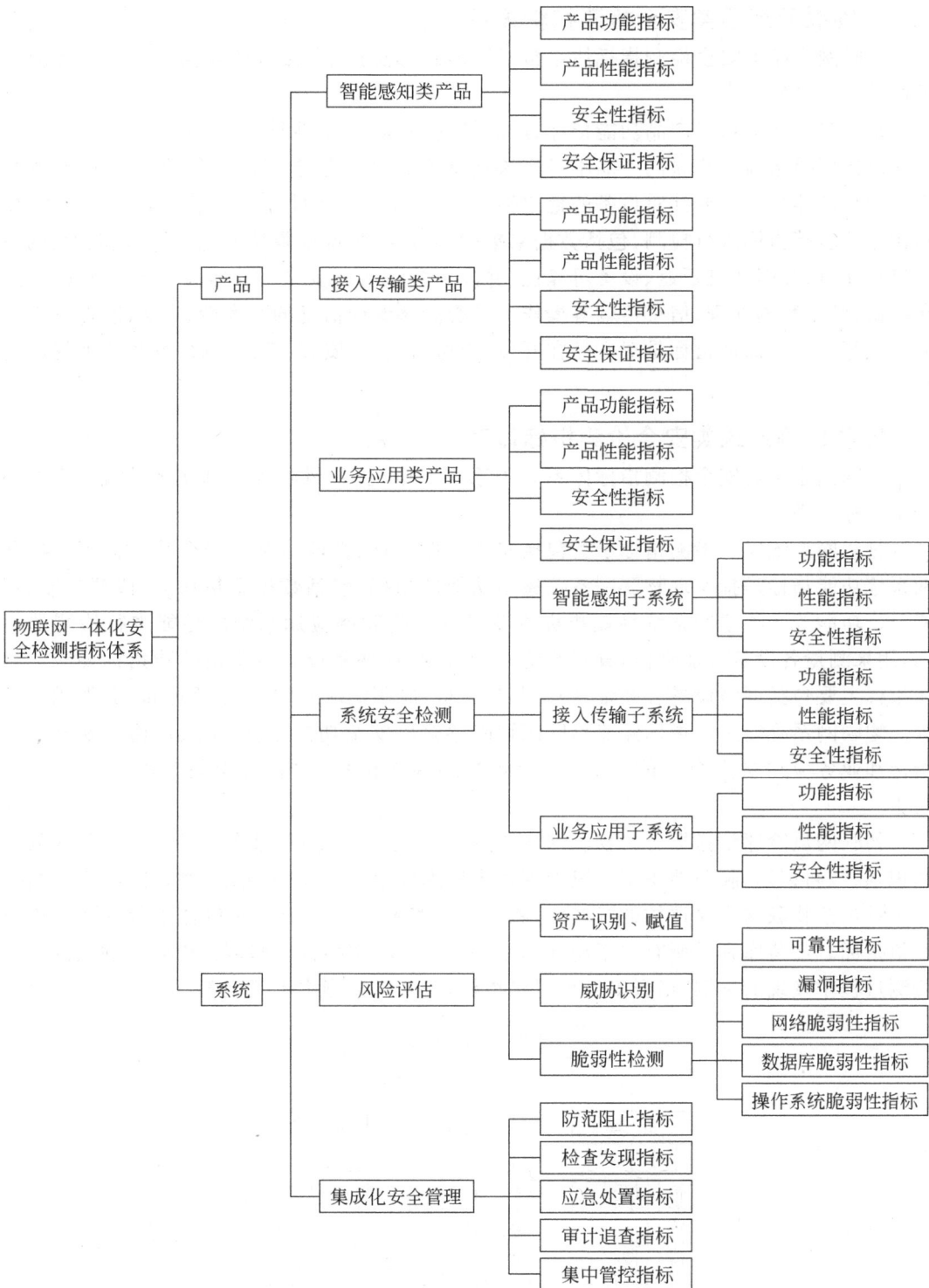

图 6-10　物联网一体化安全检测指标体系

1. 物联网产品类安全检测指标体系

物联网产品类安全检测指标体系包括智能感知类产品、接入传输类产品和业务应用类产品3个指标子类。

每类产品指标包括产品功能指标、产品性能指标、安全性指标、安全保证指标等。产品功能指标是指检测物联网产品本身应该具有的基本功能,包括对产品的控制、读写等操作。产品性能指标主要针对设备的稳定性、CPU与内存资源性能、数据采集性能、网络数据传输性能等指标进行检测,包括数据采集响应时间、数据采集精度、数据处理能力、网络接口吞吐量、数据转发延迟、设备可靠性、并发用户数等。安全性指标是针对物联网产品在数据获取、数据处理、信息传输等操作上是否能够保证信息的可靠性、真实性、保密性和完整性等。安全保证指标是对产品在开发、交付与运行、安装、管理、脆弱性等方面提出的要求。

2. 物联网系统类安全检测指标体系

物联网系统类安全检测指标体系分为系统安全检测、风险评估和集成化安全管理3个子指标子类。

物联网系统安全检测指标子类包括安全功能指标、性能指标和安全性指标等。物联网系统功能指标是指实现物联网系统通用功能的指标,包括数据采集功能、传输功能、智能分析功能等。物联网系统性能指标主要是针对物联网应用系统的性能进行检测的指标,用来测量各设备性能极值,查找系统性能瓶颈,评估系统是否满足性能指标要求。具体指标主要包括网络设备吞吐量、网络服务质量、应用响应时间、存储吞吐量、并发用户数等。物联网系统安全性指标涵盖物联网智能感知层安全功能指标、接入传输层安全功能指标和业务应用层安全功能指标,以检测各层网络拓扑结构、安全策略配置有效性等为主。

物联网风险评估指标分为物联网智能感知层、接入传输层、业务应用层3个层次的资产识别、威胁识别、脆弱性识别。风险评估指标库框架如图6-11所示,物联网风险评估指标体系包括物联网风险评估的资产库、威胁库和脆弱性库。资产库包含了所有资产价值赋值指标。威胁库则是所有关于物联网威胁的发生频率指标。脆弱性库则是物联网系统检测过程中发现的漏洞、错误安全配置等指标,需要在检测中不断完善。

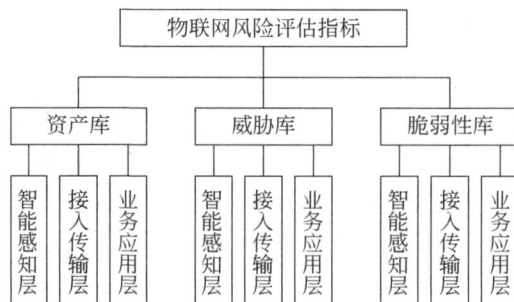

图 6-11　物联网风险评估指标结构

物联网集成化安全管理检查指标结构如图 6-12 所示，指标涵盖物联网智能感知层、接入传输层和业务应用层，主要由防范阻止检查指标、检测发现检查指标、应急处置检查指标、审计追查检查指标和集中管控检查指标 5 部分组成。

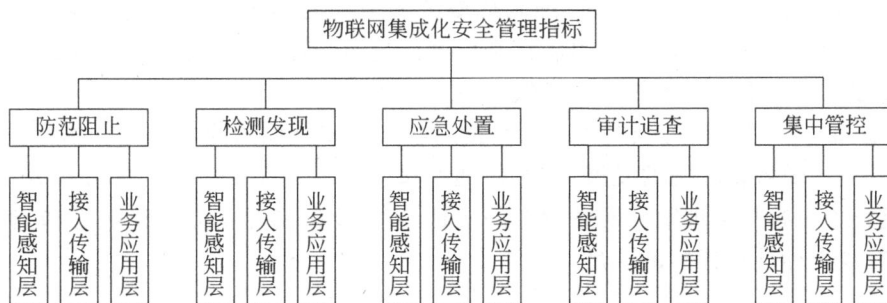

图 6-12　物联网集成化安全管理指标结构

防范阻止检查指标以检查智能感知层、接入传输层和业务应用层安全措施的实施有效性为主。

检测发现检查指标主要包括智能感知层检测发现检查指标、业务应用层的安全隐患检查指标、接入传输层安全管理检查指标、威胁分析和报表检查指标。智能感知层检测发现主要检查物联网系统是否具有检测发现感知设备假冒攻击的措施。业务应用层的安全隐患检查主要检查物联网系统是否具有检测发现业务应用层的安全隐患的措施。接入传输层安全管理检查主要检查物联网系统是否具有各类接入传输系统的安全管理要求。威胁分析和报表检查主要检查物联网系统是否具有针对物联网智能感知、接入传输层、业务应用层 3 个层次进行风险评估的手段和反映物联网系统安全态势的视图。

应急处置检查指标以检查智能感知层、接入传输层和业务应用层应急预案制定和执行情况为主。

审计追查检查指标主要检查智能感知层、接入传输层和业务应用层物联网信息系统审计措施。

集中管控检查指标以检查智能感知层、接入传输层和业务应用层集中管理监控措施的实施情况为主。

6.3　物联网安全检测标准与指标平台

标准与指标子库查询服务平台为检测员提供标准与指标的查询服务。标准与指标子库查询服务平台是一个基于 Web 的信息服务平台。平台的标准库的来源是目前出台的物联网安全方面的标准和现有的可供物联网参考的互联网安全标准。随着物联网的发展，新制定的安全测评标准也将不断扩充到标准库中。指标库的来源是根据检测标准制定的检测指标，随着物联网的发展，指标库的内容也将不断丰富。平台的设计基于以下原则：

（1）标准来源的权威性。标准应来源于国家标准化管理委员会授权的出版商以及各大标准委员会的官方网站。本项目的标准有以下两个主要来源：①中国标准在线服务网。该网是北京标科网络技术有限公司经中国质检出版社授权，负责该社出版物的数字出版和网络发行工作，通过"国家标准网络发行服务系统-中国标准在线服务网"（www.gb168.cn）向国内外用户提供及时、准确权威的各类标准信息查询和购买服务。②中国质检出版社。其前身为中国标准出版社和中国计量出版社，是国家新闻出版总署批准的，经国家标准化管理委员会授权的中央级专业出版社。

（2）标准库和指标库的及时更新。目前对物联网安全检测的标准化和指标的确立还处于起步阶段，随着物联网的发展，需对标准库和指标库进行及时的补充和丰富。特别是在检测过程中更容易发现物联网中存在的问题，应当积极制定新标准和规范，更新检测指标，以弥补现有标准和指标的不足。

1. 平台总体规划

物联网安全检测标准与指标平台结构如图 6-13 所示，标准与指标查询服务平台、本地文件服务系统都部署在一台服务器上，进行逻辑区分。标准全文服务提供商通过互联网对标准子库中的标准进行补充和更新。用户通过标准与指标查询服务平台查询检测标准和指标。标准库与指标库作为"四平台"的检测规则依据，需要实现与"四平台"的互联互通，为"四平台"提供接口，方便检测业务的展开。

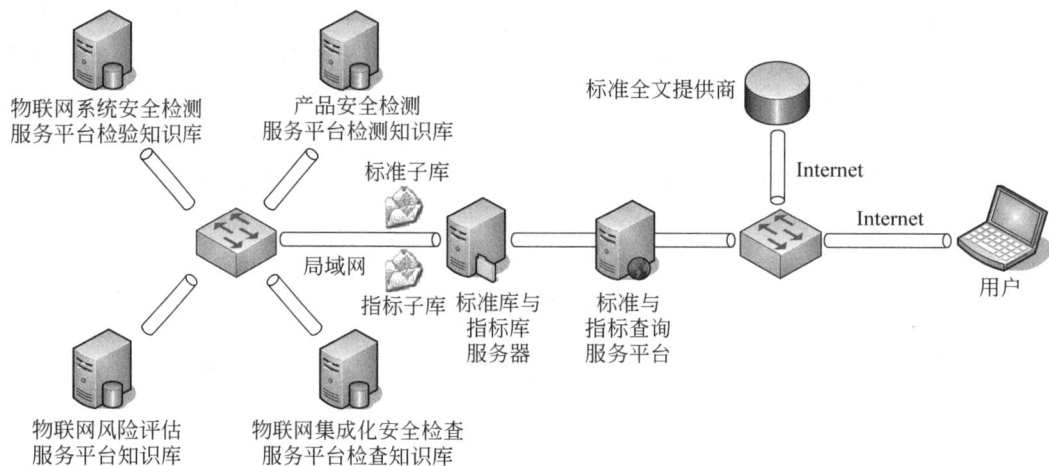

图 6-13　物联网安全检测标准与指标平台部署

物联网安全检测标准与指标平台包括软件系统、数据库和文件资源 3 个组成部分。软件系统包括门户网站和后台管理应用系统。文件资源包括本地文件服务系统和标准检索服务提供商接口。

用户可以通过网站访问系统，检索和查阅标准以及指标。管理人员可通过后台维护系统对网站信息、标准与指标信息和数据进行维护；核心逻辑处理模块则按业务访问本地文本资源，为网站和后台维护系统提供数据及业务功能服务。数据库存放本地文件服务系统中文件的路径，具体的逻辑结构如图 6-14 所示。

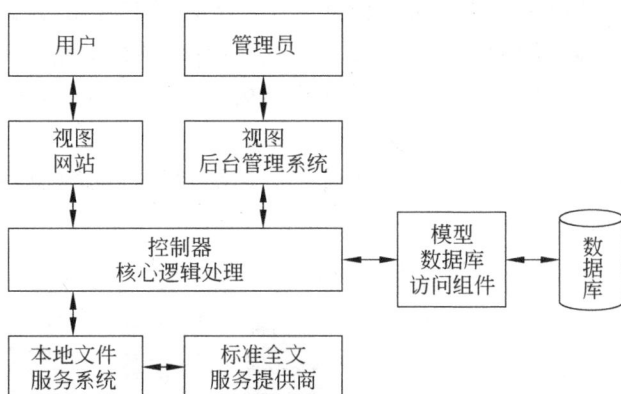

图 6-14　物联网安全检测标准与指标平台逻辑结构

2. 功能模块

前台网站系统是为检测员提供支撑服务的平台,网站功能包括标准查询子服务平台与指标查询子服务平台两大部分。

标准查询子服务平台的功能包括标准体系的查看、标准的检索与在线浏览(直接搜索或按照所属类别查找)、标准的修改件查询、标准动态(新发布的标准、标准的替代、过期等)的通告等。

标准的搜索分为普通搜索和智能搜索,其中智能搜索可根据标准名称的关键字、标准序号、年代号、标准组织、组织类别、ICS 分类码、国家标准分类码、标准状态、标准性质、含/不含作废等进行搜索,页面设计可参考图 6-15。

图 6-15　标准智能搜索页面设计示意图

标准的分类查找功能页面设计可参考图 6-16 所示的“分类检索”部分。

指标查询子服务平台包括指标的检索(直接搜索或按照所属类别检索等)、下载或打印、指标的修改查询、指标动态(新增加的指标、指标的更改、作废)的通告等。

需要说明的是,前台用户只能够检索存储在本地文件服务系统上的标准和指标。检测员可以通过这两个子服务平台为物联网的产品和系统检测、风险评估与集成化安全管理查找相应的测评依据和检测指标项目。

后台维护系统主要是由管理员对服务平台进行维护和管理的平台。系统功能如下:

(1)标准与指标的管理。标准管理包括管理员标准购买、标准的替换和删除等维护工作。后台管理员不仅可以访问本地文件服务系统,还可以访问标准全文服务提供商提供的远程资源。后台管理员应负责关注标准全文服务提供商网站，跟踪标准的动态，购买新发布的相关标准，下载到本地保存在本地文件服务系统的合适路径下，并将相应链接添加到前台网站中。指标管理是指管理员添加新指标以使前台用户能够访问新指标，对指标进行更新和删除等。

（2）发布标准与指标动态公告。管理员应对标准和指标的增加、替换和删除发布公告，方便前台用户的使用。

图 6-16　标准分类查找与新标准通告页面设计示意图

3. 服务流程

用户访问标准查询服务平台的流程如图 6-17 所示。用户利用用户名、密码登录系统后，可以直接搜索需要查找的标准，系统将在本地标准题录数据库中查找相关标准。如果检索到相关标准，将提供在线阅读或打印标准的服务。如果没有检索到用户需要的标准，用户可联系管理员向标准全文服务提供商购买相关标准。

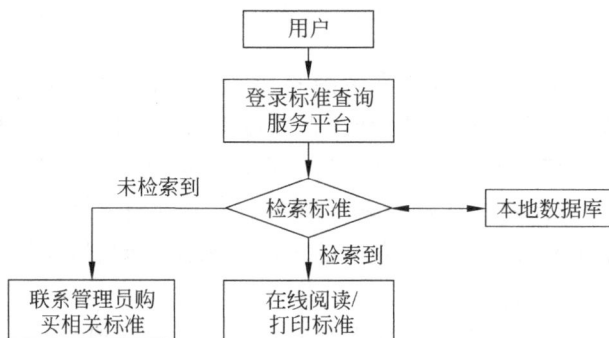

图 6-17　用户访问标准查询服务平台的流程

　　"十二五"期间,我国在物联网关键标准研究与制定方面取得显著成效,标准制定和修订数量逐步增长,初步形成创新驱动、应用牵引、协同发展、安全可控的物联网发展格局。在国际标准化工作中的影响力和竞争力不断上升。特别是在 oneM2M、3GPP、ITU、IEEE 等主要标准化组织的物联网相关领域获得 30 多项物联网相关标准组织领导席位,主持相关领域标准化工作。但是,我国现有物联网标准还比较零散,存在缺失或不统一问题。统一物联网安全标准,不仅有利于不同网络系统共享解决方案,提升整体物联网安全水平,降低安全防护成本,而且也可促进物联网安全检测行业协同发展,形成整体安全评价准则,助推物联网安全保障顺利发展。

　　本章从物联网安全检测的角度探讨了物联网安全标准体系、指标体系以及标准与指标的服务模式,作为一种视角,希望对读者有参考价值。

第 7 章

物联网产品检测

产品认证制度是各国政府用于产品安全、质量、环保等特性评价、监督和管理的有效手段。世界大多数国家和地区设立了自己的产品认证机构,使用不同的认证标志来标明认证产品对相关标准的符合程度,如 UL——美国保险商实验室安全试验和鉴定认证,CE——欧盟安全认证,VDE——德国电气工程师协会认证,中国 CCC 强制性产品认证和 CCTP(简称萌芽)标志等。

我国产品认证最高行政机关是中华人民共和国国家质量监督检验检疫总局,它是中华人民共和国国务院主管全国质量、计量、出入境商品检验、出入境卫生检疫、出入境动植物检疫、进出口食品安全和认证认可、标准化等工作,并行使行政执法职能的正部级国务院直属机构。按照国务院授权,将认证认可和标准化行政管理职能分别交给国家质检总局管理的中国国家认证认可监督管理委员会(中华人民共和国国家认证认可监督管理局)和中国国家标准化管理委员会(中华人民共和国国家标准化管理局)承担。

与物联网产品检测相关的认证方式主要有强制性产品认证和自愿性产品认证两种方式。强制性产品认证制度是我国按照世贸组织有关协议和国际通行规则,为保护广大消费者人身和动植物生命安全,保护环境,保护国家安全,依照法律法规实施的一种产品合格评定制度,我国于 2001 年对外发布了强制性产品认证制度。自愿性产品认证由国家认证认可行业管理部门制定相应的认证制度,由经批准并具有资质的认证机构按照统一的认证标准、实施规则和认证程序开展实施的认证项目,它是对强制性产品认证制度有益的补充。

承担强制性产品认证工作的认证机构有 25 家,其中涉及物联网产品认证的有中国安全技术防范认证中心、公安部消防产品合格评定中心、中国信息安全认证中心。截至 2017 年 2 月,强制性产品认证指定实验室共计 195 家。自愿性产品认证分为节能产品、节水产品、环保产品,低碳产品、铁路产品、信息安全产品、污染控制产品、可再生能源/新能源产品、食品农产品、一般工业产品 10 大类,共计 171 家机构。

由于物联网广泛应用于各行业,其产品形态丰富多样,因此,不能简单地将物联网安全产品检测划分为自愿性产品认证和强制性产品认证。例如,物联网智能终端既属于便携计算机范围而必须进行强制性产品认证,也可作为安全智能终端进行自愿性产品认证。本章仅从信息安全的角度来说明物联网产品检测,侧重点在于信息安全,当然物联网产品安全检测也包括基本功能测试。

为了便于统一描述物联网产品,可依据物联网 3 层体系架构将其分为三大类,即智能感知产品、接入传输产品和业务应用产品,每大类又可以分为 4 个子类,如图 7-1 所示。

智能感知产品根据数据操作方式的不同分为单向读取、双向读取、单向控制和双向控制 4 个子类；接入传输产品根据业务模式进行区分，包括传统的数据接入，视频图像大数据的接入，通过无线、WiFi 以及移动通信网的接入以及数据单向流动的接入 4 个子类；业务应用产品则参考信息系统等级保护的划分，将业务应用层划分为计算环境、通信网络、区域边界和安全管理 4 个子类。

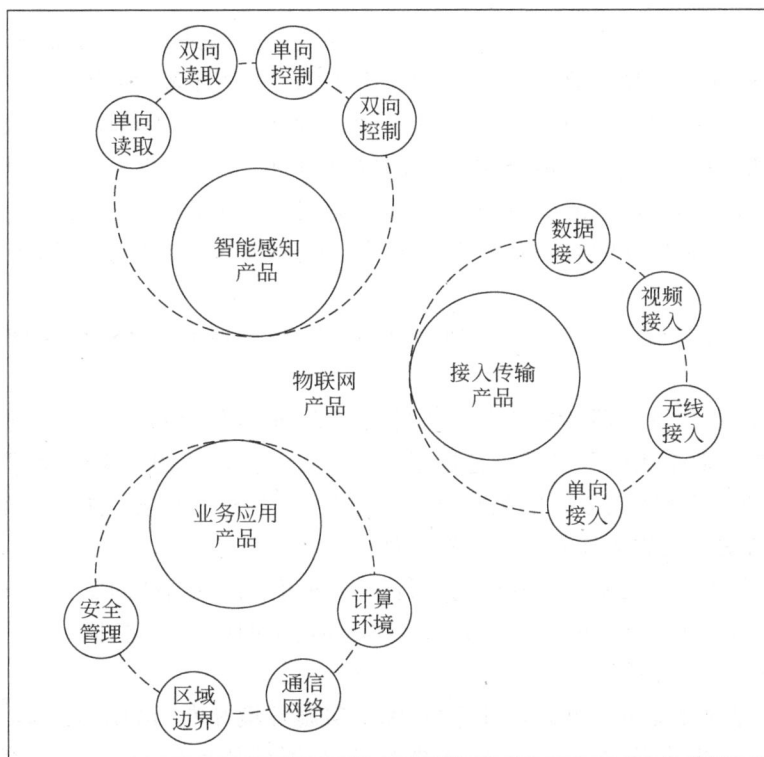

图 7-1　物联网产品分类图

物联网产品安全检测可以支撑物联网信息安全产品自愿性认证、销售许可检测以及系统或工程的产品入围等检测业务。物联网产品安全检测包含物联网产品的功能、性能、安全、安全保证等内容，根据检测需求和标准的不同，可进行取舍。

为了开展表 5-1 中所列物联网产品功能、性能、安全和安全保证等检测工作，需要一套完整的物联网产品安全检测体系，该体系既包括物联网产品安全检测所需的场景，也包括支撑检测的知识库和检测工具等内容。在某些情况下，针对特定的检测指标，并不能依靠单一的工具来完成检测，而需要搭建复杂的检测环境，且这种检测环境具有一定复用性。物联网产品安全检测体系还应包括针对专项检测指标而搭建的专项安全检测服务平台，如针对电磁干扰测试和电磁耐受性测试指标的电磁兼容试验平台。

综上所述，物联网产品安全检测能力需要构建开放式场景检测支撑平台、物联网产品检测服务平台以及专项安全检测服务平台。

本章首先描述开放式场景检测支撑平台建设目标、建设内容、配套工程设计、人员配置计划以及部署规划等；然后重点描述物联网产品检测服务平台的技术路线以及配套工程设计、人员配置计划等内容；最后根据物联网安全检测需求，重点描述 RFID 非侵入式安全性检测专项平台和感知网络安全检测专项平台。

7.1 开放式场景检测支撑平台

产品测试环境是产品检测的基础，它是为了完成产品测试工作所必需的计算机硬件、软件、网络设备、测试工具和数据的总称。使用错误的测试环境，得出的结果与实际使用中的结果必将存在很大误差，甚至会得出完全错误的结果，严重影响产品的使用。在某些情况下，环境如果被黑客利用，将导致重大的安全事件，危机企事业单位、社会和国家安全。越是接近真实运行环境的、稳定和可控的测试环境，越能准确反映测试结果，并且也可以使测试人员花费较少的时间就完成测试用例的执行，也无须为测试用例、测试过程的维护花费额外的时间。

物联网产品安全检测与一般测试的环境一致，也包括设计环境、实施环境和管理环境。

物联网产品测试设计环境是指在产品测试前期，根据标准或规范要求进行测试环境规划和设计，当然期望测试环境无限接近于客户所需软件运行的真实环境，但实际上由于各种资源的限制，只能在近似的模拟环境中进行测试，其核心内容包括编制测试计划/说明/报告及与测试有关的文件所基于的软硬件设备和支持。

产品测试实施环境是指被测软件的运行平台和用于各级测试的工具。实施环境必须尽可能地模拟真实环境，以期望能够测试出真实环境中的所有问题，同时也需要理想环境以便找出问题的真正原因。

产品测试管理环境包含测试设计环境、测试实施环境和专门的测试管理工具。例如，对 bug 的跟踪、分析管理，对 CASE 的分类管理，对测试任务的分派、资源管理等。本章所讨论的测试环境是通常意义上的测试实施环境。

产品测试目的不同，测试环境也不同，通常情况下，产品测试环境贯穿了测试的各个阶段，每个测试阶段中测试环境对测试影响是不一样的。根据产品的生命周期，将产品检测分为产品定型、产品入市、产品使用 3 个阶段，如图 7-2 所示。更准确的说法是将其划分为 4 个阶段，即增加产品废弃阶段，对一般产品来说，这个阶段的检测往往可以忽略，其主要是在涉密场景下对产品进行检测，如产品的数据是否安全擦除，是否可恢复等，本章对这个阶段的检测暂不考虑。

产品定型阶段的测试包括单元测试、集成测试、系统测试和验收测试。在单元测试和集成测试阶段，有部分测试工作是由开发人员完成的。开发人员的测试环境通常为开发环境，近似于理想环境。理想环境有利于代码的调试和分析，但测试结果不能视为真实结果。有这样一个例子，测试人员报告的 bug 在开发环境中无法重现，开发人员就在测试人员的测试环境中研究，原来是环境系统的设置不同造成的。此时测试人员就应该分析系统设置是否合理。如果合理，这就是一个很棒的解决方案，但要求用户手工修改系统设置，或不能识别用户的系统设置通常都是不合理的，应该是一个严重的 bug。这种测试一

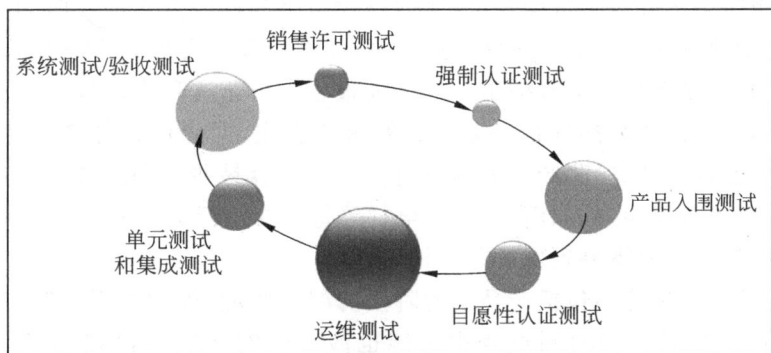

图 7-2 物联网产品测试

般由公司内部人员或者第三方测试公司来完成,其目的旨在完善产品的质量,不属于认证制度体系下的产品检测。

在系统测试和验收测试阶段,测试环境必须模拟并最大限度地接近实际环境。测试人员在设计测试案例时就应写明测试环境,因为在不同的环境中预期的结果是不同的。测试中运行测试案例,报告 bug 时有一项基本的要求,就是写明测试环境,以便开发人员再现 bug,减少不必要的交流和讨论。系统测试和验收测试既可由公司内部人员完成,也可以委托第三方检测机构。

产品入市检测主要是第三方检测机构在国家主管部门的监督下开展工作。在产品上市之前,对不涉及人身安全的产品,有些产品可能跳过这个阶段,但随着电子信息化程度提高,人民群众对安全的要求越来越高,未来可能所有上市的产品都需要进行检测。产品入市的检测主要包括销售许可检测和强制认证检测,根据国家认证认可监督管理委员会公布的数据,我国现阶段需要进行强制认证的产品达 700 多种,涉及产品类别 149 项,其中第一批信息安全产品强制性认证目录包括 8 类 13 种产品。根据公安部 1997 年发布的《计算机信息系统安全专用产品检测和销售许可证管理办法》(公安部令第 32 号)文件,我国对计算机信息系统安全专用产品实行销售许可证制度,安全专用产品的生产者在其产品进入市场销售之前,必须申领计算机信息系统安全专用产品销售许可证,为此必须对其产品进行安全功能检测和认定。产品入市检测环境比较完善,也比较固定,整个检测流程、检测环境、检测方法都严格按照规章来执行,不允许个性化定制检测需求。

产品在使用过程中会面临各类问题,需要通过检测手段来发现问题,避免事故的发生。这个阶段的检测类型包括产品入围检测、自愿性认证/检测和运维检测等。有些产品的使用不是独立的,需要与其他产品共同作用才能发挥作用。例如,构建一套内外网边界安全接入平台,需要防火墙来控制外网接入的 IP 或服务,需要可信认证网关来对访问的人、设备进行身份认证,需要隔离网闸来控制内网资源交互,需要 IDS 或 IPS 来防护网络,更需要一个管理系统来管理平台内设备。这些设备集成为一套系统,需要对产品的功能、性能和安全性有一个基线要求,通过检测来验证是否满足基线要求,称这类测试为产品入围检测。在进行产品入围检测时,由于每个集成系统的要求不尽相同,所以测试环境丰富多变,需要提前根据相关的规范和标准定制化地组建测试环境。有些单位在采购产品时,并不想组织第三方检测机构对产品进行检测,因为这种方式需要时间和人员,他们希望用一种更加简单的方式来完成这个过程,比如直接采信具有 CNAS 机构资质的第三方机构出具的报告或者是认证机构出具的认证报告。由于这种自愿性认证/检测在严格的质量体系下,其测试环境都具有一定成熟度,相对稳定,即使有变化,对于第三方检测机构来说,组建自愿性认证/检测产品检测环境也是相对容易些。在系统使用过程中,有些产品需要按年度进行检测,例如消防产品、电梯等每年要例行检测。这种情况下的测试环境具有移动的特征,一般需要到现场布置检测环境。

本章讨论的测试环境不包括产品定型阶段的测试环境,仅讨论需要第三方检测机构参与的产品检测,在第三方检测过程中可能也涉及开发环境的再现,但这种情况相对少见。

综上所述,我们提出构建开放式场景检测支撑平台来满足上述检测环境多变、移动的需求。该平台实现物联网智能感知设备、接入传输系统、业务应用 3 层检测场景,通过多部件的灵活组建,形成开放式、多类型的场景,以支撑产品和系统安全检测,并为物联网系统风险评估和集成化安全管理检查等服务提供示范环境。开放式场景检测支撑平台建设内容包括智能感知检测环境、接入传输检测环境、业务应用检测环境。

7.1.1　智能感知检测环境

智能感知检测环境的构建离不开智能感知设备具体的应用场景,根据当前典型的应用场景,分析其智能感知产品的应用特点,总结其检测环境需求。这里简单介绍人员定位、智能家居、智能工厂以及智能交通 4 个典型场景。

场景一:人员定位

RFID 技术作为物联网的关键技术之一,应用越来越丰富,该技术最早源于英国,到 20 世纪 60 年代开始商用,广泛应用于身份证件和门禁控制、供应链和库存跟踪、汽车收费、防盗、生产控制、资产管理、人员定位等领域。

下面简单介绍 RFID 技术在人员定位场景中的应用,通过 RFID 技术来定位监狱狱警及犯罪人员的活动情况,及时发现险情并紧急报警。该方案摘自深圳纽贝尔电子有限公司的技术方案,其系统架构如图 7-3 所示,在整个控制范围内部署长距离的读卡器,并为每个人配发 RFID 卡(RFID 卡的摘取需要一定的安全控制,否则报警),该 RFID 卡是工作频率为 2.45GHz 的有源长距离卡。当持卡人进入读写区域时,RFID 定时自动向最近的读卡器传送数据,每个读卡器均通过有线网络与管理中心联通,并通过管理中心的监视器显示整个区域的人员位置状态、运动轨迹等。当遇到紧急报警情况时,电子地图在对应的位置进行醒目的提示,并通过语音或声光报警器等进行报警提示,值班干警可根据屏幕提示即时定位发生异常事件的地理位置,及时做出反应。

这种应用场景下对 RFID 产品的需求如下:

(1)远距离传输。

(2)不可随意摘取、破坏,即物理安全,确保 RFID 与人不可分离。

(3)标签的数据不可恶意篡改,保证信息安全。

(4)采用全球唯一的识别号码,可靠,安全,无重号。

（5）支持高速度移动读取，标识卡的移动时速可达 200km/h 以上。

（6）高可靠性，工作温度为 -40℃ ~ 85℃，防水，防冲击，适合在户外恶劣环境下运行。

（7）高抗干扰性。

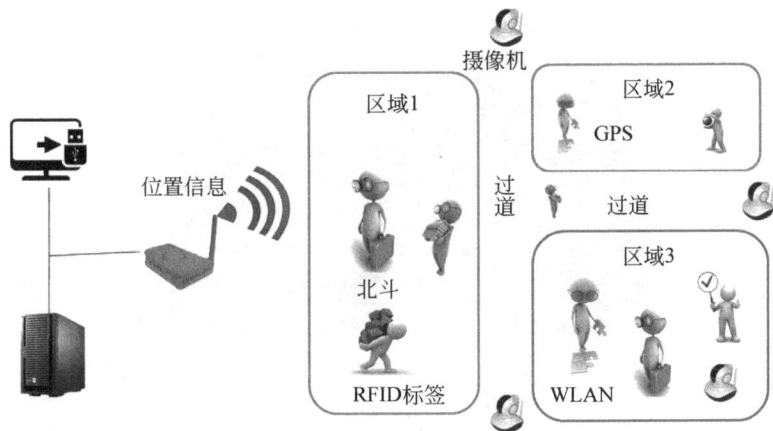

图 7-3　RFID 技术应用于人员定位

场景二：智能家居

近年来，智能家居的社会关注度不断飙升，据预测，2018 年我国智能家居市场规模将达到 1800 亿元人民币。智能家居利用综合布线技术、网络通信技术、安全防范技术、自动控制技术等将家居生活有关的基础设施集成，以智能化的管理方式提升家居的便利性、安全性、舒适性、艺术性。与传统家居相比，智能家居不仅提供舒适宜人且高品质的家庭生活空间，提升家庭安全水平，还将家庭空间变为智能工具，以信息交互的方式不断适应家庭成员的生活需求。

一个典型的智能家居场景包括但不仅限于家居智能安防系统、智能灯光控制系统、智能环境控制系统、智能视音频系统，如图 7-4 所示。

智能安防系统将集成以下功能：

（1）出入口控制。通过门禁系统控制家庭入口，内部通过指纹锁来划分私人空间。

（2）防盗报警。在房屋窗、门等出入口部署门磁、红外、微波等探测器，当有人进入探测区域或门窗被非法开启时，系统立即启动事先设定的现场阻吓功能，并将相关信息发送至家庭成员进行报警。

（3）求助报警。当发生入室抢劫等紧急险情时，触发无线求助按钮，启动现场阻吓功能，并通过主机自动拨出求助电话报警。

（4）在家居公共区域或门窗等出入口部署监控探头，实时了解家庭现场环境，为应对各种突发状况提供辅助手段。

现代家庭对灯光的要求已经不仅仅是照明这么简单，灯光能营造浪漫、炫丽、舒适、和谐、温馨、庄重等效果，是装饰设计师或者家居主人需要考虑的。即使同一个区域，可能也需要不同的灯光效果。例如，客厅在接待客人时炫丽庄重，在家庭聚会时浪漫温馨，在观

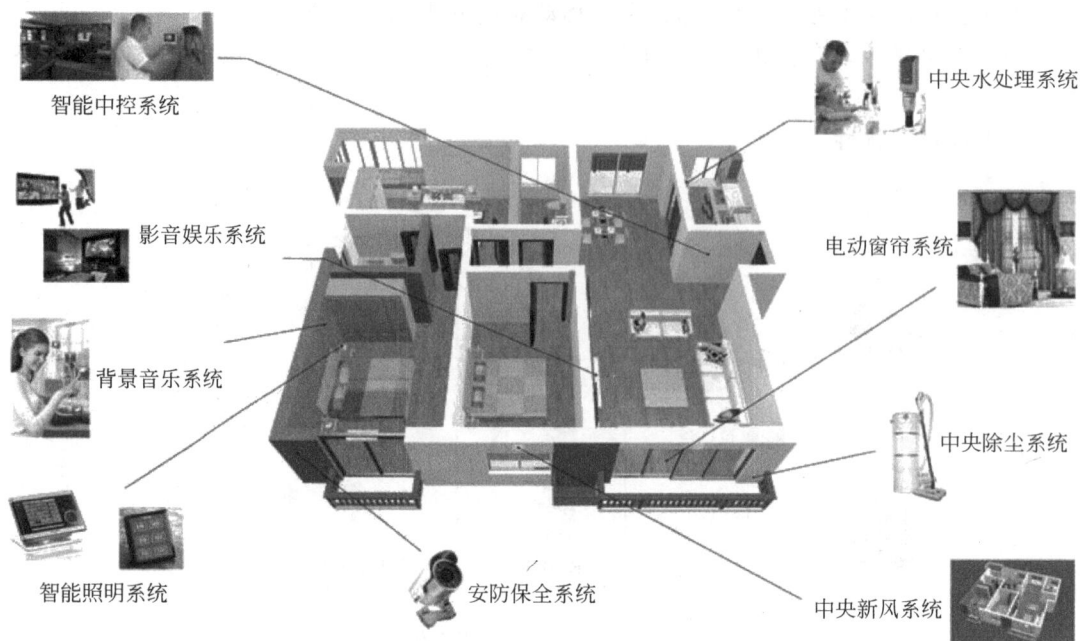

图 7-4 智能家居系统配置图

看电视节目时和谐舒适,这就需要对灯光进行智能控制。

随着全球气候持续恶劣,人类对环境舒适的追求越来越强烈,智能环境控制系统部署温度传感器、烟雾探测器、燃气探测器、PM2.5探测器、湿度传感器、二氧化碳传感器以及光传感器等智能化设备,将环境数据有机整合,结合智能控制系统和网络技术,就可以在任何地方控制家里的温湿度变化,确保回家后空气质量舒适,大幅度优化家庭配置资源,在燃气泄漏、火灾发生时也能及时获取信息,将损失降低至最小。

家居智能背景音乐是现代家庭不可或缺的系统,不管是一个人看书还是亲子教育,音乐都是必不可少的。通过无线组网技术,将音响喇叭和音乐控制开关进行有机组合,根据特定场景和个人喜好的定制化配置,智能化地控制背景音乐。

智能家居场景功能描述如下:

(1) 4:30 面包机开始准备早餐。6:30,主人还在熟睡中,卫生间取暖设备、热水器就开始工作。

(2) 7:00 设定的"起床情景"启动,主卧室窗帘缓缓打开,室外柔和的阳光射进房中,提醒主人起床时间到了。当主人起床并洗漱完毕后,香喷喷的面包已经准备好了。

(3) 8:00 出门上班,启动"离家模式",所有的设备将进入预先设置的状态:灯光全部关闭,不需待机的设备断电。

(4) 在公司上班时,当家里老人身体不舒服或者发生突发事件时,按动紧急按钮,家里的电话会自动拨通主人的手机,同时拨通其他设定的 4 个电话,以便家人及时了解家中的情况。

(5) 18:00 下班时,在回家的路上,可以通过手机远程登录智能家居系统,让空调、热水器开始工作。

（6）回到家中，启动"回家情景"：窗帘缓缓闭合，室内灯光调节到最舒适的亮度，此时，电视已经打开了，并且调到你最喜欢的频道。厨房的电饭煲已经煮出了香喷喷的米饭。

（7）吃饭了，启动"就餐模式"：客厅的灯关闭，餐厅的灯调到合适的亮度，让忙碌了一天的你享受家的温馨。

（8）启动"影院模式"：灯光自动变暗，电视、DVD、音响设备打开，开始欣赏自己喜欢的大片。

（9）欣赏完电影，已经 22:00 多了，该睡觉了，启动"晚安模式"：灯光关闭，窗帘全部闭合，夜灯亮起，全家人进入甜蜜的梦乡。

（10）出差在外时，可以通过电脑、手机上网远程登录智能家居系统，通过摄像头查看家里的情况。

从上述功能描述中可以发现智能家居涉及众多产品，如表 7-1 所示。

表 7-1　智能家居产品列表

产 品 名 称	负 载 设 备	适 用 区 域
智能主机	灯具、窗帘、家电	每个区域
单键智能开关	吸顶灯	卫生间、厨房
双键智能开关	主灯、筒灯	卧室
三键智能开关	主灯、筒灯	客厅、餐厅
三键情景面板	灯具、窗帘、家电	卧室
四键情景面板	安防系统产品	每个区域
红外转发器	空调、电视	客厅、卧室
智能插座	热水器、饮水机	卫生间、客厅
窗帘控制器	电机	客厅、卧室
窗帘电机及配件	窗帘	客厅、卧室
门磁报警器	—	入户门
人体探测器	—	入户门墙上，对着窗户
摄像头	—	客厅棚顶，门外入口，窗
烟雾报警器	—	厨房
电话拨号报警器	—	卧室床头旁边
温度传感器	—	居室
燃气探测器	—	厨房
PM2.5 探测器	—	居室
湿度传感器	—	居室

产 品 名 称	负 载 设 备	适 用 区 域
无线网关	其他智能设备	中控室
二氧化碳传感器	—	居室
光传感器	—	入户门、窗边
门禁控制系统	入户门	入户门
⋮	⋮	⋮
指纹锁	居室门	入户门

当前智能家居产品采用的技术、硬件接口以及设备间的通信协议都不一样时,就要求检测环境必须灵活组建,否则无法适应当前的检测需求。但随着智能家居的深入发展,势必会形成统一的标准规范,构建成熟的检测环境也是未来研究方向之一。另一方面,即便大多数智能家居设备使用了嵌入式系统(无法安装应用),也并不能阻止黑客通过互联网入侵设备。包括智能温控器、监控摄像头、智能冰箱等设备都出现过安全问题,显然这是十分可怕的。同时,用户也不能确定科技公司是否擅自收集了用户信息并用于商业目的。因此,安全性检测在整个检测环境的搭建中的比例将进一步扩大。

场景三:智能工厂

第一次工业革命是水和蒸汽动力带来的机械化。第二次工业革命是电力的使用使大规模生产成为可能。第三次工业革命是电子工程和 IT 技术的采用以及它们带来的生产自动化。第四次工业革命就是工业的智能化应用,其关键在于智能工厂。智能工厂是一种高能效的工厂,它基于高科技的、适应性强的、符合人体工程学的生产线。智能工厂的目标是整合客户和业务合作伙伴,同时也能够制造和组装定制产品。在未来,工业制造更多依靠前端用户需求来构建产品功能,依靠机器的智能化控制生产,而不是依靠人类的智慧。当然人的因素仍然重要,制造工艺是核心,人更多地起到控制、编程和维护的作用,而不是在车间进行作业。

位于德国安贝格的西门子电子工厂(Siemens Electronic Works)是新一代智能工厂的一个很好的例子。这个高科技电子工厂面积约为 10 万平方米,其内部是一组智能机器,它们能够协调从生产线到产品配送等一切要素。该工厂广泛使用 SIMATIC 平台,每条生产线实现了超过 1000 个站点的数据采集,可以实时生成状态信息,可以实时在线展示生产状态报告,对每个生产过程的各个环节进行有效监控。

智能工业涉及内容包括仓储管理、智能监控、智能制造、品质管控、工厂能源管理等众多内容。研华公司智能监控与制造解决方案如图 7-5 所示。该方案包括生产设备综合监控绩效管理、AGV 自动物流、QMS 质量管理、EMS 厂务能源管理等智能化应用。其中,生产设备综合监控绩效管理主要功能如下:

- 设备全局综合监控。
- 单机设备状态分析。
- 设备加工参数设定。

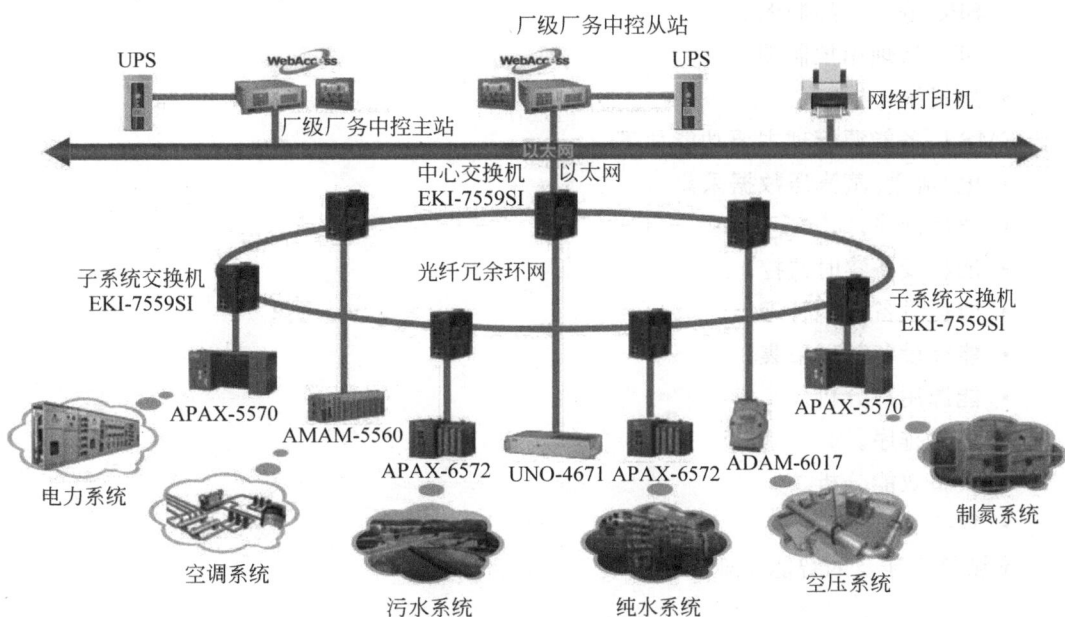

图 7-5　工业智能监控与制造场景

- 设备报警管理。
- 时频域报警分析。
- 设备开停机图形显示。
- 生产稼动率报表展示。
- MES 及 TPM 系统接口。
- ODBC 与 OPC 接口。
- Web 页面展示。

AGV 自动物流主要功能如下：

- AGV 物料拉动导引。
- 工位安灯呼叫。
- AGV 小车状态监控。
- AGV 小车报警。
- 轨道定位识别。
- 智能充电。
- AGV 小车无线通信。
- AGV 小车漫游切换。

QMS 质量管理主要功能如下：

- ATE 测试。
- 环境检测。
- 震动测试。
- 视觉检测。

- SPC 分析用控制图。
- SPC 管理用控制图。
- 质量统计报表。

EMS 厂务能源管理主要功能如下：

- 电/流量/蒸汽压数据采集。
- 通信网络。
- 能耗设备实时监控。
- 能耗设备报警管理。
- 能耗设备数据采集。
- 能源用户分析。
- 能效排序。
- 设备效能分析。
- Web 发布。

本场景中涉及的智能工业产品如表 7-2 所示。

表 7-2　智能工业产品

产品名称	负载设备	适用区域
车间监控网关	工业交换机/设备状态采集模块	车间
工业交换机	设备状态采集模块	车间
设备状态采集模块	数控机床/冲压机/制造设备/包装设备	车间
串口转以太网服务器	—	工厂管理中心
工业无线 AP	设备状态采集模块	车间
串口转 WiFi 模块	数控机床/冲压机/制造设备/包装设备	车间
防呆安灯报警模块	数控机床/冲压机/制造设备/包装设备	车间
巡检手持电脑	—	—
小车控制器	小车	—
车载设备	小车	—
能源网关采集点	能耗设备	车间
串口转以太网模块	数控机床/冲压机/制造设备/包装设备	车间
ZigBee 模块	PLC、智能仪表、传感器采集设备	车间
⋮	⋮	⋮
检测平台	—	管理中心
检测板卡	数控机床/冲压机/制造设备/包装设备	车间

如果说智能家居的无线通信产品还不够丰富的话，那么从智能工业场景中的产品列表可以直观看出其无线产品包括 ZigBee 模块、串口转 WiFi 模块、工业无线 AP 等产品，

其无线组网产品更加丰富。智能感知检测环境必须综合考虑多种无线组网技术，形成丰富的无线产品检测环境。工业智能化后，其产品的安全需求也进一步提高，2010 年 Stuxnet 病毒席卷全球工业界，作为第一个专门针对真实世界中基础（能源）设施的蠕虫病毒，其严重威胁着核电站、水坝、国家电网安全，从这里也可以看出，安全性检测环境是智能感知检测环境必不可少的部分。

场景四：智能交通

全球人口持续增长，道路交通日益拥挤，早晚高峰严重困扰民众出行。仅依靠限号、限车等政策性措施解决交通并不是长久之计，推动智慧交通应用，以科技手段提升道路车流量才是可持续发展之道。各国均在不同应用场景进行尝试，如欧洲智能垃圾车系统，其在市内各个垃圾桶贴上 RFID 标签，当清运垃圾时，车机自动读取 RFID 信息，避免漏清理等情况出现，同时也可提前告知民众垃圾车抵达时间，不必担心错过垃圾收送时间。与此类似，澳大利亚政府为了提高昆士兰高速公路的车流量，改造现有收费系统，通过在收费匝道放置摄像机自动识别车牌，并将识别结果传送给后端系统，计算该车辆通行费，再寄出收据，或从车主预付账户中扣除费用，如此一来，车辆路过收费站就不必放慢速度，日后还能根据车辆上路的频率与时段分析驾驶需求，为车主提供定制化的路线建议，避免拥塞。

在我国，提升公共交通通行效率是缓解交通压力的重要举措之一。智慧公共交通系统应用场景如图 7-6 所示。

图 7-6　智慧公共交通

智慧公共交通系统采用全球卫星定位技术、地理信息系统技术、视频编码技术以及 RFID 技术，以光纤传输和移动通信网的传输方式提供智能化应用，系统充分利用目前公交智能调度管理系统的公交车辆 GPS 数据，通过技术对接，建立公交车到站预报系统，动态显示所有停靠该站点的公交线路到站信息，为候车乘客提供实时准确的车辆到站预报。此外，系统还附带了多媒体视频播放、实时视频监控、乘客候车反馈、公众信息发布、盲人辅助导乘、优惠券发放服务等多个功能。

也可以通过公共交通信号优先技术提高公交车运行速度，使得公交车更加准时并提高其运行效率。当前我国面对交通拥堵状况，采取了多种措施。其中针对公共交通主要采取以下两种方式：一是设立快速公交，优化公交线路；二是设立快速公交车道、优化车道等。而公共交通信号优先技术通过无线通信技术对交通信号灯进行优化配置，对交叉口的晚点公交车在红灯时提前转为绿灯，同时对正在交叉口内行驶的晚点公交车延长绿灯时间，使其有足够的时间通过交叉口。

公共交通信号优先过程大致包括 4 个阶段。

第一阶段：确定公交车位置。只有明确了公交车所在位置，才能根据比对正常通行时间，以确定交叉口是否要对公交车实行信号优先。

第二阶段：公交车向交叉口的信号机提出信号优先请求。由公交车上的处理器对公交车到达设定点后是否要求信号优先做出决定。

第三阶段：交叉口的信号机同意公交车提出的信号优先请求。是否给予信号优先取决于许多因素，例如，一天的时间里，人工强行使信号灯变绿的可能性，当地的交通状况，信号机的状况。这一过程一般在交叉口执行，但有时也可能要由市交通局的公共交通规划管理人员同意公交车提出的信号优先请求。

第四阶段：实施信号优先。根据公交车和前方交叉口的相对位置，通过信号机调整信号时间，使得信号灯提前变绿灯，或延长绿灯时间，以便公共汽车能够顺利地通过前方的交叉口。

在北京等城市，交通管理部门通常会对拥堵地段加派交警人员控制信号灯，进行交通流量控制，这种方式往往依赖人力投入。公共交通信号优先技术不仅可以提升交通通行效率，也可以降低交警投入成本。

智能交通关键技术是定位技术，主要为 GPS 产品和北斗产品。在智能感知检测环境中，应充分考虑 GPS 和北斗卫星两种应用环境，通过 GPS 或北斗信号模拟器搭建检测环境。另一方面，智能交通大多数场景下依赖移动通信网进行远程通信，也需在实验室环境中部署移动、联通以及电信通信接入点。

根据上述的感知产品应用场景，并考虑 CNAS 检测实验室建设需求，可以明确智能感知产品检测环境的以下需求：

（1）据公开报道称，全球现在大概有 40 个国家从事传感器的研制生产工作，研发、生产单位有 5000 余家，产品达 20 000 多种。感知产品种类纷繁复杂，智能感知检测环境也势必多种多样，但一一部署每种检测环境显然不现实，这就要求智能感知的检测环境灵活多变，通过科学的分类方法，将同类产品以部件形式呈现，然后用部件进行组合。

（2）在上述场景中，虽然大部分产品都需要进行基本功能测试、性能测试和安全测试，但由于产品的定位不同，其检测的侧重点不尽相同。智能感知产品检测需要包括但不仅限于产品基本功能测试、产品安全性测试、产品网络性能测试、产品安全一致性测试、产品安全互操作性测试等。随着安全事件不断增多，应突出安全性检测环境以适应市场需求。

（3）根据感知操作模式的不同以及安全检测需求的不同，需要对智能感知检测环境进行分类,进行体系化管理。

(4) 为了保证检测的科学性和公平性,需要构建一套管理制度和质量体系来维护客户利益。

(5) 制定科学的检测环境工作流程,确保检测按章执行。

(6) 合理部署感知检测实验室。

依据上述需求,将物联网智能感知检测环境的整体框架划分为 4 部分以支撑物联网感知产品安全功能性测试、产品网络性能测试、产品安全一致性测试、产品安全互操作性测试等,如图 7-7 所示。

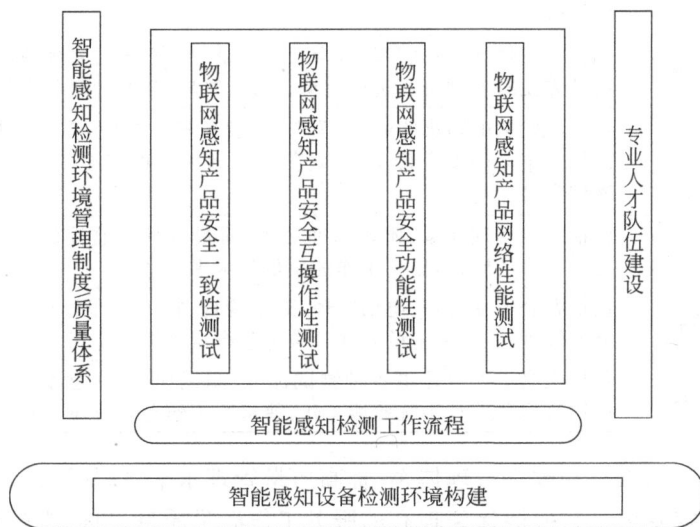

图 7-7　智能感知检测环境建设框架

其中智能感知检测环境管理制度/质量体系将以科学的方法、公正的行为、准确的检验/检查提供及时的服务。智能感知检测环境作为一个专业的技术检测环境,需要一支专业化、高素质的专业队伍,即由感知检测工程师执行检测,由检测室管理员运行和维护智能感知检测环境。智能感知检测环境在提供检测支撑服务时,将根据需要逐步开展系统的安全一致性、安全互操作性、安全功能性测试和网络性能测试等。因此,需要一个完备的操作流程,以维护检测结果的一致性。检测环境构建的内容为感知设备综合检测室,感知设备综合检测室提供多拓扑结构的网络环境、移动测试场景以及单向读取类、双向读取类、单向控制类、双向控制类 4 类感知设备检测区,还提供感知设备干扰和抗干扰性检测,划分为射频、噪声录制/采集区,抗干扰测试区,射频、静电信号强度测试区。

1. 检测环境管理制度/质量体系建设

检测环境管理制度和质量体系建设不仅适用于智能感知检测环境,也同样适用于接入传输检测环境、业务应用检测环境、产品与系统安全检测、风险评估和安全检查,后文不再赘述。制定一套规范的管理制度和完善的质量体系,是确保在智能感知检测环境下开展的各项工作有条不紊的必要条件。智能感知检测环境主要的管理制度如表 7-3 所示。

表 7-3　智能感知检测环境管理制度

序号	管理制度类目	管理制度内容
1	岗位责任制度	每个岗位的职责、任务、目标等内容的具体化。作用是明确责任,提高效率,保证工作质量,奖罚有据
2	员工培训制度	主要包括员工入职培训和员工技能培训。作用是引导新员工熟知工作流程、基本业务,确定自身工作职责,初步掌握基本技能,促使老员工的技能不断提升
3	设备管理制度	包括设备运行管理制度、设备缺陷管理制度和设备检修管理制度。作用是科学地管理好中心的设备,使设备的维护管理工作有组织、有计划、有标准地进行
4	资料管理制度	包括机房档案资料管理,日常工作记录、报表、报告管理,技术资料管理。作用是方便对各种资料进行收集、统计、整理、分类、归档、保管、使用
5	安全管理制度	包括实验室的防火防盗、电源安全、设备安全管理、核心资料的保密。作用是加强中心的安全管理,明确各部门和人员的安全工作责任,将安全工作落到实处
6	质量管理制度	包括质量管理体系、质量标准法规、质量管理和监控的流程。作用是加强检测工作的管理,提高工作的质量和水平
7	办公室管理制度	包括办公用品管理、电话管理、卫生管理、打印复印管理等。作用是规范办公室管理,使办公室的各项日常事务有章可循
8	作业管理制度	包括检测工作流程中各种测试标准、测试规范、注意事项、作业指导书等。作用是规范信息系统检测工作,使检测工作有章可循

通过建立、实施、维持和改进管理体系,提高质量管理水平,以保证信息安全检测服务工作质量符合规定要求。它应能保证现有的服务工作满足质量目标,维护管理体系,检查质量活动是否符合质量要求以及评价管理体系对质量方针和目标的适应性和有效性,有计划地进行审核和评审。

1)质量方针

以科学的方法、公正的行为、准确的检验/检查提供及时的服务。提供优质的检验/检查服务是第三方检测机构的宗旨,检验/检查工作的科学性、公正性、检验/检查结果的准确性是服务质量的具体表现。第三方检测机构要通过抓员工的职业道德、敬业精神来保证公正性,通过提高检验/检查人员的技术技能,完善检测方法,完备和改善第三方检测机构的仪器、设备和环境条件来保证科学性和准确性。通过有效的管理,抓住人、机、料、法、环这几个关键的要素,提高第三方检测机构的综合业务能力。

2)质量目标

不断地提高管理水平,提高服务质量,把第三方检测机构建成政府信任、用户信赖、社会需要的中介机构。

达到按时完成检验率98%以上,仪器设备完好率98%以上,人员培训率98%以上,客户满意率98%以上。

检验/检查工作的高质量是第三方检测机构追求的目标。按时保质保量完成检验/检查任务、保证仪器设备状态完好、加强人员培训、满足客户需求是中心的年度考核指标。

3）质量管理技术要求

第三方检测机构保证所出具的检验/检查结果准确可靠。如果出具的检验/检查结果不可靠，把本来符合标准的产品错判为不合格，将会给有关生产企业的信誉和经济效益带来损失；相反，把本来不符合标准的产品错判为合格，就会给产品的使用者带来损害。特别是当买卖双方发生质量争议需要通过质量检验进行仲裁时，如果第三方检测机构出具的检验/检查报告不可靠，就会导致仲裁失误，甚至出现严重后果。为了保证公平、公正、准确地为客户提供检验/检查数据，需要从以下方面进行控制：

- 人员。
- 设施和环境条件。
- 检验或检查方法及方法的确认。
- 设备。
- 测量的溯源性。
- 抽样。
- 检验/检查样品的处置。

建立并实施文件化程序，对上述诸要素实行有效的控制，保证第三方检测机构的检验/检查能力持续保持并满足服务的要求。上述因素对总的测量不确定度的影响在各类检验之间明显不同。在制定检验/检查方法和程序、培训和考核人员、选择使用仪器设备时应考虑到这些因素。

2. 检测工作流程

检测工作流程是检测环境建设的重要内容，依靠完善的检测流程可以将检测环境各个要素有机组合，本节描述了检测工作流程适用于一体化安全检测体系，分为项目库建档及跟踪、检测方案制定、测试实施和报告及建议 4 个阶段，如图 7-8 所示。

1）项目库建档及跟踪

受测单位（客户）向检测单位提出申请并提交相关资料，包括营业执照（复印件）、系统文档（需求规格说明书、用户手册、建设方案等）、送检产品的技术标准（行业标准/企业标准）等。受理人登入一体化安全检测管理中心"项目管理"，对本次检测项目建档，并根据提交的材料进行材料评审。一体化安全检测管理中心"项目管理"跟踪项目进度，并根据项目实施情况更新项目库。

2）检测方案制定

资料评审通过后，根据受检单位（客户）的检测材料，明确检测类别（检测类别分为感知设备安全检测、物联网系统安全检测、物联网系统风险评估、物联网集成化安全管理检查 4 类）。若检测类别为感知设备安全检测，则进入一体化安全检测管理中心"场景管理"，根据开放式场景感知设备模拟环境的设备、网络部件组建感知设备安全检测模拟环境实施方案；若检测类别为物联网系统安全检测中的产品入围测试，则进入一体化安全检测管理中心"场景管理"，根据开放式场景接入传输模拟环境的设备、网络部件组建物联网系统入围产品安全检测模拟环境实施方案；若检测类别为物联网系统安全检测、物联网系统风险评估、物联网集成化安全管理检查类别，则直接进入下一阶段。

```
                          检测申请
                            │
                            ▽
┌──────┬────────────────────────────────────────┐
│ 项   │              项目建档                    │
│ 目   │                │                         │
│ 库   │         ┌──────┴──────┐    项目更新及    │
│ 建   │         │   项目库     │◀── 进度跟踪      │
│ 档   │         └──────┬──────┘                  │
│ 及   │                │                         │
│ 跟   │            材料评审                       │
│ 踪   │                                          │
└──────┴────────────────────────────────────────┘
                            ▽
┌──────┬────────────────────────────────────────┐
│      │              测评分类                    │
│      │     ┌────┬─────┬──────┬───────┐         │
│      │  感知设备检测 系统检测 风险评估  集成化   │
│ 检   │                            安全管理检查  │
│ 测   │  检测模拟环境构建方案                     │
│ 方   │                │                         │
│ 案   │       标准库确定检测规则                  │
│ 制   │       根据规则确定检测方法                │
│ 定   │       根据检测方法确定工具集              │
│      │       出具检测方案                       │
│      │       调整、确定检测方案                  │
└──────┴────────────────────────────────────────┘
                            ▽
┌──────┬────────────────────────────────────────┐
│      │    实验室测评        现场测评            │
│ 测   │  检测模拟环境部署     工具集部署         │
│ 试   │   [感知设备]    [系统测评][风险评估][集成化安全管理]│
│ 实   │                │                         │
│ 施   │       现场测评数据存储、处理              │
└──────┴────────────────────────────────────────┘
                            ▽
┌──────┬────────────────────────────────────────┐
│ 报告 │       出具测评报告                       │
│ 及   │       报告结果存入项目库                  │
│ 建议 │       根据报告提出整改建议                │
└──────┴────────────────────────────────────────┘
```

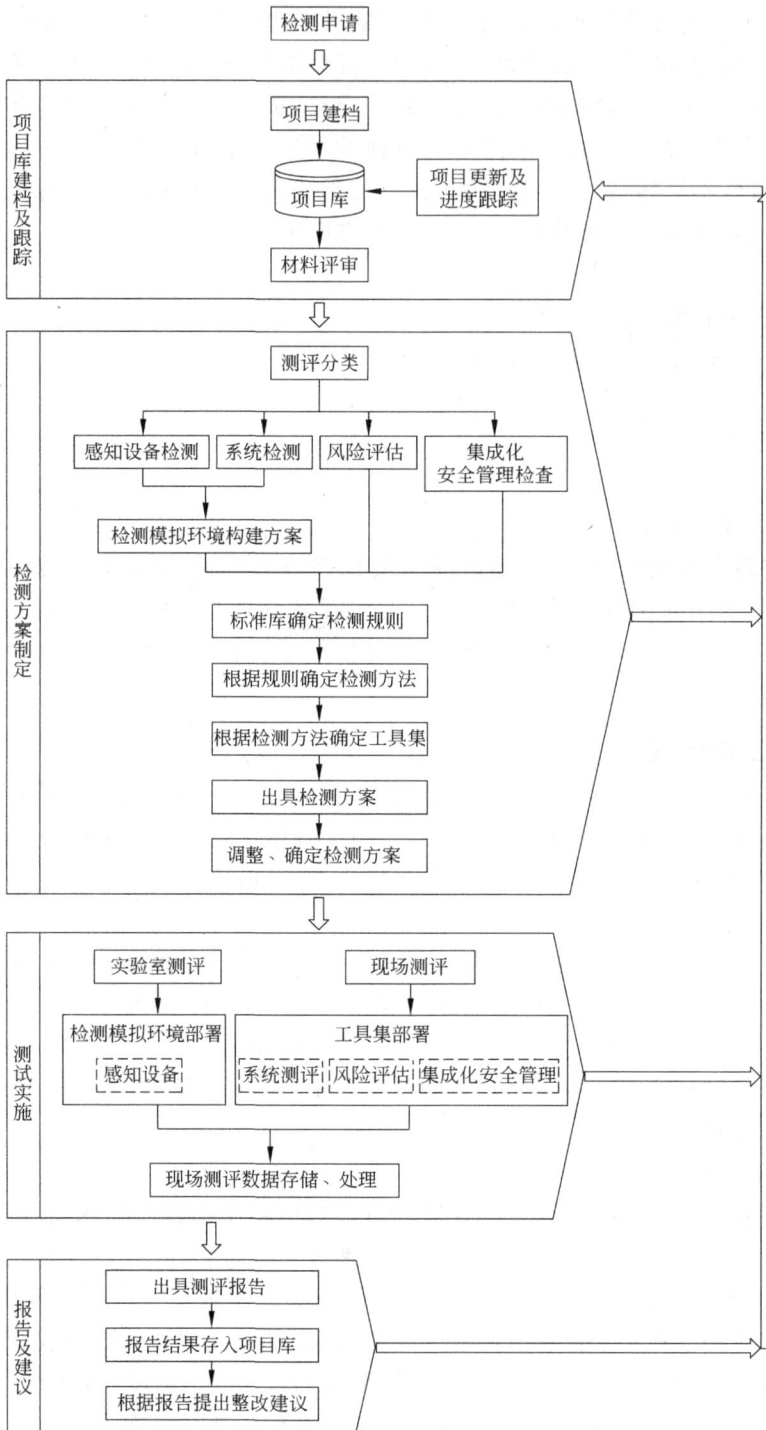

图 7-8 物联网安全检测服务流程

确定检测类别后,一体化安全检测管理中心通过基础库接口以及"四服务平台"(感知设备安全检测服务平台、物联网系统安全检测服务平台、物联网系统风险评估服务平台以及物联网集成化安全管理检查服务平台)调用标准及指标库和"四服务平台"的知识库,形成检测项目的检测规则、检测方法,并确定检测需要的工具集,最终形成检测方案。

上述过程同步于项目库,更新项目库与检测进度。

3）测试实施

测试实施地点分为实验室测评和现场测评.实验室测评适用于产品的安全检测以及现场测评难度大,无法进行现场实施的情况。现场测评适用于测评对象无法转移,测试实施地点限制为现场等情况。

若受检对象为实验室测评,则将第二阶段感知设备安全检测模拟环境实施方案或物联网系统入围产品安全检测模拟环境实施方案进行检测模拟环境部署。同时根据检测类别,将受检对象归置于感知设备安全检测服务平台或物联网系统安全检测服务平台,并接入模拟环境进行实地检测,记录数据。

若受检对象为现场测评,则将第二阶段选定的工具集或测试仪带往现场,同时根据检测类别,将受检对象归置于物联网系统安全检测服务平台、物联网系统风险评估服务平台、物联网集成化安全管理检查服务平台,开展实地检测,记录数据。

检测实施过程事故处理方式如下:

- 检测数据错误事故处理。质量负责人检查事故原因,提出纠正措施并予以纠正;记录事故情况,写出事故报告;上报主管部门并存档。
- 停电等原因造成设备损坏处理。采取相应措施停止检测并报告生产处;调查事故原因,采取弥补措施;根据具体情况决定继续或停止检测。
- 人员伤亡事故处理。及时采取救护措施;填写事故报告;组织事故调查;采取补救措施,并报告生产处和主管所长处理。
- 因检测仪器原因中断检测处理。及时采取措施保护仪器样品并做好记录;查找中断原因;若为事故原因,则报检测中心最高管理者,若非事故原因则等待供电恢复继续检测。

上述过程同步于项目库,更新项目库与检测进度。

4）报告及建议

汇总检测数据、工具集记录以及"四服务平台"数据,关联分析测试数据,并依据检查标准要求判断结果,形成感知设备安全检测报告、物联网系统安全检测报告、物联网系统风险评估报告或物联网集成化安全管理检查报告。根据检测判断结果,对不符合要求项给出整改建议。

上述过程同步于项目库,更新项目库与检测进度。

用户提出质量申诉时,质量保证负责人受理申诉,核对原始记录、检测流程、环境条件、仪器状况、数据处理和计算过程,必要时可安排验证试验。召开质量分析讨论会并确定核对结果。若确认检测结果正确,则通知申诉人。若对核对结果的正确性有怀疑,则对保存的样品安排复检,质量监督科对检测环境进行监督,质量负责人对检测质量进行确认,确定复检结果并出具申诉处理分析报告。若与原结果一致,则通知申诉人;若与原结果不一致则须更改检测结论,更改报告并抄送原报告发送部门。

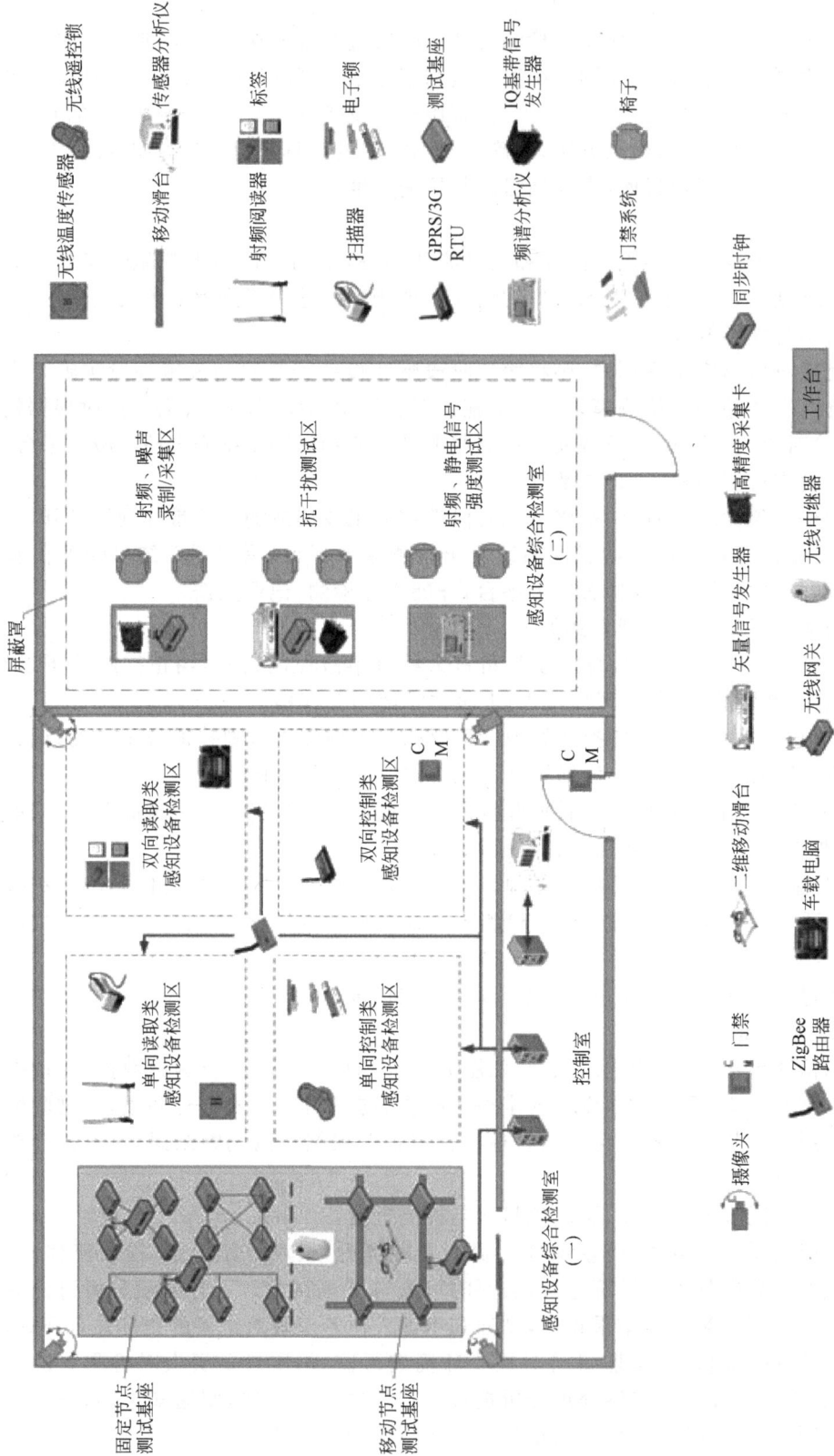

图 7-9　智能感知检测环境场地布局

3. 检测环境构建

智能感知检测环境场地可分为两个房间,工程布局设计如图 7-9 所示。

检测室是感知设备进行检测的主要实施场地,它提供可重构的检测场景,诸如总线型、星形、网络型等多种拓扑形式。在该检测室中可提供多种恶意攻击模拟,可快速重现各类实际和潜在的 DDoS 攻击,也可在目标上运行负面测试,高效覆盖那些可能在真实网络上导致代价高昂的灾难性崩溃或故障的意外、负面测试案例。检测室还提供待测节点测试基座,用于数据采集(顶架/底架固定节点测试床)、电源供给与测量,被测对象信号模拟输入、通用输入输出结构、节点处理器动态编程与配置接口,标准时间基准、高速并行通信口。部分节点可由导轨控制移动,模拟不同移动状况。

综合检测室(一)分为两大部分,其中检测实施场所又划分 4 个独立的检测区,分别为单向读取检测区、双向读取检测区、单向控制检测区、双向控制检测区。各检测区提供典型频段的基准传感网节点(433MHz、780MHz、915MHz、2.4GHz),不同频率的阅读器和标签,ZigBee 路由器、无线网关、无线中继器等各类网络连接设备,摄像头通用车载电脑、门禁系统等基础感知设备。办公区(控制室)提供一个小型控制台,满足测试管理与控制,同时办公区还提供 6 个工位。

综合检测室(二)在室内提供电磁/静电干扰、电磁抗干扰两方面的检测,其中检测主要考察感知设备产品所产生的电磁/静电干扰是否符合相应的规范;而电磁抗干扰则主要考察感知设备产品承担电磁骚扰能力。电磁/静电干扰中比较成熟的测量参数如下:静电放电、无线电频率电磁辐射场、电快速瞬变脉冲群、浪涌、由射频场引起的传导、工频磁场、脉冲磁场、阻尼振荡磁场、电压跌落短期中断和电压变化、振荡波抗扰度试验。用到的设备包括高频信号发生器(主要指标除带宽外,要求有调幅功能,能自动或手动扫描,扫描点上的留驻时间可设定,信号的幅度能自动控制等)、衰减器、功率放大器、场强测试探头、场强测试与记录设备、功率计、计算机(包括专用的控制软件)、场强探头的自动行走机构等。抗干扰测试则需要在射频、噪声采集/录制区进行噪声采集,并经射频、静电信号强度测试区进行播放,检测感知设备产品的抗干扰性。

综合检测室(二)还提供进行室外检测的便携无线频谱分析仪等工具,以检测感知设备现实环境的干扰源情况。

智能感知设备检测环境详细设备清单如表 7-4 所示。

表 7-4　智能感知设备检测环境设备清单

序号	名　称	用　途
1	无线开发套件	传感网仿真
2	增强型网关	组网
3	WiFi 模块	组网
4	GPS 模块	组网
5	3G 通信模块	组网
6	蓝牙通信模块	组网

序号	名　　称	用　　途
7	RFID 开发系统	搭建 RFID 环境
8	网络摄像机	视频源
9	联网门禁控制器	搭建出入控制环境
10	ZigBee、移动通信、WiFi、以太网网关	组网
11	条码扫描器	搭建条码检测环境
12	移动终端	检测环境基础设施
13	RFID 标签	搭建 RFID 检测环境
14	WiFi 摄像头	视频源
15	RFID 读写器	搭建 RFID 检测环境
16	二维移动滑台	检测环境基础设施
17	ZigBee 路由器	组网
18	同步时钟	检测环境基础设施
19	无线中继器	组网
20	传感器分析仪	搭建传感器检测环境
21	窃听检测仪	检测环境基础设施
22	布线系统	检测环境基础设施
23	屏蔽箱	检测环境基础设施
24	干扰源	检测环境基础设施
25	校准夹具	检测环境基础设施
26	频谱分析仪	检测环境基础设施
27	高精度采集卡	检测环境基础设施
28	便携式频谱分析仪	检测环境基础设施
29	IQ 基带信号发生器	检测环境基础设施
30	矢量信号发生器	检测环境基础设施
31	示波器	检测环境基础设施
32	数字万用表	检测环境基础设施
33	服务器	检测环境基础设施
34	网络设备	检测环境基础设施
35	显示器	检测环境基础设施
36	检测移动终端	检测环境基础设施
37	台式机	检测环境基础设施
38	RFID/NFC 综合测试仪	搭建 RFID 检测环境
39	充电装置	检测环境基础设施

续表

序号	名 称	用 途
40	Tag_Reader 软件	搭建 RFID 检测环境
41	功耗分析仪	检测环境基础设施
42	压力试验机	压力试验
43	振动试验台	振动试验
44	恒温恒湿箱	环境试验
45	解码分析软件	数据分析
46	攻击软件	通过网络攻击模拟
47	抓包工具	网络分析
48	渗透性测试工具	通过网络攻击模拟
49	漏洞扫描器	通过网络攻击模拟
50	协议分析仪	通信协议解析

4. 专业人才队伍建设

在人员配备和人员结构上满足检测工作和实验室管理工作需求的基础上,建立适用于一般检测服务机构队伍建设的通用性人员配置。智能感知检测环境按照建立的检测室分为综合检测一组、综合检测二组以及研究组,共需要 12 人。其中研究组负责持续跟进感知设备检测需求、标准动态和检测环境搭建。综合检测一组、综合检测二组均承担检测实施与检测室管理运维的职责。

智能感知检测环境专业人才队伍组织机构图如图 7-10 所示。

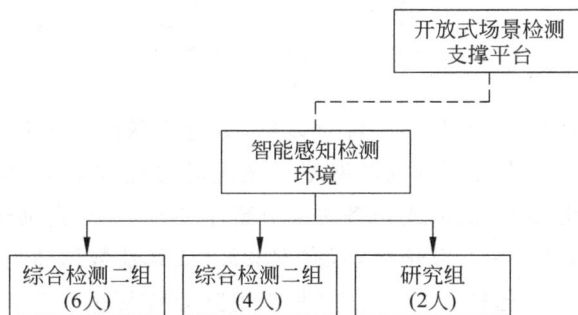

图 7-10 专业化人才队伍组织机构图

7.1.2 接入传输检测环境

物联网是互联网在现实世界的延伸,但其接入方式与互联网接入还存在一定区别,这主要是由于前端设备网络通信协议的差异性所决定的。在物联网世界中,前端设备通信协议包括 RFID、ZigBee、蓝牙、GPRS、WiFi、2G/3G/4G、DCS、Ethernet、FF、CAN、

PROFIBUS、Devicenet、EDCP、KNX/EIB、CoAP、MQTT、6LoWPAN、CSMA/CA、ContikiMAC、CSL、IEEE 802.15.4、RuBee 等,而互联网一般通过以太网进行接入。

根据中国联通研究员陈豪等人提出的观点,物联网接入可分为 3 种模式:第一种是提供物理上与公共网络隔离的专线连接网络,第二种是基于 Internet 的安全通道,第三种是基于移动通信网络的安全通道。

场景一:专线接入网络

专线接入方式适合于物联网平台的行业专网模式。由于无法列举全部的行业专网,所以仅以机场、银行、监狱等重要区域安防类应用为例。这类重要区域不仅需要各种传感器采集防区的信息,视频监控更是不可缺少的监控手段,提供最直观的视频信息和视频报警复核功能。由于视频具有高带宽、大码流的特点,同时众多的其他感知设备也会造成大量的感知数据,所以宜采用光纤作为传输介质,具体组网结构如图 7-11 所示。

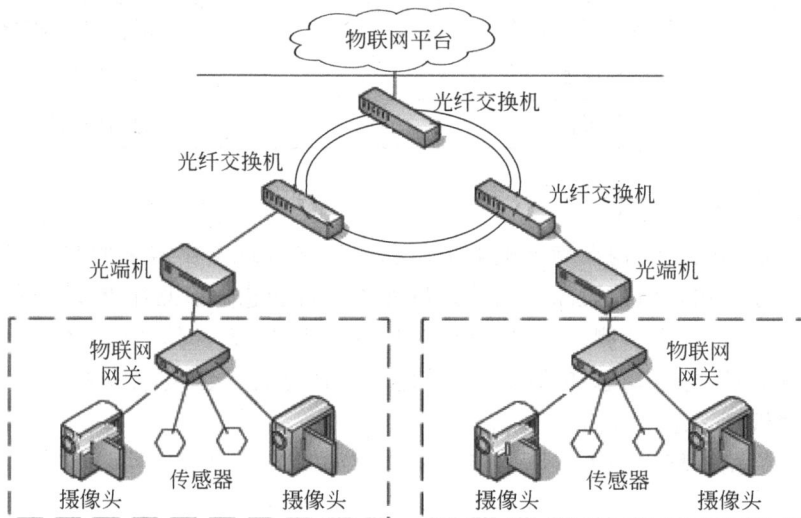

图 7-11　物联网专线接入网络

感知层设备采集视频、声音和各类传感数据,通过物联网网关接入光端机,然后通过环状的光纤交换网络接入重要区域内部网络。光端机实现对采集视频、声音和各类传感数据的数据处理及光电转换,能够支持各种高分辨率视频信号,自动兼容各种视频图像制式。除视频信号,还提供双向音频信号,双向 RS232(或其他数据通信接口)数据信号。双向 RS232 数据信号用于传输摄像机云台控制或视频矩阵切换。光纤交换机组成自愈环网,连接光端机和物联网平台。该方案的安全性体现在以下几方面:

(1)感知设备通过专线接入物联网平台,其承载网络实现与公众网络物理上的隔离。物联网的业务数据不易受到来自公众网络的威胁。

(2)光纤交换机作为重要区域内部传输网络的核心,采用自愈环网组网方式,可在各种环境下实现数据传输的稳定性、可靠性和实时性。光纤环网工作时,整个网络成链状结构,有一段不传输数据,只传输环上设备各自的状态。环上的每一个设备都知道并随时向其他设备报告自己的状态。一旦有一段网络发生故障,临近的交换机就会马上通知其他交换机,以极短的时间将这一信息传遍全网。作为"根"的交换机就会实时切换,使原来没有数据通过的链路马上进行数据传输。整个网络呈链状工作状态,实现冗余。当损坏的网络修复后,网络恢复到初始工作状态。

场景二:基于 Internet 的安全接入

基于 Internet 的安全通道即 IP VPN。感知数据封装在特殊的 IP 分组中,通过 VPN 隧道跨越 Internet 网络,常用的 VPN 隧道协议有 L2TP(Layer 2 Tunnel Protocol,第二层隧道协议)、PPTP(Point-to-Point Tunnel Protocol,点到点隧道协议)和 IPSec(IP Security,IP 安全)协议。IP VPN 组网方式如图 7-12 所示。由图 7-12 可以看出,网关或其他感知设备、用户可以通过 LAN、AP(Access Point,接入点)、DSLAM(Digital Subscriber Line Access Multiplexer,数字用户线路接入复用器)等设备接入 Internet 边缘的一台 VPN 路由器,通过隧道安全连接另一端的 VPN 路由器,最后接入物联网平台。

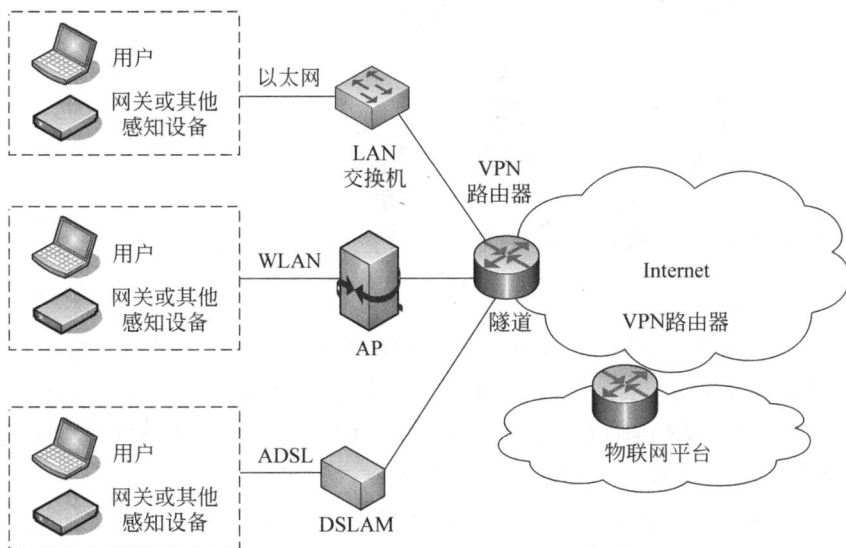

图 7-12　IP VPN 组网方式

VPDN 与 IP VPN 两者的区别是:VPDN 的用户访问其他公网时要通过服务器端网络为出口,如果服务器端网络没有其他公网的出口,VPDN 用户只能使用服务器端网络而不能访问其他公网;而 IP VPN 用户通过本地网络访问其他公网。VPDN 适用于网络节点数量和规模不大的场合,IP VPN 方案是目前连接异地分支的一种非常成熟的解决方案,适用于大规模网络安全联网。该方案的安全性体现在以下几方面:

(1) 提供跨越 Internet 的虚拟专用通道,保证数据的私有性和安全性。

(2) 主要采用 4 项技术保证数据安全性:隧道技术、加解密技术、密钥管理技术、用户与设备认证技术。

(3) 隧道两端的 VPN 路由器可以配置复杂的密钥管理协议及加解密算法,用成本较低的计算资源换取数据的安全传输。

场景三:基于 3G/4G 的安全通道

图 7-13 中感知终端和物联网网关都具有 3G/4G 通信模块,二者统称感知设备。二

者的主要区别是：图中带 3G/4G 通信模块的感知终端可以直接连接到 3G/4G 网络，其他不具备 3G/4G 通信能力的感知设备可以通过近距离通信（ZigBee、蓝牙、WiFi 等）与物联网网关相连，然后通过物联网网关接入 3G/4G 网络；而基于 3G/4G 接入物联网平台可以通过非结构化补充数据业务（Unstructured Supplementary Service Data，USSD）和短消息（Short Message Service，SMS）两种方式。

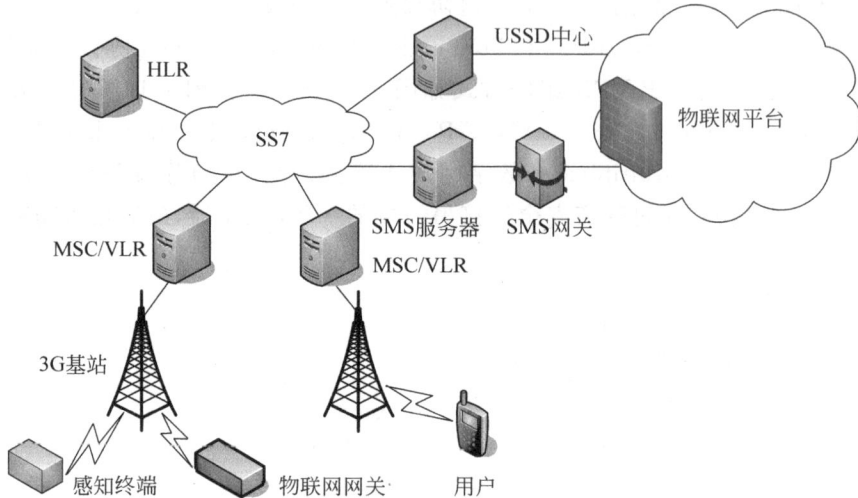

图 7-13　基于 3G/4G 网络的安全通道

短信息方式具有随时在线、不须拨号、价格便宜、覆盖范围广等特点，特别适合传送小流量数据。将数据处理单元（如单片机）和 SMS 结合，利用单片机系统采集本地数据并做出相关判断，再通过 SMS 传输感知数据，并且物联网平台利用发送 SMS 实现对感知设备的远程控制，是一种行之有效的物联网业务开展方式。

该方案的安全性体现在：基于现有移动网络安全接入机制使用信令信道传输数据，实时性、交互性好，减少数据被截获、篡改的可能性。但该方案数据传输带宽小，仅适用于少量数据的安全传输。

场景一中的专线接入属于行业的专网应用，由于采用专线的方式，其安全性有一定的提升，涉及的产品主要是光纤交换机、普通交换机、ZigBee 网关、物联网网关、防火墙等产品。但随着安全问题越来越严峻，其安全防护强度也进一步提升，可以相应地增加认证网关、IDS、安全隔离网闸等安全设备来保护接入传输的安全，在后续章节中会重点介绍这种加强的物联网安全接入场景。由于行业安全特性的不同，面临的检测需求或者安全要求也不尽相同。因此，传输接入场景应构建一个基线的安全检测环境，既可以通过裁剪的方式来组建安全需求较低的检测环境，也可通过临时扩展的方式组建高安全需求的检测场景。场景二中主要依赖 VPN 来增强接入的安全性，感知设备也是通过 LAN、AP 和 DSLAM 等设备来连接 Internet 边缘的 VPN 路由器。这种方式需要模拟接入认证与管理环境。场景三是物联网通过移动通信网来连接后台应用，目前，我国移动通信网的技术主要有 GSM、GPRS、EDGE、CDMA 1x、CDMA2000、WCDMA、HSCSD、EPOC、TD-SCDMA、TD-LTE、FDD-LTE 等，因此测试这类接入方式时应提供上述技术的通信环境。

物联网接入方式也可以根据业务应用类型和安全防护能力进行划分,大致可分为数字接入(即传统互联网接入方式)、视频接入、无线接入和单向接入。

(1) 数字接入。

物联网数字接入场景可以理解为场景一和场景二的融合。它具有场景一的特点,如感知设备通过物联网网关、AP 或其他汇聚类设备连接至后端路由器(在图 7-14 中将物联网网关、AP 和其他汇聚类设备统称为感知接入认证与管理子系统),然后接入互联网进行数据的传输与处理;同时,也还具有场景二的特点,如以 VPDN 的方式接入,以公共通信网来传输,中间链路存在共享。但物联网数字接入场景在安全防护能力上较场景一、场景二、场景三均有显著增强,主要表现在以下几方面:

- 链路安全。外部链路根据业务需求分为拨号接入和专线接入两级。平台与运营商网络需进行相互认证,以专线方式连接。平台内部为不同接入对象提供服务的链路进行安全等级区分。

- 网络安全。接入终端的身份认证,对汇聚重要的接入终端用户需要采用双向认证协议,并使用数字证书,接入终端设备自身需要进行设备认证。根据用户权限进行访问控制,仅允许外部接入终端访问平台内设备。保护数据传输的机密性和完整性。对接入的服务进行控制,实现会话状态检测及内部网络地址隐藏等安全功能,并能及时发现入侵行为。网络设备自身安全需进行安全配置,将管理数据与业务数据分离,开启审计,以便事后追踪。

- 主机安全。主机进行安全配置,包括口令加固、禁止远程管理、开启系统安全审计、安全正版防病毒软件等。

- 应用安全。对接入数据流量先实现通信协议剥离,并进行数据格式检查和数据内容过滤,限制不合规的数据流入。

- 安全监控管理。对接入的各类设备进行集中监控,包括网络连接状态、业务应用情况、安全事件信息等,监控用户登录状态、操作行为、访问资源等行为。

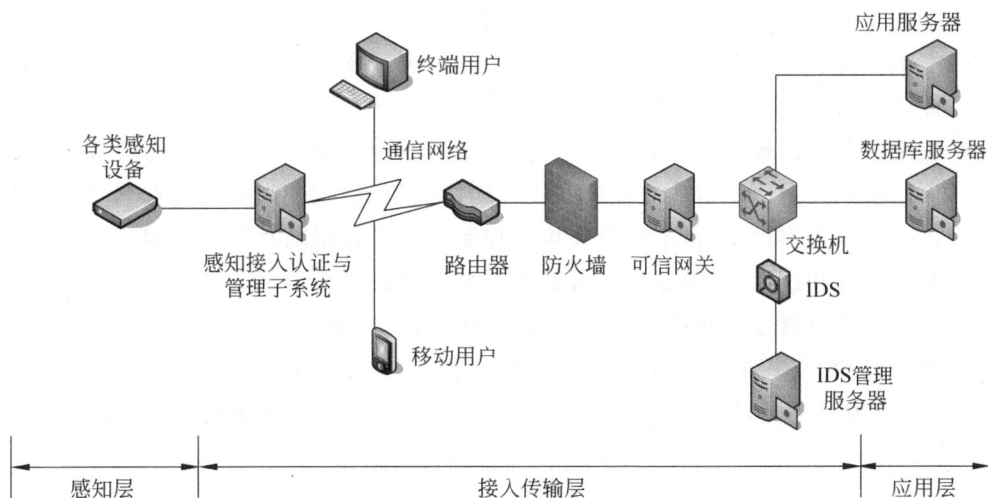

图 7-14 物联网数字接入场景

（2）视频接入

视频接入是以视频数据为接入对象，用于将外部视频应用连接入企业、政府部门内部网络的数据接入，如图 7-15 所示。该方式的主要特点是视频数据单向传入内部网络，而控制信令是双向传输的。

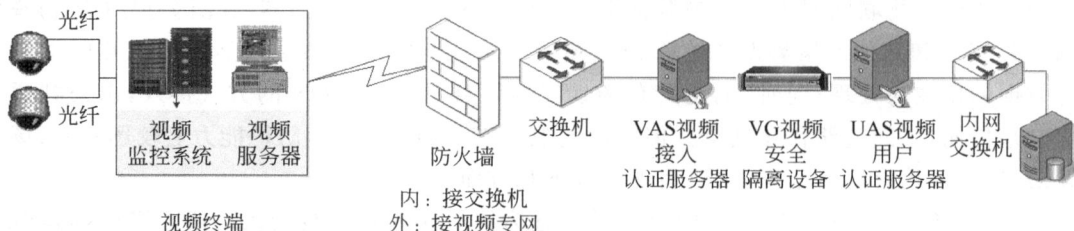

图 7-15　物联网视频接入场景

视频数据接入描述如下：经过身份认证后的视频接入设备，通过专线方式接入平台内，平台内视频接入认证服务器对接入对象进行认证，并对视频信令格式进行检查及内容过滤，仅允许合规的协议和数据通过，通过后的数据包括视频控制信令和业务数据，由安全隔离设备分别处理，其中视频数据单向传入，视频控制信令双向传输。由于视频用户在内网，因此为了保证数据的合规使用，需在内网部署视频用户认证服务，对用户进行统一注册、身份认证及权限管理。

从物联网视频接入场景中，可以看出其与物联网数字接入存在技术共性，其安全防护能力也包括以下几方面：

- 链路安全。通过专线方式连接。
- 网络安全。对前端的视频接入设备进行设备认证，对内网使用视频资源的用户进行身份认证；视频接入设备访问终止于视频接入认证服务器，除控制信令外，禁止与内网数据进行交换。保护数据传输的机密性和完整性。网络设备自身安全需进行安全配置，开启审计，以便事后追踪。
- 主机安全。主机进行安全配置，包括口令加固、禁止远程管理、开启系统安全审计、安全正版防病毒软件等。
- 应用安全。视频数据与控制信令以不同的安全策略进行处理，视频数据单向传入。视频控制信令传输应按照预先注册的类型、格式和内容进行白名单方式的格式检查和内容过滤，对不符合要求的控制信令进行阻断和报警。对视频数据进行实时分析和过滤，并阻止视频数据夹杂恶意代码进入内网。
- 安全监控与管理。对接入的各类设备进行集中监控，包括网络连接状态、业务应用情况、安全事件信息等，监控用户登录状态、操作行为、访问资源等行为。

由于业务类型不同，物联网数字接入与物联网视频接入的设备也不尽相同，如表 7-5 所示。

表 7-5 数字接入与视频接入设备对比

物联网数字接入设备	物联网视频接入设备
接入终端	视频接入设备
交换机	防火墙
防火墙	视频接入认证设备
可信边界网关	视频安全隔离光闸
数据交换系统	视频用户认证设备
安全隔离网闸	
IDS/IPS	
应用服务器	

（3）无线接入。

场景三中基于移动通信网技术接入方式是物联网接入的主要形态之一，而物联网无线接入是场景三的安全增强解决方案，网络架构如图 7-16 所示。场景三中未考虑移动终端多样性和复杂性、使用场景的开放性和不可监督性、无线传输安全脆弱性、网络攻击的

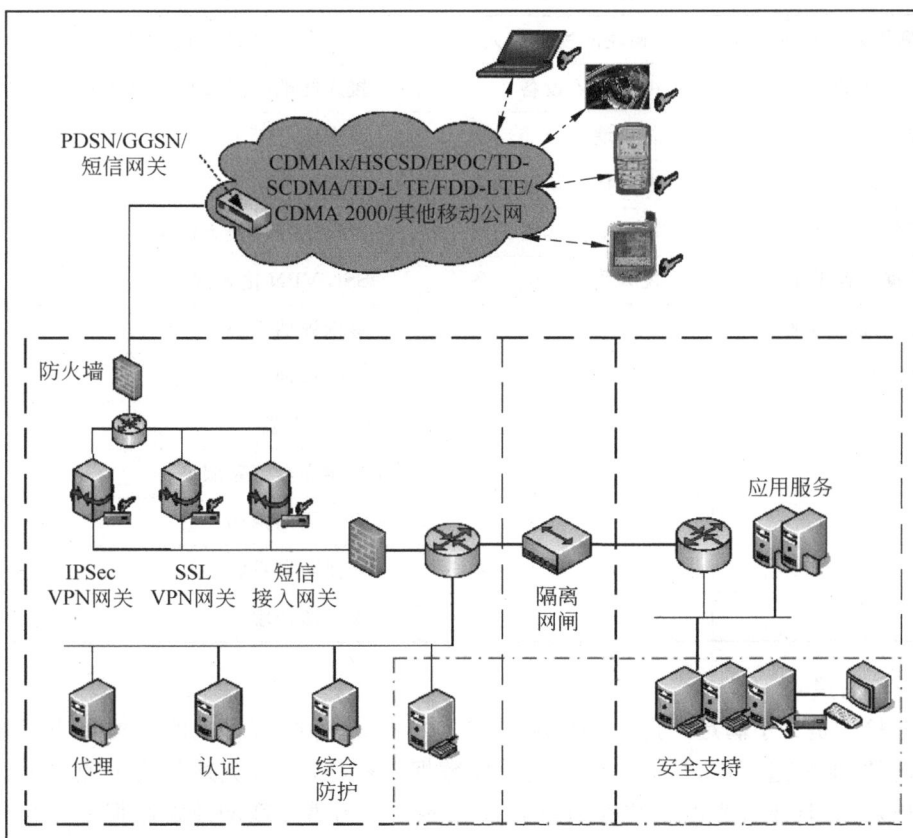

图 7-16 物联网无线接入场景

复杂性等安全要素,而物联网无线接入场景综合考虑上述安全要素,其安全防护能力包括以下几方面:

- 接入终端防护。对接入终端安装加固组件提升防护能力,实现用户身份鉴别、资源访问控制、文件与数据保护、安全威胁检测与防护、安全审计等安全功能,并以硬件密码模块为可信根,确保安全防护措施不能被旁路或失效。
- 链路防护。采用虚拟拨号专用网络 VPDN、访问节点网络 APN 等虚拟专用网来确保链路安全。
- 接入防护。实现端到端信息传输安全保护,确保信息的机密性、完整性和不可否认性;实现移动通信网与内部网的安全隔离,确保数据合规交换,并确保前端用户授权访问控制;对接入终端的身份进行注册、验证其合法性,并统一管理安全策略。
- 安全管理与监控。基于全局视角对平台内设备和服务运行状态进行监控、管理和审计。

物联网无线接入场景由于其面临的安全风险更加复杂,安全防护难度也更大,其涉及的产品也相对较多,如表 7-6 所示。

表 7-6　数字接入、视频接入与无线接入设备对比

物联网数字接入	物联网视频接入	物联网无线接入
接入终端	视频接入设备	接入终端(TF 安全卡、USB 安全卡)
交换机	防火墙	防火墙
防火墙	视频接入认证设备	短信接入网关
可信边界网关	视频安全隔离光闸	IPSec VPN 接入网关
数据交换系统	视频用户认证设备	SSL VPN 接入网关
安全隔离网闸		鉴别评估服务
IDS/IPS		数据代理服务
应用服务器		CA 服务器
		终端安全管理服务
		安全隔离网闸
		入侵防御系统
		病毒防护墙

（4）单向接入。

单向接入是为了满足特定安全需求的接入方式,这种接入方式的主要特点是数据流向是单向的,即只进不出,从而确保内网重要数据不被外泄,避免外部攻击通过该链路来直接导出数据,具体接入网络结构如图 7-17 所示。再考虑物联网前端数据复杂多样的特点,该接入方式并未区分业务最前端数据的差异性,而是采取将所有前端数据（传感数据）均汇聚到接入终端的策略来规避将数据标准化处理过程放置在接入过程中,从而能够便

捷地来实施安全防护,其安全防护能力如下:

- 接入终端防护。对接入终端安装加固组件提升防护能力,实现用户身份鉴别、资源访问控制、文件与数据保护、安全威胁检测与防护、安全审计等安全功能,并以MAC/IP 绑定、硬件特征码、设备证书等方式进行设备认证,确保未认证的设备处于隔断状态。
- 网络防护。实现基于白名单的细粒度访问控制,在防火墙端实现单向访问控制规则;实现边界检查,能及时发现和阻断应用服务未通过平台直接连接内容的行为。
- 接入防护。使用经过认证的安全接口来传输数据,并采用单向传输技术进行安全隔离,在隔离前端实现对应用服务的认证、数据获取、数据文件格式检查和内容过滤等功能,在隔离后端实现完整性校验,确保数据未被篡改或丢失。
- 安全管理与监控。基于全局视角对平台内设备和服务运行状态进行监控、管理和审计。

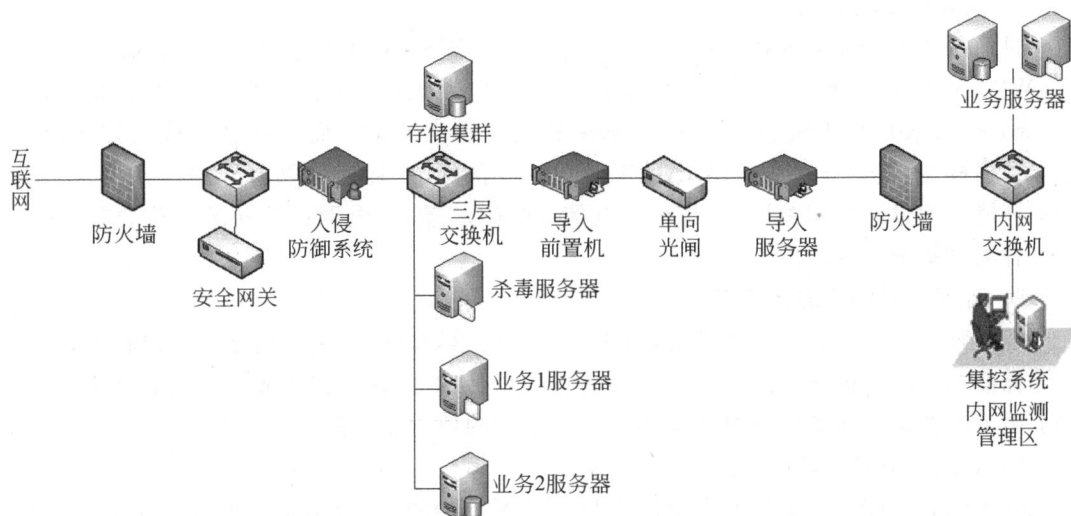

图 7-17　物联网单向接入

物联网数字接入与单向接入方式的区别在于数据流向的控制,数字接入可以是双向传输,数据可进可出,而单向接入仅允许数据流入内网。两种接入方式的设备对比如表 7-7 所示。

表 7-7　数字接入与单向接入设备对比

物联网数字接入设备	物联网单向接入设备
接入终端	接入终端
交换机	交换机
防火墙	防火墙
可信边界网关	可信边界网关
数据交换系统	导入前置机

续表

物联网数字接入设备	物联网单向接入设备
安全隔离网闸	单向隔离光闸
IDS/IPS	导入服务器
应用服务器	IDS/IPS
	应用服务器

1. 接入传输检测环境构建

从上述物联网各类接入场景可以看出,物联网接入传输检测环境应提供多网接入形态的环境,也需适应不同安全强度的检测需求,因此,物联网接入传输检测环境建设包含以下内容。

1）实现广泛的接入能力

目前用于近程通信的技术标准很多,仅常见的 WSN 技术就包括 Lonworks、ZigBee、6LoWPAN、RuBee 等。各类技术主要针对某一应用展开,缺乏兼容性和体系规划,如 Lonworks 主要应用于楼宇自动化,RuBee 适用于恶意环境。而在互联网接入方式上也是丰富多样的,包括移动通信网、ADSL、专线、电信网、广播通信网等。物联网接入传输检测环境将通过购置相关设备,与相关电信、联通、移动、广电网络公司等单位合作,实现上述各类网络的接入能力。

2）实现不同协议的转换能力

通过购置相关设备和二次开发,实现从不同的感知网络到接入网络的协议转换,将下层的标准格式的数据统一封装,保证不同的感知网络的协议能够变成统一的数据和信令。将上层下发的数据包解析成感知层协议可以识别的信令和控制指令。

3）实现网络接入环境管理能力

强大的管理能力对于任何大型网络都是必不可少的,而电信网络能在广阔的互联网中居于核心位置,其分层分权的管理特性是一个重要原因。如何将电信网络的可管理性扩展到感知网络是构建物联网的关键点。运营商目前已不同程度地建有各种网络管理平台,通过各种标准的或专用的管理协议对连接在固定网、移动网中的各种网元设备进行远程管理。

感知接入认证与管理子系统作为与电信网络相连的网元,容易按照运营商管理平台的协议实现对网关本身的管理,包括注册登录管理、权限管理、任务管理、数据管理、故障管理、状态监测、远程诊断、参数查询和配置、事件处理、远程控制、远程升级等。但要想实现全网的可管理,不仅要实现设备本身的管理,还要进一步通过网关实现子网内各节点的管理,例如获取节点的标识、状态、属性等信息,以及远程唤醒、控制、诊断、升级维护等。尽管根据子网的技术标准不同,协议的复杂性不同,所能进行的管理内容有较大差异,但通过统一的物联网管理平台,不同的感知网络、不同的应用能够使用统一的管理接口对末梢网络节点进行统一管理。

2. 配套工程设计

接入传输检测环境的建设需要一个独立的实验室,实验室面积为 200m^2。实验室主要用于接入传输基础环境和检测设备的布置,需配备空调、防尘、防火、防盗、隔音、监控等设施。

构建接入传输检测环境所需核心设备如表 7-8 所示。

表 7-8 接入传输检测环境设备

序 号	名 称	用 途
1	服务器	感知接入认证与管理子系统
2	防火墙	组网(用于访问控制)
3	入侵检测系统	验证网络中的攻击
4	安全接入网关	身份认证与设备认证
5	交换机	组网
6	路由器	组网
7	数据交换系统	网络隔离
8	光隔离网闸	单向隔离
9	IPSec VPN	无线组网
10	短信接入网关	检测环境基础设施
11	SSL VPN	无线组网
12	漏洞扫描	安全检测工具
13	网络流量捕获	安全检测工具
14	应用层渗透性测试工具	安全检测工具
15	视频发包器	检测环境基础设施
16	协议分析仪	安全检测工具

3. 人员配置计划

该检测环境包含两个部分,分别为感知接入认证与管理检测环境和安全接入传输检测环境。每个子系统配备 6 人完成子系统的搭建和测试运行工作。感知接入认证与管理检测环境分为 3 个检测组,每组两人,完成各类受检样品的检测大纲、检测方法、检测报告;安全接入传输检测环境分为 3 个检测组,每组两人,完成各类受检样品的检测大纲、检测方法、检测报告。

7.1.3 业务应用检测环境

物联网业务应用类型丰富多样,在实验室中不建议一一构建检测环境,本节选取监测、识别、管控以及定位跟踪等典型应用的场景来进行搭建。业务应用检测环境将为被测应用系统提供应用运行所需的各类软硬件支撑服务,包括利用虚拟化技术,提供Windows、AIX 等多操作系统,WebSphere、WebLogic 等多平台的运行环境支持的业务应用服务集群,提供各类常见数据库以及云存储支持的存储服务器集群。该环境总体框架如图 7-18 所示,该检测环境包括感知监控中心、业务应用服务集群和存储服务集群 3 部分。

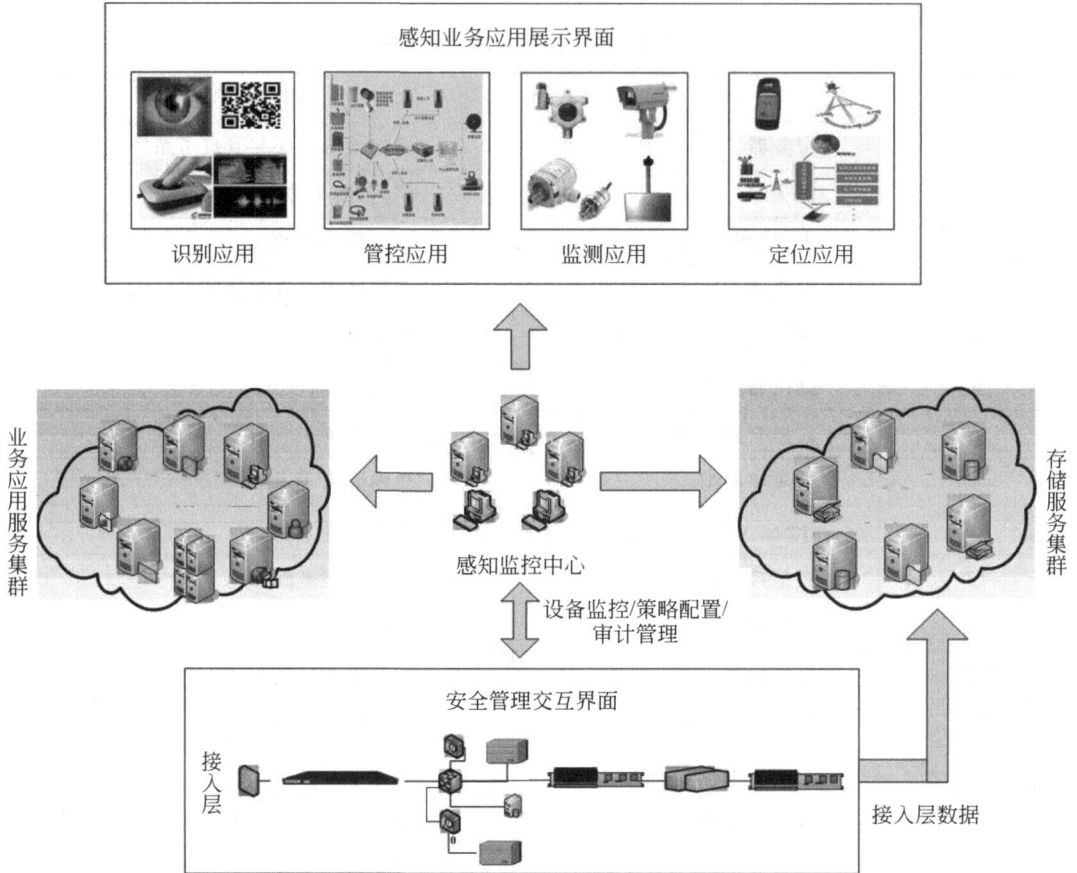

图 7-18　业务应用检测环境总体框架

业务应用服务具有数据量大的特点,其必然依赖于业务应用服务集群提供 Web 服务、FTP 服务、SMTP 服务、视频转发服务、数据库服务等各类常见应用服务,可以支撑海量数据汇聚情况下业务应用的正常运行。

云存储服务模块用于支持应用服务模块或直接支撑感知设备的海量数据存储需求,该模块依赖于存储服务集群提供云存储服务:①对接入层上传数据进行解析处理,提取感知数据、审计信息等数据并传输至感知监控中心进行进一步处理;②对感知监控中心下发的安全策略、控制指令等信息进行翻译处理,并下传至接入层、感知层相关设备或系统,完成系统整体运行。

感知监控中心为感知设备、接入层安全设备及其业务应用提供通用的安全管理及应用交互界面。感知监控中心的功能包括感知业务应用展示界面和安全管理交互界面两部分。

其中感知业务应用展示主要为物联网感知设备的典型应用提供后台运行支撑以及数据展示功能,典型应用包括监测、识别、定位、管控 4 种范畴。安全管理交互界面主要完成接入层安全设备、感知层安全设备以及业务运行状态信息采集、整理和分析,各类系统事件的响应和处理,使用人员综合管理,策略配置管理等功能。主要包括设备监控、策略配置、审计管理等,并且支持 SNMP、SYSLOG 等管理、审计协议。业务应用检测环境的功能模块结构如图 7-19 所示。

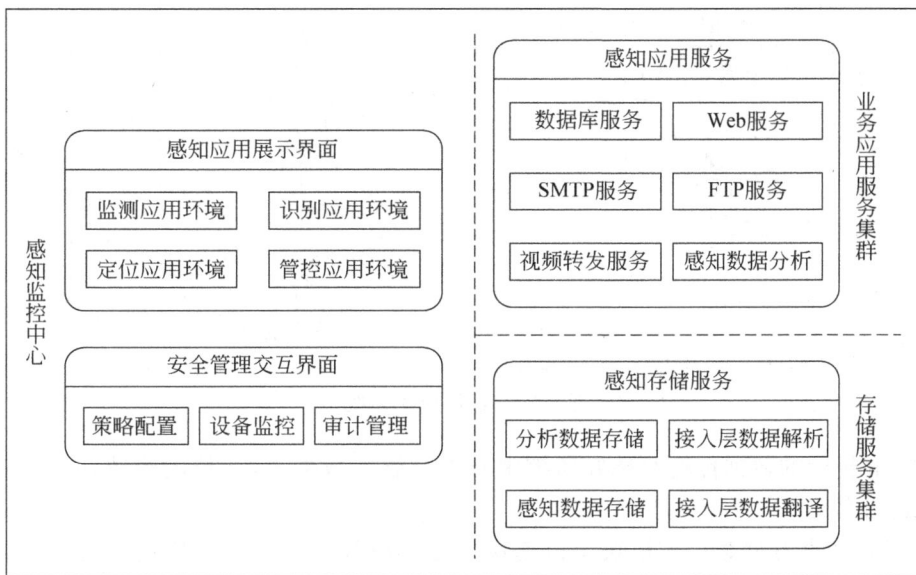

图 7-19　业务应用检测环境功能模块图

1. 检测环境构建

业务应用检测环境主要功能之一是实现感知业务典型应用的展示功能。每一类典型应用需要通过感知监控中心、业务应用服务集群以及存储服务集群 3 部分共同实现系统的整体运行环境。

1)监测应用系统

监测应用主要用于为感知现实物理量的感知设备提供系统运行环境,以保证感知信息能够实时、准确、完整地体现出来。典型的物理量感知设备包括但不限于温度传感器、湿度传感器、压力传感器、流量传感器、液位传感器等,因此,监测应用应包括但不限于水质、大气、噪声、热量等监测。监测应用系统的功能模块结构图如图 7-20 所示。

(1)存储服务集群。

存储服务集群由感知数据解析模块、感知数据存储数据库模块、感知数据统计分析模块组成。

① 感知数据解析模块。该模块对接入层上传的数据进行数据解析,提取出感知数据并对其进行翻译处理,形成存储系统认可的数据格式,以进行存储、显示以及处理等操作。

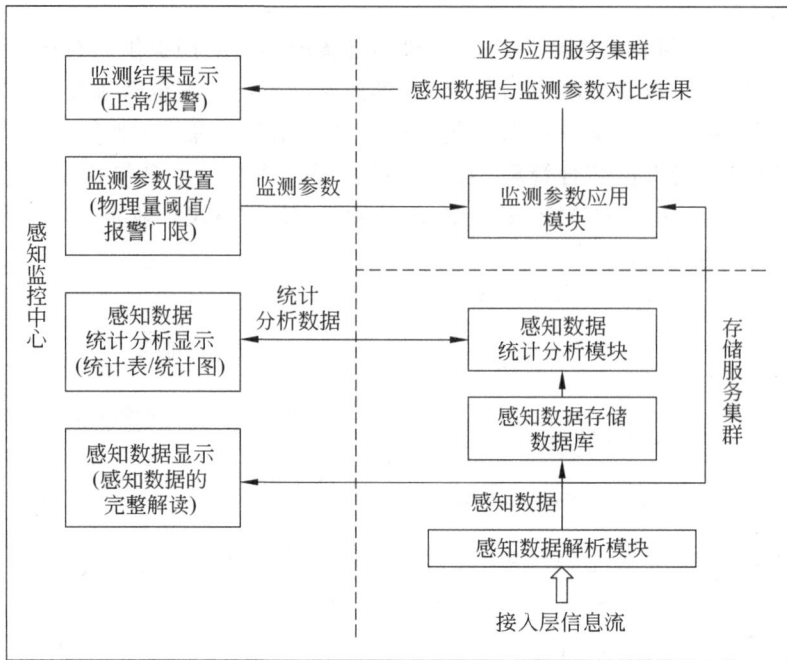

图 7-20　监测应用系统

该模块将解析后的数据传输给感知监控中心进行感知数据显示,传输给感知数据存储模块进行数据存储。

②感知数据存储数据库模块。该模块主要对感知数据解析模块提供的感知数据进行存储。由于感知设备形式多种多样,导致感知数据类型各异,因此该模块将按感知类型建立存储空间,对不同数据进行分类保存。目前该模块的数据存储包括但不限于水质、大气、噪声、热量等数据类型。

③感知数据统计分析模块。该模块对感知数据解析模块提供的感知数据按相关规则要求进行分析统计,分析手段可包括时间、阈值、报警等规则,并将统计结果传输至感知监控中心进行显示。

(2) 业务应用服务集群。

业务应用服务集群由监测参数应用模块组成。监测参数应用模块由感知监控中心提供监测参数,由存储服务集群提供感知数据,对感知数据与监测参数进行处理分析,得出监测结果传输至感知监控中心进行显示。

(3) 感知监控中心。

感知监控中心由感知数据显示模块、感知数据统计分析显示模块、监测参数设置模块以及监测结果显示模块组成。

①感知数据显示模块。该模块对存储服务集群提供的感知数据进行显示。

②感知数据统计分析模块。该模块对统计分析规则进行设定,将规则参数发送至存储服务集群中的感知数据统计分析模块,并对存储服务集群中的感知数据统计分析模块提供的数据统计结果进行显示。

③ 监测参数设置模块。该模块对监测应用系统的监测规则、感知数据阈值、报警门限等数据进行设置,并传输至应用服务集群的监测参数应用模块,为监测系统提供监测依据。

④ 监测结果显示模块。该模块对应用服务集群的监测参数应用模块输出的监测结果数据进行显示或响应。

2）识别应用系统

识别应用主要用于为物联网身份识别的感知设备提供系统运行环境。按照应用领域和具体特征的分类标准,识别技术可以分为光学识别、生物识别、语音识别、磁识别和射频识别技术等。

由于识别应用系统的典型应用是身份验证,因此该系统应具备验证信息数据库,以提供验证数据对比。由于是物联网识别系统,需要实现信息的共享与同步,因此认证系统应包括本地数据系统、远程数据系统。此外,识别应用模块将对感知设备提供的身份信息数据进行实时显示、记录、统计,并显示识别结果（可具备报警功能）,以实现物联网识别系统的完整功能。识别应用系统的功能模块结构如图 7-21 所示。

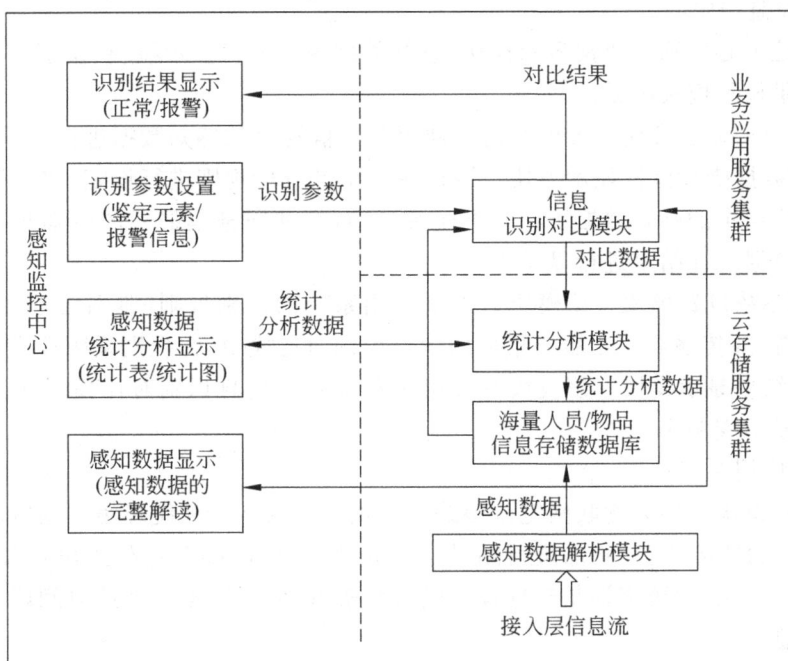

图 7-21　识别应用系统功能模块结构图

（1）存储服务集群。

存储服务集群由感知数据解析模块、海量人员/物品信息存储数据库模块、统计分析模块组成。

① 感知数据解析模块。该模块对接入层上传的数据进行数据解析,提取出感知数据并对其进行翻译处理,形成存储系统认可的数据格式,以进行存储、显示以及处理等操作。该模块将解析后的数据传输给感知监控中心进行感知数据显示,传输给感知海量人员/物

品信息存储数据库模块进行数据存储。

② 海量人员/物品信息存储数据库模块。该模块主要对感知数据解析模块提供的感知数据进行存储。由于感知设备形式多种多样,导致感知数据类型各异,因此该模块将按感知类型建立存储空间,对不同数据进行分类保存。目前该模块的数据存储包括但不限于光学类、生物类、磁类、射频类等数据类型,并对统计分析模块输出的统计数据进行存储。

③ 统计分析模块。该模块对感知应用服务集群的信息识别对比模块提供的对比数据按相关规则要求进行分析统计,分析手段可包括时间、阈值、报警等规则,并将统计结果传输至感知监控中心进行显示,最后将统计分析结果传输至存储服务集群保存。

(2) 业务应用服务集群。

业务应用服务集群由信息识别对比模块组成。信息识别对比模块由感知监控中心提供识别参数,由存储服务集群提供感知数据,由海量人员/物品信息存储数据库模块提供原始样本数据,对感知数据、样本数据、识别参数进行处理分析,得出识别结果传输至感知监控中心进行显示。

(3) 感知监控中心。

感知监控中心由感知数据显示模块、感知数据统计分析显示模块、识别参数设置模块以及识别结果显示模块组成。

① 感知数据显示模块。该模块对存储服务集群提供的感知数据进行显示。

② 感知数据统计分析显示模块。该模块对统计分析规则进行设定,将规则参数发送至存储服务集群中的感知数据统计分析模块,并对存储服务集群中的感知数据统计分析模块提供的数据统计结果进行显示。

③ 识别参数设置模块。该模块对识别应用系统的识别规则、鉴别元素、报警门限等数据进行设置,并传输至应用服务集群的信息识别对比模块,为识别系统提供识别依据。

④ 识别结果显示模块。该模块对应用服务集群的信息识别对比模块输出的识别结果数据进行显示或响应。

3) 定位应用系统

定位应用模块主要为物联网定位跟踪应用提供后台运行系统环境。物联网定位系统主要的功能是对重要人员/物品进行随时定位和轨迹查询,随时定位给出定位人员/物品所在位置描述信息,轨迹查询是根据设定的时间查询某人员/物品在此时间段内的活动轨迹的描述信息。

为了满足不同层次和不同定位精度的要求,定位应用系统将采用全局定位与局域定位相结合的方式。全局定位可采用 GPS 定位系统与移动定位系统相结合的方式;局域定位则利用其他已有的基础设施,比如 WiFi、RFID、蓝牙等网络进行局域定位,局域定位适合于室内或者封闭环境。定位应用系统的功能模块结构如图 7-22 所示。

(1) 存储服务集群。

存储服务集群由感知数据解析模块、定位信息存储数据库模块、统计分析模块组成。

① 感知数据解析模块。该模块对接入层上传的数据进行数据解析,提取出感知数据并对其进行翻译处理,形成存储系统认可的数据格式,以进行存储、显示以及处理等操作。

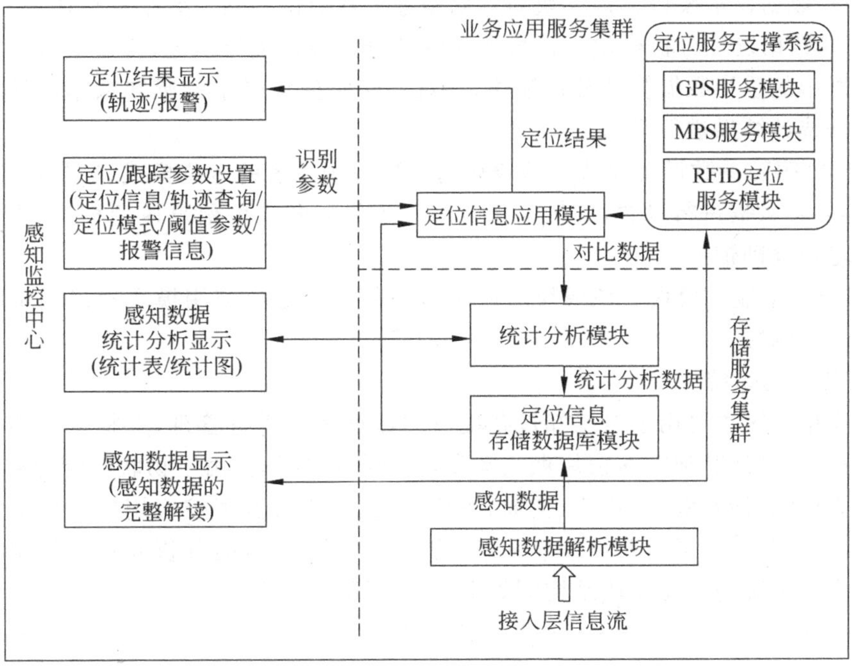

图 7-22　定位应用系统功能模块结构图

该模块将解析后的数据传输给感知监控中心进行感知数据显示,传输给感知定位信息存储数据库模块进行数据存储。

② 定位信息存储数据库模块。该模块主要对感知数据解析模块提供的感知数据进行存储,该模块将按感知类型建立存储空间,对不同数据进行分类保存,并对统计分析模块输出的统计数据进行存储。

③ 统计分析模块。该模块对感知应用服务集群的定位信息应用模块提供的对比数据按相关规则要求进行分析统计,分析手段可包括时间、阈值、报警等规则,并将统计结果传输至感知监控中心进行显示,最后将统计分析结果传输至存储服务集群保存。

(2)业务应用服务集群。

业务应用服务集群由定位信息应用模块和定位服务支撑系统组成。

① 定位信息应用模块。该模块由感知监控中心提供定位模式、定位信息、轨迹查询、阈值等参数,由存储服务集群提供感知数据,由定位信息服务系统提供样本数据,完成定位处理,得出定位结果传输至感知监控中心进行显示。

② 定位服务支撑系统。包括 GPS 服务模块及相关数据库、MPS 服务模块及相关数据库、RFID 定位服务模块及相关数据库组成,采用全局定位与局域定位相结合的方式。全局定位采用 GPS 定位系统与 MPS 定位系统相结合的方式;局域定位则利用其他已有的基础设施,如 RFID、蓝牙等网络进行局域定位。

(3)感知监控中心。

感知监控中心由感知数据显示模块、感知数据统计分析显示模块、定位/跟踪参数设置模块以及定位结果显示模块组成。

① 感知数据显示模块。该模块对存储服务集群提供的感知数据进行显示。

② 感知数据统计分析模块。该模块对统计分析规则进行设定,将规则参数发送至存储服务集群中的感知数据统计分析模块,并对存储服务集群中的感知数据统计分析模块提供的数据统计结果进行显示。

③ 定位/跟踪参数设置模块。该模块对定位应用系统的定位模式、定位信息、轨迹查询、阈值等参数数据进行设置,并传输至应用服务集群的定位信息应用模块,为定位应用系统提供定位规则依据。

④ 定位结果显示模块。该模块对应用服务集群的定位应用模块输出的定位结果数据进行显示或响应。

4)管控应用系统

管控应用系统主要用于对感知设备提供的数据信息进行管理,并根据感知数据信息发出控制指令,控制其他功能模块做出动作,完成控制操作。由于物联网管理控制应用涉及领域较为广泛,涉及农业、物流、交通、医疗等等。基于此,管控应用模块以重要区域管控作为基础模型,功能涵盖监控信息采集、管控策略服务、智能分析和远程控制四模块内容。管控应用系统的功能模块结构图如图 7-23 所示。

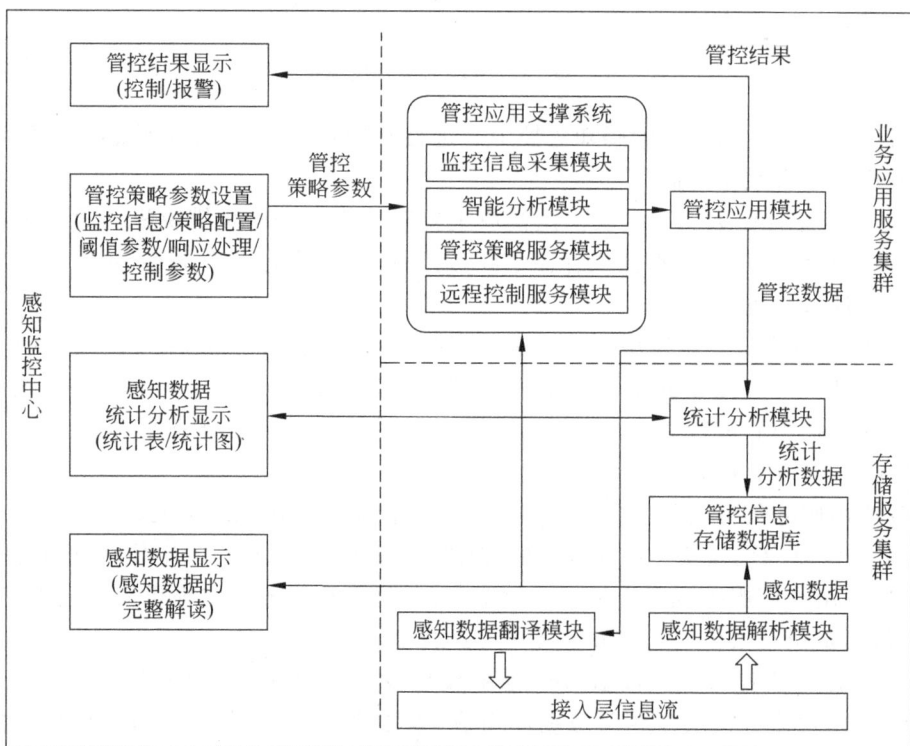

图 7-23 管控应用系统功能模块结构图

(1)存储服务集群。

存储服务集群由感知数据解析模块、感知数据存储数据库模块、感知数据统计分析模块组成。

① 感知数据解析模块。该模块对接入层上传的数据进行数据解析,提取出感知数据并对其进行翻译处理,形成存储系统认可的数据格式,以进行存储、显示以及处理等操作。该模块将解析后的数据传输给感知监控中心进行感知数据显示,并传输给感知管控信息存储数据库模块进行数据存储。

② 感知数据存储数据库模块。该模块主要对感知数据解析模块提供的感知数据进行存储,该模块将按感知类型建立存储空间,对不同数据进行分类保存,并对统计分析模块输出的统计数据进行存储。

③ 感知数据统计分析模块。该模块对感知应用服务集群的管控应用模块提供的管控策略数据按相关规则要求进行分析统计,分析手段可包括时间、阈值、报警等规则,并将统计结果传输至感知监控中心进行显示,最后将统计分析结果传输至存储服务集群保存。

（2）业务应用服务集群。

业务应用服务集群由管控应用模块和管控应用支撑系统组成。

① 管控应用模块:该模块由感知监控中心提供监控信息、策略配置、阈值参数、响应处理、控制参数等数据,由存储服务集群提供感知数据,通过管控应用支撑系统完成管控处理,得出管控结果传输至感知监控中心进行显示。

② 管控应用支撑系统。包括监控信息采集模块、智能分析模块、管控策略服务模块和远程控制模块。监控信息采集模块负责感知层数据采集;智能分析模块负责根据管理控制策略对感知数据进行分析处理;管控策略服务模块负责对感知监控中心输出的控制策略进行管理,配合智能分析模块和远程控制模块做出管控决策;远程控制模块根据管控决策发出管控指令,传输至存储服务集群中的感知数据翻译模块。

（3）感知监控中心。

感知监控中心由感知数据显示模块、感知数据统计分析显示模块、管控策略参数设置模块以及管控结果显示模块组成。

① 感知数据显示模块。该模块对存储服务集群提供的感知数据进行显示。

② 感知数据统计分析显示模块。该模块对统计分析规则进行设定,将规则参数发送至存储服务集群中的感知数据统计分析模块,并对存储服务集群中的感知数据统计分析模块提供的数据统计结果进行显示。

③ 管控策略参数设置模块。该模块对管控应用系统的监控信息、策略配置、阈值参数、响应处理、控制参数等数据进行设置,并传输至应用服务集群的管控应用支撑系统,为管控应用系统提供管控策略依据。

④ 识别结果显示模块。该模块对应用服务集群的管控应用模块输出的管控结果数据进行显示或响应。

5）安全管理交互界面

安全管理交互界面主要完成接入层安全设备、感知层安全设备以及业务运行状态信息采集、整理和分析,各类系统事件的响应和处理,使用人员综合管理,策略配置管理等功能,主要包括设备监控、策略配置、审计管理等,并且支持 SNMP、SYSLOG 等管理、审计协议。

安全管理交互界面的设计将参照边界接入平台的集中监控中的设备监控功能。

2. 配套工程设计

业务应用检测环境利用虚拟化技术,提供以监控、识别、定位为基础应用,管控为高层应用的模式,构建物联网典型应用展示场景,因此其主要的建设项目是一个场景展示厅、一个办公室和一个服务器安放机房,总面积为 150m²。场景展示厅用来展示物联网典型应用场景,包括展示墙、观展区域和相关展示设备,面积约为 75m²;机房用于放置服务器,面积为 40m²,需配备空调、防尘、防火、防盗、隔音、监控等设施;业务应用检测环境办公室根据业务需要,配置办公工位 6 个,配备传真机、打印机和碎纸机等,面积为 40m²。业务应用检测环境场地布局设计如图 7-24 所示。

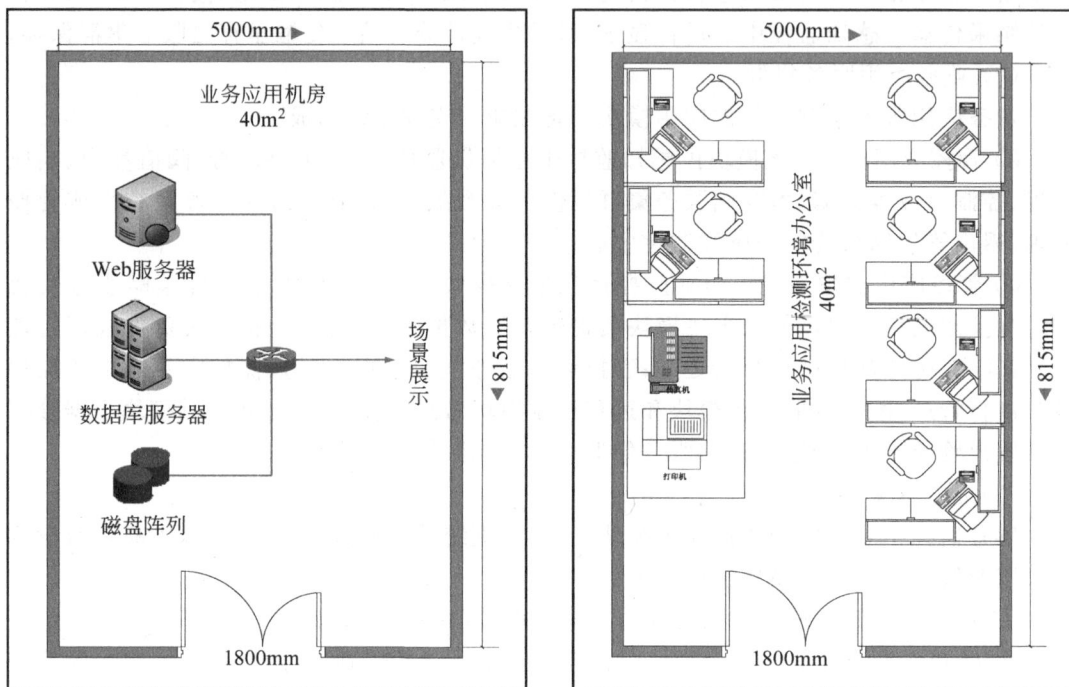

图 7-24　业务应用检测环境场地布局图

业务应用检测环境设备如表 7-9 所示。

表 7-9　业务应用检测环境设备

序号	名　　称	用　　途
1	Web 服务器	部署应用系统
2	数据库服务器	存储各类信息资源
3	磁盘阵列	数据备份
4	负载均衡器	服务器、链路、全局负载均衡
5	交换机	组网
6	大屏幕显示器	展示
7	云管理软件	资源管理

3. 人员配置计划

业务应用检测环境需要由 5 人组成小组进行维护工作。目前直接从事此子项目的相关人员 1 人,需要新增 4 人。

在业务应用检测环境的建设过程中,需要按应用类型、功能类型进行分期分块并行建设,建设步骤包括业务应用检测环境的任务分解、需求分析、设计编码以及试运行。计划由 1 人负责业务应用检测环境的总体设计与组织协调,3 人负责监测应用系统和识别应用系统的建设,2 人负责定位应用系统、管控应用系统以及安全管理交互系统的建设。

7.2　产品安全检测服务平台

物联网产品安全检测服务平台将支撑物联网产品的功能符合性检测、性能检测、安全性检测以及安全保证检测等,其涵盖范围 3 个大类目录 12 项子目录共涉及 56 种产品族群,具体物联网产品检测清单见表 5-1。

(1)感知产品检测。包括 4 类,即单向读取、双向读取、单向控制和双向控制。

(2)接入传输产品检测。包括 4 类,即数据接入、视频接入、无线接入和单向接入。

(3)业务应用产品检测。包括 4 类,即计算环境、通信网络、区域边界和安全管理中心。

物联网产品安全检测主要以开展物联网信息安全产品自愿性认证、销售许可检测以及产品入围检测业务为目的,直接面向政府、各行业部委以及企事业单位,为全社会提供物联网产品的功能、性能、安全、安全保证等检测。

根据上述分类,物联网产品安全检测服务平台包括智能感知产品安全检测能力、接入传输产品安全检测能力、业务应用产品安全检测能力以及产品安全检测知识库。

7.2.1　智能感知类产品安全检测能力

智能感知类产品包括 4 类,即单向读取、双向读取、单向控制和双向控制。具体产品包括球形摄像头、条码扫描器、多频段 RFID 电子标签、多频段 RFID 读写器、射频遥控器、电子防盗器、智能卡和自动柜员机等。因此,智能感知产品安全检测能力建设以上述 8 种产品族群的产品检测能力为主,建设方案内容包括检测标准依据、检测方法、检测工具、检测场地以及人员队伍建设。

1. 检测标准依据

检测依据包括支持产品检测的各类国际、国内标准、规范和技术要求,根据 8 种产品族群检测能力的建设目标。具体形成的产品安全检测依据如表 7-10 所示。

2. 检测方法

根据产品形态的不同,智能感知产品安全检测的方法主要有图像性能检测、功能验证、电磁兼容试验、性能检测、渗透测试、文档审查与分析、网络抓包与协议分析等。

表 7-10　智能感知产品安全检测依据

标 准 编 号	标 准 名 称
GA/T 1267-2015	公安物联网感知层通用安全要求导则
GA/T 1266-2015	公安物联网术语
ISCCC-IR-024-2014_IT	产品信息安全认证实施规则　射频标签产品
ISCCC-IR-027-2014_IT	产品信息安全认证实施规则　网络摄像机产品
ISCCC-IR-026-2014_IT	产品信息安全认证实施规则　射频遥控器产品
ISCCC-IR-025-2014_IT	产品信息安全认证实施规则　条码阅读器产品
ISCCC-IR-023-2014_IT	产品信息安全认证实施规则　RFID 读写器产品
ISCCC-IR-028-2014_IT	产品信息安全认证实施规则　电子防盗锁产品

1）图像性能检测

（1）球形摄像头空载时的场同步信号幅度,记为 U_1。然后用视频线连接球形摄像头视频输出端口和 $75\Omega\pm7.5\Omega$ 的负载,使用示波器测量靠近球形摄像头的场同步信号幅度,记为 U_2。

计算方法如下:

$$R = \frac{(U_1 - U_2) \times 75}{U_2}$$

式中:

R 为输出阻抗,单位为欧姆(Ω)。

U_1 为空载时场同步幅度,单位为伏(V)。

U_2 为加负载时场同步幅度,单位为伏(V)。

75 为负载值,单位为欧姆(Ω)。

（2）检测信噪比。在球形摄像头输出端接入视频杂波测量仪,断开摄像机的自动控制和校正电路,接通视频杂波测量仪 6MHz 低通滤波器和 100kHz 高通滤波器。用球形摄像头摄取 GB/T 6996.12—1986 的灰度测试图,使球形摄像头视频输出信号幅度峰-峰值为 0.7V,盖上摄像机镜盖,在视频杂波测量仪上读取信噪比。

（3）检测水平中心分辨率。用球形摄像头 GB/T 6996.1—1986 的灰度测试图,在监视器上用目视法测量图像中心楔上的分辨率。

（4）检测灰度等级。用球形摄像头摄取 GB/T 6996.12—1986 的灰度测试图,在监视器上用目视法测量可分辨的最大亮度鉴别等级。

（5）检测色同步信号幅度。用球形摄像头摄取 GB/T 6996.12—1986 的灰度测试图,球形摄像头视频输出端口接入 $75\Omega\pm7.5\Omega$ 的标准电阻,然后用示波器观察色同步信号的幅度。

（6）检测场同步信号幅度。用球形摄像头摄取 GB/T 6996.12—1986 的灰度测试图,球形摄像头视频输出端口接入 $75\Omega\pm7.5\Omega$ 的标准电阻,然后用示波器观察场同步信号的幅度。

2）功能验证

功能验证是针对产品的功能特性,例如球形摄像机手动控制、预置位、自动扫描、自动巡航等功能进行实际操作,验证其可用性。

3）电磁兼容试验

（1）检测工作频率。使用射频信号发生器从 0 逐步输出信号至最大频率（其声明频率加 1GHz）,检测标签是否正常工作。

（2）检测电场强度阈值。将信号发生器工作频率设置为标签的工作频率,设置读写器从最小工作频点开始发射询问信号,保证标签处的询问信号电场强度从 0 开始增加,直到读写器能够通过标签发射信号读到其存储的信息。

（3）检测静电放电抗扰度。对标签进行识别功能试验、识别性能试验:

- 严酷等级:4。
- 试验电压:15kV。
- 直接于标签表面采用空气放电。
- 每个敏感试验点放电次数:正负极性各 10 次,每次放电间隔至少为 1s。

（4）检测射频电磁场抗扰度。在下述情况下对标签进行识别功能试验、识别性能试验:

① 一般试验等级。

- 频率范围:80～1000MHz。
- 严酷等级:3。
- 试验场强:10V/m（非调制）。
- 正弦波 1kHz,80％幅度调制。

② 抵抗数字无线电话射频辐射的试验等级。

- 频率范围:1.4～2GHz。
- 严酷等级:4。
- 试验场强:30V/m（非调制）。
- 正弦波 1kHz,80％幅度调制。

4）性能检测

（1）检测自动柜员机时间同步精度。使用 NTP 服务对 ATM 和 ATMP 进行时间同步,使用测试脚本软件将 ATM 的时钟调快 1.5s,使用秒表计时,检查 ATM 时间自动与 ATMP 同步所需的时间是否小于 5min,测试期间不对 ATM 进行存款、取款、查询等任何业务操作。

（2）检测日志存储容量。使用测试脚本软件生成一年的模拟日志数据,重新启动自动柜员机,检查自动柜员机是否能够正常工作。

（3）检测产品稳定性。将受测样品按使用说明的要求正确连接,并施加额定电压,每天至少启闭试验 30 次,连续工作 7 天,检查受测样品是否正常工作。

（4）检测数据传输率。将 RFID 读写器置于工作状态,通过综合测试仪系统获取 RFID 读写器信号,利用综合测试仪查看其命令数据传输率是否满足 30～40kb/s 的要求;将 RFID 读写器置于工作状态,通过综合测试仪系统获取 RFID 读写器信号,利用综合测试仪查看其响应连接频率是否满足 30～40kHz 的要求；将 RFID 读写器置于工作状态，通过综合测试仪系统获取 RFID 读写器信号，利用综合测试仪查看其响应数据传输率是否满足 30～40kb/s 的要求。

5）渗透测试

（1）抗干扰渗透测试。使用干扰源对工作中的射频遥控器进行干扰，同时使用频谱分析仪分析射频遥控器的工作频率，检查射频遥控器是否采用抗干扰技术防止频段干扰。

（2）简单攻击探测。使用渗透性测试工具对自动柜员机进行 IP 欺骗攻击，伪造虚假路由器 IP 地址，检查自动柜员机是否能够检测到攻击；使用漏洞扫描器对自动柜员机进行扫描，检查自动柜员机是否能够检测到端口扫描。

（3）恶意代码检测。对球形摄像头发送带有控制或者破坏系统正常工作的恶意代码，查看球形摄像头能否正常工作，恶意代码是否被检测出来。

（4）越权检测。电子防盗锁使用者在未经身份认证情况下尝试对受控客体进行遥控操作，使用者在通过身份认证的情况下尝试对受控客体进行操作。

6）文档审查与分析

针对 TSF（Target of Evaluation Security Function，评估对象安全功能）间用户数据传送的保密性保护、防止审计数据丢失、密码运算、可信路径等安全要求进行检测，需审查开发者提供的设计文档、产品说明书等文档，进行功能确认，然后进行验证性检测。

7）网络抓包与协议分析

（1）检测可信路径。使用协议分析仪捕获 ATM 和 ATMP 之间的通信数据，分析其是否采用了加密机制保证通信数据的保密性和完整性。

（2）检测传输保密性和完整性。利用综测仪系统抓取双方的通信数据包，查看数据包是否存在明文数据，且协议是否有完整性校验机制。

3. 检测工具

针对智能感知产品安全检测所需的各种功能、性能、安全和安全保证检测方法，需要有先进的检测工具作为支撑。因此，需要通过收集、采购、开发或定制等方式逐步丰富完善试验环境所需的各种工具，逐步形成工具系列。

物联网智能产品安全检测工具集建设内容如下。

1）安全检测工具的获取

根据前期的市场调查，有针对性地采购一些主流的、商业化的安全检测和性能检测工具，同时，针对 RFID、ZigBee 等暂无专用安全检测工具的情况，选取能够满足检测需要的开发类设备进行替代。

2）工具集的构成

智能感知产品检测工具根据其应用范围划分为 3 个部分：

- 产品功能检测工具集。
- 产品性能检测工具集。
- 产品安全检测工具集。

产品功能检测工具集包括功能验证所用到的工具和测试样本数据。工具主要包括

VISN-R1200 RFID/NFC 综合测试仪系统,用户主系统测试机、充电装置、Tag_Reader 软件、标签解码分析软件、微波暗室、天线、控制主机、条码打印机、条码测试仪、智能卡读写设备等。通过上述设备实现功能验证环境的搭建以及模拟产品功能操作,验证其可用性。

产品性能检测工具集包括性能检测所用到的工具和测试样本数据。工具主要包括测试脚本软件、秒表、频谱分析仪、测距仪、干扰源、控制主机、VISN-R1200 RFID/NFC 综合测试仪系统、条码测试仪、标准测试卡、功耗分析仪、矢量信号分析仪、无线通信性能测试设备、校准夹具、RFID 综合测试仪、射频信号发生器、天线、场强探头、压力试验机、振动试验台、恒温恒湿箱、解码分析软件、示波器、磁场发生器、电场场发生器等。通过上述检测工具检测产品数据传输率、稳定性、系统响应时间、耐振动、耐冲击、耐温湿度、电场强度阈值等性能指标。

产品安全检测工具集包括产品安全审计检测所用到的工具和测试样本数据。工具主要包括 VISN-R1200 RFID/NFC 综合测试仪系统、控制主机、协议分析仪、干扰源、示波器、摄像头攻击软件、抓包工具、网络分析仪、标签解码分析软件、频谱分析仪、条码测试仪、标准测试卡、渗透性测试工具、漏洞扫描器等。通过上述检测工具实现产品安全功能验证,以及针对安全性进行渗透测试。

智能感知产品安全检测工具框架如图 7-25 所示。

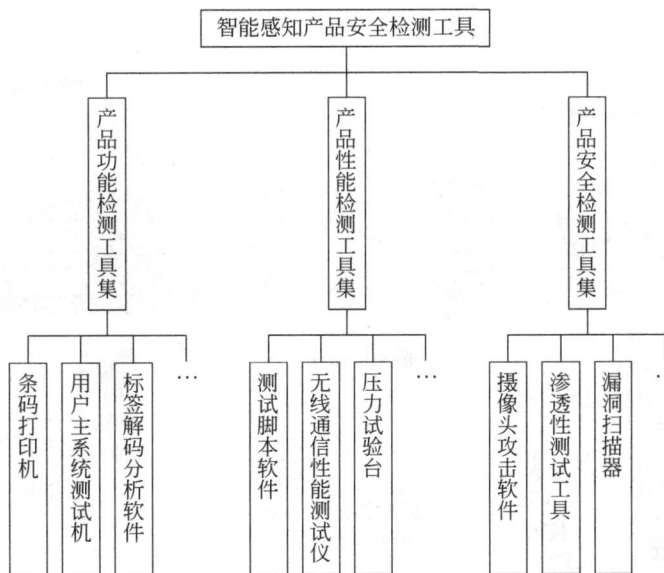

图 7-25　智能感知产品安全检测工具框架图

4. 检测场地

智能感知产品检测场地设计为 4 类实验室,分别是感知单向读取类产品检测实验室、感知双向读取类产品检测实验室、感知单向控制类产品检测实验室、感知双向控制类产品检测实验室。检测实验室支撑物联网感知产品族群的安全技术检测任务,同时为物联网感知安全技术科研工作提供研究实验环境,为物联网感知安全技术前瞻性研究工作提供实验平台。

（1）感知单向读取类产品检测实验室提供摄像头、条码扫描器产品族群等单向读取产品的检测环境。

（2）感知双向读取类产品检测实验室提供 RFID 标签、RFID 读写器产品族群等双向读取产品的检测环境。

（3）感知单向控制类产品检测实验室提供射频遥控器、电子锁等单向控制产品的检测环境。

（4）感知双向控制类产品检测实验室提供智能卡、自动柜员机等双向控制产品的检测环境。

各检测实验室需配备空调、防尘、防火、防盗、隔音、监控、防静电地板、电话线、电源插口、网络布线。

智能感知产品检测实验室提供功能检测、性能检测以及安全检测场景。

1）感知单向读取类产品检测实验室

单向读取类产品检测实验室主要提供各类摄像头、条码扫描器、传感器和 GPS 导航仪等多种单向读取类感知产品的功能、性能和安全性检测服务。根据应用范围和检测技术成熟度，单向读取类产品检测实验室初步具备 4 类产品的检测环境，分别为摄像头产品检测环境、条码扫描器产品检测环境、传感器产品检测环境和 GPS 导航仪产品检测环境，如图 7-26 所示。

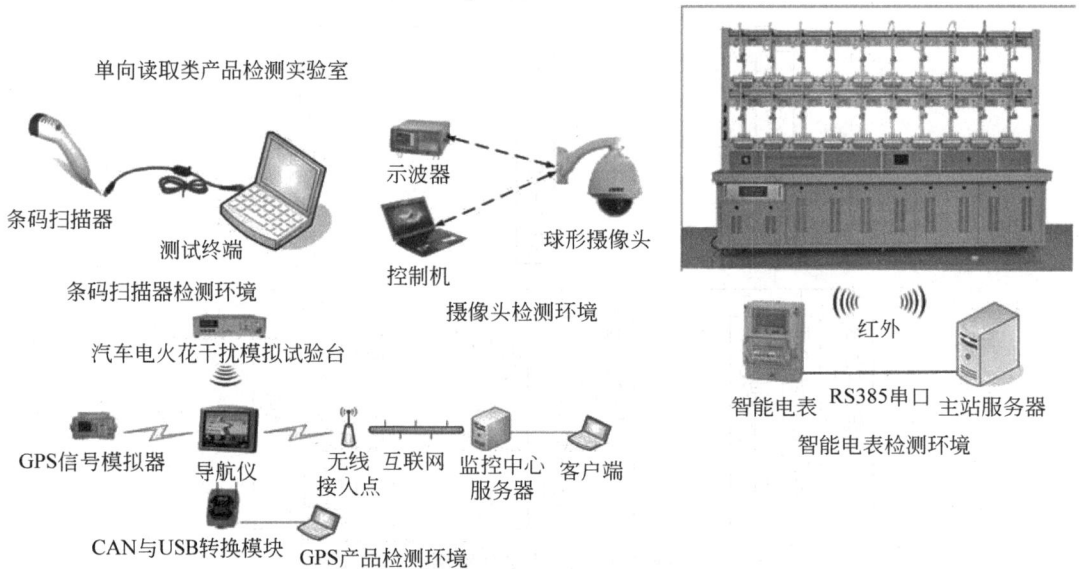

图 7-26　单向读取类产品典型检测场景

摄像头产品检测环境检测范围包括物联网感知层中用于获取图像的各类球性、枪型摄像头提供检测。

条码扫描器产品检测环境检测范围包括一维条码扫描器和二维条码扫描器。

传感器产品检测环境的检测范围包括各种力、热或温度、湿度、声、光、电、磁、气体、生物等传感器。

GPS 导航仪产品检测环境检测范围包括利用 GPS 系统确定移动目标位置,通过移动网络和互联网将数据信息上传的终端设备。

单向读取类产品检测实验室共 180m²,如图 7-27 所示。提供 8 个工位,实验室分为 4 个检测环境,分别为摄像头产品检测环境(40m²)、条码扫描器产品检测环境(40m²)、传感器产品检测环境(60m²)和 GPS 导航仪产品检测环境(40m²)。各检测环境放置提供产品功能、性能和安全性检测的设备、实验环境辅助设备和检测台。

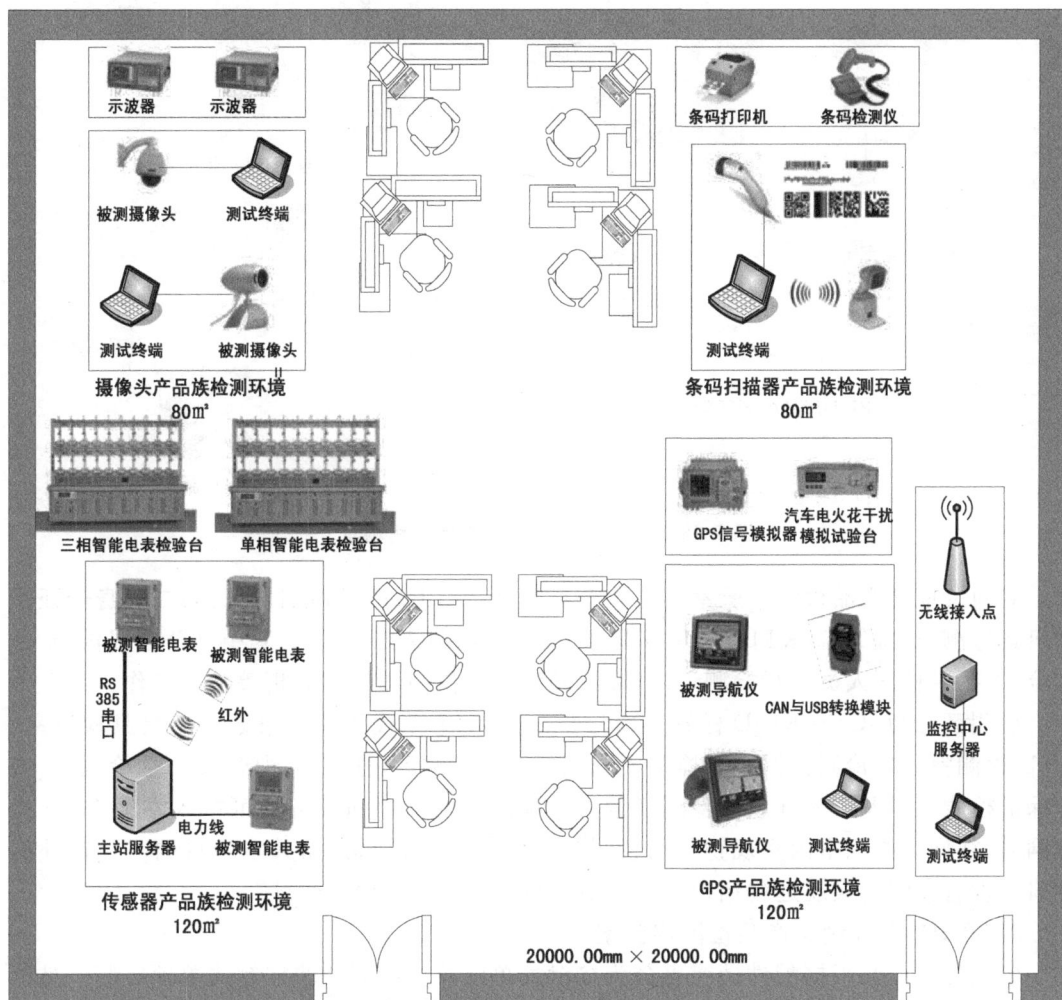

图 7-27 单向读取类产品检测实验室平面布局图

2)感知双向读取类产品检测实验室

双向读取类产品检测实验室对外主要提供 RFID 标签及读写器、IC 卡及读写器、第二代居民身份证阅读机具、远程终端单元(RTU)等产品功能、性能、安全性和安全保证检测,如图 7-28 所示。双向读取类产品检测实验室可根据用户需求,支撑的检测内容一般包括对产品的接口协议、数据速率、工作温度、工作湿度、读写距离、振动、冲击、碰撞、安全性、电磁兼容性等关键项目进行检测,同时对 RFID 标签、IC 卡以及远程终端单元的存储容量、工作环境、抗射线、抗交变电磁场、抗冲击、机械振动、自由跌落、抗静电等关键项目进行检测，并在实际应用环境下进行特定性能和策略符合性检测，进一步验证系统运行效果。

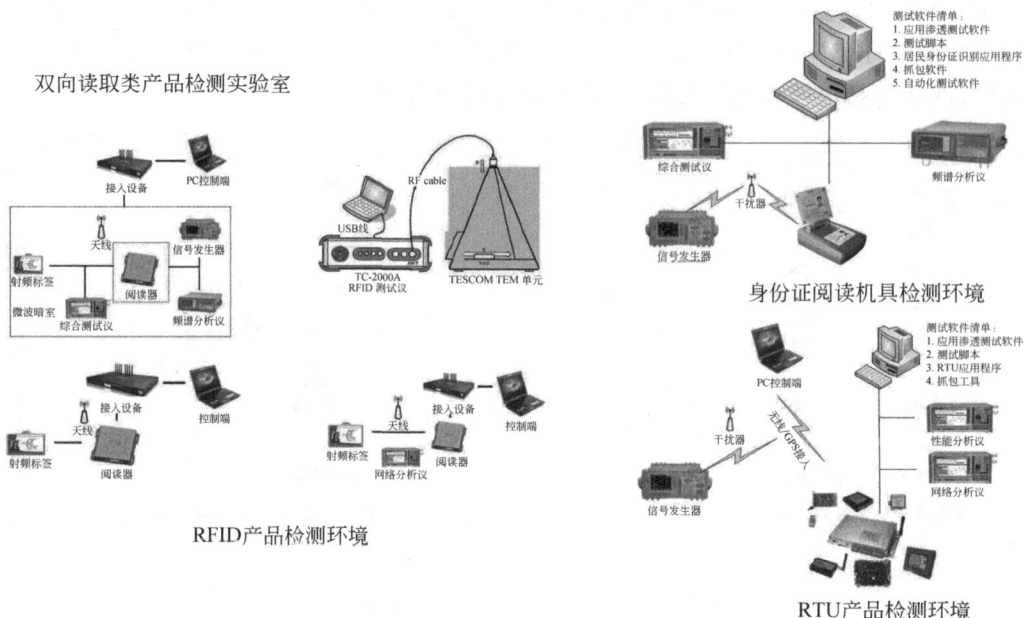

图 7-28　双向读取类产品典型检测场景

　　双向读取类产品检测实验室划分 4 个功能区：RFID 产品检测、居民第二代身份证阅读机具检测、远程终端（RTU）检测以及办公区域，如图 7-29 所示。其中办公区提供 10 个工位，主要供检测人员进行检测记录整理、检测报告撰写和研究分析等各项工作。

　　检测区分为 IC 卡、RFID 标签及读写器检测室、第二代居民身份证阅读机具检测室、RTU 检测室。各检测根据产品检测要求划分功能检测区、性能检测区、安全性检测区、安全保证检测区以及产品开放式检测场景。各检测室的器件和设备均可接入本地 WiFi 局域网络，在同一检测室内实现物与物、物与人连接，达到检测数据共享的目的。预留外网接口和设置权限可实现远程用户对本检测室的访问、控制和管理。

　　3）感知单向控制类产品检测实验室

　　单项控制产品根据配件情况可分为接触式单向控制产品和非接触式单项控制产品测试环境，如图 7-30 所示。

　　（1）非接触式。控制信息存储于独立的元器件中，并且通过非接触的方式将控制信息传输给受控器件。

　　（2）接触式。非接触方式以外的方式均属于接触式单向控制产品。

　　根据检测的实际需求，单向控制类产品检测实验室场地建设规划预计约为 400m² ，如图 7-31 所示，主要包括 3 部分：办公室、非接触式单项控制产品检测环境和接触式单项控制产品检测环境。非接触式单项控制产品的 EMC 测试采取共用 RFID 产品电波暗室的

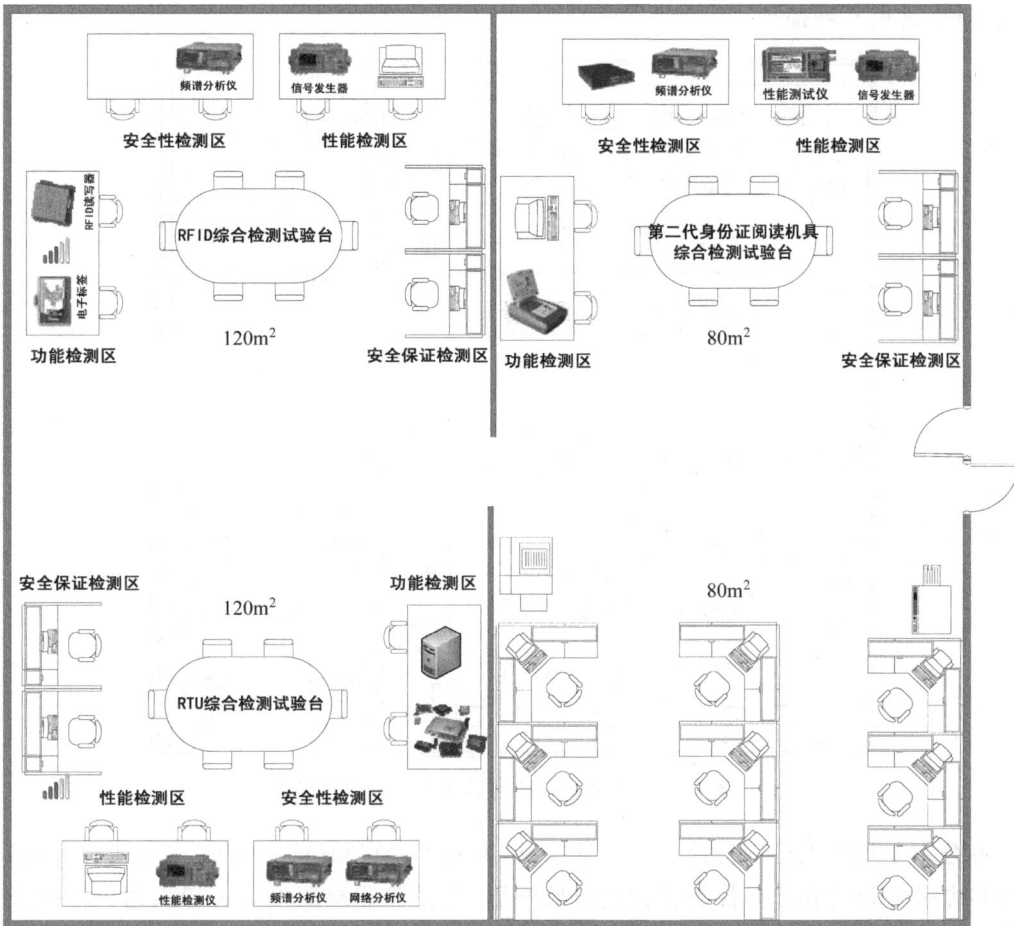

图 7-29　检测实验室平面布局图

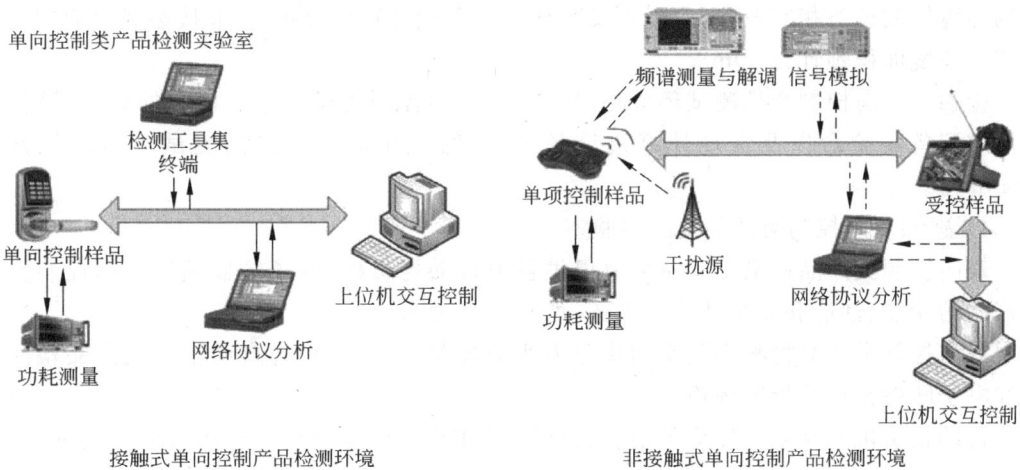

图 7-30　单向控制类产品典型检测场景

方式实现,这里不做描述。

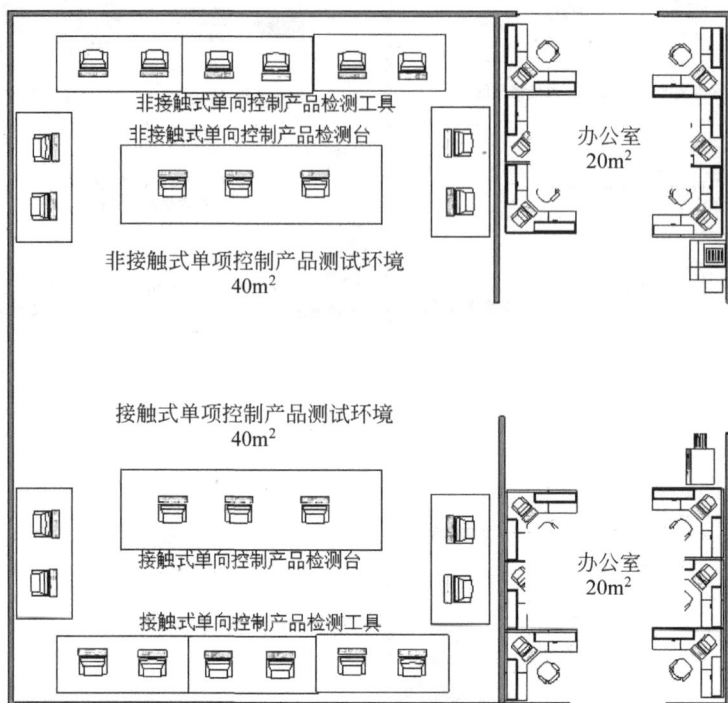

图 7-31 感知单向控制类产品实验室布局

办公室是检测人员进行检测记录整理、检测报告撰写和研究分析等各项工作的场所,因此将办公室设计在单向控制实验室的最外层,方便与非检测人员进行沟通。根据实验室人员配备计划,检测人员约为 4 人,因此办公室面积预计为 40m²。

非接触式单向控制产品测试环境是对非接触式单向控制类样品进行检测的场所,该检测环境检测设备相对较多,应配备实验台以及常规计算机设备等,非接触式单向控制产品测试环境面积预计为 40m²。

接触式单向控制产品测试环境是对接触式单向控制类样品进行检测的场所,该检测环境应配备实验台以及常规计算机设备等,接触式单向控制产品测试环境面积预计为 40m²。

4)感知双向控制类产品检测实验室

双向控制类产品检测实验室主要提供各类自动柜员机、电子防盗锁等双向控制类感知产品的功能、性能和安全性检测服务,如图 7-32 所示。

双向控制类产品检测实验室初步分为两个检测环境,分别为自动柜员机产品检测环境和电子防盗锁产品检测环境。

自动柜员机产品检测环境包括各类检测工具和支撑自动柜员机运行所需的网络、上位机等基本条件。

电子防盗锁产品检测环境包括电子防盗锁工作所需的各类交直流电源、控制机、配套门禁系统等基本运行条件以及各类检测工具。

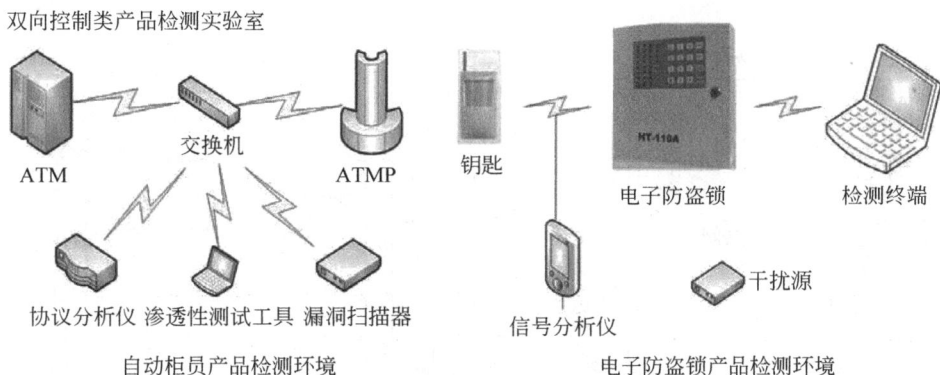

图 7-32　双向控制类产品典型检测场景

双向控制类产品检测实验室共 200m²,如图 7-33 所示。提供 12 个工位,10 个检测工作台,可以同时开展 5 个产品的检测工作。各检测环境放置产品功能、性能和安全性检测工具、样品运行支撑设备和检测台。

7.2.2　接入传输类产品安全检测能力

接入传输类产品检测包括 4 类,即数据接入、视频接入、无线接入和单向接入。产品包括路由器、交换机、入侵防御系统、安全接入网关、物联网网关、视频传输交换系统、无线传输交换系统、3G 接入网关、单向传输交换系统等。因此,接入传输类产品安全检测能力建设以上述 9 种产品族群的产品检测能力为主,建设方案内容包括检测标准依据、检测方法、检测工具、检测场地以及人员队伍建设。

1. 检测标准依据

检测依据包括支持产品检测的各类国际、国内标准、规范和技术要求,根据 9 种产品族群检测能力,具体形成的产品安全检测依据如下:

(1)《路由器产品安全技术要求》。

(2)《交换机产品安全技术要求》《物联网产品信息安全认证实施规则　交换机》。

(3)《信息安全技术　网络型入侵防御产品技术要求和测试评价方法》。

(4)《安全接入网关产品安全技术要求》《物联网产品信息安全认证实施规则　安全接入网关》。

(5)《视频传输交换系统产品安全技术要求》《物联网产品信息安全认证实施规则　视频传输交换系统》。

(6)《无线传输交换系统产品安全技术要求》《物联网产品信息安全认证实施规则　无线传输交换系统》。

(7)《单向传输交换系统产品安全技术要求》《物联网产品信息安全认证实施规则　单向传输交换系统》。

(8)《移动接入网关产品安全技术要求》《物联网产品信息安全认证实施规则　移动接入网关》。

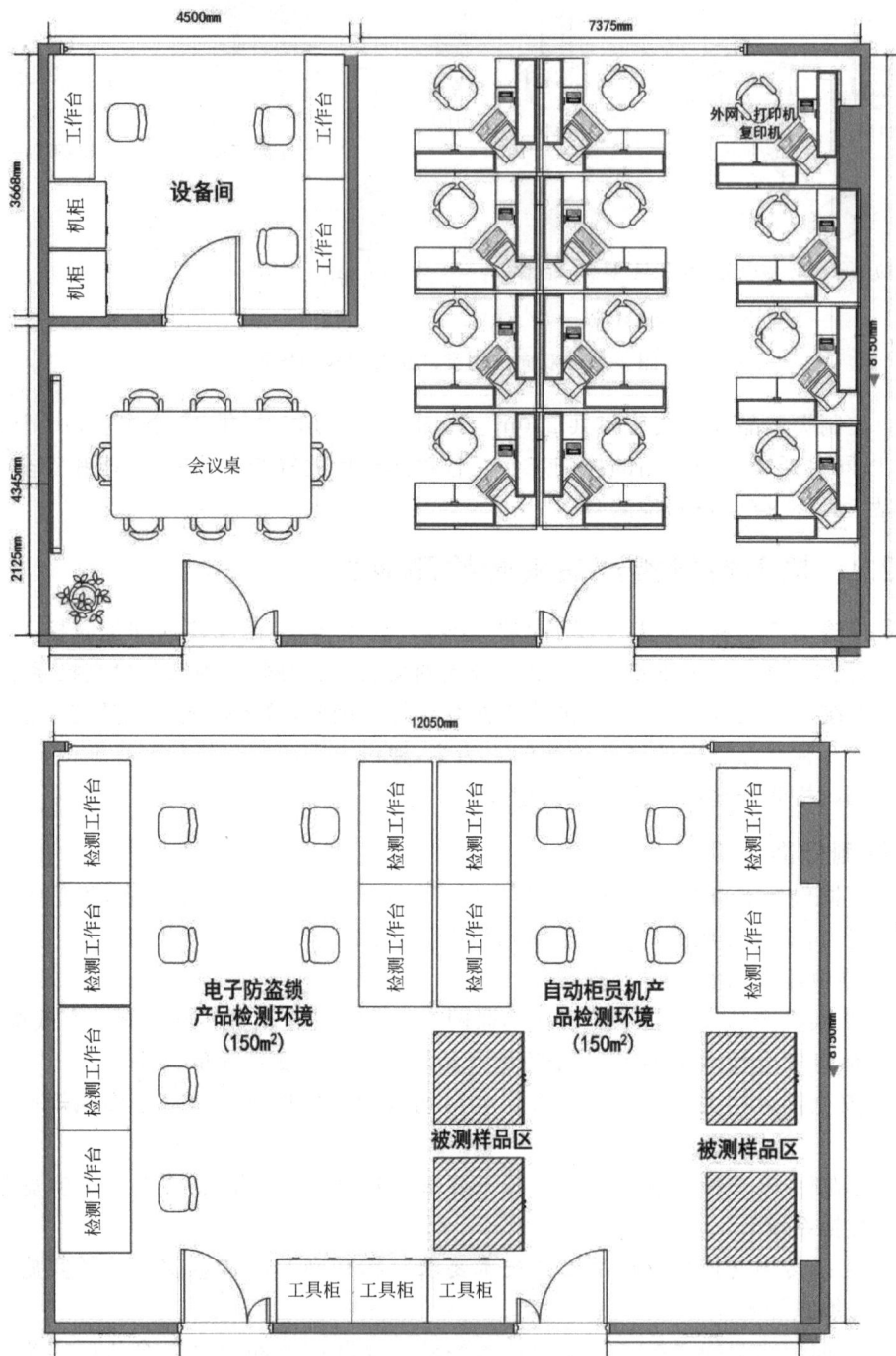

图 7-33　检测实验室平面布局图

(9)《物联网网关产品安全技术要求》《物联网产品信息安全认证实施规则 物联网网关》。

2. 检测方法

根据产品形态的不同,接入传输产品安全检测的检测方法主要有功能验证、性能检测、渗透测试、文档审查与分析、网络抓包与协议分析等。

1) 功能验证

针对产品的功能特性,验证其可用性。例如,3G 网关产品抗网络攻击功能可以使用数据包发生器发送各类网络工具对 3G 网络产品抗攻击能力进行验证性测试。移动 VPN 接入网关虚拟安全通道等功能可以用以下方法验证:

(1) 模拟专线网络接入模式,配置移动 VPN 接入网关尝试建立虚拟的安全通信通道。

(2) 模拟 ADSL 网络接入模式,配置移动 VPN 接入网关尝试建立虚拟的安全通信通道。

(3) 模拟 ISDN 网络接入模式,配置移动 VPN 接入网关尝试建立虚拟的安全通信通道。

(4) 模拟 PSTN 网络接入模式,配置移动 VPN 接入网关尝试建立虚拟的安全通信通道手动控制、预置位、自动扫描、自动巡航等功能进行实际操作,验证其可用性。

2) 性能检测

(1) 检测吞吐量。在不开启安全策略的情况下,使用性能分析仪或 IPREF 工具测试产品支持的最大吞吐量;在开启所有默认安全策略的情况下,使用性能分析仪或 IPREF 工具测试产品支持的最大吞吐量。

(2) 检测最大并发连接数。在不开启安全策略的情况下,使用性能分析仪测试产品支持的最大连接数;在开启所有默认安全策略的情况下,使用性能分析仪测试产品支持的最大连接数。

(3) 检测传输性能。关闭全文审计功能,关闭文件打包压缩功能(如有文件打包压缩功能),停止单向传输系统服务,使用测试脚本在导入前置机监控的文件目录中生成 10 000 个文件,每个文件的长度为 1024B,然后启动单向传输系统服务,使用秒表记录 10 000 个 1KB 文件传输完所需的时间,计算每秒的传输文件数。关闭全文审计功能,关闭文件打包压缩功能(如有文件打包压缩功能),停止单向传输系统服务,使用测试脚本在导入前置机监控的文件目录中生成一个长度为 1GB 的文件,然后启动单向传输系统服务,使用秒表记录一个 1GB 文件传输完所需的时间,计算实际传输带宽。

(4) 检测时延。将产品与流量发生器相连,以 100% 的端口能力发送长度为 64B 的数据帧,计算时延。

3) 渗透测试

(1) 认证渗透。模拟未授权客服端、服务端连接产品,验证是否支持对客户端和服务端的认证,未认证的设备是否可以进行数据交换。

(2) 响应处理。使用应用渗透测试、协议模糊测试工具产生违反安全策略的事件,验证响应处理方式是否准确、有效。

（3）数据安全渗透。

① 搭建测试环境,按照符合物联网网关协议的数据编码格式,使用发包器或模拟现实数据流量发送数据包,检查是否通过。

② 使用未认证的设备或客户端按照格式要求发送数据包,检查是否通过。

③ 使用发包器或模拟物联网网关不支持的数据编码格式发送数据包,检查是否通过。

④ 按照符合物联网网关协议的控制信令格式使用发包器或模拟现实信令数据发送数据包,检查是否通过。

⑤ 使用发包器或模拟物联网网关不支持的信令格式发送数据包,检查是否通过。

⑥ 使用认证的设备或客户端按照格式要求发送包含恶意代码的数据包,检查是否通过。

⑦ 检查是否对每次数据检测不成功的事件进行记录。

（4）病毒渗透测试。

① 对于采用第三方反病毒扫描软件的系统,通过查看源代码,确认是否具有病毒木马防护能力。

② 对于采用破坏帧结构方式进行恶意代码防范的系统,在系统两端抓包,分析对比前后端数据内容的变化,确认帧结构是否被有效破坏。

4）文档审查与分析

针对 TSF 间用户数据传送的保密性保护、防止审计数据丢失、密码运算、可信路径等安全要求进行检测,需审查开发者提供的设计文档、产品说明书等文档,进行功能确认,然后进行验证性检测。

5）网络抓包与协议分析

（1）检测传送过程 TSF 间的保密性,使用协议分析仪和抓包工具,对网络传输的管理信息进行截包分析并加以验证。

（2）检测数据传输控制。搭建测试环境模拟数据交换过程,通过抓包工具和协议分析仪查看内网到外网、外网到内网的数据包。检查内网往外网发送的数据包应为控制信令,外网往内网传输的数据包应为业务数据包,并且无内网向外网往发送业务数据包。

（3）检测协议解析。使用协议分析仪模拟各类应用协议,测试物联网网关产是否支持对应应用协议的解析。

（4）检测协议终端、信息落地。在安全隔离设备内外网端口抓包,检查同一应用请求在内外网端口传输时是否具有不同的包序号。

3. 检测工具

针对接入传输产品安全检测所需的各种功能、性能、安全和安全保证检测方法需要有先进的检测工具作为支撑。因此,需要通过收集、采购、开发或定制等方式逐步丰富完善试验环境所需的各种工具,逐步形成工具系列。

接入传输产品安全检测工具集建设内容如下。

1）安全检测工具的获取

根据前期的市场调查,有针对性地采购一些主流的、商业化的安全检测和性能检测工具,同时,针对视频传输等暂无专用安全检测工具的情况,选取能够满足检测需要的开发类设备进行替代。

2）工具集的构成

接入传输产品检测工具根据其应用范围划分为 3 个部分:

- 产品功能检测工具集。
- 产品性能检测工具集。
- 产品安全检测工具集。

产品功能检测工具集包括功能验证所用到的工具和测试样本数据。工具主要包括测试终端、包过滤防火墙、协议分析工具(软件)、数据包发生器、网络包捕获工具、视频发包器、漏洞扫描工具、源代码分析工具、流量发生器、无线终端、无线访问点、基础服务器、协议分析仪、应用层渗透性测试工具等。通过上述设备实现功能验证环境的搭建以及模拟产品功能操作,验证其可用性。

产品性能检测工具集包括性能检测所用到的工具和测试样本数据。工具主要包括性能分析仪、TCP 工具、IPREF 工具、协议分析仪、应用层性能测试设备、流量发生器、视频发包器、Spirent Avalanche、Spirent Reflector、Spirent Smart Bits、测试脚本软件、秒表等。通过上述检测工具检测产品数据传输率、吞吐量、产品并发性能、丢包率、协议解析等性能指标。

产品安全检测工具集包括产品安全审计检测所用到的工具和测试样本数据。工具主要包括应用层渗透性测试工具、控制主机、协议分析仪、视频发包器、抓包工具、渗透性测试工具、漏洞扫描器、专用测试系统或模块、暴力口令破解工具等。通过上述检测工具实现产品安全功能验证,以及针对安全性进行渗透测试。

接入传输产品安全检测工具框架如图 7-34 所示。

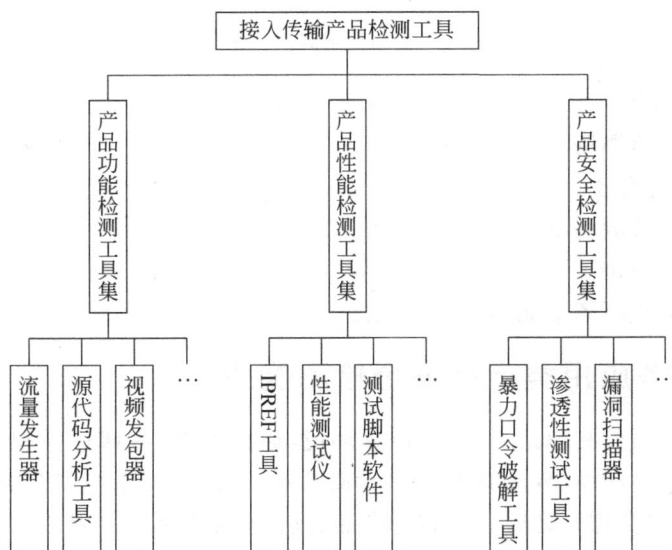

图 7-34　接入传输产品安全检测工具框架

4. 检测场地

接入传输产品检测场地设计为接入传输类产品检测实验室,该实验室划分 4 个检测区,分别数据传输检测区、视频传输检测区、无线传输检测区、单向传输检测区。该检测实验室需配备空调、防尘、防火、防盗、隔音、监控、防静电地板、电话线、电源插口、网络布线。

接入传输类产品检测实验室提供功能检测、性能检测以及安全检测典型的检测场景。

1)数据传输检测区

数据传输典型检测场景如图 7-35 所示。

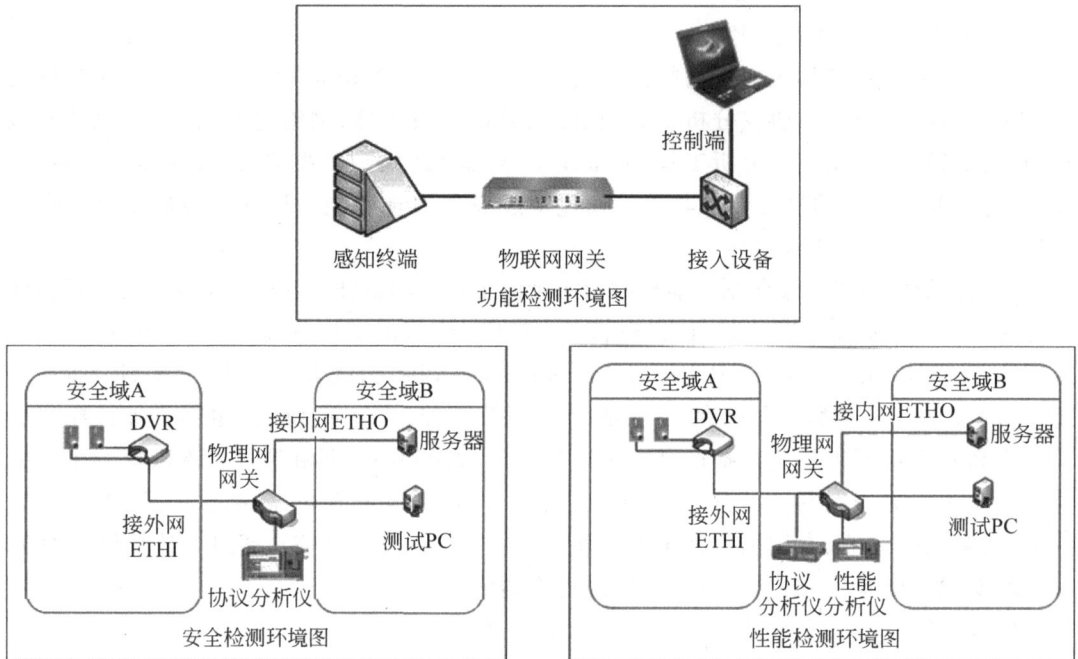

图 7-35　数据传输典型检测场景

2)视频传输检测区

视频传输典型检测场景如图 7-36 所示。

3)无线传输检测区

无线传输典型检测场景如图 7-37 所示。

4)单向传输检测区

单向传输典型检测场景如图 7-38 所示。

7.2.3　业务应用类产品安全检测能力

业务应用类产品检测包括 4 类,即计算环境、通信网络、区域边界和安全管理。具体产品包括虚拟化软件产品、Web 应用安全检测系统产品、操作系统安全加固产品、服务器类产品(含云计算服务器)、即时通信软件产品、抗拒绝服务系统产品、上网行为管理产品、统一威胁管理产品、安全管理平台产品等。因此,业务应用产品安全检测以上述 9 种产品

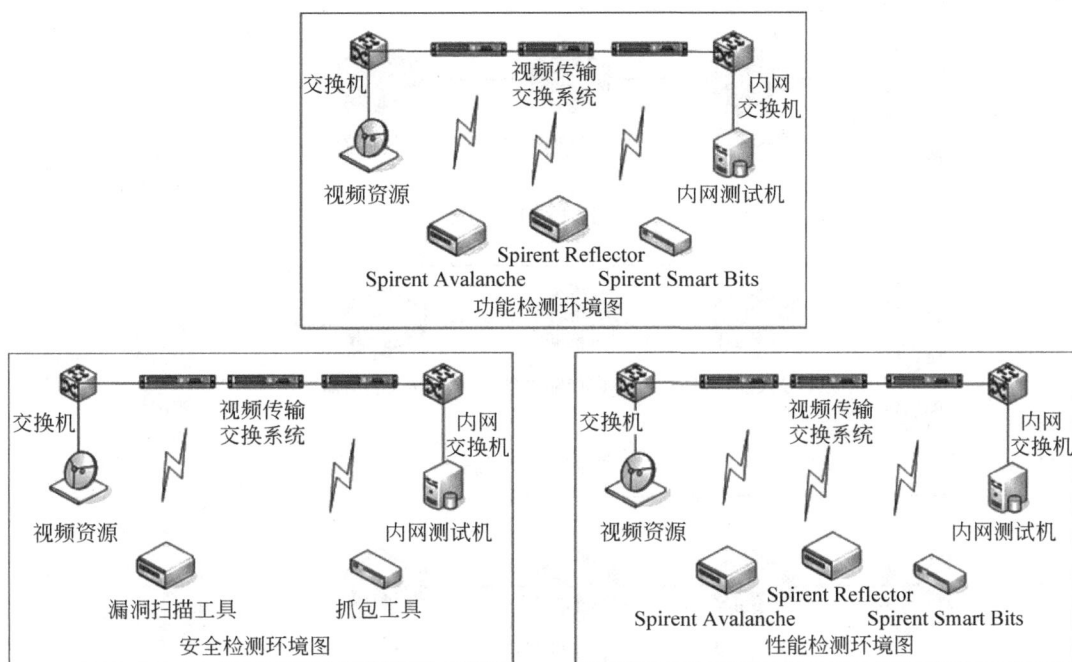

图 7-36 视频传输典型检测场景

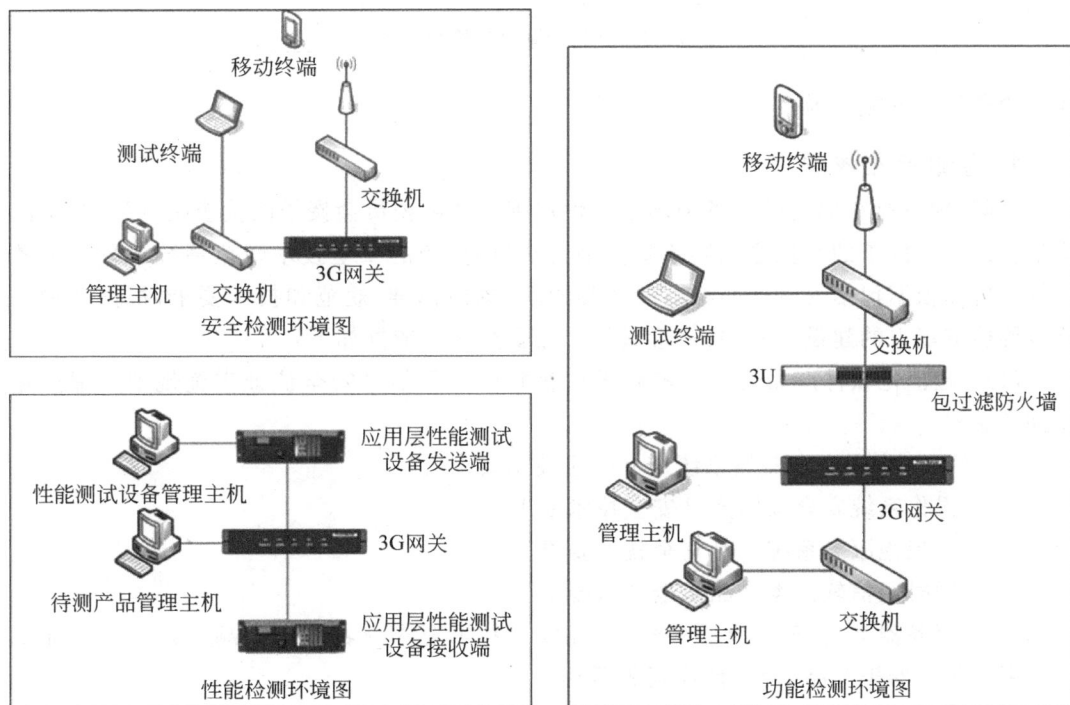

图 7-37 无线传输典型检测场景

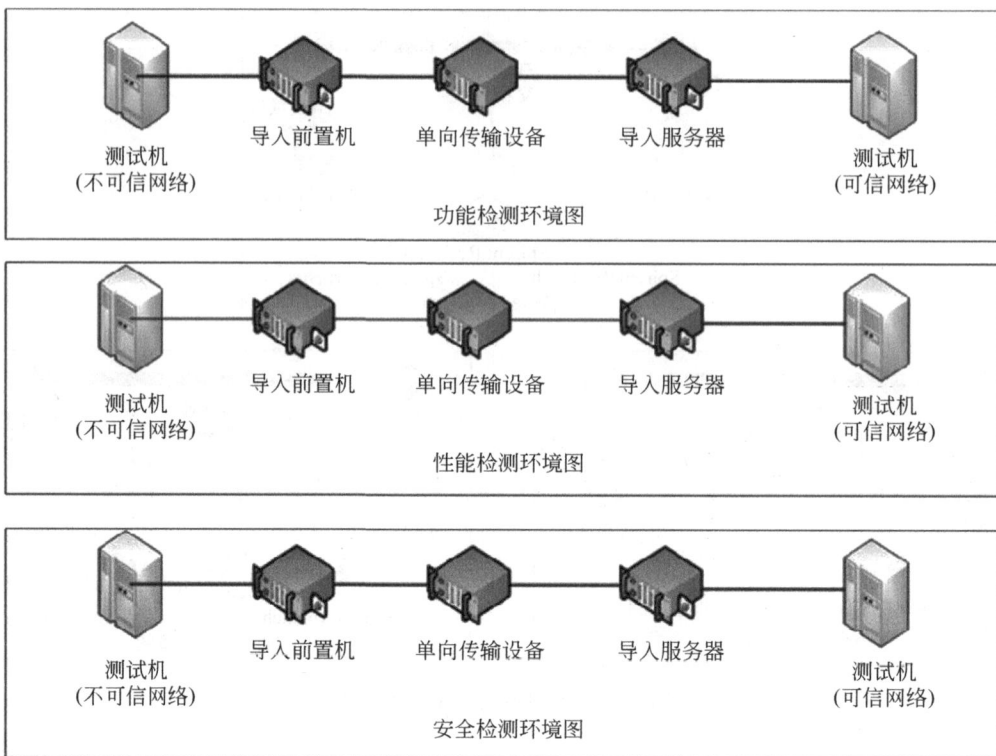

图 7-38　单向传输典型检测场景

族群的产品检测能力为主。

1. 检测标准依据

目前,项目所在部门已具备中国合格评定国家认可委员会授予的检查机构资质,中国质量认证中心授予的委托检测实验室资格,公安部授予的安全技术防范系统工程检测资质等。检测依据包括支持产品检测的各类国际、国内标准、规范和技术要求,根据 9 种产品族群检测能力的建设目标,具体形成的产品安全检测依据如下:

(1)《虚拟化软件产品安全技术要求》《物联网产品信息安全认证实施规则　虚拟化软件产品》。

(2)《Web 应用安全监测系统产品安全技术要求》。

(3)《操作系统安全加固产品安全技术要求》。

(4)《抗拒绝服务系统产品安全技术要求》。

(5)《即时通信软件类产品安全技术要求》。

(6)《服务器类(含云计算服务器)产品安全技术要求》《物联网产品信息安全认证实施规则　服务器类产品(含云计算服务器)》。

(7)《上网行为管理产品安全技术要求》《物联网产品信息安全认证实施规则　上网行为管理产品》。

(8)《统一威胁管理产品(UTM)安全技术要求》。

（9）《安全管理平台产品安全技术要求》。

2．检测方法

根据产品形态的不同，业务应用产品安全检测的检测方法主要有功能验证、性能检测、渗透测试、文档审查与分析等。

1）功能验证

功能验证是针对产品的功能特性，验证其可用性。

（1）检测消息通信。

① 从测试机 A 向测试机 B 发送消息，查看测试机 B 是否即时接收到从 A 测试机发送的消息。

② 使用 A、B、C 3 台计算机，从测试机 A 向 B、C 群发文本消息，查看 B、C 是否即时接收到从测试机 A 发送的消息。

③ 从测试机 A 向测试机 B 发送消息，发送成功后，拔掉 B 的网线，再次从 A 向 B 发送消息，查看 A 上的即时通信软件是否向用户提供"消息发送失败"提示。

④ 使用 A、B 两台计算机进行语音通话，检查 A、B 两台计算机之间是否能够实现全双工语音通话。

⑤ 使用 A、B、C 3 台计算机进行语音通话，检查 A、B、C 3 台计算机之间是否能够实现全双工语音通话。

⑥ 使用 A、B 两台计算机进行视频通信，检查 A、B 两台计算机之间是否能够实现全双工视频通信。

⑦ 从计算机 A 向计算机 B 传送文件，使用摘要值生成工具对 A 和 B 上的传输文件进行校验，确认源文件和传输后的副本是否一致等。

（2）检测远程控制。

① 在客户端对服务器进行远程控制，验证操作是否成功。

② 模拟服务器或网络操作系统故障，验证管理员是否能够通过网页浏览器来接入和管理系统，实现带外管理。

（3）检测设备工作状态。

① 检查服务器中电源、风扇、机箱、磁盘控制等关键部件是否具备可管理接口。

② 检查是否通过可管理接口实现了对关键部件的监控功能，并对其进行操作，验证其功能的有效性。

③ 模拟上述部件发生故障，测试其报警功能。

2）性能检测

（1）检测传输性能。配置两台测试机 A、B 采用 1Gb/s 网络连接，如即时通信软件自带文件压缩传输功能，测试时应关闭压缩功能。使用大于 1GB 的视频文件进行传输测试，对传输过程进行计时，传输完成后立即断开测试机的网络连接，使用校验工具确认传输到测试机 B 的文件与测试机 A 上的原始文件是否一致，计算数据有效传输速率。

（2）检测稳定性。配置两台测试机 A、B 采用 1Gb/s 网络连接，测试机 A、B 进行一对一语音通信，测试过程中保持声音信号源持续工作，10 小时后检查测试机 A、B 之间的语音通信是否在测试期间保持稳定、正常。

（3）检测虚拟化性能。使用虚拟机基准测试工具 VMmark 2.x 进行测试。

3）渗透测试

（1）检测漏洞。使用漏洞扫描工具或查询漏洞库 CVE,检测产品设备是否存在漏洞。

（2）检测子集信息流控制。检测模拟数据在不同等级系统间的流动时是否提供了控制措施,高等级安全的数据流向低等级区域时是否能够阻止。

（3）渗透攻击。

① 检查关键服务器是否制定了恶意代码防护策略,并安装了相应的恶意代码防护软件。

② 检查恶意代码软件防护软件的厂家、名称和恶意代码库版本号。

③ 检查服务器在启动时恶意代码防护软件的运行情况。

④ 利用恶意攻击程序对服务器发起攻击,检查恶意代码防护软件的事件日志能否进行报警或阻断,查看安全策略执行的有效性。

4）文档审查与分析

针对 TSF 间用户数据传送的保密性保护、防止审计数据丢失、密码运算、可信路径等安全要求进行检测,需审查开发者提供的设计文档、产品说明书等文档,进行功能确认,然后进行验证性检测。

3. 检测工具

针对业务应用产品安全检测所需的各种功能、性能、安全和安全保证检测方法,需要有先进的检测工具作为支撑。因此,需要通过收集、采购、开发或定制等方式逐步丰富完善试验环境所需的各种工具,逐步形成工具系列。

业务应用产品安全检测工具集建设内容如下:

1）安全检测工具的获取

根据前期的市场调查,有针对性地采购一些主流的、商业化的安全检测和性能检测工具。

2）工具集的构成

业务应用产品检测工具根据其应用范围划分为 3 个部分:

· 产品功能检测工具集。

· 产品性能检测工具集。

· 产品安全检测工具集。

产品功能检测工具集包括功能验证所用到的工具和测试样本数据。工具主要包括秒表、恶意代码攻击工具、交换机、控制主机、操作系统样本、虚拟化软件样本等。通过上述设备实现功能验证环境的搭建以及模拟产品功能操作,验证其可用性。

产品性能检测工具集包括性能检测所用到的工具和测试样本数据。工具主要包括测试脚本软件、秒表、流量发生器（硬件）、Web 服务性能测试工具 SPECWeb2005（软件）、虚拟机基准测试工具 VMmark、模拟音频/视频软件、视频播放器软件等。通过上述检测工具检测产品数据传输率、稳定性、系统响应时间、并发性能、虚拟化性能、可靠性等性能指标。

产品安全检测工具集包括产品安全审计检测所用到的工具和测试样本数据。工具主要包括渗透性测试工具、漏洞扫描器、操作系统安全检查工具、源代码分析工具等。通过上述检测工具实现产品安全功能验证,以及针对安全性进行渗透测试。

业务应用产品安全检测工具框架如图 7-39 所示。

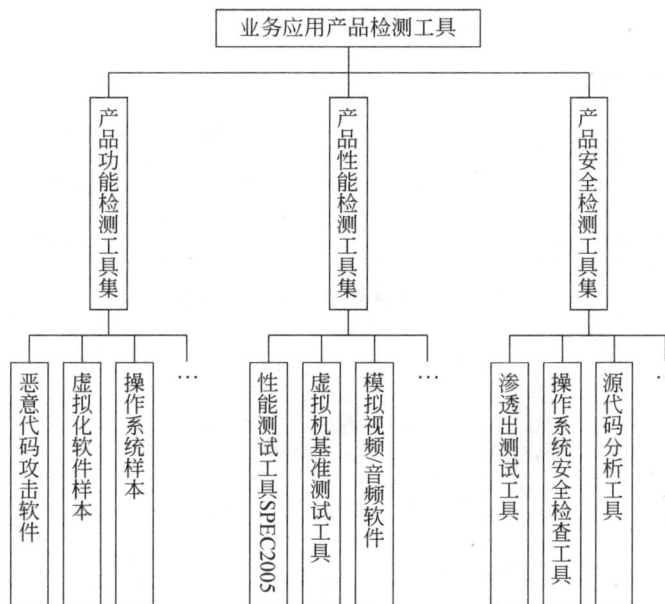

图 7-39　业务应用产品检测工具框架

4. 检测场地

业务应用产品检测场地设划分 4 个检测区,分别为计算环境检测区、通信网络检测区、区域边界检测区、安全管理检测区。该检测实验室需配备空调、防尘、防火、防盗、隔音、监控、防静电地板、电话线、电源插口、网络布线。

业务应用类产品检测实验室提供功能检测、性能检测以及安全检测典型的检测场景。

1)计算环境检测区

计算环境典型检测场景如图 7-40 所示。

2)通信网络检测区

通信网络典型检测场景如图 7-41 所示。

3)区域边界检测区

区域边界典型检测场景如图 7-42 所示。

4)安全管理检测区

安全管理典型检测场景如图 7-43 所示。

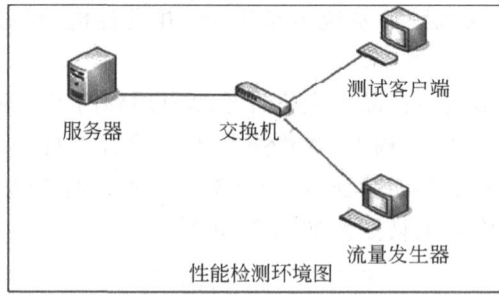

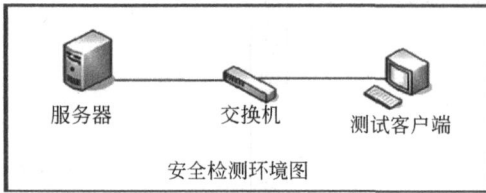

图 7-40　计算环境典型检测场景

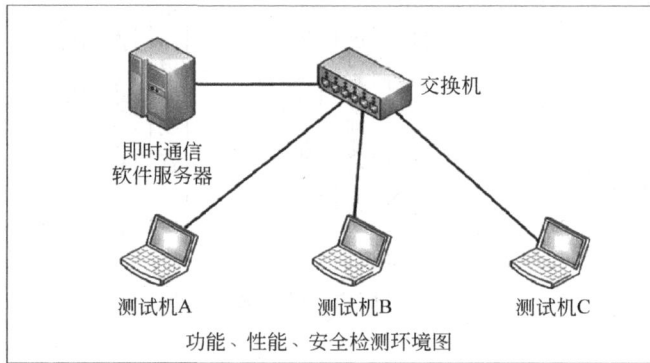

图 7-41　通信网络典型检测场景

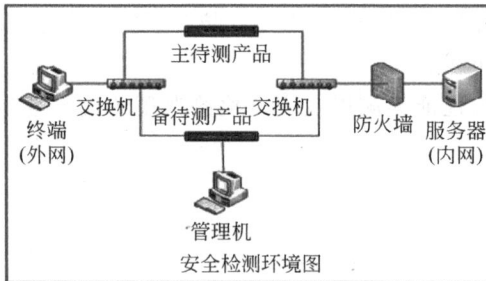

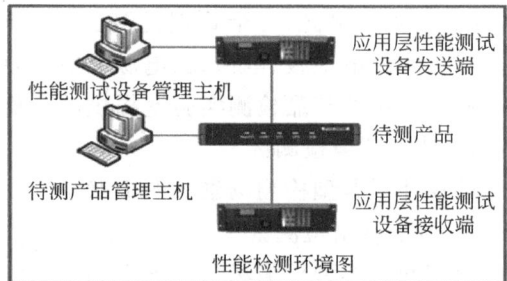

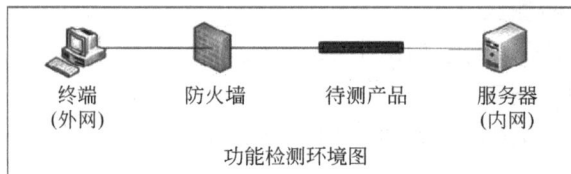

图 7-42　区域边界典型检测场景

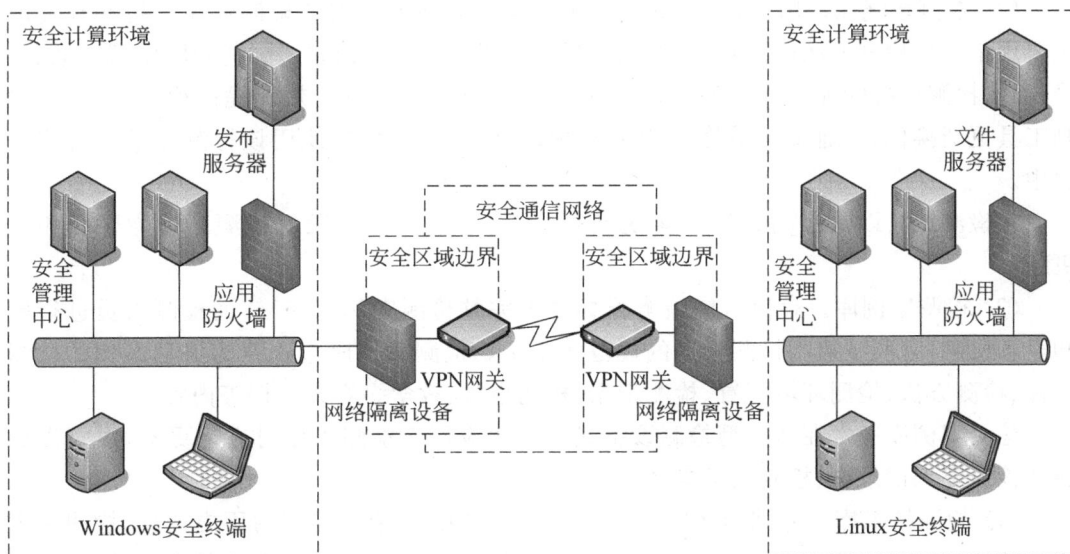

图 7-43　安全管理典型检测场景

7.2.4　产品安全检测知识库

产品安全检测知识库建设以检测依据为出发点,根据检测依据的国家标准、行业标准、企业标准、技术要求等文件,抽取检测指标,进而产生检测方法,根据检测方法和知识库中的检测工具生成检测设备的配置参数,并针对每次检测结果形成检测案例。因此,产品安全检测知识库包含检测所涉及的各类信息,包括检测环境拓扑、检测网络条件、检测设备的配置参数、检测案例、检测方法、检测工具清单等。

产品安全检测知识库为感知设备安全检测服务提供检测方法支撑,知识库主要由检测指标库、检测环境库、检测案例库、检测结果库、检测方法库等组成,如图 7-44 所示。

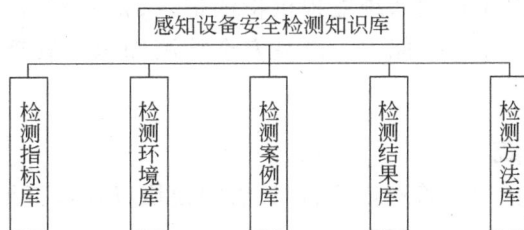

图 7-44　感知设备安全检测知识库组成结构

(1) 检测指标库。为各种类型的被测设备提供相应的检测指标项目,依据已发布的信息安全相关标准,以及物联网相关国家标准、行业标准、区域标准中的感知设备安全类要求,设计建设检测指标库,并实现检测指标库的升级、维护。

持续关注技术发展、标准更新、业务拓展、任务领受等标志性事件,通过事件驱动,实现检测指标库的更新。同时该库由"标准及指标库"提供支撑服务,可由"标准及指标库"主动推送检测指标进行更新维护。

（2）检测环境库。用于存储、管理从事各项检测活动所需的检测环境。检测环境库主要用于支撑检测方法库运行，向检测方法库提供检测工具清单、连接拓扑、配置参数、跳线设置、检测设备的配置文件等。通过检测环境库建设，可以有效地提高检测效率，在检测工具更新换代后，通过简单修改相关配置，即可应用于所有使用该检测场景的检测方法中。

在检测工具以及检测方法发生更新事件时，通过人工手段对检测环境库进行相应更新。

（3）检测案例库。存储对应检测指标项的完整检测案例，用于辅助检测人员进行感知设备检测，有利于提高检测标准的规范化水平。检测案例库包含作为典型案例的检测指标、检测方法、检测环境配置、检测记录、检测报告、教学多媒体文档等内容。

检测案例库通常在新类型检测设备或新方法应用于检测工作时进行更新，由管理员建立检测案例记录，供检测人员参考。

（4）检测结果库。存储历次检测活动的检测结果，形成可追溯的历史数据，检测结果库中的信息包括检测环境、被测设备、检测方法和工具，以及检测的最终结果等信息。

检测结果库在检测过程中不断追加记录，详细记录每一次检测工作情况。

（5）检测方法库。存储检测项目对应的检测操作手册以及所使用的检测工具清单、配置参数等环境信息。检测方法库用于指导检测人员实现标准化的检测服务。

检测方法库在检测项目、检测工具、检测标准发生变化时进行相应的更新维护。

为了便于产品安全检测知识库管理，需要构建安全检测知识库管理系统来支撑。安全检测知识库管理系统包括运行管理子系统、检测指标管理子系统、检测环境管理子系统、检测案例管理子系统、检测结果管理子系统、检测方法管理子系统和知识库7部分内容。运行管理子系统实现感知设备安全检测知识库管理系统自身的调度、维护、审计等功能，检测指标管理子系统、检测环境管理子系统、检测案例管理子系统、检测结果管理子系统、检测方法管理子系统分别为知识库提供相应的管理和使用功能。此外，产品安全检测知识库管理系统能提供检测记录、检测报告自动生成功能，大大提高检测工作效率，提升检测服务能力。产品安全检测知识库管理系统的内部结构模块如图7-45所示。

1. 运行管理子系统

运行管理子系统包括用户管理模块、审计管理模块以及运行维护模块。用户管理模块为感知设备安全检测知识库管理系统的每一个用户创建用户身份标识，并提供鉴别信息初始化功能。系统支持用户名/密码、生物特征、CA认证（含第三方CA和内建CA）等多种身份鉴别手段，且系统至少支持对同一用户同时使用两种以上身份鉴别措施，支持内建CA证书管理。用户管理模块对感知设备安全检测知识库管理系统的用户进行权限管理。支持按用户、组织、属性授权。用户管理模块支持单位信息管理，支持多级组织机构设置，支持用户与组织之间的多对多映射。审计管理模块为感知设备安全检测知识库管理系统运行提供安全审计保障，使系统运行故障、操作历史等信息可追溯。运行维护模块为感知设备安全检测知识库管理系统提供运维功能支持。其功能包括感知设备安全检测知识库管理系统数据备份、数据恢复、知识库间数据关系完整性检查等。

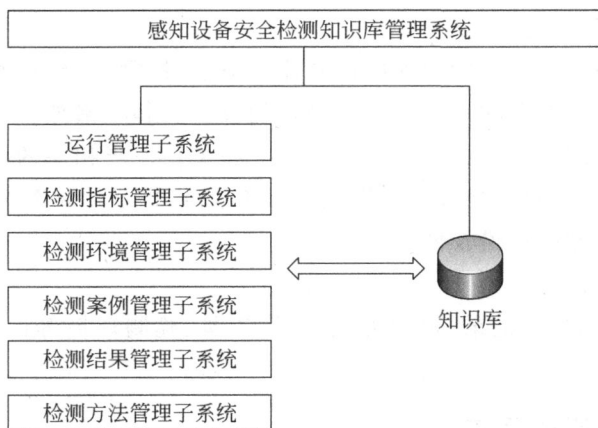

图 7-45 产品安全检测知识库管理系统结构图

2. 检测指标管理子系统

1）检测指标更新模块

支持检测指标手动添加、删除、修改。支持从"标准与指标库"推送检测指标。支持检测指标分类管理。支持检测指标来源（国家标准、行业标准、企业标准、检测要求等）文件导入与关联（DOC、DOCX、PDF、HTML、TXT 等），支持检测指标在来源文件中进行位置与文字标记、关联。支持检测指标的状态修改，状态包括正常、替换、废止等。支持检测指标的导入、导出、整体备份与恢复。

2）检测指标查询模块

支持检测指标关键字查询，支持指标的属性查询，属性包括指标所属标准、所属产品类别、创建时间等。

3. 检测环境管理子系统

1）检测工具管理模块

支持检测工具条目的添加、删除、修改。支持检测工具属性的管理，属性包括工具状态、工具照片、工具说明书、管理责任人、校准记录、当前使用者、校准维护周期、备注信息等。支持检测工具信息的备份与恢复。

2）检测拓扑管理模块

支持拓扑信息的添加、删除、修改，拓扑信息包括拓扑图、拓扑说明、备注、参考照片、参考视频、拓扑图中设备清单等。支持 VSD、DOC、DOCX、JPG、PDF 等格式的拓扑图导入、导出与展示。支持 JPG、BMP、GIF 格式的照片，支持 AVI、MPG、RMVB 等格式的视频。

3）检测参数管理模块

支持参数信息的添加、删除、修改。参数信息包括跳线设置、参数设置、命令文本、配置文件等。支持参数信息备份与恢复。

4. 检测案例管理子系统

1) 检测案例更新模块

支持从感知设备安全检测知识库中抽取检测报告、检测记录、检测环境、检测方法等信息创建检测案例。支持备注视频、照片、录音的添加、删除、播放、导出。支持检测案例库与检测方法库、检测环境库、检测指标库建立关联关系。当相关的检测指标、检测方法被标记为失效状态时,能自动修改检测案例的状态信息,提示检测案例需要更新。支持检测案例的导入、导出、整体备份及恢复。

2) 检测案例查询模块

支持按检测报告、检测记录、检测方法、检测工具、检测环境等信息查询与导出检测案例。

5. 检测结果管理子系统

1) 检测项目管理模块

支持检测项目的创建、变更等管理操作。检测项目包含申请单、任务单相关信息,创建新检测项目时,根据检测需求,抽取检测指标,自动关联生成检测方案、检验记录模板。

2) 检测记录管理模块

提供在线式检测记录编辑功能,检测记录中及测试备注信息中可插入截图文件名,支持截图文件批量导入,并能根据文件名将截图自动插入记录正文和备注信息中。支持逐条检测指标创建、编辑检测记录,自动保存检测人员、检测时间等信息。检测过程中,占用检测工具时,可自动关联修改检测环境库中的工具使用人信息,方便其他检测人员合理安排检测进度。

检测完成后,支持检测记录的自动生成功能。支持检测记录的打印、归档、查询等功能。

3) 检测报告管理模块

提供由检测记录自动生成检测报告功能,支持检测报告的打印、导出、导入、归档、查询等功能。支持由检测报告追溯查询检测记录、检测时间、检测人员、检测指标、检测依据、检测环境等信息。

4) 查询统计模块

提供按时间段、检测人员、组织机构、检测产品、检测工具、报告类别等信息进行报告统计的功能。统计结果以报表和图的形式展示,支持结果导出到 XML 等格式文件。

6. 检测方法管理子系统

1) 检测方法更新模块

支持由检测指标生成检测方法条目。检测方法信息参照检测细则形式。支持在检测方法中建立与检测环境各项信息的自动关联。当检测方法涉及的检测工具状态异常时,能自动修改检测方法状态进行提示。

2) 检测方法查询模块

支持根据检测指标、检测工具查询检测方法。

7.3 专项安全检测服务平台

专项安全检测服务平台是为了针对某项检测内容或者共性的检测内容来专设检测服务平台。本节主要针对两类专项安全检测平台进行介绍。

7.3.1 网络安全检测平台

物联网网络安全测评不仅要完成必要的安全功能测试,还需要对网络进行综合考量。物联网网络安全测评综合方案以体系结构、安全功能、安全保障检查、检测指标建立安全测评框架,测评内容包括一致性测试、互操作性测试、安全测试、网络评估 4 项内容。基于该框架的检测服务平台主要包括测评项目管理、系统评估、系统测试 3 个模块,其中标准与指标库作为测评的支撑。

安全测评不仅对系统的技术基础部分、程序进行安全性检测,而且分析物联网网络所依赖的组织管理方面的安全风险,即综合安全检测平台需要在安全技术和安全管理保障两方面达到测评标准的相应要求。因此,物联网网络安全检测服务平台主要包括网络结构评审、网络安全测试、网络安全保障检查和检测指标 4 个方面。

物联网网络安全检测服务平台框架如图 7-46 所示。

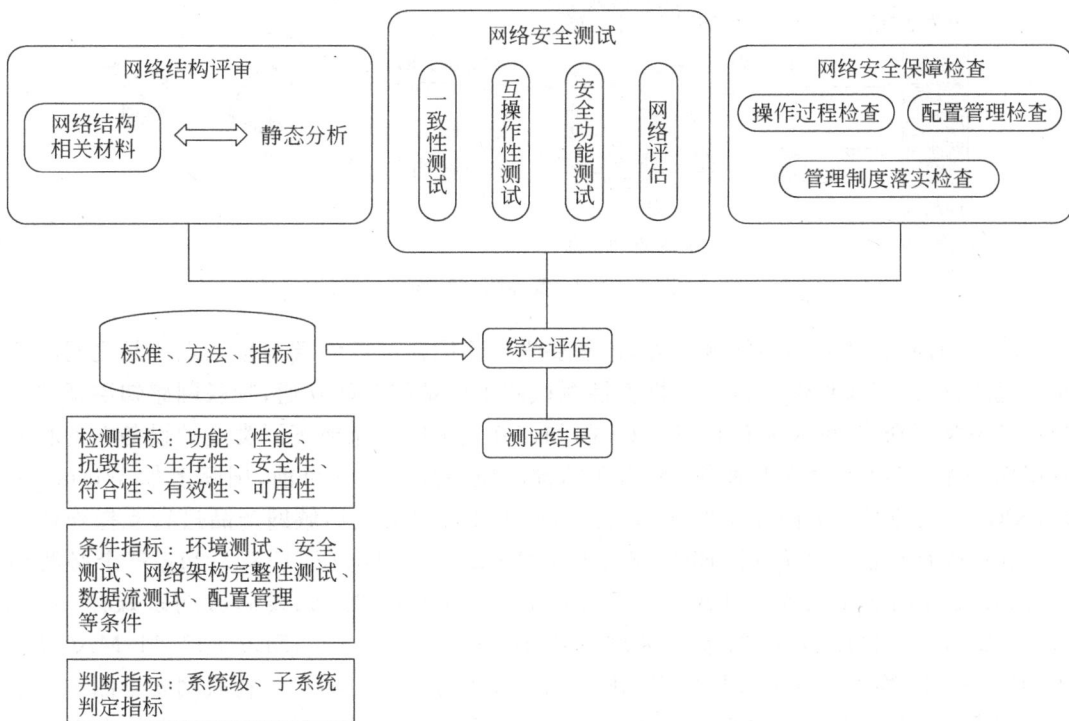

图 7-46 物联网网络安全检测服务平台

1. 网络结构评审

通过对网络结构及运行的相关材料和现场调研收集到的材料进行网络结构评审,主要是对网络的安全方案进行静态分析,对该系统的安全状况给出初步的结论。评审的内容包括:网络安全策略的合理性和实现的可行性,网络安全策略与信息安全相关法律、法规、政策、标准和规范的符合性,网络安全设计方案与网络安全策略的一致性,网络安全设计方案的合理性和可行性,网络工程实施与设计的一致性,安全产品选型的合理性,相关文档资料的齐备性。

2. 网络安全测试

物联网网络安全检测服务平台安全测试内容包括一致性测试、互操作性测试、安全功能测试以及网络评估。

物联网安全一致性测试与传统的电信设备测试类似,主要用来检测物联网设备(传感网、智能终端、RFID 和网关等)的性能是否与标准规定的一致,具体测试内容包括射频性能和协议流程两大部分。一致性测试由控制台、测试机两部分组成。其中控制台负责配置测试套集的策略、测试结果的统计分析及人机交互;测试机负责生成或接收测试套集,然后生成测试流发送到被测设备,并从被测设备接收测试数据,返回数据至控制台。具体内容为射频性能和协议流程的一致性测试。一致性测试结构如图 7-47 所示。

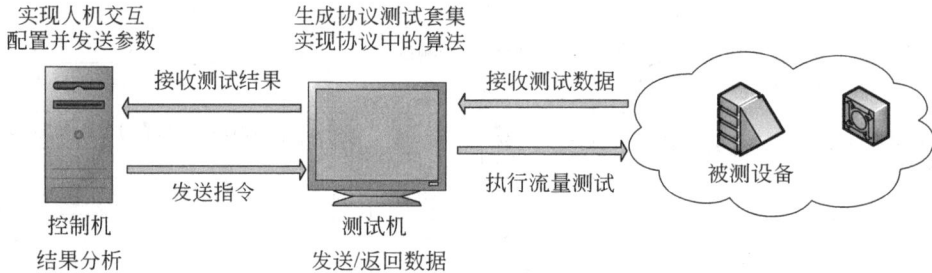

图 7-47　一致性测试结构

除了物理层、功能和性能测试外,还需要进行不同厂商的终端与接入点产品之间的互联互通测试,即互操作性测试。互操作性测试侧重设备间互联互通,物联网感知层延伸层采集设备类型众多,网关协议也不尽相同,如何确定不同厂家或不同类型的设备在物联网应用部署中,能够正常交互通信,是物联网推广应用的关键。目前,国际上如 WiMax 论坛、NFC 论坛都极其关注互操作性测试。目前主要针对无线局域网产品进行互操作性测试。互操作性认证主要包括 IEEE 802.11a、IEEE 802.11b、IEEE 802.11g 三个必测项目,以及无线局域网安全 WPA2(WiFi Protected Access 2)、无线局域网多媒体(WiFi MultiMedia,WMM)、无线局域网区域标准 IEEE 802.11d 和 IEEE 802.11 MAC 层/IEEE 802.11a 物理层的增强标准 IEEE 802.11h 等可选认证项目。物联网安全测试综合平台侧重于支持无线局域网服务质量(QoS)的产品之间的互操作性,测试产品在多个业务同时传输的情况下,能够根据业务的优先级的不同,从高至低分别为音频(Voice,VO)、视频(Video,VI),尽力而为(Best Effort,BE),背景流量(Background,BK),准确使用退避时间等 QoS 参数，保证高优先级业务的高流量；并要求测试此类产品与不具有 QoS 功能的无线局域网产品之间的互联互通，验证支持 QoS 功能的产品的互操作性。

安全功能测试对网络中关键的组件进行安全功能方面的有效性测试。安全功能测试主要是指安全功能符合性测试、策略有效性与抗攻击性测试、脆弱性检测。安全功能符合性测试是根据设计方案与相关安全测试标准进行测试，保证网络安全功能实现；策略有效性与抗攻击性测试根据安全配置要求，测定感知网络是否能抵抗某类攻击，安全配置是否有效。脆弱性检测是指网络内环境的安全性及其对内部威胁和外部威胁的检测。

网络评估主要关注影响网络性能及容量的条件，具体包括网络的拓扑结构是集中式还是分布式、网络规模的大小以及实际部署中的具体环境参数，例如网络吞吐量、网络业务性能、网络能耗效率、网络的传输速率以及网络的自愈能力等。该部分测试可以基于网络仿真软件，通过输入相应的配置参数，来导出网络的实际运行情况，也可以通过搭建模拟网络获取实际参数进行分析，由点及面，为未来大规模的实际部署提供参考和指导意见。

网络评估实现协议验证、性能分析、网络行为分析、故障和瓶颈定位、网络优化、参数测量等评估内容。网络评估模块是平台的中枢模块，通过与测评项目管理模块和各类测试模块的交互，完成网络有关的测评信息处理、汇总与分类。

3. 网络安全保障检查

网络安全保障检查是对物联网工程网络从设计、实现到交付使用的整个生命周期中开发和维护进行检查，分析网络是否符合网络的安全策略，是否达到测试标准的要求。检查内容包括配置管理、分发和操作过程、指导性文档等。

4. 检测指标

物联网网络安全检测的指标由检测指标、条件指标和判定指标 3 部分组成。检测指标具体表现为功能检测、性能检测、抗毁性检测、生存性检测、安全性检测、符合性检测、有效性检测和可用性检测子，子系统功能检测项包括路由、信号覆盖、自组网、通信协议一致性、数据融合等，子系统性能检测项包括吞吐量、延迟、丢包率、分组成功传输概率、单跳传输时的分组延迟、基于路由策略的多跳成功传输概率、基于路由策略的多跳传输延迟、端到端延迟、衰减、抗干扰特性、端到端成功传输概率、QoS 下的网络性能、数据处理时间、排队延迟、能耗（单位能耗下所支持的平均数据速率）、可扩展性等。条件指标指测试过程中施加给测试系统的测试条件。根据适用性原则和物联网网络的工作场景属性，条件指标包括环境测试条件、安全测试条件、网络架构完整性测试条件、数据流测试条件和配置管理测试条件 5 种类别。判定指标是判定检测指标在各种测试条件下是否符合既定功能性能指标的要求。根据完备性和层次性设计原则，判定指标分为系统级判定指标和子系统判定指标。其中，系统级判定指标用于判定被测物联网系统的可靠性（含安全性）等级，子系统级判定指标用于确定系统缺陷或漏洞的位置，以改进系统设计方案或指定预警应急方案。同时，针对检测指标的特征，判定指标又分为定量判定指标和定性判定指标。定量判定指标包括系统抗毁性判定指标，生存性判定指标、完成性判定指标、可用性判定指标；定性判定指标包括安全性判定指标和使用可靠性判定指标。根据递进性和适用性原则,判定指标应根据不同应用系统有所改变,并根据技术发展趋势不断完善和改进。

7.3.2 非侵入式安全性检测平台

国际物联网贸易与应用促进协会(简称国际物促会,IIPA)发布了《2013—2017 年中国 RFID 行业调研报告》(以下简称报告)。报告称,经历过一段为期 4～5 年高速成长阶段的中国 RFID 行业,虽然在近两年因全球经济衰退、国内相关投资下滑等因素而出现了一定的增长速度调整,但仍然保持着相对快速的发展态势,根据 IDtechEx 的调查研究,预计到 2025 年,中国 RFID 应用的市场价值将达到 43 亿美元,如果算上出口到其他国家的标签和读写器,那么这个数字几乎会翻倍。物联网 RFID 产品广泛应用于物流和供应管理、生产制造和装配、航空行李处理、邮件/快运包裹处理、文档追踪/图书馆管理、动物身份标识、运动计时、门禁控制/电子门票、道路自动收费、城市一卡通以及高校手机一卡通等应用领域,被公认为 21 世纪十大重要技术之一。"十二五"期间,RFID 技术将在个人身份证、电子护照、信用卡等产品中得到普及,这也意味着 RFID 相关智能卡产品已经渗入了政府、金融等高安全需求领域。无论哪种应用,一旦信息泄露,就会造成个人经济利益损失,甚至可能会威胁国家共同安全,损失不可估量。

非侵入式安全性检测平台就是针对 RFID 智能卡产品研发的旁路攻击安全性能检测平台,该平台能够对 RFID 产品进行旁路功耗分析和旁路故障攻击。通过分析检测结果,可以衡量产品的抗旁路攻击能力,平台将能够实现多种算法的多种分析方式。

1. 关键技术

目前 RFID 智能卡产品上应用和研究比较广泛的旁路攻击方式主要有两种:
* 功耗/电磁辐射分析技术。
* 故障攻击技术。

非侵入式安全性检测平台也主要针对这两种攻击进行检测分析。

1) 功耗/电磁辐射分析技术

密码芯片大部分采用 CMOS 工艺,CMOS 门级电路的功耗主要是由逻辑门翻转引起负载电容充放电导致。由于逻辑门能耗大小与其是否翻转密切相关,因而密码芯片处理数据 0 和 1 时会产生不同的能耗与电磁辐射。功耗分析和电磁辐射分析的过程基本相同,在加密设备的加密运行阶段,功耗分析是直接测量运行时的功耗,而电磁辐射分析是测量设备所辐射的电磁波,利用获取的曲线与密码体制中的中间数据的依赖关系,通过统计分析而获取相应的秘密信息,它们包括简单分析、差分分析和高阶差分等。简单功耗分析技术(SPA)在密码芯片运行过程中引入的各种噪声和干扰少,运用仪器测得操作数和运算指令的功耗大小有比较明显特征,把测量所得的功耗结果绘制成曲线,攻击者可以直接推断运行指令的顺序。SPA 主要是针对或操作数的汉明重量与功耗具有强烈相关性的密码芯片进行攻击,但由于攻击的复杂性,再加上现有防护技术的进步,SPA 在具体攻击中很难单独攻击成功。差分功耗分析技术(DPA)是针对密码芯片的泄漏功耗进行统计分析而恢复密钥的攻击分析方法。DPA 的方法是对大量的功耗曲线样点进行一定的统计分析测试,即密钥的值是根据大量测得的功耗样本来进行分析的。假设 P_1 和 P_2 是两个关于加密算法内部的某个相关状态 S 不同的概率分布,则 P_1 与 P_2 分布状态的瞬间功耗可能有一定的区别,寻找不同分布状态的差别和可区分性是进行差分功耗攻击的核心思想,单一概率分布足以在实际操作中实现成功攻击。高阶差分分析技术(HODPA)是差分功耗分析技术的扩展,它与 DPA 最大的不同是:对于同一功耗曲线,DPA 只对其中一个单独时间点进行采样分析,而 N 阶差分分析则是对其两个甚至两个以上的时间点进行采样分析,与之相应的区分函数和统计分析过程较 DPA 更加复杂。差分功耗攻击的阶数越高,功耗偏差越明显,则密钥估计值正确的概率也越大。

在硬件测试环境中,电磁辐射分析需要配备电磁感应探头和探头自动移动平台。从经验来看,电磁辐射分析数据比功耗数据更能够表现出电路的泄露信息,但是受外界因素影响较大,所以这部分的评测需要较为严格的外部环境。电磁感应探头可以配合接触式读卡设备和非接触式读卡设备使用,以获得更好的测试效果。

非侵入式安全性检测平台功耗/电磁辐射分析的输入是被测 RFID 智能卡产品、测试用明文。然后采集加密过程中的芯片功耗,通过分析功耗数据得到相应的密钥。功耗数据采集包括功耗和电磁辐射两种。功耗就是在读卡器中接入串联电阻,测量电阻的电流,换算成功耗。电磁辐射则是通过探头采集芯片表面的电磁信号。功耗分析的输出就是恢复的密钥。

2) 故障攻击技术

故障攻击技术是指采用物理方法(电磁或激光辐射)干扰密码芯片或软件的正常工作,迫使其执行某些错误的操作,从而泄露密码系统的信息。故障攻击技术包含差分故障攻击和碰撞故障攻击等。差分故障攻击(DFA)属于选择明文攻击方法,其基本思想是:选择明文,对加密过程进行故障诱导,分别获得该明文对应的正确密码和错误密文。对收集到的数据进行分析,其中包括分析密码结构的特性、S 盒的差分分布表、轮函数的差分传播性质和密钥扩展方案等。在上述故障诱导的过程中,故障导入的位置既可以在数据的加密过程部分,也可以在轮密钥的生成部分,即密钥扩展算法部分。Schramm 在 2003 年 FSE 会议上提出了内部碰撞攻击的概念,并给出了对包含 DES 算法的密码设备的实际攻击。如果在一个密码算法中某个函数输入两个不同值,对应的输出相同,则称发生了内部碰撞。碰撞攻击的基本思想是寻找特定位置的碰撞,通过碰撞产生的关系式推导出密钥的一些信息,因此每发生一次碰撞都会减小密钥搜索空间。

这种攻击技术属于半侵入式攻击,可能在攻击过程中对被测对象造成损坏。在硬件环境上,该部分将配备激光注入设备和电压时钟毛刺注入单元。前者可以利用光学对芯片进行故障注入,改变芯片的运行方式;后者可以对数据传输信号注入一个短暂的毛刺,改变芯片的当前状态,从而达到攻击的目的。

非侵入式安全性检测平台在硬件上增加了故障注入设备,精确性和抗干扰是关键技术。在软件方面,故障分析和旁路功耗分析是两个不同的平台,其需要特定的分析程序和明文选择程序。

3) 抗旁路攻击的技术

在实际检测过程中,RFID 智能卡产品可能会存在一定的防护措施,因此一些抗旁路攻击技术也是平台的设计依据。

旁路功耗分析是利用加密电路运行的瞬时功耗/电磁辐射与密码算法中间结果的依赖性来实现的。阻止方法就是从电路和算法实现的不同层次上去削弱或消除这种依赖关系,最后使得功耗/电磁辐射数据不能反映密码算法中的中间变量。一些基本的防御攻击的方法有噪声叠加、乱序、增加无效操作、异步电路、冗余编码、双轨逻辑和掩码技术等。

故障攻击的防御措施可以帮助密码算法避免、检测或纠正故障。大量的密码算法在实现中使用了基于复用的技术和基于编码的技术用于防御故障攻击。基于复用的技术是指对某个模块或整个算法做重复计算操作,这样在输出前可以比较两次结果来判断是否有故障发生。基于编码的技术可以分为两类:纠错码和检错码。例如,奇偶校验属于检错码,汉明码既可以作为纠错码,也可以作为检错码。这些编码均可运用在防御故障攻击的算法实现中。

2. 非侵入式安全性检测平台

非侵入式安全性检测平台包括旁路功耗分析平台和旁路故障攻击平台,分别对应旁路攻击的两类方法,即功耗分析和故障攻击。

1) 旁路功耗分析平台

旁路功耗分析平台的对象可以是采用 RFID 技术的智能卡和用于 RFID 产品的相关密码芯片,对象主要以非接触式设备为主,考虑到市场上很多 RFID 智能卡产品也具备接触式读写功能,因此平台也支持接触式产品的分析检测。

旁路功耗分析平台架构如图 7-48 所示,包含了硬件部分和软件部分。其中硬件部分主要负责采集所需的旁路功耗数据,由以下功能模块组成:

- 采集设备。包括非接触功耗采集设备、电磁辐射采集设备和接触功耗采集设备。
- 硬件波形匹配/过滤设备。
- 示波器。
- 工作站。

软件部分则负责提取泄露信息并进行统计分析,从而恢复 RFID 产品中的相关密钥。主要由以下功能模块组成:

- 用户图形界面。
- 集成开发环境。
- 数据采集模块。
- 信号处理模块。
- 数据分析模块。

当进行旁路功耗分析的时候,根据被测对象选择相应的数据采集设备。对于 RFID 产品来说,电磁辐射采集是主要的采集方式。数据通过预处理设备存储到工作站。然后通过信号处理获得有用数据,最后根据被测对象采用的加密算法进行相应的数据分析。

2) 旁路故障攻击平台

与旁路功耗分析平台相同,旁路故障攻击平台的对象同样可以是采用 RFID 技术的智能卡和用于 RFID 产品的相关密码芯片,对象主要以非接触式设备为主,当然对于接触式产品,平台也具备相应的检测方法。

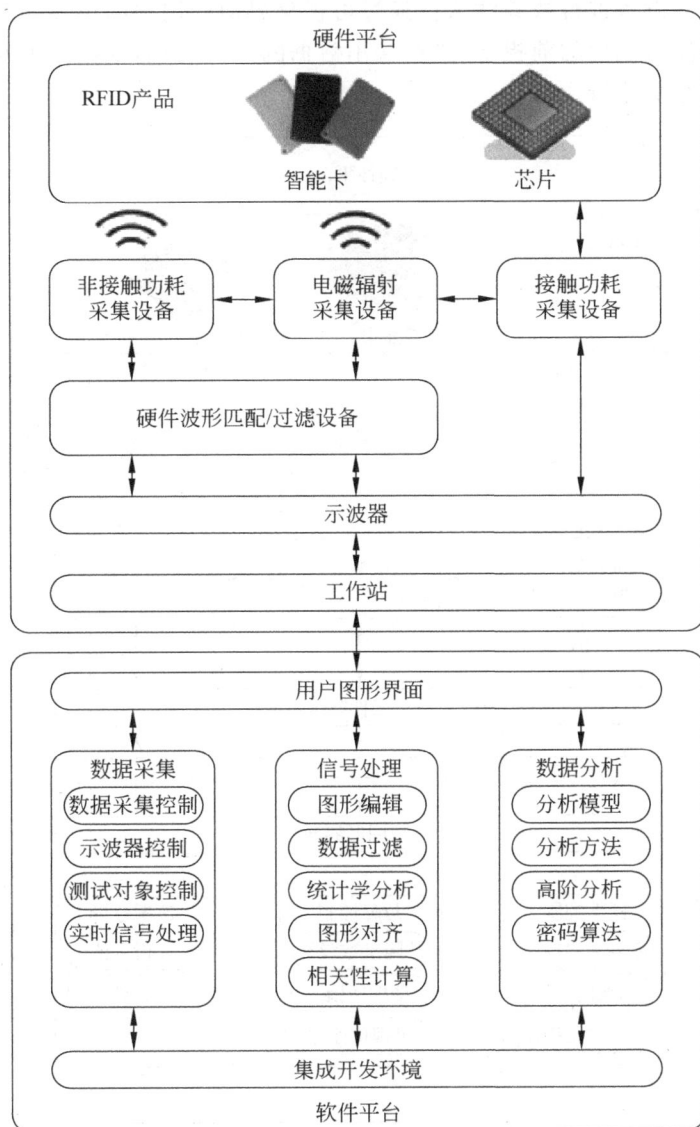

图 7-48 旁路功耗分析平台架构

旁路故障攻击平台架构如图 7-49 所示,同样包含了硬件部分和软件部分。其中硬件部分主要负责故障注入并采集故障发生时的输出数据,由以下功能模块组成:

- 故障注入设备。包括非接触故障注入设备、接触式故障注入设备
- 示波器。
- 工作站。

软件部分则负责进行注入故障的参数设置并记录故障情况下的返回数值,通过相应的故障攻击方法(例如差分故障分析)恢复产品秘密信息,主要由以下功能模块组成:硬件控制模块、故障控制模块、数据分析模块。

当进行旁路故障攻击的时候,需要对 RFID 产品进行预处理,如去除钝化层,然后选择相应的故障注入设备进行故障注入。通过可视化界面和用户图形界面观察故障是否注入成功。在故障注入成功的前提下，进行输出数据的采集，最后根据被测对象采用的加密算法进行相应的数据分析。

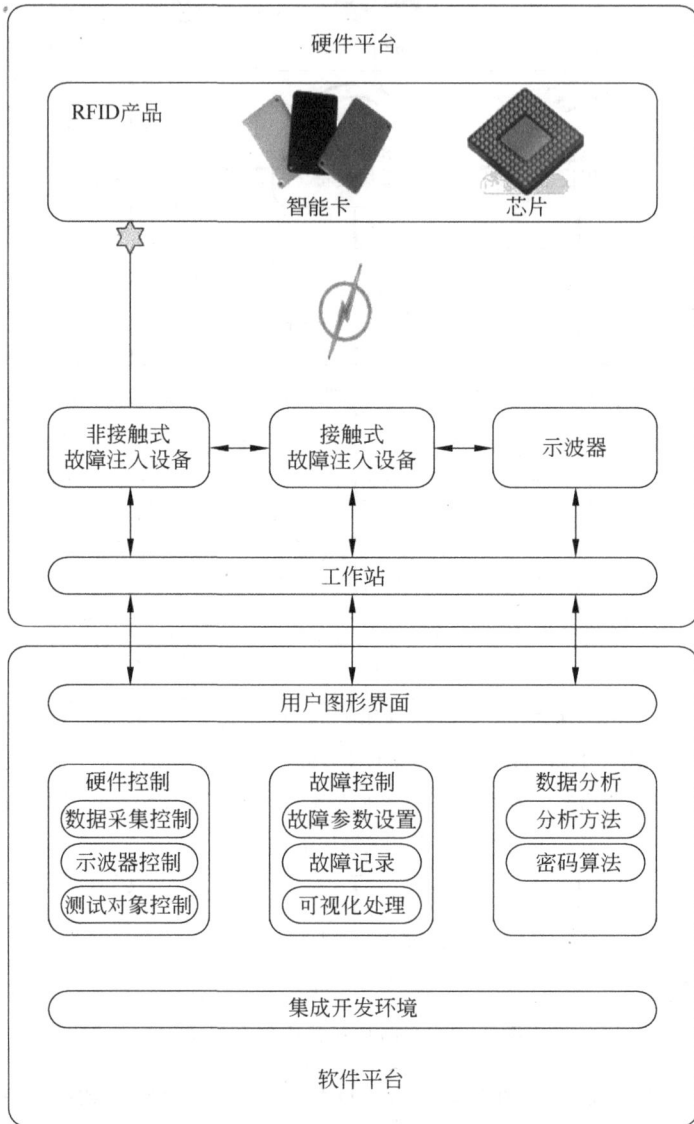

图 7-49　旁路故障攻击平台架构

3. 平台主要技术指标

1）前端数据采集

前端数据采集的主要技术指标如下：

- 支持常用 RFID 智能卡产品检测：非接触式（支持 ISO 15693、ISO 14443 标准），接触式（支持 ISO 7816 标准）。

- 支持多种数据采集方式：功耗采集、电磁辐射采集。
- 支持多种故障注入方式：非接触式激光注入、接触式时钟电压干扰。
- 支持硬件数据预处理，包括数据匹配和滤波。

2）后端数据分析

后端数据分析的主要技术指标如下：

- 提供后台控制数据采集硬件设备：功耗采集设备控制、被测对象 I/O 通信、电磁辐射支架控制、故障注入相关控制。
- 提供多种信号处理方式：图形编辑、数据过滤、图形对齐、数据压缩、统计学分析、相关性计算。
- 实现多种算法的旁路功耗分析：DES、AES、RSA、ECC、COMP128 等。
- 实现多种旁路功耗分析方式：SPA、DPA、CPA、SEMA、DEMA。
- 实现多种算法的差分故障攻击：DES、AES、RSA。

3）其他功能指标

其他功能指标如下：

- 支持图形显示界面。
- 支持集成用户开发环境。

4．平台功能模块

1）旁路功耗分析平台

（1）RFID 智能卡产品读取模块。

该硬件模块主要负责和 RFID 智能卡产品的交互，负责对被测对象进行指令输入，并返回相应的数据信息。根据该检测平台预计功能指标，该模块需要支持符合 ISO 15693、ISO 14443、ISO 7816 标准的 RFID 智能卡产品。按数据传输方式，该模块包含非接触式与接触式的两类读取设备。

（2）非接触功耗采集模块。

RFID 产品利用射频识别技术，以非接触的方式传输数据。因此非接触式的读取设备是本平台旁路功耗分析中用到的主要读取设备，需要支持符合 ISO 15693、ISO 14443 标准的 RFID 产品。该设备通过 USB 端口供电，并提供示波器所需的触发信号，且支持通过软件调控触发信号的延迟。同时该设备可以将采集到的射频信号传输给示波器。

该设备可以结合电磁辐射数据采集部分对 RFID 智能卡产品进行旁路功耗分析，考虑到环境因素和板级其他电路的影响，在读取设备的天线驱动部分将采用稳定的电压输入和高精度的滤波电路，达到减少谐波的目的。

（3）接触功耗采集模块。

由于在市场上可能存在一些支持双界面的 RFID 产品，因此在本平台中也会用到接触式的读取设备作为辅助。该设备将支持符合 ISO 7816 标准的接触式产品。除一般的数据读取功能外，还具备被测对象的功耗数据采集功能。通过在芯片电源上串联一个电阻，测量电阻两端的电压以此获取芯片工作时的功耗数据。同样，该设备将负责对信号采集管理设备（示波器）发出触发信号，支持内部时钟和外部时钟的选择。

为了配合电磁辐射采集模块进行相关分析,对于设备的电路部分,将考虑如何隔离RFID传输部分和读取内部其他逻辑控制电路,使得电磁辐射数据采集设备可以获取准确的芯片辐射信息。

（4）电磁辐射数据采集模块。

该模块负责采集RFID产品中芯片工作时产生的电磁辐射信号,此信号用于后期的旁路攻击分析。该模块中的核心器件是电磁信号采集探头。它除了要能够采集一定区域内的辐射信号外,还要对信号进行类似于滤波的预处理工作。该模块还包含一个可以水平移动的机械装置。在采集过程中,探头固定在机械臂上,通过调节机械臂的位置,将探头对准加密芯片所在位置。为了减少不必要的电磁信号获取,会在硬件中采取屏蔽导流措施。

（5）数据采集模块

该模块针对不同的密码算法电路获取其明密文以及功耗信息,因此该模块首先需要通过读取设备与测试对象进行交互。在模块初始化阶段,该模块根据通信协议与RFID产品进行I/O通信,在此之后,该模块命令其执行加密操作,每执行一次就保存一条功耗波形,同时存储当前的明密文数据,以便接下来进行数据处理和分析。

（6）信号处理模块。

信号处理模块对原有的数据进行修正,包括图形编辑、数据过滤、图形对齐、数据压缩、统计学分析、相关性等功能模块。

2）旁路故障攻击平台

（1）RFID智能卡产品故障注入设备。

故障注入设备是使预定的故障在电子产品中发生的设备。其主要的组成部分为激光注入设备和电压时钟毛刺注入单元。激光注入设备以定点的形式向设备的单点或多点一次性注入激光,使设备的加解密单元出现一处或多处错误,形成加解密过程的故障。而时钟毛刺注入单元是一个检测密码设备对电压和时钟毛刺的防护能力的设备,它可以通过控制好的或者随机的毛刺注入来自动寻找有效的故障注入点,因此,它和激光注入设备配合使用,可以更好地完成光学的故障注入。

（2）波形显示设备。

该设备主要由波形采集装置和示波器组成。波形采集装置可以精确地实时地侦测故障攻击过程中所产生的各种相应的波形。而示波器则用于显示前者所侦测到的波形。一方面,在故障注入以及数据采集的过程中,波形显示设备负责实时显示波形和其他相关数据,可以帮助使用者做出一些初步的基本判断,同时也能证明攻击过程正以预定的方式执行着。另一方面,示波器输出这些重要的波形或数据,传给PC,并由后者负责进一步的相关计算和分析。

（3）工作站。

工作站是一台高性能的PC。在故障攻击中,可能会产生大量的待分析的波形或数据。工作站的大屏幕、高性能图形处理单元、大容量内存、大容量硬盘的特点可以让使用者在进行故障攻击的过程中以更完美的图像展示波形及细节,以更高的效率完成整个分析计算过程。

（4）硬件控制模块。

硬件控制模块是衔接该设备软硬件功能的重要模块，在整个设备中起到了桥梁的作用。该模块接收其他软件模块的指令，将其转换为相应的硬件动作。从功能上来说，它负责控制整个攻击方式以及攻击过程中的触发脉冲和示波器的显示。

（5）故障控制模块。

故障攻击的方式是多种多样的。不同的故障注入点、注入的强度、方式会带来不同的效果，对于不同的加密算法，适用的攻击方法也完全可能不同，这就要由故障控制模块来负责完成了。故障控制模块从用户处获取进行攻击时所采用的故障攻击的类型以及在攻击时所采用的各种参数，将其整合后通知硬件控制模块，由后者负责故障注入设备的动作。

（6）数据处理模块。

数据处理模块所负责的是整个故障攻击中的最后一步，也是最重要的一步。它根据攻击中得到的相关数据，通过已知的故障攻击的原理进行分析，按相应故障攻击方法的计算方法进行计算，并得到最终的攻击结果。根据加密算法的不同，这个模块中会有相应的子模块，如 AES DFA、DES DFA、RSA DFA 等。随着故障攻击技术的不断发展，会有层出不穷的新的分析方法产生，同时，也会有新的加密算法问世。所以，该模块拥有易扩展性。用户可以看到该模块的分析部分的代码，可以根据新的需求自由地添加和扩展。

第8章

物联网工程/系统检测与检查

8.1 物联网系统安全检测服务平台

8.1.1 物联网系统安全检测

物联网的概念产生以来，在带动了一大批新兴技术蓬勃发展的同时，也激活了相当数量的成熟产业。一些在技术上已相对成熟的应用，如 ETC 技术应用、无线遥控技术应用、RFID 技术应用等，找到了更适合、更贴近前沿的归宿——物联网应用。与传统互联网系统不同，由于物联网应用的极大丰富，物联网系统的组成和形式更加多元化，系统规模的差异也更大。当这样一个全新的、更复杂的系统应用模式出现的时候，其运行的稳定性、系统的安全性问题就无可避免地出现了。物联网作为传统互联网的延伸，使得传统互联网信息系统成为了物联网系统不可分割的一个组成部分，因此，适用于传统互联网信息系统中的安全措施同样适用于物联网系统。然而，对于最能够体现出物联网特点的系统组成部分，即物联网三层结构中的感知层部分来说，其所带来的安全性问题是全新的，区别于传统信息系统的，也是物联网系统安全性中最重要的。

从系统安全测评的角度来看，物联网系统的结构都可以分为 3 层，即智能感知层、接入传输层和业务应用层。物联网面临的安全威胁也来自这 3 个层次。

1. 感知层安全威胁

由于网络环境的不确定性，感知节点面临着多方面的威胁，感知节点本身就是用于监测和控制的各种感知设备。节点对各种检测对象进行监测，从而提供感知设备传输的数据信息来监控网络系统的运行情况。这些智能传感器节点是暴露在攻击者面前的，最容易被攻击。因此，与传统的 IP 网络比较，所有的监控措施、安全防范策略不仅面临着更复杂的网络环境，而且有更高的实时性要求。物联网系统面临的主要威胁如下：

（1）安全隐私泄露。射频识别技术被广泛用于物联网系统中，RFID 标签可能被嵌入到任何物体中，例如人们的生活和生产用品。但是这些物品的拥有者不一定能够了解相关情况，会导致该物品的拥有者被随意地扫描、定位和追踪。

（2）伪造攻击。与传统 IP 网络相比，传感设备和电子标签都是裸露在攻击者面前的。与此同时，接入传输网络中有一部分是无线网络，窜扰问题在传感网络和无线网络中是普遍存在的，而无线安全的研究非常困难。因此，在网络中这些方面面临的伪造节点攻击很大程度上威胁着传感器节点的安全,从而影响整个物联网安全。

(3)恶意代码攻击。恶意代码在接入传输层和传感层中都可以找到很多可以攻击的突破口。对攻击者而言,只要进入网络,通过传输网络进行病毒传播就变得轻车熟路。而且具有较强的隐蔽性,这一点与有线网络相比就更加难以防御。例如,类似蠕虫这样的恶意代码不需要寄生文件,在这种环境中检测发现和清除恶意代码的难度是非常大的。

(4)拒绝服务攻击。这种攻击方式发生在感知层与接入传输层衔接位置的概率是非常大的。由于物联网中感知节点数量庞大,而且多数是以集群的方式存在,因此信息在网络中传输时,海量的感知节点信息传递转发请求会导致网络拥塞,产生拒绝服务攻击的效果。

感知节点一般都具有功能单一、信息处理能力低的特点。因此,感知节点不可能具有高强度的安全防范措施。同时因为感知层节点的多样化,采集的数据、传输的信息也就不会有统一的格式,所以建立统一的安全防范策略和安全体系架构是很难做到的。

2. 接入传输层安全威胁

物联网系统的接入传输层和业务应用层除了面临传统有线网络的所有安全威胁,还因为物联网在感知层所采集数据格式的不统一,来自不同类型感知节点的数据信息是多源异构的,由此导致的安全问题也就更加繁杂。

物联网的传输数据是海量的,这必然会对传输层的安全提出更高要求。虽然目前的核心网络具有相对完整的安全措施,但面临海量、集群方式存在的物联网节点数据传输需求时,如果被攻击者利用,很容易导致核心网络不可用,形成拒绝服务攻击。

未来,物联网世界中将同时使用多种不同类型的通信协议。除了 TCP/IP、IEEE 802.11 以及 HTML 5 之外,IT 组织还将面对包括 ZigBee、WebHooks 以及 IoT6 在内的多种新型协议。而且与以往 2～3 年的常规 IT 生命周期不同,物联网的普及将使 IT 生命周期扩展至短到几个月、长达 20 年以上的广泛区间。因此,传输层将面临异构网络跨网认证等安全问题,将可能遭受中间人攻击、异步攻击、合谋攻击。

物联网无线接入方式使得物联网接入入口更加灵活,这为攻击者连接物联网进行攻击提供了便利。由于大部分网络通信都是以明文的方式在网络上进行传输的,因此攻击者通过观察、监听、分析数据流和数据流模式,就能够得到用户的网络通信信息。

3. 物联网业务安全威胁

传统的认证是区分不同层次的,网络层的认证就负责网络层的身份鉴别,业务层的认证就负责业务层的身份鉴别,两者独立存在。但是在物联网中,大多数情况下,机器都拥有专门的用途,因此其业务应用与网络通信紧紧地绑在一起。由于网络层的认证是不可缺少的,因此其业务层的认证机制就不再是必需的,而是可以根据业务由谁来提供和业务的安全敏感程度来设计。例如,当物联网的业务由运营商提供时,那么就可以充分利用网络层认证的结果而不需要进行业务层的认证;当物联网的业务由第三方提供,无法从网络运营商处获得密钥等安全参数时,就可以发起独立的业务认证而不用考虑网络层的认证;或者当业务是敏感业务时,一般业务提供者会不信任网络层的安全级别,而使用更高级别的安全保护,那么这个时候就需要做业务层的认证;而当业务是普通业务时,如气温采集业务等,业务提供者认为网络认证已经足够,那么就不再需要业务层的认证。

在未来的物联网中,每个人包括其拥有的每件物品都将随时随地连接在这个网络上,随时随地被感知,在这种环境中如何确保信息的安全性和隐私性,防止个人信息、业务信息和财产丢失或被他人盗用,将是物联网推进过程中需要突破的重大障碍之一。

8.1.2 服务平台架构

物联网系统安全检测服务平台以系统检测方式为智能感知层提供访问控制策略配置、身份认证策略配置、数据完整性保护策略配置、数据保密性保护策略配置、感知节点抗攻击性、安全审计策略配置和物理安全等方面的安全符合性检测服务,为接入传输层提供AKA(Authentication and Key Agreement,认证与密钥协商)机制的一致性或兼容性、跨域认证和跨网络认证、视频传输协议转换前后的安全性等方面提供现场检测服务,为传统认证和数据交换安全、无线认证网关安全、无线传输协议、身份认证安全等方面提供实验室检测服务,为业务应用层提供数据库安全、应用系统和网站安全、应用系统稳定性、业务连续性以及应用模拟等安全符合性和有效性检测服务。物联网系统安全检测服务平台服务框架如图 8-1 所示。

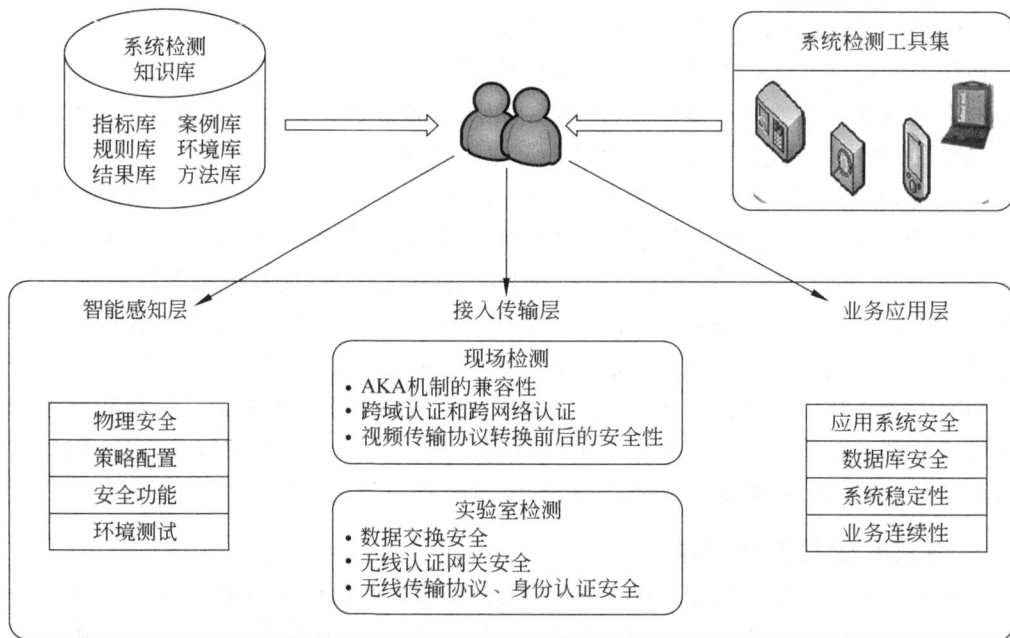

图 8-1　物联网系统安全检测服务平台框架

物联网系统安全检测服务平台由服务和实体两部分组成。其中服务部分可分为智能感知层安全检测服务、接入传输层安全检测服务、业务应用层安全检测服务以及系统整体安全性,实体部分主要由安全检测知识库、物联网系统安全检测工具集和系统共性特征检测实验室模拟环境构成。

3 类检测服务对象分别为智能感知层系统、接入传输层系统和业务应用层系统。对此 3 类检测服务对象的核心产品和系统通用安全检测指标将实施实验室检测,对各服务对象的个性化检测指标实施现场检测。

系统安全检测知识库是物联网系统安全检测服务平台的技术基础,分为案例子库、环境子库、规则子库、指标子库、方法子库和结果子库 6 个组成部分。主要作用为在进行检测服务时对其进行调用,以提供服务所需的规则和方法。该知识库支持持续更新,并提供物联网系统安全检测知识库管理系统。

系统安全性检测工具集是物联网系统安全检测服务平台的技术支撑,分为智能感知层检测工具集、接入传输层检测工具集和业务应用层检测工具集 3 个子工具集。每个子工具集由针对该子工具集检测对象的检测工具组成。工具集检测所得到的检测数据,作为出具检测报告和安全整改建议的重要客观依据。

8.1.3　智能感知层系统检测

1. 智能感知层系统检测简介

智能感知层系统具有业务范围广、接口种类多等特点,其各个组成部分可能包含各类应用设备的高、中、低端各个级别产品。

根据信息流动和应用类型划分,智能感知系统可分为单向读取类、交互读取类、交互控制类和读取并控制类。由于 4 类被测感知系统所包含的网络接口千差万别,所使用的网络协议、连接介质种类繁多,因此对智能感知系统的检测需要支持多种网络接口的设备。智能感知层系统如图 8-2 所示。

单向读取类系统主要指通过高清摄像机、气体传感器、压力传感器、噪声测试仪、条码识读器等单向读取设备对图像、气体、压力、噪声、条码等感知对象进行感知读取,提取所需数据并处理的感知层系统。

双向读取类系统主要指使用对射频标签及其识读器、人员定位卡及读卡器、车载电脑及智能手机等双向读取设备进行互操作,实现对数据的同步、共享、交换、处理的感知层系统。

单向控制类系统主要指通过工业控制器、无线射频遥控器、电子防盗钥匙等单向控制设备对其配套的受控设备进行操作,使受控设备状态发生改变以完成既定任务的感知层系统。

双向控制系统主要指智能卡、ATM 机等设备,通过接触或非接触方式与客体(如智能卡读卡器、配套计算机设备等)进行交互控制,并使主客体状态发生变化的感知层系统。

对于以上 4 种类型的智能感知系统中所涉及的核心感知操作产品的自身功能、性能以及安全性,应首先通过相应的物联网产品检测。在智能感知系统检测中,只对智能感知系统的访问控制策略配置、身份认证策略配置、数据完整性保护策略配置、数据保密性保护策略配置、感知节点抗攻击性、安全审计策略配置、物理安全、系统管理、系统整体安全性评估等方面进行检测服务。

2. 通用安全检测指标

智能感知层系统的通用安全检测在系统共性特征检测实验室中进行,其检测内容主

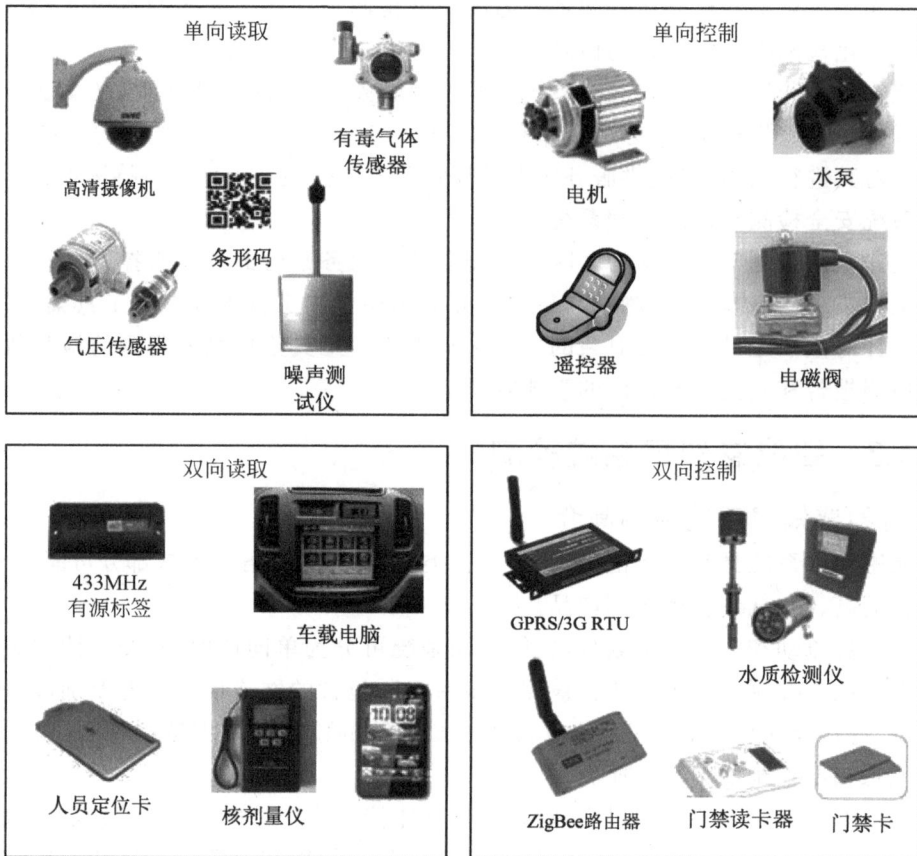

图 8-2 智能感知层系统示意图

要包括物理安全检测、系统策略配置检测(已正式投入使用,且业务不能中断的情况)、系统安全功能检测(已正式投入使用,且业务不能中断的情况)、环境试验。这主要是由于一些系统已实际投入使用,在现场测试中难以变更其系统策略配置和系统安全配置,因此,将此类系统的感知层部分部署到模拟检测系统环境中进行测试。同时对于感知层系统中的关键产品和设备的物理安全检测和环境试验可能对检测对象造成损坏,对此两项通用安全指标的检测也使用模拟系统环境进行实施。

一般来说,智能感知层系统的通用安全检测指标主要包括机械强度、基本系统策略配置功能(系统管理、系统审计等)、基本系统安全功能配置(感知操作加密、抗干扰、自适应等)、关键产品和设备环境试验(高低温、雨淋等)。

3. 检测服务要素

检测服务要素是感知层系统安全检测工作的基础。基本的感知层系统安全检测服务要素包括系统检测方案、检测用例、检测规则、检测指标、检测方法。检测服务要素的确定是检测服务工作顺利开展的前提,因此检测服务要素建设是物联网系统检测能力建设的重要组成部分。

1）检测方案

检测方案是每次系统检测服务工作的指导文档。物联网系统检测工程师应提前全方位地了解被测系统情况和需求,掌握被测系统业务类型(单向读取、双向读取、单向控制、双向控制),制定检测方案。检测方案中应包含的工作目的、工作原则、具体检测内容、检测重点、工作实施流程以及工作要求等内容。

以 RFID 识读系统为代表的双向读取业务类的感知层系统为例,检测内容一般包括对读写器的接口协议、数据速率、工作温度、工作湿度、振动、冲击、碰撞、安全性、电磁兼容性等关键项目进行测试,同时对射频标签的工作频率、空中接口协议、调制方式、存储容量、工作环境、抗射线、抗交变电磁场、抗冲击、机械振动、自由跌落、抗静电等关键项目进行测试,并在实际应用环境下进行读写器和标签的互操作测试,包括读写器和标签之间的读写距离、读写范围、读写时间、读写速率、物品移动速度等。

2）检测用例

检测工程师应根据所掌握的智能感知系统的业务类型(单向读取、双向读取、单向控制、双向控制)选取合适的检测用例。以属于单向读取业务类型的视频采集系统为例,根据其系统特点,对系统的数据交换保密性、完整性、系统设备认证、用户身份鉴别、系统安全审计等方面制定检测用例,用来验证视频采集系统在这些方面的合规性。

检测用例的范围应基本涵盖实际应用环境下系统功能、复杂电磁环境下感知系统性能、安全功能符合性测试以及网络性能检测。实际应用环境下系统功能测试用例主要为设定不同的读写器和标签之间的读写距离数值、读写范围半径、读写时间长度、读写速率数值、物品移动速度值。复杂电磁环境下感知系统性能测试用例主要为设定空间中的不同电磁信号强度值,以进行被测系统与多种系统共存下的电磁干扰分析。依据《公安物联网感知层通用安全要求导则》,安全功能符合性测试用例主要选取智能感知层感知操作检测用例、数据处理检测用例、感知节点设备检测用例、感知节点设备通信检测用例等;网络性能测试用例主要组成为抓取网络数据包进行协议分析、获取网络流量进行性能分析、监控网络流量进行行为分析等。

3）检测规则

根据所掌握的智能感知层系统的业务类型(单向读取、双向读取、单向控制、双向控制)制定不同的检测规则。例如以射频遥控系统为代表的控制类感知层系统,应将其控制信号的保密性、完整性,受控设备对遥控器的设备认证等方面的要求在检测中有所体现,而读取类感知系统则不对这些方面做出要求。

4）检测方法

检测方法根据检测用例进行确定。智能感知系统的检测方法主要包括人工操作查看和工具测试两类。人工操作查看主要针对感知系统功能和部分系统安全性进行检测。主要包括操作感知系统中部署的智能感知设备参看其功能符合性,登录感知系统中智能感知设备管理系统进行相应参数配置并验证有效性等;工具测试一般涵盖系统性能和部分系统安全性的检测。主要包括通过示波器、功耗分析仪、软件攻击程序、协议分析仪、网络分析仪、频谱分析仪等工具对感知系统的功耗、系统安全性、通信数据安全性、网络性能、抗干扰能力等进行检测。

8.1.4 接入传输层系统检测

1. 接入传输层系统

接入传输层系统根据线路模式可分为专线接入子系统、基于 Internet 的安全接入子系统、基于 3G/4G 的安全接入子系统,根据业务应用模式分为物联网数字接入子系统、物联网视频接入子系统、物联网无线接入子系统和物联网单向接入子系统,如图 8-3 所示。

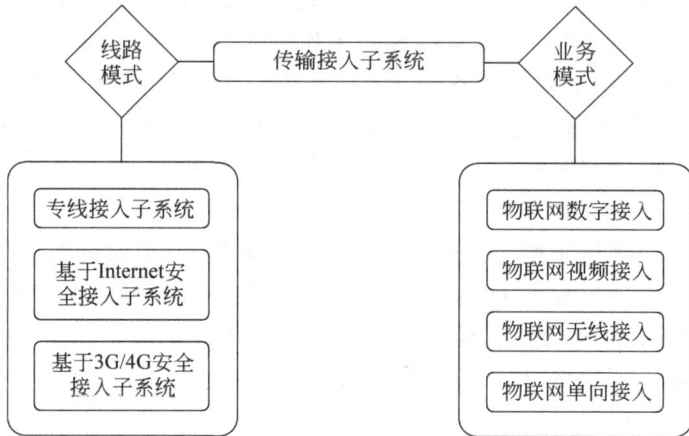

图 8-3　接入传输层系统

各类子系统产品的自身功能、性能以及安全性均在物联网产品检测实验室进行检测,在接入传输层系统检测中主要提供用户身份鉴别策略配置、访问控制配置、数据机密性和完整性策略配置、数据入侵防护策略配置、数据传输格式检测策略配置、数据内容过滤策略配置、安全审计策略配置以及物理安全、系统监测与管理、系统整体安全性评估等方面的检测服务。

2. 通用安全检测指标

接入传输层系统的通用安全检测在系统共性特征检测实验室中进行。其检测内容主要包括数据交换安全检测、系统漏洞探测、系统渗透性测试、协议安全认证等。上述检测内容均为针对实际系统已正式投入使用且业务不能中断的情况。

接入传输层系统中的关键设备主要包括防火墙、身份认证网关、数据交换系统(网闸)等。需要检测这些设备部署在系统中以后数据交换相关安全策略的有效性。对正在使用中的系统不宜改变其设定好的策略,因此这部分检测内容在系统共性特征检测实验室的模拟系统环境中进行检测。接入传输层系统通常以链路形态部署,从感知端接入到业务应用区。由于系统漏洞检测和渗透性测试有一定攻击性,有可能对被测系统造成破坏性影响,也应使用模拟系统环境进行实施。对在接入传输层系统中传输的网络数据包具有相应的加密要求,已投入使用的系统难以按要求构造特定的数据包并进行传输,因此协议包的分析检测在系统共性特征检测实验室的模拟系统环境中进行。

一般来说,接入传输层系统的通用安全检测指标主要包括系统关键设备(如防火墙、身份认证网关、数据交换系统(网闸)等)的网络地址策略、身份认证策略、角色设定、权限分配策略、数据过滤策略、系统审计、系统中高危漏洞、系统安全策略、密码强度、数据包加密情况等。

3. 检测服务要素

检测服务要素是接入传输子系统安全检测工作的基础。接入传输子系统安全检测服务要素包括系统检测方案、检测用例、检测规则、检测指标、检测方法。各项检测服务要素的内容根据接入传输层的具体情况确定。

1）检测方案

检测方案是每次系统检测服务工作的指导文档。系统检测工程师应提前全方位地了解被测系统情况和需求，掌握被测系统接入传输网络类型（专线接入网络、基于 Internet 安全接入、基于 3G 安全通道接入、物联网数字接入、物联网视频接入、物联网无线接入、物联网单向接入），制定检测方案。检测方案中应包含工作目的、工作原则、具体检测内容、检测重点、工作实施流程以及工作要求等内容。

例如，对于以视频传输交换系统为代表的专线接入网络的传输子系统，检测内容一般包括视频交换系统结构组成、视频交换系统信令格式检查、视频交换系统视频数据格式检查、视频交换系统病毒木马防护、视频交换系统组成设备可用性保障、安全隔离设备协议中断，信息落地、系统并发性能、系统延时、通量、丢包率、安全隔离设备架构及通信协议要求、安全审计、鉴别的时机、用户属性定义、鉴别失败处理、安全功能行为的管理、安全属性管理、安全角色、TSF 数据的管理、传送过程中 TSF 间的保密性、可信恢复、基于安全属性的访问控制、设备认证、视频数据单向传输、视频交换系统内部主动访问。

2）检测用例

检测工程师应根据所掌握的接入传输网络类型（专线接入网络、基于 Internet 安全接入、基于 3G 安全通道接入、物联网数字接入、物联网视频接入、物联网无线接入、物联网单向接入）选取合适的检测用例。以属于 3G 安全通道接入传输网络类型的移动警务系统为例，根据其系统特点，对系统的 B/S 应用访问控制、B/S 与 C/S 结合的应用访问控制、数据应用代理、B/S 应用模式隔离、C/S 应用模式隔离、病毒查杀、吞吐量、最大并发连接数、最大新建连接速率等方面制定检测用例，用来验证视频采集系统在这些方面的合规性。

检测用例的范围应基本涵盖实际应用环境下的系统功能、实际应用环境下 3G 接入系统性能、安全功能符合性测试以及网络性能检测。实际应用环境下系统功能测试用例主要包括配置不同的访问控制策略、设置不同的黑/白名单验证策略有效性、配置基于不同 URL 过滤形式的过滤策略、使用合规/违规的 URL 数据包对策略进行验证、通过无线终端访问内网资源验证 B/S 模式隔离、通过无线终端进行数据交换操作验证 C/S 模式隔离、通过无线终端进行含有病毒的数据交换操作验证病毒查杀等。性能测试用例主要包括使用应用层测试设备测试安全策略开启/不开启情况下的吞吐量、并发连接数（可采用不同协议多次测试）、最大新建连接速率（可采用不同协议多次测试）。安全性测试用例主要包括设备尝试标识和鉴别、各类安全管理操作、尝试各类审计操作验证安全审计等。

3）检测规则

检测工程师应根据所掌握的接入传输网络类型（专线接入网络、基于 Internet 安全接入、基于 3G 安全通道接入、物联网数字接入、物联网视频接入、物联网无线接入、物联网单向接入）制定不同的检测规则。如以基于 Internet 安全接入为例，应将其系统区域划分、外部接入，接入终端主机安全、路由接入、链路安全、边界防护、网络安全、应用服务、主机安全、数据安全、安全隔离与信息交换、注册信息管理、运行监控管理、安全审计管理、级联上报、管理要求、建设管理、业务管理、运维管理等方面要求在检测中有所体现。

4）检测方法

检测方法根据检测用例确定。接入传输子系统的检测方法主要包括人工操作查看和工具测试两类。人工操作查看主要针对接入传输层系统功能和部分系统安全性进行检测。主要包括操作接入传输层系统中部署的网络设备、安全设备以及数据交换设备等查看其功能符合性，登录传输子系统中接入传输设备管理系统进行相应参数配置并验证有效性等。工具测试一般涵盖系统性能和部分系统安全性的检测，主要包括通过视频发包器、协议分析工具、漏洞扫描工具、Spirent Avalanche、Spirent Reflector、Spirent Smart Bits 等性能测试工具对接入传输层系统的系统安全性、系统性能、网络性能等进行检测。

8.1.5　业务应用层系统检测

1. 业务应用层系统

业务应用检测环境能够根据感知设备的不同应用领域展示各类感知设备的业务应用，使得被测感知设备的功能得以充分体现。感知业务应用包括但不限于人员识别、重要区域管控、监测报警、危险物品监控、GPS 定位感知等。

识别应用子系统主要是为身份识别的感知层系统进行数据处理的应用层系统。按照应用领域和具体特征的分类标准，识别技术可以分为光学识别、生物识别、语音识别、磁识别和射频识别技术等。

监测应用子系统主要用于为感知现实物理量的感知设备提供系统运行环境，以保证感知信息能够实时、准确、完整地体现出来。典型的物理量感知设备包括但不限于温度传感器、湿度传感器、压力传感器、流量传感器、液位传感器等。

定位应用子系统主要为物联网定位跟踪应用提供后台运行系统环境。物联网定位系统主要的功能是对重要人员/物品进行随时定位和轨迹查询，随时定位给出定位人员/物品所在位置描述信息，轨迹查询是根据所设定时间，查询人员/物品在此时间段内的活动轨迹的描述信息。

管控应用子系统主要用于对感知设备提供的数据信息进行管理，并根据感知数据信息发出控制指令，控制其他功能模块做出动作，完成控制操作。物联网管理控制应用涉及领域较为广泛，如农业、物流、交通、医疗等，使物联网业务应用丰富多样，但其检测内容具有一定共性，主要物联网业务应用层系统检测内容包括用户访问控制、资源控制、应用子系统脆弱性、安全审计、数据安全以及系统稳定性等。

2. 通用安全检测指标

业务应用层系统的通用安全检测在系统共性特征检测实验室中进行。其检测内容主要包括系统稳定性、数据库安全和源代码分析。

系统稳定性主要指通过专用测试工具对业务应用层系统进行压力性能测试,以测试系统在高负荷情况下运行的稳定性。该测试为实验室模拟性测试,利用系统共性特征检测实验室的云测试平台,为测试分配与实际系统相同的资源,模拟实际环境进行测试。数据库是业务应用层系统的核心组成部分,现场测试风险较大,因此对其在系统共性特征检测实验室中进行检测。源代码分析主要针对非独立系统,特别是部署在公共物联网中的业务应用层系统,主要分析其代码级漏洞,在系统共性特征检测实验室中通过专用设备进行检测。

一般来说,业务应用层系统的通用安全检测指标主要包括应用层系统压力测试、软件性能测试、数据库系统漏洞扫描、应用层系统(软件)源代码分析、B/S 结构应用系统页面漏洞检查等。

3. 检测服务要素

检测服务要素是业务应用层系统安全检测工作的基础。业务应用层系统安全检测服务要素包括系统检测方案、检测用例、检测规则、检测指标、检测方法。各项检测服务要素的内容根据业务应用层系统的具体情况进行确定。

1) 检测方案

检测方案是每次系统检测服务工作的指导文档。系统检测工程师应提前全方位地了解被测系统情况和需求,掌握被测系统业务应用层设备部署及使用情况,制定检测方案。检测方案中应包含工作目的、工作原则、具体检测内容、检测重点、工作实施流程以及工作要求等内容。

以一套设备配置较为齐全的业务应用层系统为例,检测内容一般分为设备技术类检查和管理制度类检查。

设备技术类检查内容主要有 6 个方面:网络设备的基本信息、管理员登录管理、设备漏洞检查、设备网络连接、设备安全审计以及配置文件备份;安全设备的基本信息、管理员登录管理、设备漏洞检查、设备访问控制、设备安全审计以及配置文件备份;主机基本信息、用户身份鉴别、操作系统访问控制、主机安全审计、主机资源控制、主机恶意代码防范、操作系统漏洞以及主机数据备份;数据库基本信息、数据库用户身份鉴别、数据库访问控制、数据库漏洞检查、数据库安全防范措施以及数据库数据备份;应用系统基本信息、应用系统用户身份鉴别、应用系统访问控制、应用系统资源控制、应用系统部署方式、应用系统安全审计以及应用系统数据备份;网站基本信息、网站信息发布管理、网站巡检、网站管理员登录管理、网站安全措施以及网站数据备份。

管理制度类检查内容主要有信息安全组织管理、日常信息安全管理、信息安全防护管理、应急管理工作、信息技术产品应用、信息安全教育培训、信息技术外包服务、安全事件发生和处置、互联网接入安全等。

2) 检测用例

检测工程师应根据所掌握的业务应用层系统构成、不同系统组成部分的设备品牌型号以及业务应用层所搭载的应用系统功能来选取合适的检测用例。测试用例的范围应涵盖网络设备、安全设备、主机服务器、数据库、应用系统、网站等方面。

检测用例的范围应基本涵盖组成业务应用层系统的各个主流品牌设备。例如,网络设备中的交换机,H3C 品牌和 Cisco 品牌的管理命令是有所区别的;一些网络设备只能采用命令行方式进行管理,而另一些可以采用 Web 方式进行管理;安全设备的种类较多,主要包括网络防火墙、Web 防火墙、网关、防毒墙、入侵检测系统(IDS)、入侵防御系统(IPS)等。不同种类的安全设备所对应的安全策略具有很大的不同。例如,网络防火墙的主要安全功能为网络级访问控制,其安全策略一般为 IP 地址访问控制列表形式;Web 防火墙的主要功能为应用级行为控制,其安全策略一般为对 Web 攻击的识别和阻断列表;IDS设备的主要功能为网络级攻击行为发现和阻断,其安全策略一般为网络攻击行为发现和阻断列表。在制定检测用例时,应考虑不同类型、不同品牌安全设备的安全策略特点,有针对性地制定检测用例。

3) 检测规则

由于各类业务应用层系统的主要构成组件大体相同,检测工程师应根据所掌握的业务应用层系统组成确定检测规则。对于不同业务应用层系统,针对某一项系统安全性要求的检测规则,要结合系统的具体情况进行确定。例如,与审计日志相对应的检测规则,若系统中部署了专业的日志审计设备,则可以针对该设备制定检测规则,再对其他独立设备的日志上报情况做出规定,而对每个独立设备的日志审计功能的规则可以弱化;又如数据库的安全防护,由于数据库系统具有一定的特殊性,系统补丁更新升级可能会影响到数据库的正常运行甚至导致数据库宕机,因此,在制定数据库安全防护规则时对系统补丁升级方面的规则可以适当弱化,转而对第三方数据库安全措施(如专业数据库防火墙)做出要求。

4) 检测方法

检测方法根据检测用例确定。业务应用层系统的检测方法主要包括人工操作查看和工具测试两类。人工操作查看主要针对业务应用层系统功能和部分系统安全性进行检测,主要包括操作应用子系统中部署的网络设备、安全设备以及部署的应用系统等,以查看其功能符合性。工具测试一般涵盖系统性能和部分系统安全性的检测,主要包括通过主机安全基线检查工具、系统漏洞扫描工具、Web 漏洞扫描工具、数据库扫描工具、终端安全检查工具等测试工具对业务应用层系统的系统安全性进行检测。

8.1.6 安全检测知识库

检测知识库是物联网系统安全检测服务平台的核心,分为案例子库、环境子库、规则子库、指标子库、方法子库和结果子库 6 个组成部分。每个检测知识库子库针对所对应的物联网系统组成部分的特点进行建设。按照实际检测的工作流程顺序,各个子库之间具有一定的联系,共同组成被检测的物联网系统的检测方案。物联网系统安全检测知识子库关系如图 8-4 所示。每个物联网系统的组成、功能各有不同,检测知识库建设遵循最大化原则,为不同物联网系统提供具有较强针对性的检测服务方案。

案例库中维护的内容为经过实际检测的、具有较强代表性的物联网系统实例。案例库中包含整套系统检测案例和不同系统组成部分的检测案例两大类。其中不同系统组成

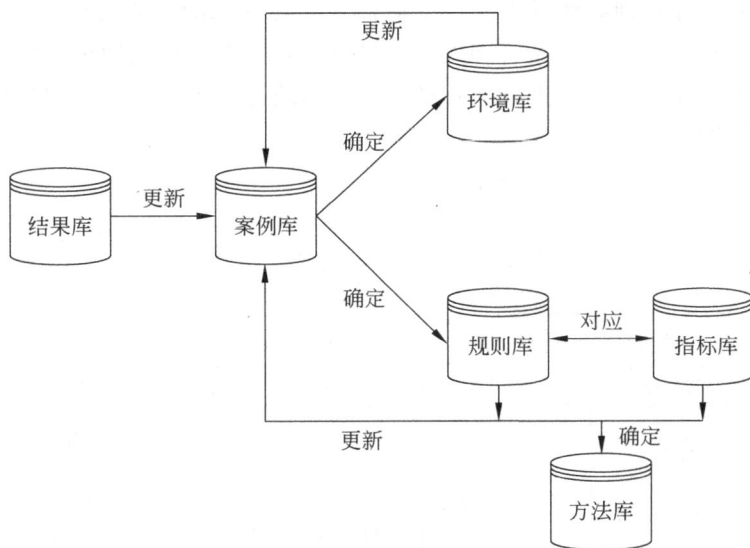

图 8-4 物联网系统安全检测知识子库关系

部分检测案例又划分为智能感知层检测案例子库、接入传输层检测案例子库和业务应用层检测案例子库。案例库或案例子库在建立时主要考虑系统功能、应用场景、安全威胁3个方面的因素,并根据此3方面对检测案例进行归类。

环境库中维护的内容为具有较强代表性的物联网系统部署环境方案。检测环境库的建设更多的是针对某类产品在实际应用环境中的系统化检测。环境库按不同系统组成部分的检测环境划分为智能感知层检测环境子库、接入传输层检测环境子库和业务应用层检测环境子库。环境子库在建立时同样考虑系统功能、应用场景、安全威胁3个方面的因素,并根据此3方面对检测环境进行归类。

规则库的主要内容为各类物联网系统检测时所要遵循的规则。检测规则库与案例库关系十分紧密,每个检测案例中都包含属于该案例的个性化检测规则。在对一套物联网系统进行检测时,还可以根据实际情况在一定范围内重新制定检测规则。由于不同应用对物联网系统的安全要求不同,出于检测责任最小化原则,在检测时应根据被测系统对其自身的安全性要求制定检测规则。物联网系统智能感知、接入传输层和业务应用层这3个层次都有各自的检测规则子库。

指标库的主要内容为各个物联网系统检测项所应达到的指标。指标库与规则库关系十分紧密,大多数检测规则都有与之相对应的检测指标。在对一套物联网系统进行检测时,还可以根据实际情况在一定范围内确定具有针对性的检测指标。

方法库的主要内容为各个物联网系统检测项所对应的具体检测方法、操作说明、检测时所用到的工具、应查阅的文档。

结果库的主要内容为与系统检测结果相关的材料,主要包括检测报告、测试记录、工具检查结果文件、查阅的文档名称列表、人员访谈记录、人工查看检测系统截图和数据统计与分析模型等。检测结果库为物联网系统安全检测服务的成果集合,在整个服务体系中起到成果保留和存档的作用,同时也为后续开展的检测服务提供参考数据。

安全检测知识库管理系统支撑检测工程师查询各子库的内容,从而得到实施检测所需的工作数据材料。支撑知识库管理人员通过该系统对安全检测知识库进行管理、更新。支撑数据分析人员使用该系统进行检查结果数据的统计分析。安全检测知识库管理系统功能模块结构如图 8-5 所示。

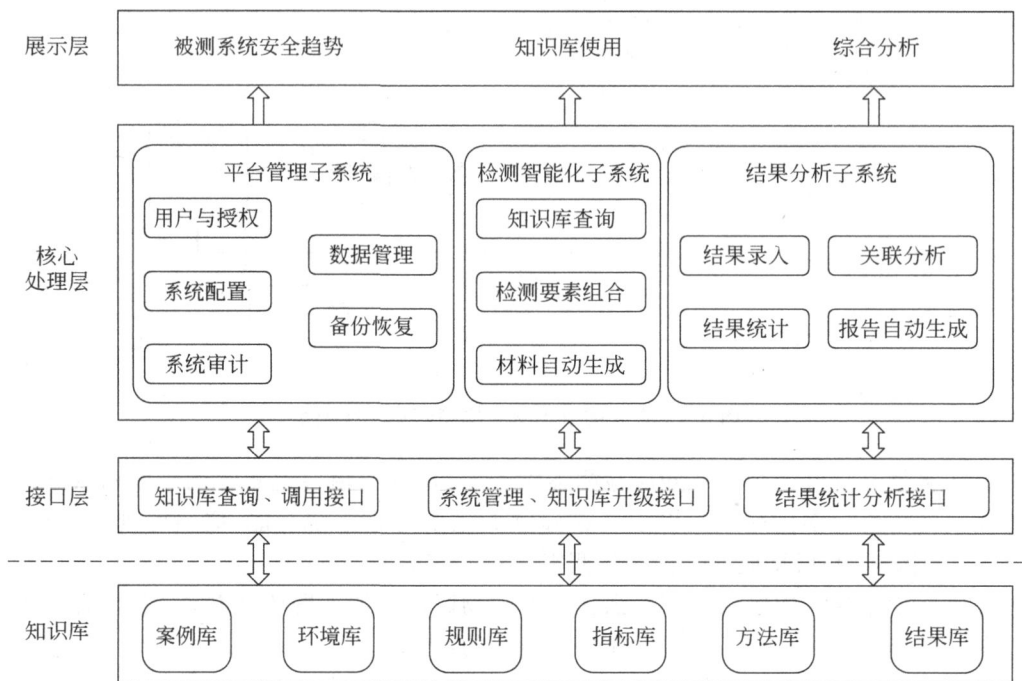

图 8-5　安全检测知识库管理系统功能模块结构

8.1.7　检测工具集

物联网系统安全检测服务所需的各种检测规则和检测方法需要相应的先进的安全检测工具作为支撑。因此,需要通过收集、采购、开发或定制等方式逐步丰富和完善检测服务所需的各种工具和检测样本数据,逐步形成工具体系。对工具进行分类整理,研究各种工具和检测样本数据的适用范围、工具特点、使用限制条件、替代和互补关系等,并编写工具操作指南,最终形成物联网系统安全检测服务工具集。

检测工具集根据其应用范围划分为 3 类:

- 智能感知层检测工具集。
- 接入传输层检测工具集。
- 业务应用层检测工具集。

智能感知层检测工具集又分为感知操作安全检测工具集、感知数据处理安全检测工具集、感知数据存储安全检测工具集、感知节点设备安全检测工具集。感知操作安全检测工具集包括对感知操作安全项目进行检测所用到的软硬件工具和测试样本数据;感知数据处理安全检测工具集包括对感知数据处理安全项目进行检测所用到的工具;感知数据存储安全检测工具集主要包括对感知数据存储安全项目进行检测所用到的工具和测试样本数据;感知节点设备安全检测工具集主要包括漏洞扫描工具、自动化攻击工具以及本项目所建立的漏洞补丁知识库,根据被测设备的操作系统、功能组件,查询漏洞补丁知识库,可以发现漏洞扫描类工具无法直接探测的隐藏漏洞。

接入传输层检测工具主要包括脆弱性扫描与管理工具、网络协议分析工具、主机配置检测工具、网络边界检测工具等。其中脆弱性扫描与管理工具的主要功能为主机服务器、网络安全设备、网络互联设备等操作系统的系统漏洞扫描、分析以及补丁建议;网络协议分析工具的主要功能为通过在需数据加密的网段进行抓包操作,对网络中传输的数据包进行分析,从而得出数据是否加密传输的结论;主机配置检测工具的主要功能为对主机服务器的身份鉴别、访问控制、管理员管理、系统安全审计等相关安全策略的配置进行检测,从而得出主机服务器操作系统非漏洞层面的安全性结论;网络边界检测工具的主要功能是运用网络拓扑发现技术检测网络边界情况,明确内网对外互联是否符合相关规范要求,得出网络边界安全性相关结论。

业务应用层检测工具主要包括 Web 应用系统及网站安全检测工具、数据库脆弱性检测工具和网络终端安全检测工具。其中 Web 应用系统及网站安全检测工具的主要功能是对应用系统或网站的页面进行漏洞扫描,以发现应用系统的漏洞和网站页面的挂马、跨站脚本等安全威胁;数据库脆弱性检测工具的主要功能为对数据库系统进行安全策略配置的脆弱性扫描,从而对数据库系统身份鉴别、访问控制、管理员管理、系统安全审计等方面的安全策略配置进行检测;网络终端安全检测工具的主要功能为对网络终端的系统审计配置、用户登录限制、杀毒软件安装运行情况等进行检测,从而发现网络终端的安全问题。

8.1.8　系统整体安全性

组成物联网系统的智能感知层、接入传输层和业务应用层系统的综合安全性构成了物联网系统的整体安全性。

对于智能感知层系统的安全性,在对智能感知层系统按照检测方案进行检测后,应从感知操作安全、数据存储安全、感知节点设备通信安全、感知节点设备安全等方面给出感知层系统的安全性评价和分析。最终评估结论的原则应根据这几部分在被测系统中所占权重的不同以及各自的检测结果综合考虑。

对于接入传输层系统的安全性,在对接入传输层系统按照检测方案进行检测后,应从接入传输系统总体结构、接入传输系统安全控制措施、接入传输系统层面间安全、接入传输系统安全区域等方面给出传输层系统的安全性评价和分析。内容应包括接入传输系统链路安全是否达到规范要求;用户的业务范围是否符合规范要求;接入传输系统路由接入区、边界保护区、应用服务区、安全隔离区以及安全监测与管理区的主要安全功能是否实现;根据用户的访问路径,分析接入平台的安全控制措施相对于规范要求的增强与削弱情况;同一区域内不同层面之间存在的功能增强、补充或削弱的关系;结合安全技术测评结果,分析接入传输系统各安全区域主要安全功能相对于规范要求的增强与削弱情况。最终评估结论的原则应根据这几部分在被测系统中所占权重的不同以及各自的检测结果综合考虑。

对于业务应用层系统的安全性,在对业务应用层系统按照检测方案进行检测后,应从业务应用层系统的数据安全、软件安全、硬件安全、服务安全、人员安全和制度管理安全几个方面给出业务应用层系统的安全性评价和分析。最终评估结论的原则应根据这几部分在被测系统中所占权重的不同以及各自的检测结果综合考虑。

物联网系统的整体安全性应根据智能感知层、接入传输层和业务应用层系统的安全性进行综合分析和评估。在对系统整体安全性进行评价后,还应给出具有针对性的系统安全整改建议以加强物联网系统抵御未知攻击的能力。

8.1.9　配套工程设计

物联网系统安全检测服务平台的建设需要一个独立的研究与管理实验室,场地面积为 200m²。物联网系统安全检测平台的实际场地环境主要由检测人员工位、检测工具存放台(柜)、物联网系统安全检测管理系统专用服务器和终端操作台组成。其中检测人员工位应能够满足 10 名检测人员的日常办公需求;检测工具存放台(柜)用于存放物联网系统安全检测所需的软硬件工具;物联网系统安全检测管理系统专用服务器和终端操作台主要摆放物联网系统安全检测管理系统专用服务器和终端,用于检测工程师对物联网系统安全检测管理系统进行操作。

8.2　物联网集成化安全管理检查服务平台

8.2.1　物联网集成化安全管理检查

物联网集成化安全管理检查是信息安全保障的有利抓手,通过安全管理检查可以对现阶段已上线的信息系统安全状况进行评估,持续地保持信息系统的安全性。在我国,目前针对安全管理的检查内容可分为两个部分:一部分是针对政府机构的信息系统,主要依据是《国务院办公厅关于印发〈政府信息系统安全检查办法〉的通知》(国办发 2009[28]号);另一部分是面向更为广泛的组织机构的信息系统,主要依据是 ISO/IEC 27001—2013 国际标准。

1. 政府信息系统安全检测

我国政府于 2009 年发布了《国务院办公厅关于印发〈政府信息系统安全检查办法〉的通知》,要求对全国政府信息系统开展年度安全检查工作。政府信息系统重点安全检查内容包括信息安全组织机构、日常信息安全管理、等级保护与风险评估、技术防护手段建设、应急管理工作开展、信息技术产品使用、信息安全服务、信息安全教育培训、信息安全经费保障、安全隐患排查及整改 10 个方面的内容。

　　1) 信息安全组织机构

信息安全组织机构检查信息安全工作主管领导、信息安全管理机构、各内设机构信息安全员等设置情况。按照《国务院办公厅关于加强政府信息系统安全和保密管理工作的通知》要求,各部门应明确一名副职领导主管信息安全工作,应指定一个司局级机构承担信息安全管理工作,各内设机构应指定一名专职或兼职信息安全员。信息安全组织机构检查表如表 8-1 所示。

表 8-1　信息安全组织机构检查表

检查项	检查条目	检查结果
信息安全组织管理基本情况	部门(单位)的名称	名称:＿＿＿＿＿＿＿
	负责信息安全工作的主管领导的姓名和职务	姓名:＿＿＿＿＿＿＿ 职务:＿＿＿＿＿＿＿
	是否设立了专门的信息安全管理机构	□是　□否 管理机构名称:＿＿＿＿＿ 负责人姓名:＿＿＿＿＿ 职务:＿＿＿＿＿＿＿ 电话:＿＿＿＿＿＿＿
	是否指定了等级保护负责部门	□是　□否 部门名称:＿＿＿＿＿＿ 联系人姓名:＿＿＿＿＿ 职务:＿＿＿＿＿＿＿ 电话:＿＿＿＿＿＿＿
	是否设立了安全管理岗位并定义了岗位的职责	□是　□否
安全管理人员配备	部门(单位)安全管理员的总人数	总人数:＿＿＿＿＿＿
	其中兼职的人数	兼职人数:＿＿＿＿＿＿

2) 日常信息安全管理

日常信息安全管理检查内容主要针对人员管理、设备定期维护、日常巡检机制、日常安全通报机制等内容进行检查。人员管理检查信息安全和保密责任制建立及落实情况、人员离岗离职信息安全管理情况,设备定期维护检查设备维修和报废记录,日常巡检机制检查巡检机制及记录,日常安全通报机制检查通报机制落实情况以及通报方式。日常信息安全管理检查表如表 8-2 所示。

表 8-2　日常信息安全管理检查表

检查项	检查条目	检查结果
人员管理	是否制定了人员管理制度	□安全保密教育 □签订保密协议 □岗位信息安全和保密责任 □离岗离职信息安全管理 □其他相关人员管理
	重要岗位是否签订了保密协议	□是,已签订＿＿＿＿＿份 □否
	本年度离岗离职人员是否办理了相关手续	□无离岗离职人员 □是,有＿＿＿＿＿人次 □否

检 查 项	检 查 条 目	检 查 结 果
设备定期维护管理检查	设备维修和报废的记录是否完整	□完整 □不完整 □无记录
日常巡检机制	是否建立了日常安全巡检机制	□是　□否
	安全巡检包括的内容	内容包括：＿＿＿＿＿＿ ＿＿＿＿＿＿＿＿＿＿
日常安全通报机制	是否建立了安全情况通报网站	□是　□否
	是否发布了各安全管理系统主要运行情况	□是　□否
	是否对通报完成了签收处理	□是　□否

3）等级保护与风险评估

等级保护检查信息安全等级保护有关文件要求的落实情况。通过查看等级保护定级备案、等级测评报告等相关文档，检查信息系统定级、测评、整改等情况。风险评估检查信息安全风险评估有关文件要求的落实情况。通过查看风险评估报告等检查风险评估工作的开展情况。等级保护与风险评估检查表如表 8-3 所示。

表 8-3　等级保护与风险评估检查表

检 查 项	检 查 条 目	检 查 结 果
定级情况检查	信息系统是否已按照国家安全等级保护要求进行定级	□是　□否 定级时间：＿＿年＿＿月
	等级保护级别	□1 级　　□2 级　　□3 级　　□4 级 □5 级
	是否具有系统定级文档并已报备	□是　□否 定级备案表编号：＿＿＿＿
	是否按等级测评周期要求聘请了具有国家相关技术资质和安全资质的测评单位对信息系统进行测评	□是　□否 测评单位名称：＿＿＿＿
风险评估情况检查	信息系统是否按照国家信息安全风险评估规范进行了评估	□是　□否 评估时间：＿＿年＿＿月 评估单位名称：＿＿＿
	风险评估服务情况	□ 委托外资评估服务机构 □ 委托国内评估服务机构 □ 自己组织专家评估
	是否根据风险评估结论进行了安全整改	□ 不需要整改 □ 已整改 □ 未整改

4）技术防护手段建设

信息技术防护手段涉及内容丰富多样，包含网络边界安全防护、信息安全产品部署及使用、主机服务安全防护、网络设备安全防护、计算机终端安全防护、门户网站安全防护、应用系统安全防护、感知设备安全防护等内容。

　　网络边界安全防护重点检查互联网接入情况、网络边界防护情况等内容。互联网接入安全检查表如表 8-4 所示。

表 8-4　互联网接入安全检查表

检 查 项	检 查 条 目	检 查 结 果
部门(单位)信息	主管互联网接入的部门的名称	名称：_____
	安全负责人的姓名和职务	姓名：_____ 职务：_____
互联网接入建设	是否有互联网接入	□是　□否
	互联网接入带宽	_____ MB/s
	互联网接入的出口单位	□联通　□电信　□移动　□其他
	互联网接入链路	□专线　□ADSL　□无线宽带　□其他
	是否有互联网接入审批备案管理制度	□是,备案文件名称：_____ □否
	* 所有互联网接入端口的单机或局域网与内网是否是物理隔离的	□是　□否
	接入互联网系统是否留存有互联网访问日志	□是　□否
	互联网接入端口是否安装了防火墙	□是　□否
	互联网接入端口是否安装了入侵检测设备	□是　□否
	安全防护设备配置策略	□使用默认配置 □用户自主配置
互联网终端管理	互联网终端数	_____个
	终端使用是否指定了责任人	□是　□否
	终端安全管理方式	□集中统一管理 □用户自行管理

　　网络边界防护安全检查表如表 8-5 所示。

表 8-5　网络边界防护安全检查表

检 查 项	检 查 条 目	检 查 结 果
边界接入点基本信息	名称	名称：_____
	安全责任人姓名及电话	姓名：_____ 联系电话：_____

续表

检查项	检查条目	检查结果
边界接入点基本信息	是否已建设边界接入平台	□是　□否　建设时间：___年___月　承建单位：_____
	边界接入平台是否通过了第三方机构组织的验收	□是　□否
	与外网连接的所有业务是否都通过边界接入平台接入内网	□是　□否
	边界接入平台是否启用了级联上报功能	□是　□否
	边界接入对象	接入对象：_____
	边界接入通信链路（可多选）	□专线　□VPDN　□电话拨号　□互联网　□以太网　□无线网
	边界接入业务的内容及范围是否已经过审批	□是　□否
边界接入安全技术措施	安全技术措施（可多选）	□防病毒产品　□安全网关　□网闸　□单向光闸　□密码技术设备　□入侵检测设备　□VPN设备　□安全审计设备
通信保密性检查	边界接入通信过程是否采取了加密措施	□是　□否
安全审计	是否有事件记录审计（事件类型、用户、发生时间）	□是　□否
	是否有设备运行记录审计（运行状态、网络流量）	□是　□否
边界接入安全监控	边界接入点是否具有对攻击行为进行监控并有效阻断的安全措施	□是　□否
	边界接入点是否根据业务需求实现对应用层HTTP、FTP、TELNET等协议实现命令级的控制	□是　□否

　　信息安全产品部署及使用检查防火墙、入侵检测、安全审计、病毒防护等信息安全产品部署及使用情况，以及信息安全产品策略配置有效性等。信息安全产品部署及使用检查表如表8-6所示。

表8-6　信息安全产品部署及使用检查表

检查项	检查条目	检查结果
安全设备基本信息	安全设备序号	序号：_____
	厂家型号	型号：_____
	是否国产	□是　□否

续表

检查项	检查条目	检查结果
安全设备基本信息	安全设备连接对象(可多选)	☐内部连接 ☐局域网 ☐外部网络
安全设备管理员登录管理	是否有管理员登录地址限制	☐是　☐否
	是否满足登录口令复杂性要求	☐是　☐否
	远程管理时,是否采取了安全传输措施	☐是　☐否
访问控制	是否具有详细的访问控制列表	☐是　☐否
安全审计	是否有事件记录审计(事件类型、用户、发生时间)	☐是　☐否
	是否有设备运行记录审计(运行状态、网络流量)	☐是　☐否
安全设备漏洞	是否做过漏洞扫描检查	☐是　☐否
	按漏洞扫描工具厂商提供的漏洞分类标准,危害等级为中、高级别的漏洞个数统计	高危漏洞:_____个 中危漏洞:_____个
配置文件备份	是否对配置策略进行了备份	☐是　☐否

　　主机服务安全防护检查服务器上应用、服务、端口、链接以及系统补丁等情况,是否关闭了不必要的应用、服务、端口、链接,账号口令强度和更新情况,病毒木马防护措施,是否定期进行漏洞扫描、病毒木马检测等。主机服务安全防护检查表如表 8-7 所示。

表 8-7　主机服务安全防护检查表

检查项	检查条目	检查结果
主机基本信息	主机 IP 地址	____.____.____.____
	厂家型号	型号:_____
	主机是否是国产	☐是　☐否
	CPU 是否是国产	☐是　☐否
	操作系统	☐Windows　☐Linux ☐AIX　☐UNIX ☐其他(国外产品) 名称:_____ ☐其他(国内产品) 名称:_____
用户身份鉴别	主机管理员登录口令是否满足复杂性要求(8 位以上数字、大小写字母和特殊字符的组合)	☐是　☐否
	口令更换周期	☐偶尔或从不　☐每周 ☐每月　☐每季
	是否配置了错误登录次数限制	☐是　☐否
	是否配置了连接超时退出	☐是　☐否

续表

检查项	检查条目	检查结果
主机系统访问控制	主机中是否已删除了所有过期账号和无用账号	□是　□否
	管理权限和用户权限是否作了严格区分	□是　□否
	是否关闭了不必要的服务和端口	□是　□否
主机安全审计检查	审计范围是否覆盖到主机和管理终端上的每个用户	□是　□否
	审计内容是否包括重要用户行为、系统资源的异常使用和重要系统命令的使用等系统内重要的安全相关事件	□是　□否
主机资源控制检查	主机是否对维护终端的接入有限制措施(如接入方式、网络地址范围等)	□是　□否
	对远程维护方式是否采用了加密通信措施	□是　□否　□无远程维护
主机恶意代码防范检查	主机是否安装了防病毒软件	□是,名称:_____ □否
	主机防病毒软件是否及时更新	□是,更新方式:_____ □否
	最近一次病毒扫描时间	时间:_____
	主机是否做过木马扫描检查	□是,_____个 □否
主机系统补丁检查	主机是否做过系统漏洞扫描检查	□是　□否
	按漏洞扫描工具厂商提供的漏洞分类标准统计漏洞数	高危漏洞:_____个 中危漏洞:_____个
主机备份检查	是否有完全数据备份并且备份介质是场外存放	□是　□否

网络设备安全防护检查安全配置有效性、账号口令强度和更新情况、是否定期进行漏洞扫描等。网络设备安全防护检查表如表 8-8 所示。

表 8-8　网络设备安全防护检查表

检查项	检查条目	检查结果
网络设备基本信息	网络设备序号	序号:_____
	网络设备 IP 地址	____.____.____.____
	厂家型号	型号:_____
	是否国产	□是　□否
网络设备管理员登录管理	是否有管理员登录地址限制	□是　□否
	是否满足管理员登录口令复杂性要求	□是　□否
	远程管理时,是否采取了安全传输措施	□是　□否

续表

检 查 项	检 查 条 目	检 查 结 果
网络设备漏洞	是否做过漏洞扫描检查	□是　□否
	按漏洞扫描工具厂商提供的漏洞分类标准,危害等级为中、高级别的漏洞个数统计	高危漏洞:＿＿＿＿＿个 中危漏洞:＿＿＿＿＿个
网络设备拓扑结构	网络设备路由连接(可多选)	□内部连接 □部门局域网 □互联网网络
安全审计	如果开启路由模块,是否开启审计功能	□是　　□否
	日志信息是否定期备份	□是　　□否
配置文件备份	是否对配置策略进行了备份	□是　　□否

计算机终端安全防护检查终端计算机是否采取集中安全管理措施,计算机账号口令强度和更新情况,是否安装病毒防护软件并定期进行漏洞扫描、病毒木马检测,是否关闭了远程共享。计算机终端安全防护检查表格设计如表 8-9 所示。

表 8-9　计算机终端安全防护检查表

检 查 项	检 查 条 目	检 查 结 果
终端基本信息	终端 IP 地址	＿＿.＿＿.＿＿.＿＿
	终端计算机名	＿＿＿＿＿＿＿
终端安全检查	系统补丁是否已打全	□是　□否
	是否已安装并运行杀毒软件	□是　□否
	病毒库是否及时更新	□是　□否
	是否已安装并运行木马扫描工具	□是　□否
	Guest 账户是否被禁用	□是　□否
	是否设置了口令复杂度和口令定期更新策略	□是　□否
	是否配置了错误登录次数限制	□是　□否
	系统是否关闭了共享资源	□是　□否
	Windows 远程桌面是否不存在空口令	□是　□否

门户网站安全防护检查网站信息发布审批制度建立及落实情况,抗拒绝服务攻击、网页防篡改等安全防护设备的部署情况,以及安全配置策略的有效性,是否定期进行漏洞扫描、木马检测等。门户网站安全防护检查表如表 8-10 所示。

应用系统安全防护检查用户身份鉴别、访问控制、资源控制、应系统安全审计、数据库安全等。安全检查表设计为两个表格,如表 8-11、表 8-12 所示。

表 8-10　门户网站安全防护检查表

检 查 项	检 查 条 目	检 查 结 果
网站基本信息	网站序号	序号：_____
	网站名称	名称：_____
	网站首页 URL	URL：_____
网站信息发布管理	是否有上网信息审批审核制度	□是　□否
	信息审批审核记录是否完整	□是　□否
网站巡检	是否建立了网站巡检机制	□是　□否
	网站巡检周期	□偶尔或从不　□每天 □每周　　　　□每月
	网站巡检内容	□各板块信息内容 □网站功能 □留言内容 □其他：_____
网站管理员登录管理	是否有管理员登录地址限制	□是　□否
	若使用远程维护方式,是否采用了加密通信措施	□是　□否
	是否满足登录口令复杂性要求	□是　□否
	是否有登录失败次数限制	□是　□否
	是否有连接超时退出	□是　□否
网站安全措施	是否有网页防篡改措施	□是　□否
	是否部署了 Web 防火墙设备	□是　□否
	是否部署了抗拒绝服务攻击的设备	□是　□否
	网站是否部署了防病毒、防木马的安全措施	□是,产品名称：_____ □否
	防病毒、防木马产品是否定期升级更新	□是　□否
	是否采用 Web 应用安全检查工具对网站安全隐患进行了检查	□是　□否
	按安全检查工具厂商对网站安全隐患的分类标准,统计漏洞个数	高危漏洞：_____个 中危漏洞：_____个
网站安全审计检查	网站是否对安全事件进行审计	□是　□否
	安全事件审计记录内容是否包括事件的日期、时间、发起者信息、类型、描述和结果	□是　□否
	审计记录是否受到保护以避免受到未预期的删除、修改或覆盖等	□是　□否
网站资源控制检查	网站是否设置了最大并发会话连接数限制	□是　□否
	网站是否提供服务优先级(QoS)设定功能	□是　□否

检查项	检查条目	检查结果
网站备份	是否有完全数据备份并且备份介质是场外存放	□是　□否
	是否有异地数据备份	□是　□否
网站受攻击情况	已确认的网站受攻击次数（注入、跨站、DDoS、挂马等）	_____次
	网页被篡改次数	_____次

表 8-11　应用系统安全防护检查表

检查项	检查条目	检查结果
应用系统基本信息	应用系统名称	名称：_____
	应用系统来源	□自主审计开发(不含二次开发) □委托国内厂商开发 □委托国外厂商开发 □直接采购国内厂商产品 □直接采购国外厂商产品
应用系统用户身份鉴别	应用系统采用何种身份鉴别措施(可多选)	□用户名/口令 □挑战应答 □动态口令 □数字证书 □生物识别技术 □随机验证码 □短信验证 □其他_____
	应用系统管理员登录口令是否满足复杂性要求(8 位以上数字、大小写字母和特殊字符的组合)	□是　□否
	是否对登录失败的次数做了锁定或退出的限制	□是　□否
访问控制	是否对不同的应用系统用户进行了严格的访问权限控制	□是　□否
资源控制	应用系统是否具有自动中断长期未响应的客户端会话的功能	□是　□否
	应用系统是否能够限制并发会话连接数	□是　□否
应用系统部署及扫描	应用系统采用何种方式部署	□ B/S　□ C/S
	应用系统是否进行过应用层安全检查	□是　□否
应用系统安全审计	应用系统是否对安全事件进行审计	□是　□否
应用系统备份	是否有完全数据备份并且备份介质是场外存放	□是　□否
	备份介质	□ 磁盘阵列　是否国产：□是　　□否
		□ 磁带库　　是否国产：□是　　□否

表 8-12　数据库安全检查表

检 查 项	检 查 条 目	检 查 结 果
数据库基本情况	数据库所在主机 IP 地址	____.____.____.____
	数据库型号	□Oracle □SQL Server □MySQL □Sybase □DB2 □PostgreSQL □其他(国外产品),名称:_____ □其他(国内产品),名称:_____
	数据库版本号	_____
数据库用户身份鉴别	数据库管理员登录口令是否满足复杂性要求(8 位以上数字、大小写字母和特殊字符的组合)	□是 □否
	是否启用了登录失败锁定账号功能	□是 □否
	是否设置了连接超时退出参数	□是 □否
数据库访问控制	是否已经对数据库中的过期和无用账号进行了删除或禁用	□是 □否
数据库漏洞	数据库是否做过漏洞扫描检查	□是 □否
	按漏洞扫描工具厂商对漏洞的分类标准,统计漏洞个数	高危漏洞:_____个
		中危漏洞:_____个
数据库安全防护措施	是否采取了数据库安全措施	□是 □否
	是何种安全措施	□数据库防火墙 □数据库运行监控系统 □其他措施,名称:_____
数据库备份	是否有完全数据备份并且备份介质是场外存放	□是 □否

感知设备安全防护检查感知操作安全、通信安全、用户身份鉴别、安全审计、资源控制检查、安全性以及数据备份等情况。感知设备安全防护检查表如表 8-13 所示。

表 8-13　感知设备安全防护检查表

检 查 项	检 查 条 目	检 查 结 果
感知设备基本信息	厂家型号	型号:_____
	主机是否是国产	□是 □否
	芯片是否是国产	□是 □否
	操作系统	□TinyOS □Windows 10 IOT □LiteOS □Android □其他(国外产品),名称:_____ □其他(国内产品),名称:_____

检查项	检查条目	检查结果
感知操作安全	是否具备完整性校验机制	☐是　☐否
	是否具有链路加密功能	☐是　☐否
	感知设备与感知对象进行控制操作时是否进行设备认证	☐是　☐否
	感知设备采用何种抗干扰机制防御无线信号干扰能力	☐无线序列跳频 ☐其他：_____
通信安全	是否具有入网标识并进行设备认证	☐是　☐否
	采用何种措施进行抗干扰保护	☐频率跳转 ☐降低工作占空比 ☐切换通信模式 ☐其他：_____
用户身份鉴别	管理员登录口令是否满足复杂性要求（8位以上数字、大小写字母和特殊字符的组合）	☐是　☐否
	口令更换周期	☐偶尔或从不　☐每周 ☐每月　　　　☐每季
安全审计	审计范围是否覆盖到终端上的每个用户	☐是　☐否
	审计内容是否包括重要用户行为、系统资源的异常使用和重要系统命令的使用等系统内重要的安全相关事件	☐是　☐否
资源控制检查	感知设备是否对维护终端的接入有限制措施（如接入方式、网络地址范围等）	☐是　☐否
	对远程维护方式是否采用了加密通信措施	☐是　☐否　☐无远程维护
设备漏洞	是否做过系统漏洞扫描检查	☐是　☐否
	按漏洞扫描工具厂商提供的漏洞分类标准统计漏洞数	高危漏洞：_____个 中危漏洞：_____个
数据备份检查	是否有完全数据备份并且备份介质是场外存放	☐是　☐否

5）应急管理工作开展

应急管理工作检查《国家网络与信息安全事件应急预案》落实情况，包括是否制定了本部门信息安全应急预案，是否及时修订，是否按照要求开展了信息安全应急演练。对于已开展演练的，应检查演练相关文档（包括演练组织单位、参与部门、演练责任人、演练时间、演练内容等），是否按照要求明确了应急技术支援队伍，是否根据实际需要对重要数据和信息系统进行了灾难备份。应急管理工作检查表如表 8-14 所示。

6）信息技术产品使用

信息技术产品使用检查终端计算机、防火墙、入侵检测设备、安全审计设备、VPN 设备、字处理软件等使用本国产品的情况。信息技术产品检查表如表 8-15 所示。

表 8-14 应急管理工作检查表

检查项	检查条目	检查结果
应急管理检查	是否制定了信息安全应急预案	□是 □否 □本年度已修订 □本年度未修订
	是否已开展了应急演练	□是 □否
	应急技术支援队伍是否由本部门(单位)统一组建	□是 □否
	应急技术支援队伍组成	□内部 □外部专业技术机构 □无
	是否建立了应急联络方式	□是 □否
信息安全灾难备份	拟定或已定2级及以上信息系统的业务数据是否已备份	□是 □否
	拟定或已定2级及以上信息系统的配置数据是否已备份	□是 □否

表 8-15 信息技术产品检查表

检查项	检查条目	检查结果
计算机终端(含笔记本电脑)	总台数	_____台
	其中国产台数和国产化率	国产台数：_____台 国产化率：_____%
	其中使用国产CPU的计算机台数	_____台
	使用Windows操作系统的台数	_____台
	使用Linux操作系统的台数	_____台
	使用其他操作系统的台数	_____台
字处理软件	安装国产字处理软件的终端计算机台数	_____台
	安装国外字处理软件的终端计算机台数	_____台
信息安全产品	安装国产防病毒产品的终端计算机台数	_____台
	防火墙台数	_____台
	其中国产台数和国产化率	国产台数：_____台 国产化率：_____%
	入侵检测设备台数	_____台
	其中国产台数和国产化率	国产台数：_____台 国产化率：_____%
	安全审计设备台数	_____台
	其中国产台数和国产化率	国产台数：_____台 国产化率：_____%
	VPN设备台数	_____台

续表

检 查 项	检 查 条 目	检 查 结 果
信息安全产品	其中国产台数和国产化率	国产台数：_____台 国产化率：_____%
	安全网关台数	_____台
	其中国产台数和国产化率	国产台数：_____台 国产化率：_____%
	隔离网闸台数	_____台
	其中国产台数及国产化率	国产台数：_____台 国产化率：_____%

7）信息安全服务

信息安全服务检查查看服务合同、安全保密协议等文件,检查信息安全服务机构的服务内容,是否有相应的服务记录,是否有远程在线服务,是否由外资机构提供服务等。信息安全服务检查表如表 8-16 所示。

表 8-16　信息安全服务检查表

检 查 项	检 查 条 目	检 查 结 果
信息安全服务	是否委托专业机构提供信息技术外包服务	□是　□否
	已委托多少家	_____家
外包服务机构	机构名称	_____
	机构性质	□国有　□民营 □外资企业
	服务内容（可多选）	□系统集成 □系统运维 □风险评估 □安全检测 □安全加固 □应急支持 □数据存储 □其他
	服务方式（可多选）	□远程在线服务 □现场服务
	是否签订了信息安全和保密协议	□是　□否
	是否通过了信息安全管理体系认证	□是 □否 认证机构名称：_____

8）信息安全教育培训

信息安全教育培训检查领导干部和机关工作人员参加信息安全教育培训、掌握信息安全常识和基本技能情况,信息安全管理和技术人员参加信息安全专业培训情况等。信息安全教育培训检查表如表 8-17 所示。

表 8-17　信息安全教育培训检查表

检 查 项	检 查 条 目	检 查 结 果
安全教育和培训	本年度接受信息安全教育培训的人数	人数：_____
	占本部门(单位)总人数的比例	比例：_____%
	本年度开展信息安全教育培训的次数	_____次
	本部门(单位)信息安全管理和技术人员参加专业培训情况	_____人次

9）信息安全经费保障

信息安全经费保障检查信息安全防护设施建设、运行、维护、检查及管理等费用是否纳入部门年度预算，以及本年度信息安全经费实际投入情况等，特别是要检查是否落实了安全检查工作经费。信息安全经费保障检查表如表 8-18 所示。

表 8-18　信息安全经费保障检查表

检 查 项	检 查 条 目	检 查 结 果
安全经费投入	信息安全防护设施的建设、运行、维护、检查及管理等经费是否纳入年度预算	□是　　□否
	本年度实际投入安全防护的设施、建设、运行、维护和管理的费用	￥_____万元
	本年度政府信息系统安全检查工作经费投入	￥_____万元

10）安全隐患排查及整改

安全隐患排查及整改检查对上年度安全检查中发现问题的整改情况，是否制定了整改措施并及时进行了整改，是否在整改后对信息安全风险和隐患作了进一步的排查和评估。安全隐患排查及整改检查表如表 8-19 所示。

表 8-19　安全隐患排查及整改检查表

检 查 项	检 查 条 目	检 查 结 果
总结	对上年度安全检查是否作了总结	□是　　□否
整改	对上年度安全检查所发现的问题是否进行了整改	□是　　□否
	整改后是否作了进一步的安全检查和安全评估	□是　　□否

2. ISO/IEC 27001—2013 标准

ISO/IEC 27001—2013 标准约定了信息安全管理检查包括信息安全策略、信息安全组织、人员安全、资产管理安全、访问控制、密码学、物理和环境安全、操作安全、通信安全、系统获取、开发和维护、供应商关系、信息安全事件管理、业务连续性管理和合规性等内容。

1）信息安全策略

信息安全策略的目标就是根据业务要求和相关法律法规的安全要求，为组织或机构提供安全管理方向，并通过各类安全操作规程确保信息安全。核心要求包括信息安全策略制定、使用以及评审。信息安全策略集应由管理者定义、批准、发布并传达给员工和相关外部方。信息安全策略应按计划的时间间隔或当重大变化时发生时进行评审，以确保其持续的适应性、充分性和有效性。

2）信息安全组织

信息安全管理需要建立组织机构，以便管理组织范围内的信息安全的实施和运行，同时应确保远程工厂和使用移动设备安全。对信息安全组织机构的要求如下：

- 信息安全职责应被定义和分配。
- 职责分离。分离相冲突的责任以及职责范围，以降低未授权或无意识的修改或者不当使用组织资产的机会。
- 应保持与特定利益集团、其他安全论坛、漏洞发布平台等专业安全机构的适当联系。
- 在所有业务项目中都应处理信息安全问题。

对远程管理的要求如下：

- 对于移动设备使用，应采用安全策略和安全措施来管理由于使用移动设备带来的风险。
- 对于远程工作，应采用安全策略和安全措施来保护在远程工作场地访问、处理或存储的信息。

3）人员安全

人员安全包括组织人员在任用之前、任用中、任用的终止或变更等工作生命周期的安全问题。具体要求如下：

- 人员入职审查。对所有拟任用候选者的背景身份，应按照相关法律、法规、道德规范和对应的业务要求进行审查。
- 在签订合同中，应明确组织和人员的信息安全职责。
- 管理者应要求所有人员按照组织已建立的策略和规程对信息安全尽心尽力。
- 应对组织的人员进行定期的安全意识培训和安全策略定期更新培训。
- 应有一个正式的、已传达的纪律处理过程对信息安全违规人员采取措施。
- 应明确信息安全职责和义务在任用终止或变更后保持有效的要求。

4）资产安全

资产安全是对组织机构内的资产、信息以及介质的安全管理与防护。具体要求如下：

- 应识别与信息和信息处理设施的资产，并维护这些资产的清单。
- 应确定资产的所有权。
- 信息及与信息和信息处理设施有关的资产的可接受使用规则应被确定、形成文件并加以实施。
- 所有人员在终止任用、合同或协议时，应归还他们使用的资产。
- 信息应按照法律、价值、关键性以及它对未授权泄露或修改的敏感性进行分类。

- 应按照组织机构所采纳的信息分类机制建立和实施一组合适的信息标记标准。
- 应按照组织所采纳的信息分类机制建立和实施处理资产的规程。
- 对于移动介质，也应按照组织所采纳的信息分类机制实施可移动介质的管理规程。
- 如不使用介质，则应可靠并安全地处理。
- 应保障移动介质在使用、运送等过程中阻止未授权的访问、不当使用或损坏。

5）访问控制

访问控制内容包括对安全区域的访问控制、用户访问管理、用户职责以及系统和应用访问控制管理要求。具体要求如下：

- 应建立对信息和信息处理设备的访问控制策略，形成文件，并基于业务和信息安全要求进行评审。
- 应用确保用户仅能访问已获授权使用的网络和网络服务。
- 应建立用户注册和注销管理，使得访问权限得以分配。
- 应实施正式的用户访问开通过程，以便分配或撤销所有系统和服务所有用户类型的访问权限。
- 应限制和控制特殊访问权限的分配及使用。
- 应通过正式的管理过程控制秘密鉴别信息的分配。
- 管理者应定期复查用户的访问权限。
- 所有人员对信息和信息处理设备的访问权限应在任用、合同或协议终止时撤销，或在变化时调整。
- 应要求用户在使用秘密鉴别信息时遵循组织的规则，并确保鉴别信息的安全。
- 应按照访问控制策略限制对信息和应用系统功能的访问。
- 在访问控制策略要求下，访问操作系统和应用应通过安全登录规则加以控制。
- 口令管理应为交互式，确保口令符合一定的安全强度。
- 对于可能超越系统和应用程序控制措施的工具软件的使用应加以限制，并严格控制。
- 应限制访问程序源代码，建立源代码管理机制。

6）密码管理

确保安全应使用密码体系来保护信息的保密性、真实性或完整性。具体要求如下：

- 应开发和实施密码机制来保护信息安全。
- 宜开发和实施贯穿整个密钥生命周期的关于密钥使用、保护和生存期的策略。

7）物理和环境安全

物理和环境安全主要是阻止对组织场所和信息的未授权物理访问、损坏和干扰。具体要求如下：

- 应定义安全周边和所保护的区域，包括敏感或关键的信息和信息处理设备的区域。
- 安全区域应进行入口控制，确保只有授权的人员才允许访问。
- 应为办公室、房间和设施设计并采取物理安全措施。

- 应为防止自然灾难、恶意攻击或事件设计和采取物理保护措施。
- 应设计和应用在安全区域内工作的管理规则。
- 对交换区和授权人员可进入办公场所的其他点应加以控制，如果可能，应与信息处理设备隔离，以避免未授权访问。
- 应安置或保护设备，减少由环境威胁和危险所造成的各种风险以及未授权访问的机会。
- 应保护设备使其免于由支持性设备失效而引起的电源故障和其他中断。
- 应保证传输数据或支持信息服务的电源布缆和通信布缆免受窃听或损坏。
- 应对设备进行正确维护，确保其持续的可用性和完整性。
- 应对资产移出特定物理位置进行控制，确保设备、信息或软件在授权之前禁止带出组织场所。
- 应对组织场所外的设备采取安全措施，考虑工作在组织场所以外的不同风险。
- 应对包含存储介质的设备的所有项目进行验证，以确保在处置之前，任何敏感信息和注册软件已被删除或安全地写覆盖。
- 应对无人值守的设备进行适当的保护。
- 应采取清空桌面文件、可移动存储介质的策略和清空信息处理设备屏幕的策略。

8）操作安全

操作安全是确保组织、人员正确、安全地操作信息处理设备。具体要求如下：

- 应对操作安全规程进行文件化管理。
- 对影响信息安全的组织、业务过程、信息处理设施和系统等的变更应加以控制。
- 资源的使用应加以监视、调整，并作出对于未来容量要求的预测，以保证系统性能。
- 开发、测试和运行环境应分离，减少未授权访问或改变运行环境的风险。
- 应实施恶意软件的检测、预防和恢复的控制措施，并适当提高用户的安全意识。
- 应按照组织已定的备份策略，定期备份和测试信息和软件。
- 应记录用户活动、异常情况、故障和信息安全事态的安全日志，并定期评审。
- 记录日志设施和日志信息应加以保护，以防止篡改和未授权的访问。
- 系统管理员和系统操作员的活动应记入日志。
- 一个组织内的所有相关信息处理设备的时钟应使用单一参考时间源进行同步。
- 应实施规程来控制在运行系统上安装软件。
- 应即时得到现有信息系统技术脆弱性信息，评估组织对这些脆弱性的暴露程度，并采取适当的措施处理相关风险。
- 应建立和实施软件安装的用户管理制度。
- 涉及对运行系统验证的审计要求或活动应谨慎地加以规划并取得批准，以便使其造成的业务过程中断最小化。

9）通信安全

通信安全主要针对信息传递传输的安全防护，包括网络安全管理和信息数据传输安全。具体要求如下：

- 应对组织机构内的网络实施安全防护。
- 网络服务的安全机制、服务级别以及所有网络服务的管理要求应予以确定并包括在所有网络服务协议中,无论这些服务是由内部提供的还是外包的。
- 应在网络中对重要信息进行隔离,隔离范围包括信息服务、用户及信息系统。
- 应有正式的传递策略、规程和控制措施,保护使用各种类型通信设施的信息传递。
- 信息传递协议应解决组织与外部方之间业务信息的安全传递。
- 针对电子消息发送中的信息应提供机密性或完整性等在内的适当保护。
- 应识别、定期评审并记录反映组织信息保护需要的保密性或不泄露协议的要求。

10)系统获取、开发和维护

系统获取、开发和维护安全是在信息系统整个生命周期中确保信息安全的一个有机整体。具体要求如下:

- 信息安全要求应包括新的信息系统要求和增强已有信息系统的要求。
- 应保护公共网络中的应用服务信息,以防止欺骗行为、合同纠纷、未授权泄露和修改。
- 应保护涉及应用服务交易的信息,以防止不完整传送、错误路由、未授权消息变更、未授权泄露、未授权消息复制或重放。
- 应建立软件和系统开发制度,确保开发过程中的信息安全防护。
- 应通过使用正式变更控制程序控制开发生命周期中的信息变更。
- 当运行平台发生变更时,应对业务的关键应用进行评审和测试,保证对组织的运行和安全没有负面影响。
- 应对软件包的修改进行劝阻,只限定于必要的变更,且对所用的变更加以控制。
- 应建立、记录和维护安全系统工程制度,并应用到任何信息系统中。
- 组织应建立并适当保护系统开发和集成工作的安全开发环境,覆盖整个系统开发生命周期。
- 组织应管理和监视外包系统开发活动。
- 在开发过程中,应进行安全功能测试。
- 对于新建信息系统和新版本升级系统,应建立验收测试方案和相关准则。
- 应对测试数据进行选择、保护和控制。

11)供应商关系

供应商关系安全是为了确保供应商访问组织资产安全。具体要求如下:

- 为减少供应商访问组织资产带来的风险,应与供应商协商并记录相关信息安全要求。
- 应与每个可能访问、处理、存储组织信息、与组织进行通信或为组织提供 IT 基础设施组件的供应商协商并建立所有相关的信息安全要求。
- 供应商协议应包括信息和通信技术服务以及产品供应链相关信息安全风险处理的要求。
- 组织应定期监视、评审和审计供应商服务情况。
- 应管理供应商服务提供的变更,包括保持和改进现有的信息安全策略、规程和控制措施,并考虑到业务信息、系统和涉及过程的关键程度及风险的再评估。

12) 信息安全事件管理

信息安全事件管理是指采取一致有效的方法来管理安全事件,并进行有效预防。具体要求如下:

- 应建立管理职责和规程,以确保快速、有效和有序地响应信息安全事件。
- 对信息安全事态,应尽可能快地通过适当的管理渠道进行报告。
- 应要求使用组织信息系统和服务的人员记录并报告他们观察到的或怀疑的任何系统或服务的脆弱性。
- 信息安全事件应分级。
- 应具有与信息安全事件响应相一致的制度。
- 获取信息安全事件分析和解决的知识应被用于降低将来事件发生的可能性或影响。
- 组织应定义和应用识别、收集、获取和保存信息的程序,这些信息可以作为证据。

13) 业务连续性管理的信息安全方面

组织的业务连续性管理体系中应体现信息安全连续性。具体要求如下:

- 组织应确定不利情况下(例如自然灾害)信息安全的要求和信息安全管理连续性。
- 组织应建立、实施和维护过程、规程和控制措施并形成文件,确保在负面情况下要求的信息安全连续性级别。
- 组织应定期验证已制定和实施信息安全业务连续性计划的控制措施,以确保在负面情况下控制措施的及时性和有效性。
- 信息处理设备应采用冗余部署,以满足高可用性需求。

14) 符合性

符合性是指组织结构应符合法律法规等安全要求。具体要求如下:

- 对每一个信息系统和组织而言,所有相关的法律依据、法规和合同要求以及为满足这些要求组织所采用的方法应加以明确地定义、形成文件并保持更新。
- 应实施适当的规程,以确保相关的知识产权和所有权的软件产品的使用符合法律、法规和合同的要求。
- 应防止记录的遗失、损坏、伪造、非授权访问和非授权删除,以满足法令、法规、合同和业务的要求。
- 隐私和个人身份信息保护应确保符合相关法律、法规的要求。
- 使用密码控制措施应遵循相关的协议、法律和法规。
- 应定期或在发生较大变更时对组织的信息安全处置和实施方法进行评审。
- 管理者应定期对所辖职责范围内的信息安全过程和规程进行评审,以确保符合相应的安全政策、标准及其他安全要求。
- 应定期评审信息系统是否符合组织的信息安全政策和标准。

上述两种形式的信息系统安全检查内容各有侧重,政府信息系统安全检查粒度较细,而 ISO/IEC 27001—2013 标准安全检查内容更加广泛,可操作性需进一步细化。

8.2.2 服务平台架构

物联网集成化管理检查内容基于物联网多样化终端、多网融合、海量数据处理和全面感知等特点。从防范阻止、检测发现、应急处置、审计追查和集中管控 5 个方面对物联网系统智能感知层、接入传输层和业务应用层的安全管理情况进行检查,检查方式包括人工查看、工具检测和查阅文档等。在检查结束后,根据检查结果,给出信息系统安全检查评分,并提出相应的整改建议。物联网集成化安全管理检查服务平台架构如图 8-6 所示。

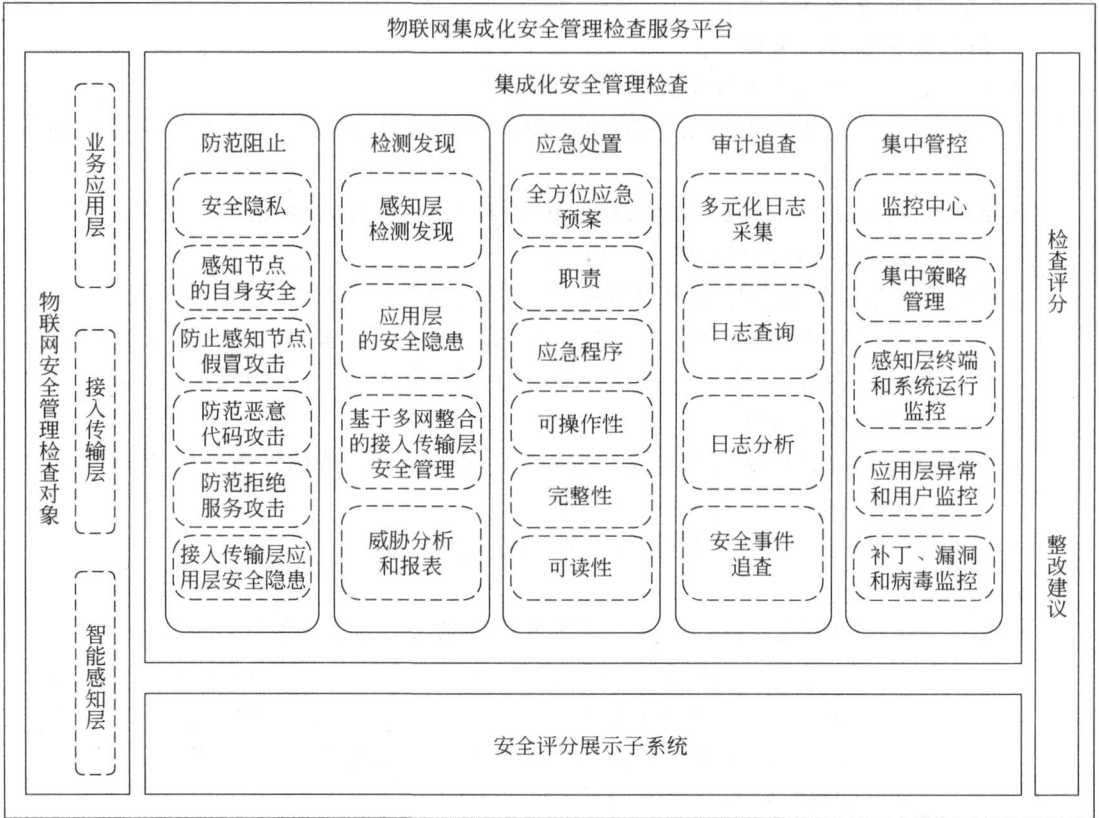

图 8-6 物联网集成化安全管理检查服务平台架构

物联网安全管理检查对象涵盖智能感知层、接入传输层和业务应用层 3 类检查对象。对物联网每一层安全管理实施检查,整个物联网系统的检查结果由包含每一层安全检查结果的综合评价组成。

集成化安全管理检查主要由防范阻止、检测发现、应急处置、审计追查和集中管控5 个安全管理部分内容组成。防范阻止主要检查物联网系统是否具有针对感知节点假冒攻击和感知节点的自身安全等物联网安全威胁的防护和阻止措施;检测发现主要从物联网终端多样化、多网融合和继承传统网络安全威胁 3 个方面检查物联网系统是否有主动检测发现物联网系统存在安全隐患的措施;应急处置主要基于物联网海量感知节点、有线无线网络结合和数据信息关联紧密的特点检查是否有指导系统维护人员全面开展应急处置工作的措施;审计追查主要针对物联网全面感知和业务应用多样化的特点检查是否为安全管理人员提供安全事件倒查的措施;集中管控主要检查是否能够从智能感知层、接入传输层和业务应用层为物联网信息系统提供集中管理和控制的技术手段。

安全评分展示子系统从检查项目、时间警示、分析统计、集中评分 4 方面对物联网安全管理检查结果进行集中展示。安全管理检查项目主要是由针对防范阻止、检测发现、应急处置、审计追查和集中管控 5 个方面的检查内容组成。通过检查得出的检查结果,作为给出评分和整改建议的重要依据,最终通过评分展示子系统输出评分结果。在安全评分展示子系统中,通过各个管理模块为物联网安全管理检查提供人员管理、物联网信息系统管理、安全管理检查指标、填报管理、结果展示和分析处理等支撑。

8.2.3　服务平台功能

集成化安全管理服务平台逻辑结构包括 Web 层、存储处理层和控制层,如图 8-7 所示。Web 层主要完成检查结果的展示,包括防范阻止、检测发现、应急处置、审计追查和集中管控 5 个安全管理部分以及总体安全管理情况的展示比较。存储处理层是完成检查评分的重要部分。负责对采集的检查结果进行汇总、分析和存储。在控制层发出操作需求时,按照权重计算出检查结果,为 Web 层提供屏幕展示数据。控制层是整个系统的核心部分,贯穿整个检查过程。控制层主要完成针对不同物联网系统所选取的不同检查标准及 Web 显示内容的控制。

物联网集成化安全管理检查包括两个核心功能:检查知识库和安全评分展示子系统。

1. 检查知识库

检查知识库包含集成化安全管理检查内容和检查方法两部分。集成化安全管理检查内容涵盖物联网的 3 个层次,从防范阻止、检测发现、应急处置、审计追查和集中管控 5 个方面进行物联网信息系统安全管理的检查。

1) 防范阻止检查内容

从物联网的体系结构而言,物联网除了面对 TCP/IP 网络、无线网络和移动通信网络等传统网络安全问题之外,还存在着大量自身的特殊安全问题,并且这些特殊性大多来自智能感知层。本部分主要检查物联网系统是否具有针对感知节点假冒攻击和感知节点的自身安全等物联网安全威胁的防护和阻止措施。具体的防范阻止检查内容有以下几方面:

(1) 安全隐私检查内容。

检查防范阻止用品的拥有者是否不受控制地被扫描、定位和追踪。如射频识别技术被用于物联网系统时,RFID 标签被嵌入任何物品中,比如日常生活用品中,而用品的拥有者不一定能觉察,从而导致用品的拥有者不受控制地被扫描、定位和追踪。

(2) 感知节点的自身安全检查内容。

检查是否能够防范阻止对感知节点自身造成的破坏或通过本地操作更换机器的软硬件。由于物联网的应用可以取代人来完成一些复杂、危险和机械的工作,所以物联网机器/感知节点多数部署在无人监控的场景中。攻击者可以轻易地接触这些设备,从而对它们造成破坏,甚至通过本地操作更换机器的软硬件。

(3) 防止感知节点假冒攻击检查内容。

检查是否能够防范阻止传感器网络中的假冒感知节点攻击。由于海量的智能传感终端、RFID 电子标签相对于传统 TCP/IP 网络而言是"裸露"在攻击者面前的,再加上传输平台是在一定范围内"暴露"在空中的,"窃扰"在传感网络领域显得非常频繁并且容易。所以,传感器网络中的假冒感知节点攻击是一种主动攻击形式,它极大地威胁着传感器节点间的协同工作。

(4) 防范恶意代码攻击检查内容。

检查是否能够防范阻止恶意代码攻击。恶意程序在无线网络环境和传感网络环境中有无穷多的入口,而且物联网又具有有线无线网络结合、基于感知网络的特点。一旦入侵成功,之后通过网络传播就变得非常容易。恶意代码的传播性、隐蔽性、破坏性等相比TCP/IP 网络而言更加难以防范。例如,类似于蠕虫这样的恶意代码,本身不需要寄生文件,在传感网络环境中检测和清除这样的恶意代码将很困难。

(5) 防范拒绝服务检查内容。

检查是否能防范阻止拒绝服务攻击。这种攻击方式多数会发生在智能感知层安全与核心网络的衔接之处。由于物联网中节点数量庞大,且以集群方式存在,因此在数据传播时,大量节点的数据传输需求会导致网络拥塞,产生拒绝服务攻击。

(6) 防范阻止接入传输层和业务应用层的安全隐患检查内容。

检查是否能防范阻止接入传输层和业务应用层的安全隐患。在物联网络的接入传输层和业务应用层将面临现有 TCP/IP 网络的所有安全问题,同时还因为物联网在智能感知层所采集的数据格式多样,来自各种各样感知节点的数据是海量的并且是多源异构数据,会带来更多的网络安全问题。

2) 检测发现检查内容

(1) 智能感知层检测发现检查内容。

检查是否能检测发现感知设备假冒攻击。由于多样化、海量感知终端"裸露"在攻击者的面前的,攻击者就可以轻易地接触到这些设备,从而对它们造成破坏,甚至通过本地操作更换机器的软硬件。

(2) 业务应用层的安全隐患检查内容。

检查是否能够检测发现应用层的安全隐患。TCP/IP 网络的所有安全隐患都同样适用于物联网,而且采集的数据格式多样,是多源异构数据。

(3) 基于多网融合的接入传输层安全管理检查内容。

针对物联网终端多样化、多网融合和继承传统网络安全威胁特点检查是否包括边界接入系统、视频接入系统和无线接入系统 3 类接入传输系统的安全管理要求。其中边界接入系统作为边界接入统一的出入口,包含接入业务可管理性、可控性、信息保密性、完整性和可用性的规则要求,从而保证信息在边界接入过程中不被非法获取和篡改,要具有长期抗攻击能力,能够及时、灵活地调整安全策略及相关配置;视频接入系统实现外部视频资源单向传输至公安网内,视频控制信令和数据的会话终止于应用服务区,包含对视频信令格式进行检查及内容过滤、合法的协议和数据通过、视频数据和视频控制信令安全传输等方面的规则；无线接入系统接入公安网后，需要与内网的各种信息系统交互信息，包含敏感信息、数据完整性保护、数据保密性保护、抗攻击、安全审计以及物理安全等方面的规则。

（4）威胁分析和报表检查内容。

检查物联网信息系统是否能针对物联网智能感知层、接入传输层、业务应用层 3 个层次进行风险威胁分析，应能形成反映物联网系统安全态势的总体报表或视图。因为安全系统从隐患到影响是一个态势变化的过程，因此对物联网系统态势的分析与威胁防范同样重要。根据物联网系统安全管理分析得出的结论，针对物联网智能感知层、接入传输层、业务应用层 3 个层次进行风险评估准备、资产识别、威胁识别、脆弱性识别、已有安全措施确认、风险分析以及编制风险处理计划文档。

3）应急处置检查内容

（1）全方位应急预案检查内容。

检查是否制定了物联网全方位信息安全应急预案，并结合实际工作情况，检查是否对物联网信息安全应急预案做出相应修订。由于物联网具有海量感知节点、有线无线网络结合和数据信息关联紧密的特点，因此应急预案应该从智能感知层、接入传输层和业务应用层全方位对系统维护人员开展应急处置工作进行全面指导。

（2）职责检查内容。

检查是否明确现场总指挥、副总指挥、应急指挥中心以及各应急行动小组在应急救援整个过程中所担负的职责。由于物联网系统具有海量感知节点且多样化和信息关联性强的特点，事故应急救援涉及指挥、消防、救灾、疏散、设备抢险、急救等多方面的工作，所以一个单位必须要依靠各个部门甚至外界力量的相互协作共同完成。

（3）应急程序检查内容。

检查是否明确完成应急救援任务应该包含的所有应急程序，以及对各应急程序能否安全可靠地完成智能感知层、接入传输层和业务应用层对应的某项应急救援任务。检查这些程序实施的顺序及各程序之间的衔接和配合是否合理。

（4）可操作性检查内容。

检查应急预案是否具备实用性和可操作性的特点，即发生重大事故灾害时，有关应急组织、人员可以按照应急预案的规定迅速、有序、有效地开展应急救援行动，降低事故损失。

（5）完整性检查内容。

检查急预案是否具有功能完整、应急过程完整和适用范围完整的特点。功能完整是指应急预案中应说明有关部门应履行的应急准备、应急响应职能和灾后恢复职能，说明为确保履行这些职能而应履行的支持性职能。应急过程完整包括应急管理工作中的预防、准备、响应、恢复 4 个阶段。适用范围完整是指要阐明该预案的使用范围，即针对不同事故性质可能会对预案的适用范围进行扩展。

（6）可读性检查内容。

检查应急预案是否具有易于查询、语言简洁、通俗易懂、层次及结构清晰的特点。

4）审计追查安全检查内容

（1）多元化日志采集检查内容。

检查是否能够对分布在智能感知层、接入传输层和业务应用层各个部分的多样化海量感知节点、用户和管理员操作日志进行采集。

（2）日志查询检查内容。

检查是否能对物联网信息系统日志进行查询，包括常规查询、条件查询和权限控制查询。

（3）日志分析检查内容。

检查是否能够根据统计需求，对物联网信息系统日志进行统计分析。

（4）安全事件追查检查内容。

检查是否能够根据追查安全事件需求，为安全管理人员提供安全事（案）件的倒查功能。

5）集中管控检查内容

（1）监控中心检查内容。

检查是否能通过监控中心对物联网系统从智能感知层、接入传输层和业务应用层进行集中管控，包括系统安全管理和监控。

（2）集中策略管理检查内容。

检查是否能够集中对智能感知层、接入传输层和业务应用层的安全策略进行集中管理，是否支持管理感知节点的备份与恢复。

（3）智能感知层终端和系统运行监控检查内容。

检查是否对智能感知层终端运行情况进行监控，是否对物联网系统运行情况进行监控。

（4）业务应用层异常和用户监控检查内容。

检查是否对业务应用层异常进行监控，是否对系统用户的操作进行监控。

（5）补丁、漏洞和病毒监控检查内容

检查是否定期对智能感知层、接入传输层和业务应用层的补丁升级、漏洞扫描与病毒防范情况进行检查。

物联网系统安全管理检查方法分为 5 个子方法集，分别为防范阻止方法集、检测发现方法集、应急处置方法集、审计追查方法集和集中管控方法集。5 个方法集由一体化安全检测管理中心支撑，检查方式主要包括人工查看和查阅文档等检查方式。

人工查看是指检查人员通过对物联网系统安全措施各组成部分进行现场查验和分析等活动，获取证据以证明物联网系统的安全管理措施是否合规的一种方法。查阅文档是指检查人员通过对物联网系统安全管理涉及的文档对象进行检查的方法。文档对象主要包括防范阻止、检测发现、应急处置、审计追查和集中管控 5 个部分在安全管理方面输出的所有文档。通过对检查结果的汇总分析来验证物联网系统的安全管理措施是否合标合规。

2. 安全评分展示子系统

集成化安全管理检查服务平台将实现一个通用的安全评分展示子系统。在安全评分展示子系统中，通过各个管理模块为物联网安全管理检查提供人员管理、物联网信息系统管理、安全管理检查指标、填报管理、结果展示和分析处理等支撑。从检查项目、时间警示、分析统计、集中评分 4 方面对物联网安全管理检查结果进行集中展示,子系统功能如图 8-7 所示。检查项目展示包含检查所涉及的各个检查项目信息,包括防范阻止、检测发现、应急处置、审计追查和集中管控 5 方面的检查项目结果;时间警示展示是在检查过程中,用进度表尺的方式集中展示出物联网信息系统安全管理检查的完成情况;分析统计展示是指在检查过程中,以统计表、柱状图、饼状图等形式提供各物联网信息系统安全管理检查结果的关联分析情况;集中评分为物联网信息系统安全管理检查提供最终评分,并以排名的形式进行集中展示。

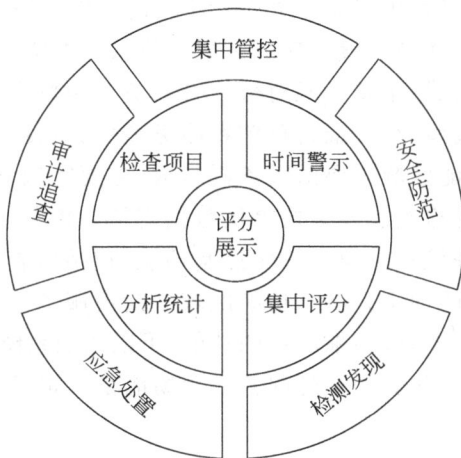

图 8-7 安全评分展示子系统功能

根据物联网信息系统安全管理检查的需要,安全评分展示子系统包括以下模块:

- 人员/权限管理系统。可以根据人员角色分配不同的权限,完成不同的安全管理检查工作。
- 物联网安全管理检查项内容管理。可以根据物联网安全管理检查的特性需求,从安全管理检查方面生成物联网信息系统安全检查项目。
- 安全检查项目表填报/审核管理。安全管理员和安全检查人员根据现场检查情况,将物联网安全管理检查结果进行在线填报并提交审核。
- 时间警示系统。根据物联网信息系统安全管理检查结果的填报,用进度表尺显示物联网信息系统安全检查的完成情况,提醒安全检查人员掌握安全管理检查的总体进展情况。
- 分析系统。将各物联网信息系统安全管理检查结果进行相应的分析,统计安全检查中发现的问题,并将发现的问题与对应的物联网信息系统进行关联汇总分析,给出对应的关联汇总图表(以统计表、柱状图、饼状图等形式提供)。
- 集中评分展示。将各物联网信息系统安全管理检查中包括的防范阻止、检测发现、应急处置、审计追查和集中管控 5 个方面的检查结果进行相应的加权评分,统计安全管理检查结果,并将发现的问题与对应的物联网信息系统进行关联汇总分析,以统计表、柱状图中、饼状图等形式展示。

- 整改建议。将各物联网信息系统安全管理检查中包括的防范阻止、检测发现、应急处置、审计追查和集中管控 5 个方面的检查结果进行汇总,统计安全检查中发现的问题,并针对发现的问题生成整改建议文档。

8.2.4　配套工程设计

集成化安全管理服务平台的建设需要一个独立的研究与管理实验室。研究与管理实验室用来安放集成化安全管理服务展示平台和计算机终端,设立 15 个工位,面积 200m²,需配备空调/防尘、防火、防盗、隔音、监控、防静电地板等设施。

集成化安全管理服务平台可以划分为 4 个不同的功能区域,即信息采集功能区域、分析处理功能区域、控制功能区域和展示功能区域。信息采集功能区域主要由路由器、交换机、计算机终端和服务器组成,主要完成对被检查对象安全状况的信息收集,采集方式包括手工录入、在线填报和离线导入,最终存储在服务器中,以便平台作进一步的信息分析和数据处理。分析处理功能区域主要由服务器组成,主要完成对已采集的数据进行分析并进行加权计算的处理,为检查总体结果提供数据支持。控制功能区域主要由服务器组成,主要完成整个安全管理检查过程的总体控制功能,包括检查标准的选取、加权评分计算的确定和屏幕展示内容的确定。展示功能区域主要由服务器和展示屏幕组成,主要完成物联网系统安全管理检查总体结果展示的功能,可以按照系统进行详细展示,也可以按照排名进行列表展示。集成化安全管理服务平台场地布局如图 8-8 所示。

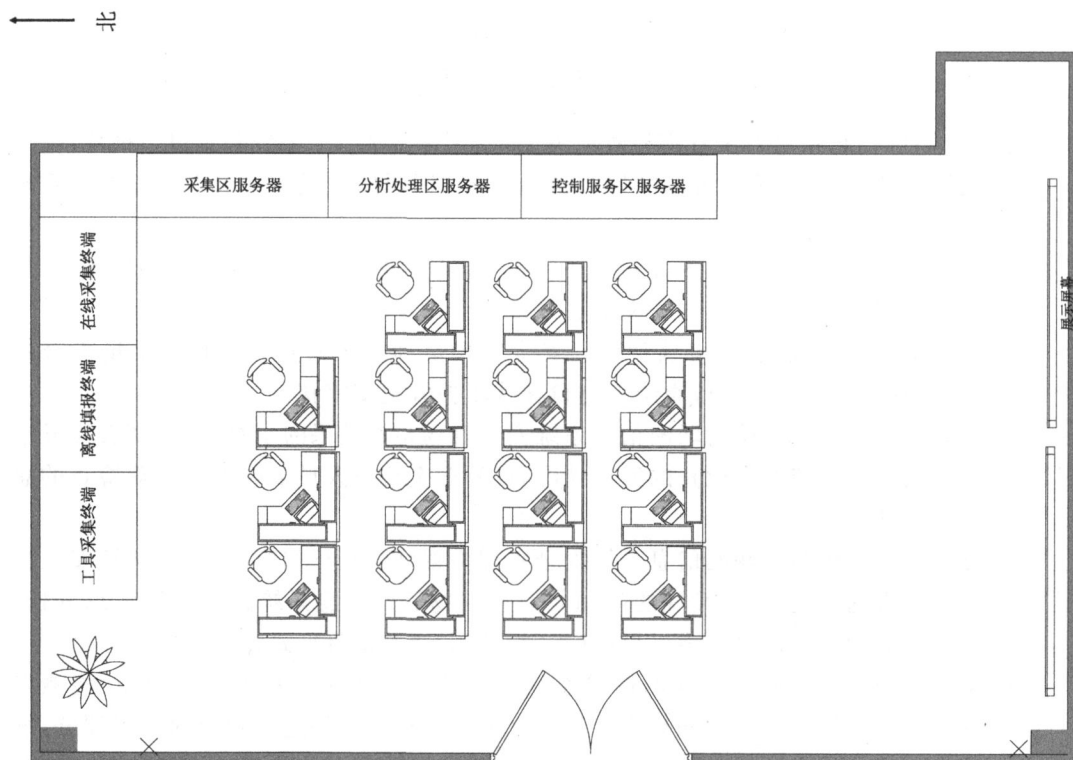

图 8-8　集成化安全管理服务平台场地布局

第9章

物联网系统风险评估

20世纪70年代起,国外相关标准组织和研究机构就已开始了信息系统安全风险评估的研究,研究成果包括标准、模型、方法以及工具等,且相对较为成熟。随着信息安全保障的深入研究,对于信息系统则需要确立新的评估形式,逐步形成了风险评估、自评估、认证认可的工作思路,而风险评估工作贯穿于认证认可工作各个阶段中,且实现了制度化。国内外出台了一系列政策法规、标准依据:

- 美国国防部1985年发布的《可信计算系统评估准则》(Trusted Computer System Evaluation Criteria,TCSEC)。
- 英国标准协会1995年发布的《信息安全管理体系标准》(BS 7799/ISO 17799)。
- 风险评估理论标准《IT安全管理指南》(ISO/IEC 13335)。
- 澳大利亚标准《风险评估指南》(AS/NZS 4360)。
- 德国联邦信息技术安全局的《信息技术基线保护手册》(IT Baseline Protection Manual)
- 加拿大风险管理准则委员会发布的《风险管理:决策者的指导》(AN/CSAQ 850—1997)
- 中国国家标准《信息安全风险评估规范》(GB/T 20984—2007)。

当前国内外已有风险评估研究的对象主要是信息系统,物联网风险评估的研究和应用相对较少。由于物联网是互联网的延伸,物联网面临的新风险是由智能感知层所引入的,对于接入传输层和业务应用层,物联网的风险与传统信息安全类似。

物联网系统面临的新风险主要考虑以下几个方面:

(1)感知节点资源限制。

感知节点通常情况下功能简单(如自动温度计),携带能量少(使用电池),大多物联网感知节点都受能量、计算能力、内存空间和通信资源限制,无法直接应用已有的安全防护方案,只能应用轻量级解决方案,而上述方案安全强度也相对较弱。

(2)上下文模糊。

对于感知节点的数据值,上下文是必需的,当数值被记录时,在任何时间都需要被翻译出来,相反地,如果知道了如何读取时间和位置信息,攻击者有可能推测出其他信息的读取方式。

(3)安全数据汇聚。

在数据汇聚过程,需要考虑异构数据的统一与分析,如果从节点到汇聚点加密,则每个节点都要能够计算。实际上,物联网中的加密机制是逐跳加密。传统的业务应用层加密机制是端到端的,即信息只在发送端和接收端才是明文,而在传输的过程中和转发节点上都是密文。逐跳加密是指信息在发送过程中,虽然在传输过程中是加密的,但是需要不断地在每个经过的节点上解密和加密,即在每个节点上都是明文的。逐跳加密对传输路径中的各传送节点的可信任度要求很高。因此,当保证充足的安全时,需要开发一个新的密码机制允许数据汇聚。

（4）拓扑风险。

中介节点的数据聚合导致信息在节点中非均匀分布,因此攻击一个树形结构中的叶子节点只能得到少量影响或信息,而攻击一个离根节点近的节点能获取重要信息。需要隐藏感知网的路由基础设施。

（5）隐身安全。

感知节点终端用户保护隐私的能力较弱,而隐私一旦泄露,将严重威胁物联网安全。攻击者可以分析和研究数据背后隐藏的语义信息,从而获取用户的偏好、身份、行为习惯等隐私信息。典型的隐私攻击常常发生在协同处理层的数据挖掘、业务应用层的用户认证以及智能感知层的网内数据采集和处理等过程中。

（6）网络安全。

物联网延伸了控制系统范围,从而使得控制系统中引入了互联网特性,由于物联网中节点数量庞大,且以集群方式存在,因此,非法入侵者能够通过哄骗、阻塞、DoS 攻击等方式使控制命令延迟或失真,从而导致系统无法进入稳定状态。物联网系统中异构网络之间的信息交流也会给物联网系统带来全新的安全问题,如异构网络之间的认证问题以及安全协议的无缝衔接等安全问题。此外,现有通信网络的安全架构都是从满足人的通信需求的角度设计的,并不适用于机器间的通信,使用现有安全机制会割裂物联网机器间的逻辑关系。

（7）时钟攻击。

在物联网控制系统中,攻击者可以利用系统实时性的特点,通过散布虚假时钟消息,破坏系统的统一时钟,从而对物联网系统造成破坏。

（8）谐振攻击。

攻击者通过捕获感知节点,从而迫使物理实体在指定频率附近产生谐振。

（9）节点伪装。

感知节点部署具有分散性,节点能量耗尽或被破坏会导致拓扑结构动态变化,攻击者通过分析节点可获取身份、密码等信息,或通过篡改节点软硬件,进而俘获节点,伪装为合法用户,进行各类攻击,如监听用户信息、发布虚假信息、发起 DoS 攻击等。

（10）物理安全。

物理安全是指物联网机器/感知节点的本地安全问题。由于物联网的应用可以取代人来完成一些复杂、危险和机械的工作,所以物联网中的机器或感知节点多数部署在无人监控的场景中,攻击者可以轻易地接触到这些节点,从而对它们造成破坏,甚至通过本地操作更换机器的软硬件。

（11）服务安全。

由于物联网设备可能是先部署后联网,而物联网节点又无人看守,所以如何对物联网设备进行远程签约信息和业务信息配置就成了难题。另外,庞大且多样化的物联网平台必然需要一个强大而统一的安全管理平台,否则独立的平台会被各式各样的物联网应用所淹没。但如此一来,如何对物联网机器的日志等安全信息进行管理就成为新的问题,并且可能割裂网络与业务平台之间的信任关系,导致新一轮安全问题的产生。

在物联网大规模展开应用前,需要对物联网进行系统风险评估,防止由于物联网安全漏洞引起大的损失。物联网系统风险评估服务平台主要针对物联网智能感知层、接入传输层和业务应用层中所包含的各个组成部分开展物联网系统风险评估工作,需要构建物联网系统风险评估平台,对物联网可能遭受到的威胁和脆弱性进行安全分析,然后根据安全事件的可能性以及安全事件造成的损失计算出风险值,对安全事件进行风险等级定级,最后结合安全事件所涉及的资产价值来判断安全事件一旦发生对物联网系统造成的影响。

本章将描述物联网风险评估准备、保护对象分析、威胁分析、脆弱性分析、现有控制措施分析、风险分析、风险处置、审核批准等风险评估过程以及物联网风险评估服务平台框架和功能。

9.1 物联网风险评估过程

风险评估的基本流程如图 9-1 所示,主要包括风险评估准备、保护对象分析、威胁分析、脆弱性分析、现有控制措施分析、风险分析、风险处置和审核批准。

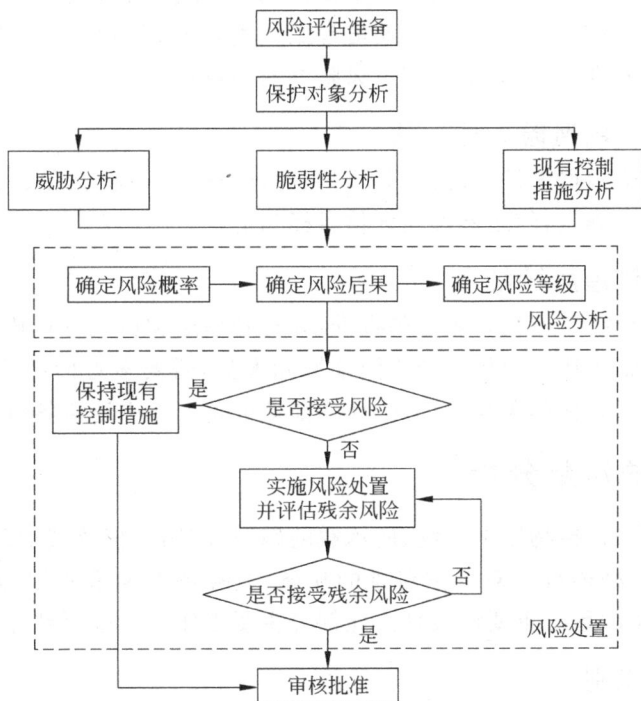

图 9-1 风险评估基本流程图

风险评估流程中每一步骤的具体描述将在各节中展开。

9.1.1 风险评估准备

风险评估准备是整个风险评估过程有效性的保证,机构对物联网系统进行风险评估是一种战略性的考虑,其结果将受到机构业务需求及战略目标、文化、业务流程、安全要求、规模和结构的影响,不同机构对于风险评估的实施过程可能存在不同的要求,因此在风险评估的准备阶段,机构应完成以下工作。

1. 确定物联网风险评估的目标

首先应明确物联网风险评估的目标,为风险评估的过程提供导向。物联网系统涉及的信息、系统、应用软件和网络都是重要资产。物联网系统要面对来自四面八方的日益增长的安全威胁,由于信息化程度不断提高,对于物联网系统和服务技术的依赖日益增加,从而可能出现更多的脆弱性。物联网风险评估的目标基本上来源于业务持续发展的需要、满足行业规范相关方的要求、满足国家标准相关要求、满足法律法规的要求等方面。

2. 确定风险评估的范围

依据上述确立的物联网风险评估的目标确定风险评估范围,范围可能是物联网系统所有机构全部的信息和信息系统,可能是单独的某个物联网系统,也可能是物联网系统的关键业务流程,还可能是物联网系统数据。

3. 建立适当的组织机构

在风险评估过程中,必须建立适当的组织结构,以推进物联网系统风险评估的实施,如成立管理层、相关业务骨干、IT技术人员等组成的风险评估小组。组织结构的建立应考虑其结构和复杂程度,以保证能够满足风险评估的目标、范围。

4. 建立系统性的风险评估方法

风险评估方法应根据虑评估的范围、目的、时间、效果、机构文化、人员素质以及具体开展的程度等因素来确定,使之能够与评估目标相适应。

5. 获得机构管理层的批准

上述所有内容应得到机构管理层的批准,并对管理层和员工进行传达。

物联网风险评估活动涉及机构的不同领域和人员,需要多方面的协调,必要的、充分的准备是物联网风险评估的关键。因此,评估前期准备工作中还应签订合同和保密协议。

9.1.2 保护对象分析

物联网保护对象包括物联网系统、所承载的网络、应用系统及其承载的数据内容。实施有效的风险评估,必须首先对保护对象的功能、业务特性和重要性等做深入的识别分析,并确定保护对象的系统重要性级别。此部分主要工作包括以下部分。

1. 保护对象识别

保护对象识别要确定物联网系统的范围和边界,识别保护对象包含的数据和保护对象提供的服务,作为后续确定保护对象重要性级别的输入。

2. 保护对象重要性级别确定

依据等级保护相关标准,确定保护对象对于物联网系统或工程安全的重要性级别。确定保护对象重要性级别主要应考虑两个方面:一是保护对象中所存储、处理、传输的主要信息,二是保护对象所提供的主要服务。通过对每一类信息和服务等级的分析,最终确定保护对象的重要性级别。

保护对象重要性级别依不同程度分为 5 级,分别是很低、低、中等、高、很高,如表 9-1 所示。

表 9-1　保护对象重要性级别划分

保护对象重要性级别	描　　述
很低	保护对象对于业务系统重要性很低,遭受破坏后造成的损失很低,甚至可以忽略不计
低	保护对象对于业务系统重要性较低,遭受破坏后会造成较低的损失
中等	保护对象对于业务系统比较重要,遭受破坏后会造成中等程度的损失
高	保护对象对于业务系统重要性较高,遭受破坏后会造成比较严重的损失
很高	保护对象对于业务系统重要性非常重要,遭受破坏后会造成非常严重的损失

9.1.3　威胁分析

威胁分析在物联网整个风险评估过程中作用非常关键,只有进行科学、客观的威胁识别与评估,才能为确定风险发生的可能性及风险等级奠定基础,并据此提出有针对性的处置建议。

1. 威胁分析依据

威胁分析的依据主要包括以下几点:

(1) 以往的数据资料积累。包括物联网业务数据信息积累、以往评估或分析预测结果、文件审核(政策法规、安保方案等)、专家经验(来自内部或外部专家、专业组织的统计公布信息)、公开信息源信息收集(媒体等)。

(2) 基础调研获取的信息。包括与专家及相关从业人员的座谈和讨论,对知情人员的访谈等。

(3) 有针对性的情报搜集工作获取的最新情报信息。

2. 威胁识别

1) 识别威胁的着眼点

在对威胁源进行识别的基础上,从威胁意图、威胁能力、活动区域、活动方式、活动状态等方面入手对威胁进行分析。其中,威胁意图和威胁能力是确定威胁等级的两个决定性因素,应着重进行分析。

2）识别威胁源

在对威胁进行分类前,首先要对所有可能的威胁进行排查、分析。从不同层面、不同对象分析可能面临的威胁。对可能对保护对象造成损害的威胁源进行逐一排查。对可能存在的威胁进行筛选,排除非真实的威胁源。根据形势的变化及所掌握的情报信息,对原来所确定的威胁进行必要的调整。表9-2提供了一种威胁来源的分类方法。

表 9-2　威胁来源列表

来　源		描　述	威 胁 子 类
环境因素	软硬件故障	对物联网业务实施或系统运行产生影响的设备硬件故障、通信链路中断、系统本身或软件缺陷等问题	设备硬件故障、传输设备故障、存储媒体故障、系统软件故障、应用软件故障、数据库软件故障、开发环境故障等
	物理环境影响	对物联网系统正常运行造成影响的物理环境问题和自然灾害	断电、静电、灰尘、潮湿、温度、鼠蚁虫害、电磁干扰、洪灾、火灾、地震等
非故意人为因素	未操作或操作失误	应该执行而没有执行相应的操作,或无意执行了错误的操作	维护错误、操作失误等
	管理不到位	安全管理措施未落实或不到位,从而影响信息系统正常运行	管理制度和策略不完善、管理规程缺失、职责不明确、监督控管机制不健全、渎职失职等
故意人为因素	组织实施违法犯罪活动	违法犯罪团伙假借官方或企业等组织名义利用网络进行诈骗	假冒官方或企业名义建立诈骗网站,获取银行卡信息和密码信息,破坏终端文档资料等
	实施网络攻击	利用工具和技术通过网络攻击关键基础设施、物联网系统以及为物联网系统提供服务保障的基础网络	境内外黑客通过 DDoS、网络探测和信息采集、漏洞探测、嗅探（账号、口令、权限等）、用户身份伪造、欺骗和攻击相关网站,入侵相关系统,破坏、篡改重要数据等
	植入恶意代码	故意在计算机或服务器上执行恶意任务的程序代码	病毒、特洛伊木马、陷门、间谍软件、窃听软件等
	越权或滥用	通过采用一些措施,超越自己的权限访问本来无权访问的资源;或滥用自己的职权,做出破坏物联网系统的行为	越权访问,越权操作,滥用系统资源
	窃取、泄露机密	窃取、泄露物联网数据机密信息	窃取、泄露物联网系统相关机密文件,如密码、个人隐私、商业机密等
	篡改数据信息	篡改物联网前端感知数据、控制信令以及业务数据等;篡改数据信息的完整性,使系统的安全性降低或信息不可用	篡改物联网前端感知数据、网络、系统和安全配置数据信息等
	实施物理破坏	通过物理的接触造成对软件、硬件、数据的破坏或替换、移除前端感知节点	盗割缆线,盗窃机房设备与设施,破坏感知节点,替换感知节点设备等

3. 识别威胁意图

威胁意图主要包括威胁源针对物联网系统实施攻击的情况、承载网络和涉我目标实施攻击的情况以及对自身能力的信心等要素,威胁意图越强,则威胁等级越高,如表 9-3 所示。

表 9-3　威胁意图等级划分

威胁意图等级	描　　述
很低	从未针对物联网系统进行攻击,攻击物联网系统建设方机构对威胁源没有意义。对自身能力无信心,对攻击目标缺乏了解
低	从未针对物联网业务系统进行攻击,攻击物联网系统建设方机构对威胁源有一定意义。对物联网网络与信息系统有攻击历史,对自身有一定信心,对攻击目标有一定了解
中等	有攻击物联网业务系统的历史记录,攻击物联网系统建设方机构对威胁源比较有意义。对自身能力比较有信心,对攻击目标比较了解
高	有较多攻击物联网业务系统的历史记录,攻击物联网系统建设方机构对威胁源有较大的意义。对自身能力有信心,对攻击目标了解
很高	有频繁攻击物联网业务系统的历史记录,攻击物联网系统建设方机构对威胁源有很大意义。对自身能力很有信心,对攻击目标十分了解

4. 识别威胁能力

威胁能力主要包括人力、技术手段、资金、网络资源调动能力等要素,威胁能力越强,则威胁能力等级越高。威胁能力等级依不同程度分为 5 级,分别是很低、低、中等、高、很高如见表 9-4 所示。

表 9-4　威胁能力等级划分

威胁能力等级	描　　述
很低	个体、技术手段很少,资金十分短缺,不具备网络资源调动能力
低	小规模团伙,技术手段少,资金短缺,缺少网络资源调动能力
中等	中等规模团体,技术手段较多,资金较充足,有一定网络资源调动能力
高	大规模团体,技术手段较先进,资金充足,网络资源调动能力较强
很高	有国家背景的集团,技术手段先进,资金充足,能够调动大规模网络资源

5. 威胁确定

根据以上威胁源、威胁意图和威胁能力的识别,确定保护对象面临的威胁。威胁识别表如表 9-5 所示。

6. 确定威胁等级

威胁等级的两个最重要的参照系数是威胁意图和威胁能力,基于对每个威胁源的威胁意图和威胁能力的分析结果,将其威胁意图和威胁能力分别划定为 5 个等级,即很低、低、中等、高、很高(具体描述参见表 9-3 和表 9-4。

表 9-5　威胁识别表

序号	威胁源	描　述					备注
		威胁意图	威胁能力	活动区域	活动方式	活动状态	
1	实施网络攻击	针对物联网系统实施攻击的情况	人力				
			技术手段				
			资金				
			网络资源调动能力				
2							
⋮							

通常情况下,威胁意图和威胁能力越强,则威胁等级越高,二者与威胁等级均成正比关系,二者等级结果相乘可得出相应的威胁等级。按威胁大小程度将其分为 5 级,分别是很低、低、中等、高、很高,如表 9-6 所示。

表 9-6　威胁等级

威胁意图	威胁能力				
	很低	低	中等	高	很高
很高	中等	中等	高	高	很高
高	低	中等	中等	高	高
中等	低	低	中等	中等	高
低	很低	低	低	中等	很高
很低	很低	很低	低	低	很高

9.1.4　脆弱性分析

脆弱性分析是物联网风险评估中非常重要的一个环节。脆弱性是保护对象本身存在的,威胁总是要利用保护对象的脆弱性才可能造成危害。因此只有找出每一个保护对象可能被威胁源利用的脆弱性或条件并进行分析,才有可能准确地确定风险。

1. 脆弱性识别

脆弱性识别主要从技术和管理两个方面进行。技术脆弱性涉及物联网系统或工程物理层、网络层、系统层、应用层等各个层面的安全问题,管理脆弱性又可分为技术管理脆弱性、组织管理脆弱性、信息内容管理脆弱性三方面,前者与具体技术活动相关,后者与管理环境相关。技术方面是通过远程和本地两种方式进行系统扫描、对网络设备和主机服务器等设备进行人工抽查,以保证技术脆弱性评估的全明星和有效性。管理脆弱性评估方面可以按照 BS 7799 等标准的安全管理要求对现有物联网安全管理制度及其执行情况进行核查,发现其中的管理漏洞和不足。

脆弱性识别所采用的方法主要有问卷调查、工具检测、人工核查、文档查阅、渗透性测试、专家分析和专项调研等。

表 9-7 提供了一种脆弱性识别内容的参考。

表 9-7 脆弱性识别内容

类 型	识 别 对 象	识 别 内 容
技术脆弱性	物理安全	前端设备替换、破坏;机房设备电磁兼容安全,电力安全、防火安全等
	物联网网络结构	从网络结构设计、边界保护、外部访问控制策略、内部访问控制策略、网络设备安全配置等方面进行识别
	系统软件	从补丁安装、物理保护、用户账号、口令策略、资源共享、事件审计、访问控制、新系统配置、注册表加固、网络安全、系统管理等方面进行识别
	应用中间件	从协议安全、交易完整性、数据完整性等方面进行识别
	应用系统	从审计机制、审计存储、访问控制策略、数据完整性、通信、鉴别机制、密码保护等方面进行识别
管理脆弱性	技术管理	从物理和环境安全、通信与操作管理、访问控制、系统开发与维护、应用服务等方面进行识别
	组织管理	从安全策略、组织机构、规章制度、人员管理等方面进行识别
	信息内容管理	从待发布信息的审核机制、已发布信息的巡查处置等方面进行识别

2. 确定脆弱性等级

根据已识别的脆弱性的严重程度以及对威胁的吸引力确定脆弱性等级。具体可以从两方面入手进行分析:一是脆弱性的严重程度,二是脆弱性对于威胁的吸引程度。脆弱性严重程度越突出,受保护对象对威胁吸引力越大,受到攻击和破坏的可能性就越大。脆弱性等级依不同程度分为 5 级,分别是很低、低、中等、高、很高,如表 9-8 所示。

表 9-8 脆弱性等级划分

脆弱性等级	描 述
很低	保护对象弱点很不明显,对威胁吸引力很小
低	保护对象弱点不明显,对威胁吸引力小
中等	保护对象弱点比较明显,对威胁吸引力较小
高	保护对象弱点明显,对威胁吸引力大
很高	保护对象弱点非常明显,对威胁吸引力非常大

9.1.5 现有控制措施分析

现有控制措施有效性分析贯穿于物联网系统从筹备到结束的整个过程。依据国家现行法律法规和有关政策规定及等级保护相关标准,识别现有控制措施,分析其措施的有效性,确定威胁源利用弱点的实际可能性。现有控制措施分析可有效地将安全控制措施继续保持,以避免不必要的工作和费用,防止控制措施的重复实施。对于那些确认为不适当的控制应核查是否应被取消,或者用更合适的控制代替。安全控制可以分为预防性控制措施和保护性控制措施两种。预防性控制措施可以降低威胁发生的可能性和减少安全脆弱性,而保护性控制措施可以减少因威胁发生所造成的影响。

1. 现有控制措施识别

现有控制措施包括所有避免或减少物联网系统安全风险的手段,通过系统调研、相关文档复查、人员面谈、现场勘查、清单检查、建立数据库、以往信息安全经验总结等方式进行梳理并列出清单,对现有控制措施进行识别。具体可分为以下几类:

(1)威慑性措施。用于降低威胁源对物联网网络实施蓄意攻击的可能性,可在一定程度上起到震慑作用,如物联网攻防演练、物联网系统安全检测等。

(2)预警性措施。用于保护物联网系统,使干扰破坏活动难以实现,或者降低干扰破坏或威胁因素造成的影响,如加强情报搜集、网络和系统监控等。

(3)检验性措施。用于及时发现干扰破坏活动或威胁因素,以使损害程度降到最低,如系统入侵检测等。

(4)处置性措施。对已发生的风险后果采取措施,对已实施的控制措施进行完善,可以使因干扰破坏活动或威胁因素造成的影响或损害减到最小程度,如应急响应、容灾备份等。

2. 确定现有控制措施有效性等级

现有控制措施有效性是针对威胁源或保护对象自身存在的安全隐患,制定或选择合理的应对措施,以尽可能减少因风险存在而造成的不良后果,确保对涉及物联网系统的风险因素的控制能力。

通过以上分析过程,依据控制措施的有效性程度高低,将其划分为 5 个等级,分别是很低、低、中等、高、很高,具体描述如表 9-9 所示。

表 9-9 现有控制措施有效性等级划分

控制措施的有效性等级	描　　述
很低	现有控制措施无效
低	现有控制措施几乎无效
中等	现有控制措施有一定效果
高	现有控制措施有效
很高	现有控制措施非常有效

9.1.6　风险分析

1. 风险分析原理

在完成了保护对象分析、威胁分析、脆弱性分析以及现有控制措施有效性分析后,将进入风险分析阶段。本阶段的主要任务将依据保护对象重要性等级、威胁等级、脆弱性等级、现有控制措施有效性等级综合确定风险概率和风险后果,并最终确定风险等级的严重程度。风险分析原理如图 9-2 所示。风险分析有以下 3 个关键计算环节。

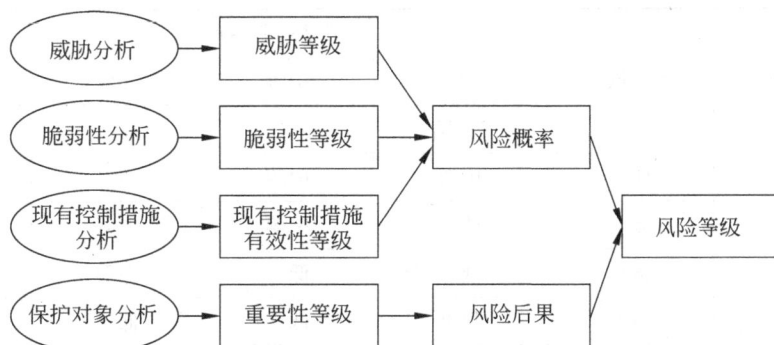

图 9-2　风险分析原理图

(1) 确定风险概率。

根据威胁等级、脆弱性等级及现有控制措施有效性等级,计算风险发生的可能性,即风险概率。

在具体评估中,应综合威胁意图和威胁能力(专业技术程度、攻击设备等)、脆弱性被利用的难易程度(可访问时间、设计和操作知识公开程度等)、现有控制措施有效性等级等因素来综合判断风险概率。

(2) 确定风险后果。

根据被保护对象的重要性程度,计算风险事件一旦发生后造成的损失,即风险后果。

在实际评估中应注意,风险后果不仅是对保护对象本身造成损失,还包括对国际影响和声誉、国家形象和利益、社会舆论和稳定等产生的影响。

(3) 确定风险等级。

根据计算出的风险概率以及风险后果确定风险等级。评估者可根据自身情况选择相应的风险计算方法确定风险值。

2. 确定风险概率

1) 风险概率计算方法

风险概率用以下公式计算:

$$风险概率＝威胁等级×脆弱性等级/现有控制措施有效性等级$$

威胁等级越高,则风险发生概率越大,威胁等级越低,则风险发生概率越小,二者成正比关系。保护目标脆弱性等级越低,则遭受攻击的可能性越小,脆弱性越高,则遭受攻击的可能性越大,因此,脆弱性等级和风险概率成正比关系。现有控制措施的效果越小,则保护目标遭受攻击的可能性越大,现有控制措施越是有效,则保护目标遭受攻击的可能性就越小,因此,现有控制措施有效性等级的高低和风险概率的大小成反比关系。

2) 风险概率分析过程

依风险发生概率大小将其划分为 5 个等级,分别是必然发生、非常可能、有可能、不太可能和基本不可能(见表 9-10～表 9-12 所示)。由于风险概率计算时应考虑 3 个因素,因此,必须先计算出一个中间结果,再得出最终的结果。

表 9-10 风险概率分析过程(中间结果)

脆弱性等级	威 胁 等 级				
	很低	低	中等	高	很高
很高	中等	中等	高	高	很高
高	低	中等	中等	高	高
中等	低	低	中等	中等	高
低	很低	低	低	中等	中等
很低	很低	很低	低	低	中等

表 9-11 风险概率矩阵(最终结果)

中间结果等级	现有控制措施有效性等级				
	很高	高	中等	低	很低
很高	可能	可能	非常可能	非常可能	极有可能
高	不太可能	可能	可能	非常可能	非常可能
中等	不太可能	不太可能	可能	可能	非常可能
低	基本不可能	不太可能	不太可能	可能	可能
很低	基本不可能	基本不可能	不太可能	不太可能	可能

表 9-12 风险概率描述

等 级	描 述
必然发生	肯定会发生
非常可能	在大多数情况下很有可能会发生
有可能	在某些时候会发生
不太可能	只有在例外情况下可能会发生
基本不可能	基本不会发生

3. 确定风险后果

评估风险后果是风险评估过程中最重要的环节之一。确定风险后果等级对于有关部门提出相应的处置建议,制定必要的应对预案具有重要的参考价值。风险后果评估工作是否全面、准确、客观将直接影响对风险等级判断的准确性。

风险后果分析主要依据保护对象的重要性等级,判断在物联网系统运行期间一旦针对保护对象发生风险事件所造成的风险后果。根据严重程度将风险后果划分为 5 个等级,即灾难性、高、中、低、很低,如表 9-13 所示。

表 9-13 风险后果等级

等级	描述
灾难性	有关设施、财物受到严重损害,物联网系统受到严重干扰,给国家形象、外交关系、社会舆论和民众心理造成严重负面影响等
高	有关设施、财物受到较大损害,物联网系统受到较大干扰,给国家形象、社会舆论和民众心理造成较大负面影响
中	有关设施、财物受到一定损害,物联网系统受到一定干扰,给国家形象、社会舆论和民众心理造成一定负面影响等
低	有关设施、财物受到较小损害,物联网系统受到较小干扰,给国家形象、社会舆论和民众心理造成较小负面影响等
很低	有关设施、财物几乎没有受到损害,物联网系统基本没有受到干扰,基本没有给国家形象、社会舆论和民众心理造成影响等

4. 确定风险等级

评估风险等级有两个关键因素:一是风险造成的后果及影响,二是风险发生的可能性。前者通过识别与分析保护对象得到确认,后者可根据威胁分析、脆弱性分析、现有控制措施有效性分析进行确认。

风险等级计算公式如下:

$$风险等级＝风险概率×风险后果$$

根据风险大小程度将其划分为 4 个等级,分别是极高、高、中等、低,如表 9-14 所示。

表 9-14 风险等级矩阵

风险概率	风险后果等级				
	很低	低	中等	高	灾难性
必然发生	中等	高	极高	极高	极高
非常可能	中等	高	高	极高	极高
有可能	低	中等	高	高	极高
不太可能	低	低	中等	高	极高
不可能	低	低	低	中等	高

9.1.7 风险处置

根据风险等级,并综合考虑物联网资产的重要性等级、威胁源及威胁程度、脆弱性等级、现有控制措施有效性以及可能产生的后果分析,依据国家相关标准,统筹兼顾,综合考虑,最后提出处置建议。提出处置建议的目的是减低或控制风险级别,使风险处于一个可以接受的水平。

1. 风险处置建议原则

(1) 可行性原则。所提处置建议应在国家政策和执行单位的资源及条件允许范围之内。

（2）有效性原则。处置建议要能有效弥补安全漏洞，改进不足，防止威胁，降低或避免不利后果，从而降低或规避风险。

（3）针对性原则。针对不同风险等级和不同风险源提出相应处置建议。

（4）全局性原则。物联网系统或工程是一个整体，涉及多方面的工作，大多数系统涉及关键基础实施及重要民生领域，提出的处置建议要有国情观、大局观，要考虑社会和国家利益需要。

（5）成本效益原则。消除所有风险是不切实际的，也是不可能的。提出安全措施建议时，应该在一定资源条件下，寻求最适合措施，获取最大安保效应，将风险降到最低。

2. 实施风险处置

根据风险等级结果划分得出可接受和不可接受两种。依据可接受风险等级，判断现存风险是否可接受。如果判断结果是可接受，则选择接受风险，保持现有控制措施，否则继续风险处置过程；对于不可接受的风险，提出实施风险处置的意见。

1）确定风险处置目标

根据现存风险判断的结果，将不可接受的风险作为实施风险处置的目标。

2）选择风险处置方式

风险处置的基本方式有如下几种：

（1）接受风险。是指由于现有的风险较低，在可接受的风险水平范围之内，风险管理单位维持工作措施现状，不采取进一步的行动，不追加投入，或仅采取少量措施，巩固现有的措施。

（2）降低风险。是指针对风险，完善并加强工作措施，实施有效的控制，减少威胁，减少弱点，降低可能的不利影响，把风险降低到一个可以接受的级别。

（3）规避风险。是指采取针对性措施，通过消除风险的原因和（或）后果，把风险降低到最低限度。可以选择放弃某些可能招致风险的活动，或者将被保护对象适当与外界隔离，使其免遭来自外部的威胁攻击。

（4）转嫁风险。也称风险转移，即通过使用其他措施，将风险全部或部分转移到其他责任方的风险处置方式，比如购买保险等。

9.1.8 审核批准

在完成针对物联网系统保护对象的风险评估并提出风险处置建议之后，需提交建设方或主管部门进行审核批准。审核批准包括审核和批准两部分：审核是指通过评审、测试等手段，检验风险评估和风险处置的结果是否满足物联网安全管理要求；批准是指建设方或主管主管部门依据审核的结果，做出是否认可的决定。

依据物联网系统的级别和重要程度，对审核的权威性和批准的权力层要求不同。对于国家、地区或行业级别的重要信息系统，审核需要相应级别的权威机构进行测评认证，批准也需要相应级别的权利层进行决策。对于企业公司内部风险评估，则由企业主管及相应级别的权力层进行决策。

9.2　物联网系统风险评估服务平台框架

9.2.1　服务平台框架

物联网系统风险评估服务平台总体结构如图 9-3 所示。核心建设内容为风险评估知识库和风险评估工具集。风险评估知识库建设主要包含威胁库、脆弱性库、风险分析方法和评估案例的建设。物联网系统风险评估服务威胁库包括智能感知层威胁库、接入传输层威胁库和业务应用层威胁库。脆弱性库脆弱性识别时的数据应来自资产的所有者、使用者以及相关业务领域和软硬件方面的专业人员等。风险分析方法主要包括系统层次分析方法、基于概率论和数理统计的方法、模糊数学方法，这些方法或是在识别风险的基础上进一步分析已识别风险，提高风险结果可信度，或是融入风险评估过程中，使评估过程更科学、更合理。物联网系统风险评估案例库建立实际风险评估案例，给出风险分析方法、风险分析过程，系统整体风险评估结果，为物联网系统风险评估工作提供参考案例。

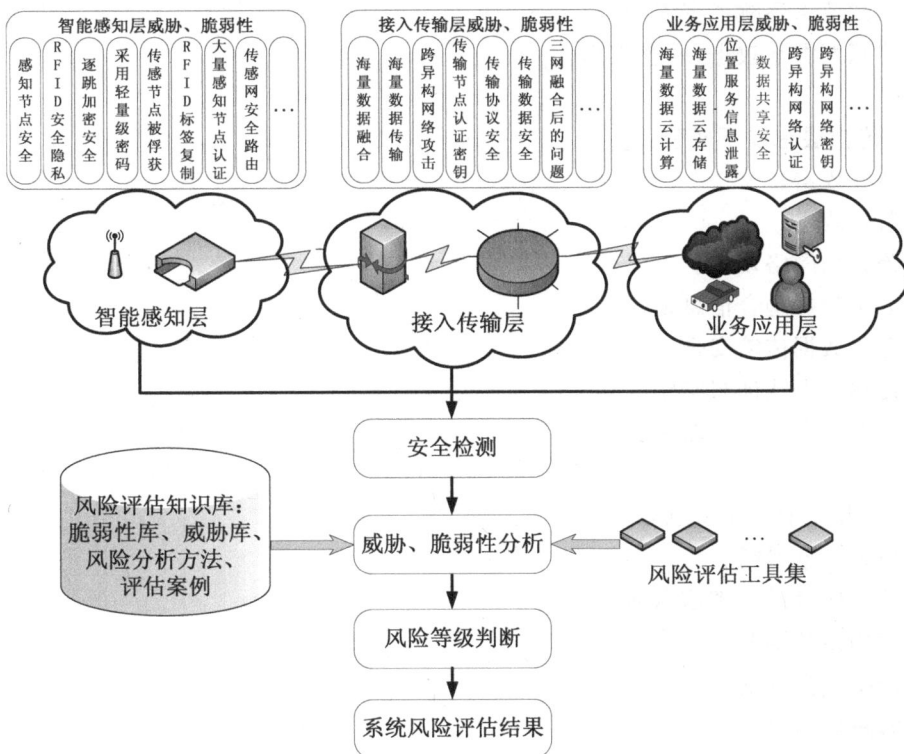

图 9-3　物联网系统风险评估建设框架

9.2.2　风险评估知识库

风险评估知识库建设主要包含威胁库、脆弱性库、风险分析方法和评估案例的建设。

1. 威胁库

物联网系统风险评估服务威胁库由 3 个子威胁库组成,分别为智能感知层威胁库、接入传输层威胁库和业务应用层威胁库,威胁库的主要功能是为威胁识别提供知识。每个子威胁库是对整个物联网系统威胁的初步分类,每个子威胁库中的威胁还可分为多个子类。

智能感知层有以下威胁:

- RFID 安全隐私。
- RFID 标签复制。
- 节点被非法控制。
- 感知节点密钥泄露。
- 感知节点非法接入。
- 轻量级算法易被攻击。
- 传感网安全路由。
- 无线网络传输安全。
- 感知节点逐跳加密安全。
- 传感网洪水攻击、缓存溢出。

……

接入传输层有以下威胁:

- DoS 攻击。
- 假冒攻击。
- 跨异构网络攻击。
- 海量数据融合信息窃取。
- 海量数据传输安全。
- 传输节点认证与密钥管理。
- 三网融合面临的新威胁。

……

业务应用层有以下威胁:

- 位置信息泄露。
- 数据融合后机密信息泄露。
- 应用系统漏洞。
- 虚拟化数据安全。
- 海量数据泄密。

……

2. 脆弱性库

脆弱性识别是物联网系统风险评估中最重要的一个环节。物联网系统的脆弱性识别可以以资产为核心,针对每一项需要保护的资产,识别可能被威胁利用的弱点,并对脆弱性的严重程度进行评估。脆弱性识别时的数据应来自资产的所有者、使用者以及相关业务领域和软硬件方面的专业人员等。物联网系统脆弱性识别所采用的方法主要有问卷调查、工具检测、人工核查、文档查阅、渗透性测试等。对于物联网系统来说,处于系统不同层面的资产所应重点关注的脆弱性也不同。

物联网系统风险评估服务脆弱性库由 3 个子脆弱性库组成,分别为智能感知层脆弱性库、接入传输层脆弱性库和业务应用层脆弱性库。脆弱性库的主要功能是为脆弱性识别提供知识。

3. 风险分析方法

风险分析方法主要包括系统层次分析方法、基于概率论和数理统计的方法、模糊数学方法,这些方法或是在识别风险的基础上进一步分析已识别风险,提高风险结果可信度,或是融入风险评估过程中,使评估过程更科学、更合理。

4. 评估案例

建立实际物联网系统风险评估案例库,给出风险分析方法、风险分析过程、系统整体风险评估结果,为物联网系统风险评估工作提供参考案例。

9.2.3　风险评估工具集

物联网系统风险评估工具集是风险评估的辅助手段,是保证风险评估结果可信度的一个重要因素。工具集的使用不但在一定程度上解决了手动评估的局限性,最主要的是它能够将专家知识进行集中,使专家的经验知识被广泛地应用。根据在风险评估过程中的主要任务和作用原理的不同,风险评估工具集可以分成风险评估与管理工具集、系统基础平台风险评估工具集和风险评估辅助工具集 3 个子模块。风险评估与管理工具集是一套集成了风险评估各类知识和判定依据的管理信息系统,以规范风险评估的过程和操作方法,或者用于收集评估所需要的数据和资料,基于专家经验,对输入输出进行自动化的模型分析;系统基础平台风险评估工具集主要用于对信息系统的主要部件(如操作系统、数据库系统、网络设备等)的脆弱性进行分析,或实施基于脆弱性的攻击;风险评估辅助工具集则实现对数据的采集、现状分析和趋势分析等单项功能,为风险评估各要素的赋值、定级提供依据。物联网系统风险评估工具集如图 9-4 所示。

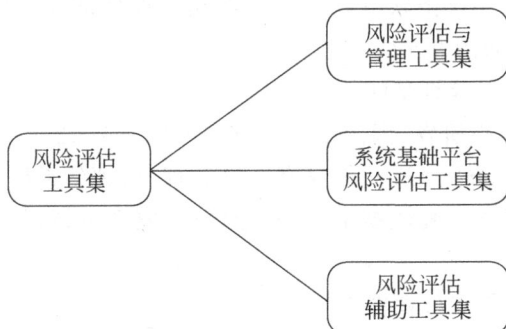

图 9-4　系统风险评估工具集

1. 风险评估与管理工具集

风险评估与管理工具集可以建立在一定的模型或算法之上,风险由重要资产、所面临的威胁以及威胁所利用的脆弱性三者来确定,如 RA;或通过建立专家系统,利用专家经验进行分析,给出专家结论。这种评估工具需要不断进行知识库的扩充,以适应不同的需要。

风险评估与管理工具集实现了对风险评估全过程的实施和管理,包括被评估信息系统基本信息获取、资产信息获取、脆弱性识别与管理、威胁识别、风险计算、评估过程与评估结果管理等功能。评估的方式可以通过问卷的方式,也可以通过结构化的推理过程,建立模型,输入相关信息,得出评估结论。通常这类工具在对风险进行评估后都会有针对性地提出风险控制措施。

根据实现方法的不同,风险评估与管理工具集可以分为基于信息安全标准的风险评估与管理工具、基于知识的风险评估与管理工具和基于模型的风险评估与管理工具 3 类。

1) 基于安全标准的风险评估与管理工具

目前世界上存在多种不同的风险分析指南和方法,比如,美国 NIST(Institute of Standards and Technology)的 FIPS65,DoJ(Department of Justice)的 SRAG 和 GAO (Government Accounting Office)的信息安全管理的实施指南。针对这些方法,美国开发了自动的风险评估工具。英国推行基于 BS 7799 的认证产业,BS 7799 是一个信息安全管理标准与规定,在建立信息安全管理体系过程中要进行风险评估,根据 PD3000 中提供的风险评估方法,建立了 CRAMM、RA 等风险分析工具。许多国家也在使用或发展国际标准化机构的 ISO/IEC,JTC/SC27 信息技术安全管理指南的基础上建立了自己的风险评估工具。比较典型的工具如下:

(1) MSAT(Microsoft Security Assessment Tool 4.0,微软安全风险评估工具)。MSAT 是为了识别并解除用户 IT 环境中的安全风险而设计的。该工具采用整体分析法来检测用户的安全状态,检测范围包括人员、程序和技术。该工具提供风险差异,并为安全状态的改善提供可行建议。MSAT 由 200 多个问题构成,涵盖的方面包括基础设施、应用、运作和人员。这些问题、相关答案以及建议均来自公认的最佳做法、ISO 17799 及 NIST-800.x 等标准以及来自微软可靠计算机组和其他外部安全渠道的建议和规范性指导。MSAT 的软件界面如图 9-5 所示。

(2) ISRA 信息安全风险评估工具。

ISRA 是国家信息中心研发,国内第一套基于 GB/T 20984—2007 的全流程自动化的信息安全风险评估工具系统,通过对信息资产的管理、被评估系统脆弱性的分析以及信息安全威胁的对应,从而建立一套数据采集、安全评测、安全分析、报告处理一体化的信息安全风险评估工作程序。

2) 基于知识的风险评估与管理工具

基于知识的风险评估与管理工具利用专家系统建立规则和外部知识库,通过调查问卷的方式收集机构内部信息安全的状态。对重要资产的威胁和脆弱点进行评估,生成专家推荐的安全控制措施。这种工具通常会自动形成风险评估报告,提供反映风险严重程

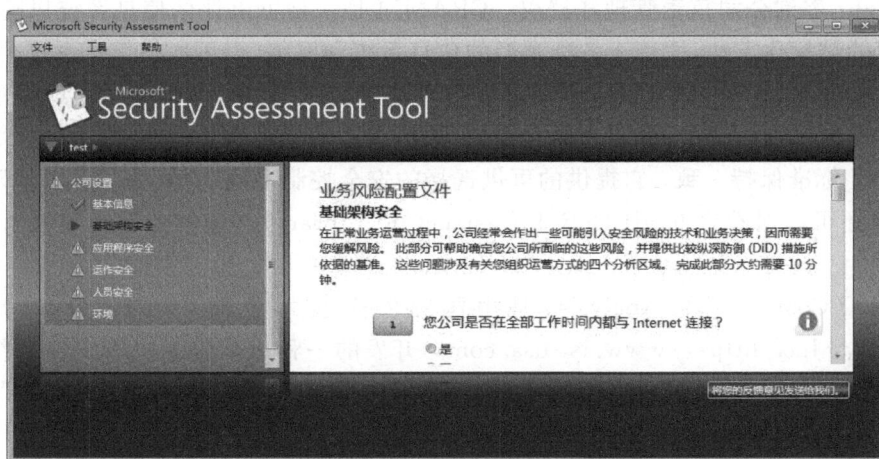

图 9-5　MSAT 工具界面

度的风险指数,同时分析可能存在的问题以及处理方法。比如,COBRA(Consultative Objective and Bi-functional Risk Analysis)是英国的 C&A 系统安全公司推出的一套基于专家系统的风险分析工具软件,也是一个问卷调查形式的风险分析工具,由 3 个部分组成:问卷建立器、风险测量器和结果生成器。它通过问卷的方式来采集和分析数据,并对组织的风险进行定性分析,最终的评估报告中包含已识别风险的水平和推荐措施。此外,COBRA 还支持基于知识的评估方法,可以将组织的安全现状与 ISO 17799 标准相比较,从中找出差距,提出弥补措施。

国内也有一些基于知识库的风险评估与管理工具,主要有天镜安全风险自评估工具版(A-BOX)、GooRisk 信息安全风险评估系统以及 IAS 思福迪信息安全风险评估管理软件(自评估软件)。

3) 基于模型的风险评估与管理工具

风险评估根据对各要素的指标量化以及计算方法不同分为定性和定量模型的风险评估与管理工具。风险分析作为重要信息系统安全保障已经有很长时间了,一些算法被作为正式的信息安全标准,这些标准大部分是定性的,也就是说,它们对风险产生的可能性和风险产生的后果基于“低/中/高”这种表达方式,而不是准确的可能性和损失量。随着人们对信息安全风险了解的不断深入,获得了更多的经验数据,因此越来越多的工具开始使用定量的风险分析方法反映事故的可能性。定量的信息安全风险管理标准包括美国联邦标准 FIPS31 和 FIPS191,提供定量风险分析技术的手册包括 GAO 和新版的 NISTRMG。目前一系列风险评估工具都在定量和定性方面各有侧重。例如,CONTROL-IT、Definitive Scenario、JANBER 都是定性的风险评估工具;而@RISK、The Buddy System、RiskCALC、CORA 是半定量的风险评估工具。

比较典型的风险评估工具有 CRAMM 和 CORA。

CRAMM(CCTA Risk Analysis and Management Method)是由英国政府的中央计算机与电信局(Central Computer and Telecommunications Agency,CCTA)于 1985 年开发的一种定量风险分析工具,同时支持定性分析。经过多次版本更新(现在是第 4 版),目

前由 Insight 咨询公司负责管理和授权。CRAMM 是一种可以评估信息系统风险并确定恰当对策的结构化方法,适用于各种类型的信息系统和网络,也可以在信息系统生命周期的各个阶段使用。CRAMM 的安全模型数据库基于著名的"资产/威胁/弱点"模型,评估过程经过资产识别与评价、威胁和弱点评估、选择合适的推荐对策这 3 个阶段。CRAMM 与 BS 7799 标准保持一致,它提供的可供选择的安全控制多达 3000 个。除了风险评估,CRAMM 还可以对符合 99vIL(99v Infrastructure Library)指南的业务连续性管理提供支持。

CORA(Cost-of-Risk Analysis)是由国际安全技术公司(International Security Technology, Inc. http://www.ist-usa.com/)开发的一种风险管理决策支持系统,它采用典型的定量分析方法,可以方便地采集、组织、分析并存储风险数据,为组织的风险管理决策支持提供准确的依据。

此外,根据风险评估工具体系结构不同,风险评估工具还包括基于 C/S 架构和单机架构。例如,COBRA 就是基于 C/S 模式的,而目前大多数风险评估工具都是单机的。另外根据安全因素调查方式不同,分为文件式和过程式,例如 RA 就是过程式风险评估工具。表 9-15 对目前比较流行的工具进行了对比。

表 9-15　风险评估与管理工具对比

工具名称	COBRA	RA	CRAMM	@RISK	BDSS
机构/国家		BSI/Britain	CCTA/Britain	Palisade/America	IRMG/America
体系结构	C/S	单机	单机	单机	单机
采用方法	知识库	过程式	过程式	知识库	知识库
定性/定量	定性/定量	定性/定量	定性/定量	定性/定量	定性/定量
采集形式	调查文件	过程	过程	调查文件	调查文件
对使用人员要求	普通人员	专业人员	专业人员	普通人员	普通人员
结果输出形式	风险等级与控制措施	风险等级与控制措施(基于 BS 7799 提供的控制措施)	风险等级与控制措施(基于 BS 7799 提供的控制措施)	决策支持信息	安全防护措施列表

2. 系统基础平台风险评估工具集

系统基础平台风险评估工具集主要有脆弱性扫描工具和渗透性测试工具。脆弱性扫描工具又称为安全扫描器、漏洞扫描仪等,主要用于识别网络、服务器、感知节点、接入网关、操作系统、数据库系统的脆弱性。通常情况下,这些工具能够发现软件和硬件中已知的脆弱性,以决定系统是否易受已知攻击的影响。渗透性测试工具是根据脆弱性扫描工具扫描的结果进行模拟攻击测试,判断被非法访问者利用的可能性。这类工具通常包括黑客工具、脚本文件。渗透性测试的目的是检测已发现的脆弱性是否真正会给系统或网络带来影响。通常渗透性工具与脆弱性扫描工具一起使用,并可能会对被评估系统的运行带来一定影响。目前,每年有数以百计的新的安全漏洞被发现,每月都会发布大批补丁。对于系统和网络管理员来说,评估物联网系统潜在的安全风险变得越来越重要。

1) 脆弱性扫描工具

脆弱性扫描工具是目前应用最广泛的风险评估工具,目前对漏洞扫描工具的研发主要分为以下几种类型:基于 Web 服务的扫描工具、基于主机的扫描工具、数据库脆弱性扫描工具。基于 Web 服务的扫描工具检查 Web 服务是否存在漏洞以及业务是否存在风险等,主要有绿盟极光远程安全评估系统——Web 应用扫描(商业)、安恒信息 MatriXay 明鉴 Web 应用弱点扫描器、安域领创 WebRavor、智恒联盟 WebPecker 网站整体威胁检测系统(商业)、Syhunt Sandcat、IBM Rational Appscan 等工具。基于主机扫描工具主要发现主机操作系统、特殊服务和配置的细节,发现潜在的用户行为风险,如密码强度不够,也可实施对文件系统的检查。典型工具有 Nessus 工具、X-scan 工具、Shadow Security Scanner 工具、Super Scan 工具、Namp 工具等。数据库脆弱性工具对数据库的授权、认证和完整性进行详细的分析,也可以识别数据库系统中潜在的弱点。上面提到的主机漏洞扫描器中多数可以进行数据库的漏洞扫描,单独数据扫描工具有数据库扫描器(Database Scanner)(安氏互联网安全系统(中国)有限公司)、Scuba 工具、明鉴数据库弱点扫描器(简称 DAS-DBScan)等。

好的漏洞扫描工具主要有以下几个特性:

(1) 最新的漏洞检测库。为此工具开发上应各有不同的办法检测新漏洞,漏洞库的更新不能在一个重大漏洞发现一个月后才进行。

(2) 扫描工具低误报率。在小范围的漏洞扫描中存在几个不确定的警报是一回事,经过大范围的扫描出现成百上千的不确定警报是另外一回事。因此,漏洞扫描工具应误报率低,避免误判。

(3) 数据分析。漏洞扫描器有某种可升级的后端,能够存储多个扫描结果并提供趋势分析的手段。比如 Internet Scanner 能够将过去扫描的结果调出与本次扫描进行比较,而 EEye Digital Security Retina 没有管理多组扫描数据的功能。

(4) 修复功能。理想的扫描工具应提供清晰且准确的修复信息,如 Axent's NetRecon、Internet Scanner 能够提供漏洞修复信息,而 SAINT 和 SARA 在这方面有所欠缺。

表 9-16 给出了几种常见的扫描工具。

2) 渗透性测试工具

这类工具通常包括黑客工具、脚本文件。渗透性测试的目的是检测已发现的脆弱性是否真正会给系统或网络带来影响。当前渗透测试工具主要有 WebInspect、Burpsuite、Immunity CANVAS、Magic Tree、Metasploit、W3af、Core Impact、SQLMap、Canvas、Social Engineer Tookit、SQLninja、Netsparker、BeEF、Dradis 等工具。以下对其中几个工具做简要介绍。

表 9-16　常见的扫描工具

工具	NetRecon	BindView HarkerShield	EEye Digital security Retina	ISS Internet Scanner	Nessus Security	Network Associates CyberCop Scanner	SARA	World Wide Digital Security SAINT
操作系统	Windows	Windows	Windows	Windows	UNIX	Windows	UNIX	UNIX
更新	网络自动更新	自动更新	自动更新	自动更新	网络自动更新	自动更新	—	—
扫描类型	基于 Web	基于主机	基于主机	基于主机	基于 Web	基于主机	基于 Web	基于 Web
CVE对照	无	有	无	有	有	无	有	有
修复	无	可	可	无	无	可	无	无
表现形式	图形界面	图形界面	图形界面	命令行	命令行	命令行	命令行	命令行

Metasploit 自 2004 年发布以来，以迅雷不及掩耳之风席卷网络安全界。这是一个用于开发、测试以及漏洞 EXP 代码的先进开源平台。其可扩展模型包括生成 payloads、解码器、无作业生成器以及 EXP，这使 Metasploit 框架成为尖端渗透研究的一个重要途径。它同时附带了数以百计的 EXP，能够从模块列表中看到它们。这使编写 EXP 将变得更加轻松，同时它还能将互联网中的非法 shell code 一网打尽。

w3af 是一个非常受欢迎、强大并且灵活的框架，用于寻找并利用 Web 应用程序漏洞。它的运用和拓展都十分简便，并且具有几十个 Web 评估和利用插件。从某些方面来看，它就像一个聚焦于 Web 的 Metasploit。w3af 是一个 Web 应用程序攻击和检查框架。该项目已有超过 130 个插件，其中包括检查网站爬虫、SQL 注入（SQL Injection）、跨站（XSS）、本地文件包含（LFI）、远程文件包含（RFI）等。该项目的目标是要建立一个框架，以寻找和开发 Web 应用安全漏洞，所以很容易使用和扩展。

Social Engineer Toolkit（SET）工具在一个接口囊括了许多有用的社会工程学攻击。SET 的主要目的是自动化并改进社会工程学攻击。它能够自动生成隐藏了 EXP 的网页或电子邮件消息，同时还能使用 Metasploit 的 payload，例如网页一旦被打开便会连接 shell。它提供鱼叉式网络钓鱼攻击、网页攻击、传染媒介式、邮件群发攻击、Arduino 基础攻击、无线接入点攻击、二维码攻击、Powershell 攻击、第三方模块等。

Canvas 是一个来自 Dave Aitel ImmunitySec 公司的商业漏洞利用工具。它包括超过 370 个 EXP，并且比 Core Impact 或者 Metasploit 商业版本价格低。它还附带了完整代码以及一些 0day 漏洞。Canvas 工具支持的安装平台有 Windows、Linux、MacOS X、其他 Python 环境（例如移动手机、商业 UNIX），它包含 150 个以上的漏洞利用。

3. 风险评估辅助工具集

科学的风险评估需要大量的实践和经验数据的支持，这些数据的积累是风险评估科学性的基础。风险评估过程中,可以利用一些辅助性的工具和方法来采集数据,帮助完成现状分析和趋势判断。这些辅助性的工具和方法包括检查方法列表、入侵检测系统、安全审计工具、拓扑发现工具、资产信息收集系统等。比如入侵检测系统,帮助检测各种攻击试探和误操作,它可以作为一个警报器,提醒管理员发生的安全状况。同时安全审计工具、知识库都是风险评估必不可少的支持手段。

(1) 安全审计工具。用于记录网络行为,分析系统或网络安全现状。它的审计记录可以作为风险评估中的安全现状数据,并可用于判断被评估对象威胁信息的来源。这类工具有绿盟安全审计系统、Nix 安全审计工具等。

(2) 安全配置核查工具。用于核查主机服务器、网络设备以及数据库等的安全配置是否符合标准。它的结果可用于判断设备是否存在脆弱性。这类工具有安码网络安全配置核查系统、绿盟安全配置核查系统、IT 配置安全核查工具软件等。

(3) 拓扑发现工具。通过接入点接入被评估网络,完成被评估网络中的资产发现功能,并提供网络资产的相关信息,包括操作系统版本、型号等。拓扑发现工具主要是自动完成网络硬件设备的识别、发现功能。这类工具有摩卡业务服务管理等。

(4) 资产信息收集系统。通过调查表形式完成被评估信息系统数据、管理、人员等资产信息的收集功能,了解组织的主要业务、重要资产、威胁、管理上的缺陷、采用的控制措施和安全策略的执行情况。此类系统主要采取电子调查表形式,需要被评估系统管理人员填写,并自动完成资产信息获取。

(5) 入侵检测系统。通过对物联网系统中的若干关键点收集信息对其进行分析,从中发现网络或系统中是否有违反安全策略的行为和被攻击的迹象。

第 10 章

物联网系统检测应用案例

10.1 智能感知类产品安全检测

自 2005 年 10 月公安部正式启动城市报警与监控系统建设的"3111"试点工程以来，我国城市视频监控建设已走过十多年的历程。全国已安装了千万级摄像头，视频监控已成为科技强警最有利的手段和社会安全防控体系的支撑。随着公安视频监控应用的进一步深化，视频监控系统发挥的作用也越来越重要，视频侦查已成为继刑侦、技侦、网侦之后公安部门的第四大侦查手段。

2015 年 2 月 27 日，江苏省公安厅发布的特急通知称，主营安防产品的海康威视生产的监控设备被曝存在严重的安全隐患，部分设备已被境外 IP 地址控制，并要求各地立即进行全面清查，开展安全加固，消除安全隐患。作为敏感信息入口点的监控设备遍布于金融、智能交通、公安、能源、司法等领域。此次海康威视监控设备被国外不法分子控制，必然会导致监控的敏感图像信息被不法分子获得，例如政府部门内部监控图像、银行内部监控图像、交通监控图像、酒楼监控图像等，相当于不法分子安装了一个"天眼"，各类信息一览无余，危害严重。

本节以中国科学院信息工程研究所研究的可信网络摄像机为例，阐述智能感知类产品安全检测示例。

10.1.1 可信网络摄像机

在银行、超市、公司甚至某些家庭里使用的普通音频和视频摄像机监视系统正逐渐被网络摄像机代替，所有摄制的内容都将直接上网传播。人们可以通过网络坐在家中或任何可以上网的地方，看到公共或是私人提供的实时更新的照片图像或动态影像。

可信网络摄像机是一种结合传统摄像机、网络技术和可信技术所产生的新一代摄像机，它可以将影像通过网络传至地球另一端，且远端的浏览者不需用任何专业软件，只要用标准的网络浏览器（如 Microsoft IE 或 Netscape）即可监视其影像。摄像机内嵌有带加密算法的芯片，摄像机在接入网络时可以对其进行身份认证，使用加密密钥和芯片支持算法可以实现对视频流的加密。网络摄像机一般由镜头、图像传感器、声音传感器、A/D 转换器、图像控制器、声音控制器、网络服务器、外部报警器、控制接口等部分组成。

可信网络摄像机外观如图 10-1 所示，其能更简单地实现监控特别是远程监控，施工和维护简单，支持音频，支持报警联动，录像存储灵活，高清的视频效果和良好的监控管理。另外,IPC 支持 WiFi 无线接入、3G 接入、POE 供电(网络供电)和光纤接入。

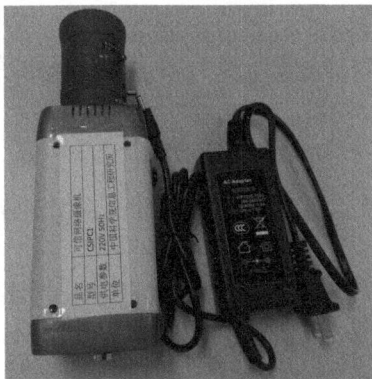

图 10-1　可信网络摄像机

10.1.2　检测规则

当前,视频监控领域主要有以下摄像机标准规范:
- GA/T 645—2014《安全防范监控:变速球型摄像机》
- GA/T 1127—2013《安全防范视频监控 摄像机通用技术要求》
- GA/T 1128—2013《安全防范视频监控 高清晰度摄像机测量方法》
- BS/ISO 17215-4—2014《道路车辆 摄像机通信接口通信要求的实施》
- BS/ISO 17215-3—2014《道路车辆 摄像机视频通信接口摄像机字典》
- BS/ISO 17215-2—2014《道路车辆 摄像机视频通信接口服务发现和控制》
- GB/T 28181—2011《安全防范视频监控联网系统信息传输、交换、控制技术要求》

上述标准对摄像机的功能和性能均提出了相应的规范要求,可用于摄像机的功能和性能检测,但涉及可信网络摄像机的安全性检测内容相对较少。本节针对可信网络摄像机的安全特性,提出如下安全检测规则。

1. 设备接入认证

对可信网络摄像机设置网络标识,并在系统整个生存周期中保证标识的唯一性,以在网络中识别摄像机的身份。可采用密码等技术支持的认证机制,在每次进行网络连接时认证摄像头身份。由于可信网络摄像机核心在于加密芯片的使用,在部署应用时需要使用可信网络摄像机、网络硬盘录像机、RADIUS 服务器和 SIP 服务器等设备,因此设备接入认证包括两个方面,即可信网络摄像机、SIP 服务器、RADIUS 服务器之间的设备接入认证,可信网络摄像机、网络硬盘录像机之间的设备接入认证。

2. 密钥管理

对可信网络摄像机涉及的加密密钥,通过公开密钥加密技术实现密钥管理的技术,使得相应的管理变得简单和更加安全,解决密钥管理中存在的可靠性和鉴别问题。密钥管理涉及密钥生成、密钥分发、密钥验证、密钥更新、密钥存储、密钥备份、密钥有效期和密钥销毁等过程。可信网络摄像机密钥管理重点关注可信网络摄像机、SIP 服务器之间的密钥协商,SIP 服务器向可信网络摄像机与网络硬盘录像机分发密钥。

3. 标识唯一性

可信网络摄像机应分配全生命周期唯一的 ID,确保可信网络摄像机身份被标识,以实施安全控制行为。

4. 用户身份鉴别

可信网络摄像机用户身份鉴别重点是鉴别时机和鉴别失败处理两个方面,具体要求如下:

(1)在用户被鉴别前,TSF 应只允许用户执行输入登录信息、查看登录帮助等操作。

(2)在允许执行代表该用户的任何其他 TSF 的动作前,TSF 应要求每个用户都已被成功鉴别。

(3)在每次用户使用摄像头时,在经过一定次数的鉴别失败后,可信网络摄像头安全功能应采取措施终止登录尝试。最多失败次数仅由授权管理员设定。

5. 通信安全

通信安全涉及数据传输过程中数据的完整性和机密性。首先,摄像机所获取的图像数据在传输的过程中应采用具有轻量级完整性校验机制的通信协议,进行完整性验证,以检验所读取数据的完整性。其次,视频数据在传输的过程中进行加密处理,可信网络摄像机应能够对视频数据进行加密。

6. 安全审计

安全审计(audit)是指按照一定的安全策略,利用记录、系统活动和用户活动等信息,检查、审查和检验操作事件的环境及活动,从而发现系统漏洞、入侵行为或改善系统性能的过程。审计也是审查评估系统安全风险并采取相应措施的一个过程。可信网络摄像机应对以下事件生成审计记录:

- 用户的创建、修改、删除、权限分配等管理行为。
- 任何查阅、导出审计记录的行为。
- 所有安全功能政策上所涉及的对客体执行操作请求的行为。
- 任何使用鉴别机制的行为。

每条审计记录中应记录事件发生的日期、时间、事件的类型、主体身份、客体身份、事件的结果(成功或失败)。

7. 抗干扰

可采用干扰监测机制与宽频或跳频机制相结合的方式,通过频率跳转、降低工作占空比、切换通信模式等方法防御网络通信干扰。

8. 静电放电抗干扰度试验

样机处于工作状态,接触放电±6000V,空气放电±8000V。试验中允许功能或性能的降低,但能自行恢复,试验后设备应正常工作。

9. 射频电磁场辐射抗扰度试验

样机放于电波暗室,在场强 3V/m、调制频率 1kHz、调制度 80% 的条件下,扫描频率以 80～1000MHz 进行射频电磁场辐射抗扰度试验。试验中允许功能或性能的降低,但应能自行恢复,试验后设备应正常工作。

10. 电快速瞬变脉冲群抗扰度试验

样机处于工作状态,将幅度为 2kV、重复频率为 5kHz 的电快速瞬变脉冲群信号施加到样机电源线上。试验中允许功能或性能的降低,但应能自行恢复,试验后设备应正常工作。

11. 浪涌(冲击)抗扰度试验

样机处于工作状态,波前时间 1.2μs,半峰值时间 50μs,在电源输入端施加线-线 1kV 的峰值电压。试验中允许功能或性能的降低,但应能自行恢复,试验后设备应正常工作。

12. 射频场感应的传导骚扰抗扰度试验

在试验电压 3V、调制频率 1kHz、调制度 80% 的条件下,以频率 0.15～80MHz 对样机的交流电源输入端口和网络端口进行射频场感应的传导骚扰抗扰度试验。试验中允许功能或性能的降低,但应能自行恢复,试验后设备应正常工作。

13. 传导骚扰试验

设备传导骚扰限值应符合 GB 9254—2008 中等级 A 的规定。

14. 绝缘电阻试验

设备的电源插头或电源引入端与外壳裸露金属部件之间的绝缘电阻经相对湿热度为 91%～95%、温度为 40℃、48h 的受潮预处理后,加强绝缘的设备不小于 5MΩ,基本绝缘的设备不小于 2MΩ,Ⅲ类设备不小于 1MΩ。

注:工作电压超过 500V 的设备,上述绝缘电阻的阻值数应乘以一个系数,该系数等于工作电压除以 500V。

15. 抗电强度试验

设备电源插头或电源引入端与外壳裸露金属部件之间应能承受规定的 45～65Hz 交流电压或相当于交流峰值的直流电压历时 1min 的抗电强度试验,应无击穿和飞弧现象。

16. 泄漏电流试验

泄漏电流应不大于 5mA(AC 峰值)。

17. 温升试验

设备在正常工作条件下,其外壳温度不应超过 65℃,机内发热部件连续工作 4h 后,其温升不应超过该部件的规定值。

18. 阻燃试验

非金属外壳的设备,其机壳经火焰燃烧 5 次,每次 5s,不应助燃和自燃。

10.1.3 检测环境

可信网络摄像机检测环境涉及功能和安全性检测环境、静电放电抗扰度检测环境、射频电磁场辐射抗扰度检测环境、电快速瞬变脉冲群抗扰度检测环境、浪涌(冲击)抗扰度检测环境、射频场感应的传导骚扰抗扰度检测环境(电源端口)、射频场感应的传导骚扰抗扰度检测环境(网络端口)、射频场感应的传导骚扰抗扰度检测环境(电源端子)等环境。

1. 功能和安全性检测环境

可信网络摄像机功能和安全性检测环境部署如图 10-2 所示,可信网络摄像机、网络硬盘录像机、客户端、RADIUS 服务器和 SIP 服务均通过路由器进行连接。

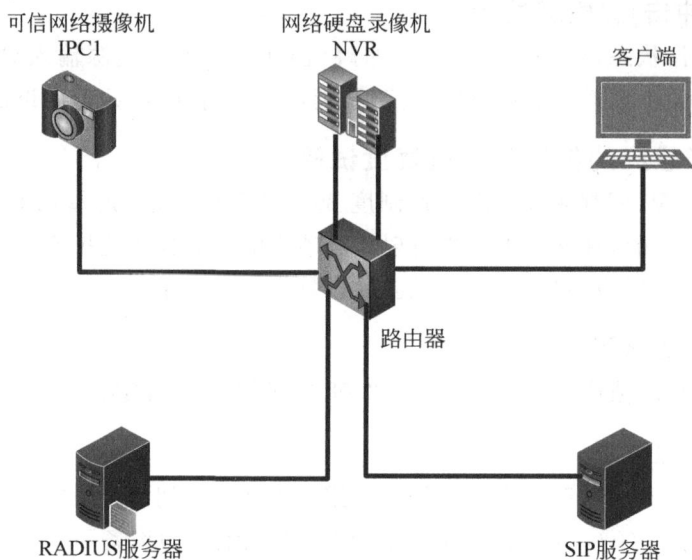

图 10-2　可信网络摄像机功能和安全性检测环境

2. 静电放电抗扰度检测环境

可信网络摄像机静电放电抗扰度检测环境连接示意图如图 10-3 所示,该项检测目的是检测电子电气设备在静电放电的环境下性能是否满足国际和国内相应标准规定的要求。

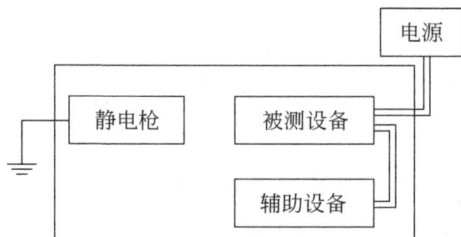

图 10-3　静电放电抗扰度检测环境

3. 射频电磁场辐射抗扰度检测环境

可信网络摄像机射频电磁场辐射抗扰度检测环境部署如图 10-4 所示。射频辐射电磁场对设备的干扰往往是由设备操作、维修和安全检查人员在使用移动电话、无线电台、电视发射台、移动无线电发射机等电磁辐射源产生的(以上属有意发射),汽车点火装置、电焊机、晶闸管整流器、荧光灯工作时产生的寄生辐射(以上属无意发射)也都会产生射频辐射干扰。测试的目的是为了建立一个共同的标准来评价电气和电子产品或系统的抗射频辐射电磁场干扰的能力。其整个检测空间必须处于电波暗室中。

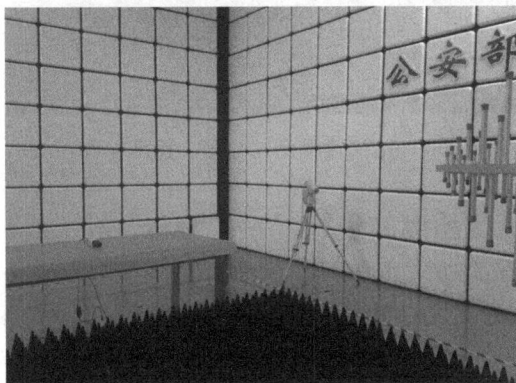

图 10-4　射频电磁场辐射抗扰度检测环境

其各类设备的连接示意如图 10-5 所示。

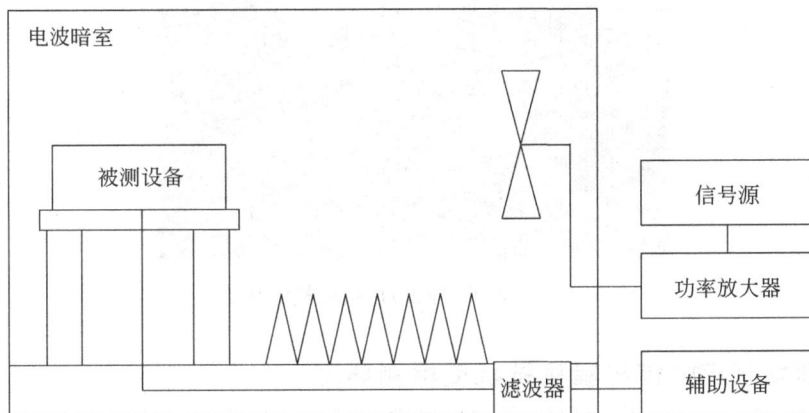

图 10-5　射频电磁场辐射抗扰度检测设备连接示意图

4. 电快速瞬变脉冲群抗扰度检测环境

电快速瞬变脉冲群主要是在切换瞬态过程(切断感性负载、继电器触点弹掉等)中通常会对同一电路中的其他电气和电子设备产生干扰。该项测试的目的是评估电气和电子设备的供电电源端口、信号、控制和接地端口在受到电快速瞬变(脉冲群)干扰时的性能。可信网络摄像机电快速瞬变脉冲群抗扰度检测环境部署如图 10-6 所示,其中 PEFT 4010

脉冲群测试仪为测试关键仪器。

图 10-6　电快速瞬变脉冲群抗扰度检测环境

5. 浪涌(冲击)抗扰度检测环境

浪涌(冲击)抗扰度试验所采用的国家标准为 GB/T 17626.5—2008《电磁兼容 试验和测量技术 浪涌(冲击)抗扰度试验》,它测试的目的是评价电气和电子设备在遭受浪涌(冲击)时的性能。可信网络摄像机浪涌(冲击)抗扰度检测环境部署如图 10-7 所示。

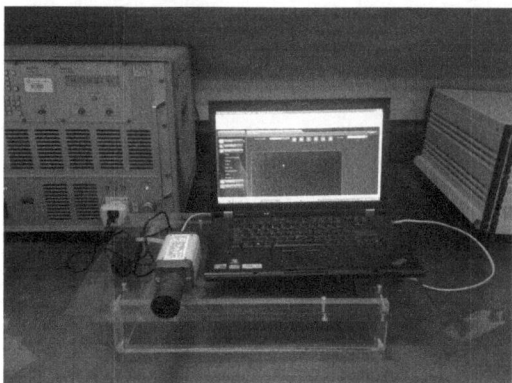

图 10-7　浪涌(冲击)抗扰度检测环境

6. 射频场感应的传导骚扰抗扰度检测环境

射频场感应的传导骚扰抗扰度测试所研究的骚扰源通常是指来自射频发射机的电磁场。该电磁场可能作用于连接安装设备的整个电缆上。该项检测内容是在骚扰源作用下形成的电场和磁场来模拟来自实际发射机的电场和磁场,评价设备传导骚扰限值。测量主要包括 3 个场景,即射频场感应的传导骚扰抗扰度检测环境(电源端口)、射频场感应的传导骚扰抗扰度检测环境(网络端口)和射频场感应的传导骚扰抗扰度检测环境(电源端子)。

射频场感应的传导骚扰抗扰度检测环境(电源端口)如图 10-8 所示。

其被测设备连接图如图 10-9 所示。

图 10-8　射频场感应的传导骚扰抗扰度检测环境(电源端口)

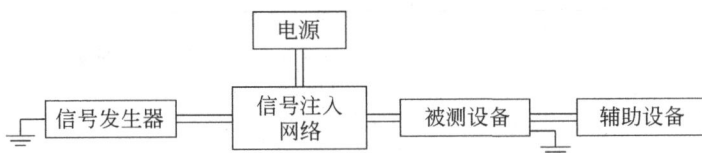

图 10-9　被测设备连接图(电源端口)

射频场感应的传导骚扰抗扰度检测环境(网络端口)如图 10-10 所示。

图 10-10　射频场感应的传导骚扰抗扰度检测环境(网络端口)

其被测设备连接图如图 10-11 所示。

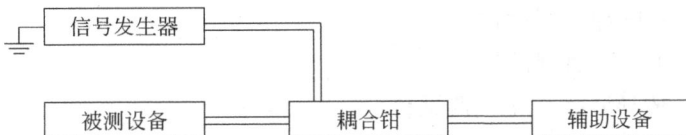

图 10-11　被测设备连接图(网络端口)

射频场感应的传导骚扰抗扰度检测环境(电源端子)如图 10-12 所示。
其被测设备连接图如图 10-13 所示。

图 10-12　射频场感应的传导骚扰抗扰度检测环境（电源端子）

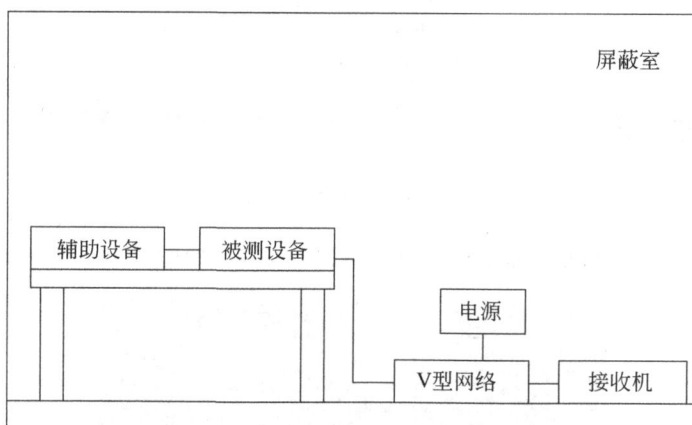

图 10-13　被测设备连接图（电源端子）

上述各检测环境涉及的主要仪器设备如下：

- PESD1610 静电放电测试仪。
- N5181A 信号源。
- AP32MT310A 功率放大器。
- STLP 9128E 天线。
- 4242 功率计。
- 5m 法电波暗室。
- PEFT 4010 脉冲群测试仪。
- PSURGE 4.1 浪涌测试仪。
- CDG6000 传导骚扰抗扰度测试仪。
- CDN M2＋M3 耦合去耦网络。
- ESH2-Z5V 型网络。
- ESH3-Z2 脉冲限幅器。
- ESCI7 测量接收机。

- 9170 安规自动测试系统。
- 5211 数字温度计。
- ESS-SDJ405F 高低温交变湿热试验箱。

10.1.4　检测实施

检测实施主要依据上述确定的检测规则确定检测方法,开展可信网络摄像机检测工作。

1. 设备接入认证

可信网络摄像机、SIP 服务器、RADIUS 服务器之间认证检测必须具备一定的前置条件,即,在 RADIUS 服务器所在机器上新建一个终端 A。

启动 RADIUS 服务器:

radiusd -X

在 SIP 服务器所在机器上新建一个终端 B,切换目录:

cd /home/team/workspace/OpenSIPS

在 NVR 所在机器上新建一个终端 C,切换目录。

cd ~/sipua /Debug 在 IPC 所在机器上新建一个终端 D,切换目录:

cd /root/sipua/Debug。

测试过程如下:

(1) 在终端 B 启动 SIP 服务器。

(2) 在终端 C 启动 NVR。

(3) 分别将 cert 目录下的证书替换为相应的测试代码与配置/SIP 认证模块目录下的真证书或假证书,每次替换一个。

(4) 在终端 D 启动 IPC。

(5) 观察终端 B 和终端 D 的输出结果。

(6) 导入正常证书,IPC 正常接入,通过认证。

(7) 使用非法证书替换原来的数字证书,验证失败。

可信网络摄像机、网络硬盘录像机之间的设备接入认证的前置条件同上,测试步骤如下:

(1) 在终端 B 启动 SIP 服务器:

/usr/sbin/opensips

(2) 在终端 C 启动 NVR:

./SIP-system uas. cfg

(3) 在终端 D 启动 IPC:

./SIP-system uac. cfg

(4) 查看终端 C 和 D,出现如下信息:

```
[step23a/23b: IPC-NVR / NVR-IPC] In ProcessP2PAuthToken:
ProcessP2PAuthToken...OK
```

```
[step24: IPC/NVR] In HandleP2PAuthToken:
HandleP2PAuthToken...OK
P2P authentication...OK
```

2. 密钥管理

可信网络摄像机、SIP 服务器之间的密钥协商检测的前置条件同上,测试步骤如下:

(1) 在终端 B 启动 SIP 服务器:

/usr/sbin/opensips

(2) 在终端 C 启动 NVR:

./SIP-system uas.cfg

(3) 在终端 D 启动 IPC:

./SIP-system uac.cfg

(4) 分别查看 IPC 端的 key_IPC.txt、SIP 服务器端的 key.txt,检查是否协商的密钥一致。

(5) 结果是两者密钥一致。

SIP 服务器向可信网络摄像机与网络硬盘录像机分发密钥检测的前置条件同上,测试步骤如下:

(1) 在终端 b 启动 SIP 服务器:

/usr/sbin/opensips

(2) 在终端 C 启动 NVR:

./SIP-system uas.cfg

(3) 在终端 D 启动 IPC:

./SIP-system uac.cfg

(4) 分别查看 NVR 端的 key_NVR.txt、IPC 端的 key_IPC.txt、SIP 服务器端的 key.txt。

(5) 结果是密钥一致。

3. 标识唯一性

测试步骤如下:

(1) 开启 SIP 服务器和 RADIUS 服务器。

(2) 执行网络硬盘录像机接入认证。

(3) 执行可信网络摄像机接入认证。

(4) 查看可信网络摄像机端输出的摄像机 ID,然后查看 SIP 服务器端接入的摄像机 ID。

(5) 为可信网络摄像机分配唯一 ID:11111800001320001101,上述编码包括省市区县及基层编号、行业编码类型编码、设备编号等。

4. 用户身份鉴别

测试步骤如下:

(1) 设置多个授权管理员,分别以所有这些授权管理员的身份登录。

（2）测试是否在所有授权管理员（应包括所有角色）请求执行的任何操作之前，可信网络摄像机系统的安全功能确保对每个授权管理员都进行了鉴别。

（3）测试登录之前允许做的操作应仅限于输入登录信息、查看登录帮助等操作。

（4）以错误的用户名、口令登录，在一定次数的鉴别失败后，测试可信网络摄像机系统是否终止了用户进行登录尝试控制系统（例如对球机发出控制命令）。

（5）检测该产品是否提供最多失败次数的设定功能，并分别使用授权管理员和普通用户的身份登录尝试，验证所设定的次数是否有效。

（6）检测该"最多失败登录次数"是否仅由授权管理员设定。

5. 通信安全

通信视频数据完整性测试步骤如下：

（1）查看生产厂商方案设计是否对传输数据进行了完整性验证。

（2）采用抓包工具对可信网络摄像机传输的数据包进行分析，查看是采用了轻量级完整性校验机制的协议。

视频加密测试步骤如下：

（1）采用 H.264 编码。

（2）使用 VLC 播放器对视频流进行播放，无法正常看到视频画面。

（3）使用厂商提供的支持厂商编码格式的播放器，但不解密视频流，对视频流进行播放，无法正常看到视频画面。

（4）使用厂商提供的支持厂商编码格式的播放器，并解密视频流，对视频流进行播放，可以播放，并正常看到视频画面。

（5）修改解密系统中的解密密钥，使其和加密密钥不配对，对视频流进行解密，使用支持厂商编码格式的播放器对视频流进行播放，无法正常看到视频画面。

（6）修改解密系统中的解密密钥，使其和加密密钥配对，对视频流进行解密，可以播放，并正常看到视频画面。

6. 安全审计

可信网络摄像机安全审计测试步骤如下：

（1）系统管理员实施对用户的管理操作，并设置相应的角色和权限。

（2）使用不同角色用户模拟对产品不同模块进行访问、运行、修改、关闭以及重复失败尝试等相关操作。审查审计记录的正确性。

（3）审查审计记录的对象是否全面，是否满足检测要求中的对象事件。

（4）审查审计记录是否记录事件发生的日期和时间、事件的类型、主体身份、客体身份、事件的结果（包括成功或失败）。

7. 抗干扰

可信网络摄像机抗干扰测试步骤如下：使用干扰源对工作中的可信网络摄像机及通信网络进行干扰，查看控制系统中的图像是否有明显变化。

8. 静电放电抗干扰度试验

静电放电抗扰度限制应符合 GB/T 17626.2—2006 中的规定。试验步骤按照 GB/T

17626.2—2006 中 8.3 节的方法执行,检测期间,被测样品允许画质变差,但不应发生损坏、故障或状态改变。试验后设备应正常工作。

9. 射频电磁场辐射抗扰度试验

射频电磁场辐射抗扰度限值应符合 GB/T 17626.3—2006 中的规定。试验步骤按照 GB/T 17626.3—2006 中第 8 章的方法执行。试验期间,被测样品允许画质变差,但不应发生损坏、故障或状态改变。试验后设备应正常工作。

10. 电快速瞬变脉冲群抗扰度试验

使用交流电网电源供电的设备,电快速瞬变脉冲群抗扰度限值应符合 GB/T 17626.4—2008 中的规定。试验步骤按照 GB/T 17626.4—2006 中第 8 章的方法执行。试验期间,被测样品允许画质变差,但不应发生损坏、故障或状态改变。试验后设备应正常工作。

11. 浪涌(冲击)抗扰度试验

使用交流电网电源供电的设备,浪涌(冲击)抗扰度限值应符合 GB/T 17626.5—2008 中的规定。试验步骤按照 GB/T 17626.5—2006 中 8.2 节的方法执行.试验期间。试验期间,被测样品允许画质变差,但不应发生损坏、故障或状态改变。试验后设备应正常工作。

12. 射频场感应的传导骚扰抗扰度试验

设备电源端口、I/O 及通信端口的射频场感应传导骚扰抗扰度限值应符合 GB/T 17626.6—2008 中的规定。试验步骤按照 GB/T 17626.4—2006 中的第 8 章执行。试验期间,被测样品不应发生损坏、故障或状态改变。试验后设备应正常工作。

13. 传导骚扰试验

设备传导骚扰限值应符合 GB 9254—2008 中等级 A 的规定。按照 GB 9254—2008 中 9.6 节的方法进行检测。

14. 绝缘电阻试验

可信网络摄像机的绝缘电阻应符合 GB 16796—2009 中 5.4.4 节的要求。测试步骤如下:在电源插头不插入电源、电源开光接通的情况下,在电源插头或电源引入端与外壳裸露金属部件之间施加 500V(Ⅲ类设备为 100V)直流电压稳定 5s 后,立即测量绝缘电阻。

15. 抗电强度试验

可信网络摄像机的抗电强度应符合 GB 16796—2009 中 5.4.3 节的要求。测试步骤如下:可信网络摄像机在相对湿度为 91%～95%、温度为 40℃、48h 的受潮预处理后,立即从潮湿箱中取出,在电源插头不插入电源、电源开光接通的情况下,在电源插头或电源引入端与外壳或外壳裸露金属部件之间以 200V/min 的速率逐渐施加试验电压,测试设备的最大输出电流不小于 5mA,在规定值保持 1min,不应出现飞弧和击穿现象,然后平稳地下降到零。

16. 泄漏电流试验

可信网络摄像机的泄漏电流应符合 GB 16796—2009 中 5.4.6 节的要求。测试步骤如下：可信网络摄像机置于绝缘台面上，用 1.1 倍的最高额定电源电压供电，直到温度趋于平衡。

17. 温升试验

可信网络摄像机的温升应符合 GB 16796—2009 中 5.6.2 节的要求。测试步骤如下：测试时，在正常工作条件下，工作 4h 后用点温度计或任何合适的方法测量表面温度。

18. 阻燃试验

可信网络摄像机的阻燃应符合 GB 16796—2009 中 5.6.3 节的要求。测试步骤：采用本生灯或其他燃烧器，燃烧气体为甲烷或天然气，火焰直径 9.5mm，其中蓝色火焰高度 20mm，用此火焰样品烧 5 次（火焰与样品表面的夹角为 45°时烧 3 次，为 90°时烧 2 次）。每次烧 5s，均不应烧着起火。

10.2　接入传输类产品安全检测

随着物联网、云计算、大数据等新技术的深化应用，越来越多的信息孤岛急需共享，但很多政府机构、军队单位、公司都将重要业务系统和办公环境构建在不同等级的网络环境中，并采用物理手段隔开，严重影响了物联网系统的运行和数据的使用，主要表现为以下问题：

（1）高密级物联网信息系统需要的支撑数据常常来自外部低密级的业务感知终端，物理断开造成了应用与数据的隔绝，数据同步与维护的成本很大，极大地影响了响应业务部门的执行能力和工作效率。

（2）由于互联网上资源丰富，数据来源多，机构内部往往需要从低密级网络中获取各种数据和信息。人为地将网络物理隔离，将大大阻碍应用，信息化更是无从谈起。

因此，越来越多的信息化建设主管部门都充分地认识到，完全断开网络与信息化应用相悖。我国信息安全产业界也在不断地探索和开发网络隔离技术和产品，从最早的完全物理隔离卡，再到以网闸为代表的网络隔离系统，以及后来的单向隔离系统。

隔离卡是一种基于 PCI 的硬盘插卡，是以物理方式将一台计算机虚拟为两台计算机，实现工作站的双重状态，即安全状态和公共状态。隔离卡一般分为单硬盘隔离卡和双硬盘隔离卡。网络安全隔离卡目前在政务专网和互联网同时安全使用的各计算机中使用较多。

安全隔离网闸是一种由带有多种控制功能的专用硬盘在电路上切断网络之间的链路层连接，并能够在网络间进行安全适度的应用数据交换的网络安全设备。安全隔离网闸由软件和硬件组成。安全隔离网闸的硬件设备由 3 部分组成：内网处理单元、外网处理单元和硬件隔离交换单元，其中隔离硬件交换单元在任一时刻仅连接内网处理单元或外网处理单元并进行高速切换。目前该产品主要集中在政府、媒体、公安、金融、电力等对安全性要求很高的部门,但随着技术的发展,越来越多的产品应用到物联网系统中。该产品主要实现内部网络与外部网络的文件交换、网页浏览和数据交互等。

在涉密信息的保密要求中,高密级网络中的高密级数据不能流向低密级网络,但低密级数据可以流向高密级网络(数据机密性要求),这就提出了数据的单向流动的要求,若只保留单向的数据流,就可以实现数据保密性要求,这种情况下产生了单向网闸的需求。

因此,本节以单向隔离网闸为例,阐述接入传输类产品安全检测。

10.2.1 单向隔离网闸

网络隔离网闸的隔离作用是基于定向地"摆渡"数据,网络隔离网闸的原理是模拟人工的数据"复制",不建立两个网络的"物理通路",所以网闸的一般形式是把应用的数据剥离,"摆渡"到另外一方后,再通过正常的通信方式送到目的地,因此从安全的角度,网络隔离网闸"摆渡"的数据中格式信息越少越好,当然没有任何格式的原始数据就更好了,因为没有格式信息的文本就没有办法隐藏其他的非数据信息,减少了携带病毒的载体。网络隔离网闸是切断了上层业务的通信协议,看到了原始的数据,为了达到隔离的效果,采用私有通信协议,或采用存储协议,都是为了彻底剥离所有的协议附加信息,让"摆渡"的数据是最"干净"的。但为了方便地"摆渡"业务,在网闸的两边建立业务的代理服务器,从逻辑上把业务连通。

网络隔离网闸虽然传递的是实际的数据,但代理协议建议后,每次"摆渡"的可能不再是一个完整的数据内容,为安全检查带来了困难,攻击者可以把一个蠕虫分成若干片段分别传递,甚至小到单个的命令,不恢复原状就很难知道它是什么;若传递可执行代码的二进制文件,网闸就很难区分数据与攻击。但随着网闸的发展,现行的网闸在后端会对数据进行查杀,基本解决了这类问题。另外,网闸对陌生的业务采用关闭策略,只开通自己认为需要的、可控的业务服务,所以网闸在不同密级网络之间的隔离作用还是有一定效果的。

单向隔离网闸是利用硬盘物理上单向传输的特性,结合软件单向发送文件实现数据不可逆传输的技术。具体的实现技术主要有下面 3 种.

1. 数据泵技术

1993 年为实现低级向高级数据库的可靠数据复制,由 Myong H. Kang 等提出 Pump 技术,称为"安全存储转发技术"。其方法是通过反向的确认来限制由内向外的数据传输,实现从外向内的单向数据流。数据泵(DataPump)技术是在基于通信的基础上,只允许单方向地传送数据,反方向只有控制信息可以通过,比如数据的收到确认、差错控制、流量控制等。也就是通信协议中只让一个方向的数据通过。因此,数据泵技术实现起来相对简单,可以采用目前成熟的通信协议。

在数据泵技术中虽然数据是单方向的,但协议控制是双方向传递的,若协议本身存在漏洞,则有可能利用协议的漏洞达到反向发送数据的可能。

2. 数据二极管技术

若连反向的控制协议也取消,采用"盲发"的方式,也就是一方只管发送,另一方只管接收,至于数据是否有错误、是否完整都不去管它,反向没有数据通道也没有控制通道,完全处于盲状态,这种单向数据传输技术称为数据二极管技术(Data Diode)。也可以理解为在传统的全双工通信中只选择一个方向的线路,所以也称为信息流的单向技术。

由于是单向的"盲发",没有交互的控制协议,数据的容错控制就是一个大问题,因为发送方不知道对方收到没有,接收方也不清楚收到的数据是否是对的,知道错了,也没有办法让发送方重新发送,所以一般采用一些策略控制可能的错误:

- 收方及时向上层汇报。接收方接收到数据,按事先约定的格式恢复数据,若发现不能恢复,或部分数据有错误,都直接报告给上层,也就是数据的接收人,让其通过其他方式通知发送方重新发送。
- 发送方增加冗余校验。发送方为了保证数据的正确,在降低效率的前提下,增加数据的冗余度,间隔地把一份数据重复发送两次,接收方比较收到的 3 个副本,取其中两个相同的副本。"三取二"是重要系统中常用的控制方式,还可以采用"五取三"等方式。另外,在数据中增加块校验码,如 CRC 校验等,或者直接重复数据,如发送 1234 时改为 11223344,都可以减少出错的概率。
- 为了经常检测系统的准确性,定期插入固定检测码。若接收方发现检测码序列异常,则立即报警,或放弃该检测码之前的区间内收到的数据。

3. 光纤通信技术

光纤通信技术利用光单向传输的特性,不存在数据反向流出通道,因此能保证物理单向传输,具体是利用外网服务器的光纤网卡只发送光源通过单模光纤传输介质到内网服务器的光纤网卡的光纤通信技术,中间结合光分路器进一步确保光路单向传输。在物理单向的情况下,软件上利用无连接要求的 UDP 完成数据的单向传输,两端结合对文件 MD5 的校验比对,确保文件单向传输的完整性。

本节选取某公司的产品作为检测对象,该公司单向隔离网闸设备的内部结构包括内网机、外网机、隔离部件(隔离中间件)。隔离中间件分为上下两块主板,内网机和外网机之间采用光纤非网连接方式,通过隔离中间件进行数据传输。内网机和外网机上各配有 6 个千兆标准以太网接口(通道 1 网口、通道 2 网口、通道 3 网口、通道 4 网口、管理口、HA 口)。在实际产品的外形上,内网机标识为输入端(输入端为数据发送端),外网机标识为输出端(输出端为数据接收端)。导入前置机、导入服务器各配置有 4 个千兆标准以太网接口(通道 1 网口、通道 2 网口、管理口、HA 口),产品形态如图 10-14 所示。

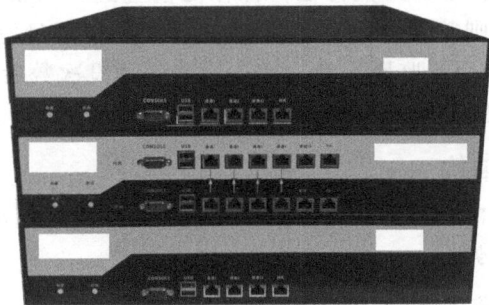

图 10-14　单向隔离网闸

10.2.2　检测规则

当前,关于网络隔离产品标准规范主要如下:

- GB/T20279—2006《信息安全技术　网络和终端设备隔离部件安全技术要求》。
- 《军用网络安全隔离交换产品通用要求》。
- GB/T 20277—2015《信息安全技术　网络和终端隔离产品测试评价方法》。
- 《公安信息通信网边界接入平台安全规范——公网采集部分》。
- 《公安信息通信网边界接入平台安全规范(试行)》。
- BMB10—2004《涉及国家秘密的计算机网络安全隔离设备的技术要求和测试方法》。
- BMB16—2004《涉及国家秘密的信息系统安全隔离与信息交换产品技术要求》。

上述标准对网络隔离交换产品的功能和性能均提出了相应的规范要求,可用于单向隔离网闸的功能和性能检测,但对单向隔离网闸安全性的检测要求相对较少。本节针对单向隔离网闸的安全特性提出如下安全检测规则。

1. 系统安全管理

(1)区分安全管理角色。单向隔离网闸应区分安全管理角色,分为系统管理员、审计管理员和安全管理员 3 种角色。

(2)安全属性初始化、修改。单向隔离网闸应提供安全属性默认值,安全管理员具有安全属性初始化的能力,其他管理员没有安全属性初始化能力。

(3)管理地址限制。提供限制管理员登录单向隔离网闸时所用管理地址的功能。

(4)管理功能。单向隔离网闸应向授权管理员提供配置管理的功能,管理功能区分内网管理和外网管理。

(5)管理数据流与业务数据流分离。

(6)单向隔离网闸应采用不同物理端口分别传输管理数据流和业务数据流的通信机制。

2. 用户身份鉴别

(1)鉴别数据初始化。应为安全管理员提供用户身份鉴别数据初始化能力,其他管理员无初始化鉴别数据的能力。

(2)鉴别时机。首先,管理员执行任何操作之前应进行身份鉴别;其次,管理员在预设时间内没有进行操作,则管理界面自动锁定,再次登录需要身份验证。

(3)鉴别失败处理。用户鉴别失败次数连续达到预设次数后,账号锁定,在锁定期的用户输入正确密码仍无法登录,锁定的用户解锁后可以正常登录。

3. 单向隔离网闸结构

单向隔离网闸系统由导入前置机、隔离中间件、导入服务器 3 台设备组成,采用串联接入,3 台设备均不可被旁路。

4. 网闸单向传输模式

仅允许采用文件传输模式。

5. 隔离中间件安全要求

（1）单向传输。采用物理单向传输技术，实现数据或文件的单向数据导入。隔离中间件设备采用 3 部件结构，由外网处理单元、单向光传输单元、内网处理单元 3 个部件串联组成。

（2）身份认证。与导入前置机和导入服务器的文件传输服务进行双向认证，对用户权限进行统一分配和管理。

（3）数据完整性。保证文件数据传输的完整性，导入前置机发送文件和导入服务器接收的文件保持一致。

（4）安全审计。对传输的数据业务进行日志审计。日志内容包括时间、文件名称、大小、结果等信息。

6. 导入前置机安全要求

（1）自身安全加固。

- 身份鉴别。主机身份鉴别采用双因子认证。启用登录失败处理、限制非法登录次数、超时自动退出。具有密码强度检查和密码更换周期限制功能。
- 设备无已知漏洞或后门。
- 设备安装有防恶意代码软件。

（2）内容过滤。对数据文件进行内容过滤，根据用户定义的黑名单策略对传输数据内容进行过滤，对不符合策略的数据阻断并告警。

（3）格式检查。支持对数据文件进行格式检查，根据用户定义的白名单策略对传输文件进行检查，对不符合策略的数据文件阻断并告警。

（4）接口保护。导入前置机对外提供数据传输接口需提供用户认证、访问控制以及数据完整性保护。

（5）安全审计。需具备数据业务审计模块，报送业务日志，日志内容包括来源、文件名称、文件大小、时间、结果等信息。

7. 导入服务器安全要求

（1）自身安全加固。

- 身份鉴别。主机身份鉴别采用双因子认证。启用登录失败处理、限制非法登录次数、超时自动退出。具有密码强度检查和密码更换周期限制功能。
- 设备无已知漏洞或后门。
- 设备安装有防恶意代码软件。

（2）完整性检查。支持对接收的数据进行完整性检查，对完整性遭破坏的数据阻断并告警。

（3）接口保护。导入服务器对外提供数据传输接口需提供用户认证。访问控制以及数据完整性保护。

（4）安全审计。具备数据业务审计模块，报送业务日志，日志内容包括目标、文件名称、文件大小、时间、结果等信息。

8. 资源监控

单向隔离网闸系统支持对导入前置机、隔离中间件、导入服务器实时资源监控,监控资源包括 CPU、内存和硬盘的使用情况。

9. 单向隔离网闸审计

(1) 审计支持类型。支持用户操作审计,支持单向文件传输审计,业务审计内容应包括日期、时间、事件内容、操作结果。

(2) 审计查询。单向导入系统应提供审计信息查询功能。

10. 传输统计

单向隔离网闸系统应提供对传输数据进行传输统计的功能,统计类别是按照时间、IP地址进行统计。

11. 全文数据审计功能

单向隔离网闸系统可提供全文数据审计功能,即对所有传输的数据进行备份留存,以备审计之用。

10.2.3 检测环境

单向隔离网闸检测环境如图 10-15 所示。

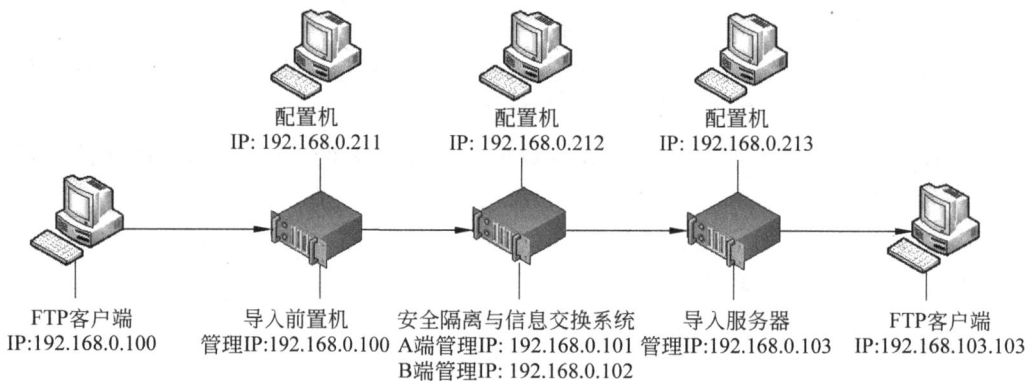

图 10-15　单向隔离网闸检测环境

涉及的检测工具和辅助工具如下:

(1) 测试机 1。

硬件:戴尔 Vostro 3300 2.13GHz/4GB/320GB。

软件:Windows XP Professional SP3。

　　　FileZilla Version 3.5.3。

(2) 测试机 2。

硬件:联想 1141AD7 2.5GHz/2.00GB/500GB。

软件:Windows XP Professional SP3。

　　　Windows 7 旗舰版 SP1。

Wireshark V1.8.0。

FileZilla Version 3.5.3。

SecureCRT V5.1.3。

TCPDUMP Version 4.1-PRE-CVS_2010_08_20。

天镜脆弱性扫描与管理系统 V6.0(6.0.3.62)。

(3) 测试机 3。

硬件：联想昭阳 E46 2.53GHz/2GB/5000GB。

软件：Windows 7。

FileZilla Version 3.5.3。

(4) 交换机。

TP-LINK 16 口全千兆以太网交换机 TL-SG1016DT。

10.2.4　检测实施

1. 系统安全管理

1) 区分安全管理角色

(1) 登录单向隔离网闸系统。系统提供 3 类管理角色：安全管理员 admin、审计管理员 log、系统管理员 security。

(2) 查看 admin 的导航栏，其中只有用户管理功能和状态监控，无其他系统管理功能。

(3) 查看 log 的导航栏，其中有状态监控、审计日志和用户本身的密码管理。

(4) 查看 security 的导航栏，其中有系统管理、双向认证、各项安全配置等功能。

2) 安全属性初始化和修改

(1) 安全管理员 admin 登录单向隔离网闸系统导入前置机，可以新建用户，设定用户各项安全属性。

(2) 在"系统管理→安全属性→安全策略"页面设置密码错误最大次数、连续密码设定时间范围、超过限制时密码锁定时间、系统无操作自动锁定时间等安全策略。

(3) 验证安全管理员具有对用户登录系统错误密码尝试次数、用户连续错误密码尝试次数、系统锁定时间、界面无操作锁定时间的有效性的设置权限。

(4) 验证系统管理员 admin 和审计管理员 log 登录系统后，在"系统管理"页面只能更改自己的密码，没有安全属性初始化能力。

3) 管理地址限制

(1) 安全管理员 admin 登录单向隔离网闸系统导入前置机，可设置允许登录的管理 IP。

(2) 设置的登录 IP 与实际地址不符，账户登录系统时禁止登录，在登录界面不允许输入用户名。

(3) 在"审计管理→日志审计→用户操作日志审计"页面记录检测到当前 IP 不在规定登录 IP 段内的告警日志。

4）管理功能

（1）查看导入前置机、单向导入 A 端、单向导入 B 端、导入服务器是否可分别可以进行登录配置。

（2）查看各系统的用户角色，每个部分的系统都具有三权分立的用户管理，包括系统管理员、审计管理员和安全管理员。

（3）查看单向隔离网闸系统管理功能，管理功能分为内网管理和外网管理，外网管理包括导入前置机和单向传输设备 A 端（外网端），内网管理包括导入服务器和单向传输设备 B 端（内网端）。

5）数据分离

访谈并现场勘察单向隔离网闸系统数据传输方式，其功能在单向传输设备上实现，通过管理端口进行内外网的管理，通过业务端口进行业务数据流的传输，实现了管理数据流与业务数据流的分离。

2. 用户身份鉴别

1）鉴别数据初始化

（1）安全管理员 admin 登录单向隔离网闸系统，在"系统管理→安全属性→用户解锁"页面可以对 admin 和 log 用户重置密码，初始化用户的身份鉴别。

（2）验证 security 等其他管理员登录后不能访问该页面，无此功能。

2）鉴别时机

（1）查看开发文档，或尝试直接访问单向隔离网闸系统除登录页面外其他页面的地址。

（2）结果未认证之前，无法登录系统。

（3）打开浏览器，直接输入网址 https://192.168.0.100，显示系统管理员登录页面，不能访问单向隔离网闸系统，除了进行登录操作，其他操作无法进行。

（4）安全管理员 security 登录后在"用户管理→登录设置"页面设置系统无操作自动锁定时间为 3 分钟。

（5）管理员在 3 分钟内没有操作，管理界面自动锁定，需要再次登录。

3）鉴别失败处理

（1）安全管理员 admin 登录单向隔离网闸系统，输入密码错误，显示"登录失败，用户名或密码错"，连续 3 次密码错误后，账户被锁定。

（2）在锁定期内的用户输入正确密码后无法登录，显示"您短时间内尝试次数超过 3 次，系统已锁定，请 3 分钟后再登录"。

（3）安全管理员 security 登录单向隔离网闸系统，在"系统管理→安全属性→用户解锁"页面对 admin 用户解锁后，admin 用户可以正常登录。

3. 单向隔离网闸结构

测试步骤：

（1）查看实际建设情况，单向隔离网闸系统按照规范采用 3 台设备的结构：导入前置机、隔离中间件、导入服务器。

（2）验证 3 台设备如何连接。3 台设备采用串联接入，并进行双向认证，均不可被旁路。

4. 网闸单向传输模式

测试步骤：

（1）拆机查看单向隔离网闸系统是否由单向光传输部件组成。

（2）验证数据传输过程。文件在导入前置机和导入服务器都要落地后，在隔离中间件外端和内端使用专用通信协议发送文件，将不符合专有通信规则的数据包丢弃。仅以数据文件方式单向导入。

5. 隔离中间件安全要求

1）单向传输

测试步骤：

（1）查看实际建设情况，单向传输设备按照规范采用物理单向传输技术，实现数据或文件的单向数据导入。

（2）拆机查看隔离中间件是否由单向光传输部件组成并进行单向传输。

2）身份认证

测试步骤：

（1）安全管理员登录单向网闸隔离系统 192.168.0.103，创建双向认证的用户。

（2）系统管理员登录，进入"双向认证-启动服务"。

（3）安全管理员登录 192.168.0.102，创建双向认证的用户。

（4）系统管理员登录，进入"双向认证-启动服务"。

（5）结果为双向认证成功。

（6）安全管理员登录，修改双向认证用户的密码，重启"双向认证-启动服务"，提示密码错误，认证失败。

3）数据完整性

在导入前置机上正常传输文件，后台修改文件 MD5 的校验值，并和文件一起发送传输，在导入服务器上"审计日志-文件接受日志"中可以检测到校验完整性失败，显示 MD5 校验值不一致。

4）安全审计

审计管理员 log 登录单向隔离系统，在"审计管理→日志审计→文件任务审计"页面对传输的数据业务进行日志审计。日志内容包括时间、主机名称、文件名称、文件大小、源地址、源用户和结果信息等。

6. 导入前置机安全要求

1）自身安全加固

（1）访谈并查看用户手册，主机采用用户名密码和数字证书的双因子认证。如果不使用数字证书，输入用户名后，回车提示连接失败、登录超时。

（2）插入数字证书后，打开认证客户端，输入连接主机地址，输入密码后可登录。

（3）查看/etc/shadow /etc/passd 文件，其中记录了系统的账号和密码。查看 login.

defs 配置文件,设置密码最大更新天数为 180 天,密码最小长度为 8 位。查看/etc/pam. d/system-auth 文件,限制非法登录次数为 3 次。查看文件/etc/pam. d/login,设置登录失败锁定时间为 30 秒。查看/var/log/secure 文件,对用户登录、系统重要命令等重要系统安全事件进行审计。输入命令 service -status-all,查看是否仅安装了需要的服务。

(4) 对导入前置机进行漏洞扫描,未发现中高危漏洞。

(5) 查看系统,确认安装了杀毒软件 clamdscan。

2) 内容过滤

(1) 登录单向网闸隔离系统,在配置页面启用黑名单进行关键字过滤,配置过滤的关键字为 xuesheng。

(2) 传送文件 no_xs2. txt,内容包含过滤的关键字,传输被阻止。

(3) 录单向网闸隔离系统"审计日志"中可以看到阻止传输的日志。

3) 格式检查

(1) 在单向网闸隔离系统"任务管理"页面,启用白名单进行文件格式检查,允许的文件类型为 DOC、PDF、EXE、TXT、RAR、JPG 等。

(2) 将. EXX 文件的后缀分别改为允许的文件类型后缀,伪装文件能够被导入前置机检测到其为非法文件并阻止传输,将非法文件标记为 topbad 文件。

(3) 在单向网闸隔离系统"审计日志"中可以看到阻止传输的日志。

4) 接口保护

(1) 以 security 用户登录导入前置机,添加用户,对用户进行授权。

(2) 以 admin 用户登录导入前置机,添加客户端 IP 和 MAC 地址,并在数据控制传输部分配置其访问控制策略。

(3) 更改用户 IP 地址或认证密码,单向网闸隔离系统不能认证客户端,客户端不能向单向数据导入系统传输数据。

(4) 访谈并查看接口通信通过 FTPS 协议 Hash 值保证数据包内容完整。

(5) 在客户端发送数据过程中,导入前置机中断数据传送。

(6) 在网闸的"审计日志"中显示传送数据量大小,并提示数据接收不完整。

5) 安全审计

审计管理员 log 登录单向网闸隔离系统,审计日志,日志内容包括时间、主机名称、文件名称、文件大小、源地址、源用户和结果信息等。

7. 导入服务器安全要求

1) 自身安全加固

其检测方法同上面的导入前置机安全要求中自身安全加固检查方法一致。

2) 完整性检查

(1) 在导入前置机上正常传输文件,后台修改文件 MD5 的校验值,并和文件一起发送传输。

(2) 在导入服务器"审计日志"中可以检测到校验完整性失败,显示 MD5 校验值不一致。

3）接口保护

（1）以 security 登录导入服务器，添加用户，对用户进行授权。

（2）以 admin 系统管理员登录导入服务器，添加客户端 IP 和 MAC 地址，并在数据控制传输部分配置其访问控制策略。

（3）更改用户 IP 地址或认证密码，单向网闸隔离系统不能认证客户端，客户端不能向单向数据导入系统传输数据。

（4）在导入前置机上正常传输文件，后台修改文件 MD5 的校验值，并和文件一起发送传输。

（5）在导入服务器"审计日志-文件接收日志"中可以检测到校验完整性失败，显示 MD5 校验值不一致。

（6）在传输过程中断数据连接，导入服务器在单向网闸隔离系统审计日志中记录接收文件不完整。

4）安全审计

以审计管理员 log 登录单向网闸隔离系统，在"审计日志"页面对导入服务器传输的数据业务进行日志审计。日志内容包括时间、主机名称、文件名称、文件大小、源地址、源用户和结果信息等。

8. 资源监控

分别登录导入前置机、隔离中间件、导入服务器，在"状态监控＞设备监控"页面，可以看到前置机、隔离中间件和导入服务器的系统资源监控情况，监控资源包括 CPU 使用率、内存使用率和磁盘使用率、通道流量、通道状态。

9. 单向隔离网闸审计

1）审计支持类型

（1）以审计管理员 log 分别登录导入前置机、隔离中间件、导入服务器，在"审计日志"页面有认证服务器日志、管理日志、FTP 用户日志以及业务日志。

（2）审计内容包括时间日期、主机名称、文件名称、文件大小、源地址 IP、MAC、用户、业务名称和操作结果信息等。

2）审计查询

以审计管理员 log 分别登录导入前置机、隔离中间件、导入服务器，在"审计日志"页面进行审计查询。管理日志可按操作人、时间进行查询，认证服务器日志可按照用户名、IP 进行查询，FTP 用户日志可按照用户名进行查询。

10. 传输统计

以审计管理员 log 登录单向网闸隔离系统，在"审计日志"页面，可以按照名称、源 IP 和目的 IP 进行统计。

11. 全文数据审计功能

（1）以审计管理员 log 登录导入前置机，在"审计日志"页面，可按照日期时间、文件名称、用户、源 IP、文件完整性、大小查看审计日志。

（2）对传送成功的文件可导出查看文件全文。对于传输失败的文件，以灰色显示"导出"，无法导出文件进行查看。

10.3 业务应用类产品安全检测

物联网应用层需要处理来自感知层成千上万个节点的海量感知数据，这些数据的可靠处理和安全性都依赖云计算服务。物联网与云计算各自具备很多优势，物联网侧重前端数据收集，云计算侧重后台海量数据处理，两者的结合就像人的身体，云计算相当于一个人的大脑，而物联网就是人的眼睛、鼻子、耳朵和四肢等。两者的结合方式可以分为以下几种：

（1）单中心，多终端。这种模式类似网络拓扑结构中的星型结构，外围分布着各类物联网终端（传感器、摄像头、3G 手机、RFID 卡），云计算中心作为数据/处理中心，终端所获得的信息、数据统一由云计算中心处理及存储，云计算中心提供统一界面进行管理。这类应用比较多，如小区及家庭安防控制中心、高速路段监控、智能矿井管理等。

（2）多中心，大量终端。对于很多跨区域的企业、单位，多中心、大量终端模式较为合适。例如跨地区或跨国家的企业，总公司要对各分厂的生产流程进行监控，对相关的产品进行质量跟踪等。

（3）分层处理。这种模式适用于用户范围广、信息及数据种类多、安全性要求高的应用。对需要大量数据传送，但安全性要求不高的应用，如视频数据或游戏数据等，可以采用本地云计算中心处理或存储；对于计算要求高、数据量不大的应用，可以放在专门负责高端计算的云计算中心；而对于数据安全要求非常高的信息和数据，可以放在具有灾备中心的云计算中心。这种模式可以根据应用模式和场景，对各种信息、数据进行分类处理，然后选择相关的途径发送给相应的终端。

因此，在物联网业务应用层，本节选取云计算服务器作为业务应用类产品安全检测示例。

10.3.1 云计算服务器

云计算服务器并没有一个明确的定义，也没有统一的标准。传统服务器中包括处理器模块、存储模块、网络模块、电源、风扇等设备。云计算服务器更关注的是高性能、高吞吐、高计算能力，关注的是在一段时间内的工作总和，因此，云计算服务器在架构上和传统的服务器有着很大的区别。

在架构上，云计算服务器架构包含云处理器模块、网络处理模块、存储处理模块与系统模块等。这种架构的优势使得云服务器大大提高了利用率，采用多个云处理器完成系统设计，引入低功耗管理理念完成对系统的集中冗余管理，同时在系统中省去了很多重复的硬件。云计算服务器一般包括线程、内核、处理器、网络、加速器等功能单元的全部计算资源的总和，其有以下特点：

（1）高密度。

高密度低成本基本上已经是云服务器的基本要求了，按照云计算中心特点，云计算服务器与云计算中心高密度、低功耗、低成本的特点是相符的，即主要面向大规模部署的云应用，高密度云计算服务器能够减小延迟，提高反应速度。

（2）虚拟化。

云计算服务器的虚拟化能力直接影响云计算的性能效果，由于云计算服务器虚拟化技术将高负载节点中的某些虚拟机实时迁移到低负载的节点，把多个低负载的虚拟机合并到一个物理节点，并将多余的空闲物理节点关闭，以提高资源的使用效率，使负载达到均衡，从而使上层应用的性能得到了保障，同时还达到了减少能耗的目的。

云计算利用云计算服务器虚拟化技术可以实现对虚拟机的部署和配置，还可通过对虚拟机资源的调整来实现软件系统的可伸缩性，确保系统能迅速从故障中恢复并继续提供服务，提高了系统的可靠性与稳定性。

（3）横向扩展。

云计算服务器有横向扩展能力，可以对大量文件访问提供性能更高的数据库和更好的扩展性。

（4）并行计算。

云计算在某种意义上来说就是与分布式计算、并行计算、网格计算等一脉相承的技术路线，因此，云计算服务器应实现并行计算。

（5）数据安全。

用户购买云计算服务器，即选择了将数据存储在托管机房的物理服务器上。由于设备不是用户自己管理，云计算服务器又是虚拟的服务器，用户难免会担心数据的安全性。先进的云计算服务器服务商提供了多种安全保护措施：①将虚拟磁盘数据存储在网络环境中，使用了冗余存储，消除了单点存储故障等问题；②内置 ARP、木马、DDoS 等防护措施，规模化提升了 DDoS 防攻击能力；③提供备机、快照、数据备份等多种快速恢复措施。

（6）网络安全。

不同机房的网络情况各不一样，在如今快速发展的 IT 时代，网络攻击屡见不鲜，保障网络安全成了重中之重。网络安全是云计算服务器服务商之间竞争差异的主要方面之一。优秀的服务商都具备先进的网络安全防护技术和能力：①采用了防火墙和组隔离技术，具有防 ARP 欺骗和伪造 IP 等功能；②配有防 DDoS 攻击的流量清洗设备及相应的网络监控设施。这些措施充分保障了云计算服务器环境的网络安全，数据不会因为服务器以外的外界因素（如网络等）而发生丢失、损坏的现象。

在网站托管技术上，云计算服务器与虚拟主机、VPS 服务器和主机租用等技术也存在一定的不同，具体如表 10-1 所示。

云计算服务器是云计算资源的核心，它直接提供计算资源，并以分布式存储方式提供资源，同时云计算服务器还可以利用服务器多节点之间的计算和通信辅助实现某些网络的交换和路由功能。所以云服务器主要包括三个功能：①海量数据处理；②支撑云服务底层的操作系统、中间件、数据库等基础软件；③服务器的计算资源也是可以作为 IaaS 服务提供给用户。

表 10-1　主机性能比较

指标	虚拟主机	VPS 服务器	主机租用	云计算服务器
部署时间	3～7200min	实时	3～30 天不等	实时
安全可靠性	多用户资源共享，可靠性差，硬件和软件防护能力薄弱，安全性差	VPS 资源上的程序缺陷、ARP 欺骗、病毒易相互扩散，安全防范能力差	租用服务器故障率高、基本无 ARP、木马和 DDoS 防范能力、基本无备机和数据备份服务	规模化提升了 DDoS 防攻击能力，提供备机、快照、数据备份等多种快速恢复措施
性能	性能较差，适合企业网站	性能一般，只适用于小规模并发访问，资源未提供智能化管理	有智能化技术保障	有智能化技术保障
扩展	扩容最快，受制于单台服务器	扩容快，受制于单台服务器	扩容需要租用新服务器	即时供应，按需扩展
成本	成本最低，服务质量难保证	低配置的 VPS 租用价格最低，运营成本难控制且偏高	年付成本高，需要自己维护服务器	综合成本最低，可以按需付费
管理	统一管理	提供单一的单机管理界面，管理灵活性较差	需要远程控制，无法集中统一管理	零维护

10.3.2　检测规则

当前，关于云计算服务器产品的标准规范主要有以下几个：

- ISO/IEC 17788—2014《信息技术 云计算 概述和词汇》。
- ISO/IEC 17789—2014《信息技术 云计算 参考架构》。
- ISO/IEC 19831—2015《云计算基础结构管理接口模型和基于 RESTful HTTP 的协议 管理云计算基础结构的接口》。
- ISO/IEC 17789—2014《信息技术 云计算 参考架构》。
- ITU-T Y.3512—2014《云计算 网络服务的功能性要求》。
- ITU-T Y.3513—2014《云计算 基础设施服务的功能要求》。
- ITU-T Y.3502—2014《信息技术 云计算 参考架构》。
- ITU-T Y.3500—2014《信息技术 云计算 概述和词汇》。
- ITU-T Y.3511—2014《云计算 网络和基础设施云间框架》。
- ITU-T X.1601—2014《云计算的安全框架》。
- DB44/T 1458—2014《云计算基础设施系统安全规范》。
- GB/T 31167—2014《信息安全技术 云计算服务安全指南》。
- GB/T 31168—2014《信息安全技术 云计算服务安全能力要求》。
- GB/T 31915—2015《信息技术 弹性计算应用接口》。
- GB/T 31916.1—2015《信息技术 云数据存储和管理第 1 部分：总则》。
- GB/T 31916.2—2015《信息技术 云数据存储和管理第 2 部分：基于对象的云存

储应用接口》。

- GB/T 31916.5—2015《信息技术 云数据存储和管理第 5 部分：基于键值（Key-Value）的云数据管理应用接口》。

上述标准对云计算、云计算基础设施的功能、性能、安全均提出了相应规范要求，这对于云计算服务器功能、性能和安全性检测具有一定的参考意义，但对云计算服务器安全性的检测要求相对较少，也并不一定适用。

本节针对云计算服务器的安全特性，提出如下安全检测规则。

1. 虚拟化功能

云计算服务器支持多种计算资源虚拟化，便于对于云计算硬件资源的细分和充分利用，系统应该可运行 VMware、XenServer、Xen、KVM、微软 Hyper-V 等虚拟服务器系统。

2. 可扩展性

（1）支持 SAN、ISCSI、DAS、NAS 等存储接口。

（2）网络接口支持千兆及万兆以太网技术和 SAN 接入，根据需要可选支持 FCoE 技术。

（3）系统 I/O 插槽数量及集成网络端口数量可扩展，具备较多的 PCI、PCI-E 扩展插槽、较多的磁盘驱动器支架、较大的内存扩展能力和多网卡。

3. 配置管理

自动执行部署应服务器软件，支持自动部署操作系统或者专有的应用，并且与管理软件配合可以控制分发服务器自动将所需软件（操作系统、补丁、应用等）分发给云计算服务器。

4. 安全监控

1）主机安全监控

（1）提供云计算服务器硬件、软件运行状态的远程监控功能。

（2）对命令执行、进程调用、文件使用等进行实时监控，在必要时应提供监控数据分析功能。

2）网络安全监控

云计算服务器应在其网络接口部件处对进出的网络数据流进行实时监控。网络安全监控需求如下：

（1）不依赖于云计算服务器操作系统，且不因云计算服务器出现非断电异常情况而不可用。

（2）对进出云计算服务器的网络数据流，按既定的安全策略和规则进行检测。

（3）支持用户自定义网络安全监控的安全策略和规则。

（4）具有对网络应用行为分类监控的功能，并根据安全策略提供报警和阻断的能力。

（5）提供集中管理功能，以便接收网络安全监控集中管理平台下发的安全策略和规则，以及向网络安全监控集中管理平台提供审计数据源。

5. 恶意代码防护

应在云计算服务器中设置防恶意代码软件,对所有进入云计算服务器的恶意代码采取相应的防范措施,防止恶意代码侵袭。

6. 备份与故障恢复

为了实现云计算服务器安全运行,需要在正常运行时定期地或按某种条件进行适当备份,并在发生故障时进行相应的恢复。

(1) 用户自定义信息备份与恢复。应提供用户有选择地对操作系统、数据库系统和应用系统中重要信息进行备份的功能。当由于某种原因引起系统故障时,应能提供用户按自定义信息备份所保留的备份信息进行恢复的功能。

(2) 增量信息备份与恢复。提供定时对操作系统、数据库系统和应用系统中新增信息进行备份的功能。当由于某种原因引起系统中的某些信息丢失或破坏时,提供用户按增量信息备份所保留的信息进行信息恢复的功能。

(3) 局部系统备份与恢复。应提供定期对操作系统、数据库系统和应用系统中的某些重要的局部系统的运行状态进行备份的功能。当由于某种原因引起系统某一局部发生故障时,应提供用户按局部系统备份所保留的运行状态进行局部系统恢复的功能。

(4) 全系统备份与恢复。应提供对重要的服务器的全系统运行状态进行备份的功能。当由于某种原因引起服务器全系统发生故障时,应对用户按全系统备份所保留的运行状态进行全系统恢复提供支持。

7. 安全审计

安全审计应按以下要求进行审计。

(1) 为下述可审计事件产生审计记录:

- 审计功能的开启和关闭。
- 使用身份鉴别机制。
- 将客体引入用户地址空间(例如打开文件、程序初始化)。
- 删除客体。
- 系统管理员、系统安全员、审计员和一般操作员所实施的操作。
- 其他与系统安全有关的事件或专门定义的可审计事件。

(2) 对于每一个事件,其审计记录应包括事件的日期和时间、用户、事件类型、事件是否成功及其他与审计相关的信息。

(3) 对于身份鉴别事件,审计记录应包含请求的来源(例如末端标识符)。

(4) 对于客体被引入用户地址空间的事件及删除客体事件,审计记录应包含客体名及客体的安全级。

8. 身份鉴别

1) 任何动作前的用户标识

(1) 基本标识。应在允许其执行任何动作之前,先对提出该动作要求的用户进行标识。

（2）唯一性标识。应确保所标识用户在信息系统生存周期内的唯一性,并将用户标识与安全审计相关联。

（3）标识信息管理。应对用户标识信息进行管理、维护,确保其不被非授权地访问、修改或删除。

2）鉴别的时机

（1）在用户被鉴别前,应只允许用户执行输入登录信息、查看登录帮助等操作。

（2）在允许执行代表该用户的任何其他动作前,先对提出该动作要求的用户成功地进行鉴别。

3）不可伪造鉴别

应检测并防止使用伪造或复制的鉴别信息。一方面应检测或防止由任何别的用户伪造的鉴别数据,另一方面应检测或防止当前用户从任何其他用户处复制的鉴别数据的使用。

4）一次性鉴别机制

应提供一次性使用鉴别数据的鉴别机制,即应防止与已标识过的鉴别机制有关的鉴别数据的重用。

5）多重鉴别机制

应提供不同的鉴别机制,用于鉴别特定事件的用户身份,并根据不同安全等级所描述的多种鉴别机制如何提供鉴别的规则来鉴别任何用户所声称的身份。

6）重鉴别

应有能力规定需要重新鉴别用户的事件,即在需要重新鉴别的条件成立时对用户进行重新鉴别。例如,终端用户操作超时被断开后,在重新连接时需要进行重鉴别。

7）鉴别失败处理

应为不成功的鉴别尝试(包括尝试次数和时间的阈值)定义一个值,并明确规定达到该值时所应采取的动作。鉴别失败的处理应包括检测出现相关的不成功鉴别尝试的次数与所规定的数目相同的情况,并进行预先定义的处理。

9. 用户数据保护

1）基于安全属性的访问控制

应实现采用一条命名的访问控制策略的特定功能,说明策略的使用和特征以及该策略的控制范围。

无论采用何种访问控制策略,SSF（Security subsystem of network Security Function,网络安全子系统安全功能）都应该有能力提供以下访问控制：

（1）在安全属性或命名的安全属性组的客体上,执行访问控制。

（2）在基于安全属性的允许主体对客体访问的规则的基础上,允许主体对客体的访问。

（3）在基于安全属性的拒绝主体对客体访问的规则的基础上,拒绝主体对客体的访问。

2）存储数据的完整性监视

应对存储的用户数据在读取操作时进行完整性检测，以发现数据完整性被破坏的情况。

3）完整性监视

对应用系统内部进行的数据传输，如进程间的通信，应提供检测数据传递时的完整性错误的功能。

4）基本回退

对信息系统中处理中的数据，应通过"回退"进行完整性保护，即应执行数据处理完整性，以允许对所定义的操作序列进行回退。

5）子集残余信息保护

在对资源进行动态管理的系统中，客体资源（寄存器、内存、磁盘等记录介质）中的剩余信息不应引起信息的泄露。在将安全控制范围内的某个子集的客体资源释放后再分配给某一用户或代表该用户运行的进程时，应不会泄露该客体中的原有信息。

6）子集信息流控制

在以数据流方式实现数据流动的信息系统中，应采用数据流控制机制实现对数据流动的安全控制，以防止具有高等级安全的数据信息向低等级的区域流动。

7）基本的数据交换保密性

为用户数据提供保护，防止其在传送过程中被泄露。

8）数据交换的完整性

应提供对所传用户数据的篡改、删除、插入和重放等错误进行检测的功能。

10. 安全管理

1）安全属性管理

云计算服务器应执行访问控制策略或信息流控制策略。应为实施强制访问控制的主体和客体指定敏感标记，这些敏感标记是实施强制访问控制和信息流控制策略的依据，以限制已识别了的授权角色查询、修改和删除安全属性。

2）数据的管理

云计算服务器仅允许授权用户控制数据的管理。

10.3.3 检测环境

云计算服务器包括功能测试和安全性测试两部分。云计算服务器功能检测环境如图 10-16 所示。

检测工具如下：

- 测试客户端。
- 交换机。
- 恶意攻击程序。
- 渗透测试工具。
- 网络协议分析工具（抓包软件）。

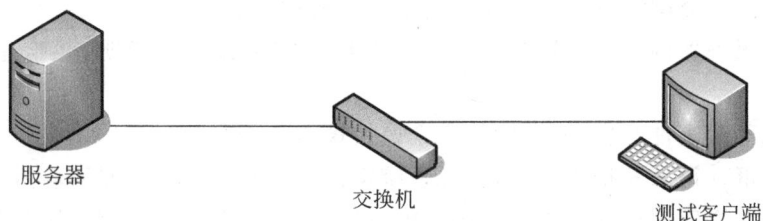

图 10-16   云计算服务器功能检测环境

10.3.4   检测实施

1. 虚拟化功能

查看产品说明文档中对支持的虚拟化系统的描述,并验证系统是否安装 VMware、XenServer、Xen、KVM、微软 Hyper-V 等虚拟化软件。

2. 可扩展性

可扩展性检测要求如下:

(1) 打开机箱,查看服务器是否配置了较多的存储接口、网络接口、系统 I/O 插槽及集成网络端口。

(2) 结果支持 SAN、ISCSI、DAS、NAS 等存储接口,支持千兆及万兆以太网技术和 SAN 接入。

(3) 具备较多的 PCI、PCI-E 扩展插槽,较多的磁盘驱动器支架和较大的内存扩展能力和多网卡。

3. 配置管理

配置管理检测要求如下:

(1) 在客户端安装厂家提供的管理软件。

(2) 查看管理软件能否对服务器进行配置管理,控制分发服务器自动将服务器所需软件(操作系统、补丁、应用等)自动分发给云计算服务器。

(3) 能够通过服务器管理软件对服务器进行配置管理。

4. 安全监控

1) 主机监控

主机监控检测要求如下:

(1) 检查服务器配套管理软件是否提供了对服务器中关键软件运行状态的监控功能。

(2) 检查服务器主机安全监控功能的实现和管理方式。

(3) 模拟安全事件产生,验证主机安全监控策略是否有效。

(4) 检查审计记录和报警事件,验证系统审计功能和报警功能是否有效。

2) 网络安全监控

网络安全监控要求如下:

（1）检查服务器网络安全监控功能的实现和管理方式。

（2）检查服务器网络安全监控组件中有关统一管理接口的说明，并验证管理接口的有效性。

（3）模拟安全事件产生，验证网络安全监控策略是否有效。

（4）检查审计记录和报警事件，验证系统审计功能和报警功能是否有效。

（5）测试网络应用行为分类监控的功能，以及根据策略进行报警和阻断的功能。

5. 恶意代码防护

恶意代码防护检测要求如下：

（1）检查关键服务器是否制定了恶意代码防护策略，并安装了相应的恶意代码防护软件。

（2）检查恶意代码软件防护软件的厂家、名称和恶意代码库版本号。

（3）检查服务器启动时恶意代码防护软件的运行情况。

（4）利用恶意攻击程序对服务器发起攻击，检查恶意代码防护软件的事件日志能否进行报警或阻断，查看安全策略执行的有效性。

6. 备份与故障恢复

备份与故障恢复检测要求如下：

（1）检查服务器中的软硬件系统是否具有对重要信息和部件进行备份的功能以及对重要信息和部件进行恢复的功能。

（2）检查服务器局部数据备份、完全数据备份的周期和策略。

（3）检查服务器中软硬系统备份和恢复功能的配置是否正确。

（4）检查设计/验收文档，查看其是否有本地和异地数据备份和恢复功能及策略的描述。

（5）检查服务器中关键部件是否采取了冗余措施。

（6）检查是否为重要服务器系统配备了本地和异地备份功能，配置是否正确，是否有异地灾难备份中心。

7. 安全审计

安全审计检测要求如下：

（1）系统管理员实施对用户的管理操作，并设置相应的角色和权限。

（2）使用不同角色用户模拟对产品不同模块进行访问、运行、修改、关闭、删除以及重复失败尝试等相关操作。审查审计记录的正确性。

（3）审查审计记录的对象是否全面，是否满足检测要求（1）中的对象事件。

（4）审查审计记录是否全面，是否满足检测要求（2）中的要素。

8. 身份鉴别

1）任何动作前的用户标识

（1）检测在云计算服务器允许其执行任何动作之前是否先对提出该动作要求的用户进行标识。

（2）检查操作系统账户列表，查看管理员用户名分配是否能保持唯一性。

（3）查看操作系统账户列表是否对用户标识信息进行管理、维护，能否确保其不被非授权地访问、修改或删除。

2）鉴别时机

（1）检查操作系统是否提供了身份鉴别措施（如用户名和强化管理的口令等）。

（2）以系统管理员实施对用户的管理操作，并设置相应的角色和权限，使用不同角色用户登录系统。

（3）测试是否在所有角色用户请求执行的任何操作之前，系统确保对每个用户都进行了鉴别。

3）不可伪造鉴别

（1）通过渗透性测试对操作系统进行用户口令强度测试，查看能否破解用户口令，破解口令后能否登录进入系统。

（2）通过性渗透测试来检查是否存在绕过认证方式进行系统登录的方法，例如认证程序存在的安全漏洞、社会工程或其他手段等。

4）一次性鉴别机制

查看系统是否提供一次性使用鉴别数据的鉴别机制，并验证机制的有效性。

5）多重鉴别机制

测评者检查系统是否提供两个及两个以上身份鉴别技术的组合来进行身份鉴别（如采用用户名/口令、挑战应答、动态口令、物理设备、生物识别技术和数字证书方式的身份鉴别技术中的任意两个组合）。

6）重鉴别

（1）检测系统是否有规定重新鉴别用户事件的策略。

（2）检测当重鉴别的条件成立时，重新连接时查看是否需要进行重鉴别。

7）鉴别失败处理

（1）检查操作系统是否提供鉴别失败处理功能，并能配置非法登录次数的限制值。

（2）通过错误的用户名和口令试图登录系统，在一定次数的鉴别失败后，系统是否终止了进行登录尝试主机建立会话的过程，验证鉴别失败处理功能是否有效。

9. 用户数据保护

1）基于安全属性的访问控制

（1）依据系统访问控制的安全策略，试图以授权和未授权用户身份/角色访问客体，验证是否不能进行访问。

（2）通过审计日志记录，检查日志记录与访问控制中的主体相关联的情况。

2）存储数据的完整性监视

检查操作系统在存储鉴别信息和重要用户数据时的完整性保护功能。

3）完整性监视

检查操作系统内部在传输用户数据时实现数据完整性功能的情况。

4）基本回退

模拟进行大数据量的数据传输或保存时出现异常中断情况,测试操作系统在异常情况下的回退功能以及保护数据完整性的情况。

5）子集残余信息保护

查看云计算服务器产品的说明文档,在对资源进行动态管理的系统中,由安全控制范围之内的某个子集的客体资源,在将其释放后再分配给某一用户或代表该用户运行的进程时,是否会泄露该客体中的原有信息。

6）子集信息流控制

检查数据在不同等级的系统间流动时是否提供了控制措施,高等级安全的数据流向低等级区域时是否能够阻止。

7）基本的数据交换保密性

(1) 审查产品说明手册,当用户数据通过网络传输时,查看是否能提供对用户数据进行保密传输的功能。

(2) 使用网络协议分析工具,对网络传输的用户数据进行截包分析并加以验证。

8）数据交换的完整性

审查产品说明手册,当用户数据通过网络传输时,查看是否能提供对用户数据进行完整性保护传输的功能。

10. 安全管理

1）安全属性管理

(1) 查看产品所设定的安全属性组(如用户名、账户有效性、账户过期时间和口令过期时间等)。

(2) 对用户的安全属性进行查询、创建、修改和删除,并作相应验证。

(3) 验证是否仅指定的授权管理员对安全属性具有管理能力。

2）数据管理

(1) 验证授权管理员用户对数据的管理能力(数据包括审计信息、时钟、系统配置、重鉴别的阈值、扫描间隔时间、告警参数和其他配置参数等)。

(2) 验证仅允许指定的授权管理员才能实施数据的管理。

10.4 系统安全检测/检查

警用装备的管理是警用装备保障中的重要工作和内容,具有特殊的地位和作用,是带有全局性、基础性和经常性的重要工作,是公安机关战斗力生成的重要基础之一。我国警用装备种类多,数量大,价值高,其中枪支、弹药、爆炸物等警用装备还需要重点监管。而且,警用装备的储备库通常分布全国各地,统一管理难度大。一方面,我国警用装备管理由于缺乏有效的信息化管理手段,还存在管理方式落后、数据不能共享、监管精细度低等问题,特别是在西藏"3·14"事件、新疆"7·5"事件、汶川"5·12"大地震、玉树地震等重大事件中,均暴露了我国警用装备管理存在的问题。另一方面,现代警用装备的建设与发展对警用装备的管理工作提出了更新、更高的要求,如何对警用装备实现全程管理,做到动态、准确、高效掌握装备的配备使用状况、维修保养情况、性能质量情况、所处位置情况等面临新的课题。

为此,公安部第一研究所按照公安部装备财务局的部署,以公安应急装备物资为切入点,运用现代警务理念和物联网技术开发并建设了警用装备智能管理系统,以实现对警用装备的全过程可视化动态智能管理。

本节以警用装备智能管理系统为检测示例,描述物联网系统检测/检查过程。

10.4.1　警用装备智能管理系统

警用装备物联网智能管理系统由公安应急物资管理信息子系统、警用装备仓库管理子系统、智能感知子系统和云计算存储运行中心 4 部分组成,在部、省、市、县 4 级公安机关部署使用。系统组成结构如图 10-17 所示。

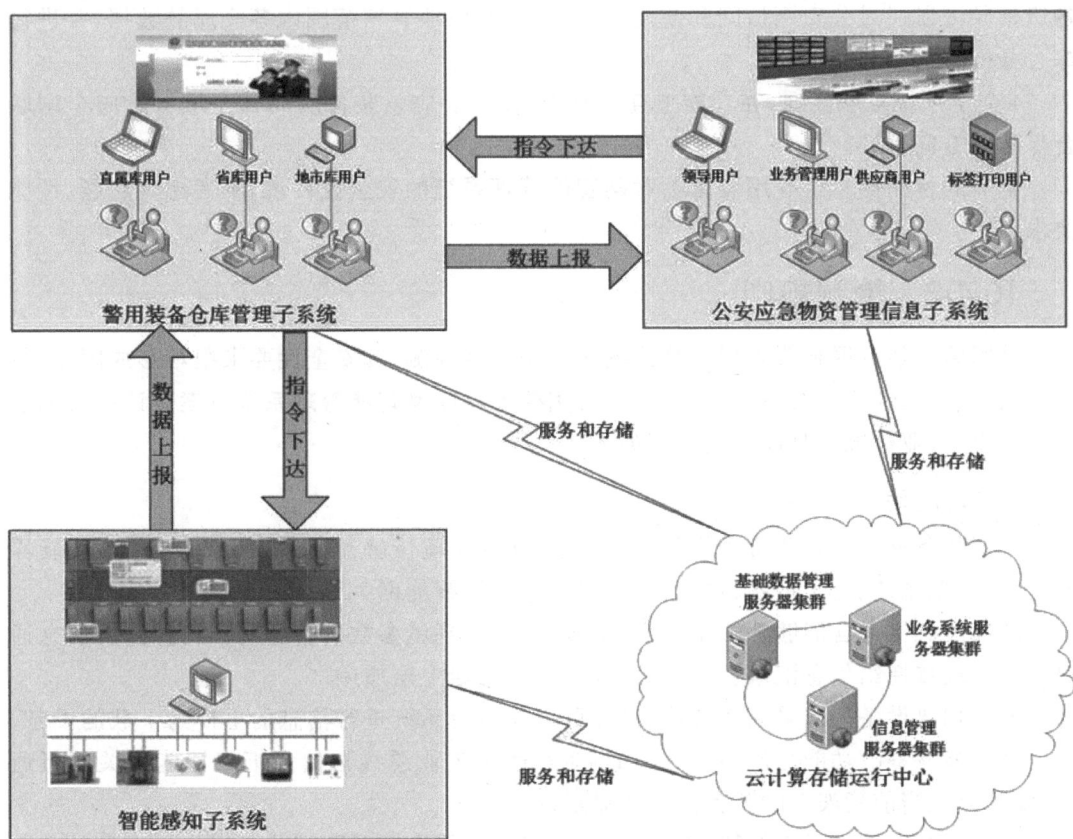

图 10-17　警用装备物联网智能管理系统

云计算存储运行中心是运行于公安网内的云服务器集群,建设在公安部第一研究所,主要用于部署软件系统和存储全国公安应急物资数据。该中心目前已经能够服务全国省级和地市级 410 多个管理管理部门和 400 多个仓库,能够满足公安网内超过 3000 个用户同时访问的应用需求。随着后续投资和建设,将能够满足全国县以上公安应急物资管理部门的应用需求。

智能感知子系统由多种软硬件感知和传输设备（系统）组成，主要包含标签打印系统、轨迹监控系统、安全接入系统、信息汇聚节点、智能识别门、电子垛签、温湿度传感器、车载终端、手持机、智能钥匙柜、标准标签、异形标签等。主要实现对人（管理人员）、车（库内用车和调运用车）、事（出库、入库、装备维护、应急调运）、物（全部应急装备物资及其存储空间）、境（库内温湿度、安全及消防系统）的感知，并将信息自动上传到警用装备仓库管理子系统中。

警用装备仓库管理子系统为软件系统，既可部署于云计算存储运行中心，又可以独立部署于各应急物资储备仓库。实现对感知系统提交数据的统计分析汇总，全面掌握库存装备物资、库内环境等状态，并可按照上级管理人员的指令，向仓库管理人员发出收、发物资的指令，对仓库工作实现全流程、全过程管理，提高仓储物资的精细化管理水平。

公安应急物资信息子系统为软件系统，部署于云计算存储运行中心，调拨管理人员及各级领导可以通过公安网访问和使用，可实时提取属地管辖范围内各仓库的数据，并进行综合分析、查询和快速调拨。

4 个子系统互联互通，在功能上互为补充，使公安应急装备从局部区域保障向全国联合保障的方向发展。

本节的检测侧重于警用装备物联网智能管理系统的安全性要求，不考虑其功能、性能要求。

10.4.2 检测规则

警用装备物联网智能管理系统检测属于委托性检测，其安全性要求很难形成国家、行业标准，其安全性要求可参考行业规范、警用装备物联网智能管理系统方案设计以及摘取部分国家/行业标准。具体检测规则如下。

1. 感知终端

警用装备物联网智能管理系统主要产品包括环境传感器、便携扫描设备、多功能垛签、电子门禁系统、电子标签、自动识别门、信息汇聚智能网关等。

环境传感器包含能够感知温湿度、水浸、烟感等环境参数的传感器。所感知的信息通过工业总线传递给信息汇聚智能网关，并最终上报给上层应用。

便携扫描设备用来采集装备信息，并可以与后台系统进行信息的上传与下载的设备。

多功能垛签的功能与网络垛签类似，能够通过工业总线与信息汇聚智能网关进行通信，实时获取当前货架上的装备信息并显示。

电子门禁系统通过生物特征、智能卡、密码等手段实现对警用装备库作业人员的出入权限的管理和记录。

电子标签作为警用装备的身份标识，一般粘贴或悬挂于装备上，既可机读，又可视读。

自动识别门可实现装备出入库过程中对粘贴或悬挂在包装箱上的电子标签的自动识别和信息采集，并能够将出入库操作的相关信息实时上报给上层应用。

信息汇聚智能网关能够自动识别多功能垛签及各种传感器，将感知到的信息（装备、货架信息、环境信息、外联的消防信息)转换成符合 TCP/IP 协议的数据并传输给上层应用。

本部分选取 RFID 电子标签作为检测对象,其检测规则如下。

1)感知操作安全

(1)保密性。可采用适用于存储及计算能力有限的感知节点且具有轻量级密码算法的空中接口通信协议,在双向读取的过程中为数据提供保密性保护。

(2)完整性。可采用适用于存储及计算能力有限的感知节点且具有轻量级完整性校验机制,在双向读取的过程中进行数据完整性验证,以检验所读取数据未丢失或被破坏。

2)标签认证

(1)唯一性。标签支持唯一性标识,读写器可依据该标识的唯一性鉴别射频标签的身份。

(2)单向认证。标签对读写器支持单向认证,符合 SB/T 10772—2012 中 6.6.1 节的要求。

3)数据存储安全

对存储在射频标签内的信息进行保密性保护,确保仅具有访问权限的读写器获取信息。

4)射频标签节点安全

(1)用户身份认证。在每次用户读写射频标签时,采用感知节点设备管理的鉴别机制进行用户身份鉴别,并对鉴别数据进行保密性和完整性保护。

(2)标签灭活。标签应具备灭活机制,符合 ISO/IEC 18000-6 Type C 的相应要求。

(3)标签锁定。标签应具备访问密码可锁定、解锁功能,符合 ISO/IEC 18000-6 Type C 的相应要求。

2. 传输接入

1)外部接入

(1)设备认证。移动接入区能够对客户端设备进行认证,只有通过认证的设备才能成功接入。认证方式可采用 MAC/IP 绑定、硬件特征码、设备证书等。

(2)安全加固。接入终端必须进行安全加固,否则不能直接与移动接入区建立连接。

(3)设备证书管理。在接入区应设置专门的设备证书管理中心,对接入网络的设备证书进行管理。

2)边界防护

(1)能够防御网络攻击和嗅探。

(2)实现数据机密性和完整性保护。

3)网络安全

(1)网络设备漏洞。按漏洞扫描工具厂商提供的漏洞分类标准,系统漏洞扫描结果中的中高级别漏洞应为 0 个。

(2)网络访问控制,能够对源/目的地址及端口进行控制。

3. 网络隔离

(1)数据协议剥离。根据安全策略,对出入物资库内网的数据进行协议剥离。

（2）数据格式检查。根据安全策略，对出入物资库内网的数据进行格式检查。

（3）数据内容过滤。根据安全策略，对出入物资库内网的数据进行内容过滤。

4. 云计算存储运行中心

云计算存储运行中心（简称"计算中心"）的服务模式属于基础设施即服务（IaaS），计算中心主要提供存储和计算资源，其检测规则可参考国家标准 GB/T 31167—2014《信息技术 云计算服务安全指南》，具体如下：

（1）访问控制。计算中心应严格保护云计算平台的数据，在允许人员、进程、设备访问计算中心之前，进行身份标识及鉴别，并限制其可执行的操作和使用功能。

（2）配置管理。在系统生命周期内建立和维护计算中心（包括硬件、软件、文档等）的基线配置和详细清单，并设置和实现计算中心各类产品的安全配置参数。

（3）应急响应与灾备。计算中心管理者应制定应急响应计划，并定期演练，确保在紧急情况下重要信息资源的可用性。同时也应建立事件处理计划，包括对事件的预防、检测、分析和控制及系统恢复等，对事件进行跟踪、记录并向相关人员报告。

（4）审计。对警用装备管理相关的业务数据制定可审计事件清单，明确审计记录内容，实施审计并妥善保存审计记录，对审计记录进行定期分析和审查，防范对审计记录的非授权访问、修改和删除行为。

（5）物理与环境保护。机房选址、设计、供电、消防、温湿度控制等符合相关标准的要求，严格限制各类人员与运行中的云计算平台设备进行物理接触，确需接触的，需通过明确的授权。

（6）开展周期性的风险评估和监测。监测非授权的远程授权，持续监测账号管理、策略改变、特权功能、系统事件等活动，监视与其他信息系统的数据交互等。

（7）数据安全删除。若退出服务，应可以删除数据及所有备份，重用前应进行介质清理，不可清理的介质应物理销毁。

10.4.3　检测环境

本次系统检测/检查对象已部署实施，检测环境为现场环境。

10.4.4　检测实施

1. RFID 电子标签

1）感知操作安全

（1）保密性。

检测步骤：查看空中接口通信协议是否为安全协议，并通过网络分析仪验证通信过程中数据是否泄露。若空中接口通信协议为安全协议，且通信过程中数据为密文，则符合要求。

（2）完整性。

检测步骤：查看空中接口通信协议是否为安全协议，并通过网络分析仪验证通信过程传输的数据是否具有校验码。若空中接口通信协议为安全协议，且通信过程中进行了数据完整性保护,则符合要求。

2)标签认证

(1)唯一性。检测步骤:通过读写器、标签阅读器、软件或者厂家提供的阅读工具等获取数据的方式获取标签信息区数据,并用解码分析软件分析数据,查看 TID 是否唯一。TID 唯一为符合要求。

(2)单向认证。

检测步骤:

① 查看标签采用的空中接口通信协议是否支持标签对读写器的单向认证协议,并验证协议。

② 查看标签采用的空中接口通信协议是否支持读写器对标签的单向认证协议,并验证协议。

结果判定:

A. 支持标签对读写器的单向认证协议。

B. 无安全参数的读写器识别待测标签,无法通过认证。

C. 支持读写器对标签的单向认证协议。

D. 安全读写器识别无安全参数的标签,无法通过认证。A 和 C 满足或 B 和 D 满足为符合要求,其他情况为不符合要求。

3)数据存储安全

检测步骤:不同读写器尝试访问射频标签数据,查看是否提供口令限制或访问控制等措施获取标签数据。

结果判定:

A. 不具有权限的读写器无法读射频标签。

B. 访问射频标签须提供口令或授权才能获取标签数据。

A 与 B 均满足为符合要求,其他情况为不符合要求。

4)射频标签节点安全

(1)用户身份认证。

检测步骤:

① 模拟用户登录访问标签,查看是否提示进行用户注册。

② 验证同一账户是否允许同时存在。

若访问标签,需要进行用户注册,标识用户,且不允许同一账户同时存在,则符合检测要求。

(2)标签灭活。

检测步骤:

① 通过读写器、Tag_Reader 软件或者厂家提供的阅读工具等获取数据方式获取安全区数据并用解码分析软件分析数据。

② 查看标签安全区 00h~1Fh 的 32 位数据是否为 0。

③ 发送标签灭活密码后,查看标签识别功能是否正常。

若标签安全区 00h~1Fh 的 32 位数据为非 0 值,且发送标签灭活密码后,标签无法被识别,则符合检测要求。

（3）标签锁定。

检测步骤:

① 通过读写器、Tag_Reader 软件或者厂家提供的阅读工具等获取数据方式获取安全区数据并用解码分析软件分析数据。

② 查看标签安全区 20h～3Fh 的 32 位数据是否为 0。若安全区 20h 到 3Fh 的 32 位数值非 0 为符合要求。

2. 传输接入

1）外部接入

（1）设备认证。

检测步骤:

① 通过接入网关对客户端设备进行认证。

② 认证方式采用由网卡和硬盘信息生成硬件设备序列号的方式。

③ 用未经注册的终端尝试登录网关,显示"验证错误"。

④ 填写注册信息,用注册的终端可以成功登录。

（2）安全加固。

检测步骤:

① 验证终端操作系统是否进行加固性的安全配置,如删除不必要的服务与账号,关闭远程登录和共享,针对每个账户是否进行细粒度授权等。

② 进行补丁升级,避免系统存在不必要的漏洞。

③ 定期对系统进行漏洞、病毒和木马扫描。

④ 验证网络连接情况是否为两网交叉互联。

（3）设备证书管理。

检测步骤:查看是否在警用装备管理系统的接入区使用了专门的设备证书管理服务器。

2）边界保护

（1）防御网络攻击和嗅探。

检测步骤:

① 检测是否部署防御了网络攻击或嗅探的设备。

② 验证安全设备可以针对哪些网络攻击进行防御,如 SYN Flood、UDP Flood、ICMP Flood、Ping of Death、IP SWEEP、TCP Scan、Port Scan 以及 Smurf 等攻击类型。

③ 配置安全策略,针对接入网络进行渗透测试,模拟攻击,验证设备是否可以及时发现并报警。

（2）数据保护。

检测步骤:

① 将发包的机器和抓包的机器接在接入设备前端。

② 进行正常数据传输,并抓包分析。

③ 若所抓到的包都为乱码,且含有完整性校验码,则实现了数据的机密性和完整性保护。

3) 网络安全

(1) 网络设备漏洞。

检测步骤:采用漏洞扫描工具对网络中设备进行扫描,中高级别的漏洞个数为 0。

(2) 网络访问控制。

检测步骤:

① 在汇聚网关上实现了源、目的端口以及地址的控制。

② 只允许对目的地址 192.168.100.1、端口 8889 的访问以及对目的地址 192.168.25.20、端口 20 的访问。

3. 网络隔离

1) 数据协议剥离

检测步骤:

(1) 拆机查看产品架构。内部分为 A/B 卡结构,中间通过隔离部件连接,通过专用硬件来实现。

(2) 在网闸出口部署抓包工具分析网络数据包,分析数据包协议为专用通信协议。

2) 数据格式检查

检测步骤:

(1) 安全策略配置只允许交换.txt、.doc、.zip、.jpg 类型的文件。

(2) 上传正常的.txt、.doc、.zip、.jpg 文件时可以通过。

(3) 将.cer 文件后缀修改为.txt、.doc、.zip、.jpg 并上传时,数据交换系统能够对.txt、.doc、.zip、.jpg 类型的伪文件进行阻止。

3) 数据内容过滤

检测步骤:

(1) 安全策略配置将包含"秘密"字样的文字替换为"＊"。

(2) 在.doc 文件中输入含有"秘密"字样的文字,系统自动用"＊"进行替换。

4. 云计算存储运行中心

1) 访问控制

检测步骤:

(1) 访谈并检查出入机房的人员记录,检测人员是否分级管理,且访问的区域以及设备是否进行限制。

(2) 检测计算中心接入区是否部署可信网关或其他身份认证设备进行身份标识、设备标识。

(3) 检测计算中心是否实现网络级访问控制,查看其配置策略。

(4) 检测计算中心是否实现应用级访问控制,限制特定用户访问特定的应用,并查看配置策略。

2）配置管理

检测步骤：

（1）查看计算中心的配置清单是否涉及硬件、软件、文档等内容。

（2）上机查看清单设备的配置参数，验证是否按照约定进行设置。

3）应急响应与灾备

检测步骤：

（1）检测计算中心管理部门应急预案制定、修订、备案及宣贯培训情况。

（2）检测计算中心是否开展应急演练，查看演练文档、记录（包括演练计划、演练方案、演练记录、演练总结报告等）。

（3）检测应急技术支援队伍基本情况以及开展技术支援情况。

（4）检查信息安全事件应急处置情况，即是否进行了及时处置，是否按照要求上报和通报。

（5）检查重要数据和重要信息系统备份情况。对采用第三方灾难备份服务的，检查其服务合同及安全保密协议签订情况，了解掌握灾难备份服务设施运维安全管理情况。

4）审计

检测步骤：

（1）检测计算中心管理部门是否对警用装备管理相关的业务数据制定可审计事件清单，并查看记录。

（2）登录计算中心，查看审计日志中是否包括系统管理日志、业务访问日志、业务操作日志以及其他审计事件清单上的日志。

（3）访谈并检查审计日志如何保存。

（4）检查计算中心系统是否对审计日志设定存储阈值。

（5）检查审计日志备份周期。

5）物理与环境保护

检测步骤：

（1）查看机房环境，检查是否安装了门禁系统和防盗报警系统。

（2）查看机房环境，检查机房是否进行了分区域管理，区域之间是否采取了物理隔离防火措施。

（3）查看机房出入控制，检查是否严格限制各类人员与运行中的云计算平台设备进行物理接触。

6）周期性的风险评估和监测

检测步骤：

（1）通过访谈了解计算中心是否开展过风险评估工作。

（2）查看风险评估报告，验证其面临的风险是否存在。

（3）分析审计日志，查看账号管理、策略改变、特权功能、系统事件等活动是否异常。

（4）通过访谈了解计算中心是否提供设备监控功能，查看设备异常报警记录。

7）数据安全删除

检测步骤：

（1）通过访谈了解计算中心是否提供数据安全删除的功能。

（2）生成测试数据，删除数据及所有备份。

（3）进行数据恢复，查看数据是否可以初步恢复，评估数据恢复的价值。

（4）通过访谈了解不可清理的介质如何进行物理销毁，查看销毁记录。

10.5 系统风险评估

物联网系统或工程既包括一般的业务应用系统，也包括一些业务支撑系统，如中间件、病毒防护体系、PKI（Public Key Infrastructure，公钥基础设施）系统等。本节选取物联网安全支撑系统——PKI 系统作为系统风险评估的示例。

10.5.1 物联网安全支撑系统——PKI 系统

物联网安全支撑系统——PKI 系统服务于物联网业务系统数字证书的注册、签发、撤销、查阅等。该系统评估范围包括发布证书子系统、行为审计系统、数字证书注册系统、数字证书签发子系统、密钥管理系统、使用或管理 PKI 系统机构人员、机房以及数字证书等电子数据，其网络拓扑结构如图 10-18 所示。

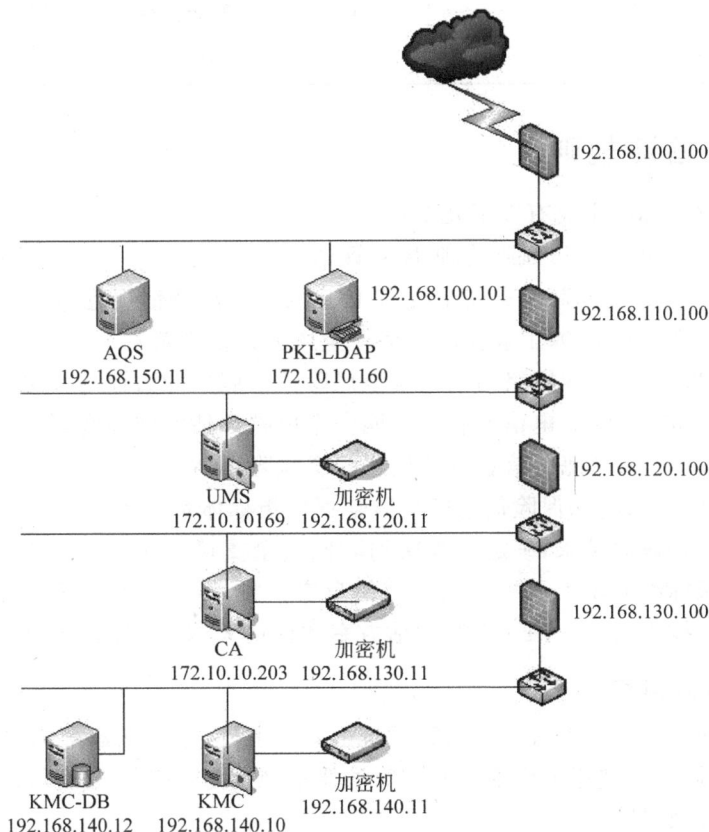

图 10-18　物联网安全支撑系统——PKI 系统网络拓扑结构

其涉及的软件清单如下：

（1）Windows 2000 操作系统。

（2）SQL Server 2000 数据库。

（3）冠群金辰杀毒软件。

其涉及的硬件清单如表 10-2 所示。

表 10-2　物联网安全支撑系统——PKI 系统硬件清单

序号	名　称	数量	厂　家	型　号
1	AQS 服务器	1	IBM	IBM x360
2	PKI-LDAP 服务器	1	IBM	IBM x3600
3	UMS 服务器	1	IBM	IBM x3950
4	CA 服务器	1	IBM	IBM x255
5	KMC-DB 服务器	1	IBM	IBM x255
6	KMC 服务器	1	IBM	IBM x360
7	交换机	4	思科	Catalyst 2950
8	防火墙	2	天融信	NGFG 4000
9		1	联想网御	联想网御 2000
10		1	海信	FW3010PF-4000-3

10.5.2　检测规则

目前风险评估标准主要有以下几个：

* GB/T 27921—2011《风险管理 风险评估技术》。
* GB/T 20984—2007《信息安全技术 信息安全风险评估规范》。
* GB/T 26333—2010《工业控制网络安全风险评估规范》。
* YD/T 2252—2011《网络与信息安全风险评估服务能力评估方法》。
* YD/T 1730—2008《电信网和互联网安全风险评估实施指南》。
* HS/T 28—2010《海关信息系统信息安全风险评估规范》。
* JR/T 0058—2010《保险信息安全风险评估指标体系规范》。

评估小组根据调研结果，确定了本次物联网安全支撑系统——PKI 系统风险评估的主要依据为国家标准 GB/T 20984—2007《信息安全技术 信息安全风险评估规范》，制定了物联网安全支撑系统——PKI 系统评估方案和评估大纲 TC/OP（XZ）评 1590001。

1. 风险评估目标

根据物联网业务支撑系统——PKI 系统的安全需要，结合承建系统的具体情况，依据信息安全管理、风险评估相关标准以及国家法律法规规定，有效、准确地识别 PKI 系统及管理上的脆弱性及风险。

2. 风险评估人员

公安部安全与警用电子产品质量检测中心专门成立了物联网业务支撑系统——PKI系统风险评估小组负责开展本次评估工作。风险评估组长由范红研究员担任,下设监督小组、实施小组。人员组织情况如表 10-3 所示。

表 10-3　风险评估小组人员及职能

名　称	成　员	职　能
监督小组	组长：范红	确定评估的范围和目的、组织结构和任务分工,并对最终输出结果进行评审
实施小组	组长：邵华 成员：李娜、李程远	负责编写评估方案以及评估各阶段的具体实施工作。及时向领导小组反馈问题,并提交最终评估结果

3. 风险评估方法

在资产识别过程中,依据资产在机密性、完整性和可用性 3 个安全属性上的不同价值,综合判定资产重要性程度并将其划分为核心、关键、中等、普通和次要 5 个等级。

脆弱性识别主要从技术和管理两个层面进行,采取人工访谈、现场勘查、扫面检测、渗透测试等方式,识别系统中存在的脆弱性和安全隐患。

对重要资产已识别的威胁、脆弱性,判断威胁发生的可能性和严重性,综合评估重要资产的安全风险。

根据重要资产威胁风险值的大小,划分安全风险等级,判断不可接受安全风险的范围,确定风险优先处理等级。

风险评估小组到待测系统所在地进行调研,获得以下情况：PKI 系统业务运行正常,PKI 系统所在机房为相对独立的机房,由两名运维人员对系统进行维护和管理。PKI 系统包含的主要硬件有 AQS 服务器、PKI-LDAP 服务器、UMS 服务器、CA 服务器、KMC-DB 服务器、KMC 服务器各 1 台,交换机 4 台,防火墙 4 台。主要软件有 Windows 2000 操作系统,SQL Server 2000 数据库系统,冠群金辰杀毒软件。电子文件数据包括 PKI 系统数字证书及相关文档。

4. 实施进度

实施进度如表 10-4 所示。

表 10-4　实施进度

阶　段	开始时间	结束时间	任　务	负责人
风险评估准备阶段	2015-10-8	2015-10-8	确定风险评估目标、范围,组织风险评估团队,制定风险评估大纲	邵华 李娜 李程远
资产识别阶段	2015-10-8	2015-10-8	确定资产的完整性、机密性、可用性值,计算资产价值	邵华 李程远
威胁识别阶段	2015-10-8	2015-10-8	确定系统威胁范围及威胁出现频率值	邵华 李程远

续表

阶　　段	开始时间	结束时间	任　　务	负责人
脆弱性识别阶段	2015-10-9	2015-10-12	依据系统特点,从病毒、漏洞、恶意代码、安全配置、身份认证、数据防护等方面识别脆弱点,确认脆弱性严重程度值	邵华 李程远
风险分析阶段	2015-10-13	2015-10-14	依据风险评估大纲,根据资产价值、威胁出现频率值及脆弱性严重程度值计算风险值,确定系统风险等级	李程远
报告生成阶段	2015-10-15	2015-10-15	根据风险评估实施过程记录,生成风险评估报告	李娜 邵华 李程远

10.5.3　检测环境

本次风险评估对象已部署实施,检测环境为现场环境。

10.5.4　检测实施

根据物联网安全支撑系统——PKI 系统软硬件清单,首先对资产进行资产识别、威胁识别和脆弱性识别。

1. AQS 服务器

AQS 服务器的资产识别、威胁识别和脆弱性识别如表 10-5 所示。

表 10-5　AQS 服务器的资产识别、威胁识别和脆弱性识别

资产类	识别类型	识别项	评估记录过程	评估记录结果
AQS 服务器	资产识别	资产编号	自动分配	001
		厂家型号	进入机房,现场查看 AQS 服务器型号标识	IBM x360
		责任人	翻阅文档,对照资产登记清单访谈 AQS 服务器负责人	张伟
		机密性值	依据评估大纲 TC/OP(XZ)评 1590001 中的机密性赋值表与张伟确定机密性等级值	2
		完整性值	依据评估大纲 TC/OP(XZ)评 1590001 中的完整性赋值表与张伟确定完整性等级值	4
		可用性值	依据评估大纲 TC/OP(XZ)评 1590001 中的可用性赋值表与张伟确定可用性等级值	3

资产类	识别类型	识别项	评估记录过程	评估记录结果
AQS 服务器	资产识别	资产价值	(1) 依据评估大纲 TC/OP（XZ）评 1590001 的公式 $$v=f(x,y,z)=\sqrt{\sqrt{x\times y\times z}}$$ 计算资产价值为 2.9。 (2) 依据评估大纲 TC/OP（XZ）评 1590001 判定资产等级值	3
	威胁识别	威胁识别范围	依据评估大纲 TC/OP（XZ）评 1590001 中的威胁分类表与张伟确定威胁识别范围	(1) 未授权访问。 (2) 漏洞利用。 (3) 恶意代码。 (4) 物理环境
		威胁出现频率	(1) 查阅安全事件报告中出现过的威胁，统计频率。 (2) 查阅系统审计日志发现的威胁，统计频率。 (3) 依据评估大纲 TC/OP（XZ）评 1590001 与张伟确定威胁出现频率	(1) 未授权访问威胁出现频率值为 4。 (2) 漏洞利用威胁出现频率值为 3。 (3) 恶意代码威胁出现频率值为 3。 (4) 物理环境威胁出现频率值为 1
	脆弱性识别	漏洞	(1) 使用天镜脆弱性扫描工具扫描服务器，结果显示存在 DCE 服务列举漏洞。 (2) 依据评估大纲 TC/OP（XZ）评 1590001 中的脆弱性严重程度赋值表与张伟确认脆弱性严重程度	DCE 服务列举漏洞，脆弱性严重程度值为 2
		口令策略	(1) 通过访谈获取服务器登录口令并验证口令有效性，结果为登录口令。 (2) 判断登录口令是否满足复杂性要求（口令长度应不低于 8 位，且口令应包含数字、大小写字母和特殊字符 3 种类型），结果不符合复杂度要求。 (3) 依据评估大纲 TC/OP（XZ）评 1590001 中的脆弱性严重程度赋值表与张伟确认脆弱性严重程度	口令复杂性低，脆弱性严重程度值为 2
		病毒	(1) 查看服务器是否安装杀毒软件，结果显示存在冠群金辰杀毒软件。 (2) 若有装有杀毒软件，则打开杀毒软件，在升级选项中查看病毒库最后升级日期，显示时间 2008-05-27，特征码版本为 31.4.5817。 (3) 依据评估大纲 TC/OP（XZ）评 1590001 中的脆弱性严重程度赋值表与张伟确认脆弱性严重程度	病毒库过期，脆弱性严重程度值为 3

资产类	识别类型	识别项	评估记录过程	评估记录结果
AQS 服务器	脆弱性识别	服务安全 配置	(1) 访谈服务器是否有安全配置策略, 结果为无。 (2) 依据评估大纲 TC/OP（XZ）评 1590001 中的脆弱性严重程度赋值 表与张伟确认脆弱性严重程度	无安全配置策略,脆弱 性严重程度值为 3
		服务识别	登录服务器在"管理工具"中查看服务, 与张伟确认不必要的服务,结果为不 存在。	依据评估大纲 TC/OP （XZ）评 1590001 确认 服务识别项无风险点, 未识别相关脆弱性
		事件审计	(1) 查看服务器是否开启了审计功能, 结果为开启了审计功能。 (2) 查看服务器是否制定了安全审计策 略,确认系统登录|登出是否被审 计,结果系统登录/登出被审计	依据评估大纲 TC/OP （XZ）评 1590001 确认 事件审计项无风险点, 未识别相关脆弱性
		恶意代码 木马后门	(1) 查看服务器是否存在木马扫描工 具,结果为没有安装木马扫描工具。 (2) 依据评估大纲 TC/OP（XZ）评 1590001 中的脆弱性严重程度赋值 表与张伟确认脆弱性严重程度	无木马扫描工具,脆弱 性严重程度值为 3
		身份认证	(1) 通过访问或操作演示,记录操作系 统是否采用身份鉴别措施,结果为 口令认证。 (2) 访谈系统管理员,了解是否对操作 系统采用了远程管理并查看以何种 方式登录,结果为采用了 Windows 自带远程登录方式并采用口令认证 形式	依据评估大纲 TC/OP （XZ）评 1590001 确认 身份认证项无风险点, 未识别相关脆弱性
		授权管理	(1) 通过操作演示,记录服务器是否采 用授权管理措施;结果为仅系统管 理员权限。 (2) 以系统管理员身份登录服务器,查 看所有用户登录类型,类型为 Guest,远程登录 Internet,系统管理 员权限	依据评估大纲 TC/OP （XZ）评 1590001 确认 授权管理项无风险点, 未识别相关脆弱性

资产类	识别类型	识别项	评估记录过程	评估记录结果
AQS 服务器	脆弱性识别	物理防护	(1) 场地访查服务器是否有机柜,是否存放于机房中。结果为服务器存放于机房的机柜中。 (2) 查看进入机房是否有记录,结果为无登记记录。查看机房是否有门禁系统,结果为微耕单门双向 RS485 联网型,型号 MG236。 (3) 查看机房是否有报警系统,结果为声光响起,型号 SM3100/D。 (4) 查看机房是否有监控系统,结果为红外半球摄像机,型号 YPEC-CI104。 (5) 查看机房是否有防静电,结果为装有机房专用防静电活动地板,型号 FS680 HDG600。 (6) 查看机房是否有 UPS,结果为有外场 UPS。 (7) 查看机房是否有消防设备,结果为机房顶端设有消防设备。 (8) 查看机房是否有防尘/温度控制措施,结果为机房设有箱式空调机,型号 KFR-120LW/A2	机房安全管理制度脆弱性严重程度值为 4
		数据防护	(1) 访谈系统管理员,了解数据在存储和传输过程中是否有完整性保证措施,结果为有消息摘要措施。 (2) 访谈系统管理员,了解数据在存储和传输过程中是否采用了加密措施或其他机密性保证措施,结果为采用了加密机加密; (3) 访谈系统管理员,了解数据是否定期备份,记录周期多长,结果为机房采用统一备份管理,备份周期一个月	依据评估大纲 TC/OP (XZ) 评 1590001 确认数据防护项无风险点,未识别相关脆弱性

　　PKI-LDAP 服务器、UMS 服务器、CA 服务器、KMC-DB 服务器、KMC 服务器与上述 AQS 服务评估过程一致,在此不再赘述。

2. 天融信防火墙

　　天融信防火墙的资产识别、威胁识别和脆弱性识别如表 10-6 所示。

表 10-6　天融信防火墙的资产识别、威胁识别和脆弱性识别

资产类	识别类型	识别项	评估记录过程	评估记录结果
天融信防火墙	资产识别	资产编号	自动分配	
		厂家型号	场地查看防火墙机器型号标识并记录	天融信 NGFW 4000
		责任人	翻阅文档,对照资产登记清单访谈防火墙负责人	李立
		机密性值	依据评估大纲 TC/OP(XZ)评 1590001 中的机密性赋值表与李立确定机密性等级值。	3
		完整性值	依据评估大纲 TC/OP(XZ)评 1590001 中的完整性赋值表与李立确定完整性等级值	4
		可用性值	依据评估大纲 TC/OP(XZ)评 1590001 中的可用性赋值表与李立确定可用性等级值	4
		资产价值	(1) 依据评估大纲 TC/OP(XZ)评 1590001 中的公式 $v = f(x,y,z) = \sqrt{\sqrt{x \times y \times z}}$ 计算资产价值为 3.7。 (2) 依据评估大纲 TC/OP(XZ)评 1590001 判定资产等级值	4
	威胁识别	威胁识别范围	依据评估大纲 TC/OP(XZ)评 1590001 中的威胁分类表与李立确定威胁识别范围	(1) 未授权访问。 (2) 漏洞利用
		威胁出现频率	(1) 查阅以往安全事件报告中出现的威胁,统计频率。 (2) 查阅各种日志发现的威胁,统计频率。 (3) 依据评估大纲 TC/OP(XZ)评 1590001 与李立确定威胁出现频率	(1) 未授权访问威胁出现频率值为 4 (2) 漏洞利用威胁出现频率值为 3
	脆弱性识别	访问控制	(1) 登录防火墙管理系统,查看是否配置访问控制策略,结果为存在访问控制列表。 (2) 与安全管理员确认安全策略要求。依据安全策略要求,对比访问控制策略,结果符合安全策略	依据评估大纲 TC/OP(XZ)评 1590001 确认访问控制项无风险点,未识别相关脆弱性
		网络设备登录控制	(1) 登录防火墙管理系统,查看是否对登录用户进行身份认证,身份认证方式应有足够强度。结果为采用口令认证,口令不符合复杂度要求。 (2) 查看是否对防火墙管理员登录地址进行限制,结果为对管理员登录 IP 地址有限制。 (3) 依据评估大纲 TC/OP(XZ)评 1590001 中的脆弱性严重程度赋值表与李立确认脆弱性严重程度	口令复杂性低,脆弱性严重程度为 2

续表

资产类	识别类型	识别项	评估记录过程	评估记录结果
天融信防火墙	脆弱性识别	安全审计	（1）登录防火墙管理系统,查看审计策略是否包括设备运行状况、网络流量、用户行为等,结果为无审计策略。 （2）查看审计记录是否包括事件的日期和时间、用户、事件类型、事件成功情况及其他与审计相关的信息,结果为无审计记录。 （3）依据评估大纲 TC/OP（XZ）评1590001 中的脆弱性严重程度赋值表与李立确认脆弱性严重程度	无审计策略,脆弱性严重程度值为 4
		漏洞	使用天镜脆弱性扫描工具扫描服务器,结果为未扫描到漏洞	依据评估大纲 TC/OP（XZ）评 1590001 确认漏洞项无风险点,未识别相关脆弱性

联想网御防火墙、海信防火墙与天融信防火墙评估过程一致,在此不再赘述。

3. 交换机

交换机的资产识别、威胁识别和脆弱性识别如表 10-7 所示。

表 10-7　交换机的资产识别、威胁识别和脆弱性识别

资产类	识别类型	识别项	评估记录过程	评估记录结果
思科交换机	资产识别	资产编号	自动分配	
		厂家型号	场地查访交换机型号	Catalyst 2950
		责任人	翻阅文档,对照资产清单访谈交换机负责人	李立
		机密性值	依据评估大纲 TC/OP（XZ）评 1590001 中的机密性赋值表与李立确定机密性等级值	2
		完整性值	依据评估大纲 TC/OP（XZ）评 1590001 中的完整性赋值表与李立确定完整性等级值	4
		可用性值	依据评估大纲 TC/OP（XZ）评 1590001 中的可用性赋值表与李立确定可用性等级值	4
		资产价值	（1）依据评估大纲 TC/OP（XZ）评 1590001 中的公式 $v=f(x,y,z)=\sqrt{\sqrt{x\times y\times z}}$ 计算资产价值为 3.4。 （2）依据评估大纲 TC/OP（XZ）评 1590001 判定资产等级值	3

续表

资产类	识别类型	识别项	评估记录过程	评估记录结果
思科交换机	威胁识别	威胁识别范围	依据评估大纲 TC/OP（XZ）评 1590001 中的威胁分类表与李立确定威胁识别范围	(1) 未授权访问。 (2) 漏洞利用
		威胁出现频率	(1) 查阅以往安全事件报告中出现的威胁，统计频率。 (2) 查阅各种日志发现的威胁，统计频率。 (3) 依据评估大纲 TC/OP（XZ）评 1590001 与李立确定威胁出现频率	(1) 未授权访问威胁出现频率值为 4。 (2) 漏洞利用威胁出现频率值为 3
	脆弱性识别	访问控制	(1) 登录交换机系统，查看是否配置 VLAN、IP/MAC 地址绑定等访问控制策略，结果为交换机配置了 VLAN。 (2) 与安全管理员确认安全策略要求，依据安全策略要求，对比访问控制策略，确认脆弱性，结果符合 PKI 安全策略要求	依据评估大纲 TC/OP（XZ）评 1590001 确认访问控制项无风险点，未识别相关脆弱性
		安全审计	(1) 登录交换机系统，查看审计策略是否包括设备运行状况、网络流量、用户行为等，结果为审计策略包括设备运行状况、用户行为关键项。 (2) 查看审计记录是否包括事件的日期和时间、用户、事件类型、事件成功情况及其他与审计相关的信息，结果为基本符合要求，包括事件的日期和时间、用户、事件类型	依据评估大纲 TC/OP（XZ）评 1590001 确认安全审计项无风险点，未识别相关脆弱性
		漏洞	使用漏洞扫描工具扫描交换机，结果为未显示存在漏洞	依据评估大纲 TC/OP（XZ）评 1590001 确认漏洞项无风险点，未识别相关脆弱性
		网络设备登录控制	(1) 登录交换机系统，查看是否对登录用户进行身份认证，身份认证方式应有足够强度，结果为采用口令认证方式，口令不符合复杂度要求。 (2) 依据评估大纲 TC/OP（XZ）评 1590001 中脆弱性严重程度赋值表与李立确认脆弱性严重程度	口令复杂性低，脆弱性严重程度为 2

4. 电子文档数据

电子文档数据的资产识别、威胁识别和脆弱性识别如表 10-8 所示。

表 10-8 电子文档数据的资产识别、威胁识别和脆弱性识别

资产类	识别类型	识别项	评估记录过程	评估记录结果
电子文档数据	资产识别	资产编号	自动分配	
		责任人	翻阅文档,查看机构人员文档负责人	李立
		机密性值	依据评估大纲 TC/OP(XZ)评 1590001 中的机密性赋值表与李立确定机密性等级值	4
		完整性值	依据评估大纲 TC/OP(XZ)评 1590001 中的完整性赋值表与李立确定完整性等级值	4
		可用性值	依据评估大纲 TC/OP(XZ)评 1590001 中的可用性赋值表与李立确定可用性等级值	4
		资产价值	(1) 依据评估大纲 TC/OP（XZ）评 1590001 中的公式 $$v = f(x,y,z) = \sqrt{\sqrt{x \times y \times z}}$$ 计算资产价值为 4。 (2) 依据评估大纲 TC/OP（XZ）评 1590001 判定资产等级值	4
	威胁识别	威胁识别范围	依据评估大纲 TC/OP(XZ)评 1590001 中的威胁分类表与李立确定威胁识别范围	(1) 数据篡改。 (2) 探测窃密。 (3) 抵赖
		威胁出现频率	(1) 查阅以往安全事件报告中出现的威胁,统计频率。 (2) 查阅各种日志发现的威胁,统计频率。 (3) 依据评估大纲 TC/OP（XZ）评 1590001 与李立确定威胁出现频率	(1) 数据篡改威胁出现频率值为 4。 (2) 探测窃密威胁出现频率值为 4。 (3) 抵赖威胁出现频率值为 2
	脆弱性识别	数据修改、删除	(1) 以高权限登录并创建数字证书,以低权限修改或删除数字证书,结果为只有一种权限。 (2) 删除本权限电子文档或数字证书,结果为 Windows 系统提示"是否删除"	依据评估大纲 TC/OP（XZ）评 1590001 确认数据修改、删除项无风险点,未识别相关脆弱性
		数据传送	(1) 查阅安全管理制度,是否有数据传送规定,结果为无传送规定。 (2) 查看数字证书传送是否有加密设备或措施,结果为 PKI 系统设有加密机。 (3) 查看电子文档收发处,查看是否有发送方或接收方备案信息(应含电子文档发送者、发送时间、文档类型、文档大小),结果为无相关备案信息	抵赖性的脆弱性严重程度值为 3

续表

资产类	识别类型	识别项	评估记录过程	评估记录结果
电子文档数据	脆弱性识别	重要数据查阅	以非权限操作者打开重要数据,结果为显示乱码	依据评估大纲 TC/OP(XZ)评 1590001 确认重要数据查阅项无风险点,未识别相关脆弱性

5. 安全管理制度

安全管理制度的资产识别、威胁识别和脆弱性识别如表 10-9 所示。

表 10-9　安全管理制度的资产识别、威胁识别和脆弱性识别

资产类	识别类型	识别项	评估记录过程	评估记录结果
安全管理制度	资产识别	资产编号	自动分配	
		责任人	访谈并记录安全管理制度文档责任人	李立
		机密性值	依据评估大纲 TC/OP(XZ)评 1590001 中的机密性赋值表与李立确定机密性等级值	2
		完整性值	依据评估大纲 TC/OP(XZ)评 1590001 中的完整性赋值表与李立确定完整性等级值	3
		可用性值	依据评估大纲 TC/OP(XZ)评 1590001 中的可用性赋值表与李立确定可用性等级值	4
		资产价值	(1) 依据评估大纲 TC/OP(XZ)评 1590001 中的公式: $v=f(x,y,z)=\sqrt{\sqrt{x \times y \times z}}$ 计算资产价值为 3.1。 (2) 依据评估大纲 TC/OP(XZ)评 1590001 判定资产等级值	3
	威胁识别	威胁识别范围	依据评估大纲 TC/OP(XZ)评 1590001 中的威胁分类表与李立确定威胁识别范围	社会工程威胁
		威胁出现频率	(1) 查阅以往安全事件报告中出现的威胁,统计频率。 (2) 查阅各种日志发现的威胁,统计频率。 (3) 依据评估大纲 TC/OP(XZ)评 1590001 与李立确定威胁出现频率	社会工程威胁出现频率值为 3

资产类	识别类型	识别项	评估记录过程	评估记录结果
安全管理制度	脆弱性识别	制度完善性	(1) 依据 PKI 建设方案,与李立确认安全管理制度范围,建议包括日常管理、运维管理、机房管理、安全管理。 (2) 查阅安全管理制度,结果为安全管理含日常管理、运维管理、机房管理、安全管理	依据评估大纲 TC/OP(XZ)评 1590001 确认制度完善性项无风险点,未识别相关脆弱性
		制度实用性	依据 PKI 建设方案与李立共同判断安全制度的实用性。结果为基本符合需求	依据评估大纲 TC/OP(XZ)评 1590001 确认制度实用性项无风险点,未识别相关脆弱性
		制度执行力	对照制度实施各项,依次确认制度是否实施,结果为均已实施	依据评估大纲 TC/OP(XZ)评 1590001 确认制度执行力项无风险点,未识别相关脆弱性

6. 运维人员

运维人员的资产识别、威胁识别和脆弱性识别如表 10-10 所示。

表 10-10　运维人员的资产识别、威胁识别和脆弱性识别

资产类	识别类型	识别项	评估记录过程	评估记录结果
运维人员	资产识别	资产编号	自动分配	
		责任人	对应员工自身(员工责任制为自我负责任制)	张伟、李立
		机密性值	依据评估大纲 TC/OP(XZ)评 1590001 中的机密性赋值表确定机密性等级值	张伟机密性值:4 李立机密性值:3
		完整性值	依据评估大纲 TC/OP(XZ)评 1590001 中的完整性赋值表确定完整性等级值	张伟完整性值:2 李立完整性值:2
		可用性值	依据评估大纲 TC/OP(XZ)评 1590001 中的可用性赋值表确定可用性等级值	张伟可用性值:2 李立可用性值:2
		资产价值	(1) 依据评估大纲 TC/OP(XZ)评 1590001 中的公式: $$v = f(x,y,z) = \sqrt{\sqrt{x \times y \times z}}$$ 计算张伟、李立资产价值分别为 2.4 和 2.2。 (2) 依据评估大纲 TC/OP(XZ)评 1590001 判定资产等级值	张伟、李立等级值均为 2

资产类	识别类型	识别项	评估记录过程	评估记录结果
运维人员	威胁识别	威胁识别范围	依据评估大纲 TC/OP（XZ）评 1590001 确定威胁识别范围	社会工程威胁
		威胁出现频率	（1）查阅以往安全事件报告中出现的威胁，统计频率。（2）查阅各种日志发现的威胁，统计频率。（3）依据评估大纲 TC/OP（XZ）评 1590001 确定威胁出现频率	社会工程威胁出现频率值为 3
	脆弱性识别	安全意识	依据安全制度制定问卷调查，分别交予张伟、李立答题，结果张伟得分为 88，李立得分为 86	依据评估大纲 TC/OP（XZ）评 1590001 确认安全意识项无风险点，未识别相关脆弱性
		保密协议	查阅是否与员工签署保密协议，结果为张伟与李立均签署了保密协议	依据评估大纲 TC/OP（XZ）评 1590001 确认保密协议项无风险点，未识别相关脆弱性
		安全知识	依据系统建设要求以及安全配置规范制定问卷调查，分别交予张伟、李立答题，结果张伟得分为 95，李立得分为 92	依据评估大纲 TC/OP（XZ）评 1590001 确认安全知识项无风险点，未识别相关脆弱性

其次，对物联网业务支撑系统——PKI 系统进行风险分析，具体如表 10-11 所示。

表 10-11 风险分析

资产名称	威胁		脆弱性		评估结果
1. AQS 服务器	1.1	未授权访问	1.1.1	口令复杂性低	可接受风险
	1.2	漏洞利用	1.2.1	存在 DCE 服务列举漏洞	可接受风险
			1.2.2	无安全配置策略	不可接受风险
	1.3	恶意代码	1.3.1	病毒库过期	不可接受风险
			1.3.2	无木马扫描工具	不可接受风险
	1.4	物理环境	1.4.1	机房安全管理制度脆弱性高	可接受风险
2. PKI-LDAP 服务器	2.1	未授权访问	2.1.1	口令复杂性低	可接受风险
	2.2	漏洞利用	2.2.1	无安全配置策略	不可接受风险
	2.3	恶意代码	2.3.1	病毒库过期	不可接受风险
			2.2.2	无木马扫描工具	不可接受风险
	2.4	物理环境	2.4.1	机房安全管理制度脆弱性高	可接受风险

续表

资产名称	威　胁		脆　弱　性		评估结果
3. UMS 服务器	3.1	未授权访问	3.1.1	口令复杂性低	可接受风险
	3.2	漏洞利用	3.2.1	存在远程溢出拒绝服务漏洞	不可接受风险
			3.2.2	无安全配置策略	可接受风险
	3.3	恶意代码	3.3.1	无杀毒软件	不可接受风险
			3.3.2	无木马扫描工具	可接受风险
	3.4	物理环境	3.4.1	机房安全管理制度脆弱性高	可接受风险
4. CA 服务器	4.1	未授权访问	4.1.1	口令复杂性低	可接受风险
	4.2	漏洞利用	4.2.1	无安全配置策略	不可接受风险
	4.3	恶意代码	4.3.1	无杀毒软件	不可接受风险
			4.3.2	无木马扫描工具	不可接受风险
	4.4	物理环境	4.4.1	机房安全管理制度脆弱性高	可接受风险
5. KMC-DB 服务器	5.1	未授权访问	5.1.1	口令复杂性低	可接受风险
	5.2	漏洞利用	5.2.1	存在不必要的服务	不可接受风险
	5.3	恶意代码	5.3.1	无木马扫描工具	不可接受风险
	5.4	物理环境	5.4.1	机房安全管理制度脆弱性高	不可接受风险
6. KMC 服务器	6.1	漏洞利用	6.1.1	无安全配置策略	可接受风险
			6.1.2	存在不必要的服务	不可接受风险
	6.2	恶意代码	6.2.1	无木马扫描工具	可接受风险
	6.3	物理环境	6.3.1	机房安全管理制度脆弱性高	可接受风险
7. 天融信防火墙	7.1	未授权访问	7.1.1	口令复杂性低	可接受风险
	7.2	漏洞利用	7.2.1	无审计策略	不可接受风险
8. 联想网御防火墙	8.1	未授权访问	8.1.1	口令复杂性低	可接受风险
	8.2	漏洞利用	8.2.1	无审计策略	不可接受风险
9. 海信防火墙	9.1	未授权访问	9.1.1	口令复杂性低	可接受风险
	9.2	漏洞利用	9.2.1	无审计策略	不可接受风险
			9.2.2	存在 CSCdz39284 漏洞	不可接受风险
			9.2.3	存在 CSCdz33027 漏洞	不可接受风险
			9.2.4	存在 CSCdz0474 漏洞	不可接受风险
10. 思科交换机	10.1	未授权访问	10.1.1	口令复杂性低	可接受风险
11. 电子文档数据	11.1	抵赖	11.1.1	存在数据传递抵赖性	可接受风险
12. 安全管理制度	12.1	社会工程威胁	无		可接受风险
13. 运维人员	13.1	社会工程威胁	无		可接受风险

物联网业务支撑系统——PKI系统共评测41项风险点,风险等级很高有0项,风险等级高有1项,风险等级中有20项,风险等级低有19项,风险等级很低有1项;其中21项为不可接受风险,20项为可接受风险。

以下是该系统存在的主要风险:

(1)服务器。

- 无安全配置策略。
- 病毒库过期。
- 无木马扫描工具。
- 启动了不必要的服务。

(2)防火墙。

- 无审计策略。
- . 存在系统漏洞。

风险处理建议如下:

(1)针对服务器的具体应用,配置相应的安全策略,并根据应用的变化定期对安全策略进行更新。

(2)及时更新安装在服务器上的防病毒软件病毒库。

(3)在服务器上安装木马扫描工具,并及时更新扫描工具的漏洞库。

(4)只开放本服务器提供服务所必需的端口,关闭其他不必要的端口。

(5)针对防火墙保护对象的具体需求,制定相应的审计策略。

(6)及时更新防火墙软件,修补发现的漏洞。

参 考 文 献

[1] ITU 互联网报告 2005：物联网[EB/OL]. 2005. http://www.itu.int/internetofthings/.

[2] 刘化君. 物联网技术[M]. 北京：电子工业出版社,2010.

[3] Ubiquitous Code：ucodeT-Engine(WG930-S101-1.A0.00)[EB/OL]. Forum Ubiquitous ID Center Document,2009.

[4] Benjamin F,Oliver G. Security Challenges of EPCglobal network [J]. Communications of the ACM-Barbara Liskov：ACM's AM. Turing Award Winner. 2009,52(7)：121-125.

[5] 我国 4G 商用发展历程回顾和运营商发展现[EB/OL]. http://network.pconline.com.cn/615/6158976.html,2015.

[6] 何廷润. WiMax 在我国的市场前景及市场规模分析[J]. 当代通信,2005(8)：66-69.

[7] 曹淑敏. 宽带无线移动网络技术及产业链发展趋势[EB/OL]. http://fiber.ofweek.com/2010-11/ART-210004-9070-28431687_2.html,2010.

[8] 唐雄燕. 宽带无线接入技术及应用——WIMAX 与 WIFI[M]. 北京：电子工业出版社,2006.

[9] 中兴通讯股份有限公司. WiMax——新一代无线宽带接入技术[R]. 2005.

[10] WiMax 固定无线宽带接入项目工程技术规范书[R]. 中国网通广东分公司,2006.

[11] Lindsey S,Raghvendra C. PEGASIS：Power-Efficient Gathering in Sensor Information System [C]. In Proceeding of the IEEE Aerospace Conference. Montana：IEEE Aerospace and electronic Systems Society, 2002：1125-1130.

[12] 何清. 物联网与数据挖掘云服务[J]. 智能系统学报, 2012, 07(3)：189-194.

[13] 王媛媛. 基于概率格模型的关键规则挖掘算法研究及实现[D]. 合肥：合肥工业大学,2005：55-56.

[14] GB/T 25070-2010. 信息安全技术 信息系统等级保护安全设计技术要求[S].

[15] 范红,胡志昂,金丽娜. 信息系统等级保护安全设计技术实现与使用[M]. 北京：清华大学出版社,2010.

[16] 郭洋. 德国工业 4.0 地图［EB/OL］. http://news.xinhuanet.com/info/2015-11/21/c_134839034.htm, 2015.

[17] 李远东. 欧盟 IOT 标识发展现状、面临的问题及解决方案[EB/OL].上海科学技术情报研究所. http://www.hyqb.sh.cn/publish/portal0/tab131/info11402.htm,2014.

[18] 王志文,邓少灵. 物联网信息安全特点及防范对策[J]. 科技信息,2011(12)：441-442.

[19] 雷吉成. 物联网安全技术[M]. 北京：电子工业出版社,2012.

[20] Atzori L,Iera A,Morabito G. The Internet of Things：A Survey[J]. Computer Networks,2010, 54(15)：2787-2805.

[21] 信息安全形势局部"橙色" 1700 余网站被植"后门"[EB/OL]. 人民日报, http://news.xinhuanet.com/zgjx/2014-06/27/c_133442122.htm,2014.

[22] 棱镜门敲响网络安全警钟 信息设备国产化提速[EB/OL]. 21 世纪网, http://www.donews.com/net/201306/1703364.shtm,2013.

[23] 庞标. 我国急需推动信息安全立法[EB/OL].通信世界网, http://tech.ifeng.com/3g/charges/detail_2013_03/06/22796792_0.shtml,2013.

[24] 彭默馨. 我国国家信息安全面临的主要挑战[EB/OL]. 学习时报，http://theory. people. com. cn/GB/136457/17232750. html，2012.

[25] 李健. 物联网还是"勿联网"？——对物联网安全隐患的反[EB/OL]. 知远战略与防务研究所，http://www. knowfar. org. cn/article/201012/11/275. htm，2010.

[26] 刘东. 恶意攻击频发 WiFi 网络呈现六大安全问题[EB/OL]. 人民邮电，http://news. xinhuanet. com/info/2014-03/13/c_133182753. htm，2014.

[27] 王利，贺静，张晖. 物联网的安全威胁及需求分析[J]. 信息技术与标准化，2011(5)：45-59.

[28] 谢进柳. 浅谈第三代移动通信网络安全[J]. 数据通信，2009(6)：12-15.

[29] 冯伟. 大数据时代信息安全面临的挑战与机遇[J]. 专家论坛，2012(34)49-53.

[30] 2014 工业控制系统及其安全性研究报告[R]. 绿盟科技，2014.

[31] 路由器脆弱——安全事件频发[N]. 电脑报，2014-04-14.

[32] 王利，贺静，张晖. 物联网的安全威胁及需求分析[J]. 信息技术与标准化，2011(5)：45-48.

[33] 于晓冉，李永思. 物联网网络层安全[J]. 无线互联科技，2013(5)：22.

[34] 陈琦，车联网：安全是个未知数？[J]. 汽车与配件，2014(18)：78-80.

[35] 车载互联时代 安全成为车联网的软肋？[EB/OL]. 网易汽车，http://auto. 163. com/14/0926/12/A72P85RC000854VN. html,，2014.

[36] 周州，刘鸿伟，梅新明. 浅析交通运输行业的信息安全问题[J]. 公路交通科技，2012(S1)：17-20.

[37] 赵夏，周恒宇. 基于智能电网信息安全风险的探讨[J]. 大科技，2014(16)：59-60.

[38] 张钢. 智能电网背景下如何加强电力信息安全的防护[J]. 通讯世界，2013(17)：129-130.

[39] 蒋金，孙中伟. 浅述智能电网的信息安全[J]. 信息安全与通信保密，2013(7)：75-76.

[40] 智慧医疗建设信息安全需求分析[EB/OL]. 山东渔翁信息技术股份有限公司，https://wenku. baidu. com/view/2cfbfa7e650e52ea5418981e. html，2014.

[41] 医疗行业信息安全解决方案[EB/OL]. http://www. leagsoft. com/cpyfa/solution/hospital/p/1754.

[42] 赵志娟. 如何平衡移动医疗与信息安全[EB/OL]. 中国数字医疗网，http://news. hc3i. cn/art/201308/26269. htm，2013.

[43] 国家中长期科学和技术发展规划纲要（2006—2020 年）[EB/OL]. http://www. gov. cn/zwgk/2006-02/14/content_191891. htm，2006.

[44] 物联网"十二五"发展规划[EB/OL]. http://news. xinhuanet. com/fortune/2012-02/14/c_111523672,htm，2012.

[45] 中央网络安全和信息化领导小组成立：从网络大国迈向网络强国[EB/OL]. 新华网，http://news. xinhuanet. com/politics/2014-02/27/c_119538719. htm，2014.

[46] RSA 2017 安全大会 引人关注的十大安全趋势[EB/OL]. Yesky 软件频道，http://soft. yesky. com/security/434/108513434. shtml，2017.

[47] RSA2017 信息安全大会技术议程[EB/OL]. http://www. chinaz. com/server/2017/0209/654871. shtml，2017.

[48] 2017 年 15 大安全发展趋势概述[EB/OL]. 中国信息安全博士网，http://www. cismag. net/Article/Info/1394，2016.》

[49] 蒋力群. 安全测评是确保信息安全的"第一道屏障"[J]. 信息化建设，2014(6)：25-28.

[50] 上海市信息安全测评认证中心介绍[EB/OL]. http://www. shtec. org. cn/col/col185/index. html，2011.

［51］　张帆. 信息安全测评认证在信息安全保障中的定位与作用［D］. 四川，四川大学，2003.

［52］　Yi-Tao Wang, Rajive Bagrodia. Scalable Emulation of TinyOS Applications in Heterogeneous Network Scenarios［C］. IEEE International Conference on Mobile Adhoc & Sensor Systems，2009：140-149.

［53］　Yi-Tao Wang, Rajive Bagrodia. SenSec：A Scalable and Accurate Framework for Wireless Sensor Network Security Evaluation［C］. International Conference on Distributed Computing Systems Workshops，2011：230-239.

［54］　Gorecki C, Behrens C, Zheng C, et al. TAP-SNS-A Test Platform for Secure Communication in Wireless Sensor Network for Logistic Applications［C］. In：12th International Sensor Conference. 2005：335-340.

［55］　Alzaid Hani, Abanmi Suhail. A Wireless Sensor Networks Test-bed for the Wormhole Attack.［J］. International Journal of Digital Content Technology and its Applications Volume3，2009.

［56］　Anton Biasizzo, Franc. Novak FPGA Fault Injection Platform for Secure Device Design Evaluation［J］. European cooperation in science and technology，2013，http：//www. 21ic. com/jszt/fpga. htm.

［57］　GianLuca Dini, Marco Tiloca. ASF：an Attack Simulation Framework for Wireless Sensor Network［C］. International Conference on Wireless & Mobile Computing，2012：203-210.

［58］　Jacob Andersen, Benny Lo, Guang-Zhong Yang. Experimental Platform for Usability Testing of Secure Medical Sensor Network Protocols［C］. Medical Devices and Biosensors，2008. ISSS-MDBS 2008. 5th International Summer School and Symposium on Aarhus university，2008：179 － 182.

［59］　Qualys 公司介绍［EB/OL］. https：//www. qualys. com/.

［60］　Veracode：基于云的应用程序安全测试平台［EB/OL］. http：//www. caecp. cn/News/News-758. html。

［61］　李维，冯刚，刘冬，等. 物联网系统安全与可靠性测评技术研究［J］. 计算机技术与发展，2013(4)：139-143.

［62］　李维，刘冬，等. 一种面向 TinyOS 的物联网系统信息安全测评工具［J］. 软件，2012,33(2)：1-5.

［63］　赵忠华，黄莆伟，孙利民，等. 基于零打扰测试背板的无线传感器网络测试平台［J］. 软件学报，2012,23(4)：878-893.

［64］　黄晓辉，刘伟. 基于 PDA 的无线 Mesh 网链路层攻击检测系统设计与实现［D］. 解放军信息工程大学，2012.

［65］　沈永清. 基于 ARM 的嵌入式安全关键软件仿真测试平台的研究［D］. 同济大学电子与信息工程学院，2007.

［66］　Bell D E, Lapadula L J. Secure ComputerSystems：Mathematical Foundations and Model［J］. MITRE CORPBEDFORD MA，1973.

［67］　Landwehr C E, Heitmeyer C L，McLean J. A. Security model for military message systems［J］. ACM Trans on Computer Systems，1984.

［68 ］ 李守鹏，孙洪波. 信息系统安全模型研究［J］. 电子学报，2003,31(10)：1491-1495.

［69］　Ferraiolo D F，Kuhn D R. Role Based Access Control［J］. Computer Science，2002,29(2)：38-47.

［70］　邓集波，洪帆. 基于任务的访问控制模型［J］. 软件学报，2003,14(1)：76-82.

［71］　Ravi Sandhu，Jaehong Park. Usage Control：A Vision for Next Generation Access Control［C］. Springer Berlin Heidelberg，2003,2776：17-31.

[72] 郭云川,殷丽华. 面向信息流的安全模型与评估综述[J].软件 2012,33(1)：1-4.

[73] De Leusse, Periorellis, etc. Self Managed Security Cell, a security model for the Internet of Things and Services[C] First International Conference on Advances in Future Internet，2009：45-52.

[74] Sventek J. Self-managed cells and theirfederation ［J］. Networks and Communication Technologies，2006，10(2)：45-50.

[75] 吴振强,周彦伟,马建峰.物联网安全传输模型[J].计算机学报,2011,34(8)：1351-1364.

[76] 姚远.基于中间件的物联网安全模型[J].电脑知识与技术,2011,07(1)：68-69.

[77] 刘波,陈晖,等.物联网安全问题分析及安全模型研究[J],计算机与数字工程,2012,11：21-24.

[78] 孙知信,骆冰清,等.一种基于等级划分的物联网安全模型[J].计算机工程.2011,37(10)：1-7.

[79] 范红,邵华,等.物联网安全技术体系研究[J].信息网络安全,,2011(9)：5-8.

[80] GB/T 25070-2010,信息系统等级保护安全设计技术要求[S].

[81] Omar Said. Development of an Innovative Internet of Things SecuritySystem［J］. International Journal of Computer Science Issues. 2013,10(6)：155-161.

[82] 杨金翠,方滨兴,翟立东,等.面向物联网的通用控制系统安全模型研究[J].通信学报,2012(11)：49-56.

[83] Chun-Te Chen, Kun-Lin Lee, Ying-Chi Wu, et al. Construction of the Enterprise-Level RFID Security and Privacy Management Using Role-based Key Management[C],2006.

[84] 路红,廖龙龙.物联网空间内 LBS 隐私安全保护模型研究[J].计算机工程与应用,2014,50(1)：91-96.

[85] 曾会,蒋兴浩,等. 一种基于 PKI 的物联网安全模型研究[J].计算机应用与软件,.2012,29(6)：271-274.

[86] 云计算安全指南. CSA ,2013.

[87] 2016 年十二大云安全威胁. CSA, 2016.

[88] Jericho. Cloud Cube Model：Selecting Cloud Formations for Secure Collaboration[R/OL].2009.

[89] 胡秀健,朱水源,梁西陈.私有云架构下的信息安全模型分析[J].通化师范学院学报,2012, 33(12)：45-46.

[90] 黄秀丽,解读立方体模型[J].计算机技术与发展,2012,22(3)：245-248.

[91] 冯登国,张敏,张妍,等.云计算安全研究[J].软件学报,2011,22(1)：71-83.

[92] Windows Azure 安全概述[EB/OL]. 微软云计算中文博客, http://blog. csdn. net/azurechina/article/details/6227396,2011.

[93] Security White paper：Google Apps Messaging and Collaboration Products［R/OL］. http://www. coolheadtech. com/blog/google-apps-messaging-and-collaboration-products,2014.

[94] Amazon Web Servies：Overview of Security Processes［R/OL］. https://aws. amazon. com/cn/whitepapers/overview-of-security-processes/,2014.

[95] http://www. cisco. com/web/CN/solutions/executive/article_security_today. html

[96] 阿里云安全白皮书[R/OL]. https://help. aliyun. com/knowledge_detail/37930. html,2014. 1.

[97] 张瑾,王冠群.关于互联网信息安全人才队伍建设的思考[J].中国经贸导刊,2013(15)：23-25.

[98] 封化民. 网络与信息安全发展,人才队伍建设是关键[EB/OL]. http://news. xinhuanet. com/politics/2014-11/30/c_127263167. htm,2014.

[99] 关于印发 10 个物联网发展专项行动计划的通知[EB/OL]. http://www. sdpc. gov. cn/zcfb/zcfbghwb/201309/t20130917_585500. html,2013.

［100］ 李慧. 物联网安全未雨绸缪（三）保障物联网安全的对策和建议［EB/OL］. http://www. ccw. com. cn/article/view/78177,2014.

［101］ 赛迪智库. 2016 年我国信息安全发展形势展望［EB/OL］. http://www. jxciit. gov. cn/Item. aspx? id＝41539,2016.

［102］ ICS安全保障体系的建设［EB/OL］. http://www. elecfans. com/article/90/155/2013/ 0717324258_3. html, 2013.

［103］ 中国首颗物联网核心芯片"唐芯一号"在西安诞生［N/OL］. http://www. 50cnnet. com/show- 148-80846-1. html,2014.

［104］ 王渝次. 坚持积极防御的方针 抓好信息安全保障基础性工作和基础设施建设［J］. 电力信息与 通信技术,2004,2(7): 16-17.

［105］ 浪潮孙丕恕：中国应建立信息安全审查制度［N/OL］. https://www. aliyun. com/zixun/ content/2_6_298737. html,2014.

［106］ 左晓栋,周亚超. NIST 发布新标准对工控系统安全影响深远［J］. 信息安全与通信保密,2014 (6)：54-55.

［107］ 袁建华. 公交信号优先策略与技术［EB/OL］. http://www. tranbbs. com/application/public/ application_28968. shtml,2012.